简明现代建筑工程手册系列

简明现代建筑材料手册

冯乃谦　主编

本书分三篇共31章，对当前使用的建筑材料进行了全面系统的梳理和归纳，充分利用图表将建筑材料的特性和物理量进行了分类汇总，以便于读者作为案头工具用书查阅使用；同时，本书又不同于大而全的手册，所介绍的材料以主流的和符合发展趋势的环保节能型材料为主，强调数据严谨可靠，突出“新”和“精炼”；所引用规范规程均为现行的新版本。同时，尽可能将近些年出现的新材料、新发展体现在书中，但又做到条理清晰、简明扼要，并不面面俱到。

本书适合于广大的建筑从业人员，特别是从事建筑材料研究和应用的工程技术人员以及相关专业的高校师生。

图书在版编目（CIP）数据

简明现代建筑材料手册/冯乃谦主编．—北京：机械工业出版社，2021.10
（简明现代建筑工程手册系列）
ISBN 978-7-111-68798-6

Ⅰ.①简…　Ⅱ.①冯…　Ⅲ.①建筑材料-手册
Ⅳ.①TU5-62

中国版本图书馆CIP数据核字（2021）第150300号

机械工业出版社（北京市百万庄大街22号　邮政编码100037）
策划编辑：薛俊高　责任编辑：薛俊高　杨　璇
责任校对：刘时光　封面设计：张　静
责任印制：李　昂
北京联兴盛业印刷股份有限公司印刷
2021年8月第1版第1次印刷
184mm×260mm·33.5印张·2插页·831千字
标准书号：ISBN 978-7-111-68798-6
定价：128.00元

电话服务
客服电话：010-88361066
010-88379833
010-68326294

网络服务
机　工　官　网：www.cmpbook.com
机　工　官　博：weibo.com/cmp1952
金　　书　　网：www.golden-book.com
机工教育服务网：www.cmpedu.com

前言

自改革开放以来，我国各项建设事业蓬勃发展；铁路交通、海洋工程、基础建设，特别是建筑业等的迅速发展，给我国新材料、新技术与新工艺带来了创新发展的机遇。为了将我国品种繁多、性能优良的新型建筑材料和技术推向市场，特编写了本书。

本书内容包括我国建筑工程常用的无机非金属材料、金属材料、有机材料及某些功能性材料；针对我国建材发展中的特点，增加了建筑材料特论的内容，共31章。本书比较全面系统地反映了我国建筑工程材料的品种和资源，特别是改革开放以来，在建筑工程材料领域所取得的进步，科学研究方面的新成果，以及生产发展的新成就。

本书编写期间，正值新冠肺炎疫情肆虐，但各位参编作者在此非常时期，仍排除万难，积极努力地完成了编写任务，在此表示衷心的感谢！参编作者按分工要求，分别完成了以下章节：第1~3章及第27章由冷发光博士完成；第4章由黄然教授完成；第5章由陆金平教授、冯乃谦教授及杨文博士完成；第6章、第22章、第23章由朋改非教授完成；第7章由郝挺宇博士完成；第8章由郝萧斌博士完成；第9章由冯乃谦教授及杨文博士完成；第10章由石云兴博士完成；第11章由倪坤博士完成；第12章及第13章由严建华博士完成；第14章及第15章由封孝信教授完成；第16章及第17章由李崇智教授完成；第18章、第26章及第28章由杨文博士完成；第19章及第20章由牛全林博士完成；第21章由徐立斌博士完成；第24章、第25章、第30章及第31章由冯乃谦教授完成；第29章由霍亮博士完成。

同时，感谢叶浩文先生、马展祥先生和傅军先生对本书提供的支持和帮助。

本书可供工程技术人员、大学相关专业师生及研究人员参考使用。本书在编写过程中难免有疏漏或不当之处，敬请批评指正。

冯乃谦

2020年10月20日

于北京

目　录

第一篇

概　论

第1章 建筑材料的性能

1.1 建筑材料的主要功用

1.1.1 建筑材料是建筑工程的物质基础

建筑材料是保证建筑工程质量的重要因素，在材料的选择、生产、储运、保管、使用和检验评定等各个环节中，任何一个环节的失误都可能造成建筑工程的质量缺陷，甚至是重大安全事故。事实表明，国内外工程的重大安全事故，都与材料的质量不合格和使用不当有关。因此，只有正确选择和合理使用建筑材料，才能确保建筑工程的安全、坚固等各项性能要求。

1.1.2 影响建筑工程造价

建筑材料的用量很大，其经济性直接影响着建筑工程的造价。在任何一项建筑工程中，建筑材料的费用，都占很大的比例，有的占50%以上，有的甚至高达70%，而装饰材料又占其中的50%~80%。因此，正确选用材料，对于节省工程造价、提高投资效益具有重要的实际意义。

1.1.3 建筑材料赋予了建筑物以时代的特性和风格

建筑物的结构设计方案、施工方式都与建筑材料密切相关，即建筑材料是决定建筑物结构形式和施工方式的主要因素。新型建筑材料的出现，又促进了建筑设计、结构设计和施工技术的发展，同时使得建筑物的功能、适用性、艺术性、坚固性和耐久性等得到进一步的改善。例如：钢筋、水泥、钢筋混凝土的生产和广泛应用产生了钢结构和钢筋混凝土结构，使得高层建筑和大跨度建筑成为可能；轻质材料和保温材料的出现对减轻建筑物的自重，提高建筑物的抗震能力，改善工作与居住条件等起到了有益的作用，进一步推动了节能建筑的发展；新型装饰材料的大量应用，把现代建筑物装扮得富丽堂皇，绚丽多彩。因此，建筑材料是加速建筑革新的一个重要因素。

建筑工程涉及人类生活、生产、教育、医疗等非常广泛的领域，而所有建筑物都是由建筑材料构成，建筑材料的品种、规格、质量以及经济性直接影响或决定着建筑结构的形式、建筑物的造型以及建筑的功能、坚固性、耐久性等，并在一定程度上影响着建筑材料的运输、存放及使用方式，也影响着建筑施工方式。建筑材料与建筑、结构、施工之间存在着相互促进、相互依存的密切关系。建筑材料在工程的使用中应具有工程要求的使用功能，与使用环境条件相适用的耐久性；具有丰富的资源，满足建筑工程对材料量的需求；应价廉。没有建筑材料就没有建筑工程，也就没有人类文明的发展和进步。

1.2 物理性能

1.2.1 与质量有关的参数

1. 密度

材料在绝对密实状态下单位体积的质量称为密度，用下式表示，即

$$\rho = \frac{m}{V}$$

式中 ρ——材料的密度（g/cm^3）；

m——材料的绝对干燥质量（g）；

V——材料在绝对密实状态下的体积（cm^3）。

材料在绝对密实状态下的体积是指构成材料的固体物质本身的体积，也称为实体积。除了钢材、玻璃、沥青等少数材料外，绝大多数材料在自然状态下含有一些孔隙。在测定有孔隙的材料密度时，应把材料磨成细粉，干燥后，用密度瓶测定其体积，用密度瓶测得的体积可视为材料在绝对密实状态下的体积。材料磨得越细，测得的密度值越精确。

2. 表观密度

材料在自然状态下单位体积的质量称为表观密度，用下式表示，即

$$\rho_0 = \frac{m}{V_0}$$

式中 ρ_0——材料的表观密度（g/cm^3或kg/m^3）；

m——材料在自然状态下的质量（g或kg）；

V_0——材料在自然状态下的体积（cm^3或m^3）。

材料在自然状态下的体积是指包含材料内部孔隙在内的体积。若只包括孔隙在内而不含有水分，此时计算出来的表观密度称为干表观密度；若既包括材料内的孔隙，又包括孔隙内所含的水分，则计算出来的表观密度称为湿表观密度。

3. 堆积密度

堆积密度是指粉状、颗粒状及纤维状等材料在自然堆积状态下的单位体积质量，用下式表示，即

$$\rho'_0 = \frac{m}{V'_0}$$

式中 ρ'_0——材料的堆积密度（kg/m^3）；

m——材料的质量（kg）；

V'_0——材料的堆积体积（m^3）。

材料在自然状态下堆积体积包括材料的表观体积和颗粒（纤维）间的空隙体积，数值的大小与材料颗粒（纤维）的表观密度和堆积的密实程度有直接关系，同时受材料的含水状态影响。

4. 密实度

密实度是指材料体积内被固体物质充实的程度，也就是固体体积占总体积的比例，用D

来表示，用下式计算，即

$$D = \frac{V}{V_0}$$

式中　D——材料的密实度，常以百分数表示；

V——材料在绝对密实状态下的体积（cm^3）；

V_0——材料在自然状态下的体积（cm^3）。

凡具有孔隙的固体材料，其密实度都小于1。材料的密度与表观密度越接近，材料就越密实。材料的密实度大小与其强度、耐水性和导热性等很多性质有关。

5. 孔隙率

固体材料的体积内孔隙体积所占的比例，用下式计算，即

$$P = \frac{V_0 - V}{V_0} = 1 - \frac{V}{V_0} = 1 - \frac{\rho_0}{\rho} = 1 - D$$

式中　P——材料的孔隙率，常以百分数表示；

ρ_0——材料的表观密度（g/cm^3）；

ρ——材料的密度（g/cm^3）；

V_0——材料在自然状态下的体积（cm^3）；

V——材料在绝对密实状态下的体积（cm^3）；

D——材料的密实度，常以百分数表示。

密实度与孔隙率都反映了材料的密实程度。孔隙率的大小及孔隙特征对材料的性质影响很大。一般来说，同一种材料，孔隙率越小，连通孔隙越少，其强度越高，吸水性越好，抗渗性和抗冻性越好，材料越密实，但是导热性越大。

6. 填充率

填充率是指颗粒材料的堆积体积内，被颗粒所填充的程度，用D'表示，用下式计算，即

$$D' = \frac{V}{V'_0} = \frac{\rho'_0}{\rho}$$

式中　ρ'_0——材料的堆积密度（g/cm^3）；

ρ——材料的密度（g/cm^3）；

V'_0——材料的堆积体积（cm^3）；

V——材料在绝对密实状态下的体积（cm^3）。

7. 空隙率

空隙率是指颗粒材料中，颗粒之间的空隙体积占堆积体积的百分率，用P'表示，用下式计算，即

$$P' = \frac{V'_0 - V}{V'_0} = 1 - \frac{\rho'_0}{\rho}$$

式中　ρ'_0——材料的堆积密度（g/cm^3）；

ρ——材料的密度（g/cm^3）；

V'_0——材料的堆积体积（cm^3）；

V——材料在绝对密实状态下的体积（cm^3）。

空隙率的大小反映了颗粒材料的颗粒之间相互填充的致密程度。计算混凝土骨料的级配和含砂率时常以空隙率为计算依据。

填充率与空隙率的关系，用下式来表示，即

$$D' + P' = 1$$

在建筑工程中，计算材料的用量、构件自重、配料以及堆放空间时常要用到材料的密度、表观密度和堆积密度等数据。几种常见建筑材料的有关数据见表 1-1。

表 1-1　几种常见建筑材料的有关数据

材料名称	密度 ρ /(g/cm³)	表观密度 ρ_0 /(kg/m³)	堆积密度 ρ_0' /(kg/m³)	孔隙率 P (%)
石灰石	2.60	1800～2600	—	0.2～4
花岗岩	2.80	2500～2900	—	<1
碎石	2.60	—	1400～1700	—
砂	2.60	—	1450～1650	—
混凝土	2.60	2200～2250	—	5～20
水泥	3.10	—	1200～1300	—
木材	1.55	400～800	—	55～75
钢材	7.85	7850	—	0
泡沫塑料	1.04～1.07	20～50	—	—
铝合金	2.70	2750	—	0
沥青	≈1.0	≈1000	—	—

1.2.2　与水有关的性质

1. 亲水性与憎水性

材料在空气中与水接触时，根据其能否被水润湿表现为亲水性和憎水性。能被水润湿者为亲水性，具有亲水性的材料称为亲水性材料；否则称为憎水性，具有憎水性的材料称为憎水性材料。

当水与材料在空气中接触时，将出现图 1-1 所示的情况。在材料、水和空气三相的交点处，沿水滴表面作切线，此切线与材料表面的夹角 θ，称为润湿角。

当 $\theta \leqslant 90°$ 时，材料表现为亲水性。材料亲水的原因是材料分子与水分子间的吸引力大于水分子之间的内聚力，因此能被水润湿。

当 $\theta > 90°$ 时，材料表现为憎水性。材料憎水的原因是材料分子与水分子间的吸引力小于水分子之间的内聚力，因此不能被水润湿。憎水材料具有较好的防水性和防潮性，常用作防水材料，也可用于亲水性材料的表面处理，以减少吸水率，提高抗渗性。

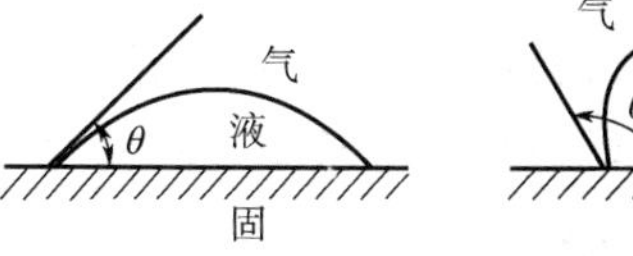

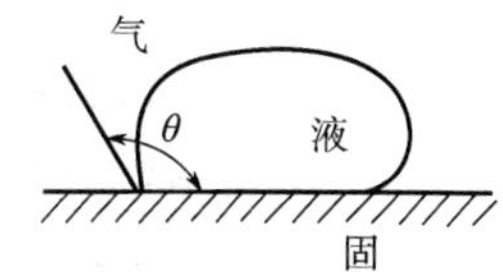

图 1-1　材料的润湿示意图
a）亲水性材料　b）憎水性材料

亲水性材料的含水状态可分为四种基本状态（图 1-2）。

干燥状态——材料的孔隙中不含水或含水极微。

气干状态——材料的孔隙中含水时其相对湿度与大气湿度相平衡。

饱和面干状态——材料表面干燥，而空隙中充满水达到饱和。

表面润湿状态——材料不仅孔隙中含水饱和，而且表面上被水润湿附有一层水膜。除上述四种基本含水状态外，材料还可以处于两种基本状态之间的过渡状态中。

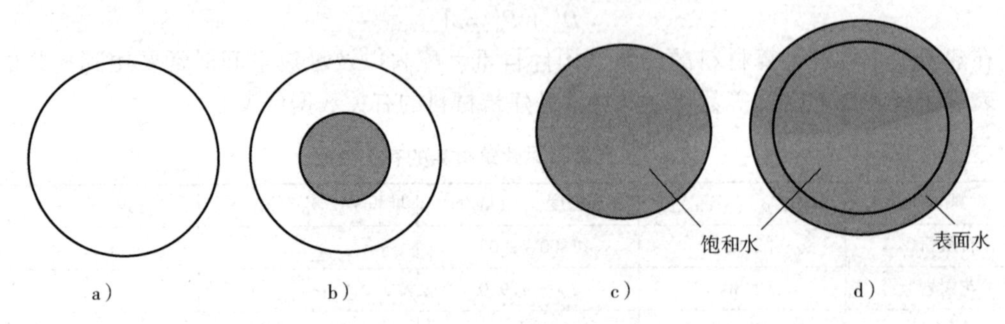

图 1-2　材料的含水状态

a）干燥状态　b）气干状态　c）饱和面干状态　d）表面湿润状态

2. 吸水性与吸湿性

（1）吸水性　吸水性是指材料与水接触，吸收水分的性质。吸水性的大小用吸水率表示，吸水率有两种表示方法。

1）质量吸水率。质量吸水率是指材料在吸水饱和时，所吸收水分的质量占材料干燥质量的百分率。质量吸水率的计算公式为

$$W_m = \frac{m_1 - m}{m} \times 100\%$$

式中　W_m——材料的质量吸水率（%）；

m_1——材料在吸水饱和状态下的质量（g 或 kg）；

m——材料在干燥状态下的质量（g 或 kg）。

2）体积吸水率。体积吸水率是指材料在吸水饱和时，所吸收水分的体积占材料自然状态体积的百分率。体积吸水率的计算公式为

$$W_V = \frac{V_{水}}{V_0} = \frac{m_1 - m}{m} \times \frac{\rho_0}{\rho_w} \times 100\%$$

式中　W_V——材料的体积吸水率（%）；

$V_{水}$——材料吸收水分的体积（cm^3）；

V_0——材料在自然状态下的体积（cm^3）；

ρ_0——材料在干燥状态下的密度（g/cm^3）；

ρ_w——水的密度（g/cm^3）；常温下取 $\rho_w = 1.0g/cm^3$。

质量吸水率与体积吸水率两者存在以下关系，即

$$W_V = W_m \rho_0$$

材料吸水性不仅取决于材料是亲水性或憎水性，还与其孔隙率的大小及孔隙特征有关。封闭孔隙水分不易渗入，粗大孔隙水分只能润湿表面而不易在孔内存留，故在相同孔隙率的情况下，材料内部的粗大孔隙、封闭孔隙越多，吸水率越小；材料内部细小孔隙、连通孔隙越多，吸水率越大。

在建筑材料中，多数情况下采用质量吸水率来表示材料的吸水性。各种材料由于孔隙率

和孔隙特征不同，质量吸水率也不同。材料的吸水性会对其性质产生不利影响。例如：材料吸水后，使其质量增加，体积膨胀，导热性增大，强度和耐久性下降。

材料吸水率是试样经浸水饱和后按标准方法测定的。如果试样处于自然含水状态，这样测得的水的质量与材料在干燥状态下的质量之比的百分率，不是吸水率，而是含水率，两者不能混淆。

（2）吸湿性　吸湿性是指材料吸收空气中水分的性质。吸湿性的大小用含水率表示。

含水率是指材料中所含水的质量占其干质量的百分率，用 W_h 来表示，用下式计算，即

$$W_h = \frac{m_s - m_g}{m_g} \times 100\%$$

式中　W_h——材料的含水率（%）；

m_s——材料在含水状态下的质量（g）；

m_g——材料在干燥状态下的质量（g）。

材料的吸湿性与空气的温度和湿度有关。当空气湿度较大且温度较低时，材料的含水率就大，反之则小。影响材料吸湿性的因素以及材料吸湿后对其性质的影响，均与材料的吸水性相同。

3. 耐水性

耐水性是指材料长期在水的作用下，保持其原有性质的能力。一般材料遇水后，强度都有不同程度的降低。材料耐水性的大小用软化系数表示，用下式计算，即

$$K_{软} = \frac{f_{饱}}{f_{干}}$$

式中　$K_{软}$——材料的软化系数；

$f_{饱}$——材料在吸水饱和状态下的抗压强度（MPa）；

$f_{干}$——材料在干燥状态下的抗压强度（MPa）。

材料的软化系数在0～1之间变化。$K_{软}$ 的大小表明材料浸水饱和后强度下降的程度。$K_{软}$ 越大，表明材料吸水饱和后其强度下降得越少，其耐水性越强；反之则耐水性越差。$K_{软}$ 是选择建筑材料的重要依据，经常位于水中或受潮严重的重要结构物，应选用 $K_{软} \geqslant 0.85$ 的材料；受潮较轻的或次要结构物，应选用 $K_{软} \geqslant 0.75$ 的材料。

4. 抗渗性

抗渗性是指材料抵抗压力水或其他液体渗透的性能。建筑工程中许多材料常含有孔隙、空洞或其他缺陷，当材料两侧的水压差较高时，水可能从高压侧通过材料内部的孔隙、空洞或其他缺陷渗透到低压侧。这种压力水的渗透，不仅会影响工程的使用，而且渗入的水还会带入腐蚀性介质或将材料内的某些成分带出，造成材料的破坏。材料的抗渗性是决定工程耐久性的重要因素。材料抗渗性的大小用渗透系数或抗渗等级表示。

（1）渗透系数　根据达西定律，渗透系数的计算公式为

$$K = \frac{Qd}{AtH}$$

式中　K——材料的渗透系数（cm/h）；

Q——时间 t 内的渗水总量（cm^3）；

d——试样的厚度（cm）；

A——材料垂直于渗水方向的渗水面积（cm^2）；

t——渗水时间（h）；

H——材料两侧的水压差（cm）。

渗透系数 K 反映水在材料中流动的速度。渗透系数 K 越小，材料的抗渗性越好。

（2）抗渗等级　对于砂浆、混凝土等材料，常用抗渗等级来表示抗渗性。抗渗等级是以规定的试样在标准试验方法下所能承受的最大水压力来确定的。材料的抗渗等级越高，其抗渗性越强。

抗渗性是决定建筑材料耐久性的重要因素。在设计地下建筑、压力管道、容器等结构时，要求其所使用材料必须具有良好的抗渗性。

5. 抗冻性

抗冻性是指材料在吸水饱和状态下，能经受多次冻融循环作用而不破坏，同时也不严重降低强度的性质。材料抗冻性的大小用抗冻等级表示。抗冻等级表示材料经过的冻融次数，其质量损失、强度下降不低于规定值，并以符号“F”及材料可承受的最多冻融循环次数表示。

材料抗冻性的好坏，取决于材料吸水饱和程度、孔隙形态特征和抵抗冻胀应力的能力。如果孔隙充水不多，远未达到饱和，有足够的自由空间，即使冻胀也不致产生破坏应力。

材料的抗冻性主要与孔隙率、孔隙特性、抵抗胀裂的强度等有关，工程应用中需从这些方面改善材料的抗冻性。

1.2.3　材料的热工性质

为了保证建筑物具有良好的室内环境，降低建筑物的使用能耗，必须要求建筑材料具有一定的热工性质。建筑材料常用的热工性质有导热性、热容量等。

1. 导热性

材料传递热量的性质称为材料的导热性。导热性的大小以热导率表示。热导率的含义是：当材料两侧的温差为1K时，在单位时间（1s）内，通过单位面积（$1m^2$），并透过单位厚度（1m）的材料所传导的热量。计算公式为

$$\lambda = \frac{Qa}{At(T_2 - T_1)}$$

式中　λ——材料的热导率［W/(m·K)］；

Q——传导的热量（J）；

a——材料厚度（m）；

A——材料的传热面积（m^2）；

t——传热时间（s）；

$T_2 - T_1$——材料两侧温度差（K）。

热导率越小，材料的绝热性能越好。各种建筑材料的热导率差别很大，大致在0.035～3.5W/(m·K)。

影响材料热导率的因素主要有以下几个：材料的组成和结构、孔隙率的大小和孔隙特征、含水率以及温度。金属材料的热导率大于非金属材料的热导率。材料的孔隙率越大，热导率越小。细小而封闭的孔隙，可使热导率较小；粗大、开口且连通的孔隙，容易形成对流

传热，导致热导率变大。因水和冰的热导率比空气大很多，故材料含水或冰时，其热导率会急剧增加。

2. 热容量

材料受热时吸收热量、冷却时放出热量的性质，称为热容量。热容量的大小用比热容表示。比热容是指1g材料温度升高1K所吸收的热量或温度降低1K所放出的热量。计算公式为

$$c = \frac{Q}{m(T_2 - T_1)}$$

式中 c——材料的比热容［J/(g·K)］；

Q——材料吸收或放出的热量（J）；

m——材料的质量（g）；

$T_2 - T_1$——材料升温或降温前后的温度差（K）。

比热容大的材料，能吸收或储存较多的热量，能在热变流动或采暖设备供热不均匀时缓和室内的温度波动。材料中比热容最大的是水，水的比热容 $c = 4.19$J/(g·K)。采用高比热容材料作为墙体、屋面或房屋其他构件，可以长时间保持房间温度的稳定。

3. 热变形性

材料随温度的升降而产生热胀冷缩变形的性质，称为材料的热变形性，习惯上称为温度变形。材料的单向线膨胀量或线收缩量计算公式为

$$\Delta L = (T_2 - T_1)\alpha L$$

式中 ΔL——线膨胀量或线收缩量（mm或cm）；

$T_2 - T_1$——材料升温或降温前后的温度差（K）；

α——材料在常温下的平均线膨胀系数（1/K）；

L——材料原来的长度（mm或cm）。

线膨胀系数越大，表明材料的热变形性越大。在建筑工程中，对材料的温度变形往往只考虑某一单向尺寸的变化，因此，研究材料的平均线膨胀系数具有重要意义，应选择合适的材料来满足工程对温度变形的要求。

几种典型材料的热工性质指标见表1-2。

表1-2 几种典型材料的热工性质指标

材料	热导率/[W/(m·K)]	比热容/[J/(g·K)]
钢	55	0.48
铜	370	0.38
花岗岩	2.9	0.80
混凝土	1.8	0.88
泡沫塑料	0.03	1.30
松木	0.15	1.63
冰	2.20	2.05
水	0.60	4.19
密闭空气	0.025	1.00

4. 耐燃性

材料在空气中遇火不着火燃烧的性能，称为材料的耐燃性。按照遇火时的反应，将材料分为非燃烧材料、难燃烧材料和燃烧材料三类。

（1）非燃烧材料　在空气中受到火烧或高温作用时，不燃烧、不碳化、不微烧的材料，称为非燃烧材料，如砖、天然石材、混凝土、砂浆、金属材料等。

（2）难燃烧材料　在空气中受到火烧或高温作用时，难燃烧、难碳化，离开火源后燃烧或微烧立即停止的材料，称为难燃烧材料，如石膏板、水泥石棉板等。

（3）燃烧材料　在空气中受到火烧或高温作用时，立即起火或燃烧，离开火源后继续燃烧或微烧的材料，称为燃烧材料，如纤维板、木材等。

在建筑工程中，应根据建筑物的耐火等级和材料的使用部位选用非燃烧材料或难燃烧材料。当采用燃烧材料时，应进行防火处理。

1.3　力学性能

1.3.1　材料的强度及强度等级

1. 材料的强度

材料在外力（荷载）作用下抵抗破坏的能力称为强度。当材料承受外力作用时，内部产生应力，随着外力增大，内部应力也相应增大。根据所受外力的作用方式不同，材料强度有抗压强度、抗拉强度、抗弯强度及剪切强度等。各种强度指标要根据国家规定的标准方法来测定。材料的受力状态如图 1-3 所示。

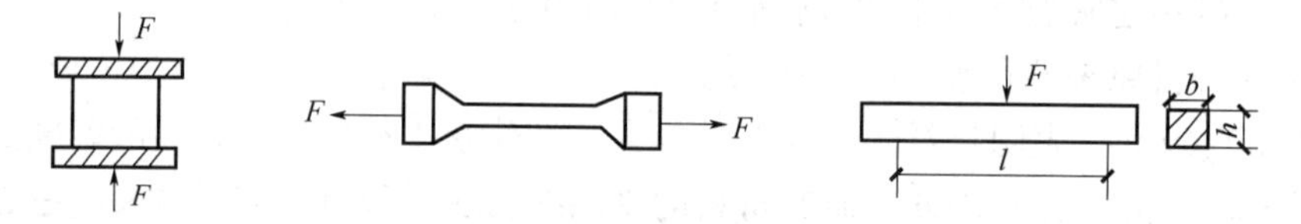

图 1-3　材料的受力状态

材料的抗压、抗拉、剪切强度计算公式为

$$f = \frac{F}{A}$$

式中　f——材料的强度（MPa）；

F——试样破坏时的最大荷载（N）；

A——试样受力面积（mm^2）。

材料的抗弯强度与试样的几何外形及荷载施加的情况有关。对于矩形截面的条形试样，当其两支点间的中间作用一集中荷载时，其抗弯强度按下式计算，即

$$f = \frac{3Fl}{2bh^2}$$

式中　f——材料的抗弯强度（MPa）；

F——试样破坏时的最大荷载（N）；

l——试样两支点间的距离（mm）；

b、h——试样截面的宽度和高度（mm）。

当在试样支点间的三分点处作用两个相等的集中荷载时，则其抗弯强度的计算公式为

$$f = \frac{Fl}{bh^2}$$

该式中，各符号意义同上式。

材料的强度与其组成、结构构造有关，还与试验条件有关，如试样的尺寸、形状、含水率，加荷速度，试验设备的精确度以及试验人员的技术水平等。为了使试验结果比较准确，在测定材料强度时，必须严格按照规定的标准方法进行。

2. 强度等级

各种材料的强度差别甚大。建筑材料根据其极限强度的大小，划分成若干不同的等级。脆性材料，如水泥、混凝土等，主要根据其抗压强度划分；塑性材料和韧性材料，如钢材等，主要根据其抗拉强度来划分。建筑材料按强度划分等级，对生产者和使用者均有重要意义，便于合理选用材料、正确进行设计和控制工程施工质量。常用建筑材料的强度值见表 1-3。

表 1-3　常用建筑材料的强度值

材料种类	抗压强度/MPa	抗拉强度/MPa	抗弯强度/MPa
花岗岩	100 ~ 250	5 ~ 8	10 ~ 14
普通混凝土	5 ~ 60	1 ~ 9	4.8 ~ 6.1
松木（顺纹）	30 ~ 50	80 ~ 120	60 ~ 100
建筑钢材	240 ~ 1500	240 ~ 1500	—

3. 比强度

比强度是材料的强度与其表观密度的比值，是衡量材料轻质高强性能的重要指标。优质结构材料应具有很高的比强度。几种主要材料的比强度见表 1-4。

表 1-4　几种主要材料的比强度

材料	表观密度/(kg/m^3)	强度/MPa	比强度/($\times 10^6 N \cdot m/kg$)
低碳钢	7850	420	0.054
普通混凝土（抗压）	2400	40	0.017
松木（顺纹抗拉）	500	100	0.200
玻璃钢	2000	450	0.225
烧结普通砖（抗压）	1700	10	0.006

选用比强度大的材料或者提高材料的比强度，对增加建筑物高度、减轻结构自重、降低工程造价等具有重大意义。

1.3.2　材料的弹性和塑性

1. 弹性

材料在外力作用下产生变形，当外力去除后能完全恢复到原始形状的性质称为弹性。这种可恢复的变形称为弹性变形。

弹性变形属于可逆变形，其数值大小与外力成正比，这时的比例系数 E 称为材料的弹性

模量。材料在弹性变形范围内，E 为常数，其值可用应力 R 与应变 ε 之比表示，即

$$E = \frac{R}{\varepsilon} = \text{常数}$$

各种材料的弹性模量相差很大，弹性模量是衡量材料抵抗变形能力的一个指标。E 值越大，材料越不容易变形，即刚度好。

2. 塑性

材料在外力作用下产生变形，当外力去除后，有一部分变形不能恢复，这种性质称为材料的塑性。这种不能恢复的变形称为塑性变形。塑性变形为不可逆变形。

在实际工程中，完全的弹性材料或完全的塑性材料是不存在的，大多数材料的变形既有弹性变形，也有塑性变形。例如：建筑钢材在受力不大的情况下，仅产生弹性变形；当受力超过一定限度后产生塑性变形。

1.3.3 材料的脆性和韧性

1. 脆性

材料受外力作用，当外力达到一定值时，材料发生突然破坏，且破坏时无明显的塑性变形，这种性质称为脆性，具有这种性质的材料称为脆性材料。脆性材料的抗压强度很高，但抗拉强度很低，所以脆性材料不能承受振动和冲击荷载，如混凝土、砖、玻璃等。

2. 韧性

材料在冲击或振动荷载作用下，能产生较大的变形而不致破坏的性质称为韧性。在建筑工程中，对于要求承受冲击荷载和有抗震要求的结构，如桥梁等所用的材料，均应具有较高的韧性。常用建筑材料中橡胶、木材等均属于韧性材料。

1.3.4 材料的硬度和耐磨性

1. 硬度

硬度是指材料表面抵抗硬物压入或刻划的能力。材料的硬度越大，则其强度越高，耐磨性越好。不同材料的硬度采用不同的测定方法。钢材、木材及混凝土等的硬度常用压入法测定，如布氏硬度就是以压痕单位面积上所受压力来表示的。回弹法常用于测定混凝土构件表面的硬度，并以此估算混凝土的抗压强度。

2. 耐磨性

耐磨性是指材料表面抵抗磨损的能力。材料的耐磨性用磨损率来表示，用下式计算，即

$$N = \frac{m_1 - m_2}{A}$$

式中 N——材料的磨损率（g/cm^2）；

m_1——材料磨损前的质量（g）；

m_2——材料磨损后的质量（g）；

A——材料受磨面积（cm^2）。

材料的磨损率越低，表明材料的耐磨性越好。一般硬度较高的材料，耐磨性也较好。楼梯、走道等经常受到磨损的部位，应选用耐磨性好的材料。

1.4　耐久性

材料在使用过程中，能抵抗周围各种介质的侵蚀而不破坏，也不失去其原有性能的性质称为耐久性。材料在使用过程中，除受到各种外力的作用外，还经常受到周围环境中各种因素的破坏作用，这些作用包括物理作用、化学作用、生物作用等。

物理作用包括温度、湿度的变化以及冻融循环等。物理作用主要使材料体积发生胀缩，长期或反复作用会使材料逐渐破坏。

化学作用包括环境中的酸、碱、盐等溶液或其他有害物质对材料的侵蚀作用，以及日光、紫外线等对材料的作用，使材料逐渐变质而破坏。

生物作用包括菌类、昆虫等的侵害作用，导致材料发生腐朽、虫蛀等而破坏。

为了提高耐久性，常采取以下措施：①提高材料本身对外界破坏作用的抵抗力，如提高材料的密实度，合理选择原材料的组成等；②减轻环境条件对材料的破坏作用，如对材料采取必要的构造措施，不致受到环境的直接侵害。

材料的耐久性是一项综合性质，包括强度、抗冻性、抗渗性、大气稳定性、耐化学侵蚀性等。各种材料耐久性的具体内容，因其组成和结构不同而异。只有深入了解并掌握建筑材料耐久性的本质，从材料、设计、施工、使用各方面共同努力，才能保证建筑物的耐久性。提高材料的耐久性，对节约建筑材料、保证建筑物长期正常使用、延长建筑物使用寿命具有十分重要的意义。

1.5　环保及可持续性能

建筑工程对建筑材料的消耗极大，生产建筑材料已使自然环境遭到了严重的破坏。目前，全球可利用的自然资源和能源非常有限。为了避免材料的生产和发展造成对环境的损害，“环保、生态、绿色、健康”已成为21世纪人们生活的主题概念。

考虑到不可再生资源的有限性，大量使用尾矿、废渣、垃圾等固体废弃物，采用低能耗、无环境污染的生产技术，开发生产低能耗的材料以及能降低建筑物能耗的节能型材料，尽可能少用天然资源，是节省资源的主要方法之一。绿色建材满足可持续发展的要求，既满足现代人的需要，又与环境和谐相容。例如：作为墙体的环保材料，可以选择混凝土空心砌块、矿渣灰及粉煤灰等几种绿色建筑材料。

目前，我国建筑材料的发展尚未能够完全脱离以生产要素驱动的发展模式和依靠投资的增量扩张。无论是建筑材料的产品档次和种类，还是建筑材料的产品质量和性能，均无法与国际先进水平相媲美。运用绿色规划设计、绿色建筑材料、绿色施工技术营造健康绿色环境已是我国建筑行业的共同选择和终极目标。绿色建筑材料对可持续发展和建设节约型社会具有重要的意义，符合我国经济发展的需要。绿色建筑材料的研发将促进建筑材料品质的不断提高。它代表着科技发展的方向，符合时代的发展潮流和人类的基本需求。

第 2 章

建筑材料的选择标准

2.1 根据建筑及构件功用选择

建筑物一般均由基础、墙（柱）、楼面、楼梯、门窗和屋顶六大部分组成，由竖向的基础、墙（柱）、门窗构件，水平的屋顶、楼面、地面构件及解决上下层交通联系用的楼梯共八大构件组成。不同构件具有不同的使用功能，建筑材料的选择应当满足在正常使用条件下保证建筑构件实现其功能并达到预期寿命的要求。一般建筑构件及其选材见表 2-1。

表 2-1　一般建筑构件及其选材

构件	主要功能	使用环境	选材要求	常用材料
基础	承受荷载	地下	强度、耐久性、刚度	石材、（钢筋）混凝土、黏土砖
墙（柱）	承受荷载、围护、分隔、装饰	室外（外墙） 室内（内墙）	强度、稳定性、保温、隔热、隔声、防火、防水、防潮、尽量减轻墙体自重	（钢筋）混凝土、黏土砖、硅酸盐砖、空心砌块、加气混凝土砌块 混凝土空心墙板、轻骨料混凝土墙板、复合外墙板 加气混凝土隔墙板、轻骨料混凝土隔墙板、石膏板、硅钙板、植物纤维板 矿棉、岩棉及其制品、膨胀蛭石及其制品、膨胀珍珠岩及其制品、泡沫玻璃及其制品、泡沫塑料及其制品、软木制品 墙纸、墙布、各类墙面涂料
门窗	出入口、采光通风、装饰	室外（外墙上） 室内（内墙上）	耐腐蚀、坚固耐用、防火、安全、封闭性好	木材、钢材、铝合金、塑料、玻璃
屋顶	承受荷载、围护、装饰	室外（屋面） 室内（顶棚）	防水、坚固、保温、隔热、抗老化	钢筋混凝土、钢材、木材、玻璃、透明瓦 矿棉、岩棉及其制品、膨胀蛭石及其制品、膨胀珍珠岩及其制品、泡沫玻璃及其制品、泡沫塑料及其制品、软木制品 沥青、沥青胶与冷底子油、沥青防水卷材、橡胶防水卷材、塑料防水卷材、铝箔防水卷材、各类防水涂料及灌浆材料 各类装饰材料

（续）

构件	主要功能	使用环境	选材要求	常用材料
楼面、地面	承受荷载、分隔、水平支撑、装饰	楼面、地面	强度、刚度、稳定性、耐磨、耐腐蚀、防水、保温、隔热、隔声、易清洁、美观	钢筋混凝土、钢材、木材、透水混凝土、透水砖 矿棉、岩棉及其制品、膨胀蛭石及其制品、膨胀珍珠岩及其制品、泡沫玻璃及其制品、泡沫塑料及其制品、软木制品 各类装饰材料
楼梯	垂直交通、紧急疏散、装饰	室内、室外	强度、刚度、稳定性、耐久、防水、防震、耐腐蚀、防火	钢筋混凝土、钢材、木材 各类装饰材料

随着建筑技术不断发展以及人们需求不断增多，特殊功能及多功能的建筑物大量涌现。建筑材料的选择必须兼顾建筑物功能需求。典型举例如下。

核电站反应堆、医院放射性设备室、高校及科研机构放射性实验室等建筑物具有防辐射功能要求，需要采用防辐射混凝土、防辐射橡胶、防辐射塑料以及铅、钢铁等具有防辐射功能的建筑材料。

油站码头、烟花爆竹厂、油漆厂及其他易燃易爆工厂、仓库等建筑物通常布满各种极易燃烧、爆炸的可燃物，控制火源是预防火灾的主要方法。因此，要求所用建筑材料与金属或石块等坚硬物发生摩擦、冲击或冲摩等机械作用时，不产生火花（或火星），以避免可燃物起火或爆炸的危险。通常该类建筑物地面采用不发火金属材料（如铜板、铝板）、不发火有机材料（如沥青、木材、塑料、橡胶、PVC 地坪、环氧树脂地坪）或不发火无机材料（如不发火混凝土）。

火箭发射导流槽、冶金厂房、木结构建筑以及其他具有耐火性要求的建筑物，需要选用耐火混凝土、耐火砖及制品、耐火塑料、耐火浇注料、耐火涂料等。

液化天然气（LNG）储藏罐等需要选用超低温混凝土等可以抵抗超低温冻害的建筑材料。

2.2　根据成本及预算选择

建筑材料是构成建筑物的物质基础，建筑材料费用通常占建筑工程造价的50%～70%。因此，建筑材料的选择应当充分考虑工程预算。

一方面，在满足使用要求的基础上，选用成本低廉的建筑材料，可以有效降低工程造价。另一方面，计算建筑材料的成本时应当考虑材料、施工、维修维护等多环节综合成本，如采用某些高性能建筑材料时，虽然建筑材料本身的成本较高，但可以减少材料用量、提高施工便捷性、减少人员或机械设备投入、减少维修维护频率等，建筑工程全环节综合成本仍然有所降低。

以北京地区为例，典型建筑材料价格见表2-2。

表 2-2　北京典型建筑材料价格（2019 年 10 月）

类别	规格型号	单位	含税价/元
热轧圆钢	ϕ6.5 ~ ϕ8mm	t	5085
不锈圆钢	ϕ12 ~ ϕ28mm	t	17500
热轧带肋钢筋	8 ~ 10HRB400	t	4540
钢绞线	1860MPa，1.12kg/m（不含张拉费）	t	7470
无黏结预应力钢绞线	1860MPa，1.22kg/m（不含张拉费）	t	8580
冷轧带肋钢筋	ϕ5 ~ ϕ12mm	t	4240
冷轧带肋钢筋焊接网	ϕ5 ~ ϕ16mm	t	4740
热轧工字钢	10（截面高度 100mm）	t	4170
热轧槽钢	5 ~ 6.3（截面高度 50 ~ 63mm）	t	4075
普通硅酸盐水泥	P. O 42.5 散装	t	580
普通硅酸盐水泥	P. O 42.5 低碱散装	t	620
保温联锁砌块	390mm × 240mm × 195mm	m^3	650
轻集料联锁砌块	395mm × 90mm × 195mm	m^3	490
小型混凝土承重砌块	MU10 390mm × 190mm × 190mm（主砌块、洞口砌块）	块	23
混凝土内墙承重砌块	MU10 390mm × 140mm × 190mm（主砌块）	块	7.15
混凝土承重保温节能砌块（聚苯乙烯）	MU10 290mm × 310mm × 90mm（七分头）	块	16.5
深色混凝土承重平面装饰砌块	MU10 390mm × 190mm × 190mm（主砌块）	块	16
保温砌块（75% 节能、带装饰）灰水泥	MU10 390mm × 310mm × 190mm（主砌块）	m^2	528
保温砌块（75% 节能、带装饰）白水泥	MU10 390mm × 310mm × 190mm（主砌块）	m^2	638
混凝土承重实心耐火砌块	MU10 390mm × 190mm × 190mm（主砌块）	块	27.7
砂基透水砖（生态、透水、防滑、防堵塞）	500mm × 250mm × 65mm	块	458
无石棉硅酸钙板	1220mm × 2440mm × 5mm 直角	m^2	27
加气隔墙板	内墙板，厚 100mm、125mm、150mm	m^3	1050
加气隔墙板	外墙板，厚 150mm、200mm、250mm	m^3	1050
加气混凝土屋面板	1800mm × 600mm × 150mm	块	389
弹性体改性沥青防水卷材	SBS I PY PE PE3	m^2	30.6
塑性体改性沥青防水卷材	APP I PY PE PE3	m^2	30.6
自黏聚合物改性沥青防水卷材	N I PE 1.2mm	m^2	20.7
高分子预铺防水卷材	YPS 1.2mm	m^2	32.4
高分子自黏胶膜防水卷材	YPS 1.2mm	m^2	45

（续）

类别	规格型号	单位	含税价/元
高分子湿铺防水卷材	WP I S 1.2mm	m^2	26.1
水泥基渗透结晶型防水涂料	涂料型	kg	59.4
聚合物水泥防水涂料	I 型	kg	10.8
喷涂聚脲防水涂料	JN-I 型	kg	40.5
单组分聚脲防水涂料	SJK-590	L	89.1
岩棉板	素板，密度 $60kg/m^3$	m^3	360
岩棉复合板	600mm×1200mm×55mm，密度 $150kg/m^3$	m^2	110
玻璃棉板	素板，密度 $24kg/m^3$	m^3	450
普通混凝土	C35	m^3	490
普通混凝土	C40	m^3	510
普通混凝土	C45	m^3	530
普通混凝土	C50	m^3	540
普通混凝土	C55	m^3	570
普通混凝土	C60	m^3	600
沥青混凝土	AC-5 $90^{\#}$沥青、石灰岩	t	540
普通干混砂浆	砌筑砂浆 DM10	t	360
新西米大理石	进口大板厚度 16mm	m^2	210

注：数据来源为广材网（https://info.gldjc.com）北京市 2019 年 10 月信息价。

2.3　根据绿色及可持续性选择

材料所具有的绿色及可持续性主要表现在两个方面：一是材料在其全生命周期中对环境破坏小，不造成环境污染（或环境污染最小），即材料具有很低的环境负荷值；二是材料具有较高的可循环利用率，材料的再生重用可以节约资源和能源，减少材料生产制造过程中产生的污染。材料与环境联系的基本途径是资源、能源和废弃物。

绿色建筑是在全生命周期内，最大限度地节约资源（节能、节地、节材等）、保护环境、减少污染，为人们提供健康、适用和高效的使用空间，与自然和谐共生的建筑。我国的 GB/T 50378—2019《绿色建筑评价标准》由节地与室外环境、节能与能源利用、节水与水资源利用、节材与材料资源利用、室内环境质量、施工管理、运营管理等几大部分组成。从建筑的建设过程来看，混凝土、砂浆、保温材料、建筑涂料、平板玻璃五类建材属于必定会用到的基本建材，其特点是用量大，对于提升绿色建筑的建材方面的绿色程度具有重要影响，这里将其称为大宗建材。大宗建材在节地、节水方面的表现并不明显，但在节材、节能、改善室内环境方面有相当大的提升空间，作用体现在全生命周期环境负荷、节能效果、环境安全性三个方面。

1. 绿色建筑材料主要品种

（1）按照是否有毒害划分

1）基本无毒无害型，是指天然的，本身没有或极少有有毒有害的物质，未经污染，只进行了简单加工的装饰材料，如石膏、滑石粉、砂石、木材、某些天然石材等。

2）低毒、低排放型，是指经过加工、合成等技术手段来控制有毒有害物质的积聚和缓慢释放，毒性轻微、对人类健康不构成危险的装饰材料，如甲醛释放量较低、达到国家标准的大芯板、胶合板、纤维板等。

3）目前的科学技术和检测手段无法确定和评估其毒害物质影响的材料，如环保型乳胶漆、环保型油漆等化学合成材料。这些材料在目前是无毒无害的，但随着科学技术的发展，将来可能会有重新认定的可能。

（2）按照用途划分

1）新型绿色建筑墙休材料。我国的墙体材料发展较快，新型墙体材料品种也越来越多，主要包括砖、块、板，如蒸压加气块、蒸压灰砂砖、掺废料黏土砖、轻质板材、复合板材等。经过近 30 年发展，我国的墙体材料工业已经开始走上了多品种发展的道路，初步形成了以板块为主的墙体材料体系，如混凝土空心砌块、纸面石膏板等。

2）新型绿色建筑防水材料。防水材料是建筑业及其他有关行业所需要的重要功能材料，是建筑材料工业的一个重要组成部分。防水材料已经摆脱了纸胎油毡一统天下的落后局面，目前拥有改性沥青防水材料、合成高分子防水卷材、建筑防水涂料、密封材料、堵漏和刚性防水材料五大类产品。1995 年新型防水卷材产量 4200 万 m^2，约占防水卷材产量的 5%。我国防水材料在近些年得到了充分发展，基本上形成了品种门类齐全，产品规格、档次配套，工艺装备开发已初具规模的防水材料工业体系，国外有的品种我们基本上都有。

3）新型绿色建筑保温隔热材料。由于保温隔热材料应用的普遍性，促使了它不断发展。20 世纪 80 年代以前，我国保温隔热材料的发展十分缓慢，为数不多的保温隔热材料厂只能生产少量的膨胀珍珠岩、膨胀蛭石、超细玻璃棉等产品。到了 1996 年全国产量约 80 万 t，其中矿岩棉约 20 万 t，玻璃棉约 4 万 t，泡沫塑料约 5 万 t，膨胀珍珠岩约 45 万 t，其他相关材料 6 万 t。

4）新型绿色建筑装修材料。建筑装修材料与人们的生活水平提高和居住条件改善密切相关，是极具发展潜力的建筑材料之一。我国的建筑装修材料发展虽然起步晚，但是起点高，1995 年我国建筑装修材料年生产值约为 400 亿元。1991～1995 年，我国建筑装修材料年增长速度在 30% 左右。1996 年主要的产品为壁纸、墙布、塑料地板、化纤地毯、塑料管道、建筑涂料。建筑材料在不断发展的同时也慢慢地在不断朝着新型绿色建筑材料靠近，如已经研制出彩色饰面砂浆、清水混凝土保护剂、泡沫玻璃等一系列的新型绿色建筑材料。

2. 绿色建筑材料选择注意要点

绿色建筑的关键在于“四节一环保”，即节能、节地、节水、节材、保护环境和减少污染。绿色建筑在建材选型时也应该紧密围绕这些绿色化目标展开。

（1）基于节材目标的大宗建材选型　建筑节材在材料选型时主要体现在高强度结构材料、高耐久性材料以及利废建材的选择。

1）选择高强度结构材料。合理选择高强度结构材料有利于减小构件截面尺寸，节约建筑材料用量，同时也减轻结构自重，减少地震作用及地基基础的材料消耗。

2）选择高耐久性材料。合理选择高耐久性材料，可以保证建筑材料功能维持时间较长，延长使用期限，减少建筑在全生命周期内的维修次数，从而降低社会对材料的需求量。

3）选择利废建筑材料。合理利用废物生产绿色建材对建筑节材具有重要意义，从全生命周期角度看，节约了建材生产所需的大量天然原材料，起到了间接节材作用。

（2）基于节能目标的大宗建材选型　建筑节能在材料选型时主要体现在高效保温隔热材料和低生产能耗建材的选择：①选择高效保温隔热材料，建筑的外墙、屋面与窗户是降低建筑能耗的关键所在，选择优质的保温隔热材料，加强建筑保温隔热是实现建筑节能最有效和最便捷的方法；②选择低生产能耗建材，建材生产过程中消耗大量的能源，从全生命周期的角度看，这部分能耗也属于建筑能耗，利废建材有效利用了废弃物生产建材产品，降低了原材料开采能耗或生产能耗，如果建材产品的利废率高，能起到间接节能作用。

（3）基于建筑室内环境的大宗建材选型　建筑室内环境改善在材料选型时主要体现在无污染、无毒害建筑材料的选择以及改善居室生态环境和保健功能材料的选择。这里仅考虑无污染、无毒害涂料的选型。

2.4　根据试验检测的结果选择

建筑材料质量直接关系建筑工程质量，选择性能合格的建筑材料是保证建筑工程质量的前提条件。因此，在选择建筑材料之前必须判断建筑材料的性能是否合格。通常，依据一定的建筑材料标准，由具有相应资质的检验检测机构在其获认可的检测能力范围，遵循严格的流程进行试验检测，根据试验检测结果判断建筑材料的性能合格与否，并出具检测报告。

根据《中华人民共和国标准化法（2017 修订）》，标准包括国家标准、行业标准、地方标准、团体标准、企业标准。标准一般还可分为产品标准和工程建设标准两大类。该五个等级、两大类的标准均可作为试验检测的依据。此外，国外标准、国际标准也可作为试验检测的依据。

国家标准可在国家标准化管理委员会官网（www.sac.gov.cn）查询，国家市场监督管理总局、国家标准委自 2017 年 1 月 1 日后新发布的国家标准可在国家标准全文公开系统（www.gb688.cn）免费查看全文。行业标准可在行业标准信息服务平台（hbba.sacinfo.org.cn）查询。团体标准可在全国团体标准信息平台（www.ttbz.org.cn）查询。企业标准可在企业标准信息公共服务平台（www.cpbz.gov.cn）查询。

以混凝土为例，常用的国家标准、行业标准、团体标准见表 2-3，均可作为检测依据。

表 2-3　混凝土检测常用标准

原材料标准	GB 175《通用硅酸盐水泥》
	GB/T 1596《用于水泥和混凝土中的粉煤灰》
	GB/T 18046《用于水泥、砂浆和混凝土中的粒化高炉矿渣粉》
	GB/T 20491《用于水泥和混凝土中的钢渣粉》
	GB/T 26751《用于水泥和混凝土中的粒化电炉磷渣粉》
	GB/T 27690《砂浆和混凝土用硅灰》
	GB/T 18736《高强高性能混凝土用矿物外加剂》
	JG/T 315《水泥砂浆和混凝土用天然火山灰质材料》

（续）

原材料标准	JG/T 486《混凝土用复合掺合料》
	T/ASC 01《混凝土用镍铁渣微粉》
	GB/T 51003《矿物掺合料应用技术规范》
	GB/T 14684《建设用砂》
	GB/T 14685《建设用卵石、碎石》
	GB/T 25176《混凝土和砂浆用再生细骨料》
	GB/T 25177《混凝土用再生粗骨料》
	GB/T 17431《轻集料及其试验方法》
	JGJ 52《普通混凝土用砂、石质量及检验方法标准》
	JG/T 568《高性能混凝土用骨料》
	GB 8076《混凝土外加剂》
	GB 23439《混凝土膨胀剂》
	JG/T 223《聚羧酸系高性能减水剂》
	JGJ 63《混凝土用水标准》
混凝土及设计、生产、施工、评价标准	GB/T 14902《预拌混凝土》
	GB/T 30190《石灰石粉混凝土》
	JGJ/T 12《轻骨料混凝土应用技术标准》
	JGJ 206《海砂混凝土应用技术规范》
	JGJ/T 221《纤维混凝土应用技术规程》
	JGJ/T 281《高强混凝土应用技术规程》
	JGJ/T 283《自密实混凝土应用技术规程》
	GB 50119《混凝土外加剂应用技术规范》
	GB 50496《大体积混凝土施工标准》
	GB/T 50733《预防混凝土碱骨料反应技术规范》
	JGJ 55《普通混凝土配合比设计规程》
	GB/T 50476《混凝土结构耐久性设计标准》
	GB 50164《混凝土质量控制标准》
	JGJ/T 328《预拌混凝土绿色生产及管理技术规程》
	GB 50666《混凝土结构工程施工规范》
	GB 50204《混凝土结构工程施工质量验收规范》
	GB 6566《建筑材料放射性核素限量》
	JGJ/T 385《高性能混凝土评价标准》
试验检验方法标准	GB/T 50080《普通混凝土拌合物性能试验方法标准》
	GB/T 50081《混凝土物理力学性能试验方法标准》
	GB/T 50082《普通混凝土长期性能和耐久性能试验方法标准》
	GB/T 50107《混凝土强度检验评定标准》
	JGJ/T 193《混凝土耐久性检验评定标准》
	JGJ/T 322《混凝土中氯离子含量检测技术规程》
	GB/T 2419《水泥胶砂流动度测定方法》
	GB/T 1346《水泥标准稠度用水量、凝结时间、安定性检验方法》
	GB/T 750《水泥压蒸安定性试验方法》

（续）

试验检验方法标准	GB/T 1345《水泥细度检验方法 筛析法》
	GB/T 176《水泥化学分析方法》
	GB/T 8074《水泥比表面积测定方法 勃氏法》
	GB/T 17671《水泥胶砂强度检验方法（ISO 法）》
	GB 31893《水泥中水溶性铬（Ⅵ）的限量及测定方法》
	GB/T 8077《混凝土外加剂匀质性试验方法》

当建筑材料试验检测结果满足标准要求时，可判定为合格；反之，当建筑材料试验检测结果不满足标准要求时，则判定为不合格。在试验检测结果合格的基础上，还可对建筑材料进行科学优选，选择性能优良且成本合理的建筑材料，提高建筑工程质量，避免工程事故，减少维护维修费用，降低综合成本。

2.5 根据环境要求选择

现代建筑材料使用的广泛性和普及性，在一定程度上归结于现代建筑材料的适应性。不管是在寒冷的北极还是在酷热的非洲，现代建筑材料应当有相应的解决策略和应付方法。例如：混凝土结构的耐久性问题十分复杂，造成混凝土结构耐久性劣化的原因主要有混凝土中性化、钢筋锈蚀、寒冷气候下的冻害以及侵蚀环境中的各种物理化学作用。由于环境条件的千差万别，不同侵蚀环境中混凝土结构遭受侵蚀损害的程度与机理不尽相同，设计人员应当结合相关规范、建筑物所处环境针对性地选择合适、耐用、经济的建筑材料。此外，应当尽可能降低对当地环境的破坏与污染，如避免使用能产生破坏臭氧层化学物质的材料，避免使用释放污染物的建筑材料；同时应尽量使用耐久性好的建筑材料，避免因资源浪费导致的环境破坏等。

第 3 章

建筑材料的分类

3.1 按建筑材料的化学组成分类

建筑材料按照化学组成分为无机材料、有机材料和复合材料。无机材料包括金属材料及非金属材料，它们均是以无机物构成的材料，具有无机物耐久性好等一系列特性。有机材料包括天然有机材料及人工合成的有机材料，它们均是以有机物构成的材料，具有有机物耐水性好等一系列特性。复合材料包括有机与无机非金属材料复合、金属与非金属材料复合及金属与有机材料复合。由于它们能够克服单一材料的缺点，发挥复合材料的综合优点，已经成为目前应用最多的建筑材料。建筑材料按化学组成分类见表 3-1。

表 3-1　建筑材料按化学组成分类

<table>
<tr><th colspan="4">材料类别</th><th>举例</th></tr>
<tr><td rowspan="9">无机材料</td><td rowspan="2">金属材料</td><td colspan="2">黑色金属</td><td>钢、铁等合金</td></tr>
<tr><td colspan="2">有色金属</td><td>铝及铝合金、铜及铜合金</td></tr>
<tr><td rowspan="7">非金属材料</td><td colspan="2">天然石材</td><td>花岗岩、石灰岩、大理岩、砂岩、玄武岩</td></tr>
<tr><td colspan="2">烧结及熔融制品</td><td>烧结砖、陶瓷、玻璃、铸石、岩棉</td></tr>
<tr><td rowspan="2">胶凝材料</td><td>水硬性胶凝材料</td><td>水泥</td></tr>
<tr><td>气硬性胶凝材料</td><td>石灰、石膏、水玻璃、菱苦土</td></tr>
<tr><td colspan="2">矿物掺合料</td><td>粉煤灰、硅灰、矿粉</td></tr>
<tr><td colspan="2">玻璃</td><td>普通平板玻璃、特种玻璃</td></tr>
<tr><td colspan="2">无机纤维材料</td><td>玻璃纤维、矿物棉等</td></tr>
<tr><td rowspan="3">有机材料</td><td colspan="3">植物材料</td><td>木材、竹材及其制品</td></tr>
<tr><td colspan="3">合成高分子材料</td><td>化学外加剂、塑料、涂料、胶黏剂、密封材料</td></tr>
<tr><td colspan="3">沥青材料</td><td>石油沥青、煤沥青及其制品</td></tr>
<tr><td rowspan="2">复合材料</td><td colspan="3">无机材料基复合材料</td><td>钢筋混凝土、水泥刨花板、聚苯乙烯泡沫混凝土</td></tr>
<tr><td colspan="3">有机材料基复合材料</td><td>沥青混凝土、聚合物混凝土、玻璃纤维增强塑料、胶合板、竹胶板、纤维板</td></tr>
</table>

3.2　按建筑材料的使用部位分类

建筑材料按其使用部位可分为建筑结构材料、建筑墙体材料、建筑防水材料、建筑保温材料、建筑屋面材料等。

3.2.1　建筑结构材料

建筑结构材料是建筑物承受荷载作用的材料，如建筑物的基础、柱、梁所用的材料。建筑结构材料见表 3-2。

表 3-2　建筑结构材料

建筑结构材料	分类依据	分类
混凝土	密度	特重混凝土
		重混凝土
		轻混凝土
	胶结材料	硅酸盐水泥混凝土
		铝酸盐水泥混凝土
		沥青混凝土
		硫黄混凝土
		树脂混凝土
		聚合物水泥混凝土
		石膏混凝土
	流动性	干硬性混凝土
		塑性混凝土
		流动性混凝土
	强度	普通混凝土
		高强混凝土
		超高强混凝土
	施工分类	泵送混凝土
		喷射混凝土
		离心混凝土
		真空混凝土
		振实挤压混凝土
		升浆法混凝土

（续）

建筑结构材料	分类依据	分类
砂浆	胶凝材料	水泥砂浆
		石灰砂浆
		混合砂浆
	堆积密度	重质砂浆
		轻质砂浆
	用途	砌筑砂浆
		抹灰砂浆
		防水砂浆
钢材	冶炼方法	转炉钢
		平炉钢
		电炉钢
	脱氧方法	沸腾钢
		镇静钢
		半镇静钢
		特殊镇静钢
	化学成分	非合金钢
		低合金钢
		合金钢
	质量等级	普通质量钢
		优质质量钢
		特殊质量钢
	用途	结构钢
		工具钢
		特殊钢

3.2.2 建筑墙体材料

墙体材料在建筑中起承重、围护、隔断、防水、保温、隔声等作用。我国目前墙体材料的品种较多，总体可分为三类：砖、砌块和板材。建筑墙体材料见表3-3。

表 3-3　建筑墙体材料

<table>
<tr><th>建筑墙体材料分类</th><th>分类依据</th><th>举例</th></tr>
<tr><td rowspan="5">砖</td><td rowspan="2">烧结成型</td><td>烧结普通砖</td></tr>
<tr><td>烧结多孔砖和烧结空心砖</td></tr>
<tr><td rowspan="3">蒸压成型</td><td>蒸压灰砂砖</td></tr>
<tr><td>蒸压粉煤灰砖</td></tr>
<tr><td>煤渣砖</td></tr>
<tr><td rowspan="4">砌块</td><td colspan="2">粉煤灰砌块</td></tr>
<tr><td colspan="2">蒸压加气混凝土砌块</td></tr>
<tr><td colspan="2">混凝土小型空心砌块</td></tr>
<tr><td colspan="2">轻骨料混凝土小型空心砌块</td></tr>
<tr><td rowspan="11">板材</td><td rowspan="4">水泥类墙体板材</td><td>蒸压加气混凝土板</td></tr>
<tr><td>轻骨料混凝土墙板</td></tr>
<tr><td>玻璃纤维增强水泥板</td></tr>
<tr><td>水泥刨花板</td></tr>
<tr><td rowspan="3">石膏类墙体板材</td><td>纸面石膏板</td></tr>
<tr><td>纤维石膏板</td></tr>
<tr><td>石膏空心条板</td></tr>
<tr><td rowspan="2">植物纤维类墙体板材</td><td>纸面草板</td></tr>
<tr><td>麦秸人造板</td></tr>
<tr><td rowspan="2">复合墙体板材</td><td>钢丝网架水泥夹心板</td></tr>
<tr><td>金属夹心板</td></tr>
</table>

3.2.3　建筑屋面材料

屋面为建筑物的最上层，起围护作用，用于屋面的材料为各种材质的瓦以及一些板材。瓦是主要的屋面材料，其品种很多，有黏土平瓦、石棉水泥瓦、钢丝网石棉水泥波瓦、混凝土平瓦、纤维水泥波形瓦、琉璃型轻质瓦、菱镁波形瓦和木质纤维瓦等。用于屋面的板材包括玻璃纤维增强聚酯波纹板、R-PVC 塑料波形板、金属波形板等。

3.2.4　建筑门窗及五金材料

建筑门窗是建筑用窗和人行门的总称，是建筑围护结构的重要组成部分。门窗的种类很多，从门窗框结构的材料来看，可分为木门窗、钢门窗、塑料门窗以及铝合金门窗等。建筑门窗及门窗五金见表 3-4。

表 3-4　建筑门窗及门窗五金

产品	分类依据	举例
门	按用途分类	外门、阳台门、风雨门、安全门（逃生门）
	按开启分类	平开门、推拉门、提升推拉门、推拉下悬门、内平开下悬门、转门、折叠门、卷门（卷帘门）
	按构造分类	夹板门、镶板门、镶玻璃门、全玻璃门、固定玻璃（镶板）门、格栅门、百叶门、带纱扇门、连窗门、双重门、同侧双重门、对边双重门
窗	按用途分类	外窗、内窗、风雨窗、亮窗、固定亮窗、换气窗、落地窗、逃生窗、观察窗、橱窗
	按开启分类	平开窗、滑轴平开窗、上下推拉窗、推拉窗、提升推拉窗、外开上悬窗、内开下悬窗、（外开）滑轴上悬窗、立转窗、水平旋转窗、推拉下悬窗、内平开下悬窗、折叠推拉窗
	按构造分类	单层窗、双层扇窗、双重窗、固定玻璃窗、百叶窗、组合窗、凸窗、弓形窗（弧形凸窗）、隐框窗
门窗五金	合页	普通型合页、轻型合页、抽心型合页、H 形合页、T 形合页、双轴型合页、弹簧合页、蝴蝶合页、翻窗合页
	插销	铝合金门插销、钢插销
	锁	外装双舌门锁、球形门锁、铝合金锁
	门窗配件	实腹钢门窗和空腹钢门窗五金配件、执手、撑档、内平开下悬五金系统、PVC 门窗固定片、建筑门窗用密封条、PVC 门窗帘吊挂启闭装置、推拉铝合金门窗用滑轮、铁管大门拉手等

3.2.5　建筑幕墙材料

建筑幕墙是由面板与支承结构体系组成的、可相对主体结构有一定位移能力或自身有一定变形能力、不承担主体结构所受作用的建筑外围护墙。幕墙的分类见表 3-5。

表 3-5　幕墙的分类

分类依据	分类	举例
主要支承结构	构件式幕墙	明框幕墙
		隐框幕墙
		半隐框幕墙
	单元式幕墙	
	点支式幕墙	
	全玻幕墙	
	双层幕墙	

（续）

分类依据	分类	举例
密闭状态	封闭式幕墙	
	开放式幕墙	
面板材料	玻璃幕墙	
	金属幕墙	
	石材幕墙	
	人造板幕墙	
	组合幕墙	

3.2.6 建筑装饰材料

1. 饰面玻璃

饰面玻璃是指用于建筑物表面装饰的玻璃制品，主要为板材，分为彩色玻璃、玻璃贴面砖、玻璃锦砖、压花玻璃、磨砂玻璃、激光玻璃。

2. 建筑陶瓷

建筑陶瓷是用于建筑物墙面、地面及卫生间设备的陶瓷材料及制品。陶瓷按照原料种类及胚体密实程度不同可分为陶质、瓷质、炻质三大类。常用建筑陶瓷制品主要是陶瓷砖、卫生陶瓷、琉璃制品等，其中以陶瓷砖的用量最大。常用建筑陶瓷制品分类见表3-6。

表3-6 常用建筑陶瓷制品分类

建筑陶瓷制品	举例	作用位置
陶瓷砖	釉面内墙砖	建筑物内部饰面
	墙地砖	外墙贴面、室内地面装饰
	陶瓷锦砖	外墙饰面装饰
	劈离砖	公共场所
建筑琉璃制品	琉璃兽	亭、台、楼、阁屋面
	琉璃花窗	
建筑卫生陶瓷	洗面盆	卫生间

3. 建筑石材

建筑石材是人类历史上使用最早的建筑材料。石材具有抗压强度高、耐久性和耐磨性好、资源分布广、便于就地取材等优点，可分为天然石材和人造石材两大类。

天然石材按地质形成条件可以分为岩浆岩、沉积岩和变质岩三类。岩浆岩由地壳内部熔融岩浆上升冷却而成。沉积岩是由露出地表的各类岩石经自然风化、风力搬运、流水冲刷等外力和地质作用后再沉积在地表及地表下不太深的地下形成的岩石。变质岩是地壳中原有的岩石由于岩浆活动和构造运动的影响，在固态下发生再结晶而使矿物组成、结构和构造甚至化学组成成分发生部分或全部改变所形成的新岩石。

常用的建筑石材大多为板材，可分为花岗岩饰面石材、大理石饰面石材、人造石制品。

4. 建筑涂料

建筑涂料品种多样、色彩丰富、质感良好，可以满足各种不同的要求。建筑涂料的分类及常用涂料见表 3-7。

表 3-7　建筑涂料的分类及常用涂料

分类依据	举例	
使用部位	内墙涂料	
	外墙涂料	
	顶棚涂料	
	地面涂料	
	门窗涂料等	
主要成膜物质的化学组成	有机高分子涂料	溶剂型涂料
		水溶性涂料
		乳液型涂料
	无机涂料	
	无机、有机复合涂料	
涂膜厚度	薄质涂料	
	厚质涂料	
形状与质感	平壁状涂层涂料	
	砂壁状涂层涂料	
	凹凸立体花纹涂料	
特殊功能	防火涂料	
	防水涂料	
	防腐涂料	
	防霉涂料	
	抗菌涂料	
	负离子涂料	
	弹性涂料	
	变色涂料	
	保温涂料	

5. 人造板及制品

人造板主要包括胶合板、刨花板和纤维板三大类产品，其延伸产品和深加工产品达上百种。人造板的分类见表 3-8。

表 3-8　人造板的分类

分类依据	举例
按所用树种分	针叶材胶合板、阔叶材胶合板
按用途性质分	室外用胶合板、室内用胶合板、结构用胶合板、装饰用胶合板
按成型工艺分	湿法纤维板、干法纤维板、半干法纤维板
按加压方式分	平压刨花板、挤压刨花板、辊压刨花板
按产品密度分	低密度刨花板、中密度刨花板、高密度刨花板、软质纤维板、中密度纤维板、高密度（硬质）纤维板
按胶合材料分	有机胶合人造板、无机胶合人造板

6. 金属及复合材料

金属材料是指一种或两种以上金属元素或金属与某些非金属元素组成的合金的总称。复合材料是指金属材料和其他无机、有机材料通过复合手段组合而成的材料。金属及复合材料的分类见表 3-9。

表 3-9　金属及复合材料的分类

<table>
<tr><th colspan="2">产品及分类依据</th><th>举例</th></tr>
<tr><td colspan="2" rowspan="6">铝合金建筑型钢</td><td>铝合金型材基材</td></tr>
<tr><td>阳极氧化着色型材</td></tr>
<tr><td>电泳涂漆型材</td></tr>
<tr><td>粉末喷涂型材</td></tr>
<tr><td>氟碳漆喷涂型钢</td></tr>
<tr><td>隔热型钢</td></tr>
<tr><td rowspan="15">彩色涂层钢板</td><td rowspan="4">用途</td><td>建筑外用彩色涂层钢板</td></tr>
<tr><td>建筑内用彩色涂层钢板</td></tr>
<tr><td>家电用彩色涂层钢板</td></tr>
<tr><td>其他彩色涂层钢板</td></tr>
<tr><td rowspan="4">面漆种类</td><td>聚酯彩色涂层钢板</td></tr>
<tr><td>硅改性聚酯彩色涂层钢板</td></tr>
<tr><td>高耐久性聚酯彩色涂层钢板</td></tr>
<tr><td>聚偏氟乙烯彩色涂层钢板</td></tr>
<tr><td rowspan="2">涂层结构</td><td>正面两层、反面一层彩色涂层钢板</td></tr>
<tr><td>正面两层、反面两层彩色涂层钢板</td></tr>
<tr><td rowspan="5">基板类型</td><td>热镀锌基板彩色涂层钢板</td></tr>
<tr><td>热镀锌铁合金基板彩色涂层钢板</td></tr>
<tr><td>热镀铝锌合金基板彩色涂层钢板</td></tr>
<tr><td>热镀锌铝合金基板彩色涂层钢板</td></tr>
<tr><td>电镀锌基板彩色涂层钢板</td></tr>
</table>

（续）

产品及分类依据		举例
彩色涂层钢板	涂层表面状态	涂层彩色涂层钢板
		压花彩色涂层钢板
		印花彩色涂层钢板
	热镀锌基板表面结构	光整小锌花彩色涂层钢板
		光整无锌花彩色涂层钢板

3.3 按建筑材料的功能分类

建筑材料按其功能可分为建筑防水材料、建筑防火材料、建筑保温隔热材料、建筑密封材料、建筑吸声隔声材料、建筑光学材料、建筑加固修复材料、胶黏剂、功能混凝土、功能砂浆等。

3.3.1 建筑防水材料

依据建筑防水材料的外观形态，一般可将建筑防水材料分为防水卷材、防水涂料、刚性防水材料三大系列，这三大类材料又根据其组成不同可分为上百个品种。

1. 防水卷材

防水卷材是指用特制的纸胎或其他纤维纸胎及纺织物，浸透石油沥青、煤沥青及高聚物改性沥青制成的，或以合成高分子材料为基料加入助剂及填充料，经过多种工艺加工而成的长条形、片状，成卷供应并起防水作用的产品。

常用的防水卷材按材料组分的变化一般可分为沥青防水卷材、高聚物改性沥青防水卷材和合成高分子防水卷材三大系列，各系列又包含有多个品种，具体见表3-10。

表3-10 防水卷材的主要类型分类

防水卷材	沥青防水卷材	纸胎沥青防水卷材	
		玻纤布胎沥青防水卷材	
		玻纤胎沥青防水卷材	
		麻布胎沥青防水卷材	
	高聚物改性沥青防水卷材	SBS改性沥青防水卷材	
		APP改性沥青防水卷材	
		SBR改性沥青防水卷材	
		PVC改性焦油沥青防水卷材	
	合成高分子防水卷材	弹性体防水卷材	三元乙丙橡胶防水卷材
			聚氯乙烯-橡胶共混防水卷材
		塑性体防水卷材	聚氯乙烯防水卷材
			增强氯化聚氯乙烯防水卷材

2. 防水涂料

防水涂料是将在常温下呈黏稠状态的物质，涂布在基体表面，经溶剂或水分挥发，或各组分间的化学反应，形成具有一定弹性的连续薄膜，使基体表面与水隔绝，起到防水和防潮的作用。按涂料的介质不同可以将其分为溶剂型、乳液型和反应型三类。按成膜物质的不同可以将其分为乳化沥青类防水涂料（目前已淘汰使用）、高聚物改性沥青防水涂料和合成高分子防水涂料。防水涂料分类见表 3-11。

表 3-11　防水涂料分类

名称	性能	举例
高聚物改性沥青防水涂料	具有较好的柔韧性、弹性、流动性、气密性、耐蚀性、耐老化性和耐疲劳性能	氯丁橡胶防水涂料
		水乳型再生橡胶改性沥青防水涂料
		SBS 改性沥青防水涂料
合成高分子防水涂料	弹塑性好、柔韧性好、黏结性能优良、防水性能好	聚氨酯涂膜防水涂料
		水性丙烯酸酯防水涂料
		聚氯乙烯防水涂料
		硅橡胶防水涂料
		有机硅防水涂料
		聚合物水泥防水涂料
		聚脲弹性体防水涂料

3. 刚性防水材料

刚性防水材料包括防水混凝土、防水砂浆、注浆堵漏材料等，其中防水混凝土用量最大。防水混凝土是以水泥、砂石为原料，并掺入少量外加剂、高分子聚合物等，通过调整配合比、抑制或者减少孔隙的特点、增加各原材料界面间的密实性配制而成。防水混凝土分类见表 3-12。

表 3-12　防水混凝土分类

种类		特点
自防水混凝土		施工方便，材料来源广
外加剂防水混凝土	引气剂防水混凝土	拌合物流动性好
	减水剂防水混凝土	拌合物流动性好
	三聚氰胺防水混凝土	早期强度高、抗渗强度等级高
氯化铁防水混凝土		密实性好、抗渗强度等级高
膨胀剂或膨胀水泥防水混凝土		密实性好、抗裂性好

3.3.2　建筑防火材料

燃烧是一个化学现象，必须具备三个因素，即可燃物质、助燃剂和热源，这三个因素同时存在且相互接触才能燃烧。阻止燃烧至少需要将其中一个因素隔绝开来：使用难燃或者不燃物质、隔绝空气、控制热源。建筑防火材料就是根据这个原理，使用难燃、阻燃物，防止火灾的发生和蔓延。

建筑防火材料可分为建筑防火涂料、建筑防火板材、阻燃墙纸及阻燃织物、阻燃剂及堵料、防爆混凝土等。

1. 建筑防火涂料

建筑防火涂料是指涂敷于物体表面，并能很好地黏结形成完整保护膜的物料。它用于降低材料表面燃烧特性、阻止火灾迅速蔓延，或是施用于建筑构件上，用于提高构件耐火极限的特种涂料。建筑防火涂料由基料、助剂、填料和颜料等组成，可以从不同角度分为以下几类，见表3-13。

表3-13　建筑防火涂料分类

分类依据	类型	基本特征
分散介质	水性	以水为溶剂和分散介质，节约能源，无环境污染，生产、施工、储运安全
	溶剂型	以汽油、二甲苯作为溶剂，施工温、湿度范围大，利于改善涂层的耐水性、装饰性
基料	无机类	以磷酸盐、硅酸盐或水泥作为黏结剂，涂层不易燃，原材料丰富
	有机类	以合成树脂或水乳胶作为黏结剂，利于构成膨胀涂料，有较好的理化性能
防火机理	膨胀型	涂层遇火膨胀隔热，并有较好的理化、力学性能和装饰效果
	非膨胀型	涂层较厚，遇火后不膨胀，密度较小，自身有较好的防火隔热效果
涂层厚度	厚涂层	7mm＜涂层厚度≤45mm，耐火极限不低于2.0h
	薄涂层	3mm＜涂层厚度≤7mm，遇火膨胀隔热，耐火极限不低于1.0h
	超薄涂层	涂层厚度≤3mm，遇火膨胀隔热，耐火极限不低于1.0h
应用环境	室内	应用于建筑物室内，包括薄涂型和超薄型
	室外	应用于石化企业等露天钢结构，耐水、耐候、耐化学性，满足室外使用要求
保护对象	钢结构、混凝土结构	遇火膨胀或不膨胀，耐火极限高
	木材、可燃性材料	遇火膨胀，涂层薄，耐火极限低
	电缆	遇火膨胀，涂层薄

2. 建筑防火板材

建筑防火板材通常是以无机材料为主体的复合材料，板材现场施工简单、迅速，具有较好的综合性能，被大规模应用于工业化生产，如石膏板、纤维增强硅酸钙板、石棉水泥平板等。建筑防火板材的分类见表3-14。

表3-14　建筑防火板材的分类

类型	防火机理	特点	举例	使用位置
石膏板	硬化后的二水石膏含有21%的结晶水，当遇火灾时，会脱出结晶水并吸收大量的能量，蒸发出来的水在石膏制品表面形成蒸汽幕，能阻止火势的蔓延。脱水后的无水石膏仍然是热的不良导体和阻燃物	自重轻、强度高、抗震、防火、防虫蛀、隔热、隔声、可加工性好、装饰美观及容易粘接	纸面石膏板	内隔墙、墙体复面板、顶棚、复合隔墙板
		自重轻、高强、耐火、隔声、韧性高	纤维石膏板	内隔墙、天花板、预制石膏板复合隔墙板
		自重轻、强度高、防火、隔声、隔热	石膏板复合墙板	民用建筑内隔墙
		自重轻、强度高、隔热、隔声、防火	石膏空心条板	民用建筑内隔墙
纤维增强水泥平板	板材不燃烧、耐潮湿	具有良好的抗弯强度、耐冲击性能和不翘曲、不燃烧、耐潮湿	TK板（中碱玻璃纤维短石棉低碱度水泥平板）	多层框架结构体系、多层建筑、旧建筑物加层改造中的隔墙和吊顶
		抗拉强度高、耐冲击性能优越、自重轻、加工性能好、轻质、防震、防火、隔热、隔声	GRC板（以水泥砂浆为基材、玻璃纤维为增强材料的无机复合板材）	内隔墙、吊顶和外墙
泰柏板	芯料起保温隔热作用，水泥砂浆层起防火作用	防火、自重轻、强度高、抗震、隔声、隔热、节省能源		隔墙板、外墙板、楼板、屋面板
纤维增强硅酸钙板	板纤维分布均匀，排列有序，密实性好	防火、隔热、防潮、不糜烂变质、不被虫蛀、不变形、耐老化等		吊顶、隔墙及墙裙装饰
石棉水泥平板	材料具有防火性	防火、防潮、防腐、耐热、隔声、绝缘		现装隔墙、复合隔墙板、复合外墙板
陶粒无砂大孔隔墙板	材料具有防火性	自重轻、厚度薄、保温、隔声、防火		非承重内隔墙、阳台隔板、阳台挡板
水泥刨花板	加入适量的水和化学助剂使其具有防火性能	自重轻、强度高、防火、防水、保温、隔声、防蛀		民用建筑内外墙板、天花板、壁橱板、货架板

（续）

类型	防火机理	特点	举例	使用位置
WJ型防火装饰板	用玻璃纤维增强无机材料制作，遇火不燃不爆	自重轻、强度高、安装简单、造价低		电力建筑
滞燃性胶合板	防火的实质是阻燃，阻止火灾蔓延，争取更多的营救时间	无毒、无臭、无污染		
难燃铝塑建筑装饰板	材料难燃	难燃、自重轻、吸声、保温、耐火、防蛀		礼堂、影院、剧场、宾馆、饭店、人防工程、商场、医院等
矿棉防火装饰吸声板	不燃材料矿棉（岩棉）	化学稳定性好、无毒		
新型防火岩棉吸声板	不燃材料	耐高温、不燃、无毒		影剧院、体育馆、办公室、商场等
SJB_2无机防火天花板	以膨胀蛭石为主要材料	防火、无毒、耐潮、加工容易		旅店、影剧院、医院、建筑物吊顶等
膨胀珍珠岩装饰吸声板	以膨胀珍珠岩为主要材料，加入了阻燃剂	优良的防火、吸声性能和装饰效果		

3. 阻燃墙纸及阻燃织物

普通的纸是纤维素基质材料，十分易燃，一般需要对原材料或者成品进行阻燃处理。方法有：采用不燃性或难燃性原料；在造纸浆料中添加阻燃剂；纸及制品的涂布处理；纸及制品的浸渍处理。根据方法及材料的不同，阻燃墙纸及阻燃织物的分类见表3-15。

表3-15　阻燃墙纸及阻燃织物的分类

类别	名称	特点
阻燃墙纸	77PVC难燃型塑料壁纸	装饰性好、拉伸黏结强度好、较好的阻燃性能
	173PF－8701型阻燃低毒塑料壁纸	安全防火、不导燃、不蔓延
	80麻草壁纸	阻燃、吸声、透气、不变形
	防火墙纸	防火、抗老化、耐潮
阻燃织物	阻燃化纤地毯	轻质、耐磨、色彩鲜艳
	永久性阻燃装饰面料	色泽鲜艳、不霉蛀、耐酸碱、耐磨、吸湿性小

4. 阻燃剂及堵料

阻燃处理就是提高材料抑制、减缓或终止火焰传播特性的工艺过程。阻燃剂就是用以提高材料抑制、减缓或终止火焰传播特性的物质。阻燃剂主要是元素周期表中Ⅲ、Ⅴ、Ⅶ族元素的化合物或单质。

阻燃剂按使用方法可以分为反应型阻燃剂和添加型阻燃剂两大类，阻燃剂按化合物可以分为无机阻燃剂和有机阻燃剂两大类。无机阻燃剂的分类见表3-16。有机阻燃剂的分类见表3-17。

表3-16　无机阻燃剂的分类

元素名称	化合物名称	参与反应的状态
磷（P）	红磷	液相、固相
锡（Sn）	氧化锡、氢氧化锡	不明
锑（Sb）	氧化锑	气相
钼（Mo）	氧化钼	不明
硼（B）	硼酸锌、偏硼酸钡	液相、固相
锆（Zr）	氧化锆、氢氧化锆	不明
铝（Al）	氢氧化铝、碱式碳酸铝钠	固相、气相
镁（Mg）	氢氧化镁	固相、气相
钙（Ca）	铝酸钙	固相、气相

表3-17　有机阻燃剂的分类

<table>
<tr><th>种类</th><th>名称</th></tr>
<tr><td rowspan="3">不含卤素</td><td>磷酸三辛酯</td></tr>
<tr><td>磷酸三乙酯</td></tr>
<tr><td>磷酸三甲苯酯</td></tr>
<tr><td rowspan="3">含卤素</td><td>三（氯乙基）磷酸酯</td></tr>
<tr><td>磷酸三（2，3-二溴丙基）酯</td></tr>
<tr><td>磷酸三（2，3-二氯丙基）酯</td></tr>
</table>

在火灾发生时，有必要封堵墙体或者楼层间孔洞，阻止火焰、烟气蔓延，将火灾控制在一定范围。防火堵料可分为有机防火堵料、无机防火堵料、防火包、防火圈等，见表3-18。

表3-18　防火堵料的分类

<table>
<tr><th colspan="2">名称</th><th>防火时间</th><th>特点</th></tr>
<tr><td rowspan="2">有机防火堵料</td><td>YFD型有机防火堵料</td><td>>3h</td><td>施工维修方便、防鼠咬、良好的防火堵烟性能</td></tr>
<tr><td>YGD-1型有机防火堵料</td><td>>3h</td><td>塑性固体，具有一定的柔韧性</td></tr>
<tr><td rowspan="2">无机防火堵料</td><td>WFB（D）型无机防火板</td><td></td><td rowspan="2">耐水性、耐油性好</td></tr>
<tr><td>SDF型速固封堵料</td><td></td></tr>
</table>

（续）

名称	防火时间	特点
防火包	>3h	不燃性、防火抗潮性、高温下膨胀和凝固，形成一种隔热、隔烟的密封层
防火圈	封闭时间<15min	自重轻、美观、不生锈

5. 防爆混凝土

防爆混凝土又称为不发火混凝土，当金属或者坚硬石块等物质与该类混凝土发生摩擦冲击等机械作用时，不产生红灼火花或火星，从而防止易燃物质着火或者爆炸。

3.3.3 建筑吸声隔声材料

建筑吸声隔声材料可分为建筑吸声材料和建筑隔声材料。

1. 建筑吸声材料

建筑吸声材料是指吸声系数较大的建筑装修材料，材料内部有很多相互连通的细微空隙，当声波传入时，因细管中靠近细壁与管中间的声波振动速度不同，速度差引起内摩擦，使声波振动能量转化为热能被吸收。从材料的吸声特性，建筑吸声材料可以分为多孔吸声材料、共振吸声材料和复合吸声材料三大类，见表3-19。

表3-19 建筑吸声材料的分类

名称	吸声机理	举例
多孔吸声材料	内部有无数细微孔隙，孔隙间彼此贯通，当声波入射到材料表面时，一部分在材料表面反射掉，另一部分透入孔隙产生摩擦并转化成热能消耗掉	纤维吸声材料
		泡沫吸声材料
		吸声建筑材料
共振吸声材料	当吸声材料和结构的自振频率与声波的频率一致时，发生共振，使振幅达到最大，从而消耗声能	单孔共振器
		穿孔板共振吸声结构
		微穿孔板共振吸声结构
		薄板共振吸声结构
		薄膜共振吸声结构
复合吸声材料		

2. 建筑隔声材料

可以在噪声传播途径中，利用墙体、各种板材及其构件将噪声源分隔开来，使噪声在空气中传播受阻而不能顺利通过。隔声一般分两种情况，一种是空气隔绝，另一种是固体声隔绝。隔声的分类见表3-20。

表 3-20　隔声的分类

名称	应用	优缺点
空气隔声	单层墙的空气隔声	高频隔声好，低频差
	双层墙的空气隔声	空气间层的存在使隔声能力变差
	轻型墙的空气隔声	将多层密实板用多孔材料分隔，做成夹层结构，提高隔声量
	门窗的空气隔声	一般门窗较薄，存在很多缝隙，是隔声的薄弱环节
固体隔声	撞击隔声	低频改善很小，高频改善很大

3.3.4　建筑光学材料

玻璃主要用作采光和装饰，随着现代科技的发展和建筑对玻璃使用功能的要求，功能性玻璃不断出现，向光控、温控、节能、降噪、隔声、减重及美化环境等方向发展。玻璃按化学组成和功能可分为如下几种，见表 3-21。

表 3-21　玻璃的分类

分类依据	名称	特点及应用
化学组成	钠玻璃	力学性能、热性能、光学性能、化学稳定性差
	钾玻璃	性能比钠玻璃好，多用于制作化学仪器
	铝镁玻璃	力学性能、热性能、光学性能、化学稳定性比钠玻璃高，常用于高档建筑装饰装修
	铅玻璃	易反光、折射能力强、化学稳定性高，可以用于制作光学仪器
	硼硅玻璃	耐热性、绝缘性和化学性能稳定
	石英玻璃	由纯 SiO_2 制成，具有较高的力学性能和优良的热学性能
功能	平板玻璃	用作建筑物的门窗、橱窗及屏风等装饰
	饰面玻璃	用于建筑物的立面装饰和地坪装饰
	安全玻璃	用于建筑物的安全门窗、阳台走廊、采光天棚、玻璃幕墙
	功能玻璃	多用于高级建筑物门窗、橱窗装饰
	玻璃砖	用于屋面和墙面的装饰

3.3.5　建筑保温隔热材料

建筑保温隔热材料是一种轻质、疏松、多孔、热导率小的材料。在冬天为防止由室内向室外传热的绝热材料，即保温材料。在夏季为隔离太阳辐射和室外高温影响的材料称为隔热材料。两种材料可以笼统称为保温隔热材料，它们的本质是一样的，也统称为绝热材料。常用的保温隔热材料按性质可以分为无机绝热材料、有机绝热材料和金属绝热材料三类。保温隔热材料的分类见表 3-22。

表 3-22 保温隔热材料的分类

<table>
<tr><th>分类</th><th>名称</th><th colspan="2">举例</th></tr>
<tr><td rowspan="10">无机绝热材料</td><td>矿（岩）棉及其制品</td><td colspan="2">岩棉保温板</td></tr>
<tr><td>玻璃棉及其制品</td><td colspan="2">玻璃棉保温板</td></tr>
<tr><td>膨胀珍珠岩及其制品</td><td colspan="2">膨胀珍珠岩保温板</td></tr>
<tr><td>膨胀蛭石及其制品</td><td colspan="2">膨胀蛭石保温板</td></tr>
<tr><td>微孔硅酸盐</td><td colspan="2">微孔保温板</td></tr>
<tr><td>泡沫玻璃</td><td colspan="2">泡沫玻璃保温板</td></tr>
<tr><td>泡沫水泥制品</td><td colspan="2">纤维增强泡沫水泥保温板</td></tr>
<tr><td rowspan="3">轻质保温砌块</td><td colspan="2">加气混凝土砌块</td></tr>
<tr><td colspan="2">混凝土小型空心砌块</td></tr>
<tr><td colspan="2">石膏空心砌块</td></tr>
<tr><td rowspan="5">有机绝热材料</td><td>聚苯乙烯泡沫塑料</td><td colspan="2">膨胀聚苯乙烯保温板、挤塑乙烯保温板</td></tr>
<tr><td>脲醛泡沫塑料</td><td colspan="2">脲醛泡沫塑料保温板</td></tr>
<tr><td>聚氨酯泡沫塑料</td><td colspan="2">硬泡聚氨酯保温板</td></tr>
<tr><td>聚氯乙烯泡沫塑料</td><td colspan="2">聚氯乙烯泡沫保温板</td></tr>
<tr><td>泡沫酚醛塑料</td><td colspan="2">硬质酚醛泡沫保温板</td></tr>
<tr><td rowspan="10">金属绝热材料</td><td rowspan="10">金属面夹心板</td><td rowspan="4">面层材料</td><td>镀锌钢夹心板</td></tr>
<tr><td>热镀锌彩钢夹心板</td></tr>
<tr><td>电镀锌彩钢夹心板</td></tr>
<tr><td>镀铝锌彩钢夹心板</td></tr>
<tr><td rowspan="2">芯材材质</td><td>金属泡沫塑料夹心板</td></tr>
<tr><td>金属无机纤维夹心板</td></tr>
<tr><td rowspan="4">建筑结构使用部位</td><td>层面板</td></tr>
<tr><td>墙板</td></tr>
<tr><td>隔墙板</td></tr>
<tr><td>吊顶板</td></tr>
</table>

3.3.6 建筑加固修复材料

我国 20 世纪 80 年代以前修建的工业与民用建筑中有很大一部分正处于加固和维修时期，而现在在建的一些建筑物在施工过程中也经常遇到混凝土质量问题，如蜂窝麻面、空洞、大面积损坏等。为了恢复其使用功能，需对其进行修补。而一般普通砂浆无法满足这个要求，故而聚合物水泥砂浆等受到了国内外普遍关注和大量研究。

建筑加固修复材料可分为聚合物复合修复材料、纤维复合修复材料、化学灌浆补强修复材料、加固修复用胶黏剂，具体分类见表 3-23。

表 3-23　建筑加固修复材料的分类

分类依据	常用材料	举例	
聚合物复合修复材料	聚合物砂浆	聚合物浸渍砂浆	
		聚合物水泥砂浆	
		聚合物砂浆	
纤维复合修复材料	纤维混凝土	高弹性模量纤维混凝土	钢纤维混凝土
			碳纤维混凝土
			芳族聚酰胺纤维混凝土
		低弹性模量纤维混凝土	聚丙烯纤维混凝土
			尼龙纤维混凝土
化学灌浆补强修复材料	环氧树脂化学灌浆材料		
	甲基丙烯酸酯化学灌浆材料		
	其他灌浆材料		
加固修复用胶黏剂			

3.3.7　建筑密封材料

建筑密封材料是嵌入建筑物缝隙、门窗四周、玻璃镶嵌部位以及由于开裂产生的裂缝，能承受位移且能达到气密、水密目的材料，也称为嵌缝材料。建筑密封材料有良好的黏结性、耐老化性和对高、低温度的适应性，能长期经受被黏结结构的收缩与振动而不破坏。建筑密封材料的分类见表 3-24。

表 3-24　建筑密封材料的分类

建筑密封材料	非定形密封材料	合成高分子密封材料	聚氨酯密封膏
			聚硫密封膏
			有机硅建筑密封膏
			丙烯酸酯建筑密封膏
			氯磺化聚乙烯建筑密封膏
		改性沥青密封材料	SBS 沥青弹性密封膏
			沥青橡胶防水嵌缝膏
			沥青桐油废橡胶嵌缝油膏
			聚氯乙烯建筑密封材料
	定形密封材料	遇水非膨胀型定形密封材料	聚氯乙烯胶泥防水带
			塑料止水带
			止水橡皮及橡胶止水带
			自黏性橡胶密封条
		遇水膨胀型定形密封材料	SPJ 型遇水膨胀橡胶
			BW 遇水膨胀止水条

3.3.8 建筑胶黏剂

建筑胶黏剂是一种能使两种相同或不同材料黏结在一起的材料。它具有良好的黏结性能，其分类见表3-25。

表3-25 建筑胶黏剂的分类

建筑胶黏剂	建筑结构胶黏剂	黏钢加固补强胶黏剂
		黏钢加固灌注胶黏剂
		碳纤维加固胶黏剂
		修补胶黏剂
		干挂胶黏剂
		有机锚固用胶黏剂
		无机锚固用胶黏剂
		化学栓
	装修用胶黏剂	室内装修用胶黏剂——装修万能胶
		壁纸墙布胶黏剂
		地板铺装装修胶黏剂
		地砖粘贴胶黏剂
		地毯粘接胶黏剂
		卫生洁具装修胶黏剂
		防水修补用胶黏剂
		密封胶
		堵漏用胶黏剂
		室外装修用胶黏剂——防潮用胶黏剂
		外墙砖粘接胶黏剂
		外墙保温用胶黏剂
		外墙嵌缝用胶黏剂
	专用建筑胶黏剂	防火用胶黏剂
		防水用胶黏剂
		耐温胶黏剂
		水下用胶黏剂
		阻燃用胶黏剂
		建筑密封胶黏剂
	其他	木材用胶黏剂
		石材用胶黏剂
		各类建筑制品用胶黏剂

3.3.9 功能混凝土

混凝土是用途最广的建筑工程材料，随着科学技术的发展，各类功能性特种混凝土也逐渐增多。功能混凝土是在混凝土中添加特殊功能的材料或用特种生产工艺、施工方法制成的混凝土。常见功能混凝土见表 3-26。

表 3-26　常见功能混凝土

类别	举例	特性	应用
耐酸混凝土	水玻璃耐酸混凝土	具有一定的耐酸及耐热性	酸性环境
	树脂耐酸混凝土		
耐碱混凝土		较高抗压强度及耐久性	碱性环境
耐油混凝土		不与油反应且油不可渗透	耐油底板、车间地板、地坪工程
耐热混凝土		能长时间承受较高温度	高温环境
导电混凝土	无机导电混凝土	具有一定的导电性	室内采暖、电热除冰、混凝土结构损伤监测、混凝土凝结和硬化监测
	有机导电混凝土		
	复合导电混凝土		
耐磨混凝土		抗磨耗、抗剥蚀、抗气蚀	人流较大、较差环境
其他功能混凝土	透明混凝土	可透过光线	装饰
	超长寿混凝土	使用寿命长	堤防、桥墩、隧道
	光催化混凝土	杀菌除臭	道路路边材料或建筑物墙体材料
	能调节空气湿度的混凝土	调节空气湿度	对温度、湿度敏感的食物仓库、美术作品收藏室、有节能要求的建筑物
	防菌混凝土	针对某种细菌和微生物	对某种细菌有要求的环境

3.3.10　功能砂浆

功能砂浆包括建筑装饰功能砂浆、建筑节能体系功能砂浆、建筑地坪功能砂浆、加气混凝土配套功能砂浆、建筑修复功能砂浆、建筑特种功能砂浆等。

3.4　按建筑材料的结构分类

3.4.1　致密结构材料

致密结构材料是指材料中不含可吸水、可透气孔隙的结构材料，其性质特征为水密性或气密性。例如：金属材料、致密石材、玻璃、塑料、橡胶等。

3.4.2　多孔结构材料

多孔结构材料是指具有粗大孔隙的结构材料，其性质特征为多孔质轻、透气漏水，可用于保温、隔热等。例如：太湖石、火山岩无砂大孔混凝土、加气混凝土、泡沫塑料及人造轻质多孔材料等。

3.4.3 微孔结构材料

微孔结构材料是指具有微细孔隙的结构材料，其性质特征为强度低、吸水性强、抗冻性差。例如：石膏制品、低温烧结黏土等。

3.4.4 堆聚结构材料

堆聚结构材料是指由胶凝性或黏结性的颗粒相互填充、胶结而成的结构材料，其性质特征为材料强度取决于颗粒强度、黏结强度及填充率。当颗粒的黏结性和颗粒间的黏结力为零时，堆聚结构转变为散粒结构。例如：水泥混凝土、砂浆、沥青混合料、陶瓷等。

3.4.5 纤维结构材料

纤维结构材料是指由天然或人工合成纤维物质构成的结构材料，其性质特征为抗裂性和抗冲击性好。例如：木材、玻璃钢、岩棉、钢纤维增强水泥混凝土。

3.4.6 层状结构材料

层状结构材料是指天然形成的或人工采用黏结等方法而将材料叠合、复合而制成的双层或多层结构材料，其性质特征为各层材料的性质及层与层之间的界面决定该层状结构材料的特性，且层状结构材料呈各向异性。例如：胶合板、蜂窝板、纸面石膏板、各种新型节能复合墙板等。

3.4.7 散粒结构材料

散粒结构材料是指松散粒状物质所形成的结构材料，其性质特征为散粒结构可自然堆积；其体积填充率与其颗粒级配相关；散粒结构材料可振动液化。例如：混凝土骨料、粉煤灰、细砂、膨胀珍珠岩等。

3.5 其他分类

3.5.1 按层次观分类

按层次观对建筑材料进行分类时，可分为宏观结构、细观结构、微观结构、原子-分子级结构。其中宏观结构范围可在10^{-2}m以上，细观结构范围为10^{-2}～10^{-6}m，微观结构范围为10^{-6}～10^{-9}m，原子-分子级结构范围为10^{-9}～10^{-12}m。

3.5.2 按施工顺序和作用分类

建筑材料按施工顺序和在建筑物、构筑物中的作用可分为主体工程材料、装饰工程材料、建筑功能材料和建筑安装材料四大类，主体工程材料又分为结构工程材料与墙体工程材料。

第 4 章 建筑材料今后发展的方向

废弃物资源化与社会可持续发展，已成为当前国际多数国家的重要共识。推动废弃物资源化，促进资源循环再生利用，是企业可持续发展必须面对的问题，也是塑造企业形象、创造经济效益及环境效益的重要方面。

我国在工业化和城市化进程中，各类废弃物产量庞大，污染环境，如采用掩埋处理更会挤占城市的发展空间，如能将废弃物再生利用，将为城市提供一条可持续发展之路。将废弃物作为资源进行开发利用，不仅可以降低对各种非可再生资源的依存度，还能减少废弃物对人类生存空间的挤占。建筑业是自然资源消耗量大的产业，在该产业中对废弃物进行开发利用的意义深远。我国近年来也出台了一系列促进废弃物在房屋与环境营建中利用的政策法规。但当前，将废弃物用于工程营建的实施十分困难，主要原因有三：其一，建筑设计和施工人员对各种废弃物的营建利用方法缺乏了解，因而在建筑设计中都竭力避免针对各种废弃物的利用设计；其二，设计单位大多缺少成形的、能够符合利用废弃物营建的设计流程管理体系，利用废弃物的工程营建的工期也比使用普通新建材的工期长；其三，利用废弃物的工程营建比普通的工程营建增加了废弃物回收的过程，所以在已有的工程营建案例中，利用废弃物营建的成本可能比使用新建材营建的成本更高。为了解决上述问题，本章从废弃物展开详细论述，提出一套在建筑和环境营建中切实可行的利用废弃物的设计方法。

4.1 资源的有效利用与再生利用

4.1.1 可持续发展的定义与内涵

1972 年，联合国在瑞典斯德哥尔摩举行的人类环境大会上，针对环境保护和经济发展相关议题进行了广泛讨论。1992 年，联合国再次于巴西里约热内卢召开环境与发展大会，又称为地球大会。大会回顾了第一次人类环境大会后 20 年来的全球环境保护历程，敦促世界各国政府注意并告知大众采取适当措施、共同努力，以防止全球持续环境污染和生态恶化，提倡人类应携手努力共同保护生存环境。会议通过关于环境与发展的《里约热内卢宣言》，又称为《地球宪章》与《21 世纪行动议程》，共计 154 个国家签署《气候变化框架公约》，148 个国家签署《保护生物多样性公约》。公约宗旨是在告知人们“地球在我们手中”。可持续发展目前尚无统一的定义，但普遍被接受的定义为：“人类各项发展除能满足这一代需求外，不要影响到后代子孙追求他们各项需求的能力”。可持续发展须结合环境、社会、经济三个层面。混凝土在人类物质文明建设上，扮演着重要的角色，可持续（绿色）混凝土的开发，符合可持续发展理念，其内涵可归类为以下几点：①促进环境保护与改善；②确保人类身体健康；③提升社会与经济的稳定性；④建立便利与高效能的交通与居住条件；⑤结合美观设计与优质的工程建设；⑥节约能源；⑦终生学习与教育。

4.1.2 可持续（绿色）混凝土相关研究

混凝土中加入废弃物一起生产，可定义为可持续（绿色）混凝土。当混凝土中骨料的20%以废弃物取代，即为可持续（绿色）混凝土。美国混凝土学会依据混凝土性质、使用性及废弃物来源等，将可持续（绿色）混凝土分成六大类：①低碳混凝土（特别是水泥生产技术的改进）；②热传导改良混凝土，热质改良、储热改良混凝土；③耐久混凝土；④符合暴雨控制的透水混凝土；⑤改善人居环境的混凝土及使用废弃物的混凝土；⑥使用工业生产过程剩余副产物的混凝土或再生材料混凝土。近几年世界各国混凝土产业积极投入各项改善研究，在减碳方面获得了许多重大进展，特别是使用再生材料生产混凝土逐渐被营建业接受使用，并形成一种趋势。综合过去研究成果，降低对环境冲击的具体方法为：①尽可能使用辅助胶结料，特别是工业生产过程中所残余的副产品，如粉煤飞灰、高炉矿渣、硅灰等；②使用再生材料替代天然资源；③提高结构物的耐久性及服务寿命以减少材料维修更换的需求；④改善混凝土的力学性能或其他性能以减少材料的需求量；⑤清洗用水再利用。

4.2 工业废弃物无害化与资源化

4.2.1 粉煤飞灰（Fly Ash）

粉煤飞灰在水泥和混凝土产业的应用甚广。例如：粉煤飞灰可代替黏土原料来生产水泥，并可利用粉煤飞灰配料中未燃尽的残余碳。硅酸盐水泥熟料和粉煤飞灰拌合后，加入适量石膏磨细可制成水硬胶凝材料。在混凝土中掺加适量粉煤飞灰代替部分水泥或细粒料，不仅能降低成本，而且能提高混凝土的力学性、抗水渗透性、致密性、抗硫酸盐性和耐化学侵蚀性等，以达到降低水化热、改善混凝土的耐高温性能、减少颗粒分离和析水现象、降低混凝土的体积收缩和开裂以及抑制混凝土中钢筋的腐蚀等。

4.2.2 高炉矿渣

炼钢厂在高炉炼铁过程中，必须加入助熔剂，使铁矿石及焦炭中的杂质相结合而生成炉渣，炉渣自高炉排出后冷却所得的固体物称为高炉矿渣，冷却处理过程不同，其性能不同。一种方式为将高炉矿渣置于空气中，使其自然冷却称为气冷炉石，而另一方式则为将高炉矿渣从高炉取出后立即洒水，使其急速冷却称为水淬炉石。水淬炉石以硅酸钙或铝硅酸钙为主要成分，相对密度约2.9，玻璃质率高达95%以上，化学成分与水泥极为相近。

在混凝土配比设计中添加粉煤飞灰、硅灰及炉石等辅助胶结料，对混凝土的力学性质与耐久性均有正面的影响。相关研究显示，混凝土中添加粉煤飞灰及炉石，不仅可以加速复合水泥的水化反应，同时也能改善其抗压强度与孔隙结构。但是，当这些工业副产物添加量或取代水泥量的比例过高时，反而会降低混凝土的某些力学性质与耐久性，如学者 Escalant 分别使用30%、50%及70%（质量分数）的炉石取代水泥，结果显示抗压强度随炉石取代水泥量的增加而降低。

4.2.3　硅灰

硅灰是铁硅合金或硅合金工业副产品，是一种高纯度非结晶二氧化硅。此类的硅质材料添加至混凝土中可提高强度及耐久性，另外相关文献显示硅灰和火山灰一样具有填充混凝土孔隙的效果。由于硅灰具有极微小颗粒，故处理程序也相对水泥困难，因此在成本方面是较高的。另外，硅灰可应用于配制高强度混凝土、超高早强混凝土等。使用硅灰除可提升混凝土的性能外，也可大幅降低水泥用量，提升经济效益。在国外，硅灰混凝土大多用于高层建筑及人工河床，以提高强度、降低成本及增加耐磨性、长期耐久性。

4.2.4　再生骨料

随着城市建筑业的不断发展，混凝土材料的消耗量越来越大。每年拆除的废弃混凝土、新建建筑产生的废弃混凝土以及混凝土工厂、预制构件厂排放的废弃混凝土数量巨大。在建筑工程中，混凝土的用量最大，而在混凝土的几种原材料中，骨料用量又居首位。长期以来，由于砂石材料来源广泛、价格低廉，人们对其滥采滥用，造成了严重的资源枯竭和环境污染问题。废弃混凝土除了小部分用于充当道路和建筑物的基础垫层外，绝大部分未经任何处理便被施工单位运往郊外，采用天然堆放或填埋的方式进行处理，不仅要花费大量的运费，还要占用大量宝贵的土地资源，造成环境污染，并且简单遗弃也是对自然资源的极大浪费。将废弃混凝土作为再生骨料开发利用，一方面解决了大量废弃混凝土处理困难以及由此造成的生态环境日益恶化等问题；另一方面可以减少建筑业对天然骨料的消耗，从而减少对天然砂石的开采，从根本上解决了天然骨料日益匮乏和大量砂石开采对生态环境的破坏问题，保护了人类的生存环境，符合可持续发展的要求。利用再生骨料可以节约工程成本，节省天然骨料开采费用和废弃混凝土处理费用，不管是对提高经济效益还是社会效益，都有着重要的意义。日、美、德、英等国家目前实行的策略是“建筑垃圾源头削减”，意思是在建筑垃圾产生前，依靠科学管理以及有效控制达到减量的目的。选择科学合理的方式对形成的建筑垃圾进行处理，处理后具备再生资源的功能。

由建筑物拆除产生的废弃材料在我国每年就约 10 亿 t 以上，堆填区已无法再容纳此数量；加上骨料来源日益匮乏，因此利用再生混凝土骨料替代天然骨料逐渐普及。在欧洲，再生混凝土大多被用来当作路面基层或底基层材料，再生混凝土密度比普通混凝土低，骨料本身可能残留许多不纯物，如石膏、土壤、沥青等，都可能危害到混凝土质量。有学者认为再生骨料也会导致混凝土弹性模量降低、增加徐变、收缩变形、高渗透性进而降低其耐久性。

4.2.5　废玻璃

废玻璃适合作为混凝土的骨料。市场上的废玻璃运用在混凝土的生产制造上，在经济上是可行的。纽约市每年回收废玻璃的费用超过 60 万美元，一般都认为直接扔掉空瓶比回收空瓶更具经济价值，这种观念应该要改变。举例来说，美国制造铺路石的厂商，若使用废玻璃，单单一年就可以消耗掉 20 万 t 的废玻璃，相当于纽约市每年废玻璃收集的量，但其成本却比目前使用砂石高出许多。虽然制造厂商需支付每 t 近百美元的废玻璃购买成本，同时许多城市在废玻璃处理上也都支付了可观的成本，但是仍有许多使用废玻璃制造的产品已经大量商业化生产。这些含有玻璃之高单价产品，如水磨石砖、墙板、桌面柜台等，不仅美观又具质感，若顾客愿意接受较高价格而使用此类产品，该产品与天然石材相比，仍具有竞争力。

4.2.6 废轮胎

发达国家每年产生数以亿计的废轮胎并造成严重的环境问题。废轮胎除不美观外，还会造成火灾隐忧与蚊虫滋生危害健康等重大问题，因此，将废轮胎丢置垃圾掩埋场一般是被法令所禁止的。由于业者非法倾倒废轮胎案例一直不断地增加，伴随来的便是许多环境污染的问题，最有意义的解决方案就是回收再利用。废轮胎最常见的处理方法是将废轮胎视为燃料应用在蒸汽和电能或热能的生产。在美国和欧洲，废轮胎可当作制造水泥的替代燃料。橡胶轮胎替代混凝土的骨料可增加混凝土的力学性质，另外橡胶颗粒具有抑制裂缝扩张的作用，显著提高应变能力、延展性和能量吸收能力，故将废轮胎应用在混凝土中是可行的，但当橡胶含量增加过高时却会降低混凝土的抗压强度、抗拉强度及刚性。

4.2.7 其他再生材料

除上述几种再生材料外，尚有其他已被研发的可作为替代水泥或骨料的，如废木材、废白土、废陶瓷砖瓦、石材废料、石材污泥、电弧炉炼钢炉渣、感应电炉炉渣、化铁炉炉渣、废橡胶、净水污泥、高炉矿泥、转炉矿泥、热轧矿泥、旋转窑炉渣以及废水泥电杆等。因此，建议打通上中下游再利用业者与使用者通路，以构建资源再生产业体系作为循环经济实践基础，如图4-1所示。

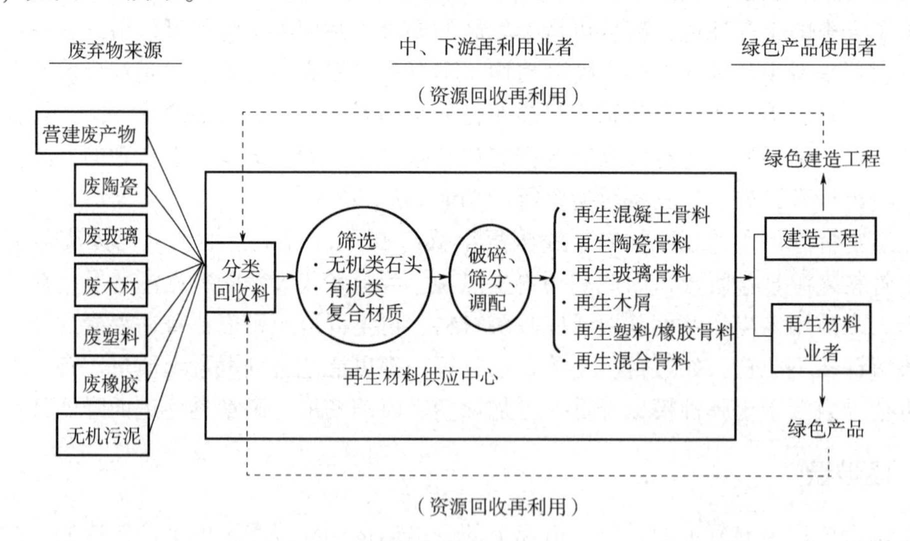

图4-1 构建资源再生产业体系

4.3 工厂化生产

建筑废弃物包括钢筋、废弃混凝土/砖块、木质废料、塑料、玻璃等，数量十分庞大，而以废弃混凝土/砖块为最大量，各种可行的再利用途径不外乎以下几种：骨材利用（或制备再生混凝土制品）、路基填方、填海造地、级配料、人工鱼礁等。

各种再利用途径中，填方料消耗量最大，且仅须粗碎即可再利用，但是附加价值较低。再生骨材用以再制混凝土制品的附加价值可较高，但市场通路却是以往推动资源回收再利用的重要瓶颈所在。

建筑材料以用途来分类，可以分为构造主体材料和装修用材两类。构造主体材料是用来构成建筑物的主体，如钢筋、混凝土、木材、竹材、石材等；而装修用材是用于装饰、美观等，如薄石板、油漆、瓷砖等。此外，建筑材料又可依照产生的方式来分类，如天然及人造两大类材料。而依照化学组成来分类，建筑材料则又可分为有机及无机两类，而无机材料又可再细分为金属及非金属材料。最后，建筑材料又可依照其组成元素分类，即陶土（Ceramics）、金属类（Metals）及有机物质（Organic Materials）。

国内的建筑废弃物回收再利用将优先以废木材及废弃混凝土为主。而从市场应用层面来考虑，国内较具市场需求性的木料类再生建材为粒片板、木片（纤维）水泥板及踢脚板等；而混凝土类的再生建材则为高压地砖、植草砖、围墙空心砖及消波块等。以上所提的再生建材，从性质上进行区分可分为素材类（需进一步加工再使用）以及成品类（可直接使用）。

以木质废弃物而言，属于素材类的包含粒片板、纤维板、仿木建材与复合板等再生建材，甚至可与其他废弃物混合而制得如耐燃性复合板等材料，因此极具广泛的市场用途。而将木质素材进一步加工，即可制得木质成品，如纤维板制成课桌椅、防火门板等；仿木建材制成踢脚板、栈道板。对于混凝土块/砖石废弃物而言，属于素材类的再生材料主要为经筛分后制备的人工骨材，可作为各种级配料。而利用这些混凝土类的素材，经特殊加工后可以制成各类混凝土制品，如高压地砖、植草砖、围墙空心砖、消波块等。

再生建材相关制品、来源、关键技术与主要检测项目见表 4-1。

表 4-1　再生建材相关制品、来源、关键技术与主要检测项目

再生建材	相关制品	来源	关键技术	主要检测项目
粒片板	隔间板、课桌椅等	废木材等	热塑合技术等	强度、密度、吸水度、成分等
纤维板	隔间板、课桌椅、防火门板、框板、地板等	废木材、废家具、废水泥块、废瓷砖、废玻璃等	热塑合技术、水合反应技术、高压模成技术、养护技术、抄造成型技术等	强度、防火性、密度、吸水度、耐候性等
仿木建材	踢脚板、栈道板等	废木材、废塑料等	挤压塑合技术等	强度、成分、耐候性等
复合建材	天花板、浮雕板、地板、内外间隔板等	废木材、废浴缸、废水泥块、废瓷砖、废玻璃等	热塑合技术、水合反应技术、高压模成技术、养护技术、常温塑合技术、无机聚合技术等	强度、防火性、密度、吸水度等
人工骨材	道路级配、砖级配等	废水泥块、废砖块等	粉碎级配技术等	强度、粒度等
高压砖	步道砖、植草砖、围墙砖、空心砖等	废水泥块、废瓷砖、废玻璃、废砖块等	高压模成技术、蒸气养护技术等	强度、密度、吸水度、耐候性等

（续）

再生建材	相关制品	来源	关键技术	主要检测项目
水泥制品	消波块等	废水泥块、废瓷砖、废砖块等	参配技术、预制水合技术等	强度、耐候性等

4.4 再生建材与再生流程

4.4.1 混凝土再生建材

一般来说，建筑废弃物经拆除及现场初步分类后，可直接运往分类处理场进行筛选、粉碎等分类处理，然后，再针对绿色建材种类/数量以及建筑废弃物特性进行分析对比，规划建筑废弃物，制造再生建材。针对建筑废弃物中的废弃混凝土块，分析作为再生建材的组成材料，再建立有效的资源化流程。

混凝土是由水泥、水、粒料（砂和石）按适当比例配合，拌制成拌合物，经成型硬化而成的人造石材。其中的水泥是一种主要成分。而混凝土骨料，除标称最大粒径外，均需符合骨料级配规定。

混凝土再生建材流程如图 4-2 所示。

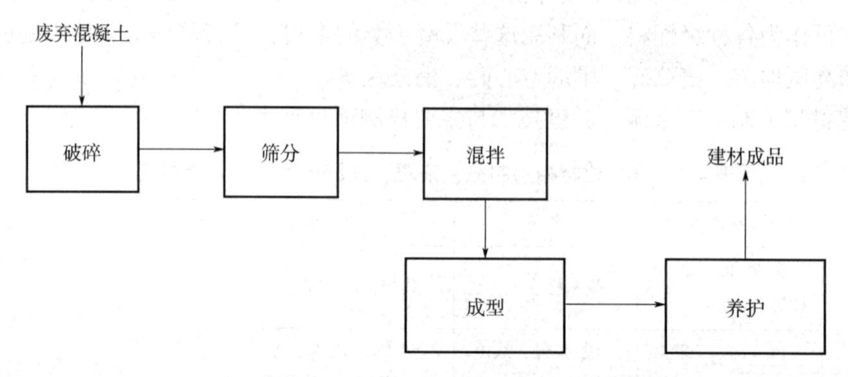

图 4-2　混凝土再生建材流程

4.4.2 再生水泥纤维板

近年来，因都市的高度繁荣成长，加上火灾造成严重伤亡的问题逐渐显露，各界都很关注建筑物使用的防火装饰材料。针对装饰材料防火特性需求，利用大量产生的废弃物作为再生原料，开发防火板材，可以有效降低防火板材的成本，并大幅提升防火板材产业的竞争力，以及重新建立具有绿建材自主性特色的防火板材产业。

由于水泥纤维板中，无机质混合材料约为 30% ~50%，此部分可以用各种回收石质材料替代。而就制造技术而言，水泥与各种添加原料的水合反应作用是板材产品性能是否良好的关键。因此若回收材料可以与水泥进行水合反应，且生成物的强度可符合标准，则将可能提供其作为水泥纤维板的再生原料。

石质营建废弃物作为水泥纤维板的再生原料，可以包括废花岗石墙板或地板、废玻璃窗、废红砖、废瓷砖、废防火板材以及废弃混凝土的硅砂与水泥组成等。它们均为国内大量产生的一般常见营建废弃物。就传统水泥纤维板的原料配比而言，依各厂商的开发配方而异，但可参考德国 Siempelkamp 公司提供的典型水泥纤维板原料配比，见表 4-2。

表 4-2　典型水泥纤维板原料配比

原料名称	纸纤维	硅砂	水泥	高岭土
配比率	9%	52%	33%	6%

水泥纤维板原料组成显示，硅砂占 52%，为板材最重要的原料。水泥纤维板制作中，一个重要特色是采用高温养护，在高温养护过程中，硅质原料与水泥的主要物质（氧化钙）进行反应，产物包括 C-S-H 胶体与硅酸钙，该产物结晶稳定，减少干缩与潜变性能，且由于硅酸钙的密度变化不大，不会使固化体中的孔隙增加，有助于强度增加。生产水泥纤维板时，再生原料可分成参与高温水合反应的硅质原料以及未参与高温水合反应的非硅质原料（填充料）。

4.4.3　再生仿木复合建材

再生仿木复合建材使用的再生原料是以木质营建废弃物为主，包括废梁柱、废门窗、废地板、废装潢板材、废家具、废桌椅、废橱柜、废置物箱等废弃物中所含的木质成分以及营建废弃物经过拆卸与分离后的热塑性塑料废弃物，包括 HDPE、PE、PP、HPP 等。再生木质原料形态为经粉碎解纤与筛分处理后的 0. 15 ~ 0. 2mm 木纤维。再生热塑性塑料原料形态为经粉碎与筛分处理后的 10 ~ 20mm 碎片。再生原料的替代比率范围为：再生木纤维原料替代比率范围为 20% ~ 50%；再生热塑性塑料原料替代比率范围为 50% ~ 80%。再生仿木复合建材的再生流程如图 4-3 所示。

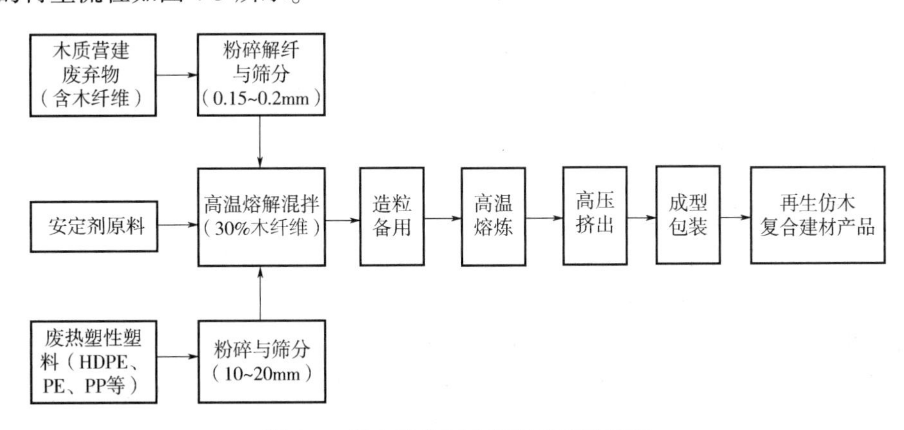

图 4-3　再生仿木复合建材的再生流程

4.4.4　再生粒片板

再生粒片板使用的再生原料是以木质营建废弃物为主，包括废梁柱、废门窗、废地板、废装潢板材、废家具、废桌椅、废橱柜、废置物箱等废弃物中所含的木质成分。再生木质原料形态为经过粉碎、筛选等处理后约 1 ~ 2cm 的木屑粒片。再生木屑粒片经干燥处理后，在混炼机中添加胶黏剂尿素甲醛胶，充分混拌后，经过铺装与热压塑合成（热压条件约

150℃，25～30cm²），可制成粒片板产品。在再生原料的替代比率方面，再生粒片板原料的替代比率范围可以达到100%，并且回收粒片板也可以循环重复再生使用。再生粒片板的再生流程如图4-4所示。

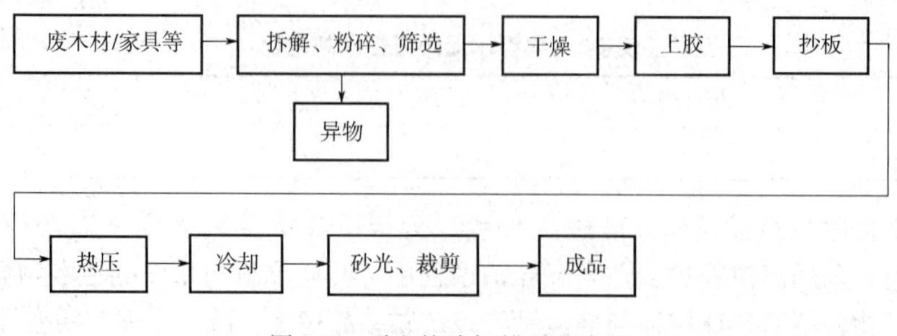

图4-4　再生粒片板的再生流程

4.4.5　再生高压地砖

再生高压地砖是以石质营建废弃物作为再生原料。石质营建废弃物包括废花岗石墙板或地板、废玻璃、废红砖、废瓷砖、废弃混凝土等，均为国内大量产生的一般常见营建废弃物。再生高压地砖的原料形态为经过粉碎、筛选等处理后约1～2cm的再生骨材。再生骨材经筛选处理后，在混炼机中依配比分别添加水泥胶黏剂、硅砂与水，半干式充分混拌后，经过高压振动成型制砖机铺装与压合成型，可制成各种尺寸的再生高压地砖产品。在再生原料的替代比率方面，石质营建废弃物原料的替代比率范围可以达到50%，并且回收高压地砖也可以循环重复再生使用。再生高压地砖的再生流程如图4-5所示。

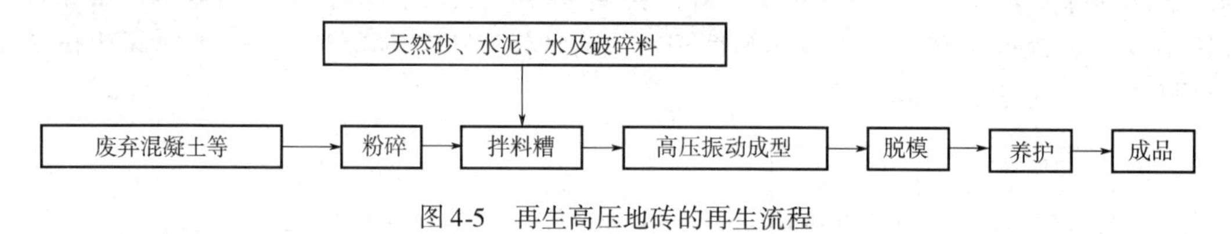

图4-5　再生高压地砖的再生流程

4.4.6　再生植草砖

再生植草砖是以石质营建废弃物作为再生原料，包括废花岗石墙板或地板、废玻璃、废红砖、废瓷砖、废弃混凝土等。原料形态为经过粉碎、筛选等处理后约1～2cm的再生骨材。再生骨材在混炼机中依配比分别添加水泥胶黏剂、硅砂与水，半干式充分混拌后，经过高压振动成型制砖机铺装与压合成型，可制成再生植草砖产品。在再生原料的替代比率方面，石质营建废弃物原料的替代比率范围可以达到50%。再生植草砖的再生流程如图4-6所示。

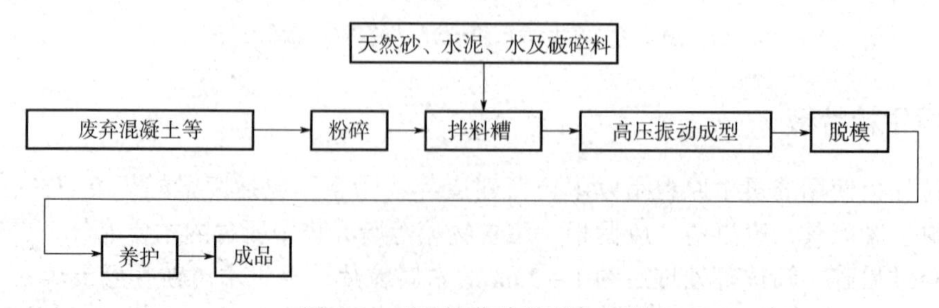

图4-6　再生植草砖的再生流程

4.4.7　再生围墙砖

再生围墙砖也是以石质营建废弃物作为再生原料。原料形态为经过粉碎、筛选等处理后约 1 ~ 2cm 的再生骨材。再生骨材经筛选处理后，在混炼机中依配比分别添加水泥胶黏剂、硅砂与水，半干式充分混拌后，经过高压振动成型制砖机铺装与压合成型，可制成各种尺寸的再生围墙砖产品。在再生原料的替代比率方面，石质营建废弃物原料的替代比率范围可以达到 50%。再生围墙砖的再生流程如图 4-7 所示。

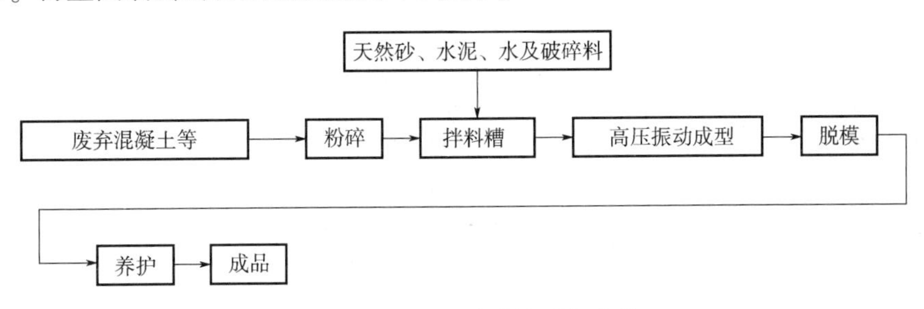

图 4-7　再生围墙砖的再生流程

4.4.8　再生消波块

再生消波块以石质营建废弃物作为再生原料。石质营建废弃物包括废花岗石墙板或地板、废玻璃、废红砖、废瓷砖、废弃混凝土等。再生消波块的原料形态为经过粉碎、筛选等处理后约 1 ~ 2cm 的再生骨材。再生骨材在混炼机中依配比分别添加水泥胶黏剂、硅砂与水，半干式充分混拌浇注模具成型后，经过 24h 脱模，可制成各种尺寸的再生消波块产品。在再生原料的替代比率方面，石质营建废弃物原料的替代比率范围可以达到 50%，并且可以循环重复再生使用。再生消波块的再生流程如图 4-8 所示。

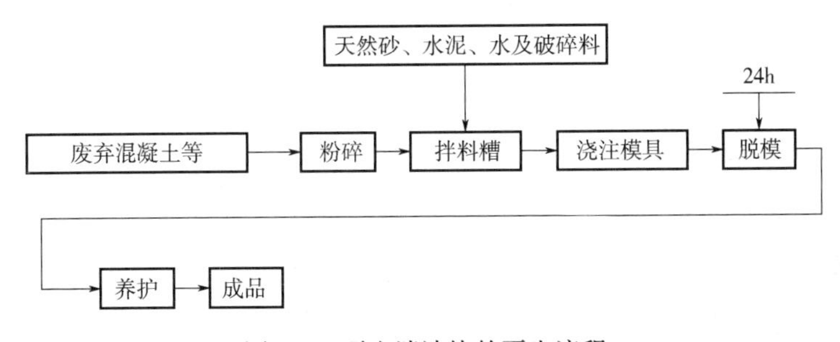

图 4-8　再生消波块的再生流程

4.5　高性能化

4.5.1　自然生态绿建材

自然生态绿建材有助于降低建筑材料开采和加工过程中的能源消耗、污染物排放与碳足迹，大多数自然生态绿建材皆取自木材、竹材等。有时需要考虑建筑的永久性与抗震性，此时这些天然材料都要进行特殊加工。因此，未来还应将生命周期概念纳入自然生态绿建材的鉴定与评估，以促进绿建材厂商更新产品，降低环境冲击与资源消耗。此外，绿建筑的维护与组件更新也会造成额外的环境冲击。

自然生态绿建材是以结合天然材料为主，基于低加工、低能耗、无毒害与耐久性的特点所制成的建材，可包含竹材钢板、工程化木材建材、天然隔热材料以及天然纤维水泥材料等，如图 4-9 所示。它具有减少传统人为加工的建材用量以及延长建材寿命与碳汇功用。

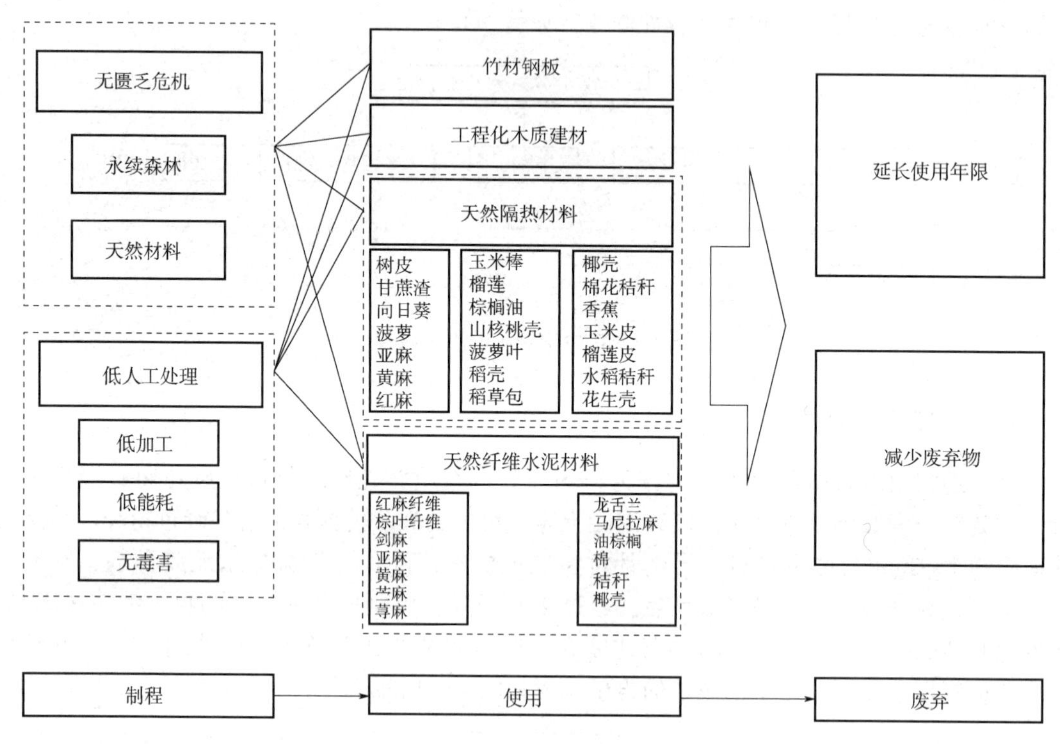

图 4-9　自然生态绿建材分类图

4.5.2　节能减碳绿建材

绿建材对于节能减碳也有帮助，通过天然或再生循环的材料做成绿建材，可有效减少传统水泥、混凝土材料用量，达到减少二氧化碳排放效果。其中粉化高炉渣（Ground Granulated Blast furnace Slag，GGBS）是制铁工业副产物，GGBS 可与过量的氢氧化钙反应形成硅酸钙，进一步减少骨料间孔隙率，提高混凝土抗压强度与稳定度。GGBS 可用作水泥的替代品（图 4-10），因为水合过程与波特兰水泥非常相似。当波特兰水泥与水反应时，不溶性水合产物与水泥颗粒接近。水合（氢氧化钙）的较易溶解产物作为离散晶体析出，被大孔包围。当 GGBS 颗粒也存在时，GGBS 和波特兰水泥均可溶解产物作为离散晶体析出。另外，GGBS 与过量的氢氧化钙反应形成有助于填充和阻塞孔隙的水合物。结果是硬化的水泥浆，其含有大大降低的氢氧化钙和较不透气的精细孔结构。游离氢氧化钙的还原使混凝土更稳定，更细的孔结构限制了侵蚀性化学物质通过混凝土扩散的能力。目前在英国，GGBS 料源稳定且为一种商业化的绿色水泥建材，具备废弃物资源化、低能耗以及低碳排等效益。

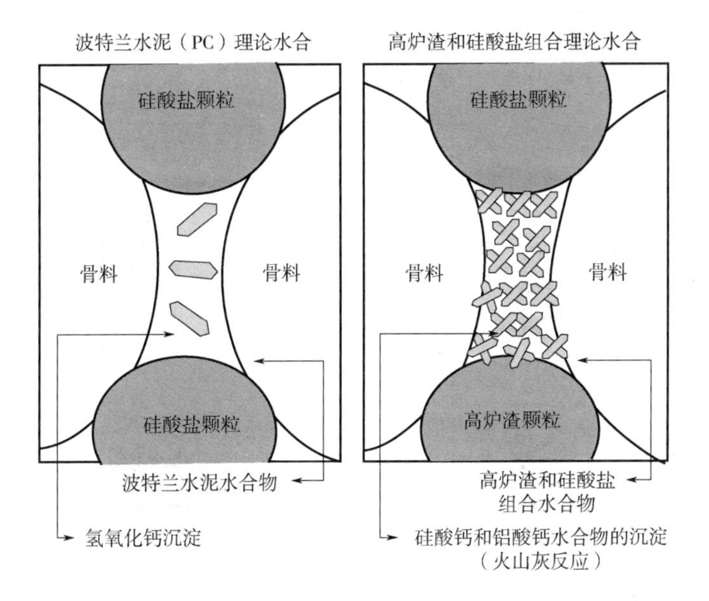

图 4-10　GGBS 与波特兰水泥的水合过程

4.5.3　健康安全绿建材

从地区环境因素需求为发展技术的出发点，既可达到再利用资源化，又可以创造新型建材。例如：室内装饰材料可考量多孔与轻量化材料，以利调整室内湿度与温度。此外可考量推广研发兼具高耐久与环保效益新材料。例如：对于玻璃幕墙的清洁维护，会消耗水资源，因此建议研究自洁性建材，可减少清洁剂的使用，降低对环境的过度干扰。健康安全绿建材范畴可涵盖地板、涂料、窗户、密封材料与隔热材料等，主要效益包含可维护室内空气健康、光线健康、温度健康以及人身安全等，如图 4-11 所示。

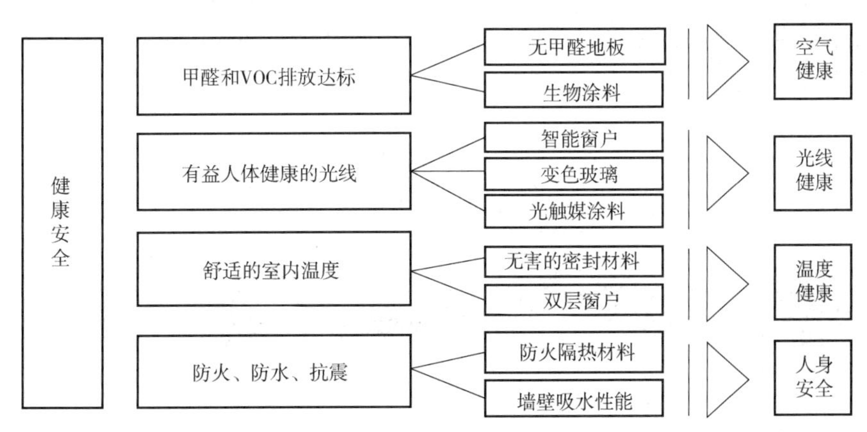

图 4-11　健康安全绿建材分类图

光触媒涂料（Photocatalytic Coating）是以二价金属与其金属氧化物（如 TiO_2）作为光触媒，可促使自由基与空气中污染物（如病媒菌、VOC 等）反应生成无机产物，其附带效益为去除空气中微量污染物（如 VOC 与微量病媒菌），提升室内空气质量，如图 4-12 所示。

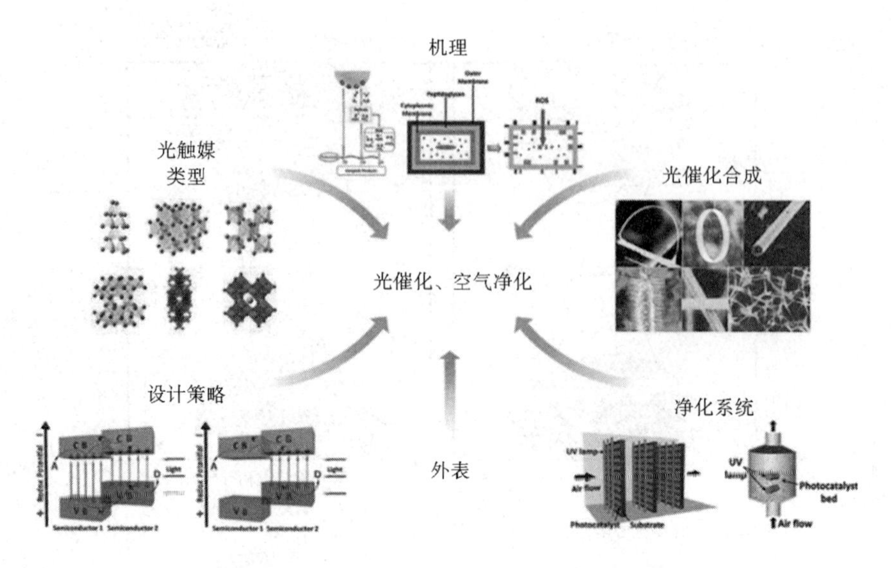

图 4-12　光触媒涂料用于改善室内空气质量

4.5.4　再生循环绿建材

再生循环绿建材技术发展研究可从材料选择、技术选择、产品功能性三个方面进行。材料选择要说明可再利用与适用的废弃物料源，产品功能性要明确，如隔热、防火、节能或轻质化等，最后还要说明技术如何选择。例如：发泡玻璃隔声砖，使用的料源是废弃玻璃，功能是隔声、隔热与轻质化，其技术则是发泡技术。轻质骨材也是可以发展的，因为建材减重可有效提高抗震性，但是包含运输、性能、去污染化等，都是可以研究发展的课题。

营建与拆卸废弃物（Construction and Demolition Waste，C&DW）再利用是建筑营造或拆卸过程中所产生的废弃混凝土、粒料或废弃木材等，透过破碎、过筛与重新组装等流程成为再生混凝土、再生粒料或其他再生建材，可减少废弃物处理成本、降低能源消耗及碳排放、提高再生产品附加价值，如图 4-13 所示。

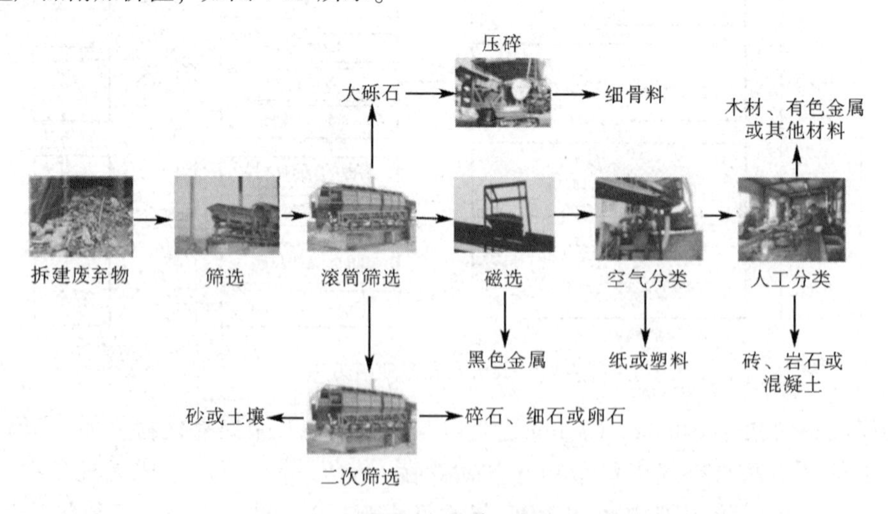

图 4-13　再生循环绿建材的再生流程

建筑物在建造施工过程中，往往产生一些废弃建材，以建筑物生命周期考虑，在维修或翻新时也会产生一些废弃建材，将这些建筑废弃建材进行完整规划和再利用，即可达到减少建筑资源浪费的目的。考虑使用具有高回收含量的废弃建材进行施工，可在建筑物生命周期内，在建筑维修和翻新或者建筑物拆除时，回收这些废弃建材。各国资源回收再利用状况汇总见表 4-3。

表 4-3　各国资源回收再利用状况汇总

国家	再利用项目	高附加价值	低附加价值
澳大利亚	废砖、废弃混凝土、回收石膏板、废木材	景观造景、再生骨材、再生石膏板、模板家具	一般回填料、道路基石、施工便道、木粉
荷兰	废弃混凝土、营建混合物	再生骨材、再生混凝土、非结构性建筑物、公路隔声墙、河堤、坝体补强	道路基石、道路填方
日本	废弃混凝土、废弃沥青混凝土	再生骨材、道路级配	一般回填料、路基材
加拿大	废弃混凝土、废弃沥青混凝土	再生骨材	一般回填料、道路基层
比利时	废弃混凝土、废弃沥青混凝土	道路建设、河堤、坝体补强、消波块、再生沥青、沥青骨材	
新加坡	废弃混凝土、废砖瓦	路缘石	施工便道、道路填海
中国	废弃混凝土、废砖石、废瓷、废木材	粗细骨料、再生墙板、再生地砖、空心砖、室内地坪、透水砖、家具、木质再生板材、再生纸浆	燃料、模板、一般回填料、地基工程碎料、道路基层物料

4.5.5　绿建材技术发展

建材对于建筑结构很重要，天然材料（如竹材或木材）无法取代钢筋混凝土、钢构材料，主因是竹材或木材耐久性低、维护频率高；在中国台湾，为了应对未来都市更新与高楼化，建议可发展高性能材料，将混凝土材料与钢构材料效能提高，使结构形态更稳定，包含超高性能混凝土（UHPC）与新型混凝土等。目前建筑营建废弃物回收再利用的技术包含：①沥青柏油的再利用技术；②土地设施维修后再利用；③使用再生材料在混凝土中；④使用替代式水泥添加剂，如粉煤灰或高炉渣等；⑤回收混凝土原料结块，并作为储热用途；⑥储藏容器再利用；⑦回收木材作为围栏等景观美化用；⑧来自拆迁场地的木材可作为木屑堆肥，可景观美化或作为生质燃料；⑨将废弃砖块重新用于景观美化；⑩重新使用建筑用的固定辅助器材；⑪可将现场施工承包商废弃建材再利用。

绿建材技术发展路线如图 4-14 所示。

依照目前各国技术发展现况，并依照“自然生态”“节能减碳”“健康安全”“再生循环”以及“高性能”五类，可分为成熟与商业化技术、示范技术以及新兴技术三类。

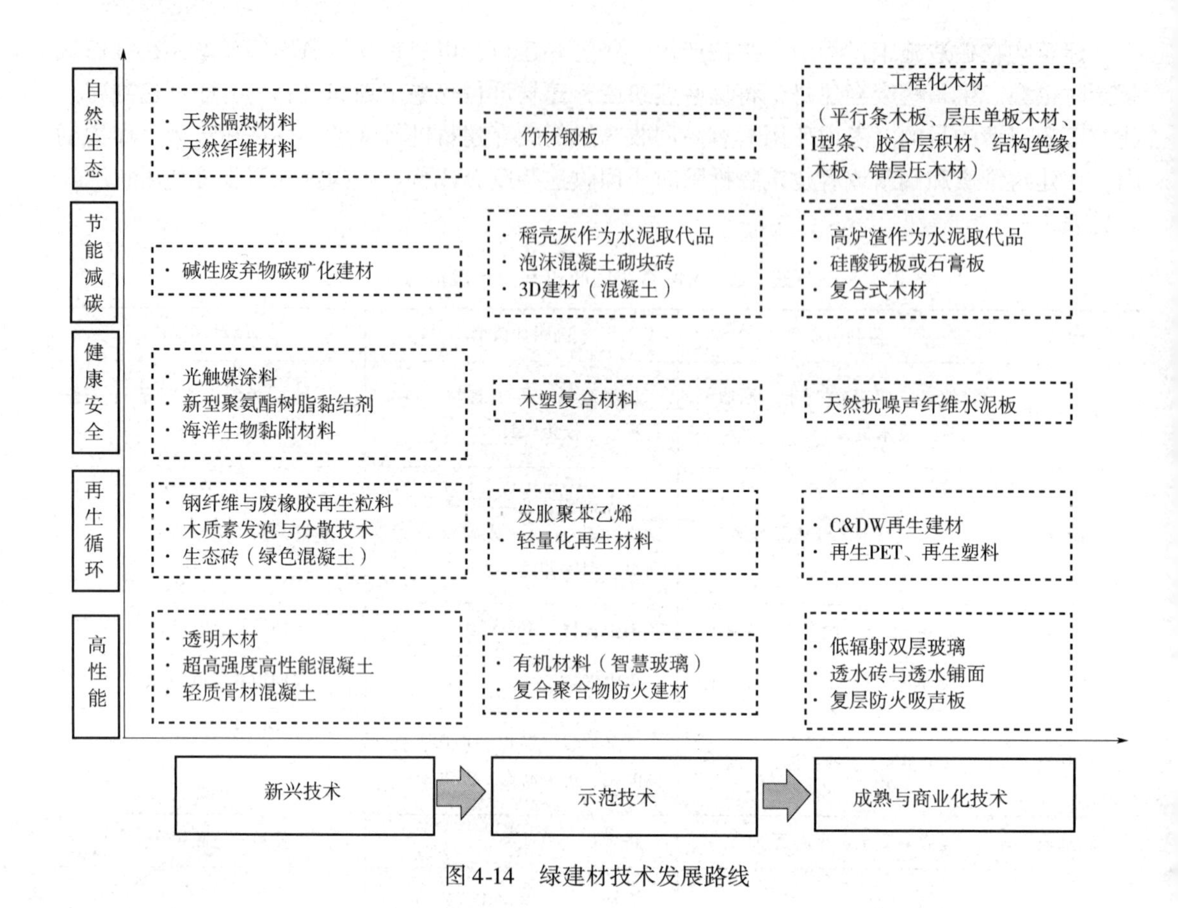

图 4-14　绿建材技术发展路线

4.6　高端化

城市化的趋势不可逆转，而城市化带来的诸多挑战也越来越无法回避。目前全球人口中生活在城市的人口已经多于农村，预计 2050 年全球 75% 的人口在城市居住。那些拥有千万以上人口的大都市该如何预防城市的无序扩张？目前城市消耗了世界能源的三分之二，我们将如何节能降耗？

建筑是城市的主体，也是能源消耗大户，全球大都市建筑能耗平均占社会总能耗的约三分之一。在能源挑战下，可持续性将成为未来建筑的最大趋势。可持续建筑的核心理念是追求降低环境负荷，与环境相结合，且有利于居住者健康。其目的在于减少能耗，节约用水，减少污染，保护环境、生态和健康，提高生产力，有利于子孙后代。被动式建筑是可持续建筑的典型代表，而城市所追求的“零碳、零排放”和舒适环境也是可持续建筑的终极目标。

各国政府已经纷纷表示支持可持续建筑的政策和目标。根据欧盟最新规定，2020 年以后，所有新建房屋如果不能达到被动式建筑的标准，将不予发放开工建设许可证。这也意味着，2020 年以后欧盟国家新建的所有建筑，都将是被动式建筑。欧洲各国还出台了更多具体措施。例如：德国规定到 2020 年所有新建建筑实现“零排放”，而瑞典也要求到 2020 年新建建筑完全摆脱对石化能源的依赖。可持续建筑不仅将是节能的典范，而且同样可以为人提供舒适的环境。摩天大楼是现代城市的标识。尽管人们对于摩天大楼的评价毁誉参半，但不可否认，摩天大楼在加强城市纵向发展、防止城市过度横向扩张方面功不可没。摩天大楼让城市人口的容量成倍增加，并且缩短了人们交通出行的距离。此外，摩天大楼的集中式设计可以更好地帮助城市节能、减耗。在功能上，摩天大楼正在从以往的商务办公场所变为更加多元化的综合功能体。伦敦的碎片大厦（The Shard）是一个包括住宅、餐厅、办公大楼和酒店的“垂直村落”；2014 年完工的我国第一高楼上海中心大厦也兼具餐厅、咖啡馆、商店和花园等开放式公共空间。这些建筑设施可供人们工作、休息、娱乐和社交。走出办公室在大街上喝一杯咖啡或吃点东西的老习惯将逐渐消失，取而代之的将是走进电梯，选择上楼或下楼到最近的咖啡馆或健身房。

可持续建筑对于降低城市能耗将起到立竿见影的作用。以目前德国被动建筑为例，其每 m^2 的能耗仅为普通建筑的四分之一。如果我国建筑都以被动建筑的标准建设，预计煤开采量可以减少到现在的三分之一。我国政府也在积极推动建筑节能的发展，并提出到 2020 年新建建筑要达到 75% 的节能标准。

4.6.1　建材特性

生态建材与其他新型建材在概念上的主要不同在于生态建材是一个系统工程的概念，不能只看生产或使用过程中的某一个环节。对材料环境协调性的评价取决于所考察的区间或所设定的边界。国内外各式各样属于生态建材的新型建筑材料，如利用废料或城市垃圾生产的“生态水泥”等。但如果没有系统工程的观点，设计生产的建筑材料有可能在某一方面反映出“绿色”而在其他方面则是“黑色”，评价时难免失之偏颇甚至误导。

4.6.2　建材再生

高性能的陶瓷材料可能废弃后难以分解，建筑高分子材料常常难于溶解，复合建筑材料因组成复杂也给再生利用带来难度；黏土陶粒混凝土砌块质轻、高强、热绝缘性能和防火性能好，但其生产需要较高的能耗；塑钢门窗较钢窗和铝合金窗更坚固耐久和热绝缘性能更好，但它包含高的能源成本和废弃处理时将对环境产生严重的负担；立窑水泥也可能仅因其生产耗能小而被认为比旋窑水泥的环境协调性好，甚至对因释放温室气体 CO_2 而闻名的水泥产业，也应看到其制成品水泥混凝土在使用过程中自然发生的碳化过程对 CO_2 的吸收。生产 1t 水泥熟料，因燃煤和石灰石分解大约释放出 1t CO_2，除了燃煤释放的 CO_2 以外（约占 40%），石灰石分解释放的 CO_2 可以在缓慢地碳化过程中被水泥混凝土完全吸收。为全面评价建筑材料的环境协调性，需要采用生命周期评价方法（Life Cycle Assessment，LCA）。生命周期评价方法是对材料整个生命周期中的环境污染、能源和资源消耗与资源影响大小的一种评价方法。对建筑材料而言，LCA 还是一个正在研究和发展中的方法。

4.6.3　建材发展

关于生态建材的发展，环境协调性与使用性能之间并不总是能协调发展、相互促进。生态建材的发展不能以过分牺牲使用性能为代价。但生态建材使用性能不一定都要高要求，而是要满足使用要求的优异性能或最佳使用性能。性能低的建筑材料势必影响耐久性和使用功能，在生产环节中为节能利废而牺牲性能并不一定能提高材料的环境协调性。

在生态建材发展的重点方面，国内外不少研究者关注按环保和生态平衡理论设计制造的新型建筑材料，如无毒装饰材料、绿色涂料、采用生活和工业废弃物生产的建筑材料、有益健康和杀菌抗菌的建筑材料、低温或免烧水泥、土陶瓷等。从宏观来看，发展生态建材，现阶段的重点应放在引入资源和环境意识，采用高新技术对占主导地位的传统建筑材料进行环境协调化改造，尽快改善建材工业对资源能源的浪费和严重污染环境的状况。其实，提高传统建筑材料的环境协调性并不是排斥发展新型的生态建材，而是发展生态建材的重要内容和方法之一。

4.6.4 建材前景

在目前的发展阶段，许多学者提出了生态建材的发展战略。

1）建立建筑材料生命周期（LCA）的理论和方法，为生态建材的发展战略和建材工业的环境协调性的评价提供科学依据和方法。

2）以最低资源和能源消耗、最小环境污染，生产传统建筑材料，如用新型干法工艺技术生产高质量水泥材料。

3）发展大幅度减少建筑能耗的建材制品，如具有质轻、高强、防水、保温、隔热、隔声等优异功能的新型复合墙体和门窗材料。

4）开发具有高性能长寿命的建筑材料，大幅度降低建筑工程的材料消耗和提高服务寿命，如高性能的水泥混凝土、保温隔热材料、装饰装修材料等。

5）发展具有改善居室生态环境和保健功能的建筑材料，如抗菌、除臭、调温、调湿、屏蔽有害射线的多功能玻璃、陶瓷、涂料等。

6）发展能替代生产能耗高、对环境污染大、对人体有毒有害的建筑材料，如无毒无害的水泥混凝土化学外加剂等。

7）开发工业废弃物再生资源化技术，利用工业废弃物生产优异性能的建筑材料，如利用矿渣、粉煤灰、硅灰、煤矸石、废弃聚苯乙烯泡沫塑料等生产的建筑材料。

8）发展能治理工业污染、净化修复环境或能扩大人类生存空间的新型建筑材料，如用于开发海洋、地下、盐碱地、沙漠、沼泽地的特种水泥等建筑材料。

9）扩大可用原料和燃料范围，减少对优质、稀少或正在枯竭的重要原材料的依赖。

4.7 不燃、难燃化

耐火等级（Fireproof Endurance Rating）是衡量建筑物耐火程度的分级标准。一座建筑物的耐火等级是由组成建筑物的所有构件的耐火性决定的，即是由组成建筑物的墙、柱、梁、楼板等构件的燃烧性能和耐火极限决定的。为了保证建筑物的安全，必须采取必要的防火措施，使之具有一定的耐火性，即使发生了火灾也不至于造成太大的损失。通常用耐火等级来表示建筑物所具有的耐火性。建筑物是由建筑构件组成的，如基础、墙壁、柱、梁、板、屋顶、楼梯等。建筑构件是由建筑材料构成，其燃烧性能取决于所使用建筑材料的燃烧性能。我国将建筑构件分为以下三类。

1. 不燃烧体

用不燃烧材料制成的建筑构件，如用金属、砖、石、混凝土等不燃烧材料制成的构件，称为不燃烧体（以前也称为非燃烧体）。这种构件在空气中遇明火或高温作用下不起火、不微燃、不碳化。例如：砖墙、钢屋架、钢筋混凝土梁等构件都属于不燃烧体，常被用作承重构件。

2. 燃烧体

用可燃或易燃烧的材料制成的建筑构件，称为燃烧体。这种构件在空气中遇明火或在高温作用下会立即起火或发生微燃，而且当火源移开后，仍继续保持燃烧或微燃。例如：木柱、木屋架、木梁、木楼梯、木搁栅、纤维板吊顶等构件都属于燃烧体。

3. 难燃烧体

用难燃性材料制成的构件或用可燃材料制成而用不燃性材料作为保护层制成的构件，称为难燃烧体。其在空气中遇明火或在高温作用下难起火、难微燃、难碳化，且当火源移开后燃烧和微燃立即停止，如沥青混凝土构件。

4.7.1　防焰制品

防焰制品泛指具有防止因微小火源而起火或迅速燃烧性能的装修薄制品或装饰制品。

（1）地毯　合成纤维地毯、手工毯、满铺地毯、方块地毯、人工草皮与面积 $2m^2$ 以上门垫及地垫等地坪铺设物。

（2）窗帘　布质窗帘（含布质一般窗帘，直叶式、横叶式百叶窗帘、卷帘、隔帘、线帘）。

（3）布幕　供舞台或摄影棚使用的布幕。

（4）展示用广告板

（5）其他指定的防焰物品　网目大小在 12mm 以下的施工帆布。

4.7.2　耐燃材料

耐燃材料是指具有一定等级以上防火性能的施工或装潢材料。耐燃材料为耐燃一级材料、耐燃二级材料、耐燃三级材料三种。一级材料为不燃材料、二级材料为耐火材料、三级材料为耐燃材料。

1. 不燃材料（耐燃一级材料）

不燃材料（耐燃一级材料）是在火灾初期（闪燃发生前），不易发生燃烧，也不易产生有害的浓烟及气体，其单位面积的发烟系数低于 30，同时在高温火灾下，不会具有不良现象（如变形、熔化、龟裂等）的材料。材料包括混凝土、砖或空心砖、瓦、石料、人造石、石棉制品、钢铁、铝、玻璃、玻璃纤维、矿棉、陶瓷品、砂浆、石灰及其他类似的材料。制品为玻璃纤维复合人造石、硅酸钙板、水泥矿物纤维板、石膏复合板、炉石矿物板、矿物纤维板、木质纤维化石膏板、珍珠岩板、轻质混凝土板、矿物纤维硅酸钙板、钢板贴覆石膏板、蛭石板、岩棉板等。

2. 耐火材料（耐燃二级材料）

耐火材料（耐燃二级材料）是在火灾初期（闪燃发生前），仅会发生极少燃烧，其燃烧速度极慢，其单位面积的发烟系数低于 60，同时在高温火灾下，不会具有不良现象（如变形、熔化、龟裂等）的材料。制品为纸面石膏板、化妆铝板、木丝水泥板、木粒片石膏板、木质纤维化石膏板、耐燃中密度纤维板、阻燃涂料等。

3. 耐燃材料（耐燃三级材料）

耐燃材料（耐燃三级材料）是在火灾初期（闪燃发生前），仅会发生微量燃烧，其燃烧速度缓慢，其单位面积的发烟系数低于120，同时在高温火灾下，不会具有不良现象（如变形、熔化、龟裂等）的材料。制品为轻质气泡混凝土砖、木纤维水泥板、玻璃纤维板、木粒片水泥板、蜂巢铝板、耐燃中密度纤维板、阻燃涂料等。

4.7.3 防火建材选用原则

合适的防火建材选用原则如下。

1. 一级的耐燃性

最适合应用在室内装修上。如果发生火灾本身耐燃性会促使火苗无法继续燃烧而将整个建筑物付之一炬。对于材料的选择不可草率行事，必须漂亮与安全兼顾。

2. 稳定的物理性能

优良的防火材料，除了要有好的耐燃性之外，必须要有良好而且稳定的物理性能，如此在使用中才不会因其物理性能差而有所影响。稳定的物理性能应包括材料抗弯程度、抗冲击性、变形率等。每一片同厚度的材料，其抗弯及抗冲击程度不一定相同，可以自己用手试一下，材料不宜太脆或太硬，优良的材质其韧性很高，另外可经建材商同意，利用两人同时将材料抬起轻晃几下，如果从中间断开即显示此产品不适合用在工程上。

3. 良好的加工性

材料要具备良好的加工性，即：①良好的弹性；②可塑性高；③表面平整良好；④操作轻松方便，不造成环境污染；⑤连接与胶合能力要强。

4.8 从单一材料向复合材料发展

复合材料泛指由两种或两种以上的材料组合而成的材料，利用不同材料性质来补强整体结构的性能。人类使用复合材料的历史悠久，如几千年前人类就已经使用干草混合泥土制成的复合材料来作为建材。混凝土是一种典型的颗粒复合材料，在混凝土内部水泥砂浆因水合（Hydration）反应由黏稠液体变成固体时，由于部分的水泥砂浆已渗入骨材表面的孔隙中，使得固化后的水泥砂浆得以“抓住”骨材。因此混凝土内部骨材与水泥砂浆的界面，在力学分析时可视为是一完美的内界面。但是因骨材的力学性质比固化后的水泥砂浆强，所以破坏大多由这内界面开始。混凝土材料可提供良好的强度与耐久性。而金属材料，如钢铁或铝合金，同时具有良好的韧性与强度，因而大量使用在钢结构高楼建筑中。金属材料因为是由许多大小约为1μm单晶体的晶粒以不同的方向借由晶界结合而组成，因此纯金属也可视为一种复合材料。

复合材料通常由补强材料（Reinforcement）与基材（Matrix）组成。补强材料与基材是构成复合材料最基本的单元，使用上可依据需求制造出不同复合材料结构，如叠层板、三明治结构等，都是常用的复合材料结构。

近年来由于纳米材料的发展，补强材料有许多新的选择，如纳米碳管、纳米黏土等。纳米碳管有高抗拉强度以及高弹性模量，且有可挠性以及高长径比（Aspect Ratio），适合作为复合材料的补强材料。此外，纳米碳管的导电性质使其应用范围更加广泛。纳米黏土也是目前新兴的纳米材料，天然黏土是常见且便宜的原料，若以粒径达纳米尺寸的黏土为补强材料与高分子材料掺和，能提升材料的强度。纳米复合材料提供了复合材料一个新的愿景，补强材料与基材构成的复合材料拥有质轻且高强度、高韧度的优异力学性能，能耐酸碱及耐磨损，因此应用范围很广。复合材料的产生是材料发展上必然的趋势，随着科技的进步和突破，未来的应用将会越来越多。以能源工业应用复合材料为例加以说明。能源及环境保护议题近日甚受重视，其中风能为目前世界上重要的干净能源之一，如图 4-15 所示。

风力发电机为了提升功率，叶片长度要增加。但风力发电机在运行过程中，叶片除受重力影响外，环境也对其产生不同种循环性负载。故叶片轻量化及高强度为目前重要的课题。风力发电机叶片依其长度不同，使用的复合材料也不同。玻璃纤维/环氧树脂复合材料及碳纤维/环氧树脂复合材料，其比强度、耐久性及耐蚀性良好，常应用在像叶片一样长期暴露在户外的结构。

图 4-15　风力发电机

在复合材料领域中，从过去单纯的干草混合泥土而形成的复合材料，如今已发展至加入纤维、纳米碳管及黏土而形成的纳米复合材料。材料领域在近年来的发展，大大提升了材料混合的选择性。

4.9　使用年限的控制

建筑物就如同人的生命一样，皆有使用年限，并且会随着使用年数、人为或自然环境因素，影响其安全性或服务水平，甚至缩短使用年限。建筑材料是建筑物使用年限的物质基础。根据日本小樽港百年混凝土耐久性的检测，60 年龄期的混凝土强度比 28 天龄期的混凝土强度下降 30%。这就需要结构设计时把结构物寿命、混凝土劣化及强度等级综合考虑。全球 RC 建筑物拆除年限，英国高达 141 年之久；美国则有上百年的年限；德国也有 80 年的年限。

材料的选用必须考虑到环境的影响、材料内部结构随龄期变化及性能下降与龄期关系。

第二篇

主要建筑材料

第 5 章

水泥混凝土

5.1 概述

水泥混凝土是指以水泥为主要胶凝材料（含矿物掺合料），与水、砂、石子，必要时掺入化学外加剂，按适当比例配合，经过均匀搅拌、密实成型及养护硬化而形成的人造石材。水泥混凝土主要划分为两个阶段与状态：凝结硬化前的塑性状态，即新拌混凝土或混凝土拌合物；硬化之后的坚硬状态，即硬化混凝土。在水泥混凝土中，砂、石起骨架作用，称为骨料；水泥与水形成水泥浆，水泥浆包裹在骨料表面并填充其空隙。在硬化前，水泥浆起润滑作用，赋予拌合物一定和易性，便于施工。水泥浆硬化后，则将骨料胶结成一个坚实的整体。

水泥混凝土具有抗压强度高、耐久性好、强度等级范围宽等特点，故其使用范围十分广泛，不仅在各种土木工程中使用，就是在造船业、机械工业、海洋的开发、地热工程等，水泥混凝土也是重要的材料。

水泥混凝土的性质包括拌合物的和易性、强度、变形及耐久性等。和易性又称为工作性，是指混凝土拌合物在一定的施工条件下，便于各种施工工序的操作，以保证获得均匀密实的混凝土的性能。和易性是一项综合技术指标，包括流动性（稠度）、黏聚性和保水性三个主要方面。

强度是水泥混凝土硬化后的主要力学性能，包括抗压、抗拉、抗剪、抗弯、抗折及握裹强度。其中以抗压强度最大，抗拉强度最小。水泥混凝土的变形包括荷载和非荷载作用下的变形。非荷载作用下的变形有化学收缩、干湿变形及温度变形等。水泥用量过多，在水泥混凝土的内部易产生化学收缩而引起微细裂缝。水泥混凝土耐久性是指水泥混凝土在实际使用条件下抵抗各种破坏因素作用，长期保持强度和外观完整性的能力，包括混凝土的抗冻性、抗渗性、耐蚀性及抗碳化能力等。

水泥混凝土的技术性质在很大程度上是由原材料的性质及其相对含量决定的，同时也与施工工艺（搅拌、成型、养护）有关。因此，我们必须了解其原材料的性质、作用及其质量要求，合理选择原材料，这样才能保证水泥混凝土的质量。

5.2 水泥

5.2.1 水泥的种类

1. 通用硅酸盐水泥

通用硅酸盐水泥以硅酸盐水泥熟料和适量的石膏及混合材料，制成的水硬性胶凝材料。

按 GB 175—2007 规定，通用硅酸盐水泥分为硅酸盐水泥、普通硅酸盐水泥、矿渣硅酸盐水泥、火山灰质硅酸盐水泥、粉煤灰硅酸盐水泥和复合硅酸盐水泥，见表 5-1。

表 5-1　通用硅酸盐水泥的组分及代号

品种	代号	组分（质量分数）				
		熟料+石膏	粒化高炉矿渣	火山灰质混合材料	粉煤灰	石灰石
硅酸盐水泥	P·I	100	—	—	—	—
	P·Ⅱ	≥95	≤5	—	—	—
		≥95	—	—	—	≤5
普通硅酸盐水泥	P·O	≥80 且<95	>5 且≤20①			—
矿渣硅酸盐水泥	P·S·A	≥50 且<80	>20 且≤50②	—	—	—
	P·S·B	≥30 且<50	>50 且≤70②	—	—	—
火山灰质硅酸盐水泥	P·P	≥60 且<80	—	>20 且≤40③	—	—
粉煤灰硅酸盐水泥	P·F	≥60 且<80	—	—	>20 且≤40④	—
复合硅酸盐水泥	P·C	≥50 且<80	>20 且≤50⑤			

①本组分材料为符合 GB 175—2007 中 5.2.3 节的活性混合材料，其中允许用不超过水泥质量 8% 且符合 GB 175—2007 中 5.2.4 节的非活性混合材料或不超过水泥质量 5% 且符合 GB 175—2007 中 5.2.5 节的窑灰代替。

②本组分材料为符合 GB/T 203—2008 或 GB/T 18046—2017 的活性混合材料，其中允许用不超过水泥质量 8% 且符合 GB 175—2007 中 5.2.3 节的活性混合材料或符合 GB 175—2007 中 5.2.4 节的非活性混合材料或符合 GB 175—2007 中 5.2.5 节的窑灰中的任一种材料代替。

③本组分材料为符合 GB/T 2847—2005 的活性混合材料。

④本组分材料为符合 GB/T 1596—2017 的活性混合材料。

⑤本组分材料为由两种（含）以上符合 GB 175—2007 中 5.2.3 节的活性混合材料或/和符合 GB 175—2007 中 5.2.4 节的非活性混合材料组成，其中允许用不超过水泥质量 8% 且符合 GB 175—2007 中 5.2.5 节的窑灰代替。掺矿渣时混合材料掺量不得与矿渣硅酸盐水泥重复。

2. 专用水泥

专用水泥如砌筑水泥、道路硅酸盐水泥，大坝水泥、油井水泥等。

（1）砌筑水泥（GB/T 3183—2017）　凡由硅酸盐水泥熟料加入规定的混合材料和石膏，经磨细制成的保水性较好的水硬性胶凝材料，称为砌筑水泥，代号 M。强度等级分为 12.5、22.5 和 32.5 三个等级。砌筑水泥适用于工业与民用建筑的砌筑砂浆和内墙抹面砂浆，不得用于结构混凝土。

（2）道路硅酸盐水泥（GB/T 13693—2017）　以硅酸盐水泥熟料、适量石膏和混合材料，磨细制成的水硬性胶凝材料，称为道路硅酸盐水泥。道路硅酸盐水泥中熟料和石膏（质量分数）为 90%～100%，活性混合材料（质量分数）为 0%～10%。道路硅酸盐水泥熟料中铝酸三钙（$3CaO \cdot Al_2O_3$，C_3A）的含量不应大于 5%，铁铝酸四钙（$4CaO \cdot Al_2O_3 \cdot Fe_2O_3$，$C_4AF$）的含量不应小于 15.0%，游离氧化钙的含量不应大于 1.0%。道路硅酸盐水泥强度高，特别是抗折强度高，耐磨性好，干缩性小，抗冲击性好，抗冻性好，抗硫酸盐腐蚀性能好，适用于道路路面、机场跑道道面、城市广场等工程。

3. 特种水泥

特种水泥是某种性能比较突出的水泥，如快硬硅酸盐水泥、中低热硅酸盐水泥、硫铝酸盐水泥、铝酸盐水泥等。

（1）快硬硅酸盐水泥　快硬硅酸盐水泥由硅酸盐水泥熟料和适量石膏磨细制成，以3d抗压强度表示强度等级。快硬硅酸盐水泥凝结硬化快，早期强度高，后期强度也高，抗冻性及抗渗性强，水化放热量大，耐蚀性差，适用于要求早期强度高的工程，紧急抢修工程，冬季施工工程以及制作预应力钢筋混凝土或高强混凝土预制构件，不适用于大体积混凝土工程及与腐蚀介质接触的混凝土工程。

（2）中低热硅酸盐水泥（GB/T 200—2017）　中低热硅酸盐水泥简称为中热水泥或低热水泥，由适当成分的硅酸盐水泥熟料加入矿渣、适量石膏磨细制成。中热水泥熟料中硅酸三钙（$3CaO \cdot SiO_2$，C_3S）的含量不大于55.0%，铝酸三钙（$3CaO \cdot Al_2O_3$，C_3A）的含量不大于6.0%，游离氧化钙（f-CaO）的含量不大于1.0%。低热水泥熟料中硅酸二钙（$2CaO \cdot SiO_2$，C_2S）的含量不小于40.0%，铝酸三钙的含量不大于6.0%，游离氧化钙的含量不大于1.0%。中热水泥代号P·MH，其强度等级为42.5；低热水泥代号P·LH，强度等级分为32.5和42.5两个等级。这类水泥水化热较低，适用于大坝和其他大体积建筑。GB/T 200—2017规定的3d及7d的水化热指标见表5-2。

表5-2　水泥3d及7d的水化热指标

品种	强度等级	水化热/(kJ/kg)	
		3d	7d
中热水泥	42.5	≤251	≤293
低热水泥	32.5	≤197	≤230
	42.5	≤230	≤260

32.5级低热水泥28d的水化热不大于290kJ/kg，42.5级低热水泥28d的水化热不大于310kJ/kg。

（3）硫铝酸盐水泥（GB 20472—2006）　以无水硫铝酸钙和硅酸二钙为主要矿物成分的熟料和少量石灰石、适量石膏一起磨细制成的水硬性胶凝材料，称为硫铝酸盐水泥。硫铝酸盐水泥分为快硬硫铝酸盐水泥、低碱度硫铝酸盐水泥、自应力硫铝酸盐水泥。其中，快硬硫铝酸盐水泥是由适当成分的硫铝酸盐水泥熟料和少量石灰石、适量石膏共同磨细制成的，具有早期强度高的水硬性胶凝材料，代号R·SAC，石灰石掺加量应不大于水泥质量的15%。它的特点是凝结硬化快，在不需加入促凝促硬成分的情况下，也可以4～5h顺利脱模，有利于简化工艺及配方，且降低产品成本，加快模具周转。低碱度硫铝酸盐水泥是由适当成分的硫铝酸盐水泥熟料和较多量石灰石、适量石膏共同磨细制成的，具有碱度低的水硬性胶凝材料，代号L·SAC。石灰石掺加量应不小于水泥质量的15%，且不大于水泥质量的35%。低碱度硫铝酸盐水泥主要用于制作玻璃纤维增强水泥制品，用于配有钢纤维、钢筋、钢丝网、钢埋件等混凝土制品和结构时，所用钢材应为不锈钢。自应力硫铝酸盐水泥是由适当成分的硫铝酸盐水泥熟料加入适量石膏磨细制成的具有膨胀性的水硬性胶凝材料，代号S·SAC。

(4) 铝酸盐水泥(GB/T 201—2015) 铝酸盐水泥是以铝矾土和石灰石为原料，经煅烧制得的以铝酸钙为主要成分、氧化铝含量约50%的熟料，再磨制成的水硬性胶凝材料。铝酸盐水泥常为黄或褐色，也有呈灰色的。铝酸盐水泥的主要矿物成分为铝酸一钙($CaO \cdot Al_2O_3$)及其他的铝酸盐和少量的硅酸二钙($2CaO \cdot SiO_2$)等。铝酸盐水泥的密度和堆积密度与普通硅酸盐水泥相近。其细度为比表面积不小于300m^2/kg或45μm筛余不大于20%。铝酸盐水泥分为CA50、CA60、CA70、CA80四个类型，各类型水泥的凝结时间和各龄期强度不得低于标准的规定。铝酸盐水泥凝结硬化速度快，1d强度可达最高强度的80%以上，主要用于工期紧急的工程，如国防、道路和特殊抢修工程等。铝酸盐水泥水化热大，且放热量集中，1d内放出的水化热为总量的70%～80%，使混凝土内部温度上升较高，即使在-10℃下施工，铝酸盐水泥也能很快凝结硬化，可用于冬季施工的工程。铝酸盐水泥在普通硬化条件下，由于水泥中不含铝酸三钙和氢氧化钙，且密实度较大，因此具有很强的抗硫酸盐腐蚀作用。铝酸盐水泥具有较高的耐热性，如采用耐火粗细骨料(如铬铁矿等)可制成使用温度达1300～1400℃的耐热混凝土。但铝酸盐水泥的长期强度及其他性能有降低的趋势，长期强度约降低40%～50%左右，因此铝酸盐水泥不宜用于长期承重的结构及处在高温高湿环境的工程中，其只适用于紧急军事工程(筑路、桥)、抢修工程(堵漏等)、临时性工程以及配制耐热混凝土等。另外，铝酸盐水泥与硅酸盐水泥或石灰相混不但产生闪凝，而且由于生成高碱性的水化铝酸钙，使混凝土开裂，甚至破坏。因此施工时除不得与石灰或硅酸盐水泥混合外，也不得与未硬化的硅酸盐水泥接触使用。

5.2.2 水泥的物理力学性质

1. 凝结时间

硅酸盐水泥初凝不小于45min，终凝不大于390min；普通硅酸盐水泥、矿渣硅酸盐水泥、火山灰质硅酸盐水泥、粉煤灰硅酸盐水泥和复合硅酸盐水泥初凝不小于45min，终凝不大于600min。

2. 安定性

沸煮法合格。

3. 强度

不同品种不同强度等级的通用硅酸盐水泥，其各龄期的强度应符合表5-3中的规定。

表5-3 通用硅酸盐水泥的强度要求 (单位：MPa)

品种	强度等级	抗压强度		抗折强度	
		3d	28d	3d	28d
硅酸盐水泥	42.5	≥17.0	≥42.5	≥3.5	≥6.5
	42.5R	≥22.0		≥4.0	
	52.5	≥23.0	≥52.5	≥4.0	≥7.0
	52.5R	≥27.0		≥5.0	
	62.5	≥28.0	≥62.5	≥5.0	≥8.0
	62.5R	≥32.0		≥5.5	

（续）

品种	强度等级	抗压强度		抗折强度	
		3d	28d	3d	28d
普通硅酸盐水泥	42.5	≥17.0	≥42.5	≥3.5	≥6.5
	42.5R	≥22.0		≥4.0	
	52.5	≥23.0	≥52.5	≥4.0	≥7.0
	52.5R	≥27.0		≥5.0	
矿渣硅酸盐水泥 火山灰质硅酸盐水泥 粉煤灰硅酸盐水泥 复合硅酸盐水泥	32.5	≥10.0	≥32.5	≥2.5	≥5.5
	32.5R	≥15.0		≥3.5	
	42.5	≥15.0	≥42.5	≥3.5	≥6.5
	42.5R	≥19.0		≥4.0	
	52.5	≥21.0	≥52.5	≥4.0	≥7.0
	52.5R	≥23.0		≥4.5	

4. 细度（选择性指标）

硅酸盐水泥和普通硅酸盐水泥的细度以比表面积表示，不小于300m^2/kg；矿渣硅酸盐水泥、火山灰质硅酸盐水泥、粉煤灰硅酸盐水泥和复合硅酸盐水泥以筛余表示，80μm方孔筛余不大于10%或45μm方孔筛余不大于30%。

5.2.3 水泥的化学指标

通用硅酸盐水泥的化学指标应符合表5-4中的规定。碱含量是选择性指标，按$Na_2O+0.658K_2O$计算值表示。若使用活性骨料，用户要求提供低碱水泥时，水泥中的碱含量应不大于0.60%或由买卖双方协商确定。

表5-4 通用硅酸盐水泥的化学指标

品种	代号	不溶物（质量分数）	烧失量（质量分数）	三氧化硫（质量分数）	氧化镁（质量分数）	氯离子（质量分数）
硅酸盐水泥	P·I	≤0.75	≤3.0	≤3.5	≤5.0①	≤0.06③
	P·Ⅱ	≤1.50	≤3.5			
普通硅酸盐水泥	P·O	—	≤5.0			
矿渣硅酸盐水泥	P·S·A	—	—	≤4.0	≤6.0②	
	P·S·B	—	—		—	
火山灰质硅酸盐水泥	P·P	—	—	≤3.5	≤6.0②	
粉煤灰硅酸盐水泥	P·F	—	—			
复合硅酸盐水泥	P·C	—	—			

①如果水泥压蒸试验合格，则水泥中氧化镁的含量（质量分数）允许放宽至6.0%。

②如果水泥中氧化镁的含量（质量分数）大于6.0%时，需进行水泥压蒸安定性试验并合格。

③当有更低要求时，该指标由买卖双方协商确定。

5.2.4　水泥的特性与选用

1. 硅酸盐水泥

硅酸盐水泥早期及后期强度比较高，适用于预制和现浇混凝土、冬季施工混凝土、预应力混凝土；抗冻性能好，适用于严寒地区和抗冻性要求高的混凝土；抗碳化性能好，适合于二氧化碳浓度高的环境，如翻砂、铸造车间等；干缩性小，可用于干燥环境；耐磨性好，可用于道路与地面工程；但耐热性差，不得用于耐热混凝土工程；耐蚀性较差，不宜用于受流动软水和压力水作用及受海水和其他腐蚀性介质作用的工程；水化热高，不宜用于大体积混凝土工程。

2. 普通硅酸盐水泥

普通硅酸盐水泥早期强度增长快，在标准养护条件下，3d 的抗压强度可达 28d 的 40% 左右，在低温情况下（4～10℃）强度发展快，耐冻性、和易性好，适用于钢筋混凝土和预应力混凝土，适用于地下、水中及需要早期达到要求强度的结构，配制耐热混凝土等，但耐蚀性差，不宜用于大体积混凝土及受侵蚀的结构中。

3. 矿渣硅酸盐水泥

矿渣硅酸盐水泥早期强度比同强度等级的普通硅酸盐水泥低，但后期强度增长较快，水化热较低，耐冻性较差，在低温环境中强度增长较慢，干缩性较大，耐热性较好，适用于钢筋混凝土和预应力混凝土的地上、地下和水中结构，也可用于大体积混凝土结构和配制耐热混凝土等，不宜用于早期强度要求较高的结构中。

4. 火山灰质硅酸盐水泥

火山灰质硅酸盐水泥早期强度低，但后期强度增长快，一般三个月后，强度还能超过普通硅酸盐水泥。火山灰质硅酸盐水泥在高温潮湿环境中（如蒸汽养护）早期强度的增长比普通硅酸盐水泥要快，水化热低；在低温环境中强度增长较慢，耐冻性差，需水量比普通硅酸盐水泥大，和易性较好，适用于钢筋混凝土的地下和水中结构，但不宜用于受反复冻融及干湿变化作用的结构和干燥环境中的结构。

5. 粉煤灰硅酸盐水泥

粉煤灰掺量在 20%～40%，其特点与火山灰质硅酸盐水泥相似，但由于粉煤灰的结构特点，其需水量较低，干缩性小，抗裂性较好，另外，水化热低，耐蚀性也较好。

6. 复合硅酸盐水泥

由硅酸盐水泥熟料，两种或两种以上规定的混合材料，适量石膏磨细而成的水硬性胶凝材料，称为复合硅酸盐水泥，其早期强度高，且水化热低，耐蚀性、抗渗性及抗冻性较好，用途更为广泛，是一种很有发展前途的水泥。

5.3　水

混凝土拌合用水水质要求应符合 JGJ 63—2006 的规定，见表 5-5。

表 5-5　混凝土拌合用水水质要求

项目	预应力混凝土	钢筋混凝土	素混凝土
pH 值	≥5.0	≥4.5	≥4.5

（续）

项目	预应力混凝土	钢筋混凝土	素混凝土
不溶物/(mg/L)	≤2000	≤2000	≤5000
可溶物/(mg/L)	≤2000	≤5000	≤10000
Cl^-/(mg/L)	≤500	≤1000	≤3500
SO_4^{2-}/(mg/L)	≤600	≤2000	≤2700
碱含量/(mg/L)	≤1500	≤1500	≤1500

注：碱含量按 Na_2O+K_2O 计算值表示，采用非碱活性骨料时，可不检验碱含量。

使用年限为100年的结构混凝土及钢丝或经热处理钢筋的预应力混凝土，氯离子含量分别不得超过500mg/L和350mg/L。地表水、地下水、再生水的放射性应符合现行国家标准GB 5749—2006的规定。

被检验水样应与饮用水样进行水泥凝结时间对比试验。对比试验的水泥初凝时间差及终凝时间差均不应大于30min。同时，初凝和终凝时间应符合现行国家标准GB 175—2007的规定。

被检验水样应与饮用水样进行水泥胶砂强度对比试验，被检验水样配制的水泥胶砂，3d和28d强度不应低于饮用水配制的水泥胶砂强度的90%。

混凝土拌合用水不应有漂浮明显的油脂和泡沫，不应有明显的颜色和异味。混凝土企业设备洗刷水不宜用于预应力混凝土、装饰混凝土、加气混凝土和暴露于腐蚀环境的混凝土，不得用于使用碱活性或潜在碱活性骨料的混凝土。未经处理的海水严禁用于钢筋混凝土和预应力混凝土。在无法获得水源的情况下，海水可用于素混凝土，但不宜用于钢筋混凝土。混凝土养护用水可不检验不溶物和可溶物，其他检验项目应符合JGJ 63—2006的规定。混凝土养护用水可不检验水泥凝结时间和水泥胶砂强度。

5.4 骨料

5.4.1 在混凝土中的骨料

骨料是在混凝土中起骨架或填充作用的粒状松散材料，分粗骨料和细骨料。粒径大于4.75mm的骨料称为粗骨料，常用的有碎石及卵石两种。碎石是岩石经机械破碎、筛分制成的；卵石是由自然风化、水流搬运和分选、堆积而成的。卵石和碎石颗粒的长度大于该颗粒所属相应粒级的平均粒径2.4倍者为针状颗粒；长度小于平均粒径0.4倍者为片状颗粒（平均粒径是指该粒级上、下限粒径的平均值）。建筑用卵石、碎石应满足国家标准GB/T 14685—2011《建筑用卵石、碎石》的技术要求。

粒径4.75mm以下的骨料称为细骨料，俗称为砂。砂按来源分为天然砂、人工砂两类。天然砂包括河砂、湖砂、山砂和淡化海砂。机制砂是经除土处理，由机械破碎、筛分制成的，粒径小于4.75mm的岩石，俗称为人工砂。矿山尾矿或工业废渣颗粒，也属于人工砂。建筑用砂应满足国家标准GB/T 14684—2011《建筑用砂》的技术要求。

5.4.2　骨料的技术要求

1. 颗粒级配

卵石、碎石的颗粒级配应符合表 5-6 中的规定。砂的颗粒级配应符合表 5-7 中的规定。

表 5-6　卵石、碎石的颗粒级配

公称粒级/mm		累计筛余（%）											
		方孔筛/mm											
		2.36	4.75	9.50	16.0	19.0	26.5	31.5	37.5	53.0	63.0	75.0	90
连续粒级	5～16	95～100	85～100	30～60	0～10	0							
连续粒级	5～20	95～100	90～100	40～80		0～10	0						
连续粒级	5～25	95～100	90～100		30～70		0～5	0					
连续粒级	5～31.5	95～100	90～100	70～90		15～45		0～5	0				
连续粒级	5～40		95～100	70～90		30～65			0～5	0			
单粒粒级	5～10	95～100	80～100	0～15	0								
单粒粒级	10～16	95～100	80～100	0～15									
单粒粒级	10～20		95～100	85～100		0～15	0						
单粒粒级	16～25			95～100	55～70	25～40	0～10						
单粒粒级	16～31.5		95～100		85～100			0～10	0				
单粒粒级	20～40			95～100		80～100			0～10	0			
单粒粒级	40～80					95～100			70～100		30～60	0～10	0

表 5-7　砂的颗粒级配

砂的分类	天然砂			人工砂		
级配区	1 区	2 区	3 区	1 区	2 区	3 区
方孔筛	累计筛余（%）					
4.75mm	10～0	10～0	10～0	10～0	10～0	10～0
2.36mm	35～5	25～0	15～0	35～5	25～0	15～0
1.18mm	65～35	50～10	25～0	65～35	50～10	25～0
600μm	85～71	70～41	40～16	85～71	70～41	40～16
300μm	95～80	92～70	85～55	95～80	92～70	85～55
150μm	100～90	100～90	100～90	97～85	94～80	94～75

2. 含泥量、石粉含量和泥块含量

卵石、碎石的含泥量和泥块含量应符合表 5-8 中的规定。天然砂的含泥量和泥块含量应符合表 5-9 中的规定。人工砂 MB 值≤1.4 或快速法试验合格时，石粉含量和泥块含量应符合表 5-10 中的规定。人工砂 MB 值 >1.4 或快速法试验不合格时，石粉含量和泥块含量应符合表 5-11 中的规定。

表 5-8 卵石、碎石的含泥量和泥块含量

类别	Ⅰ	Ⅱ	Ⅲ
含泥量（质量分数）（%）	≤0.5	≤1.0	≤1.5
泥块含量（质量分数）（%）	0	≤0.2	≤0.5

表 5-9 天然砂的含泥量和泥块含量

类别	Ⅰ	Ⅱ	Ⅲ
含泥量（质量分数）（%）	≤1.0	≤3.0	≤5.0
泥块含量（质量分数）（%）	0	≤1.0	≤2.0

表 5-10 人工砂的石粉含量和泥块含量（MB 值≤1.4）

类别	Ⅰ	Ⅱ	Ⅲ
MB 值	≤0.5	≤1.0	≤1.4 或合格
石粉含量（质量分数）（%）①	≤10.0		
泥块含量（质量分数）（%）	0	≤1.0	≤2.0

①此指标根据使用地区和用途，经试验验证，可由供需双方协商确定。

表 5-11 人工砂的石粉含量和泥块含量（MB 值 >1.4）

类别	Ⅰ	Ⅱ	Ⅲ
石粉含量（质量分数）（%）	≤1.0	≤3.0	≤5.0
泥块含量（质量分数）（%）	0	≤1.0	≤2.0

3. 有害物质

卵石、碎石中的有害物质应符合表 5-12 中的规定。砂中有害物质限量应符合表 5-13 中的规定。

表 5-12 卵石、碎石中的有害物质

类别	Ⅰ	Ⅱ	Ⅲ
有机物	合格	合格	合格
硫化物及硫酸盐（SO_2 质量分数）（%）	≤0.5	≤1.0	≤1.0

表 5-13 砂中有害物质限量

类别	Ⅰ	Ⅱ	Ⅲ
云母（质量分数）（%）	≤1.0	≤2.0	
轻物质（质量分数）（%）	≤1.0		
有机物	合格		
硫化物及硫酸盐（SO_3 质量分数）（%）	≤0.5		
氯化物（氯离子质量分数）（%）	≤0.01	≤0.02	≤0.06
贝壳（质量分数）（%）①	≤3.0	≤5.0	≤8.0

①该指标仅适用于海砂，其他砂种不作要求。

4. 坚固性

采用硫酸钠溶液法进行试验，卵石、碎石的质量损失应符合表5-14中的规定，砂的质量损失应符合表5-15中的规定。人工砂压碎指标还要满足表5-16中的规定。

表5-14　卵石、碎石的质量损失

类别	Ⅰ	Ⅱ	Ⅲ
质量损失（%）	≤5	≤8	≤12

表5-15　砂的质量损失

类别	Ⅰ	Ⅱ	Ⅲ
质量损失（%）	≤8		≤10

表5-16　人工砂压碎指标

类别	Ⅰ	Ⅱ	Ⅲ
单级最大压碎指标（%）	≤20	≤25	≤30

5. 强度

卵石、碎石的压碎指标应符合表5-17中的规定。

表5-17　卵石、碎石的压碎指标

类别	Ⅰ	Ⅱ	Ⅲ
卵石的压碎指标（%）	≤12	≤14	≤16
碎石的压碎指标（%）	≤10	≤20	≤30

岩石抗压强度：在水饱和状态下，其火成岩应不小于80MPa，变质岩应不小于60MPa，水成岩应不小于30MPa。

6. 表观密度

卵石、碎石表观密度和连续级配松散堆积空隙率应符合如下规定：表观密度不小于2600kg/m^3；连续级配松散堆积空隙率应符合表5-18中的规定。砂的表观密度不小于2500kg/m^3，堆积密度不小于1400kg/m^3，空隙率不大于44%。

表5-18　卵石、碎石连续级配松散堆积空隙率

类别	Ⅰ	Ⅱ	Ⅲ
空隙率（%）	≤43	≤45	≤47

7. 吸水率

卵石、碎石的吸水率应符合表5-19中的规定。

表5-19　卵石、碎石的吸水率

类别	Ⅰ	Ⅱ	Ⅲ
吸水率（%）	≤1.0	≤2.0	≤2.0

8. 碱集料反应

经碱集料反应试验后，试样应无裂缝、酥裂、胶体外溢等现象，在规定的试验龄期膨胀率应小于0.1%。

5.5 矿物掺合料

矿物掺合料是指在配制混凝土时加入的，能改善新拌混凝土和硬化混凝土性能的无机矿物细粉。矿物掺合料特性为：①改善硬化混凝土力学性能；②改善拌合物和易性；③改善混凝土的耐久性。

5.5.1 粉煤灰

我国电厂粉煤灰的主要化学成分见表5-20。

表5-20 我国电厂粉煤灰的主要化学成分

成分	SiO_2	Al_2O_3	Fe_2O_3	CaO	MgO	SO_3	烧失量
质量分数（%）	20~62	10~40	3~19	1~45	0.2~5	0.02~4	0.6~5

国外粉煤灰化学成分，除烧失量较低外，也大致在表5-20的范围内。

SiO_2，Al_2O_3是粉煤灰中的主要活性成分。我国多数电厂粉煤灰的$SiO_2+Al_2O_3$均在60%以上。美国ASTMC618要求$SiO_2+Al_2O_3+Fe_2O_3\geqslant70\%$；日本JISA6201要求$SiO_2\geqslant45\%$。粉煤灰中的有害成分是未燃尽煤粒。粉煤灰的烧失量主要是含碳量，我国标准要求5%~15%；美国ASTM标准要求≤10%；日本标准要求≤5%。

1. 分类

根据燃煤品种粉煤灰分为F类粉煤灰（由无烟煤或烟煤煅烧收集的粉煤灰）和C类粉煤灰（由褐煤或次烟煤煅烧收集的粉煤灰，氧化钙含量一般大于或等于10%）。根据用途粉煤灰分为拌制砂浆和混凝土用粉煤灰、水泥活性混合材料用粉煤灰两类。

2. 等级

拌制砂浆和混凝土用粉煤灰分为三个等级：Ⅰ级、Ⅱ级、Ⅲ级。水泥活性混合材料用粉煤灰不分级。

3. 技术要求

用于水泥和混凝土中的粉煤灰应符合GB/T 1596—2017要求，见表5-21。

表5-21 粉煤灰技术要求

粉煤灰级别	Ⅰ级粉煤灰	Ⅱ级粉煤灰	Ⅲ级粉煤灰
来源	电收尘	磨细灰	原状灰
烧失量（%）	≤5	≤8	≤10
45μm筛余（%）	≤12	≤30	≤45
需水量比（%）	≤95	≤105	≤115

放射性符合GB 6566—2010中建筑主体材料规定指标要求。碱含量按$Na_2O+0.658K_2O$

计算值表示。当粉煤灰应用中有碱含量要求时，由供需双方协商确定。采用干法或半干法脱硫工艺排出的粉煤灰应检测半水亚硫酸钙（$CaSO_3 \cdot 1/2H_2O$）含量，其含量不大于3.0%。

5.5.2 矿渣

矿渣是在高炉炼铁过程中的副产品。在炼铁过程中，铁矿石中的二氧化硅、氧化铝等杂质与石灰等反应生成以硅酸盐和硅铝酸盐为主要成分的熔融物，经过淬冷成质地疏松、多孔的粒状物，即为高炉矿渣，简称为矿渣。

（1）化学性质　矿渣的化学性质为急冷水淬矿渣的活性。这是矿渣用作混凝土掺合料最重要的性质。矿渣的化学成分见表5-22。

表5-22　矿渣的化学成分

成分	SiO_2	Al_2O_3	CaO	MgO	Fe	TiO	MnO	S	K_2O、NaO	Cl
质量分数(%)	27~40	5~33	30~50	1~21	<1	<3	<2	<3	1~3	19~26

表5-22中：SiO_2、Al_2O_3、CaO、MgO为矿渣的主要化学成分；Fe、TiO、MnO、S及K_2O、NaO、Cl等为次要成分。矿渣的活性（水硬性）评价方法，是通过化学成分计算碱度b，$b = (CaO + MgO + Al_2O_3)/SiO_2$，应大于1.4；$CaO/SiO_2 > 1.0$；活性高。

（2）玻璃相含量　矿渣中的玻璃相含量，是评价矿渣活性最有用的指标之一。玻璃相含量的多少，与矿渣的化学成分、矿渣冷却的起始温度、冷却方式有关。当$(CaO + MgO)/(SiO_2 + Al_2O_3) > 1.15$时，玻璃相含量将减少。通过X射线衍射方法，可以测定矿渣结晶化百分率，就可以计算出矿渣的玻璃相百分率，即

$$玻璃相百分率 = (1 - 结晶化百分率)$$

我国矿渣的玻璃相百分率≥98%，玻璃相含量高，水硬性好，故我国的矿渣硅酸盐水泥中，矿渣的含量可达70%。

（3）矿渣的活性指标　矿渣的活性是通过碱度b和玻璃相含量来评价。我国水淬矿渣的碱度$b \geq 1.8$，玻璃相百分率98%以上，活性高，很适宜作为水泥掺合料；美国ASTMC989把矿渣分成三个等级：80级、100级、120级，见表5-23。不同等级矿渣砂浆强度是用矿渣∶硅酸盐水泥为1∶1，胶砂比为1∶2.75，砂浆流动度为110±5%，进行试验，将其结果与硅酸盐水泥砂浆为基准的强度相比，基准砂浆的强度为100，各等级矿渣活性指标见表5-23。这种对矿渣活性的评价，除了考虑到矿渣的化学成分与矿物组成外，还考虑到了矿渣的细度，是很全面，也是很重要的。日本对矿渣的活性评价与美国相似；不同细度矿渣的活性指数如图5-1所示。矿渣活性指数 =（矿渣置换水泥50%的砂浆强度/基准砂浆强度）×100%。

表5-23　ASTM C989 矿渣活性指标

矿渣级别		5个样平均值	任意单个试样
7d龄期的最小值	80级	—	—
	100级	75	70
	120级	95	90
28d龄期的最小值	80级	75	70
	100级	95	90
	120级	115	100

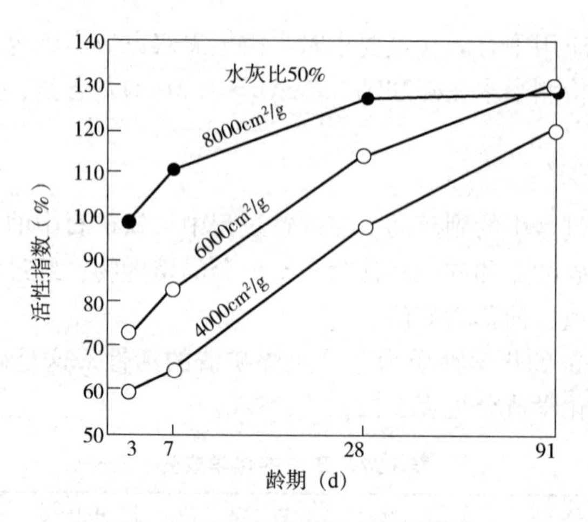

图 5-1　不同细度矿渣的活性指数

矿渣越细，早期龄期的活性指数高，但后期，细度对活性指数的影响较小。例如：91d 龄期时，比表面积为 6000cm^2/g 的矿渣与比表面积为 8000cm^2/g 的矿渣，其活性指数均为 128%。矿渣的活性指数，受化学成分、玻璃相百分率以及细度等影响。

（4）我国矿渣的技术标准　我国 GB/T 18046—2017 依据矿渣 28d 的活性指数，把矿渣分为 S105、S95、S75 三个等级，见表 5-24。

表 5-24　用于水泥混凝土矿渣的技术指标

项目		级别		
		S105	S95	S75
密度/(g/cm^3)		≥2.8		
比表面积/(m^2/kg)		≥500	≥400	≥300
活性指数（%）	7d	≥95	≥75	≥55
	28d	≥105	95	≥75
流动度比（%）		≥95		
含水量（质量分数）（%）		≤1.0		
三氧化硫（质量分数）（%）		≤4.0		
氯离子（质量分数）（%）		≤0.06		
烧失量（质量分数）（%）		≤1.0		
玻璃相含量（质量分数）（%）		≥85		
放射性		合格		

（5）日美等国矿渣的技术标准　日本 JIS A 6206—1997 制定了混凝土用矿渣的技术标准。这个标准的特征是以比表面积的大小作为指标，把矿渣分为三类，见表 5-25。

表 5-25　矿渣的技术标准

质量要求项目	比表面（400）	比表面（600）	（800）
密度/(g/cm^3)	2.8 以上	2.8 以上	2.8 以上

（续）

质量要求项目		比表面（400）	比表面（600）	（800）
比表面积/(m^2/kg)		300～500	500～700	700～1000
活性指数（%）	7d	55 以上	75 以上	95 以上
	28d	75 以上	95 以上	105 以上
	91d	95 以上	105 以上	105 以上
流动度比（%）		95 以上	90 以上	85 以上
氧化镁（质量分数）（%）		10 以下	10 以下	10 以下
三氧化硫（质量分数）（%）		4.0 以下	4.0 以下	4.0 以下
烧失量（%）		3.0 以下	3.0 以下	3.0 以下
氯离子（质量分数）（%）		0.02 以下	0.02 以下	0.02 以下

美国、英国及加拿大矿渣技术标准，见表 5-26。

表 5-26　美国、英国及加拿大矿渣技术标准

项目	标准		
	ASTM-C989	BSEN 15167	CSA-A363
(C+M+A)/S（碱度）	—	1.0 以上	—
烧失量（%）	—	3.0 以下	—
三氧化硫（质量分数）（%）	4.0 以下	2.0 以下	2.5 以下
45μm 筛余（%）或比表面积	20 以下	≥275m^2/kg	20 以下
活性指数（%）28d	80 级 75，100 级 95，120 级 115 以上	7d，>45% 28d，>70%	28d 80 以上

（6）矿渣混凝土的特性　矿渣混凝土的各种性能，受矿渣的细度与掺量的影响。要适当选择矿渣的品种及其对水泥的置换率，以获得所要求的混凝土的性能。

1）新拌混凝土旳性能。矿渣对水泥的置换率大，达到相同流动性时，水量和减水剂的量降低；但比表面积大的矿渣（如 800m^2/kg 的超细矿渣），混凝土的黏度大；为了降低混凝土的黏度，获得相应的含气量，需要掺入更多的引气减水剂。但是，采用比表面积 600m^2/kg 和 800m^2/kg 的超细矿渣时，混凝土的泌水量降低。

2）矿渣混凝土的强度。不同比表面积矿渣、不同龄期的混凝土强度，如图 5-2 所示。

由图 5-2a 可见，1d 抗压强度，不管矿粉比表面积如何，均低于基准混凝土的强度。3d、7d 抗压强度，除了比表面积 400m^2/kg 的矿渣混凝土强度稍低外；比表面积 600m^2/kg 和 800m^2/kg 的矿渣混凝土强度，均高于基准混凝土。一般情况下，比表面积 800m^2/kg 的矿渣混凝土早期强度较好。由图 5-2b 可见，半年后矿渣混凝土强度均超过了基准混凝土强度。

不同养护温度和 28d 抗压强度：15℃水中养护的矿渣混凝土，28d 龄期强度比基准混凝土强度低得多；以 20℃水中养护的矿渣混凝土强度为基准，在 15℃、10℃和 5℃水中养护的矿粉混凝土强度，置换率 30% 时，强度降低 2～7MPa；置换率 50%～70% 时，强度降低

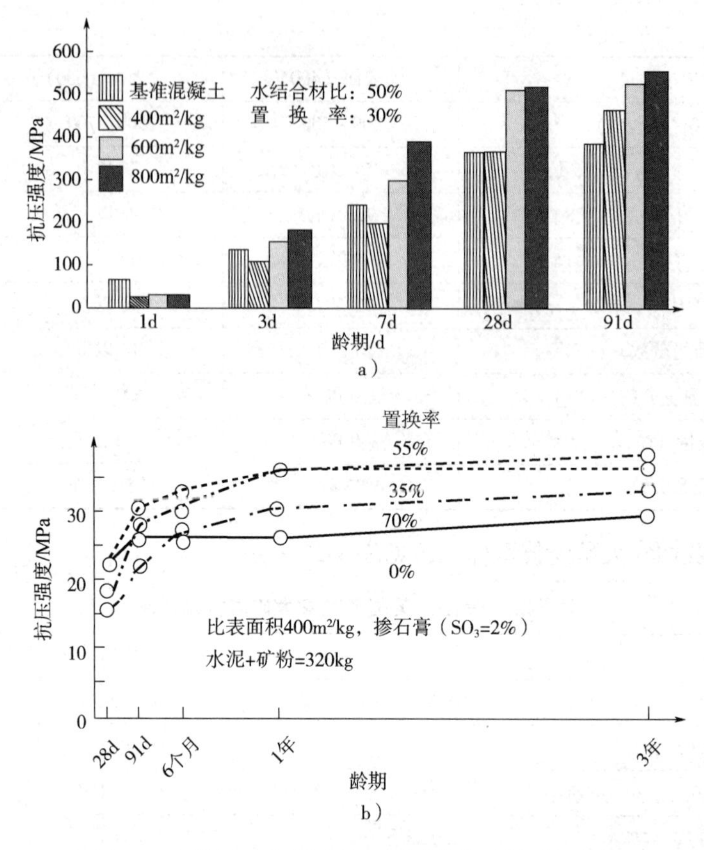

图 5-2 不同比表面积矿渣、不同龄期的混凝土强度

a）不同比表面积，置换率 30%，$W/B=50\%$ b）比表面积相同，置换率不同

3～10MPa；随着养护温度降低，强度差别越大。比表面积 800m^2/kg 的矿渣混凝土强度，28d 龄期后比基准混凝土强度高得多。矿渣混凝土只要充分养护，强度不断发展，以 56d 或 91d 龄期设计是可行的、经济的。

3）绝热温升。比表面积大的矿渣，对水泥的置换率为 70% 时，最终的发热量比基准混凝土低。但置换率为 30%～50% 时，水化放热增大。

矿渣置换率为 30%～50% 的混凝土，后期的绝热温升高于基准混凝土，如图 5-3 所示。

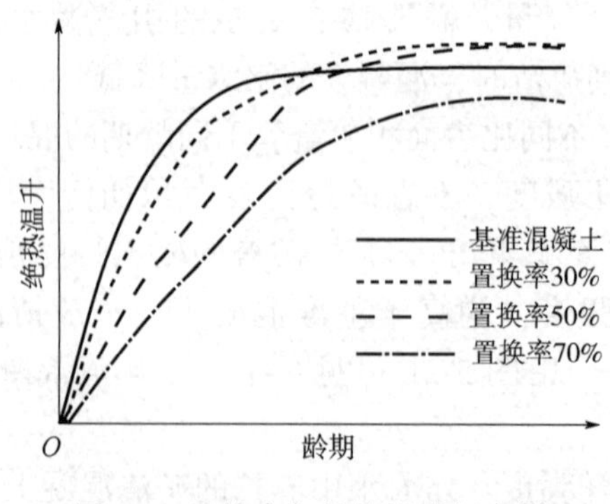

图 5-3 置换率与绝热温升概念图

4）收缩与徐变。关于矿渣混凝土的干燥收缩，受到干燥开始时龄期的影响；温度

20℃、相对湿度 50% 时室内测定的结果，如图 5-4 所示。

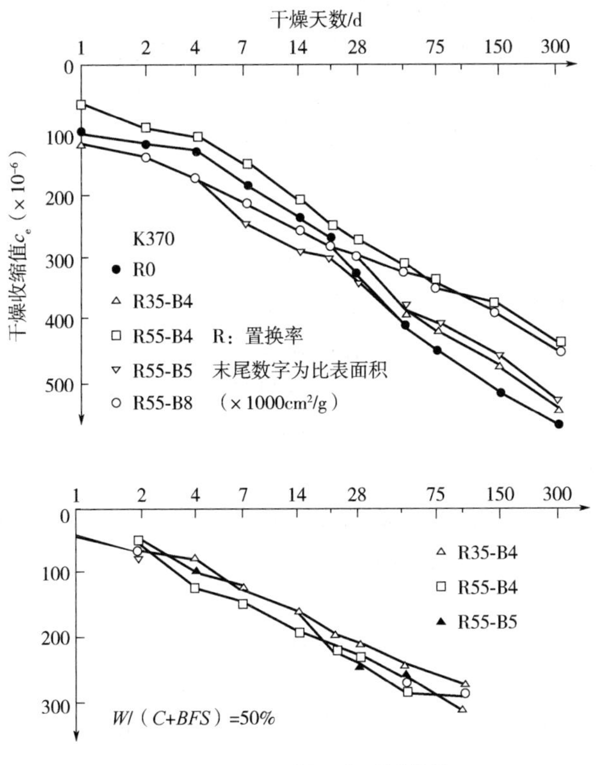

图 5-4　矿渣混凝土的干燥收缩

矿渣混凝土干燥收缩与不含矿渣的基准混凝土相比，大体相同或稍低一些。但是，无论是哪一种混凝土，如能长期充分养护，干燥收缩也能降低。

矿渣混凝土的自收缩受矿渣对水泥的置换率和矿渣比表面积的影响，如图 5-5 所示。

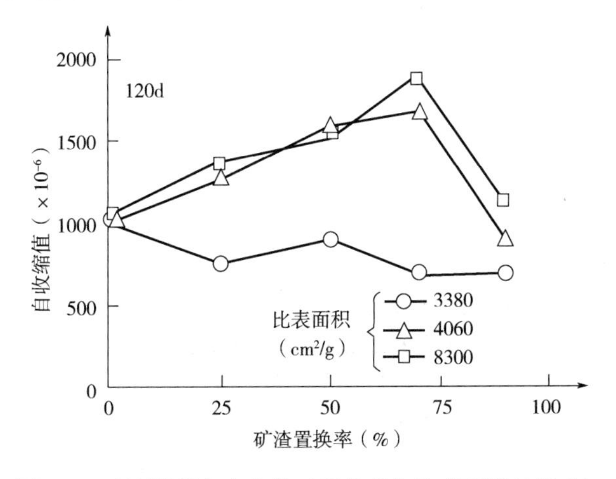

图 5-5　矿渣混凝土自收缩（置换率与比表面积的影响）

比表面积小的矿渣，即使置换率增加，自收缩变形也降低。如矿渣的比表面积很大，矿渣的置换率为 50% ~70% 时，自收缩变形最大，自收缩变形的绝对值也大。

一般情况下，当水灰比越小，自收缩变形越大；矿渣混凝土的情况下，如水灰（胶）

比越小，矿渣的比表面积越大，以矿渣置换水泥后，水泥石的组织致密，毛细管曲率半径变小，毛细管张力增大，自收缩变形也增大。

矿渣混凝土的徐变，与基准混凝土相比，大体相同或稍低一些；矿渣对水泥的置换率越大，比表面积也大时，徐变系数变小。

5）矿渣混凝土的耐久性。矿渣混凝土的特性之一就是它的耐久性好。与普通硅水泥混凝土相比，矿渣能提高混凝土的耐久性。

5.5.3 硅粉

硅粉（Microsilica 或 Silica Fume），也称为微硅粉，是工业电炉在高温熔炼工业硅及硅铁的过程中，随废气逸出的烟尘，经特殊的捕集装置收集处理而得。逸出的硅粉中，SiO_2含量约占总量的 90%，颗粒度非常小，平均颗粒度几乎是纳米级别。硅粉的外观为灰色或灰白色粉末、耐火度大于 1600℃，密度为 1600 ~ 1700kg/m³。硅粉中细度小于 1μm 的占 80% 以上，平均粒径为 0. 1 ~ 0. 3μm，比表面积为 20 ~ 28m²/g，其比表面积约为水泥的 80 ~ 100 倍，粉煤灰的 50 ~ 70 倍。硅粉能够填充水泥颗粒间的孔隙，同时与水化产物生成凝胶体。在水泥基的混凝土、砂浆与耐火材料的浇注料中，掺入适量的硅粉，可起到如下作用。

1）显著提高抗压、抗折、抗渗、防腐、抗冲击及耐磨性能。

2）具有保水、防止离析、降低混凝土泵送阻力的作用。

3）延长混凝土结构的使用寿命。特别是在氯盐侵蚀、硫酸盐侵蚀、高湿度等恶劣环境下，耐久性提高一倍甚至数倍。

4）大幅度降低喷射混凝土和浇注料的落地灰，提高单次喷层厚度。

5）高强混凝土的必要成分，已有 C150-200 混凝土的工程应用。

6）有效防止发生混凝土碱骨料反应。

7）提高浇注型耐火材料的致密性。在与 Al_2O_3 并存时，生成莫来石相，提高高温强度及抗热振性。

8）有极强的火山灰效应，拌合混凝土时，与水泥水化产物 $Ca(OH)_2$ 发生二次水化反应，形成胶凝产物，填充水泥石结构，提高硬化体的力学性能和耐久性。

9）硅粉为无定型球状颗粒，可以提高混凝土的流变性能。

10）硅粉的平均颗粒尺寸比较小，具有很好的填充效应，可以填充在水泥颗粒空隙之间，提高混凝土强度和耐久性。

硅粉的技术要求应符合表 5-27 中的规定。

表 5-27　硅粉的技术要求（GB/T 27690—2011）

项目	指标
固含量（液料）	按生产厂控制值的 ±2%
总碱量	≤1. 5%
SiO_2 含量	≥85. 0%
氧含量	≤0. 1%
含水率（粉料）	≤3. 0%

（续）

项目	指标
烧失量	≤4.0%
需水量比	≤125%
比表面积（BET 法）	≥15m^2/g
活性指数（7d 快速法）	≥105%
放射性	I_{ra}≤1.0 和 I_r≤1.0
抑制碱骨料反应性	14d 膨胀率降低值≥35%
抗氯离子渗透性	28d 电通量之比≤40%

注：1. 硅粉浆折算为固体含量按此表进行检验。
2. 抑制碱骨料反应性和抗氯离子渗透性为选择性试验项目，由供需双方协商决定。

5.5.4　其他

以硅、铝、钙等一种或多种氧化物为主要成分，具有规定细度，能够改善混凝土性能的材料，都能用于混凝土矿物掺合料。除了上述主要的种类外，其他能用于混凝土的矿物掺合料如下。

1）钢铁渣粉，以钢渣和粒化高炉矿渣为主要原料，按照一定比例（钢渣的比例为 20% ~ 50%，粒化高炉矿渣的比例为 50% ~80%）经粉磨至规定细度的粉体材料。

2）石灰石粉，以一定品位纯度的石灰石为原料，经粉磨至规定细度的粉体材料。

3）复合矿物掺合料，用两种或两种以上的矿物原料，单独粉磨至规定的细度后再按一定的比例复合，或者两种及两种以上的矿物原料按一定的比例混合后粉磨达到规定细度并符合规定活性指数的粉体材料。

5.6　混凝土高效减水剂

能大幅度降低单方混凝土的用水量，或用水量一定的条件下，可以大幅度增大混凝土的坍落度的外加剂称为高效减水剂。1962 年，日本发明了萘系高效减水剂。利用萘系高效减水剂，生产 100MPa 的预应力管桩及铁路桥的桁架等。1974 年，清华大学的卢璋与中冶建研院的熊大玉和顾德珍等开始研究萘系高效减水剂，1980 年左右投入生产应用。

1971 年左右，联邦德国研发了三聚氰胺高效减水剂，并研发出了流态混凝土。1975 年，日本引进了流态混凝土技术，并在日本实用化。1976 年，英国混凝土协会，把日本和联邦德国开发的高效减水剂，汇总入 State of Art 中，用了 Super-plasticizer 的术语，在全世界都传开了。现在常用的高效减水剂有：萘系、三聚氰胺系、氨基磺酸盐系及聚羧酸系。

5.6.1　高效减水剂对水泥的作用机理

1. 分散机理

高效减水剂掺入水泥浆中，水泥粒子吸附高效减水剂，表面产生 Zeta 电位，使水泥粒子分散。高效减水剂的掺量与 Zeta 电位的关系，如图 5-6 所示。随着萘系、三聚氰胺系掺量的增加，Zeta 电位增大，对水泥粒子的分散性也随着增加，但当掺量到达一定范围后，Zeta 电位即趋于稳定状态。聚羧酸系高效减水剂的 Zeta 电位是相对较低的，大体上只有前者的 50% 左右，但其对水泥粒子的分散性比前者大得多。这是因为高效减水剂分子对水泥粒子吸附形态不同造成的。

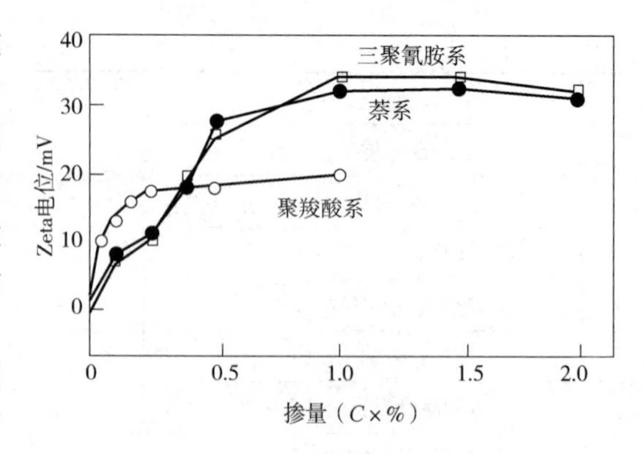

图 5-6　高效减水剂的掺量与 Zeta 电位的关系

在水泥浆中，掺入高效减水剂后，在固液界面上，高分子的各种吸附形态如图 5-7 所示。萘系及三聚氰胺系对水泥粒子的吸附形态如图 5-7f 所示，为刚性链横卧吸附。而聚羧酸系高效减水剂对水泥粒子的吸附形态如图 5-7h 所示，齿轮型吸附，对水泥粒子具有很大的分散能力。

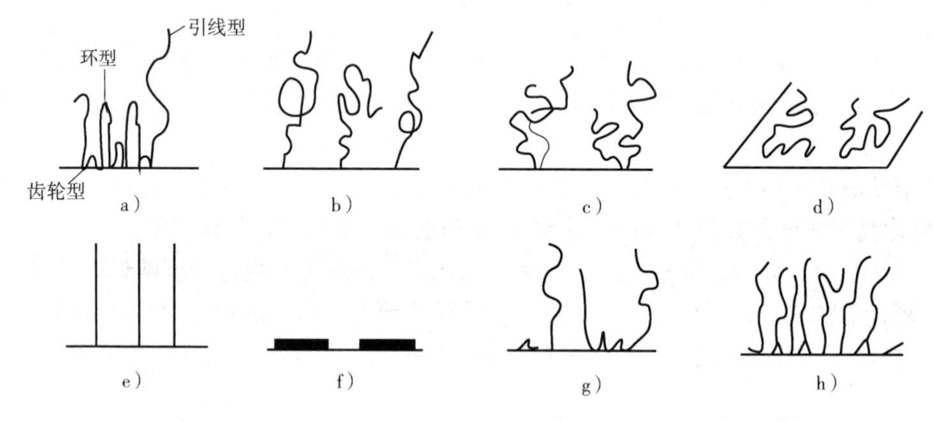

图 5-7　高分子的各种吸附形态

吸附形态不同，表现出高效减水剂性能及对坍落度损失控制的不同。水泥粒子与聚羧酸系高效减水剂的分子吸附后，粒子间作用的全能量曲线如图 5-8 所示。

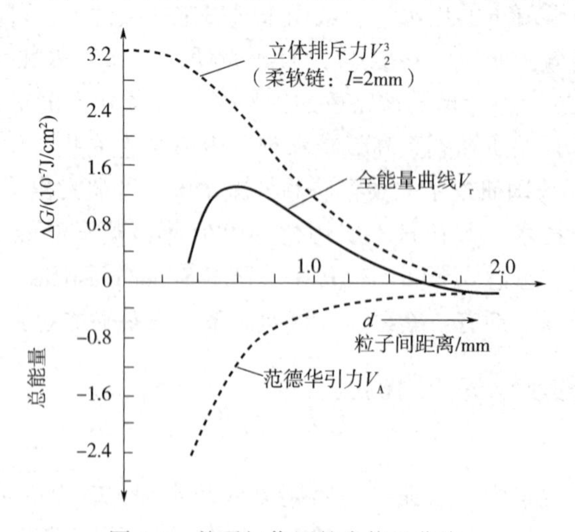

图 5-8　粒子间作用的全能量曲线

立体排斥力和范德华引力的总和为全能量曲线，是粒子间的移动力，其总和为“+”时，粒子处于分散状态；总和为“-”时，粒子处于凝聚状态。

2. 保持分散机理（即保塑功能）

水泥浆拌合后，经时变化与Zeta电位的关系如图5-9所示。混凝土坍落度经时变化如图5-10所示。

图5-9与图5-10有明显的相关性。萘系与三聚氰胺系高效减水剂的Zeta电位，经时降低很快，用这两种高效减水剂配制的混凝土坍落度经时损失也很快。但聚羧酸系高效减水剂的Zeta电位，经时降低很少，坍落度经时损失也很低。这主要是因为高效减水剂的分子与水泥粒子的吸附形态不同，使水泥粒子之间吸附层的作用力不同。聚羧酸系高效减水剂与水泥粒子吸附层的作用力是立体的静电斥力，Zeta电位变化小，保塑功能好。

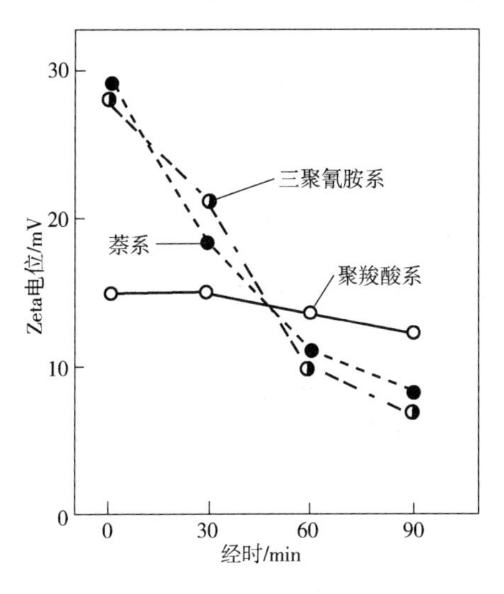

图5-9 经时变化与Zeta电位的关系

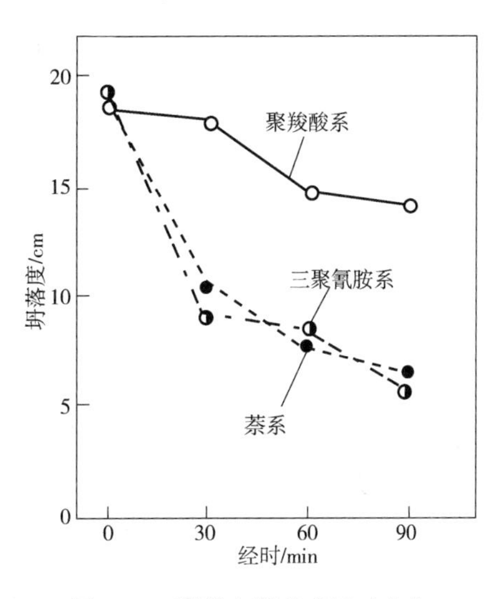

图5-10 混凝土坍落度经时变化

5.6.2 高效减水剂技术的新进展

1. 氨基磺酸盐系高效减水剂的生产与应用

氨基磺酸盐系高效减水剂的减水率高，保塑效果好，配制的混凝土耐久性好，生产工艺较萘系与聚羧酸系简便。以氨基磺酸盐系高效减水剂与萘系高效减水剂各按35%的含固量，以1:1的比例复配，在复配液中外掺3%～5%的超细粉，以这种固液复配高效减水剂，研发出了能保塑3h的超高性能混凝土，并在深圳京基大厦工程中应用，泵送至516m的高度，是一种有发展前途的高效减水剂。在山东潍坊及深圳宝安都生产应用了这种高效减水剂。

（1）制备原理　以芳香族氨基磺酸盐与甲醛加热缩合而成，其分子结构如图5-11所示。分子结构的特点是分支较多，疏水基分子段较短，极性强。

（2）水泥净浆及混凝土试验

1）试验用原材料。氨基磺酸盐系高效减水剂（AS）及其与萘系高效减水剂复配品AN1及AN2。

水泥：小野田52.5普硅（1）；东方龙52.5普硅（2）；大宇52.5普硅（3）；韶峰52.5普硅（4）。

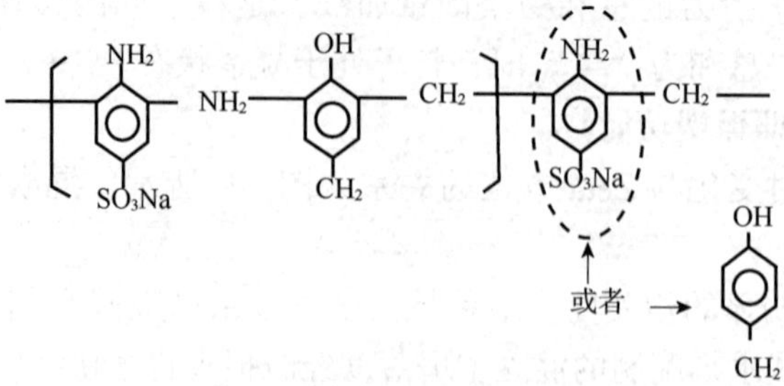

a）

有时，还加入尿素（$NH_2—\underset{\|}{\overset{}{C}}—NH_2$，C=O），生成以下产物。

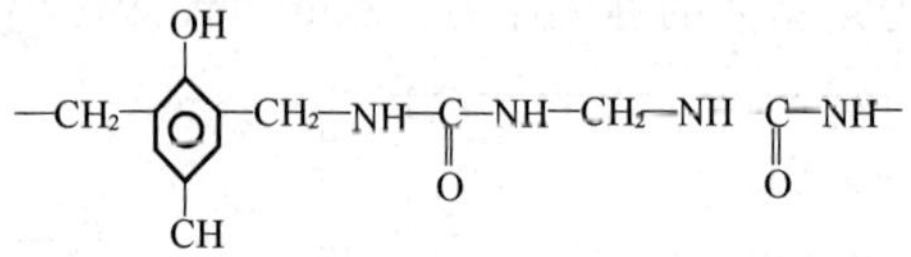

b）

图 5-11　氨基磺酸盐系高效减水剂的分子结构

a）分子结构　b）加入尿素后的分子结构

砂：中偏粗，密度 2.65g/cm^3，表观密度 1.45g/cm^3；级配及有机物含量符合国家规范要求。

碎石：石灰石碎石，粒径 5～25mm，密度 2.65g/cm^3，表观密度 1.46g/cm^3；级配合格。

其他外加剂：防腐剂（天津产）；脂肪酸系高效减水剂（南宁产），含固量 40%。

2）净浆流动度试验。水泥 500g，$W/C=29\%$；外加剂掺量：AS 为 3.5g，AN2 及 AN1 均为 7.5g。试验用原材料中的各种水泥净浆流动度经时变化，见表 5-28～表 5-30。

表 5-28　水泥净浆流动度经时变化（AS）

水泥品种	流动度经时变化/cm				
	初始	30min	60min	90min	120min
1	25×25	25×25	25×25	26×26	25×25
2	24×24	25×25	25×25	25×25	24×24
3	24×25	25×25	24×25	24×24	24×24
4	26×25	25×25	25×25	25×25	24×24.5

表 5-29　水泥净浆流动度经时变化（AN2）

水泥品种	流动度经时变化/cm			
	初始	60min	120min	180min
1	26×26	26×26	26×26	—
2	27×26	26×26	26×26	—
3	25×25	25×25	25×25	24×24
4	26×26	26×26	26×26	25×25

表 5-30 水泥净浆流动度经时变化（AN1）

水泥品种	流动度经时变化/cm			
	初始	60min	120min	180min
1	26×26	26×26	26×26	—
2	28×28	27×28	26×26	—
3	25×25	26×26	24×24	25×26
4	28×28	27×27	25×25	—

水泥净浆试验可见：AS、AN1、AN2 三种氨基磺酸盐系高效减水剂，对四种水泥均有很好的适应性；初始流动性大，经 2h，净浆流动度基本无损失。减水率高，控制流动度损失功能好，这是氨基磺酸盐系高效减水剂的特点之一。

3）混凝土试验。混凝土试验配合比见表 5-31。坍落度、扩展度的经时变化见表 5-32。强度、电通量及氯离子扩散系数见表 5-33。AN1 的含固量 37%，AS 含固量 42%；粉体：①矿粉与粉煤灰复合；②Ⅱ级粉煤灰；③矿粉与硅灰复合。

表 5-31 混凝土试验配合比

水泥	*W/B*	混凝土用料/(kg/m³)						高效减水剂
		水泥	粉体	砂	豆石	碎石	水	
小野田	0.40	300	140①	760	—	1000	180	AS 0.7%
大宇	0.43	340	75②	800	150	850	180	AN1 2.0%
珠江 52.5	0.30	385	165③	750	150	850	165	AS 3.0%

表 5-32 坍落度、扩展度的经时变化

水泥	初始	60min	120min
小野田	24.5cm/680mm	24.5cm/630mm	23.0cm/480mm
大宇	24.0cm/630mm	21.0cm/620mm	20.0cm/560mm
珠江 52.5	23.0cm/580mm	22.0cm/560mm	22.0cm/540mm

表 5-33 强度、电通量及氯离子扩散系数

水泥	抗压强度/MPa			电通量/C		氯离子扩散系数/(×10⁻⁹cm²/s)	
	3d	7d	28d	28d	56d	28d	56d
小野田	35.6	46.6	60.7	2605	700	15.3943	6.0216
大宇	32.5	42.7	58.5	2760	750	16.1568	6.2676
珠江 52.5	56.4	64.8	81.2	1605	495	10.4743	5.0131

不同高效减水剂混凝土的坍落度经时变化如图5-12所示。

2. 常温合成聚羧酸系高效减水剂

聚羧酸系高效减水剂合成时，需要100℃以上高温。惠州居龙减水剂公司研发了一种催化剂，投入少量催化剂，可在常温下合成聚羧酸系高效减水剂。

甲基烯丙醇聚氧乙烯醚（如辽阳克隆的F1088，吉林众鑫的ZX306等）为主要原料，合成聚羧酸系高效减水剂。

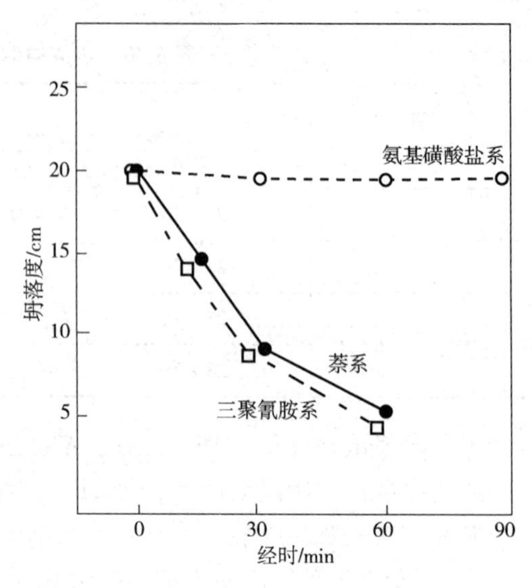

图5-12　不同高效减水剂混凝土的坍落度经时变化

1）主要性能特点：①原料成本较低，减水率高，按有效成分计，0.12%掺量减水率≥25%；②对混凝土的增强效果显著；③坍落度损失偏大，对有些水泥适应性不良。

2）每t高效减水剂原料组成：①甲基烯丙醇聚氧乙烯醚（HPEG）324.90kg；②丙烯酸（AA）39.02kg；③丙烯酰多羧酸（AC150）29.04kg；④过硫酸铵（APS）3.87kg；⑤催化剂（CT-2B）5.17kg，巯基乙酸（TGA）2.87kg，96%氢氧化钠（SH）13.97kg。合成后每t产品40%有效成分含量。

3）主要生产设备，见表5-34。

表5-34　主要生产设备

编号	设备名称	规格型号	配套装置	数量
1	PP塑料反应釜	容积6000L，ϕ2000mm×2000mm	锚式搪玻璃搅拌器，摆线减速机，减速机功率5.5kW，速比=1:23	1
2	PP塑料配料/滴料釜	容积1000L，ϕ1200mm×1000mm	锚式搪玻璃搅拌器，摆线减速机，减速机功率1.1kW，速比=1:23	2
3	电子秤	2T，分度值1kg；秤盘尺寸1500mm×1500mm		2
4	出料泵	不锈钢自吸泵，电动机功率3.0kW		1
5	滴料泵	不锈钢自吸泵，电动机功率0.55kW		3
6	软水机	水处理量≥2m^3/h		1
7	螺旋上料机	全不锈钢，ϕ169mm，L=4.5m		1
8	配电箱			1
9	电加热器及自动温度控制装置（低温天气用于熔化丙烯酸）			1

4）生产实例。常温反应釜如图5-13所示。A组分与B组分配料后滴入合成釜C中，每12h可生产10～16t 40%聚羧酸母液。

3. 常温合成保塑型聚羧酸系高效减水剂

1）在合成釜C中投入聚醚332kg，水317kg，搅拌20min；加入过氧化氢水溶液（过氧化氢2.34kg+水3.17kg），继续拌和。

2）合成釜A中投入巯基乙酸3.17kg，VC 0.54kg，水82kg，搅拌均匀。

3）在合成釜B中投入丙烯酸49kg，水27.5kg，搅拌均匀。

4）同时将A料及B料滴入合成釜C中，搅拌3.5h，加水102kg到合成釜C中，继续搅拌1.5h，滴加碱中和料（30% NaOH溶液），再搅拌0.5h，出料，得40%浓度的聚羧酸系高效减水剂。

图5-13 常温反应釜

4. 引气剂

以十二烷基硫酸钠（A）为主要原料，与钠型膨润土超细粉（B）配合［A:B=(7~8):(3~2)］，将两者拌合均匀，即得粉状引气剂。粉状引气剂1~1.5份、水12~14份混合后，在高速打泡机中拌合1~2min，得到微孔泡沫剂。在混凝土中掺入适量拌合，可得引气型混凝土。

5. 沸石减水保塑剂

以天然沸石超细粉吸附高效减水剂，制得沸石减水保塑剂，可用于普通混凝土、高性能混凝土及超高性能混凝土，使混凝土流动性增大，并控制流动性的经时变化；在超高性能混凝土中，还能降低新拌混凝土的黏度，便于泵送施工。

（1）沸石粉对高效减水剂的吸附与解吸试验 将天然沸石粉100g共4份，分别放入浓度45%的高效减水剂中，每隔30min将含沸石粉的高效减水剂抽滤、冲洗、烘干、称重，得到沸石粉浸泡30min，60min，90min及120min后的质量，计算出对高效减水剂的吸附量，见表5-35。

表5-35 沸石粉对高效减水剂的等温吸附量 （单位：g/10g）

类型	时间/min			
	30	60	90	120
A	2.5	3.5	5.6	5.7
B	2.6	3.6	5.5	5.8

将沸石减水保塑剂A及B，取样100g，放入水溶液中，测定30min、60min、90min及120min的减水保塑剂排放量，见表5-36。

表5-36 沸石减水保塑剂在水溶液中的等温排放量 （单位：g/10g）

类型	时间/min			
	30	60	90	120
A	2.3	3.3	4.1	4.5
B	2.4	3.4	4.0	4.6

沸石减水保塑剂在水中的等温排放量随着时间的增长不断增加，但其排放量的极限值在饱和吸附值以下。

（2）沸石减水保塑剂对水泥净浆流动度影响　以水泥500g，水150ml，沸石减水保塑剂10g，按GB/T 8077—2012进行净浆流动度试验，并测定其经时变化，见表5-37。

表5-37　水泥净浆流动度经时变化　（单位：mm）

水泥品种	流动度经时变化				
	初始	30min	60min	90min	120min
三菱P.O.42.5	238	240	240	270	260
潍坊P.O.32.5	220	200	200	180	175

3）混凝土坍落度及强度　混凝土材料用量见表5-38。混凝土的坍落度经时变化见表5-39。混凝土强度见表5-40。

表5-38　混凝土材料用量（W/B =0.4）　（单位：kg/m^3）

水泥	粉煤灰	砂	碎石	水	沸石减水保塑剂
350	100	750	1100	180	11.25（2.5%）

表5-39　混凝土的坍落度经时变化

初始	70min	120min
20cm	19cm	16.5cm

表5-40　混凝土强度　（单位：MPa）

3d	7d	28d	56d
16.4	25.6	42	48

沸石减水保塑剂能缓慢排放吸附的高效减水剂到水泥浆中，维持水泥颗粒表面对高效减水剂的吸附量，从而维持水泥颗粒表面的Zeta电位，使水泥粒子处于分散状态。水泥浆的结构黏度和剪切强度也处于稳定状态，混凝土坍落度损失得以控制。

5.7　混凝土的配合比设计

现在工程上应用的混凝土类型较多，除了普通混凝土外，还有流态混凝土、自密实混凝土、高性能与超高性能混凝土及多功能混凝土等。先以普通混凝土的配合比设计为重点，然后再叙述其他品种混凝土的配合比设计。

5.7.1　普通混凝土的配合比设计

以满足混凝土要求的各种性能去确定混凝土组成材料的用量比例，称为混凝土的配合比设计。决定配合比设计的主要性能是混凝土的工作性、强度与耐久性。

混凝土配合比设计的顺序一般是：首先，根据所要求的强度与耐久性，选择水灰比和单方混凝土的水泥用量；在满足工作性要求的前提下，尽量降低用水量，并确定砂率。但由于地域不同，骨料的品质也不同，对高效减水剂的选择也是多样性的，不可能得到一个标准共同适用的配合比。因此，要采用工程所用的材料，进行混凝土试配，证明该配比是适用于工程对象的，然后才能确定下来。这是证明该配比是否适用于工程的原则。

为了满足强度要求，混凝土配合比的强度，必须比在结构设计时规定的强度（设计基准强度）有较大的富余范围。这个增加的比例是多少，是由各国来判断的。设计基准强度与配合比强度的关系如图5-14所示。混凝土质量管理不好，强度离散性大的时候，在配比设计时，增加的比例就大。

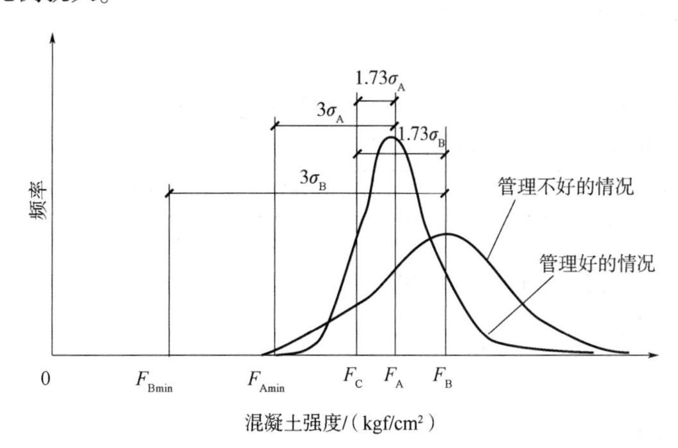

图5-14 设计基准强度与配合比强度的关系

F_C—设计基准强度（kgf[⊖]/cm²）

F_A、F_{Amin}、σ_A—离散性小的混凝土配合比强度、混凝土强度的最低值、标准差（kgf/cm²）

F_B、F_{Bmin}、σ_B—离散性大混凝土配合比强度、混凝土强度的最低值、标准差（kgf/cm²）

在国外，对常用混凝土是根据以下公式决定混凝土强度的，也就是混凝土配合比强度，是以试样经过标准养护28d的抗压极限值表示，其值应满足：

$$F \geqslant F_C + T + 1.73\sigma \tag{5-1}$$

或者

$$F \geqslant 0.8(F_C + T) + 3\sigma \tag{5-2}$$

式中 F——配合比强度；

F_C——设计基准强度；

σ——混凝土强度标准差；

T——气温修正值（表5-41）。

以式（5-1）设计的混凝土强度仅有4%以下低于设计基准强度；以式（5-2）设计的混凝土强度在0.8（F_C+T）以下的只有0.13%，即其最小值是0.7（F_C+T）。标准差σ值的大小体现了制造厂商管理的水平，商品混凝土厂通常$\sigma=25\text{kgf/cm}^2$（即2.5MPa左右）。

在日本建筑学会的标准中，为了保证混凝土结构的耐久性，关于混凝土的配合比有以下规定。

1）混凝土单方用水量不高于185kg/m³。

2）混凝土单方水泥用量不低于270kg/m³。

⊖ 1kgf = 9.80665N。

3）水灰比最大值65%。

4）混凝土中的含气量3%～5%。

5）氯盐带进的 Cl^- 含量不高于0.3kg/m³。

满足上述条件之后，在配合比设计中还要满足坍落度及强度方面要求。

表5-41　混凝土强度的气温修正值 *T*　（单位：kgf/cm^2）

	项目	混凝土从浇筑到28d龄期时预计平均气温/℃				
水泥种类	早强硅酸盐水泥	≥18	≥15～18	≥7～15	≥4～7	≥2～4
	普通硅酸盐水泥	≥18	≥15～18	≥9～15	≥5～9	≥3～5
	粉煤灰掺量30%水泥	≥18	≥15～18	≥10～15	≥7～10	≥5～7
	矿渣掺量30%水泥	≥18	≥15～18	≥14～16	≥12～14	≥10～12
气温修正值		0	15	30	45	60

5.7.2　普通混凝土的配合比设计实例

（1）试配强度计算　按下式进行，即

$$f_{cu}=f_{cu.k}+ka \tag{5-3}$$

式中　f_{cu}——混凝土试配强度（MPa）；

$f_{cu.k}$——混凝土设计强度（MPa）；

a——标准差（MPa）；

k——保证率系数。

混凝土强度的标准差 a 可参照表5-42取值。

表5-42　标准差取值表　（单位：MPa）

强度等级	C10～C20	C25～C40	C50～C60
标准差	4.0	5.0	6.0

（2）计算水灰比　根据试配强度 f_{cu}，按下式计算灰水比，取其倒数，即为所需的水灰比。

采用碎石作为粗骨料时：

$$f_{cu}=0.46f_c(C/W-0.52)f_{cu.k} \tag{5-4a}$$

采用卵石作为粗骨料时：

$$f_{cu}=0.48f_c(C/W-0.61)f_{cu.k} \tag{5-4b}$$

式中　C/W——灰水比；

f_c——水泥实际强度，可取水泥强度等级乘富余系数1.13。

（3）选择用水量　混凝土用水量选用可参考表5-43。表5-43中推荐的用水量是采用中砂时的平均值；如采用细砂，则需要增加5～10kg/m³；采用粗砂可减少5～10kg/m³；采用外加剂或掺合料时，可相应增减用水量。表5-43推荐的用水量，不适宜 $C/W\geq0.8$ 及 ≤0.4 的混凝土。

表5-43　混凝土用水量选用表　　（单位：kg/m^3）

所需坍落度/mm	卵石最大粒径/mm			碎石最大粒径/mm		
	10	20	40	15	20	40
10～30	190	170	160	205	185	170
30～50	200	180	170	215	195	180
50～70	210	190	180	225	205	190
70～90	215	195	185	235	215	200

（4）计算水泥用量

$$C_m = W_m \times (C/W)$$

式中　C_m——水泥用量（kg/m^3）；

W_m——用水量（kg/m^3）；

C/W——灰水比。

（5）选择砂率　混凝土合理的砂率可通过试验确定，也可以参考表5-44选用。

表5-44　混凝土砂率（%）选用表

水灰比（W/C）	卵石最大粒径/mm			碎石最大粒径/mm		
	10	20	40	15	20	40
0.40	26～32	25～31	24～30	30～35	29～34	27～32
0.50	30～35	29～34	28～33	33～38	32～37	30～35
0.60	33～38	32～37	31～36	36～41	35～40	33～38
0.70	36～41	35～40	34～39	39～44	38～43	36～41

注：本表推荐的砂率适用于坍落度10～60mm的混凝土，在此范围外，应适当增减。

（6）确定粗、细骨料用量

1）绝对体积法，也即组成单方混凝土材料用量的绝对体积之和为$1m^3$。

$$M_c/\rho_c + M_g/\rho_g + M_s/\rho_s + M_w/\rho_w + 10a = 1000 \tag{5-5}$$

$$\{M_s/(M_s + M_g)\} \times 100\% = S_p \tag{5-6}$$

式中　a——含气量（%），不使用引气剂时，其值为1。

2）用假设密度法计算。

$$M_c + M_g + M_s + M_w = 2350 \sim 2450\text{kg} \tag{5-7}$$

用绝对体积法计算时，可采用式（5-5）及式（5-6），用假设密度法计算时，可采用式（5-5）及式（5-7）；求解出单方混凝土中的水泥、砂、卵石（碎石）及用水量。

【实例1】 现浇钢筋混凝土柱，混凝土设计强度等级为C40，机械搅拌和振捣，强度保证率为95%，试计算初步配合比。

使用的原材料：水泥42.5普硅，强度富余系数1.13，密度$3.15 \times 10^3 kg/m^3$；河砂，级配合格，细度模量2.75，表观密度$2.60 \times 10^3 kg/m^3$，堆积密度$1450kg/m^3$；粗骨料为河卵石，最大粒径31.5mm，级配合格，表观密度$2.65 \times 10^3 kg/m^3$，堆积密度$1500kg/m^3$。使用清洁河水拌合。

解:

1）选择坍落度。根据工程要求，选择坍落度35～50mm。

2）水灰比。根据强度计算，再根据耐久性要求，进行校核。

采用卵石作为粗骨料时

$$f_{cu}=0.48f_c(C/W-0.61)$$

C40混凝土28d强度

$$f_{cu}=40\text{MPa}+1.645\times5\text{MPa}=48.2\text{MPa}\ (\text{取}50\text{MPa})$$

水泥的实际强度

$$f_c=42.5\text{MPa}\times1.13=48\text{MPa}$$

$$50\text{MPa}=0.48\times48\text{MPa}\ (C/W-0.61)$$

故 $W/C=0.37$。

3）用水量。由表5-43，查得用水量为170kg/m³。

4）水泥用量。$C=W/0.37=460\text{kg/m}^3$。

5）砂率。可选用35%。

6）河卵石用量 G_h。

绝对体积法:

$$460/3.15+M_s/2.60+M_g/2.65+170+10\times1=1000$$

$$M_s/(M_s+M_g)=0.35,\ M_s=0.54M_g$$

可求得 $M_s=626\text{kg/m}^3$　$M_g=1160\text{kg/m}^3$

故通过计算单方混凝土材料用量：水泥460kg，砂626kg，河卵石1160kg，水170kg，总计2416kg。

再通过实验室试验验证。

5.7.3　高强度高性能混凝土的配合比设计

在我国，当前高强度高性能混凝土是强度为C60～C90的混凝土；其强度与耐久性也以水灰比（水胶比）为依据，配合比设计参考表5-45。

表5-45　高强度高性能混凝土的配合比　（单位：kg/m³）

强度等级	W/B（%）	胶凝材料组成						水	砂	碎石	减水剂	引气剂
		水泥	硅灰	微珠	矿粉	FA	NZ					
C60	30	280	40	40	60	80	20	156	800	950	2.0%	0.2%
C70	28	300	45	55	60	80	20	157	800	930	2.0%	0.2%
C80	25	320	50	60	60	80	20	148	800	930	2.5%	0.2%
C90	23	350	50	60	60	80	20	143	800	920	2.5%	0.2%

注：聚羧酸减水剂母液，含固量40%，引气剂为12烷基硫酸钠（+稳泡剂）粉剂，配合比只解决混凝土工作性和泌水抓底问题，如需保塑，可另加2.0%的保塑剂CFA。也可用氨基系与萘系复配，兼有高减水率及保塑功能。

5.7.4　超高性能混凝土（UHPC）的配合比设计

超高性能混凝土（UHPC）是混凝土技术突破性的进展。在我国，一般把强度≥100MPa

的高性能混凝土称为超高性能混凝土，其强度与耐久性也以水灰比（水胶比）为依据，配合比设计可参考表5-46。

表5-46 超高性能混凝土（UHPC）的配合比 （单位：kg/m^3）

水泥	*W/B*（%）	W	C	SF	MB	BFS	S	G	NZ	减水剂
中热	20	152	600	60	70	30	750	850	20	2.5%
低热	21	150	500	70	60	85	668	840	20	2.5%
普硅	20	150	500	70	80	100	750	850	20	2.5%
中热	16	150	700	70	100	70	700	800	20	3.0%
低热	14	150	750	80	100	70	650	750	25	3.0%
低热	13	150	800	100	110	90	650	500	25	3.5%
低热	12	150	900	100	120	130	650	500	25	3.5%

减水剂可用氨基系与萘系复配，兼有高减水率及保塑功能 $W/B \leqslant 20\% \sim 21\%$，C100～C110；$W/B \leqslant 14\% \sim 16\%$，C120～C130；$W/B \leqslant 12\% \sim 13\%$，C140～C150。

5.7.5 自密实混凝土（Self Compacting Concrete，SCC）配合比设计

首创自密实混凝土研究的是日本东京大学教授冈村甫，他在1986年前后开展该项研究，本意是使混凝土施工浇筑省力化、省资源与省能源；施工不扰民，与环境相协调。按照日本土木学会标准，用U形仪试验新拌混凝土，上升高度达到≥30cm，而且从开始到稳定时间在10s以内。这种混凝土不泌水，不离析，并具有一定黏度，浇筑时，才能达到免振自密实。自密实混凝土检测如图5-15所示，配合比见表5-47。

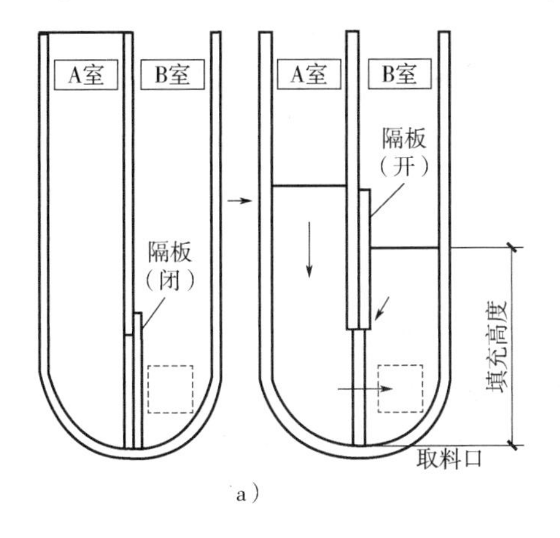

a）

b）

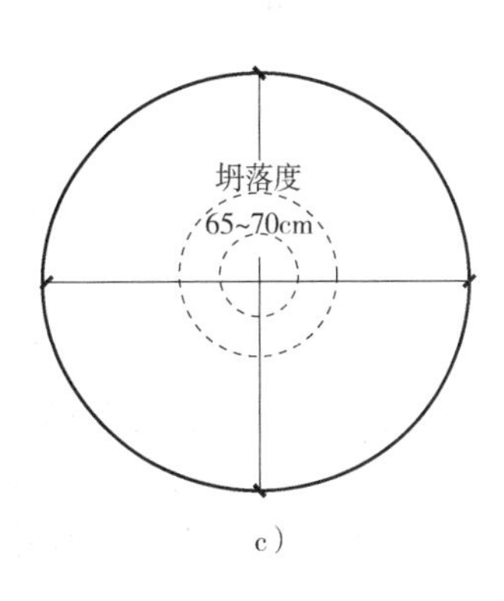

c）

图5-15 自密实混凝土检测

a）U形仪剖面示意 b）东塔工程用的U形仪 c）坍落度

表5-47 自密实混凝土配合比 （单位：kg/m^3）

标号	C	MB	SF	NZ	W	S	G	WRA	CFA
C120	600	190	90	20	130	720	880	5.4	9
C60	320	50	FA160	20	150	780	980	2.0%	1.5%
C30	200	BFS80	FA150	20	170	800	900	1.0%	1.5%

SCC 胶凝材料用量如下。

在本例中，C60 的胶凝材料用量 520kg/m^3；C120 的胶凝材料用量 800kg/m^3；低强度等级（C30）的胶凝材料用量也需要≥450kg/m^3。

配合比表 5-47 中：C—水泥，MB—微珠，SF—硅灰，NZ—天然沸石粉，W—水，S—砂，G—碎石（5～10mm），WRA—减水剂，CFA—保塑剂。

SCC 的关键技术是流动性、黏性、不抓底、不泌水。

5.8 新拌混凝土的性能

5.8.1 工作性

工作性是新拌混凝土施工操作难易程度，包括流动性、保塑性、稳定性与易密性等综合性能。工程上实际应用的是坍落度及流动试验。

（1）坍落度试验　如图 5-16 所示，高度为 30cm 的坍落度筒中，分三层浇筑混凝土，每层均用 ϕ16mm、长 650mm 的金属棒均匀插捣 25 次，筒顶面混凝土用抹子刮平；然后垂直方向将坍落度筒提起，混凝土拌合物发生坍落，所坍落的高度就是混凝土拌合物的坍落度（以 cm 或 mm 计）。坍落度大，混凝土流动性大。测定坍落度后，用捣棒敲击混凝土侧面，观察其黏性、稳定性及均匀性。

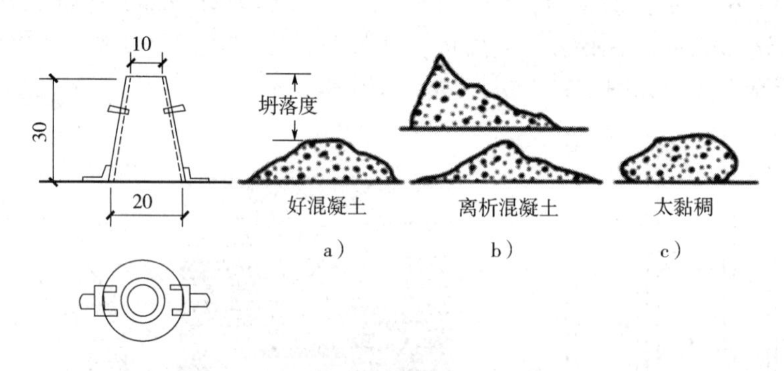

图 5-16　新拌混凝土的坍落度试验（单位：cm）

混凝土坍落度的选择，除了考虑易于搅拌、浇筑、捣实以外，还要考虑抵抗离析、泌水、减少干缩等因素和耐久性。在工程要求可能的范围内，希望坍落度尽可能小。

（2）流动试验（ASTM C124）　混凝土流动试验如图 5-17 所示。在直径 75cm 的流动跳桌中心处，成型 17cm×25cm×12.5cm 的混凝土试样，脱模，给予试样 15 次、高度 12.5mm 的撞击，然后测定混凝土摊开的直径 F（cm）。流动试验筒的下底部直径为 D=25cm，流动度按下式计算，即

$$流动度(\%)=[(F-D)/D]\times100\% \tag{5-7}$$

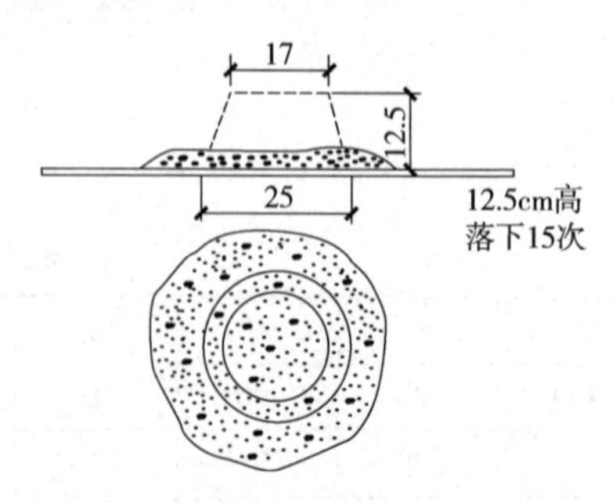

图 5-17　混凝土流动试验（单位：cm）

（3）扩展度试验　此试验适用于大流动性混凝土拌合物的稠度试验。随着流态混凝土及大流动性混凝

土的使用，坍落度试验已经不能满足要求，必须用扩展度试验来进行测定，如图 5-18 所示。

模筒：底部内径（200 + 2）mm；顶部内径（130 + 2）mm；高（200 + 2）mm。

木质捣棒：方形截面 40mm × 40mm，端部圆形。揉作要点：混凝土分两层注入模筒，每层用木捣棒捣实 10 次，表面抹平，提起模筒，上下提起面板 15 次，测扩展直径。

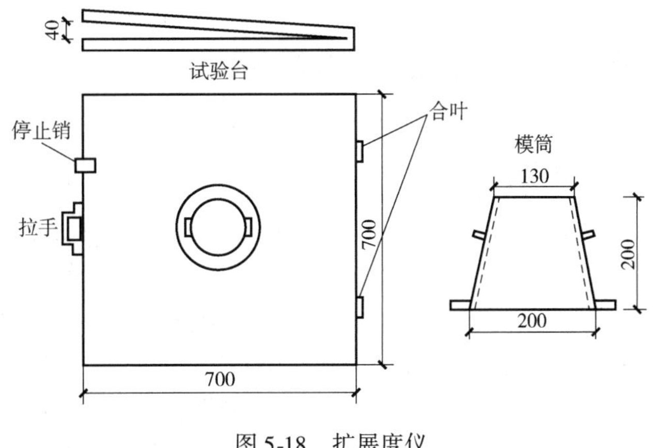

图 5-18　扩展度仪

5.8.2　材料的离析、泌水、沉降

（1）离析　混凝土在振动和重力等的外力作用下，由于组成混凝土材料的密度大小、粒子颗粒大小及液状和固体粒子的差别等，如果拌合物的黏度不够，各组分会产生分离，也即离析。离析显著时，硬化混凝土就会出现蜂窝、麻面，统称为混凝土缺陷。水分过多的混凝土、水泥量过少的混凝土，细骨料太少，特别是 0.3mm 以下的粒子太少，混凝土就容易离析；或者振捣时间太长，也容易离析，如图 5-19 所示。

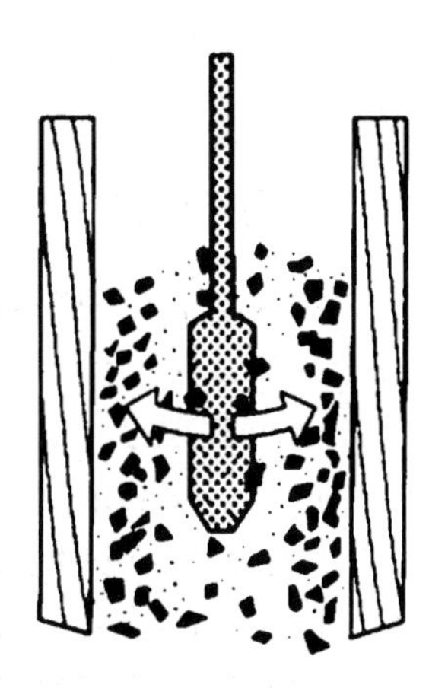

图 5-19　插入式振捣器，过振也会发生离析

（2）泌水、沉降　由于组成混凝土材料的密度不同，颗粒大小不同等，新拌混凝土的黏度不够，振动成型后粗骨料下沉，水分上浮，产生沉降和离析。混凝土浇筑成型后不久，固体颗粒沉降，水分上浮，这种现象称为泌水。泌水也是一种离析。泌水较多时，上部混凝土含孔隙多，混凝土性能下降。从图 5-20 中可见，由于泌水，粗骨料和钢筋底面会形成水隙，水分蒸发后形成孔隙，降低了强度与耐久性。

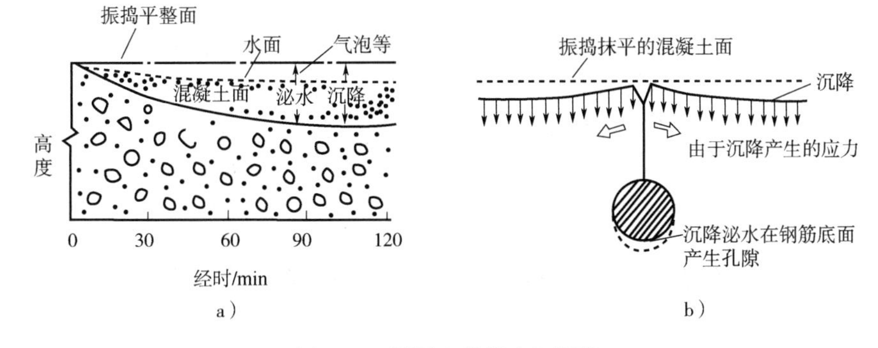

图 5-20　混凝土的泌水与沉降

a）泌水　b）沉降

5.9 硬化混凝土的性能

5.9.1 概要

混凝土的强度中，有抗压、抗拉、抗弯及抗剪等。但是，单指强度，一般是指抗压强度。抗压强度与其他强度相比，明显大，而且试验也容易；抗压强度知道了，其他强度就可推断出来了。此外，相应骨料类型、弹性模量、应力-应变曲线等，就可大概推定了。在本节中对硬化混凝土的性能进行全面介绍。

混凝土的抗压强度，一般是指龄期为28d的强度；影响强度的因素很多，归纳如下：①材料质量，即水泥、骨料、水、掺和料及外加剂质量；②配合比，即水灰比、水泥用量、水量、砂率、掺和料数量与质量；③施工方法，即搅拌方法、浇筑方法及捣固方法；④养护方法，即温度、湿度；⑤龄期（与养护方法及相关因素有关）；⑥加载方法，即速度、试样形状、尺寸等。

抗压强度是混凝土重要的性能指标，但它还不能全部代表混凝土质量。例如：冻融、中性化、盐害及硫酸盐腐蚀等，也是影响混凝土耐久性能的重要因素。此外，还有耐火性等。

5.9.2 强度理论

影响混凝土强度的因素很多，但是在各种因素相对固定的情况下，支配混凝土强度的基本理论是什么呢？这里最有代表性的是水灰比理论和空隙比理论。

1. 水灰比理论

1918年，伊利诺伊大学 D. A. Abrams 提出的水灰比理论，至今仍被广泛应用，也就是“采用坚硬骨料的混凝土，工作性能适当，混凝土强度由水和水泥的比例决定。”水泥:砂:粗骨料不同的三种混凝土，缓慢加水拌合成型，得到了抗压强度和水灰比的关系，如图5-21所示。图5-21中点线部分，是成型不够密实的范围，除掉这部分，共同的实线部分，水灰比理论是成立的。如果改变捣实方法，工作度不够好的部分也能得到充分捣实，如图5-22所示，水灰比理论成立的范围扩大。Abrams对实线部分用下式表示。

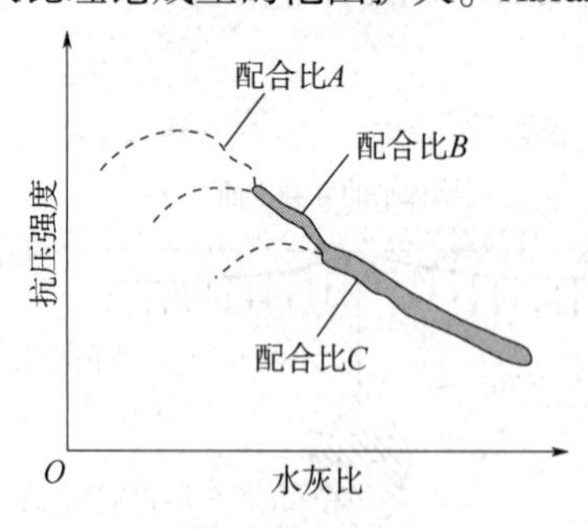

图5-21 水灰比理论（配比影响）

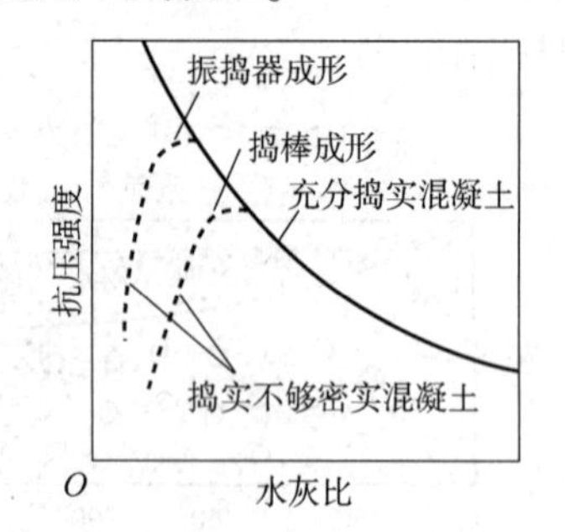

图5-22 水灰比理论（捣实影响）

$$F_c = A/B^{W/C} \tag{5-7}$$

式中 F_c——抗压强度；

W/C——水灰比；

A、B——根据使用材料决定的系数。

为了生产使用方便，1925 年 I. Lyse 提出了灰水比公式，即

$$F_c = a + b(C/W) \tag{5-9}$$

混凝土灰水比与强度关系为直线关系，应用方便。

2. 空隙比理论

1921 年，A. N. Talbot 提出："混凝土的抗压强度，由空隙与水泥比决定。"空隙是由于混凝土的工作性不好，引进了空隙；或者由于引气剂引进了空隙；或者由于水泥未反应完全，过剩水分蒸发留下了空隙。与水灰比理论相比，想从机理上进一步说明，但使用上不便。

3. 胶空比理论

1946 年 T. C. Powers 提出的胶空比理论，是当前最进步的理论。W/C 即使是定值，即使发生水化反应的温度变化，强度是和水泥的水化程度相关的。前述的两种理论对这些方面说明不了。本理论用凝胶孔隙比（Gel Space Ratio）表现强度，即

胶空比 = 水化水泥浆的体积/(水泥的体积 + 毛细管孔隙体积)

$1cm^3$的水泥，完全水化后得到$2.06cm^3$水泥凝胶，故胶空比如下式，即

$$X = (2.06CV_{ca})/(CV_{ca} + w_0) \tag{5-10}$$

式中 C——水泥质量；

V_{ca}——水泥单位质量的体积；

w_0——拌合水体积；

X——水化完成后水化物占水泥的比率。

Powers 认为：混凝土强度 $=2.380X^3$kgf/cm^2（1kgf/cm^2 = 0.1MPa）与龄期和配比无关。如果含气量为 Acm^3，则 $X = (2.06CV_{ca})/(CV_{ca} + w_0 + A)$

4. 抗压试验方法与强度

相同混凝土，用∮15×30 的圆柱体试样与 20cm 立方体试样，抗压强度后者比前者高 15%左右；试样端部涂润滑油与不涂相比，前者强度要低；干试样比湿试样强度高 10% ~ 20%。故混凝土强度试验须按有关标准进行。

5. 施工方法与强度

搅拌时间，因配比与搅拌机的性能而不同，一般是 3min 左右，再延长搅拌时间对混凝土质量影响不大。混凝土搅拌后，放置一定时间，不加水，再搅拌，保证施工要求工作度的前提下，一般强度会提高。

塑性或稍干硬性混凝土都需要振动成型，获得密实的混凝土。但是，对塑性混凝土如振动时间过长，会离析，造成强度降低。

6. 养护方法与龄期和强度关系

混凝土浇筑成型后，给予适当温度与湿度，使水泥进行水化反应，不发生有害于混凝土的作用。养护过程中温度与湿度对混凝土强度的影响很大，如图 5-23 和图 5-24 所示。

7. 试样尺寸与数量

立方体抗压及劈裂抗拉强度试验：

100mm×100mm×100mm，每组 3 个，用于 D_{max} ≤30mm。

150mm×150mm×150mm，每组 3 个，用于 D_{max} ≤40mm。

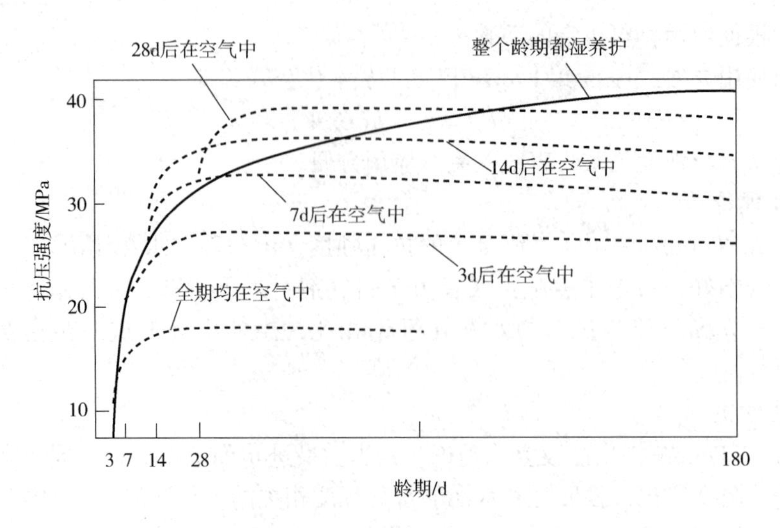

图 5-23　湿养护后放在干燥空气中对抗压强度的影响

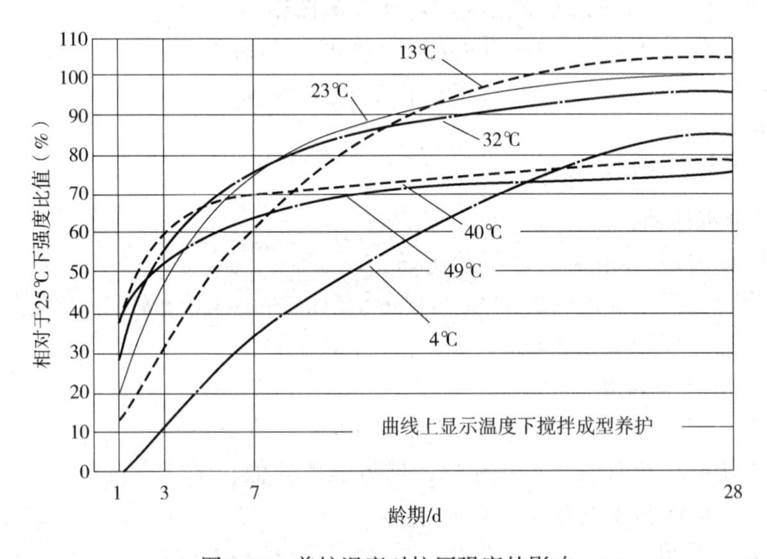

图 5-24　养护温度对抗压强度的影响

200mm×200mm×200mm，每组 3 个，用于 D_{max}≤60mm。

轴心抗压及弹性模量试验：

150mm×150mm×300mm，每组 3 个。

100mm×100mm×300mm，每组 3 个。

抗折强度试验：

150mm×150mm×600mm，每组 3 个。

100mm×100mm×400mm，每组 3 个。

8. 轴心抗压强度试验

我国虽以立方体抗压强度作为评定混凝土的性能标准，但在结构设计中，使用的是混凝土的轴心抗压强度，即棱柱体抗压强度 f_{cp}。此外，在进行弹性模量、徐变等试验时，也需先试验出轴心抗压强度后，才能定出试验所必须的参数。

轴心抗压强度试验的试件：150mm × 150mm × 300mm 为标准；100mm × 100mm 截面——0.95；200mm × 200mm 截面——1.05；高宽比 2 ~ 3 范围内。

轴心抗压强度按下式计算：

$$f_{cp} = F/A$$

式中 f_{cp}——轴心抗压强度（MPa）；

F——破坏荷载（N）；

A——试件承压面（mm^2）。

加载速度：混凝土强度 ≤ C30 时，0.3 ~ 0.5MPa/s；混凝土强度 > C30 时，0.5 ~ 0.8MPa/s。

9. 静力受压弹性模量

此试验反映了混凝土在压力作用下的变形性能。我国采用的混凝土弹性模量值，是在应力为轴心抗压强度 40% 时，加荷作用的割线模量。

我国混凝土结构设计时，采用与混凝土强度等级对应的弹性模量，见表 5-48。

表 5-48 混凝土弹性模量 E_C （单位：MPa）

混凝土强度等级	弹性模量（$\times 10^5$）	混凝土强度等级	弹性模量（$\times 10^5$）
C20	2.55	C50	3.45
C30	3.00	C60	3.60
C40	3.25	C80	

10. 劈裂抗拉强度

混凝土轴心抗拉强度测定比较困难，常用劈裂抗拉强度表示混凝土的抗拉性能。此法不适宜骨料过大的混凝土。

试件尺寸：100mm × 100mm × 100mm，适用于 D_{max} ≤30mm；

150mm × 150mm × 150mm，适用于 D_{max} ≤40mm。

垫层：木质三合板，宽 15 ~ 20mm，厚 3 ~ 4mm。垫条：钢筋。

加荷速度：C30 ≤ 0.02 ~ 0.05MPa/s；混凝土强度 > C30 时，0.06 ~ 0.08MPa/s。

劈裂抗拉强度计算式为：

$$f_{t.s} = 2P/\pi A = 0.537(P/A)$$

式中 $f_{t.s}$——劈裂抗拉强度（MPa）；

P——破坏荷载（N）；

A——劈裂面积（mm^2）。

11. 抗折强度

抗折强度也称为弯曲抗拉强度，是评定混凝土抗拉性能的另一种表示形式。试验时试件安放如图 5-25 所示，加载速度 0.6MPa/s 左右。抗折强度按下式计算，即

$$f_t = FL/bh^2$$

式中 f_t——混凝土抗折强度（MPa）；

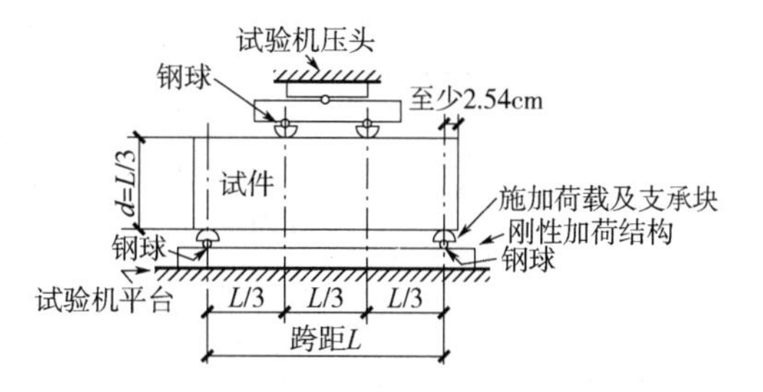

图 5-25 混凝土抗折试验示意图

F——破坏荷载（N）；
L——跨度（mm）；
b——截面宽（mm）；
h——截面高（mm）。

5.10 抗冻性试验

抗冻性试验有慢冻法与快冻法，我国沿用的是慢冻法，按此试验结果划分混凝土的抗冻性等级，如D25、D50、D100等。

（1）试件形式　立方体试件：100mm×100mm×100mm，150mm×150mm×150mm及200mm×200mm×200mm；分别用于D_{max}为30mm、40mm、60mm的混凝土，3个试件为一组。

（2）冷冻箱，温度-15～-20℃；融解水槽，水温保持在15～20℃。

（3）试验　检查外观，在水中浸泡4d后，称重。开始试验。在温度-15～-20℃冷冻箱中，进行冷冻：$100mm^3$及$150mm^3$试件冷冻≥4h；$20mm^3$试件冷冻≥6h。然后将试件放入融解水槽，融解时间≥4h。

（4）检验抗冻性　到达预定的冻融循环次数后，进行重量及强度检验，确定抗冻性能。

计算强度损失百分率k_n（%）及重量损失率W_n（%）。

混凝土抗冻标号以同时满足强度损失≤25%、重量损失≤5%的最大循环次数表示。

5.11 抗渗性试验

抗渗性是混凝土耐久性能的重要指标。在我国标准中，用抗渗标号作为抗渗性指标。

试件形式：顶面∮175mm，底面∮185mm，高150mm的圆台体试件，6个为一组。主要设备：混凝土抗渗仪，能使水压按规定的制度稳定地作用在试件上。操作要点：试验从水压为0.1MPa开始，每隔8h增加水压0.1MPa。6个试件中，如有3个端面有渗水现象时，即可停止试验，记下此时水压。结果计算：6个试件中，4个未出现渗水时的最大水压表示。按GB 50164—2011混凝土质量控制标准计算式：P=10H-1，P抗渗等级，分级为P2、P4、P6、P8、P10、P12。H-6个试件中3个渗水时的水压（MPa）。混凝土抗渗标号与相对渗透系数关系如表5-49。

表5-49　混凝土抗渗标号与相对渗透系数关系

抗渗标号	渗透系数PK（cm/s）	抗渗标号	渗透系数PK（cm/s）
P1	0.391×10^{-7}	P8	0.261×10^{-8}
P2	1.96×10^{-7}	P10	0.177×10^{-8}
P4	0.783×10^{-8}	P12	0.120×10^{-8}
P6	0.419×10^{-8}		

注：此法是我国解放初期从苏联的标准中引用过来的；现在我国有用混凝土28d、6h的电通量（库仑）评价渗透性指标。如普通混凝土<1500库仑/6h，高性能混凝土<500库仑/6h。

5.12 热工性能

5.12.1 水化热

水化热是水泥水化过程中发出的热量，混凝土中的水化热，可以通过在绝热温升条件下测得的温度值，经计算求得，即

$$H = T_r C_0 r / C \tag{5-11}$$

式中 H——混凝土中水泥在某龄期的水化热（J/kg）；

T_r——混凝土某龄期的绝热温升（K）；

C_0——混凝土平均比热容［J/(kg·K)］；

r——混凝土密度（kg/m^3）；

C——水泥用量（kg/m^3）。

介质温度对水泥水化热的影响见表5-50。

表5-50 介质温度对水泥水化热的影响

介质温度/℃	水泥水化热/(J/g)			
	3d	7d	28d	90d
4.4	126.61	182.27	328.50	372.07
23.3	219.56	303.36	350.28	380.45
40.0	302.94	336.46	363.69	390.09

5.12.2 热导率

热导率是以厚度为1m、两侧温差为1K时，通过单位面积（$1m^2$）的热量（W）来表示，单位为W/(m·K)。普通混凝土及其各组分的热导率见表5-51。骨料种类和用量、混凝土温度及含水量等对热导率影响大。

表5-51 普通混凝土及其各组分的热导率

材料	热导率/［W/(m·K)］
拌合水	0.605
空气	0.026
骨料	1.71～3.14
普通混凝土	2.3～3.49

5.13 体积变形

5.13.1 塑性收缩

混凝土处于塑性状态时产生的收缩，称为塑性收缩。混凝土成型后，未凝结硬化前，表

面水分蒸发速率，大于水分由混凝土内部运动上升的速率，就会产生塑性收缩。在这种收缩过程中遇到内部钢筋或粗骨料时，由于约束而导致表面开裂。

5.13.2　自收缩

当混凝土开始硬化后，混凝土内部的水泥继续水化，吸收混凝土中毛细管的水分，使毛细管失水而产生收缩，称为自收缩。自收缩产生的毛细管张力超过了当时混凝土的抗拉强度时，就会开裂。HPC 与 UHPC 中，由于水泥用量大，*W/C* 低，容易产生自收缩开裂。

5.13.3　干湿变形

干湿变形是由于水泥石中的凝胶水和毛细水的变化引起的。当外界湿度减小时，混凝土中的水分蒸发，引起凝胶失水，使粒子间的距离变小，产生收缩；同时还会使毛细管中水分蒸发，毛细管张力增大，粒子间距离缩小，使混凝土产生体积收缩，也即干缩变形。当环境湿度增大时，混凝土体积又逐渐胀大，表现为湿胀变形。混凝土的收缩值比膨胀值大。相对湿度为 70% 时，空气中的收缩值为水中膨胀值的 6 倍。

5.14　耐久性

因混凝土结构所处环境不同，对耐久性要求的内容也不同。除已叙述过的相关内容外，补充归纳如下。

1. 对于气象作用的耐久性

对于气象作用的混凝土，影响耐久性的因素包括冻融作用、二氧化碳的中性化作用、干湿循环作用、温度变化及流水作用等。这些作用对混凝土造成损伤，但体积变化较少。因此，抗渗性高的混凝土，耐久性大。

由于冻融作用发生的劣化，主要是由于混凝土中的一部分水受冻结体积膨胀，内部产生压力，产生微裂纹，这样反复进行，使混凝土发生明显的损伤。在寒冷地区的雨棚和断面薄的转角处，常常见到这种劣化。在混凝土中掺入引气剂，可提高抗冻性。

中性化使混凝土中的 pH 值降低，损伤了混凝土对其中钢筋的碱性保护，发生锈蚀，如图 5-26 所示。

降低混凝土的水灰比，使用适当外加剂及少量引气剂，密实成型的混凝土，可有效推迟中性化反应速度。

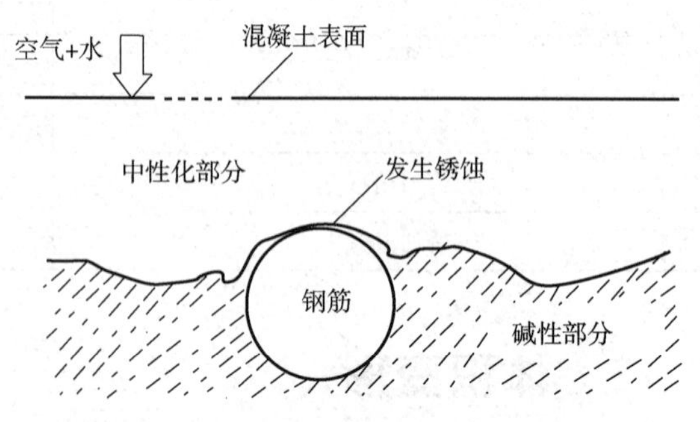

图 5-26　表面中性化后混凝土的断面模型

如混凝土中有水渗透时，CaO 被溶出，长年累月侵蚀之后，CO_2溶解于水中更为明显，加速了中性化腐蚀。

2. 化学侵蚀及海水作用的耐久性

硫酸、盐酸及硝酸等无机酸对水泥水化物中的 $Ca(OH)_2$、硅酸、碱等溶解，混凝土腐蚀，结构破坏。有机酸对混凝土腐蚀稍差。

Na、Mg、Ca 的硫酸盐和水泥中的 $Ca(OH)_2$、C_3A 反应生成膨胀性钙矾石，使混凝土破坏。海水中含有硫酸盐，故在海洋工程中，要选择 C_3A 含量低的水泥。

海盐也是造成混凝土中钢筋锈蚀的主要原因。要使钢筋保护层有足够的厚度和密实度，防止 Cl^- 扩散渗透到钢筋表面，造成腐蚀。

植物油和动物油，与空气中的氢反应，生成脂肪酸，和混凝土中的 $Ca(OH)_2$ 反应生成有机酸盐，对混凝土发生侵蚀。

5.15　混凝土搅拌站

混凝土搅拌站是用来集中搅拌混凝土的联合装置，又称混凝土预制场。由于它的机械化、自动化程度较高，所以生产率也很高，能保证混凝土的质量并节省水泥，因此常用于混凝土工程量大、工期长、工地集中的大、中型水利、电力、桥梁等工程。随着市政建设的发展，采用集中搅拌方式提供商品混凝土的搅拌站具有很大的优越性，因而得到迅速发展，并为推广混凝土泵送施工，实现搅拌、输送、浇筑机械联合作业创造了条件，见图5-27。

图5-27　混凝土搅拌站示意图

5.15.1　混凝土搅拌站的功能

混凝土搅拌站是由搅拌主机、物料称量、物料输送、物料贮存、控制五大组成系统和其他附属设施组成的建筑材料制造设备。

1. 搅拌主机

搅拌主机按其搅拌方式分为强制式搅拌和自落式搅拌。强制式搅拌机是国内外搅拌站使用的主流，它可以搅拌流动性、半干硬性和干硬性等多种混凝土。自落式搅拌主机主要搅拌流动性混凝土，在搅拌站中很少使用。

图5-28　混凝土双卧轴强制式搅拌机

强制式搅拌机按结构形式分为主轴行星搅拌机、单卧轴搅拌机和双卧轴搅拌机。而其中尤以双卧轴强制式搅拌机的综合使用性能最好（图5-28）。

2. 物料称量系统

物料称量系统是影响混凝土质量和混凝土生产成本的关键部件，主要分为骨料称量、粉料称量和液体称量三部分。一般情况下，每小时20m³以下的搅拌站采用叠加称量方式，即骨料（砂、石）用一杆秤、水泥和粉煤灰用一杆秤、水和液体外加剂分别称量，然后将液体外加剂投放到水料斗内预先混合。而在每小时50m³以上的搅拌站中，多采用各物料独立称量的方式，所有称量都采用电子秤及微机控制。骨料称量精度为±2%，水泥、粉料、水及外加剂的称量精度均可达到±1%。

3. 物料输送系统

物料输送由三个部分组成：①骨料输送：搅拌站输送有料斗输送和皮带输送两种方式。料斗输送的优点是占地面积小、结构简单。皮带输送的优点是输送距离大、效率高、故障率低。皮带输送主要适用于有骨料暂存仓的搅拌站，从而提高搅拌站的生产率。②粉料输送：混凝土可用的粉料主要是水泥、粉煤灰和矿粉。普遍采用的粉料输送方式是螺旋输送机输送，大型搅拌机有采用气动输送和刮板输送的。螺旋输送的优点是结构简单、成本低、使用可靠。③液体输送：主要指水和液体外加剂的输送，它们分别由水泵进行输送。

4. 物料贮存系统

混凝土可用的物料贮存方式基本相同。骨料露天堆放（也有城市大型商品混凝土搅拌站用封闭料仓）；粉料用全封闭钢结构筒仓贮存；外加剂用钢结构容器贮存。

5. 控制系统

搅拌站的控制系统是整套设备的中枢神经。控制系统根据用户的不同要求和搅拌站的大小而有不同的功能和配置，一般情况下施工现场可用的小型搅拌站控制系统要简单一些，而大型搅拌站的系统相对复杂。

5.15.2 混凝土搅拌站种类

1. 按是否可移动分类

一般来说，混凝土搅拌站分为固定搅拌站与移动搅拌站两大类，这也是很多生产厂家在生产时首先使用的分类。固定搅拌站大部分也采用模块化易拼接设计，主要用于大型商品混凝土厂家，或者混凝土构件相关生产厂家，也可以用于大型工程建设之中，特点就是生产能力强，工作稳定，抗干扰性好。而移动搅拌站由一个拖挂单元牵引，机动性好，生产更加灵活，一般用于各种中小型临时施工项目，外租自用皆可。

2. 按用途分类

按用途可以分为商品混凝土搅拌站和工程混凝土搅拌站，商品搅拌站是以商用目的为主的混凝土搅拌站，应该具备高效性和经济性，同时满足环保性要求，工程搅拌站以自用为目的，要考虑与自身工程是否相符合。

3. 按作业方式分类

按搅拌站作业方式划分，可分为连续式和周期式（或者叫做间歇式）。连续式搅拌站主要指搅拌物料的进料和出料是连续的，在生产过程中，完整流水作业，称量与配比都是连续的，不影响整体工期；周期式搅拌站以周期为单位，等候物料称量过程，在周期内完成搅拌工作，完成排料，然后进入下一个周期，目前周期式搅拌站可控性更高，运用较多。

4. 按布置工艺分类

按照布置工艺一般分为一阶式和二阶式，一阶式指一次性将砂石骨料及水泥等提升至搅拌站机顶料仓，各种物料按照生产流程自上而下进行，最终从底层出料。这样的搅拌站，自上而下分为：料仓层、称量层、搅拌层、出料层，搅拌效率非常高，不过也存在建设难度大、拆迁不便、投资成本高等问题；而二阶相对于一阶而言，是将骨料称量后再进入提升搅拌机，虽然占地大，搅拌效率略低于一阶式，不过具有拆装方便、制造成本低、安装容易等优点，因而被广泛使用，而且改进过后的二阶式搅拌站生产能力可以媲美一阶式。

5. 按搅拌机数量分类

按照搅拌机数量可分为单主机站与双主机搅拌站，双主机搅拌站的型号名称为2HZS系列混凝土搅拌站，如2HZS25混凝土搅拌站表示的意思是搭配2台JS500搅拌主机的双主机搅拌站，其理论生产率为$2\times25m^3/h$，双主机搅拌站是对同型号搅拌站的很好补充。

6. 按搅拌机方式分类

按搅拌站搅拌机方式可分为自落式和强制式。自落式是应用物料重力，让物料在自由下落时进行混合搅拌，自落式搅拌机价钱便宜、构造简单，不过搅拌效果差，混凝土质量容易不达标；强制式搅拌站即HZS系列是目前各大厂家主要销售的搅拌站设备，搭配强制式搅拌机，搅拌效率高，搅拌周期短，经过搅拌臂对物料充分强迫式搅拌，可以确保搅拌质量。

7. 按称量方式分类

按称量方式可分为独立称量和累计称量式，独立称量会为每一物料配备单独的称量单元，各个物料称量之后，再加入搅拌机内部搅拌，这种称量方法精度高，但是设计复杂，且造价高；累计称量式是将所有骨料全部加入统一料斗内，较容易产生误差的累积，对最终生产不利，而且配料仓数越多，出现偏差的风险也越大，不适合大型工程使用，不过其结构设计简单，造价便宜。

5.15.3　混凝土搅拌站设计

1. 规格型号

搅拌站的设计型号主要是按其每小时的理论生产速率（主参数）来命名的，其型号有搅拌机装机台数、组代号、型代号、特征代号、主参数代号、更新变形代号等组成，具体如下：

○ [1][2][3]　△ [4]，其中：

○——表示搅拌机装机台数，用阿拉伯数字表示，单台免标注；

[1]——表示组代号，混凝土搅拌站用HZ表示；

[2]——表示型代号，具体见表5-52；

[3]——表示特征代号，具体见表5-52；

△——表示主参数代号，用理论生产速率（m^3/h）表示，见表5-52；

[4]——表示更新、变形代号，用汉语拼音字母大写印刷体按顺序或企业自编代号表示。

表 5-52 混凝土搅拌站设计型号中各代号的排列和字符的含义

组		型			装机台数	特征		主参数代号/(m^3/h)	更新、变形代号
名称	代号	名称		代号		名称	代号		
混凝土搅拌站	HZ	周期式	锥形反转出料	Z	—(单主机)	单主机锥形反转出料混凝土搅拌站	HZZ	如 90、120、150、180 等	移动式-Y 船载式-C
			锥形侧翻出料	F		单主机锥形倾翻出料混凝土搅拌站	HZF		
			涡桨式	W		单主机涡桨式混凝土搅拌站	HZW		
			行星式	N		单主机行星式混凝土搅拌站	HZN		
			单卧轴式	D		单主机单卧轴式混凝土搅拌站	HZD		
			双卧轴式	S		单主机双卧轴式混凝土搅拌站	HZS		
		连续式		L		连续式混凝土搅拌站	HZL		

我国常用的规格有：HZS120、HZS150、HZS180、HZS240 等。如：HZS120 是指每小时生产能力为 120m^3 的搅拌站，主机为双卧轴强制搅拌机。若是主机用单卧轴则型号为 HZD120。

2. 设计原则

1）保证设计符合国家有关消防、环境保护、节能减排、劳动保护等方面的规定和规范。

2）优化工艺布置方案，合理节约利用场地，先进性与经济性相结合，尽量减少占地面积。

3）充分结合当地的自然条件，在满足工艺的前提下，进一步优化建筑结构设计，减少土建工程量，以降低建筑工程的造价。

4）精心设计、精心建设、缩短建设周期，降低项目投资。

5）采用节能工艺和节能设备，工业设备选型达到国内先进水平，降低企业的经营成本，增强企业产品在市场中的竞争能力。

6）采用先进可靠的计算机集散控制系统，确保工艺生产过程运行可靠，工况稳定，节能高效，优化控制，实现管理现代化，提高劳动生产率，最大限度地减少操作岗位定员，降低运营成本。

7）重视生产线自身的环境保护设计，强化对粉尘和噪声的治理，促进企业的可持续发展。项目建设切实做到环保设施与主体工程同时设计、同时施工、同时投产，各种污染物的排放均能达到国家标准，做到清洁生产、文明经营。

5.15.4　混凝土搅拌站质量管理系统

混凝土搅拌站在生产时应建立完善的质量管理体系，形成系统的质量管理文件。生产的混凝土应满足国家现行标准 GB 50164、GB 14902 中的有关规定，混凝土的生产设施、设备需满足现行国家标准 GB/T 10171 中的有关规定。

混凝土生产施工之前，应制订完整的技术方案，并应做好各项准备工作。混凝土拌合物在运输和浇筑成型过程中严禁加水。

1. 原材料进场、储存环节

原材料进场时，搅拌站应按规定批次验收型式检验报告、出厂检验报告或合格证等质量证明文件，外加剂产品还应具有使用说明书。

原材料进场后，应按相关国家标准中的规定进行进场检验。水泥应按不同厂家、不同品种和强度等级分批存储，并应采取防潮措施；出现结块的水泥不得用于混凝土工程；水泥出厂超过 3 个月（硫铝酸盐水泥超过 45d）应进行复检，合格方可使用。粗、细骨料堆场应有遮雨设施，并应符合有关环境保护的规定；粗、细骨料应按不同品种、规格分别堆放，不得混入杂物。矿物掺合料存储时，应有明显标记，不同矿物掺合料以及水泥不得混杂堆放，应防潮防雨，并应符合有关环境保护的规定；矿物掺合料存储期超过 3 个月时，应进行复检，合格方能使用。外加剂的送检样品应与工程大批量进货一致，并应按不同的供货单位、品种和牌号进行标识，单独存放；粉状外加剂应防止受潮结块，如有结块，应进行检验，合格者应经粉碎至全部通过 600μm 筛孔后方可使用，液态外加剂应储存在密闭容器内，并应防晒和防冻，如有沉淀等异常现象，应经检验合格后方可使用。

混凝土原材料进场时应进行检验，检验样品应随机抽取。混凝土原材料的检验批量应符合下列规定：散装水泥应按每 500t 为 1 个检验批；袋装水泥应按每 200t 为一个检验批；粉煤灰或粒化高炉矿渣粉等矿物掺合料应按每 200t 为一个检验批；硅粉应按每 30t 为一个检验批；砂石骨料应按每 400m^3 或 600t 为一个检验批；外加剂应按每 50t 为一个检验批；水应按同一水源不少于一个检验批。当符合下列条件之 - 时，可将检验批量扩大一倍：对经产品认证机构认证符合要求的产品；来源稳定且连续三次检验合格；同一厂家的同批出厂材料，用于同时施工且属于同一工程项目的多个单位工程。不同批次或非连续供应的不足一个检验批量的混凝土原材料应作为一个检验批。原材料的质量应符合相关国家标准中的规定。

2. 计量环节

原材料计量宜采用电子计量设备，计量设备的精度应符合现行国家标准的有关规定，应具有法定计量部门签发的有效检定证书，并应定期校验。混凝土生产单位每月应自检 1 次；每一工作班开始前，应对计量设备进行零点校准。每盘混凝土原材料计量的允许偏差应符合表 5-53 的规定，原材料计量偏差应每班检查 1 次。对于原材料计量，应根据粗、细骨料含水率的变化，及时调整粗、细骨料和拌合用水的称量。

表 5-53　各种原材料计量的允许偏差　（按质量计,%）

原材料种类	胶凝材料	骨料	外加剂	水
计量允许偏差	±2	±3	±1	±1

3. 搅拌生产环节

混凝土搅拌机应符合现行国家标准的有关规定。混凝土搅拌宜采用强制式搅拌机。原材料投料方式应满足混凝土搅拌技术要求和混凝土拌合物的质量要求。混凝土搅拌的最短时间可按表 5-54 的要求。

表 5-54　混凝土搅拌的最短时间　（单位：s）

混凝土坍落度/mm	搅拌机机型	搅拌机出料量/L		
		<250	250~500	>500
≤40	强制式搅拌	60	90	120
>40 且 <100		60	60	90
≥100		60		

当搅拌高强混凝土时，搅拌时间应适当延长；采用自落式搅拌机时，搅拌时间宜延长 30s。对于双卧轴强制式搅拌机，可在保证搅拌均匀的情况下适当缩短搅拌时间。混凝土搅拌时间应每班检查 2 次。

同一盘混凝土的搅拌匀质性应符合下列规定：

1）混凝土中砂浆密度两次测值的相对误差不应大于0．8%。

2）混凝土稠度两次测值的差值不应大于混凝土拌合物稠度允许偏差的绝对值。

冬期施工搅拌混凝土时，宜优先采用加热水的方法提高拌合物温度，也可同时采用加热骨料的方法提高拌合物温度。

4. 交付环节

在生产施工过程中，应在搅拌地点和浇筑地点分别对混凝土拌合物进行抽样检验。混凝土拌合物性能应符合相关国家标准中的规定。

5.15.5　混凝土搅拌站绿色生产管理

搅拌站绿色生产是指以节能、降耗、减排为目标，以技术和管理为手段，实现预拌混凝土生产全过程的节地、节能、节材、节水和保护环境基本要求的综合活动。

1. 厂区规划

混凝土搅拌站应将厂区划分为办公区、生活区和生产区，应采用有效措施降低生产过程中产生的噪声和粉尘对生活和办公活动的影响。

厂区内的道路硬化是控制道路扬尘与积水的基本要求，同时也是保持环境卫生的重要手段。应根据厂区道路荷载要求，按照相关标准进行道路混凝土配合比设计。同时，厂区车辆出入口应人车分流、大车与小车区分、混凝土运输车与原材料运输车区分，尽量避免车辆交叉。

厂区内植绿色物除了保持生态平衡和绿化环境作用之外，还可以利用高大乔木类植物达到降低噪声和减少粉尘排放的目的。《工业项目建设用地控制指标》中规定工业企业内部一般不得安排绿地。但因生产工艺等特殊要求需要安排一定比例绿地的，绿地率不得超过 20%。考虑预拌混凝土生产站点土地使用效率问题，可用绿化率替代绿地率提高企业的绿化环境。绿化率指预拌混凝土生产厂区的绿地面积与生产厂区面积之比。

绿化率（%）=绿化面积/用地总面积×100%；

$$绿化面积 = A_1 + A_2 + A_3$$

式中　A_1——地面绿化垂直投影面积；

A_2——墙面绿化面积；

A_3——屋顶绿化面积。

2. 水循环利用

搅拌站生产区污水和雨水排水应分为两个系统单独设计，搅拌站厂区生产废水、雨水排放应选用明沟，人行通道和车行通道应设置沟盖板；生活污水应采用管道，经过化类池后，通过抽排或自然排放至市政污水管网中。

搅拌站生产废水主要分为沉淀池收集废水、砂石分离机分离废水、压滤机压滤后的废水等。生产废水处置系统，一般包括排水沟系统、多级沉淀池系统和管道系统。排水沟系统应覆盖连通搅拌站装车层、骨料堆场、砂石分离机等区域，并与多级沉淀池相连，最终进入混凝土回收系统中进行再利用。管道系统一般连接多级沉淀池和搅拌主机。

厂区生产废水排水系统设计应与场地整体布局相结合。搅拌机下料口生产废水通过明沟连接至多级沉淀池或污水处理系统；废弃混凝土或罐车清洗废浆水通过砂石分离机分离后，进入污水处理系统；搅拌机周边场地冲洗、V 带冲洗废水、地仓汇集废水通过抽排或自然排放进入沉淀池；多级沉淀池内经过沉淀后进入污水处理系统处理池，经过沉淀后用于场地冲洗或通过管道系统循环用于混凝土生产。

3. 噪声、粉尘控制

降低噪声、粉尘排放是混凝土搅拌站绿色生产的主要控制目标。搅拌站应对产生噪声、粉尘排放的设备设施或场所进行封闭处理（一般情况下搅拌机及料仓采用简易钢结构封闭），并安装除尘设备。除尘设备中的耗件要定期检查并及时更换，保证正常运行。

预拌混凝土绿色生产应根据现行国家标准《声环境质量》GB 3096 和《工业企业厂界环境噪声排放标准》GB 12348 的规定以及规划，确定厂界和厂区声环境功能区类别，制定噪声区域控制方案和绘制噪声区划图，建立环境噪声监测网络与制度，评价和控制声环境质量。

搜拌站的厂界声环境功能区的类别划分和环境噪声最大限值应符合表 5-55 的规定。

表 5-55　预拌厂厂界声环境功能类别划分和环境噪声最大限制　（单位：dB）

声环境功能区域	时段	
	昼间	夜间
以居民住宅、医疗卫生、文化教育、科研设计、行政办公为主要功能，需要保持安静的区域	55	45
以商业金融、集市贸易为主要功能，或者居住、商业、工业混杂，需要维护住宅安静的区域	60	55

（续）

声环境功能区域	时段	
	昼间	夜间
以工业生产、仓储物流为主要功能，需要防止工业噪声对周围环境产生严重影响的区域	65	55
高速公路、一级公路、二级公路、城市快速路、城市主干路、城市次干路、城市轨道交通地面段、内河航道两侧区域，需要防止交通噪声对周围环境产生严重影响的区域	70	55
铁路干线两侧区域，需要防止交通噪声对周围环境产生严重影响的区域	70	60

预拌混凝土绿色生产应根据国家标准《环境空气质量标准》GB 3095 和《水泥工业大气污染物排放标准》GB 4915 的规定以及环境保护要求，确定厂界和厂区环境空气功能区类别，制定厂区生产性粉尘监测点平面图，建立环境空气检测网络与制度，评价和控制厂区和厂界的环境空气质量。

混凝土搅拌站厂界平均浓度差值应符合下列规定：

1）厂界平均浓度差值应是在厂界处测试 1h 颗粒物平均浓度与当地发布 24h 颗粒物平均浓度的差值。

2）当地不发布或发布值不符合搅拌站所处实际环境时，厂界平均浓度差值应采用在厂界处测试 1h 颗粒物平均浓度与参照点当日 24h 颗粒物平均浓度的差值。

3）搅拌站处于自然保护区、风景名胜区和其他需要特殊保护的区域时，厂界总悬浮颗粒物、可吸入颗粒物和细颗粒物的浓度控制要求分别为：$120\mu g/m^3$、$50\mu g/m^3$、$35\mu g/m^3$。

4）搅拌站处于居住区、商业交通居民混合区、文化区、工业区和农村地区时，厂界总悬浮颗粒物、可吸入颗粒物和细颗粒物的浓度控制要求分别为：$300\mu g/m^3$、$150\mu g/m^3$、$75\mu g/m^3$。

预拌混凝上绿色生产宜根据需要配置多种粉尘、噪声控制设施，有效降低噪声、粉尘排放。常见的噪声、粉尘控制设施如下：

1）配置低压粉料输送系统，该系统能为粉料运输车持续稳定地提供低温、干燥的压缩空气，通过压缩空气将粉料运输车中的粉料输送到粉料仓中，能有效控制粉尘和噪声污染。

2）厂区内配置不应少于 1 台洗车机，根据厂区情况设置在便于车辆进出位置或设置在混凝土卸料口出口位置，同时洗车水通过排水沟系统与废水回收系统相连。

3）配置室外抑尘系统，采用高压水射流技术，根据厂区扬尘情况，设置若干个喷雾桩点，各桩点通过检测扬尘浓度，启动高压雾化喷嘴喷射，达到降尘的效果。

4）配置料仓智能喷雾系统。喷雾系统应具有对粉尘的智能监测功能，自动控制喷雾系统启停。水质不符合要求的，应配备水过滤和水软化系统。喷雾系统喷头应采用不锈钢材质，管道具有良好的密封性能，工作压力适宜，保证雾化效果好，雾滴轻柔自然，喷头无滴漏等现象。

5）配置粉尘、噪声等环境监测设备，具有数据存储功能，提供方便的数据查询方式，可通过无线传输系统及时上传环境监测数据。设备配置及数据应用应满足当地环保行政主管部门的要求。

4. 废弃混凝土循环利用

混凝土搅拌站废弃混凝土包含废弃新拌混凝土和废弃硬化混凝土。

废弃新拌混凝土可用于成型小型预制构件，如路牙石、透水砖、草坪砖等。废弃新拌混凝土也可经回收系统经过骨料分离后，重新利用。

混凝土回收系统包含砂石分离机、洗车台，并连通多级沉淀池。砂石分离机应布置在搅拌机附近，以便于浆水的回收利用；搅拌车洗车台应避免设置坡道，宜采用无坡道洗车台或不大于 2% 的坡道；砂石分离堆放区应保证不积水，不设置反坡，保证分离砂石二次利用；有地下沉淀池或处理池时，池壁应高出地面不小于 0. 2m 的挡水坎，临边设置防护栏杆。

回收系统分离砂石效果应满足骨料二次使用要求，可对细砂颗粒进行高效分离，降低浆水浓度，提高稳定性，主要要求见表 5-56。

表 5-56 回收系统分离砂石指标要求

项目	参数
分石粒径/mm	≥5
分砂粒径/mm	<5
分离后砂石含泥量	<1%
分离后砂石含水量	砂 <4%，石 <2%

混凝土搅拌站应设置专门区域存放废弃的硬化混凝土。废弃的硬化混凝土一般来源于漏撒清理不及时造成硬化、搅拌机、罐车结块、破碎试件、压滤渣、沉渣硬化等。废弃硬化混凝土一般通过破碎后进行再利用，可生产再生骨料和粉料，由搅拌站消化利用，也可由其他固体废物再生利用机构消纳利用，如用于制砖、轻骨料等。

5. 15. 6 技术认证

混凝土搅拌站通常以 ISO 9001 标准为依据开展质量管理体系认证；以 ISO 14001 标准为依据开展环境管理体系认证；以 OHSAS 18001 标准为依据开展职业健康安全管理体系认证。

另外，根据混凝土搅拌站所在地的行政主管部门的相关要求，还需开展生产资质认证、实验室资质认证及产品认证等相关程序。

5. 15. 7 展望

混凝土搅拌站的未来发展有如下趋势。

1. 智能化程度越来越高

在“互联网 +”的推动下，混凝土搅拌站需建立完善的 ERP 管理系统、GPS 调度系统、搅拌站控制系统一体化等。通过打通混凝土搅拌站产品上网功能，可将产品数据上传，实现对混凝土搅拌站远程控制、故障诊断、程序升级、维护保养等。

2. 环保技术不断发展

环保技术一直是混凝土搅拌站的核心技术之一，也是影响产品性能的重要因素。未来，更多的环保技术将被广泛地应用于混凝土搅拌站上，如组合除尘技术、残余混凝土与废水回收利用技术、防水与防油除尘布技术、智能型脉冲式除尘技术和智能控制喷雾降尘技术等。

3. 节能技术广泛应用

节能是混凝土搅拌站环保的一个重要指标，未来变频节能技术将从螺旋机逐步扩展到胶带输送机，甚至是搅拌主机电机。同时更节能的新材料、新技术、新工艺、新能源等也将逐步应用于混凝土搅拌站。

4. 生产效率不断提高

随着人们对混凝土搅拌站生产效率要求的不断提高，具有高效率的混凝土搅拌站将不断涌现。随着搅拌主机设计的不断改进以及双中间仓技术的广泛应用，未来混凝土搅拌站的生产效率也将进一步得到提升。

5. 更加贴合混凝土发展

在未来，施工与经济性能优势明显的高性能混凝土将成为市场发展的主流。因此，混凝土生产设备需贴合混凝土发展的需求。设计人员只有掌握混凝土生产制备新工艺、新配方，才能有效指导混凝土搅拌站技术的升级，不断提升混凝土生产品质，降低生产成本。

第6章 混凝土技术的新进展

6.1 概述

随着世界各国社会经济的发展、科学研究的不断深化和工程应用的不断摸索，为满足工程建设的施工、结构物的安全耐久性和环境保护及社会可持续发展的需求，一些具有新性能或新功能的混凝土不断涌现，如高性能混凝土、自密实混凝土、海洋混凝土、超高性能混凝土、耐火混凝土、生态混凝土、重金属离子固化混凝土和再生骨料混凝土等。

6.2 高性能混凝土

6.2.1 概述

高性能混凝土一词来源于国际混凝土领域通用的术语“High Performance Concrete”，其本意是指在特定的工程环境中具有良好服役效果的混凝土，简言之就是具备高性能的混凝土。通常，高性能混凝土应该具备很好的匀质性，并具备高耐久性以及在必要时具备高强或高工作性等一项或者若干项性能的组合。

6.2.2 发展历程

高性能混凝土是过去几十年中世界各国混凝土技术发展与工程应用的若干源流逐渐演变、交汇、融合的结果。挪威在20世纪70年代的北海油田钻井平台建设中，为了提高混凝土的耐久性，抵御严酷的海洋环境下海水侵蚀和冻融循环的破坏作用，研究采用硅粉掺入混凝土中，提高了耐久性与强度，逐渐形成了含硅粉的混凝土技术。美国在20世纪60年代末期与20世纪70年代初期的芝加哥地区高层建筑建设中研究采用了高强混凝土，形成了高强混凝土技术。日本为了提高混凝土的匀质性与耐久性，避免因施工人员操作效果的变动而造成混凝土出现质量问题，研发了以拌合物大流动性、长期高耐久性为特征的混凝土技术。我国在20世纪70年代北京地铁防护门的建设中研究应用了高强混凝土，开启了我国的高强混凝土技术探索。从1992年开始，我国多所高校、科研院所与工程单位开始研究以高强、高耐久性、高工作性为特点的高强高性能混凝土，并进行工程应用。

在1990年前后，国际上逐渐召开了以高性能混凝土为主题的学术会议，多个国家也开始组织实施大规模的以高性能混凝土为主题的科研项目，相关研究论文在有关学术期刊或会议上日渐增多。在2000年前后，国际上已经逐渐积累了庞大的高性能混凝土文献量。我国的高性能混凝土技术也逐渐趋于成熟，在此基础上清华大学冯乃谦教授主持编写了中国工程建设标准化协会标准 CECS 207—2006《高性能混凝土应用技术规程》，于2006年颁布实施。

6.2.3 技术特点

高性能混凝土的配合比基本特点是水胶比不宜过高，通常不宜高于0.38；原材料特点是除采用合乎要求的水泥、砂石外，往往采用高效减水剂和矿物掺合料作为两种必备的原材料。采用较低水胶比的目的是提高硬化混凝土的密实度，减少内部毛细孔数量，细化孔结构，减少内部渗透通道，提高耐久性，并提高力学性能；采用高效减水剂的目的是提高拌合物的流动性，使拌合物易于浇筑，成型密实、均匀；采用矿物掺合料的目的是改善混凝土中粉体的颗粒级配与颗粒堆积，促进二次水化，减少水化产物中$Ca(OH)_2$的数量，细化孔结构，提高混凝土耐久性。

在高强高性能混凝土的基础上，我国还成功研究开发了普通强度等级的高性能混凝土，形成了普通混凝土高性能化技术。

高性能混凝土的具体性能、具体的配合比和具体的原材料，还应根据所针对的工程条件与施工要求而定，不能一概而论。例如：在北京大兴国际机场的机场跑道建设中，采用了高C_2S含量的水泥、干硬性拌合物，碾压摊铺施工，制备高耐久性、C50的路面高性能混凝土。

6.2.4 工程应用

高性能混凝土在多个国家的重要工程中得到了应用。例如：我国的青藏铁路建设采用了C50、高抗冻性的高性能混凝土，高速铁路轨枕建造采用了C60高性能混凝土，广州的超高层建筑西塔建设采用了C100高性能混凝土，北京财税大楼建设在首层柱子采用了C110高性能混凝土；日本的明石跨海大桥基墩采用了高耐久性、高抗冲刷性与低水化热的C20高性能混凝土。

6.3 自密实混凝土

6.3.1 概述

自密实混凝土又称为免振捣混凝土、自流平混凝土或大流动性混凝土，是指在新拌状态下无须振捣机械设备即可凭借自身的流动性浇筑成型、获得密实均匀内部结构而不会出现蜂窝（即在模板内无未充填的空间）或孔洞（即无裹入的气泡）的混凝土。

6.3.2 发展历程

自密实混凝土是在施工的需要和高效减水剂（或称为超塑化剂）的研发相结合的基础上各国研究探索的产物。1980年意大利建造位于里雅斯特（Trieste）的干船坞，研发了具有高流动性和高黏聚性的混凝土，在水下成功浇筑了40000m^3的混凝土。1983年—1984年中国香港地铁工程的基础混凝土施工，采用了在自重作用下可以流动、浇筑遍布钢筋网中的各个空间、无须插入式振捣的大流动性混凝土。1990年前后，日本、德国和美国展开了大量研究，一般均采用高效减水剂提高拌合物的流动性，用增稠剂提高拌合物的稳定性。

6.3.3 技术特点

自密实混凝土的原材料特点是采用高效减水剂、增稠剂或矿物掺合料细粉，粗骨料最大粒径可以为19mm或25mm。典型的自密实混凝土具有超过200mm的坍落度、超过600mm的坍落扩展度，黏聚性高，无须振捣即可浇筑密实、均匀。自密实混凝土的浆-骨比高于普通混凝土，普通强度的自密实混凝土水胶比在0.45～0.50，28d抗压强度在40MPa左右。通过调整水胶比和选用合理品种的水泥，可以配制高强自密实混凝土或低热自密实混凝土。不过，由于自密实混凝土含较高用量的水泥和活性掺合料（如磨细高炉矿渣或粉煤灰），其干燥收缩与温度收缩较大。

自密实混凝土可以分为粉体类、增稠剂类和并用类三大类型，共同点在于采用高效减水剂来获得高流动性，不同点在于抗离析性的实施方法。配合比设计应首先考虑结构物的设计功能、施工限制条件与经济性，其次是选择原材料，再次是确定配合比。

粉体类自密实混凝土是采用减少水/粉的体积比（即增加粉体量）的方式获得抗离析性，此类自密实混凝土一般属于高强混凝土的范畴。增稠剂类自密实混凝土是采用增稠剂获得抗离析性，此类自密实混凝土一般属于普通混凝土的范畴。并用类自密实混凝土是减少水/粉体积比的同时，还采用增稠剂提高抗离析性。

6.3.4 工程应用

在欧洲，自密实混凝土用于水下混凝土或者密集配筋结构的混凝土施工。在日本，其还应用于充填钢材的狭窄缝隙部位、大型桥梁、大坝设施、高强地下连续壁体、抗震强化的增厚型混凝土施工或者断面的修补施工。

自密实混凝土一般适用于配筋率高或施工人员难以进入开展振捣作业的密闭、狭小空间的混凝土施工。在施工中，必须考虑到外界气温、湿度等环境条件或者泵送等施工条件的变化，确保新拌混凝土在经历了搅拌、运输直至浇筑入模时具有自我填充等方面的性能。

6.4 海洋混凝土

6.4.1 概述

海洋混凝土是指在海洋环境中使用的混凝土。海洋环境包括港湾、海岸和全部的海洋。海洋混凝土既包括直接受海潮影响、受海面以下海水作用的混凝土，也包括建于陆地上或海面上的受海浪、潮风等影响的结构物中的混凝土，具体如防汛堤、栈桥、护岸、海岸的桥梁、核电站等临海结构物以及海上桥梁、海底隧道、海上机场等离岸结构物中的混凝土。

6.4.2 一般条件

1. 海洋混凝土中钢筋的防腐蚀

与陆地上的混凝土不同，海洋混凝土处于极易受盐害作用的特殊环境中，混凝土中的钢筋防腐蚀需要特别关注。对混凝土最严酷的腐蚀环境是浪溅区（图6-1），其次为海中，再次为海上大气中。用于浪溅区混凝土中的钢筋防腐蚀可以采用提高混凝土保护层的抗渗效果、环氧树脂涂刷钢筋、防腐永久性模板、电化学防腐等方法。提高混凝土保护层的抗渗效果，是通过最小保护层厚度、最大水灰比、最小水泥用量等措施来实现的。环氧树脂涂层是效果非常显著的钢筋防腐蚀方法。采用防腐永久性模板，就没有必要增大保护层厚度，防腐永久性模板可采用多层网状聚乙烯纤维增强的聚合物水泥砂浆板。电化学防腐采用钛或钛合金等高耐久性的金属作为阳极材料，设置在混凝土表面，以钢筋作为阴极，在阳极-阴极之间供给防腐电流（相当于混凝土表面 5～30mA/m^2），在电化学防腐起动后防腐电流必须保持一直供给，且应注意检查混凝土内部是否存在层状裂缝、干燥状态以及是否出现阳极的断线。

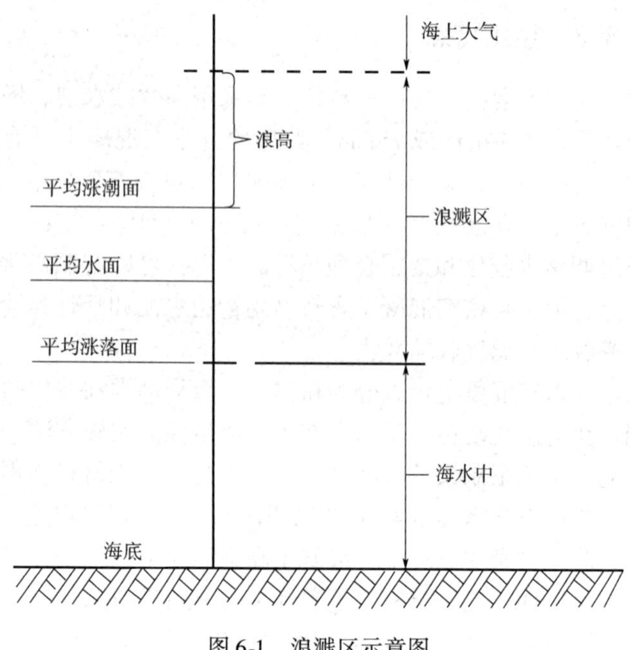

图 6-1　浪溅区示意图

2. 原材料、配合比

在耐海水及对氯化物的防腐蚀性效果最显著的水泥是富含矿渣的水泥。如采用普通硅酸盐水泥，则水泥用量宜较大。粉煤灰硅酸盐水泥、中热硅酸盐水泥极易被氯化物渗透，不宜用于钢筋混凝土，只可用于素混凝土。宜采用有引气效果的减水剂。

浪溅区的防腐蚀程度最高，浪溅区、海中与海上大气中的混凝土防腐蚀程度依次递减。在施工条件良好时，这三个区域混凝土的最小保护层厚度分别为 100mm、100mm 与 75mm，最大水灰比分别为 0.45、0.50 与 0.50，粗骨料最大尺寸为 25mm 时的最小水泥用量分别为 375kg/m^3、350kg/m^{3}与 325kg/m^3，粗骨料最大尺寸为 40mm 时的最小水泥用量分别为 350kg/m^3、325kg/m^{3}与 300kg/m^3。

在施工条件不佳时，这三个区域混凝土的最小保护层厚度分别为 125mm、125mm 与 100mm，最大水灰比分别为 0.40、0.45 与 0.45，粗骨料最大尺寸为 25mm 时的最小水泥用量分别为 400kg/m^3、375kg/m^{3}与 350kg/m^3，粗骨料最大尺寸为 40mm 时的最小水泥用量分别为 375kg/m^3、350kg/m^{3}与 325kg/m^3。

以上的施工条件不佳是指一般工地施工的情况，施工条件良好是指工厂预制，或者选材与施工的专门措施可确保不低于工厂预制的混凝土质量。

6.4.3　施工

与陆地结构物的混凝土相比，海洋混凝土施工面临的自然条件非常严酷，且海洋混凝土本身的质量要求也比普通陆地混凝土要高得多。海上运输混凝土或采用船只进行海上浇筑的方法受到海域和时间很大限制，且从防腐蚀角度考虑，最好能采用在陆地上的工厂、船坞、岸壁或者栈桥进行施工，待混凝土硬化后再运输、安置就位。因此，应尽量避免在海上现场浇筑的施工方式。

6.4.4 防护

海洋混凝土受海水的物理化学作用、气象作用、海浪与漂浮物的冲击、磨损等而可能出现损伤。采用钢板与橡胶作为处于浪溅区混凝土的双重防护层，可提供一段时期（如近10年）的防护作用。但由于海浪的破坏作用十分严重，这种双重防护也只能维持一段时期而已，混凝土本身必须具备足够的耐久性，从原材料、配合比到施工都必须确保这一点。

6.5 超高性能混凝土

6.5.1 概述

超高性能混凝土一词来源于20世纪90年代以来国际混凝土领域通用的术语“Ultra-High Performance Concrete”，通常是指抗压强度在120MPa以上、具有突出的高耐久性的混凝土。迄今报道的超高性能混凝土（Ultra High Performance Concrete，UHPC）可分为两类：一类是活性粉末混凝土（Reactive Powder Concrete，RPC），不含粗骨料；另一类是含粗骨料的超高性能混凝土［Ultra High Performance Concrete with Coarse Aggregate，UHPC（CA）］。

6.5.2 发展历程

我国有关UHPC（CA）最早的探索可追溯到20世纪50年代，相关技术人员采用二次磨细的纯熟料水泥配制了100MPa的超高强混凝土，用于大型工业厂房的建造。虽然当时并没有采用“超高性能混凝土”这一术语，但这种探索可谓是我国UHPC（CA）技术的最早萌芽。在1990年前后，我国关于UHPC（CA）的研究开始逐渐活跃起来。重庆大学科研人员发表了一系列研究报道，配制了超高强的碱矿渣混凝土，并长期持续地进行了以硅酸盐水泥为主要胶凝材料的超高强混凝土的研究。

在1990年前后，随着高效减水剂技术的发展，使得配制混凝土的水胶比下限得以进一步降低，逐渐出现了以超低水胶比（0.20或低于0.20）、超高强度、超高耐久性为主要特点的超高性能混凝土，引起国内外混凝土前沿领域研究人员的高度关注，纷纷开展试验研究，报道了大量研究数据和工程应用探索成果。

2002年，中南大学科研人员采用0.20水胶比、52.5级普通硅酸盐水泥、5～20mm石灰岩碎石粗骨料与碎卵石粗骨料，配制了UHPC（CA），设计强度C100，28d抗压强度达129MPa，给出了优良的耐久性试验结果，如抗冻性、抗碳化性、干缩性。

日本也开展了较大规模的UHPC（CA）研究。在20世纪80年代以及20世纪90年代的头几年，日本主要进行了UHPC（CA）的配合比设计、原材料选用、混凝土制备等探索性研究，逐渐积累了UHPC（CA）的技术基础。随后，日本的研究逐渐转移到了UHPC（CA）材料的力学性能、耐久性、工作性、构件性能和工程应用，抗压强度从100～120MPa逐渐提高到200MPa、300MPa。

欧、美多个国家也陆续出现了UHPC（CA）的研究报道。1999年，加拿大的Reda等人采用0.18水胶比、最大粒径4～6mm的石灰石粗骨料及烧结铝土矿石粗骨料、3～6mm长的碳纤维等，配制了28d抗压强度在140～180MPa的UHPC（CA）。2002年，英国的Tsartsari等人采用0.20～0.24的水胶比、5～20mm的花岗岩粗骨料与砾石粗骨料等，配制了125mm坍落度、28d抗压强度达到125MPa的UHPC（CA）。2006年，德国的Orgass等人采用0.17水胶比、最大粒径5mm的粗骨料，配制了UHPC（CA），28d抗压强度超过了150MPa。2010年，德国的Riedel等人采用最大粒径为8mm的玄武岩粗骨料，配制了抗压强度160～200MPa、抗拉强度9～13MPa、断裂能10000～12000N/m的UHPC（CA），用于制作军事工程上承受飞行弹体（Aircraft Engine Missile）打击的防护板。

此外，2012年，韩国的Na-Hyun Yi等人采用低于0.20的水胶比、将近700kg/m^{3}的粗骨料用量等，配制了抗压强度达200MPa的UHPC（CA），测试结果表明其具有优异的抗爆能力。鉴于朝鲜半岛的紧张局势，韩国于2009年修订了建筑规范，要求“在首尔市内任何高出地面200m或者层数多余50层的高层建筑结构必须进行抗打击能力设计”，此项研究结果，达到了韩国建筑规范的要求。

RPC的研究是由法国的P. Richard等人率先进行的，并公开报道于1994年美国混凝土学会的学术会议上，其所研制的RPC为超高性能水泥基复合材料，抗压强度分为两种，即抗压强度200MPa（RPC200）和800MPa（RPC800），其制备遵循若干准则，如尽量消除骨料-水泥浆之间的界面过渡区缺陷、尽量降低硬化浆体的孔隙率、充分水热养护以促进掺合料进行化学反应、以钢纤维实现增韧。因此，P. Richard等人采用的原材料主要是粉体（包括水泥、硅粉、磨细石英砂）和钢纤维；对粉体的细度与级配进行较为精确地控制，以获得密实的颗粒堆积；取很低的水胶比（如小于0.20），使用高效减水剂以维持足够的工作性；可采用常规方式成型试样，也可采用加压成型；成型后试样进行水热养护。自从1994年P. Richard等人的研究报道以后，RPC引起了各国土木工程科技人员的广泛关注与肯定，被誉为“21世纪的新一代混凝”，并被认为“作为一类新型混凝土，RPC具有广阔的应用前景”。从此，国际上关于RPC研究的文献报道逐渐增多。

1994年后的最初几年中，为数不多的RPC研究报道主要来源于P. Richard等人所在的法国Bouygues公司研究小组，另有少量研究来源于加拿大与美国。自20世纪90年代末期以来，直至2008年，RPC研究逐渐遍布世界多个国家与地区，如法国、加拿大、美国、德国、中国、韩国、印度等。研究内容也从20世纪90年代集中于RPC的制备，逐渐转变为近年来针对RPC在各种工程结构中应用的试验研究、模拟计算及工程试用，由此可见，目前的国际土木工程界对RPC的研究与应用是相当重视的，RPC正面临着进一步推广应用的大好机遇。我国RPC研究首次公开报道于1999年，自2000年以后我国多家研究机构先后开展了有关RPC的研究，相关报道逐渐增多。经过多年的研究，我国多家研究机构已掌握了200MPa强度级别RPC（RPC200）的配制技术。

6.5.3 技术特点

UHPC（CA）与RPC的配合比共性特点是水胶比不高于0.20；原材料共性特点是采用粉体（包括水泥、硅粉、磨细石英砂）和钢纤维。采用低水胶比的目的是显著提高硬化混凝土的密实度，显著提高混凝土耐久性，提高力学性能。但UHPC（CA）不同于RPC的特点是其采用高强粗骨料。

6.5.4　工程应用

我国的UHPC（CA）技术，已在一些实际工程中得到了应用，如在国家大剧院、广州的“西塔”、深圳的“京基100”等大型公共建筑或超高层建筑的建设中，C100~C120的UHPC（CA）得到了成功应用。2017年10月，中国铁路总公司发布《时速160公里、200公里客货共线铁路简支T梁系列通用图》（修订版），规定全国所有新建普通铁路桥梁盖板将全部采用RPC，结束了中国铁路使用普通混凝土（水泥）盖板六十多年的历史。我国的铁路客运专线桥梁人行道挡板、盖板也采用了RPC。

6.6　耐火混凝土

6.6.1　概述

耐火混凝土是由耐火骨料、耐火粉料和胶结料或外加剂按一定配合比，经搅拌、成型和养护后，形成的能经受长期900°C以上高温作用、并在高温下保持必要的物理力学性能的混凝土。它主要用于化工、冶金、建材等工业领域，如工业烟囱、烟道的内衬或高温锅炉的基础与外壳，还可用于工业窑炉的耐火内衬，代替耐火砖作为耐火材料。不同于有固定外形的、烧结制成的耐火砖，耐火混凝土可以浇筑成任意外形，故也称为不定形耐火材料。常用的耐火混凝土包括硅酸盐耐火混凝土、铝酸盐耐火混凝土与磷酸盐耐火混凝土等。

6.6.2　硅酸盐耐火混凝土

硅酸盐耐火混凝土是以硅酸盐为胶结料、耐火材料为骨料配制成的耐火混凝土，属于水硬性结合耐火混凝土。通常其胶结料优先采用矿渣硅酸盐水泥，也可采用普通硅酸盐水泥或水玻璃。骨料采用碎黏土砖、黏土熟料或碎高铝砖。硅酸盐耐火混凝土最高使用温度可达700~800°C。

硅酸盐耐火混凝土的耐火机理是作为硅酸盐水泥熟料矿物C_3S与C_2S的水化产物之一的$Ca(OH)_2$在高温下脱水，所产生的CaO与矿渣或其他掺合料中的活性氧化硅或活性氧化铝反应生成具有较强耐火性的无水硅酸钙与无水铝酸钙，所配制的混凝土具有一定的耐火性。若骨料采用高铝砖、矾土熟料、碎镁砖与镁砂，则所配制的耐火混凝土最高使用温度可达1000°C。

6.6.3　铝酸盐耐火混凝土

铝酸盐耐火混凝土是以铝酸盐为胶结料、耐火材料为骨料配制成的耐火混凝土，可耐1200°C以上的高温。通常其作为不定型耐火材料，用于高温窑炉的内衬。

作为铝酸盐耐火混凝土胶结料之一的铝酸盐水泥是由石灰与铝矾土按一定比例磨细后，烧结制成的以铝酸一钙（CA）为主要矿物的水硬性胶凝材料。铝酸盐水泥的水化产物具有自发地由初期形成的低密度产物向高密度产物转变的趋势，转变后固相摩尔体积变小，硬化产物的孔隙率变大，导致在温度升至1200°C之前混凝土强度随温度升高而显著降低；温度升至1200°C以上后，混凝土内发生烧结，产生陶瓷结合，强度得到提高。

如果胶结料是纯铝酸盐水泥，则所配制的耐火混凝土具有更高的耐火性能。纯铝酸盐水泥是以工业氧化铝与高纯石灰石或方解石为原料，按一定比例混合后，烧结制成的以二铝酸一钙（CA_2）或铝酸一钙（CA）为主要矿物的水硬性胶凝材料。在升温至500°C之前，水泥石由纯铝酸盐水泥的水化产物组成，但在500～900°C水泥石则由水化产物的脱水产物以及脱水产物之间的二次反应产物组成，温度达到1000°C时开始发生固相烧结，进一步升温至1200°C以上时出现陶瓷结合，此时的耐火混凝土因陶瓷结合而具有更高的高温强度，最高使用温度可达1600°C。

铝酸盐耐火混凝土具有双重属性，既属于水硬性耐火混凝土，也属于热硬性耐火混凝土，其热硬性是由于混凝土的高温强度来源于其组成材料在高温下发生的陶瓷结合。

6.6.4 磷酸盐耐火混凝土

磷酸盐耐火混凝土是以磷酸盐为结合剂、耐火材料为骨料配制成的耐火混凝土。与一般水泥基耐火混凝土不同，磷酸盐耐火混凝土中的磷酸盐是结合剂，而非胶结料。磷酸盐本身在常温下不具备胶结能力，而是在加热到一定温度下磷酸盐发生分解-聚合反应，在聚合反应中新化合物的形成与聚合具有很强的黏结力，将骨料黏结成一个整体，形成耐火混凝土。

磷酸盐结合剂，可以是铝、钠、钾、镁、铵的磷酸盐或聚磷酸盐，常用的是铝、镁或钠的磷酸盐。

磷酸盐耐火混凝土的最高耐火温度可达1600～1700°C，常用于1400°C以上的热工设备。其骨料应选用耐火度高的材料，如碎高铝砖、镁砂、刚玉砂等。由于磷酸盐耐火混凝土在加热过程中因水分蒸发而产生收缩，宜加入一些微米级耐火粉料（如刚玉粉或硅粉等）以改善体积稳定性。

磷酸盐耐火混凝土属于热硬性耐火混凝土。

6.6.5 硫酸盐耐火混凝土

硫酸盐耐火混凝土的结合剂是$Al_2(SO_4)_3$，其凝结硬化机理是：水解产生碱式铝盐$Al_3(SO_4)_3(OH)_3$，然后生成氢氧化铝$Al(OH)_3$，最后形成氢氧化铝胶体而凝结硬化。

硫酸盐耐火混凝土强度在高温下增长较慢，温度接近700°C时，氢氧化铝胶体大量生成，迅速形成致密的结构，强度才开始随温度升高而增高。此外，氢氧化铝在高温逐渐脱水，失去其化学结合水，但脱水速度缓慢，对结构影响不大。

硫酸盐耐火混凝土的骨料为刚玉砂、镁砂、锆石英砂或碳化硅砂等，最高使用温度可达1450°C。

硫酸盐耐火混凝土属于热硬性耐火混凝土。

6.6.6 耐火混凝土的主要性能指标

1. 耐火度

耐火度是耐火材料在无荷载条件下抵抗高温作用而不熔化的性能。混凝土的耐火度主要取决于骨料的耐火度，并与混凝土配合比有关。

2. 荷重软化温度

它是指耐火材料在持续升温条件下承受恒定荷载作用而产生变形的温度，其表征耐火材料同时抵抗高温和荷载双重作用的能力。

3. 高温下的体积稳定性

耐火混凝土在长期高温作用下，会发生相组成的持续变化以及出现重结晶与烧结等现象，耐火混凝土出现线性尺度的不可逆变化，称为线收缩或线膨胀。

4. 抗热震性

它是指试样抵抗温度急剧变化而不破坏的能力，又称为耐急热急冷性或热稳定性。耐热混凝土具有较好的抗热震性，其一般在5~25次范围内。

5. 抗压强度

抗压强度分为常温抗压强度、烘干抗压强度、烧后抗压强度与高温抗压强度。常温抗压强度是养护到龄期的试样，在室温下测得的抗压强度。烘干抗压强度是养护到龄期的试样，经烘干后测得的抗压强度。烧后抗压强度是试样加热到指定温度后保温一定时间，然后随炉降温，自然冷却至室温后测得的抗压强度。高温抗压强度是试样在指定的高温下测得的抗压强度。

耐火混凝土通常在加热到800~1000℃的过程中，强度有不同程度的下降，但继续加热到更高温度（如1250℃）时，由于发生局部烧结或熔融，抗压强度有所增高，甚至高于常温抗压强度。

6.7　生态混凝土

6.7.1　概述

生态混凝土又称为植生混凝土，属于无砂大孔混凝土的范畴。其中的水泥浆并不填满粗骨料之间的空隙，而只是黏结粗骨料，形成具有连通孔结构、透水与透气性良好的混凝土，可为植物根部或水生物生成提供生长空间、改善生态环境。普通型生态混凝土适用于河堤、河坝、水渠、道路的护坡或停车场路面；轻型生态混凝土适用于绿化屋顶等。

6.7.2　发展历程

自德国水利专家Seifert提出“亲河川整治”概念后，德国、美国等国先后将生态护坡技术用于岸坡工程和河流生态化治理，减少河道整治对生态系统的干扰与破坏，保持生态多样性。20世纪90年代日本实施“创造多自然河川计划”，利用生态护坡技术整治河道，取得了良好的生态效果。我国也在北京、上海等地开展了河渠的生态治理，采用了生态护坡技术，研发了生态混凝土技术，既保护了河道生态系统、形成绿色景观，又提高了河道岸坡的抗滑、抗冲刷、抗管涌能力。

6.7.3　技术特点

生态混凝土只用粗骨料、不用细骨料，颗粒均匀的粗骨料被水泥浆黏结在一起，形成连通孔隙结构。生态混凝土可以分为普通型与轻型两种。普通型生态混凝土的表观密度与力学性能均高于轻型生态混凝土。普通型生态混凝土可采用普通的碎石、卵石或者再生混凝土骨料作为粗骨料，轻型生态混凝土可采用陶粒或碎砖块等轻质粗骨料。粗骨料宜采用均等粒径颗粒，粒径范围可为 5 ~ 15mm 或 10 ~ 20mm。粗骨料的针片状颗粒含量不大于 15%，含泥量不大于 1.0%。生态混凝土的表观密度一般为 1400 ~ 1900kg/m^3，水泥用量比普通混凝土少 1/3 ~ 1/4。

生态混凝土易施工浇筑，凭借自重落料即可成型密实，无须机械振捣或人工插捣。普通型生态混凝土制备时，先用 1/3 水将骨料预湿，然后加水泥等粉体搅拌，在搅拌中加剩余水，拌匀后粗骨料表面覆盖一层胶结料、呈现出金属光泽，此时可以出料成型。轻型生态混凝土因轻型粗骨料吸水性较强，还需附加一个被粗骨料吸附的水量。

6.7.4　工程应用

普通型生态混凝土可用于护坡或停车场，在施工前先平整压实土层，然后将混凝土浇筑，用平板振动器与木模板或机械设备进行表面整平，施工后养护约 1 周，将植物种子和肥料料浆混合灌入生态混凝土的孔隙结构中，继续保湿养护，植物逐渐发芽生长。轻型生态混凝土可用于屋顶绿化，但应先做好屋顶的防水层和排水层，然后再施工生态混凝土。

生态混凝土是海绵型城市建设的物质基础，可吸纳灰尘，净化空气；缓解城市热岛效应，降低城市区域温度以及室内温度；充分利用雨雪等水资源，具有良好的生态效益。

6.8　重金属离子固化混凝土

6.8.1　概述

随着人类社会活动的发展与科技知识的深化，环境保护意识越来越强，人们越来越意识到固体废弃物中的重金属是重要污染因素之一。来源于电镀、电子、五金、化工、冶金等行业的含重金属的污泥或废渣构成了一大污染源，正在成为世界各国面临的一个亟待解决的严重问题。与一般的污染物不同，重金属（如铜、铬、锌、镍、汞、铬、铅等）对环境的污染极大，具有低浓度致毒性、长期积累性、不可降解性、不可逆转性和毒性可变性等特点。一旦环境被污染了，治理的难度非常大。除含重金属的固体废弃物是一大污染源外，来自天然降水造成的道路路面径流也往往携带了重金属离子，如果任其直接排入河流或地下，也会对河流或地下水造成污染。

针对固体废弃物以及降水所带来的重金属污染，采用混凝土固化技术，是有效解决重金属污染环境的重要技术手段，还可以实现固体废弃物资源化利用，回收利用天然降水，净化河流与地下水的水质。

从现有的国内外文献看，已有一些研究针对含重金属离子的固体废弃物资源化利用，将此类固体废弃物作为混凝土的原材料之一，利用胶凝材料水化产物的微观结构容纳、固化重金属离子，或者利用固体废弃物作为混凝土骨料，被胶凝材料硬化浆体牢固包覆，使重金属离子不易析出，这种将含重金属离子的固体废弃物作为混凝土组分之一的固化方式可称为内源性的重金属离子固化；另一种固化重金属离子的方式是针对天然降水带来的重金属污染，研发了具有固化重金属离子功能组分的透水混凝土，使降水得到净化后再排入河流或者地下，可称为外源性的重金属离子固化混凝土。

6.8.2　内源性的重金属离子固化混凝土

重金属离子固化混凝土是含重金属离子的固体废弃物资源化利用的一个重要技术途径，具体做法包括：①采用含重金属离子的固体废弃物作为骨料，制备混凝土；②采用含重金属离子的固体废弃物细粉作为掺合料，制备混凝土；③采用含重金属离子的固体废弃物细粉作为原料之一，制备加气混凝土。

1. 采用含重金属离子的固体废弃物作为骨料，制备混凝土

有研究采用钢尾渣作为混凝土的粗、细骨料，并采用70%矿渣粉、10%钢渣粉、10%水泥熟料、10%脱硫石膏作为胶凝材料，制备普通混凝土人工鱼礁，制备了标准养护28d抗压强度为72.6MPa、海水浸泡240d抗压强度为96.2MPa的人工鱼礁混凝土。检测人工鱼礁混凝土中镉、汞、砷等重金属含量的结果表明，该人工鱼礁混凝土中重金属含量均低于国家标准《土壤环境质量标准》中二级土壤重金属含量上限值，人工鱼礁混凝土具有安全可用性。

也有研究针对重金属镉、铬、锌、铅离子浸出量远高于国家标准允许最高值的城市管沟污泥，在对其进行脱水、烘干、破碎、去除大颗粒杂质等预处理后，作为细骨料用于制备混凝土，28d抗压强度在40MPa左右，检测发现掺管沟污泥的混凝土在纯水或酸性条件下的重金属浸出量均低于国家标准要求的限值，无二次污染。

还有研究采用废弃混凝土破碎成再生粗骨料和再生细骨料，制备再生混凝土，强度等级为C30。分别通过快速浸出实验和长期连续浸出实验对混凝土中的重金属进行浸取，检测发现快速浸出实验条件下，再生混凝土浸出液的各重金属浸出浓度高于普通混凝土浸出浓度，但仍低于《危险废物鉴别标准　浸出毒性鉴别》标准规定的限值。长期连续浸出实验结果表明，再生混凝土各重金属的扩散系数高于普通混凝土（除锌外），这是由再生混凝土独特的内部结构特征引起的，因为再生骨料在破碎时产生了大量微裂缝，且再生骨料中还存在部分旧水泥砂浆，使得再生骨料的孔隙率较高，再生混凝土这种独特的结构特征使重金属比较容易渗出，导致重金属离子扩散加快。

以上研究均表明采用含重金属离子的固体废弃物作为骨料制备混凝土是安全可靠的，但所制备的混凝土固化的重金属离子长期浸出行为还不够明确，还有待进一步研究确定。

2. 采用含重金属离子的固体废弃物细粉作为掺合料，制备混凝土

有研究将处理过重金属废水的高炉水淬废渣作为预拌混凝土的掺合料，制备强度等级C30的混凝土。吸附了含重金属离子废水的高炉水淬废渣中镉超过了国家标准最高允许值，属于危险废物。为了模拟高炉水淬废渣在自然条件下的浸出情况，采用美国毒性浸出实验方法，使用醋酸作为浸提剂，可以测定高炉水淬废渣在不利环境中污染物的最大浸出量。结果表明，混凝土中高炉水淬废渣的掺量越高，相应的重金属浸出浓度也越高，但即使在30%掺量时，各个重金属浸出浓度也均远远低于国家标准中最高允许浓度。随着固化时间的增长，重金属浸出浓度逐渐降低。这是由于水泥水化时间越长，固化体结合得越牢固，重金属离子被包裹在固化体中，越不容易浸出。高炉水淬废渣的掺量越大，重金属浸出浓度越大，这是因为随着高炉水淬废渣掺量的增加，混凝土固化体本身所包含的重金属铜、锌和镉离子含量也随之增大，在浸泡过程中，与浸泡液所接触的重金属也就越多，但重金属浸出浓度仍远远低于国家标准浸出液最高允许浓度。

生活垃圾经高温焚烧后用烟气净化装置收集得到的飞灰，其中含有高浸出浓度的重金属等，属于危险固体废弃物。以适量的飞灰代替等质量水泥，并复掺矿渣、稻壳灰等几种常见矿物掺合料制备混凝土，28d 抗压强度为 40MPa 左右。重金属浸出实验表明，除铬元素有一定检出量外，其余重金属元素都被很好地固化在混凝土中，浸出量几乎均为零，固化率接近 100%。飞灰混凝土中的铬在 1 ~ 16 周总浸出量是 0.007mg/mL（浓度限值为 0.01mg/mL），未超过国家标准，对环境无影响，符合废弃物制备混凝土的安全性要求。

研究表明，固化重金属的过程同时包含了物理固化过程和化学稳定过程。物理固化是因为水泥水化后，能形成以水化硅酸钙凝胶为主的类似岩石性状的结构。当把固体废弃物细粉掺入水泥后，其中的重金属被水化硅酸钙凝胶包裹，减小重金属在水泥浆中的迁移率。此外，硬化水泥浆结构本身密实，也有利于被固封在水泥浆中的重金属离子不容易被溶解和扩散出来。化学稳定则包含两个方面，其一是硅酸盐水泥的水化产物包含了 $Ca(OH)_2$，它能吸收很多重金属离子并产生沉淀；其二是重金属离子与水泥水化产物中的钙、铝等离子进行离子交换，从而将重金属固定在矿物结构中。

3. 采用含重金属离子的固体废弃物细粉作为原料之一，制备加气混凝土

干法脱硫工艺在国内应用范围主要包括火力发电厂、钢铁厂烧结机、循环流化床锅炉（炉内喷钙）及工业窑炉等，产生的脱硫灰数量逐年增加，加上环保税的推行，脱硫灰的综合利用已成为亟待解决的问题。有研究采用脱硫灰、粉煤灰、生石灰、复合硅酸盐水泥、添加剂和铝粉等生产加气混凝土，根据目前国家规定的浸出实验标准方法对脱硫灰制备的加气混凝土砌块进行毒性检测，发现重金属离子浸出浓度均远低于国家危险废物标准。这是因为脱硫灰中均含有一定量的碱性物质。在这种碱性条件下，微量的重金属以不溶物或者难溶的形式存在，相对稳定。因此脱硫灰用于加气混凝土砌块生产没有重金属污染的危险。

除以上三种重金属离子固化方式外，还有少量研究采用了聚合物或者沥青混凝土固化内源性的重金属离子，也取得了明显固化重金属离子的效果。

6.8.3 外源性的重金属离子固化混凝土

垃圾填埋场是重金属离子污染较为严重的区域，且伴随着降水的渗透，地下水极易被污染。重金属离子毒性大且不易降解，通过生物链的生物富集作用，将对生态系统造成巨大的危害。有研究选取多壁碳纳米管（Multi-Wall Carbon Nano-Tubes，MWCNTs）作为吸附材料，通过制备 MWCNTs 透水混凝土材料，研究其对水溶液中重金属离子的吸附作用。发现 MWCNTs 透水混凝土对 Pb^{2+}、Cd^{2+} 以及 Cu^{2+} 离子的吸附量在 24h 后达到吸附平衡；随着重金属离子溶液初始浓度的增大，MWCNTs 透水混凝土对 Pb^{2+}、Cd^{2+} 以及 Cu^{2+} 离子的吸附量明显提高；MWCNTs 透水混凝土对重金属离子的吸附能力大小顺序为 $Pb^{2+} > Cd^{2+} > Cu^{2+}$。因此，MWCNTs 透水混凝土材料在垃圾填埋场以及污水处理厂具有一定的潜在应用价值。

目前尚不清楚透水混凝土在使用了一段时期后，所固化的重金属离子是否保持稳定的固化，以及透水混凝土还可以继续固化多少数量的重金属离子，何时达到固化饱和而不能进一步固化，这些问题还有待研究探索。

6.9　再生骨料混凝土

6.9.1　概述

再生骨料混凝土是采用废弃混凝土破碎加工得到的颗粒物作为粗骨料或细骨料，作为部分或全部的骨料而配制的混凝土。尺寸在 0.5 ~5mm 的颗粒为再生细骨料，尺寸在 5 ~40mm 颗粒为再生粗骨料。再生骨料（Recycled Aggregate，RA）是一种宝贵的可利用资源，在国内外的社会发展与工程建设中正在得到越来越多的重视，来源主要是建筑垃圾或建筑废弃物，其中废弃混凝土又占了一个很大的比重。将废弃混凝土破碎加工，得到 RA，进而用 RA 作为骨料的一部分或全部，可配制得到再生骨料混凝土（Recycled Aggregate Concrete，RAC）。

6.9.2　发展历程

从文献可知，早在 20 世纪 70 ~80 年代，各国就已很重视工程建设中的环境问题，尤其是建设过程本身引起的环境影响。直到 20 世纪 80 年代末与 90 年代初，人们才开始真正意识到废弃物的处置（包括建筑废弃物的处置）是一个重要的人类环境问题。因此，在美、日等发达国家与地区引发了如何处置废弃混凝土的深入研究。世界上最早关于 RAC 的研究报道发表于 1973 年，此后陆续有一些零星的报道，直到 20 世纪 90 年代 RAC 的研究报道开始逐渐增多，进入 21 世纪后 RAC 已成为各国混凝土研究与工程应用的关注焦点之一。2000 年前后我国开始了废弃混凝土的再生利用研究，RAC 的研究与应用不断深化，RAC 技术逐渐成为我国固体废弃物资源化产业研发的一个重要内容。

6.9.3　技术特点

由于再生骨料迥异于天然骨料，在配制再生骨料混凝土之前应先了解再生骨料的特点。总体上看，再生粗骨料的基本性能劣于天然骨料，如孔隙率高、吸水率高、表观密度低、压碎指标高。再生骨料以废弃混凝土加工得到的颗粒为主，称为再生混凝土骨料，此外也有从废弃砖块等建筑废弃物加工得到的颗粒。通常，再生混凝土骨料的表观密度与强度均高于废弃砖块的，是用来制备再生骨料混凝土的主流。研究表明，再生混凝土骨料存在一定的缺陷，即破碎加工导致的石子损伤和石子表面附着的砂浆。在原生混凝土低水胶比条件下，再生混凝土骨料中的石子损伤是引起再生骨料混凝土力学性能下降的主要因素，而在高水胶比条件下则是石子表面附着的砂浆引起其力学性能下降。吸水率与断裂能反映再生骨料损伤的敏锐性较高，而压碎指标、抗压强度、劈裂抗拉强度反映再生骨料损伤的敏锐性较低。这说明采用再生骨料之前，应了解废弃混凝土的强度或水胶比特点，以提高再生骨料利用的准确性。

在配合比设计原则上，由于上述再生粗骨料特点，应考虑到再生骨料混凝土的抗压强度一般略低于同配合比的普通混凝土，故为了达到相同的强度等级，水胶比应比普通混凝土有所降低。由于再生骨料孔隙率、含泥量较高，颗粒表面较为粗糙，要达到与普通混凝土同等和易性的单方水泥用量比普通混凝土要大，故在配合比设计中应尽量节约水泥，降低成本。

由于再生骨料的吸水率较高、弹性模量较低、颗粒本身存在一定缺陷，使得再生骨料混凝土的耐久性与某些变形性能要劣于普通混凝土，应合理设计再生骨料混凝土的配合比，使其满足耐久性与长期使用要求。

再生骨料混凝土所用水泥与普通混凝土类似，主要采用普通硅酸盐水泥、矿渣硅酸盐水泥、火山灰硅酸盐水泥与粉煤灰水泥，也可采用硫铝酸盐水泥等特种水泥。再生细骨料吸水率高，会显著降低混凝土的力学性能和耐久性，故再生细骨料不宜用于再生骨料混凝土，但可用于砂浆。如果粗骨料完全用再生粗骨料，对混凝土性能有一定的负面影响，故一般可用一部分再生粗骨料与一部分天然石子混用，构成混凝土骨料，确保混凝土性能符合要求。掺合料如粉煤灰、硅灰、矿渣、沸石粉等，也适用于再生骨料混凝土，粉煤灰对其性能有显著改善，如改善拌合物的和易性、提高混凝土强度、改善耐久性，还可降低水泥用量。化学外加剂也可用于再生骨料混凝土的配制。

再生骨料混凝土的配合比设计，可以采用基于抗压强度的设计方法，与普通混凝土配合比设计类似，但用水量与水灰比分为净用水量、净水灰比与总用水量、总水灰比两种数据。净用水量是不包含再生骨料吸水在内的混凝土用水量，对应的水灰比是净水灰比；总用水量是包含再生骨料吸水在内的混凝土用水量，对应的水灰比是总水灰比。因不同来源的再生粗骨料吸水率可能相差较大，在再生骨料混凝土配合比设计中水灰比通常以净水灰比表示。

再生骨料混凝土的配合比设计也可采用基于耐久性的设计方法，主要参数有水胶比、浆骨比、砂率与高效减水剂掺量。例如：为配制高性能再生骨料混凝土，水胶比在0.40以下范围内合理取值；浆骨比（体积比）可以是35:65；胶凝材料总量不应高于550kg/m^3，但不应低于300kg/m^3，可采用活性掺合料部分取代水泥；高效减水剂掺量根据拌合物的坍落度确定。

6.9.4 工程应用

再生骨料混凝土在国内外工程中已有一定的应用，国外多用于道路工程，也有用于房屋建筑；我国则用于墙体材料、道路基层和面层、基础工程以及多层建筑中。再生骨料因表观密度低于天然骨料，隔热、隔声效果较好，可用于生产再生混凝土空心砌块、再生混凝土条板等再生混凝土墙体材料。

第7章 建筑用钢

7.1 概述

以铁、碳为主，并根据要求添加某些合金元素的铁基合金，称为钢。建筑结构所使用的钢，主要是碳素钢和合金钢。例如：普通钢筋混凝土结构和预应力混凝土结构中的各种钢筋、钢丝、钢绞线；钢结构中的各种钢板、型钢、钢棒等。钢具有较高的强度和比强度，良好的塑性和韧性，能够承受冲击和振动荷载，可以焊接、铆接或螺栓连接，易于加工和装配，具有一系列优良的技术性能。钢的缺点是易生锈、维护费用高、耐火能力差。

7.2 钢的种类

7.2.1 按照冶炼方法和脱氧方法分类

按照冶炼方法分，钢可以分为平炉钢、转炉钢和电炉钢。按照脱氧方法分，钢可以分为沸腾钢、半镇静钢、镇静钢和特殊镇静钢。

1）沸腾钢，代号为F，为脱氧不完全的钢。锰是一种弱氧化剂，若只采用锰铁脱氧，则脱氧很不充分，钢液中还留有高于碳氧平衡的氧量，与碳反应放出CO气体，在浇注时钢液在钢锭模内呈沸腾现象，这样的钢称为沸腾钢。沸腾钢杂质和气孔多，组织均匀性和密实性差，结构偏析严重，质量较差。随着连铸技术逐渐取代传统的钢锭模浇注方法，沸腾钢已逐步退出市场。

2）半镇静钢，代号为b，脱氧程度和性能介于沸腾钢和镇静钢之间，为一种质量较好的钢。

3）镇静钢，代号为Z，采用锰铁、硅铁等作为脱氧剂，脱氧较为完全。浇注过程中不会有气体逸散，钢液能够平静凝固，故称为镇静钢。镇静钢整体材质均匀，能够直接承受动力荷载和冲击荷载，屈服强度也较沸腾钢高，性能优越，质量好。

4）特殊镇静钢，代号为TZ，采用锰铁、硅铁和铝锭作为脱氧剂，脱氧程度比镇静钢更充分，质量也最好，适用于重要的结构工程。

7.2.2 按照化学成分分类

按照化学成分分类，钢分为碳素钢、合金钢等。

1）碳素钢。碳素钢是指碳的质量分数小于1.35%的铁碳合金。除铁、碳以外，还含有限量的硅、锰、硫、磷及其他微量元素。按照碳的质量分数的不同，碳素钢分为低碳钢

(w_C <0.25%)、中碳钢(w_C 为 0.25% ~0.6%)、高碳钢(w_C >0.6%)。和其他钢种相比，碳素钢应用最早，用量最大，是最重要的工程材料之一。在建筑材料中，主要使用低碳钢和中碳钢。

2)合金钢。为获得或改善某些性能，在碳素钢中添加适量的一种或多种金属元素或非金属元素所制成的钢，称为合金钢。通常按照合金元素总含量，合金钢可以分为低合金钢(合金的质量分数<5%)、中合金钢(合金的质量分数在5% ~10%)、高合金钢(合金的质量分数>10%)。常见的金属元素有锰(Mn)、铬(Cr)、镍(Ni)、钒(V)、钛(Ti)、铌(Nb)、铜(Cu)等。常见的非金属元素有硅(Si)、硼(B)、硒(Se)、碲(Te)等。在建筑工程中，通常采用低合金钢。

7.2.3 按照质量等级分类

按照质量等级分类，钢分为普通钢、优质钢、高级优质钢、特级优质钢。

1. 普通钢

硫的质量分数≤0.050%，磷的质量分数≤0.045%。

2. 优质钢

硫的质量分数≤0.035%，磷的质量分数≤0.035%。

3. 高级优质钢

硫的质量分数≤0.025%，磷的质量分数≤0.025%。

4. 特级优质钢

硫的质量分数≤0.025%，磷的质量分数≤0.015%。

7.2.4 按照使用用途分类

按照使用用途分类，钢分为结构钢、工具钢、特殊钢。

1. 结构钢

按照用途不同，结构钢又分为建造用钢和机械用钢两类。建造用钢用于建造锅炉、船舶、桥梁、厂房和其他建筑物。机械用钢用于制造机器或机械零件。

2. 工具钢

工具钢是用于制造各种工具的高碳钢和中碳钢，包括碳素工具钢、合金工具钢和高速工具钢等。

3. 特殊钢

特殊钢是具有特殊的物理和化学性能的特殊用途钢，包括不锈耐酸钢、耐热钢、耐候钢等。

7.3 钢的基本性能

1. 钢的变形性能

(1) 弹性　材料在受外力作用时瞬间产生变形，而去除外力后又能立即回复其原有形状和尺寸的性质，称为弹性。产生的变形称为弹性变形，具有弹性性质的物体称为弹性体。按照其应力-应变关系，弹性体可以分为线弹性体(应力-应变关系呈直线)和非线弹性体

(应力-应变关系呈非直线)。

(2) 塑性　材料在外力作用下产生变形，在外力去除后不能完全回复的性质，称为塑性。不能回复的变形部分称为塑性变形，也称为永久变形、残余变形。在外力作用下只发生塑性变形的物体，称为理想塑性体。

(3) 延性　材料能够承受较大变形而不丧失其承载能力的性质，称为延性。钢的延性断裂伴随明显塑性变形而形成延性断口，断裂面与拉应力垂直或倾斜，其上具有细小的凹凸，呈纤维状。钢的延性较好，在单向受拉达到屈服强度后仍能够吸收一定量的能量。

(4) 脆性　脆性断裂是指材料在破坏前无明显变形或其他预兆的破坏类型。脆性断裂几乎不伴随塑性变形而形成脆性断口，断裂面通常与拉应力垂直，宏观上由具有光泽的亮面组成。

不同变形性能材料的应力-应变曲线，如图7-1所示。

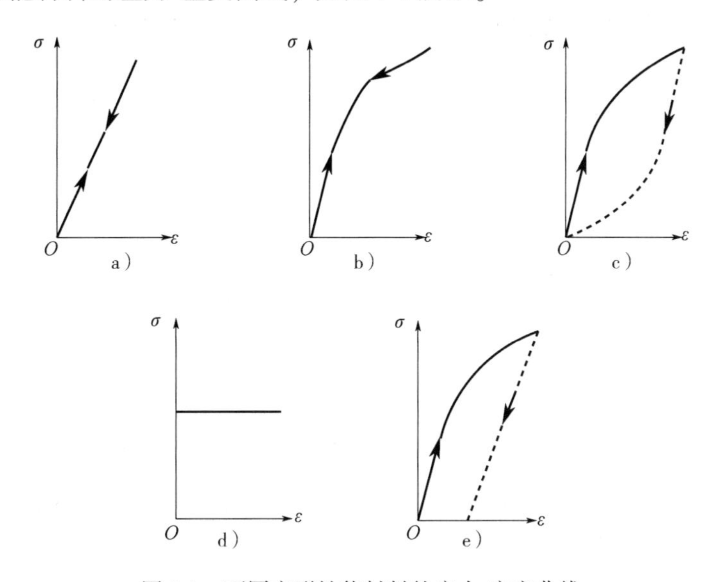

图7-1　不同变形性能材料的应力-应变曲线

a) 线弹性体　b) 非线弹性体　c) 非线弹性体 (有损伤)

d) 理想塑性体　e) 弹塑性体

2. 钢的力学性能

(1) 抗拉性能　钢的抗拉性能主要是指钢在单向受拉的弹性、屈服、强化和缩颈阶段的强度、变形等，是钢最为重要的力学性能指标。

钢最重要的强度指标为屈服强度和抗拉强度，塑性指标为断后伸长率和断面收缩率。屈服强度是结构设计中钢强度取值的依据，抗拉强度表示钢在拉伸条件下的最大承载能力。钢的断后伸长率A是指断后标距的残余伸长 ($L_u - L_0$) 与原始标距 (L_0) 之比的百分率，即

$$A = \frac{L_u - L_0}{L_0} \times 100\%$$

断后伸长率表示材料在单向拉伸时的塑性变形性能，是衡量钢塑性大小的一个重要指标。塑性良好的钢在超载后，产生塑性变形，会导致内力重分布，消除应力集中现象，钢不易发生脆断。

钢的断面收缩率Z是指断后试样缩颈处横截面积的最大缩减量 ($S_0 - S_u$) 与原始横截面积S_0之比的百分率，即

$$Z = \frac{S_0 - S_u}{S_0} \times 100\%$$

断面收缩率是衡量钢塑性大小的另一重要指标。由于断面位置受到试样内部结构薄弱处影响，断面位置和缩减量很难确定，在实际工程中仍然以断后伸长率作为保证要求，断面收缩率作为更严格的重要补充指标。

(2) 冲击韧性　韧性是荷载作用下钢吸收机械能和抵抗断裂的能力，是强度和塑性的综合指标。韧性指标一般由冲击试验获得。

如图 7-2 所示，冲击试验时，将规定几何形状的缺口（V 型或 U 型）试样置于试验机两支座之间，缺口背向打击面放置，在规定温度条件下，用摆锤一次打击试样，测定试样的吸收能量。标准尺寸冲击试样长度为 55mm，横截面为 10mm × 10mm 方形截面。试样被冲断时，所吸收的能量即为冲击吸收能量，单位为焦耳（J）。钢在断裂时吸收的能量越大，钢的冲击韧性越好。

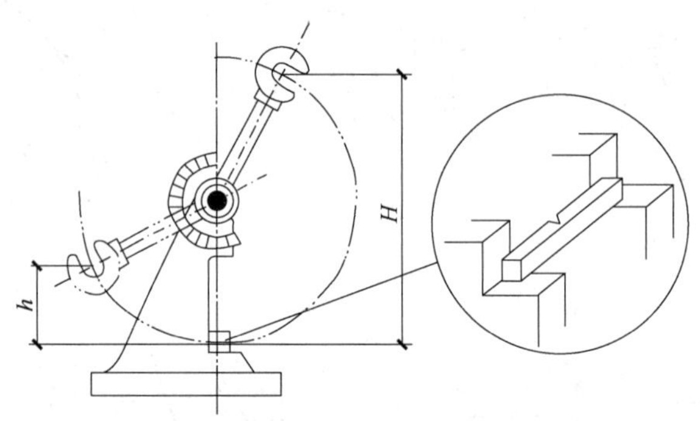

图 7-2　冲击试验

(3) 耐疲劳性能　在低于强度极限的反复荷载作用下，钢在低于极限强度甚至低于屈服强度时，就可能发生破坏，称为疲劳破坏。疲劳试验中，在规定作用重复次数下，不发生破坏的最大应力，为钢的疲劳强度。钢的内部组织不致密、化学偏析、夹杂等缺陷的存在，是影响钢疲劳强度的主要因素。同时，钢的表面状态、生产加工过程中的残余应力、腐蚀介质侵蚀等因素也会对钢的疲劳强度产生一定的影响。

(4) 钢板沿厚度方向性能　在一些钢结构建（构）筑物中，因承载力需要，常采用较厚钢板（通常为 15 ~ 400mm 厚的镇静钢钢板）组成焊接承重结构，由于钢质量和焊接构造等原因，很容易产生沿厚度方向（Z 方向）的裂纹，严重时出现层状撕裂。对于此类钢板，应按照 GB/T 5313—2010《厚度方向性能钢板》，严格控制钢的硫的质量分数和断面收缩率。Z15、Z25、Z35 三个级别钢板硫的质量分数分别控制在 0.010%、0.007%、0.005% 以内，断面收缩率最小平均值分别不小于 15%、25%、35%。

3. 钢的物理性能

钢的物理性能是指钢的弹性模量、剪切模量、线膨胀系数和密度等。钢件的物理性能指标见表 7-1。钢筋、钢丝的弹性模量见表 7-2。

表 7-1　钢件的物理性能指标

弹性模量 E/MPa	剪切模量 G/MPa	线膨胀系数 a/(/℃)	密度 ρ/(kg/m³)
2.06×10^5	7.9×10^4	1.2×10^{-5}	7.85×10^3

表 7-2　钢筋、钢丝的弹性模量

牌号或种类	弹性模量 $E/\times10^5$ MPa
HPB300 钢筋	2.10
HRB400、HRB500 钢筋，HRBF400、HRBF500 钢筋，RRB400 钢筋，预应力螺纹钢筋	2.00
消除应力钢丝、中强度预应力钢丝	2.05
钢绞线、冷轧带肋钢筋	1.95

4. 钢的工艺性能

（1）弯曲性能　钢的弯曲性能是指钢在一定角度弯曲后，抵抗产生裂纹的能力。它是判断钢塑性变形能力和冶金质量的综合指标。钢的弯曲试验（冷弯试验），通常在室温环境范围（10～35℃）下进行，将试样放在弯曲装置上，给定弯曲压头直径 D（也称为弯心直径），缓慢施加弯曲力，使试样受弯塑性变形，达到规定的弯曲角度（常为180°）。试验装置如图7-3所示。弯曲试验后，试样外面、里面和侧面均不出现裂纹和分层，即为合格。

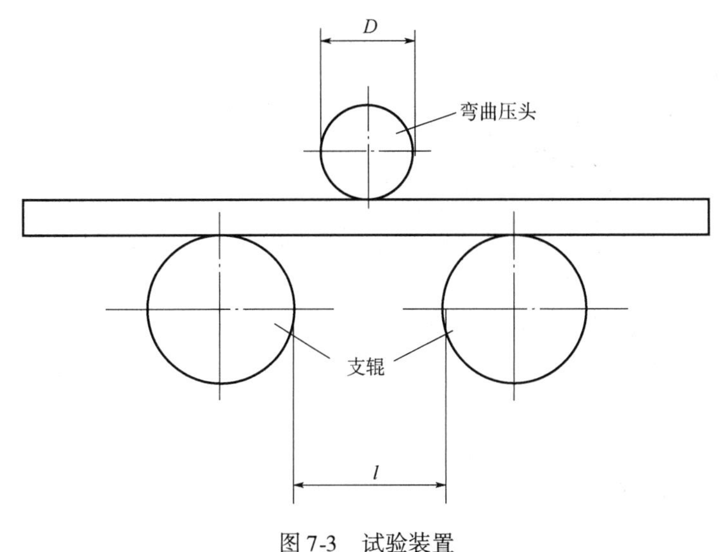

图 7-3　试验装置

弯曲试验反映了钢在不利变形下的塑性，也能间接反映钢内部组织不均匀、内应力和夹杂物等缺陷。冶金缺陷的影响，如硫、磷偏析和氧化物的掺杂，影响钢的塑性性能，使钢的弯曲性能下降。

（2）焊接性　钢的焊接性好是指钢经过焊接后，能够获得良好的性能，主要表现为焊接安全、可靠，无焊接裂纹，焊接接头的冲击韧性以及热影响区的延伸性和力学性能都不低于母材。钢的焊接性主要受碳和合金元素含量的影响，并与母材厚度、焊接方法、焊接参数以及结构形式等有关。对于碳素钢，碳的质量分数在0.12%～0.20%时，钢的焊接性最好。碳含量的升高使焊缝和热影响区变脆。低合金高强度钢的焊接性，视碳当量而定。碳当量是各种元素对钢焊接性影响的综合评价。

$$\text{碳当量}=w(\mathrm{C})+\frac{w(\mathrm{Mn})}{6}+\frac{w(\mathrm{Cr})+w(\mathrm{Mo})+w(\mathrm{V})}{5}+\frac{w(\mathrm{Ni})+w(\mathrm{Cu})}{15}$$

碳当量≤0.38%时，焊接性较好，可直接施焊；碳当量为0.38%～0.45%时，钢的淬硬逐渐明显，要注意施焊工艺并采取适当预热措施，使焊缝和热影响区缓慢冷却，防止淬硬开裂；碳当量>0.45%时，淬硬倾向明显，要采用较高的预热温度，并严格注重工艺措施，才能获得合格的焊缝。

7.4 影响钢性能的主要因素

7.4.1 化学成分

钢是碳的质量分数在2.0%以下的铁碳合金。除铁（Fe）、碳（C）元素外，还含有微量的其他元素，如硫（S）、磷（P）、氮（N）、氧（O）、硅（Si）、锰（Mn）、铜（Cu）、钒（V）、钛（Ti）、铌（Nb）、铬（Cr）等。这些元素总的质量分数仅在1%左右，但对钢的性能产生比较大的影响。

7.4.2 冶金缺陷

钢的生产需经过冶炼、铸造、轧制和矫正等多道工艺，这些工艺对钢的性能均有影响。常见钢的冶金缺陷有偏析、非金属夹杂、气孔、裂纹及分层等。

1）偏析是指钢化学成分的不一致和不均匀性，特别是硫、磷的偏析会严重恶化钢的塑性、弯曲性能、冲击韧性以及焊接性。

2）非金属夹杂是指钢中不具备金属性质的氧化物、硫化物、硅酸盐和氮化物杂质等。在钢的冶炼过程中，它是由于某些元素溶解度下降形成的。非金属夹杂在轧制后能造成钢板的分层，严重破坏钢的弯曲性能。

3）气孔是在浇注钢锭时，氧化铁和碳反应生成的CO气体，未充分逸出形成的微小气孔。

7.4.3 钢的硬化

钢通过冷拉、冷拔或冷轧等冷加工产生很大塑性变形，从而提高钢的屈服强度，降低塑性和韧性，这种现象称为冷作硬化（或应变硬化）。在冷加工过程中，钢塑性变形内的晶粒产生相对滑移，使滑移面下的晶粒破碎，晶格严重畸变，对晶面进一步滑移产生阻碍作用，故可提高钢的屈服强度，而使塑性和韧性降低。

同时，钢在常温下放置一段时间（15～20d），或者加热至100～200℃下保持一段时间（一般2～3h），钢也会发生强度提高，塑性、韧性下降，称为钢的时效硬化现象，俗称为老化。前者称为自然时效，后者称为人工时效。时效硬化的产生，是高温环境下熔化于铁中的少量氮和碳，随时间增长逐渐从纯铁析出，形成的碳化物和氮化物，对于钢塑性起遏制作用，从而使钢的屈服强度提高，塑性、韧性下降。

7.4.4 温度

钢的性能随温度的不同有所变化。当温度下降时，钢的强度略有提高，但其塑性和冲击韧性变差，钢变脆。当温度低于某一临界温度（冷脆临界温度）时，钢的冲击韧性骤降，破坏形式由塑性破坏转变为脆性破坏，称为钢的低温冷脆现象。冲击吸收能量-温度的关系曲线如图 7-4 所示，其具有上平台、转变区和下平台。转变温度 T 表征冲击吸收能量-温度关系曲线陡峭上升的位置，是一个范围，不能明确定义为某一个温度。钢在使用过程中，可能出现的温度应当高于钢的冷脆临界温度。

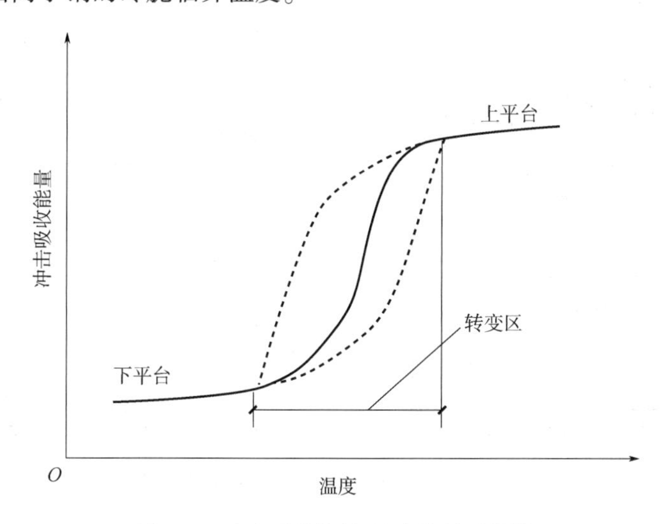

图 7-4　冲击吸收能量-温度的关系曲线

当钢的温度升高时，其屈服强度、抗拉强度有所降低，塑性增大。温度在 200℃ 以内钢的性能变化不大，430～540℃ 强度急剧下降，600℃ 以上强度很低无法承担荷载。在 250℃ 左右，钢的强度有所提高，但塑性和冲击韧性变差，材料破坏形式为脆性破坏，表面氧化膜为蓝色，称为蓝脆现象。钢应尽量避免在蓝脆温度范围内进行热加工。

7.4.5　应力集中

钢在实际使用过程中，特别是对于钢结构，不可避免地存在孔洞、槽口、裂纹、凹角、厚度变化以及内部缺陷等，导致构件截面突然改变。此时，钢中的应力将不再保持均匀分布而是在截面突变位置产生局部高峰应力，而同一截面其他部位应力值较低且分布极不均匀，这种现象称为应力集中现象。应力集中的严重程度取决于构件截面变化的急剧程度，以应力集中系数，即高峰区最大应力与净截面平均应力之比表示，其计算式为

$$\xi = \frac{\sigma_{max}}{\sigma_0}$$

式中　σ_{max}——高峰区最大应力；

σ_0——净截面平均应力，即轴向拉力除以净截面面积的平均应力。

实际上，由于高峰拉应力引起的横截面收缩受到附近低应力区域的阻碍，在构件中还将产生横向应力 σ_x，在构件较厚时，还将产生垂直于 x、y 方向的应力 σ_z。在双向或三向受力状态下，材料不易进入塑性状态，脆性增加。截面变化越剧烈，应力集中就越严重，钢的变脆程度越厉害。

实际构件的应力集中现象不可避免，在构件设计中应当尽量使截面变化平缓，以减小应力集中程度。孔洞和槽孔处的应力集中现象，如图 7-5 所示。

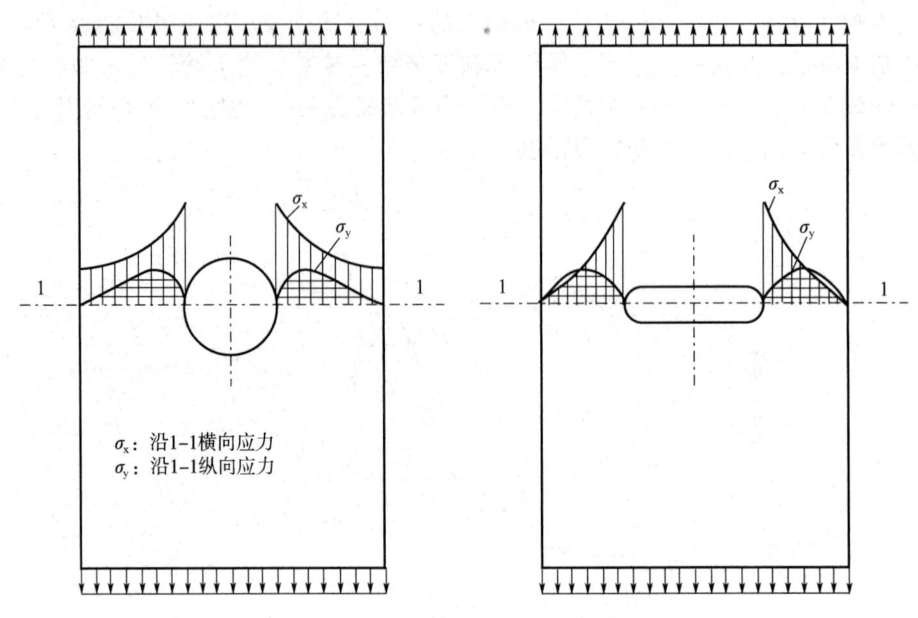

图 7-5 孔洞和槽孔处的应力集中现象

7.5 结构上常用的钢

7.5.1 碳素结构钢

在 GB/T 700—2006《碳素结构钢》标准中所指的碳素结构钢即为普通碳素结构钢，碳的质量分数为 0.12% ~0.24%，适用于焊接、栓接工程结构。工程结构使用的碳素结构钢，除要求有足够的强度外，还需要具有良好的塑性和韧性，易于成形和焊接。碳素结构钢的性能应当满足表 7-3 和表 7-4 的要求。

表 7-3 碳素结构钢力学性能

牌号	等级	拉伸试验													冲击试验（V 型缺口）	
		上屈服强度 R_{eH}/MPa						抗拉强度 R_m /MPa	断后伸长率（%）					温度 /℃	冲击吸收能量 /J
		厚度（或直径）/mm							厚度（或直径）/mm						
		≤16	>16 ~40	>40 ~60	>60 ~100	>100 ~150	>150 ~200		≤40	>40 ~60	>60 ~100	>100 ~150	>150 ~200		≥
Q195	—	195	185	—	—	—	—	315 ~430	33	—	—	—	—	—	—
Q215	A	215	205	195	185	175	165	335 ~450	31	30	29	27	26	—	—
	B													20	27

（续）

牌号	等级	拉伸试验												冲击试验（V型缺口）	
		上屈服强度 R_{eH}/MPa						抗拉强度 R_m/MPa	断后伸长率（%）					温度/℃	冲击吸收能量/J
		厚度（或直径）/mm							厚度（或直径）/mm						
		≤16	>16～40	>40～60	>60～100	>100～150	>150～200		≤40	>40～60	>60～100	>100～150	>150～200		≥
Q235	A	235	225	215	215	195	185	370～500	26	25	24	22	21	—	—
	B													20	27
	C													0	
	D													-20	
Q275	A	275	265	255	245	235	215	410～540	22	21	20	18	17	—	—
	B													20	27
	C													0	
	D													-20	

注：1. Q195的屈服强度值仅供参考，不作为交货条件。
2. 厚度大于100mm的钢，抗拉强度下限允许降低20MPa。宽带钢（包括剪切钢板）抗拉强度上限不作为交货条件。
3. 厚度小于25mm的Q235B级钢，如供方能保证冲击吸收能量值合格，经需方同意，可不做检验。

表7-4 碳素结构钢弯曲性能

牌号	试样方向	弯曲试验180° $B=2a$	
		厚度（或直径）/mm	
		≤60	60～100
		弯心直径 D	
Q195	纵	0	—
	横	0.5a	
Q215	纵	0.5a	1.5a
	横	a	2a
Q235	纵	a	2a
	横	1.5a	2.5a
Q275	纵	1.5a	2.5a
	横	2a	3a

注：1. B为试样宽度，a为试样厚度（或直径）。
2. 钢的厚度（或直径）大于100mm时，弯曲试验由双方决定。

7.5.2 低合金高强度结构钢

相较于普通碳素结构钢，低合金高强度结构钢有更高的屈服强度和屈强比，较好的冷、热加工成形性，良好的焊接性，较低的冷脆倾向、缺口和时效敏感性以及良好的抗大气、海水等腐蚀能力。

低合金高强度结构钢的技术要求包括牌号及化学成分、冶炼方法、交货状态、力学性能和工艺性能、表面质量。各牌号的力学性能和工艺性能应当满足规范的具体要求。

7.5.3 优质碳素结构钢

优质碳素结构钢是普通碳素结构钢经过调质处理和正火处理等热处理工艺得到的具备良好综合性能的钢。与普通碳素结构钢相比，优质碳素结构钢中硫、磷及其他非金属夹杂含量更低，缺陷也较少。

7.6 钢筋混凝土结构用钢

7.6.1 热轧（光圆、带肋）钢筋

热轧光圆钢筋是经热轧成形，横截面为圆形、表面光滑的成品钢筋。热轧带肋钢筋是经热轧成形，表面带肋的混凝土结构用钢，包括普通热轧钢筋和细晶粒热轧钢筋。热轧带肋钢筋通常带有两道平行于钢筋轴线方向的均匀连续纵肋（也可不带）和不与钢筋轴线平行的横肋，包括螺纹钢筋、人字形钢筋和月牙肋钢筋。

由于带肋钢筋截面包括横肋和纵肋，在外形上看并不是一个完整的圆周，所以在描述其直径时，采用公称直径，即与钢筋的公称横截面积相等的圆的直径。而对于光圆钢筋，其横截面直径就是公称直径。热轧光圆钢筋的公称直径范围为 6～22mm，推荐的钢筋公称直径为 6mm、8mm、10mm、12mm、16mm、20mm。热轧带肋钢筋的公称直径范围为 6～50mm。

1. 牌号及含义

对于热轧光圆钢筋，其屈服强度特征值为 300 级；对于热轧带肋钢筋，其屈服强度特征值分为 400 级、500 级、600 级。热轧钢筋牌号及含义见表 7-5。

表 7-5 热轧钢筋牌号及含义

<table>
<tr><th colspan="2">产品名称</th><th>牌号</th><th>含义</th></tr>
<tr><td colspan="2">热轧光圆钢筋</td><td>HPB300</td><td>HPB——热轧光圆钢筋（Hot rolled Plain Bars）的英文缩写</td></tr>
<tr><td rowspan="5">热轧
带肋钢筋</td><td rowspan="5">普通
热轧钢筋</td><td>HRB400</td><td rowspan="5">HRB——热轧带肋钢筋（Hot rolled Ribbed Bars）的英文缩写
E——地震（Earthquake）的英文首字母</td></tr>
<tr><td>HRB500</td></tr>
<tr><td>HRB600</td></tr>
<tr><td>HRB400E</td></tr>
<tr><td>HRB500E</td></tr>
</table>

（续）

产品名称		牌号	含义
热轧带肋钢筋	细晶粒热轧钢筋	HRBF400	HRBF——热轧带肋钢筋的英文缩写 HRB 后加“细”（Fine）的英文首字母 F E——地震（Earthquake）的英文首字母
		HRBF500	
		HRBF400E	
		HRBF500E	

2. 力学性能和工艺性能

根据国家标准，热轧光圆钢筋 HPB300 的力学性能和工艺性能应当满足表 7-6 中的要求。热轧带肋钢筋的力学性能应当满足表 7-7 中的要求。同时，热轧带肋钢筋应当进行弯曲试验，按照弯心直径弯曲 180°后，钢筋受弯表面不得产生裂纹。牌号带 E 的钢筋应进行反向弯曲试验。试验后，钢筋受弯曲表面不得产生裂纹。热轧带肋钢筋的弯心直径见表 7-8。

表 7-6 热轧光圆钢筋的力学性能和工艺性能

牌号	下屈服强度 R_{eL}/MPa	抗拉强度 R_m/MPa	断后伸长率 A（%）	最大力总伸长率 A_{gt}（%）	弯曲试验 180°
HPB300	≥300	≥420	≥25	≥10.0	$D=a$

注：D 为弯心直径；a 为钢筋公称直径。

表 7-7 热轧带肋钢筋的力学性能

牌号	下屈服强度 R_{eL}/MPa	抗拉强度 R_m/MPa	断后伸长率 A（%）	最大力总伸长率 A_{gt}（%）	R_m^0/R_{eL}^0	R_{eL}^0/R_{eL}
HRB400、HRBF400	≥400	≥540	≥16	≥7.5	—	—
HRB400E、HRBF400E			—	≥9.0	≥1.25	≤1.30
HRB500	≥500	≥630	≥15	≥7.5	—	—
HRBF500						
HRB500E			—	≥9.0	≥1.25	≤1.30
HRBF500E						
HRB600	≥600	≥730	≥14	≥7.5	—	

注：R_m^0 为钢筋实测抗拉强度；R_{eL}^0 为钢筋实测下屈服强度。

表 7-8 热轧带肋钢筋的弯心直径

牌号	公称直径 d/mm	弯心直径
HRB400、HRBF400、HRB400E、HRBF400E	6～25	$4d$
	28～40	$5d$
	>40～50	$6d$

（续）

牌号	公称直径 d/mm	弯心直径
HRB500、HRBF500、HRB500E、HRBF500E	6～25	6d
	28～40	7d
	>40～50	8d
HRB600	6～25	6d
	28～40	7d
	>40～50	8d

7.6.2 余热处理钢筋

余热处理钢筋是指热轧后利用热处理原理进行表面控制冷却，并利用芯部余热自身完成回火处理所得的成品带肋钢筋，其基圆上形成环状的淬火自回火组织，按屈服强度分为400级、500级，按用途分为可焊和非可焊。余热处理钢筋的牌号由“RRB（余热处理钢筋英文缩写）+屈服强度特征值”构成，可进行闪光对焊和电弧焊等焊接工艺的余热处理钢筋牌号后加“W（焊接英文缩写）”，可分为RRB400、RRB500和RRB400W共三种牌号。

余热处理钢筋公称直径范围为8～50mm，RRB400、RRB500钢筋推荐的公称直径为8mm、10mm、12mm、16mm、20mm、25mm、32mm、40mm、50mm，RRB400W钢筋推荐的公称直径为8mm、10mm、12mm、16mm、20mm、25mm、32mm、40mm。

根据GB 13014—2013《钢筋混凝土用余热处理钢筋》规定，余热处理钢筋的力学性能和工艺性能应当满足表7-9中的要求。在弯曲试验中，钢筋按照规定的弯心直径弯曲180°后，钢筋受弯曲表面不得产生裂纹。若需要，可进行反弯曲试验，反弯曲试验的弯心直径比弯曲试验相应增加一个钢筋直径，弯曲后钢筋表面不得产生裂纹。

表7-9 余热处理钢筋的力学性能和工艺性能

牌号	拉伸试验				弯曲试验180°	
	下屈服强度 R_{eL}/MPa	抗拉强度 R_m/MPa	断后伸长率 A（%）	最大力总伸长率 A_{gt}（%）	公称直径 d/mm	弯心直径
RRB400	≥400	≥540	≥14	≥5.0	8～25	4d
RRB500	≥500	≥630	≥13	≥5.0	28～40	5d
RRB400W	≥430	≥570	≥16	≥7.5	8～25	6d

注：1. 拉伸试验结果为人工时效后检验结果。
2. 对于没有明显屈服强度的钢，屈服强度特性值 R_{eL} 应采用规定非比例延伸强度 $R_{p0.2}$。

7.6.3 冷轧带肋钢筋

冷轧带肋钢筋是指热轧圆盘条冷轧后，在其表面带有沿长度方向均匀分布的横肋的钢筋。冷轧带肋钢筋按照延性高低可分为冷轧带肋钢筋和高延性冷轧带肋钢筋，牌号由“CRB（冷轧带肋钢筋英文缩写）+抗拉强度特征值”构成，高延性冷轧带肋钢筋后应加代表高延性的字母“H”，可分为CRB550、CRB650、CRB800、CRB600H、CRB680H、CRB800H六个牌号。CRB550、CRB600H 为普通钢筋混凝土用钢筋，CRB650、CRB800、CRB800H 为预应力混凝土用钢筋，CRB680H 既可作为普通钢筋混凝土用钢筋，也可作为预应力混凝土用钢筋。钢筋公称直径为 4mm、5mm、6mm。冷轧带肋钢筋的力学性能和工艺性能应当符合表 7-10 中的要求。

表 7-10　冷轧带肋钢筋的力学性能和工艺性能

分类	牌号	规定非比例延伸强度 $R_{p0.2}$/MPa	抗拉强度 R_m/MPa	$R_m/R_{p0.2}$	断后伸长率（%）		最大力总伸长率（%）	弯曲试验180°	反复弯曲次数	应力松弛初始应力应相当于抗拉强度的70%，1000h 后应力松弛率（%）
					A	A_{100}	A_{gt}			
普通钢筋混凝土用	CRB550	≥500	≥550	≥1.05	≥11.0	—	≥2.5	$3d$①	—	—
	CRB600H	≥540	≥600	≥1.05	≥14.0	—	≥5.0	$3d$①	—	—
	CRB680H②	≥600	≥680	≥1.05	≥14.0	—	≥5.0	$3d$①	4	≤5
预应力混凝土用	CRB650	≥585	≥650	≥1.05	—	≥4.0	≥2.5	—	3	≤8
	CRB800	≥720	≥800	≥1.05	—	≥4.0	≥2.5	—	3	≤8
	CRB800H	≥720	≥800	≥1.05	—	≥7.0	≥4.0	—	4	≤5

①d 为钢筋公称直称。

②当该牌号钢筋作为普通钢筋混凝土用钢筋使用时，对反复弯曲和应力松弛不作要求；当该牌号钢筋作为预应力混凝土用钢筋使用时，应进行反复弯曲试验代替 180°弯曲试验，并检测松弛率。

7.6.4　预应力混凝土用螺纹钢筋

预应力混凝土用螺纹钢筋也称为精轧螺纹钢，采用热轧成形，表面带有不连续外螺纹，在钢筋任意截面处，均可用带有匹配形状的内螺纹的连接器或锚具进行连接或锚固。钢筋牌号由“PSB + 屈服强度特征值”构成，分为 PSB785、PSB830、PSB930、PSB1080、PSB1200 五种。钢筋的公称直径范围为 15 ~ 75mm，GB/T 20065—2016《预应力混凝土用螺纹钢筋》推荐的钢筋公称直径为 25mm、32mm。依照标准，钢筋力学性能应满足表 7-11中的要求。

表 7-11　预应力混凝土用螺纹钢筋的力学性能

牌号	拉伸试验				应力松弛性能	
	屈服强度 R_{eL}/MPa	抗拉强度 R_m/MPa	断后伸长率 A（%）	最大力总伸长率 A_{gt}（%）	初始应力	1000h 后应力松弛率（%）
PSB785	≥785	≥980	≥8			
PSB830	≥830	≥1030	≥7			
PSB930	≥930	≥1080	≥7	≥3.5	$0.7R_m$	≤4.0
PSB1080	≥1080	≥1230	≥6			
PSB1200	≥1200	≥1330	≥6			

注：1. 对于没有明显屈服强度的钢，屈服强度特性值 R_{eL} 应采用规定非比例延伸强度 $R_{p0.2}$。

2. 如无特殊要求，只进行初始力为 70% R_m 的松弛试验，允许使用推算法进行 120h 松弛试验确定 1000h 松弛率。

7.6.5 预应力混凝土用钢丝

冷拉钢丝以热轧盘条为原料，通过拔丝等减径工艺经冷加工制成，以盘卷供货。冷拉钢丝经一次性连续消除应力处理得到的钢丝，称为消除应力钢丝。消除应力钢丝有低松弛钢丝和普通松弛钢丝两种。钢丝在塑性变形下（轴应变）进行短时热处理，得到的应是低松弛钢丝（初始应力相当于70%抗拉强度时，1000h后应力松弛率不大于2%）；通过矫直工序后在适当的温度下进行短时热处理，得到的应是普通松弛钢丝（初始应力相当于70%抗拉强度时，1000h后应力松弛率不大于8%）。

按照外形，预应力混凝土用钢丝分为光圆钢丝、螺旋肋钢丝、刻痕钢丝三种（图7-6），代号分别为P、H、I。螺旋肋钢丝表面沿着长度方向上具有连续、规则的螺旋肋条。刻痕钢丝表面沿着长度方向上具有规则间隔的压痕。预应力混凝土用钢丝主要采用冷拉或消除应力的低松弛光圆、螺旋肋和刻痕钢丝，其中冷拉钢丝仅用于压力管道。我国生产的冷拉钢丝公称直径为4～8mm，抗拉强度为1470MPa、1570MPa、1670MPa、1770MPa；消除应力钢丝公称直径为4～12mm，抗拉强度为1470MPa、1570MPa、1670MPa、1770MPa、1860MPa。

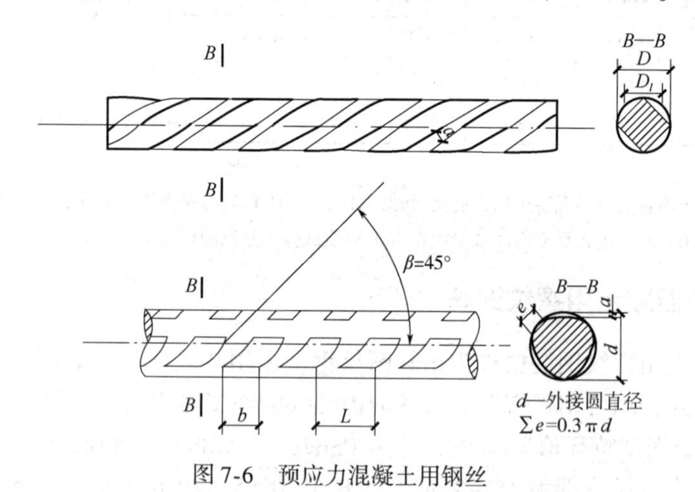

图7-6 预应力混凝土用钢丝

7.7 钢结构用钢

钢结构采用的钢主要有钢板、型钢、圆钢和焊接钢管等，其中型钢是指具有特定的断面形状和尺寸的长条热轧钢，是区别于板带、钢管的钢品种，包括H型钢、角钢、工字钢、槽钢等。钢主要采用碳素结构钢和低合金高强度结构钢，除了冷弯薄壁型钢、焊接成形的H型钢外，大部分型钢都是热轧成形。热轧钢常见断面形式如图7-7所示。

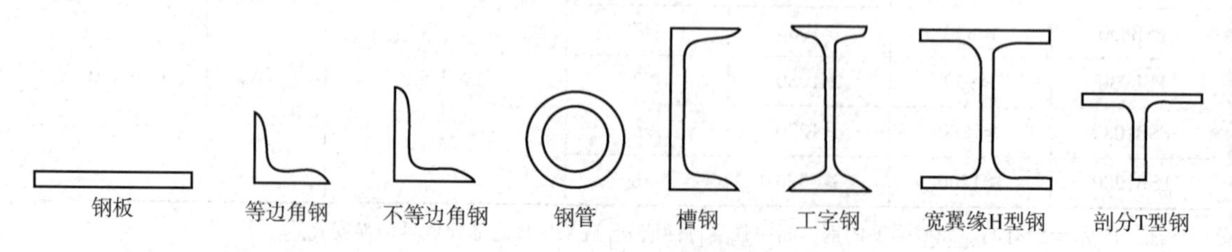

图7-7 热轧钢常见断面形式

7.7.1 热轧钢板

热轧钢板分为厚板及薄板两种，厚板的厚度为4.5～60mm，薄板的厚度为0.35～4mm。前者广泛用来组成焊接构件和连接钢板，后者是冷弯薄壁型钢的原料。

7.7.2 热轧型钢

1. 角钢

角钢分为等边角钢和不等边角钢两种。等边角钢记为“∠”与边宽度值×边宽度值×边厚度值，如∠200×200×24（简记为∠200×24）；不等边角钢记为“∠”与长边宽度值×短边宽度值×边厚度值，如∠160×100×16。角钢用来组成独立的受力构件，或作为受力构件之间的连接构件。我国目前生产的等边角钢，其肢宽为20～200mm，不等边角钢的肢宽为25mm×16mm～200mm×125mm。

2. 槽钢

我国槽钢有两种尺寸系列，即热轧普通槽钢与热轧轻型槽钢。前者的表示法如[30a，表示槽钢外廓高度为30cm且腹板厚度为最薄的一种；后者的表示法如[25Q，表示槽钢外廓高度为25cm，Q是汉语拼音“轻”的字首。同样号数时，轻型槽钢由于腹板薄及翼缘宽而薄，因而截面积小但回转半径大，能节约钢材，减少自重。不过轻型系列的实际产品较少。

3. 工字钢

与槽钢相同，工字钢也分成上述的两个尺寸系列：普通型工字钢和轻型工字钢。与槽钢一样，工字钢外廓高度的cm数即为型号，普通型工字钢当型号较大时，腹板厚度分a、b及c三种。轻型工字钢由于壁厚已薄故不再按厚度划分。两种工字钢表示法，如I32c、I32Q等。

4. H型钢和剖分T型钢

热轧H型钢分为三类：宽翼缘H型钢（HW）、中翼缘H型钢（HM）和窄翼缘H型钢（HN）。H型钢型号的表示方法是先用符号HW、HM和HN表示H型钢的类别，后面加“高度（mm）×宽度（mm）”，如HW300×300即为截面高度为300mm、翼缘宽度为300mm的宽翼缘H型钢。剖分T型钢也分为三类，即宽翼缘剖分T型钢（TW）、中翼缘剖分T型钢（TM）和窄翼缘剖分T型钢（TN）。剖分T型钢是由对应的H型钢沿腹板中部对等剖分而成，其表示方法与H型钢类同，如TN225×200即表示截面高度为225mm、翼缘宽度为200mm的窄翼缘剖分T型钢。

7.7.3 冷弯薄壁型钢和压型钢板

冷弯薄壁型钢是用2～6mm厚的薄钢板经冷弯或模压而成形的。在国外，冷弯薄壁型钢所用钢板的厚度有加大范围的趋势，如美国可用到1in（25.4mm）厚。压型钢板是近年来开始使用的薄壁型材，将涂层板或镀层板经辊压冷弯，沿板宽方向形成波形断面的成形钢板，所用钢板厚度为0.4～2mm。建筑用压型钢板主要用于屋面、墙面和楼盖等结构。

冷弯薄壁型钢和压型钢板常见断面形式如图7-8所示。

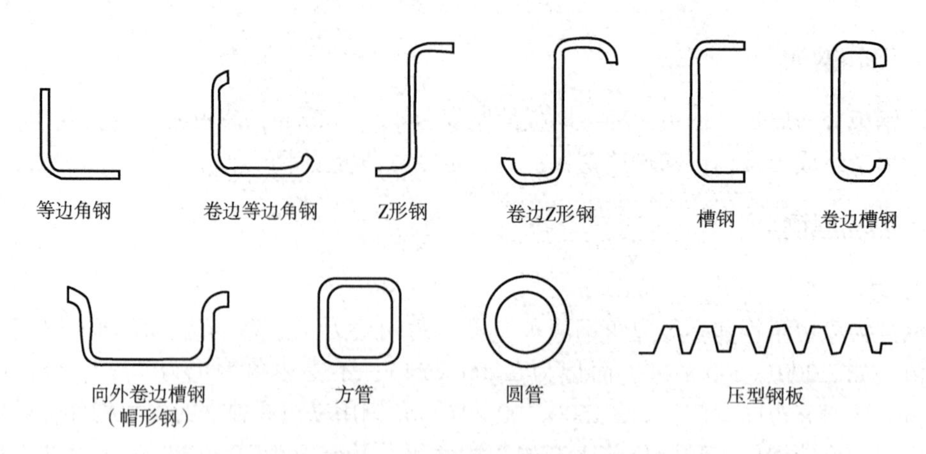

图7-8　冷弯薄壁型钢和压型钢板常见断面形式

7.8　钢结构防腐蚀

耐候钢是指通过添加少量合金元素（铜、磷、铬、镍等），使其在金属基体表面形成保护层，以提高耐大气腐蚀性能的低合金结构钢。耐候钢的耐大气腐蚀性能为普通碳素钢的2～8倍，并且使用时间越长，耐蚀作用越突出。耐候钢除具有良好的耐候性外，还具有优良的力学、焊接等使用性能，已广泛用于铁道、车辆、桥梁、塔架等长期暴露于大气中使用的钢结构。目前，我国生产的耐候钢，有高耐候钢和焊接耐候钢；高耐候钢的耐大气腐蚀性能优于焊接耐候钢，但焊接性能比焊接耐候钢差。在轻腐蚀气候条件下，耐候钢可裸露使用；在重腐蚀条件下，耐候钢可以配套防腐涂料使用。当钢结构所处的环境条件比较恶劣时，可以采用不锈钢（高耐候钢）。不锈钢以不锈、耐蚀性为主要特性，铬的质量分数至少为10.5%，碳的质量分数不超过1.2%。

7.8.1　使用防腐蚀材料

钢结构用钢的防腐涂层体系由底漆、中漆和面漆构成，三者联合发挥作用。用于室外环境时，可选用氯化橡胶、脂肪族聚氨酯、聚氯乙烯萤丹、氯磺化聚乙烯、高氯化聚乙烯、丙烯酸聚氨酯、丙烯酸环氧等涂料。对涂层的耐磨、耐久和抗渗性能有较高要求时，宜选用树脂玻璃鳞片涂料。锌、铝和含锌、铝金属层的钢材，其表面应采用环氧底涂料封闭；底涂料的颜料应采用锌黄类。在有机富锌或无机富锌底涂料上，宜采用环氧云铁或环氧铁红的涂料。

7.8.2　阴极保护法

阴极保护法一般与涂层配合使用，常用于位于地下和水中的钢结构。阴极保护法分为牺牲阳极法和外加电流法。

第 8 章

非铁金属材料

8.1 概述

人们根据金属的颜色和性质等特征，将金属分为钢铁材料（黑色金属）和非铁金属材料（有色金属）两大类。钢铁材料主要是指铁、锰、铬及其合金制品，如钢、生铁、铁合金、铸铁等。钢铁材料以外的金属称为非铁金属材料。非铁金属材料可分为重金属（如铜、铅、锌）、轻金属（如铝、镁）、贵金属（如金、银、铂）及稀有金属（如钨、钼、锗、锂、镧、铀）等。

根据中国经济与社会发展统计数据库，10 种非铁金属材料（铜、铝、铅、锌、镍、锡、锑、汞、镁、钛）产量在 1995 年—2015 年的统计数据见表 8-1。从中可见非铁金属材料的利用均有一定程度的增加。

表 8-1　主要非铁金属材料产量（1995 年—2015 年）

时间/年	精炼铜	原铝（电解铝）	铅	锌	镍	锡	锑	汞	镁	钛
	万 t	万 t	万 t	万 t	万 t	万 t	万 t	t	万 t	t
1995	107.97	167.61	60.79	107.67	3.89	6.77	12.95	779	9.36	1723
2000	137.11	279.41	109.99	195.70	5.09	11.24	11.33	203	14.21	1905
2005	260.04	780.60	239.14	277.61	9.51	12.18	13.83	1094	45.08	9161
2010	454.03	1624.41	415.75	520.89	15.86	14.90	19.26	1585	65.08	56848
2011	516.31	2007.20	460.36	521.22	17.47	15.55	20.04	1493	67.49	68026
2012	587.91	2353.40	459.09	488.12	19.68	14.79	24.20	1347	69.82	82120
2013	666.71	2653.40	493.51	527.96	22.7	15.96	26.31	1822	77.04	82619
2014	764.91	2831.67	470.43	580.70	24.67	18.71	25.71	2259	87.36	68167
2015	796.89	3151.81	44216	611.59	23.67	16.72	20.99	2801	85.93	58762

8.2 种类和性能

8.2.1 轻金属（铝、镁、钛等）

铝、镁、钛是除钢铁材料之外用量最多的金属结构材料，其主要特点是具有高的比强度和比刚度以及优良的可加工性能。

铝的密度（2.7g/cm^3）约为铁的1/3，具有良好的导电、传热和中温抗氧化自保护能力，是一种开发利用技术较为成熟的轻质结构材料。

镁的密度约为铝的2/3。除比强度和比刚度高之外，镁合金还具有阻尼减震、电磁屏蔽、铸造性能优良、易于回收等许多优点，被称为21世纪的“绿色”工程材料。我国的镁资源丰富，原镁产量占全球总量的40%，居世界第一。镁是极具开发前景的轻质金属。

钛也是一种用量大、很重要的金属。钛是一种高熔点的轻金属（密度比钢约小40%），高比强度，耐蚀，既耐高温也耐低温，无磁、无毒，具有形状记忆和储氢能力以及优良的生物相容性，既是性能优良的金属结构材料，也是新型的功能材料和重要的生物医用材料。目前，世界年产海绵钛约6万~8万t，钛材5万~6万t，其中50%用于航空航天，50%用于化工、石化、电力等民用工业。钛的应用，在美国以航空业为主，在日本、中国则以民用工业为主。我国钛资源总量很大（近10亿t），但优质矿（高品位金红石砂矿）少，低品位（钙、镁杂质多）的共生矿（钛铁矿、钛钒铁）、岩矿多。到2020年，中国钛材的需求量将达到3万~5万t，且中国有适应钛材大发展的相应科学和技术需求。

8.2.2 高温合金

高温合金是以铁、镍、钴为基，可在600℃以上高温和一定应力负荷条件下长期服役；且在高温下具有良好的耐蚀、抗氧化、耐疲劳、组织稳定的一类金属材料。在欧美等国称其为超合金。高温合金是制造航空航天发动机热端部件、工业燃气轮机，能源、交通、石油化工等高温耐蚀部件的军、民两用合金，其发展水平是衡量一个国家金属材料研究和技术进步程度的重要标志之一。在先进的航空发动机中，高温合金用量占材料总用量的40%~60%，可以毫不夸张地说，没有高温合金，就不可能有现代航空喷气发动机。高温合金自20世纪30年代末发展至今，其使用温度几乎已达到材料的极限，相当于合金熔点的85%，因此，高温合金本身的发展已很难再继续提高使用温度，亟待研究开发更高温度的替代新材料。

我国的高温合金以仿制为主，自行研制的合金极少，大多为镍基合金，仅有少量的铁基和钴基合金。变形高温合金的最高使用温度为900~950℃，铸造高温合金的最高使用温度为950~1000℃，定向凝固和单晶高温合金的使用温度更高，如DZ4、DZ22、DD3等；燃烧室用固溶强化板材合金的使用温度最高为950~1000℃，我国独创的GH3128和GH70合金的使用温度分别为950℃和1000℃，属于国际先进水平；国内军工及民用所需高温合金可以全部立足于国内。

8.2.3 金属间化合物高温材料

金属间化合物新型耐高温结构材料，同时兼有金属的良好塑性和陶瓷的高温强度。铝基、硅基和钛铝基金属间化合物还具有低密度和良好的高温抗氧化性，是一种正在研究、开发，具有良好应用前景的新一代高温结构材料，对发展航空航天工业和长期工作在高温、超高温条件的动力机械系统有着重大意义。

工程技术对金属结构材料提出了越来越高的要求：高层建筑（Ⅳ级以上）和大跨度重载桥梁需要分别大于500MPa和980MPa的高强度、焊接性优良的金属结构材料；需要轻型节能车（车重每降100kg，省油0.7l/100km）用材；电力工程要求高抗水（沙、气）蚀钢；需要深井石油开采（5500m以上钻井）和长距离油气输送线（X70级以上级别，耐酸气和土壤腐蚀）的特殊钢；地下和海洋设施需要耐蚀低合金、微合金结构钢；高强工程及机械需要抗延迟断裂，使用寿命为10^8次的长寿命钢材；能源设施、储存容器、精密仪器等需要轻质、高强、耐蚀、耐高温等特殊性能的各种金属材料。

高比强度、高比刚度、优良的可连接性、长服役寿命和环境友好是所有结构材料追求的永恒目标。除高温合金之外，结构材料的潜在能力远远未能得到充分发挥，以钢为代表的金属结构材料的强度水平仅达到理论值的1/6～1/7，即有大约80%的潜力等待开发。

8.3　铜与铜合金

铜与铜合金是人类最早认识和使用的金属材料之一，具有优良的导电、导热、耐寒、耐蚀和加工性能。更为可贵的是，铜具有良好的合金化能力，几乎可与所有元素形成各具特色的合金系列，满足现代工程对材料强度、低温韧性、弹性、耐蚀、耐磨、抗软化、切削加工等特殊性能的要求。铜还具有其他金属所不具备的抗菌性能和再生性能。它不仅作为结构材料使用，还作为功能材料被使用。

8.3.1　分类

1. 按照合金系分类

铜与铜合金可分为纯铜、黄铜、青铜和白铜四大类。每大类又分为若干小类，如纯铜分为普通纯铜、韧铜、脱氧铜和无氧铜等；黄铜分为普通黄铜和复杂黄铜，复杂黄铜又分为铅黄铜、铝黄铜、锡黄铜、铁黄铜、硅黄铜、锰黄铜、镍黄铜等；青铜分为锡青铜、铝青铜、铬青铜、锰青铜和硅青铜等；白铜分为普通白铜、锌白铜、铁白铜等，见表8-2。

表8-2　按照合金系分类

纯铜	纯度高于99.70%工业用金属铜	普通纯铜	—
		韧铜	含有氧化亚铜且氧含量被控制的纯铜
		脱氧铜	不含氧化亚铜，但含有一定量的金属或非金属脱氧剂（如P、Li、B、Ca）的铜，最常用的为磷脱氧铜
		无氧铜	不含氧化亚铜也不含任何脱氧剂残留物的铜
黄铜	以铜为基体金属，主要由铜和锌组成	普通黄铜	不含除锌以外其他合金元素
		复杂黄铜	含有其他合金元素的黄铜，可依据第二合金元素命名，如镍黄铜、铅黄铜、锡黄铜、铝黄铜、锰黄铜、铁黄铜、硅黄铜等
青铜	以铜为基体金属，除锌和镍以外其他元素为主添加元素	锡青铜	铜锡合金，主添加元素为锡，包括铜锡磷、铜锡铅合金等
		铝青铜	铜铝合金，主添加元素为铝
		铬青铜	铜铬合金，主添加元素为铬
		锰青铜	铜锰合金，主添加元素为锰
		硅青铜	铜硅合金，主添加元素为硅

（续）

白铜	以铜为基体金属，主要由铜和镍组成	普通白铜	不含除镍以外其他合金元素
		复杂白铜	含有其他合金元素的白铜，可依据第二合金元素命名，如铁白铜、锰白铜、铝白铜、锌白铜等

注：1. 黄铜：当含有其他合金元素时，锌含量应占优势，超过其他任一合金元素；镍的质量分数不超过6.5%；锡的质量分数不超过3.0%；其他合金元素的质量分数不做规定。
2. 青铜：当含有其他合金元素时，主添加元素含量应占优势，超过其他任一合金元素。硅青铜中，镍的质量分数可大于硅的质量分数，但不应大于5%；锡青铜中，当锡的质量分数在3%以上时，锌的质量分数可等于或大于锡的质量分数，但不应大于10%
3. 白铜：当含有其他合金元素时，镍含量应占优势，超过其他任一合金元素。但当镍的质量分数小于4.0%时，锰的质量分数可以超过镍的质量分数。

2. 按照加工成形方式分类

铜合金分为铸造铜合金和变形（或加工）铜合金两大类。部分铸造铜合金只适合于铸造成形而不能加工成形，也有的铸造铜合金既适合于铸造成形也可以加工成形。而变形铜合金都是先进行铸造成坯而后进行变形加工。变形铜合金通过热、冷塑性变形方法，如挤压、锻造、轧制或拉深（可单独采用或联合采用）获得，产品可分为棒材、线材、管材、型材、板材、带材、箔材、锻件等。

3. 按照功能（或特性）分类

铜合金分为结构用铜合金、导电导热用铜合金、耐蚀铜合金、阻尼铜合金、易切削铜合金、记忆铜合金、超塑性铜合金、艺术（装饰）铜合金等。

8.3.2 铜的基本性质

1. 物理力学性能

铜的物理力学性能见表8-3。

表8-3 铜的物理力学性能

名称	数值	名称	数值
熔点/℃	1083	断后伸长率（%）	2~45
沸点/℃	约2600	泊松比	0.35（M态棒材）
熔化潜热/(kJ/kg)	205.4	压缩模量/GPa	136.3（M态棒材）
比热容/[J/(kg·K)]	385.2	切变模量/GPa	44.1（M态棒材）
热导率/[W/(m·K)]	399	弹性模量/GPa	107.9（Y态棒材）
线膨胀率（%）	2.25	疲劳强度极限/MPa	76~118
线膨胀系数/(/℃)	1.7×10^{-5}	高温持久强度/MPa	98（100℃时）
密度/(kg/m³)	8930	室温硬度/MPa	35~45（M态棒材） 110~130（Y态棒材）
电阻率（%IACS）	0.01673	磁性能（逆磁性）/(m³/kg)	-0.085×10^{-6}（室温质量磁化率）

（续）

名称	数值	名称	数值
电导率/$\Omega^{-1} \cdot m^{-1}$	5.7×10^7	高温硬度/MPa	46（300℃）、17（400℃） 9（500℃）、7（600℃）
抗压强度/MPa	1471（M态棒材）	抗拉强度/MPa	200～360
冲击韧性/（kJ/m^2）	1560～1760（M态棒材）	屈服强度/MPa	60～250
切变强度/MPa	108（M态棒材）、 421（Y态棒材）	摩擦系数（有润滑）	0.11
摩擦系数（无润滑）	0.43		

铜的物理力学性能受到加工成形方式、产品形态以及化学组分等多方面的影响。加工铜、退火铜与铸造铜的物理力学性能具有明显的差异。不同合金系的铜合金的物理力学性能也不尽相同。同种铜材的不同产品形态，如铜管和铜板，其力学性能也不尽相同。具体的力学性能要求应参见相关标准。

铜无磁性，在某些场合可用作屏蔽电磁场的材料。

在铜的物理性能中，最有应用价值的是其导电、导热性能。在元素周期表中，铜列于银、金之前，同属B族，与银、金一样具有极好的导电、导热性能。铜的导电性稍逊于银、金而高于其他元素，所以人们通常用退火后的纯铜在20℃时的电导率作为100%IACS，其他材料的电导率则以其相当于纯铜的百分数来表示，并作为一种标准。由于铜比银的储量丰富，价格低廉，因此应用更广泛。铜被制成电线电缆、接插件、端子、汇流排、引线框架等，从而广泛应用于电力、电子、电气、通信行业。铜是各种热交换设备（如热交换器、冷凝器、散热器）的关键材料，被广泛应用于电站、空调、制冷、汽车散热器、太阳能集热器等各种热交换场合。

2. 化学性能

铜的电极电位是+0.34V，在正常电位序中铜的电位比氢高，是电位较正的金属，所以在很多介质中稳定性好，具有较好的耐蚀性。铜基本上被认为是一种惰性金属，其耐蚀性远优于普通钢材。在碱性气氛中铜的耐蚀性又优于铝。在大气中，因在铜表面可形成一层主要由碱式硫酸铜组成的保护膜，阻断了金属的进一步氧化，因而其耐大气腐蚀性极好。不含二氧化碳和氧的结晶水对铜的腐蚀实际上不起作用。铜在淡水中的腐蚀速度很低，约为每年0.05mm。由于铜具有良好的耐蚀性，因此被广泛应用于建筑屋面板、雨水管、上下水管道、管件；化工和医药容器、反应釜、纸浆滤网；舰船设备、螺旋桨、生活和消防管网；冲制各种硬币、装饰物、奖杯、奖牌、雕塑和工艺品等。

3. 加工性能

铜在固态时为面心立方晶体结构，有12个滑移系，因而塑性非常好，易于变形加工，可以方便地进行弯折、锻造、挤压、轧制、深冲、拉深，冷变形率可超过98%，很容易被加工成板、带、箔、管、棒、型、线和细丝。这也是铜被广泛应用在各个工业部门的重要原因。

铜具有良好的铸造性能，可铸造各种像、鼎、钱币等。铜的加工产品都是通过对铸坯的加工变形实现的。

铜具有较好的焊接性，特别适合于软、硬钎焊。铜还具有良好的电镀性能，因此，铜件表面镀铬、镀镍、镀银在工业生产中得到广泛应用。

纯铜的切削性能远不如黄铜等其他铜合金（约为 HPb63-3 的 20%），但它不像钢铁那样坚硬，也不像纯铝那样软，高速车削时易黏刀。

铜具有抑菌性，这是其他金属材料所没有的。铜离子浓度超过 0.002mg/L 即可抑制细菌的生长。实验证明，在 5h 内，铜器皿水中 99% 的细菌都会被杀灭。铜可抑制水生物在铜制船只上的附着和生长，这种能力是铜被大量应用在船只、网箱及其他海洋工程上的重要原因。

8.3.3 铜在建筑上的应用

不同合金系的铜合金具有不同的特性，因此适用于不同的行业和使用环境（表 8-4）。在建筑领域上，铜与铜合金具有广泛的应用。铜作为人类最早使用的金属材料，具有良好的耐蚀性、环境友好性、经久耐用等特性。其次，铜具有良好的装饰性，其色泽光鲜亮丽、高贵典雅，装饰效果较好，被广泛应用于建筑装饰领域。

表 8-4 铜合金系的主要特性及应用领域

分类	主要特性	应用领域
纯铜	高导电、导热性，良好的延展性和耐蚀性，美丽的金属光泽	真空电子器件，导电、导热元件，建筑给排水系统，铜装饰构件
黄铜	易切削和抛光，焊接性好，适用于冷热加工，耐蚀，导电、导热性较高，价格便宜	日用五金及装饰材料，钟表电器等行业中制作各种零件，热电厂的高强耐蚀冷凝管和热交换器
青铜	高化学稳定性，良好的力学性能，可塑性强，易焊、不生火花、无磁性，综合性能好	在大气和海水中的船舶和矿山机械中的高强度耐蚀耐磨零件、弹性元件及耐磁零件
白铜	电阻率大，电阻温度系数小，硬度高，延展性好，富有深冲性能，色泽美观，价格昂贵	标准电阻元件和精密电阻元件，电力化工等部门中制造冷凝管和蒸发器，日用品及工艺品

1. 铜殿、铜塔

铜殿是中国古代建筑史上独特的一类建筑，以铜合金铸造构件再装配而成。中国现存最大的铜铸建筑物为武当山铜殿（图 8-1a），始建于永乐十四年，高 5.54m，宽 4.40m，深 3.15m，重约 400t。

a）

b）

图 8-1 铜建筑

a）武当山铜殿 b）西湖雷峰塔

我国元、明、清三个朝代里曾先后有十余座铜殿，但因为历史的原因，其中保存至今的仅有六座，除了武当山铜殿外，分别是位于北京颐和园万寿山佛香阁的宝云阁、云南昆明鸣凤山的太和宫金殿、山东泰山岱庙后院的岱庙金阙、山西五台山显通寺的五台山铜殿和浙江省普陀山的普陀山铜殿。

铜塔和铜殿一样，都是我国独具特色的建筑作品，坐落在峨眉山伏虎寺的华严铜塔、江苏常州的天宁寺宝塔和杭州西湖南岸的雷峰塔（图8-16）等无一不是中华文化的瑰宝。

2. 铜桥

铜桥有浙江绍兴护城河上采用青铜装饰的“山阴道上桥”、上海东林寺完全由精铜铸造的桥梁、杭州灵隐寺赠送给台湾中台禅寺的纯铜同源桥（图8-2）等。国内外桥梁史上铜桥建筑较少，海峡两岸“同出一源”而得名的同源桥为第一座铜桥，于2007年12月22日由杭州灵隐寺赠送给台湾中台禅寺。此桥由10t纯铜铸成，桥身长9.8m，高3.2m，宽2.2m，桥洞跨度2m。在此之前，国内外桥梁史上尚未有铜桥记载。同源桥的制造工艺几乎综合了所有的铜艺术工艺，如铸铜、锻铜、刻铜、錾铜与铜的叠镶工艺。由此可见，同源桥不仅是一座景观建筑，而且是一件精美的铜雕艺术品。

图8-2　同源桥

3. 铜幕墙

铜幕墙作为一种建筑立面的新材料与新形式，正逐渐应用于现代装饰工艺之中。它由结构框架与镶嵌铜板组合而成，一般不承担主结构荷载，仅起装饰作用。2007年竣工的武汉琴台大剧院，位于武汉市古琴台，占地面积24543m^2，总建筑面积65650m^2，造价157亿人民币。该项目选用的铜板为2mm厚H62Y2肌理花纹黄铜板，剧院屋面板的中间部分顶板以八片连续铜板幕墙构成，主功能区屋面及立面幕墙共计采用将近8500m^2的铜板，为国内最大的铜板幕墙工程（图8-3）。

图8-3　武汉琴台大剧院铜幕墙

首都博物馆新馆，外饰面为青铜装饰幕墙，总高48.2m，总面积4750m^2；椭圆斜筒体结构以10:3的比例向北倾斜，外饰面的青铜装饰板随筒体结构倾斜，装饰板采用1.5mm厚1m×3m呈平行四边形曲面的H62黄铜板近1800余块，板面采用化学蚀刻及氧化着色工艺进行制作，以达到古青铜色的装饰效果。此外，铜在建筑幕墙上的应用还有很多，如上海的逸飞创意街、河南安阳的殷墟博物馆、河北唐山的梧桐大道、上海世博会的中国铁路馆等。

4. 铜管

铜管用作供水管材的历史悠久，在古埃及时代就用于输送饮水，是经实践证明经久耐用、寿命较长的管材。

在发达国家中，铜管系统的相关技术已经非常成熟，应用广泛。以1997年的欧洲为例，建筑室内管道使用铜管7.06亿m，占总量的44%；采暖系统管道使用铜管2.82亿m，占总量的55%；地板辐射采暖管道使用铜管14亿m，占总量的7%。虽然我国以前在建筑中应用铜管不多，近年来铜管的应用量也不断增多。根据有关调查显示，上海市1991年铜管用量为380t，而1998年达到3050t；在珠江三角洲地区，1997年铜管的使用量达到1100t。

8.4 铝与铝合金

铝合金是建筑结构领域除钢之外最重要的金属材料，其结构特点与结构用钢相似，具有良好的延展性，在近几十年土木工程应用中得到广泛发展。铝合金材料具有如下特点。

1）密度小，重量轻。铝的密度为2.7g/cm^3，仅为铁的三分之一，作为结构构件使用时，可以大大减轻结构自重。

2）具有良好的物理力学性能。铝合金具有良好的低温性能，不存在钢的低温冷脆现象，同时，其具有良好的耐蚀性。

3）铝合金延展性好，可塑性强，可以采用挤压成形的方式，生产各种焊接和热轧工艺无法生产的复杂截面和形状型材。

4）回收成本低。铝合金是一种理想的绿色建筑材料。

8.4.1 铝与铝合金的牌号及分类

1）按照铝的质量分数，可以将铝分为纯铝和铝合金两部分，纯铝为铝的质量分数不小于99.00%的金属，进一步可提纯为精炼铝（铝的质量分数不小于99.90%）和高纯铝（铝的质量分数不小于99.999%）。为使铝具有某些特性，在基体铝中添加金属或非金属元素，可获得铝合金，其是指以铝为基体，且其质量分数小于99.00%的合金。添加的合金元素主要有Cu、Mg、Si、Mn、Zn等。

2）根据有关标准，变形铝合金牌号及命名，见表8-5。牌号的最后两位数字就是最低铝的质量分数中小数点后面的两位；牌号第二位为字母，如果第二位字母为A，则表示为原始纯铝；如果是B～Y或其他字母，则表示为原始纯铝的改型情况，

表8-5 铝与变形铝合金牌号及命名

主要合金元素	名称	牌号	性能	主要用途
纯铝系列	纯铝	1×××	强度低、延性好、耐蚀性好	器皿、容器、建筑用镶板
铜	铝-铜系变形铝合金	2×××	强度高、耐蚀性差、焊接性差	广泛应用于航空工业
锰	铝-锰系变形铝合金	3×××	中等强度、耐蚀性好	器皿、易拉罐、墙面和屋面材料

（续）

主要合金元素	名称	牌号	性能	主要用途
硅	铝-硅系变形铝合金	4×××	中等强度	钎焊材料，应用较少
镁	铝-镁系变形铝合金	5×××	强度较高、延性好、耐蚀性好、焊接性好	焊接结构、压力容器、建筑板材
镁和硅	铝-镁-硅系变形铝合金	6×××	强度较高、耐蚀性良好	工业、建筑挤压型材
锌（含铜）	铝-锌系变形铝合金	7×××	强度高、耐蚀性差、焊接性差	航空工业、体育用品
锌（不含铜）			强度较高、耐蚀性好、焊接性好（自行回火）	焊接结构
其他合金		8×××	超轻合金、中等强度	轻量化航空、航天材料
备用合金组		9×××		

3）按照加工工艺，可以通过铸造、压铸及压力加工等获得铝合金产品，如挤压、拉伸（也称为冷拔）、轧管、轧环、锻造、铸轧、连铸连轧、热轧、热连轧、冷轧、冷连轧等。

4）按照横截面形状和交货形状，铝合金产品分为棒材、线材、管材、型材、板材、带材、箔材、锻件等。

8.4.2　铝与铝合金状态

根据 GB/T 16475—2008《变形铝及铝合金状态代号》，将变形铝及铝合金的状态代号分为基础状态代号（表 8-6）与细分状态代号（表 8-7）。基础状态代号用一个英文大写字母表示。细分状态代号用基础状态代号后缀一位或多位阿拉伯数字，或英文大写字母来表示；这些阿拉伯数字或英文大写字母，表示影响产品特性的基本处理或特殊处理。

表 8-6　变形铝及铝合金的基础状态代号

基础状态	代号	使用条件
自由加工状态	F	适用于在成形过程中，对于加工硬化和热处理条件无特殊要求的产品，该状态产品对力学性能不做规定
退火状态	O	适用于经完全退火后获得最低强度的产品状态
加工硬化状态	H	适用于通过加工硬化提高强度的产品
固溶热处理状态	W	适用于经固溶热处理后，在室温下自然时效的一种不稳定状态。该状态不作为产品交货状态，仅表示产品处于自然时效阶段
不同于 F、O 或 H 状态的热处理状态	T	适用于固溶热处理后，经过（或不经过）加工硬化达到稳定的状态

表 8-7　变形铝及铝合金的细分状态代号

基础状态代号	细分状态及其代号	
	代号	细分状态
F	—	—
O	O1	高温退火后慢速冷却状态
	O2	形变热处理状态
	O3	均匀化状态
H	H1 ×	单纯加工硬化的状态
	H2 ×	加工硬化后不完全退火的状态
	H3 ×	加工硬化后稳定化处理的状态
	H4 ×	加工硬化后涂漆（层）处理的状态
W	W_ h	室温下具体自然时效时间的不稳定状态
T	T1	高温成形 + 自然时效
	T2	高温成形 + 冷加工 + 自然时效
	T3	固溶热处理 + 冷加工 + 自然时效
	T4	固溶热处理 + 自然时效
	T5	高温成形 + 人工时效
	T6	固溶热处理 + 人工时效
	T7	固溶热处理 + 过时效
	T8	固溶热处理 + 冷加工 + 人工时效
	T9	固溶热处理 + 人工时效 + 冷加工
	T10	高温成形 + 冷加工 + 人工时效

注：表中细分状态仅细分到基础状态代号后的第一位数字，第二位数字以后的细分状态，参见 GB/T 16475—2008《变形铝及铝合金状态代号》。

8.4.3　建筑结构用铝合金

根据 GB 50429—2007《铝合金结构设计规范》，建筑结构用铝合金，型材宜采用 5 × × × 系列和 6 × × × 系列铝合金，板材宜采用 3 × × × 系列和 5 × × × 系列铝合金。用于承重结构的铝合金应采用轧制板、冷轧带、拉制管、挤压管、挤压型材、棒材等锻造铝合金。

8.4.4　铝的基本性质

1. 应力-应变曲线

铝合金材料的应力-应变曲线如图 8-4 所示。与钢材相比，铝合金材料没有明显的屈服平台，曲线可分为弹性阶段、非弹性阶段和强化阶段。

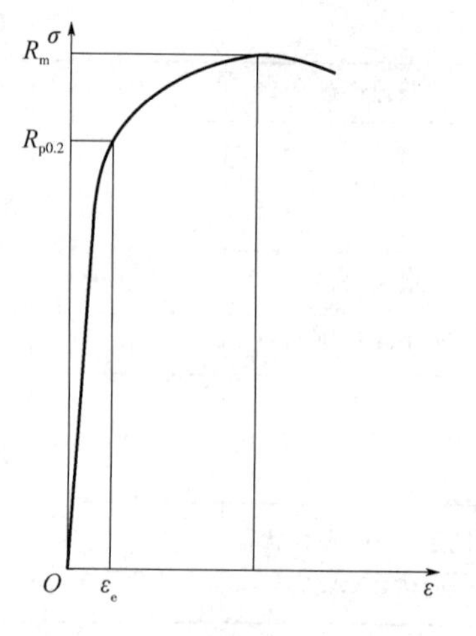

图 8-4　铝合金材料的应力-应变曲线

（1）弹性阶段　在该阶段内，材料保持弹性变形，应力和应变呈比例，卸去荷载后，试样仍可恢复原来形状，无残余变形。

（2）非弹性阶段　应力在超过弹性极限后，应力和应变不呈正比关系，变形为弹塑性变形，此时变形包括塑性变形和弹性变形两部分，若卸去荷载，铝合金材料也不能恢复原来状态。因不存在明显的屈服强度，可取规定非比例延伸强度 $R_{p0.2}$ 作为名义屈服强度。

（3）强化阶段　当铝合金材料的应力超过屈服应力，出现应变硬化，抵抗变形能力有所增加，到达最高点的应力 R_m 称为铝合金材料的抗拉强度。

2. 物理性能

铝合金材料的物理性能是指弹性模量、泊松比、线膨胀系数和密度等。在室温条件下，铝合金材料的主要物理性能见表8-8。

表8-8　室温下铝合金材料的主要物理性能

弹性模量 E/MPa	泊松比	线膨胀系数 α（/℃）	平均密度 ρ/(kg/m³)	熔点/℃	硬度 HBW/MPa
7×10^4	0.3	24×10^{-6}	2.70×10^3	658	95（6061－T6）

8.4.5　铝合金建筑型材

铝合金建筑型材是通过挤压或挤压后拉伸（又称为冷拔）获得。产品沿纵向全长，横截面均一，并呈直线形，有空心和实心两种。空心型材具有一个或多个封闭通孔。铝合金建筑型材的有关标准及表面处理技术见表8-9和表8-10。利用一定的表面处理技术，使铝合金型材获得防护、装饰或特定功能。

表8-9　铝合金建筑型材的有关标准

标准编号	标准名称	适用范围
GB/T 5237.1—2017	铝合金建筑型材 第1部分：基材	门、窗、幕墙、护栏等建筑用的、未经表面处理的铝合金热挤压型材（基材）
GB/T 5237.2—2017	铝合金建筑型材 第2部分：阳极氧化型材	表面经阳极氧化、电解着色或染色的基材
GB/T 5237.3—2017	铝合金建筑型材 第3部分：电泳涂漆型材	表面经阳极氧化、着色和电泳涂漆（水溶性清漆或色漆）复合处理的基材
GB/T 5237.4—2017	铝合金建筑型材 第4部分：喷粉型材	以热固性聚酯、聚氨酯、三氟氯乙烯-乙烯基醚（FEVE）粉末和热塑性聚偏二氟乙烯（PVDF）粉末等作为涂料的静电喷粉基材
GB/T 5237.5—2017	铝合金建筑型材 第5部分：喷漆型材	有机溶剂型或水性溶剂型聚偏二氟乙烯（PVDF）漆作为膜层的建筑用静电喷涂基材
GB/T 5237.6—2017	铝合金建筑型材 第6部分：隔热型材	穿条式隔热基材或浇注式隔热基材

表 8-10　铝合金建筑型材的表面处理技术

<table>
<tr><th>铝合金建筑型材表面处理技术</th><th colspan="2">外观效果</th><th>膜层代号</th><th>膜层性能级别</th><th>推荐的适用环境</th></tr>
<tr><td>阳极氧化</td><td colspan="2">光面、砂面、抛光面、拉丝面</td><td>AA10、AA15、AA20、AA25</td><td>—</td><td>阳极氧化膜适用于强紫外光辐射的环境。污染较重或潮湿的环境宜选用 AA20 或 AA25 的阳极氧化膜。海洋环境慎用</td></tr>
<tr><td rowspan="2">电泳涂漆</td><td colspan="2">有光或消光透明漆膜</td><td>EA21、EB16</td><td rowspan="2">Ⅳ、Ⅲ、Ⅱ</td><td rowspan="2">复合膜适用于大多数环境，热带海洋性环境宜选用Ⅲ级或Ⅳ级复合膜</td></tr>
<tr><td colspan="2">有光或消光有色漆膜</td><td>ES21</td></tr>
<tr><td rowspan="2">喷粉</td><td colspan="2">平面效果</td><td rowspan="2">GA40、GU40、GF40、GO40</td><td rowspan="2">Ⅲ、Ⅱ、Ⅰ</td><td rowspan="2">粉末喷涂膜适用于大多数环境，潮湿的热带海洋环境宜选用Ⅱ级或Ⅲ级粉末喷涂膜</td></tr>
<tr><td>纹理效果</td><td>砂纹、木纹、大理石纹、立体彩雕、金属效果</td></tr>
<tr><td rowspan="2">喷漆</td><td colspan="2">单色或珠光云母闪烁效果</td><td>LF2-25</td><td rowspan="2">—</td><td rowspan="2">氟碳漆膜适用于绝大多数太阳辐射较强、大气腐蚀较强的环境，特别是靠近海岸的热带海洋环境</td></tr>
<tr><td colspan="2">金属效果</td><td>LF3-34、LF4-55</td></tr>
</table>

1. 牌号及状态

铝合金建筑型材的牌号及状态应符合表 8-11 中的规定。订购其他牌号或状态时，应供需双方商定，并在订货单（或合同）中注明。

表 8-11　铝合金建筑型材的牌号及状态

牌号①	状态①
6060、6063	T5、T6、T66②
6005、6063A、6463、6463A	T5、T6
6061	T4、T6

①如果同一建筑制品同时选用 6005、6060、6061、6063 等不同牌号（或同一牌号不同状态），采用同一工艺进行阳极氧化，将难以获得颜色一致的阳极氧化表面，建议选用牌号和状态时，充分考虑颜色不一致性对建筑结构的影响。

②固溶热处理后人工时效，通过工艺控制使力学性能达到要求的特殊状态。

2. 标记

基材标记按产品名称、标准编号、牌号、状态、截面代号及长度的顺序表示。

例如：6063 牌号、T5 状态、截面代号为 421001、定尺长度为 6000mm 的基材，标记为基材 GB/T 5237. 1-6063T5-421001 ×6000。

（1）阳极氧化型材标记　按产品名称、标准编号、牌号、状态、截面代号及长度、颜色（或色号）、表面纹理类型、膜厚级别的顺序表示。

例如：古铜色、砂面、膜厚级别为 AA15、6063 牌号、T5 状态、截面代号为 421001、定尺长度为 3000mm 的型材，标记为阳极氧化型材 GB/T 5237. 2-6063T5-421001 ×3000 古铜色砂面 AA15。

（2）电泳涂漆型材标记　按产品名称、标准编号、牌号、状态、截面代号及长度、颜色、复合膜性能级别、膜层代号的顺序表示。

例如：6063牌号、T5状态、截面代号为421001、定尺长度为6000mm的古铜色、膜层代号为EA21、Ⅱ级性能电泳涂漆型材，标记为电泳型材GB/T 5237.3-6063T5-421001×6000古铜Ⅱ级EA21。

（3）喷粉型材标记　按产品名称、标准编号、牌号、状态、截面代号及长度、颜色（或色号）、膜层性能级别、膜层代号的顺序表示。

例如：6063牌号、T5状态、截面代号为421001、定尺长度为6000mm、3003色，Ⅰ级膜层性能、膜层代号为GU40的喷粉型材，标记为喷粉型材GB/T 5237.4-6063T5-421001×6000色3003Ⅰ级GU40。

（4）喷漆型材标记　按产品名称、标准编号、牌号、状态、截面代号及长度、颜色（或色号）、膜层代号的顺序表示。

例如：色号为2345、膜层类型为四涂层、6063牌号、T5状态、截面代号为YST10002、长度为4000mm的喷漆型材，标记为喷漆型材GB/T 5237.5-6063T5-YST10002×4000色2345 LF4-55。

（5）隔热型材标记　按产品名称或隔热型材复合方式类别、标准编号、铝合金型材牌号和状态、铝合金型材膜层代号与性能级别（内、外侧的铝合金型材膜层代号与性能级别不相同时，按内侧/外侧分别标识）、隔热型材剪切失效类型、隔热型材传热系数（合同中注明时标识）和截面代号及定尺长度、隔热材料高度、材质代号及性能等级的顺序表示。

例如：铝合金型材牌号为6063、状态为T5，内侧铝合金型材膜层代号为EA21、膜层性能级别为Ⅲ级，外侧铝合金型材膜层代号为GA40、膜层性能级别为Ⅲ级，隔热型材剪切失效类型为A、传热系数为Ⅰ级、截面代号为561001、定尺长度为6000mm，隔热材料高度为14.8mm、材质代号为PA66GF25的隔热型材标记为穿条型材GB/T 5237.6-6063T5EA21Ⅲ/GA40Ⅲ-A（Ⅰ）561001×600014.8PA66GF25。

3. 横截面形式

基材的横截面形式，如图8-5所示。

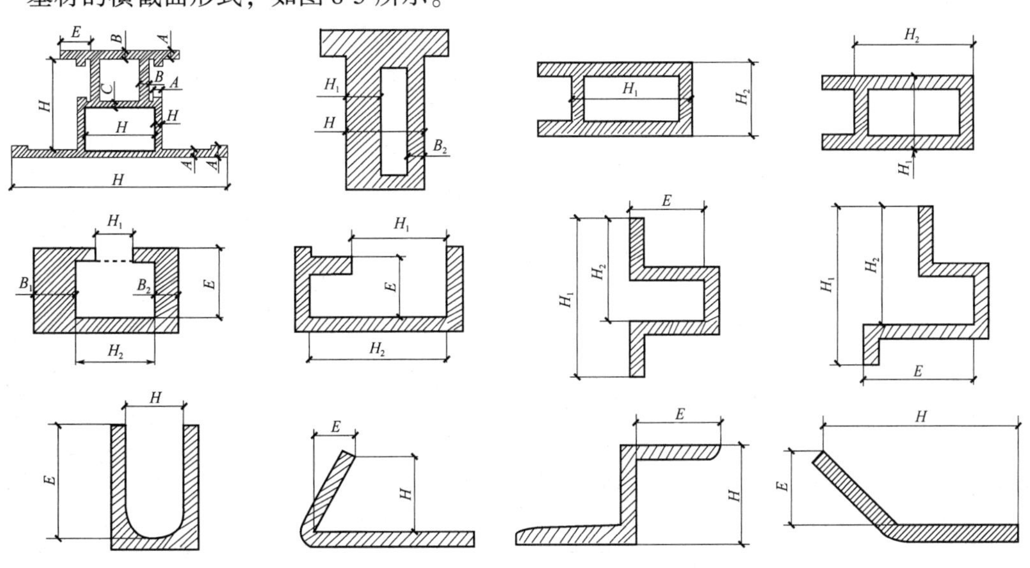

图8-5　基材的横截面形式

4. 力学性能

铝合金建筑型材的力学性能见表 8-12。

表 8-12　铝合金建筑型材的力学性能

牌号	状态		壁厚	室温纵向拉伸试验结果				硬度		
				抗拉强度/MPa	规定非比例延伸强度/MPa	断后伸长率（%）		试样厚度/mm	维氏硬度HV	韦氏硬度HW
						A	A_{50}			
				不小于						
6005	T5		≤6.30	260	240	—	8	—	—	—
	T6	实心基材	≤5.00	270	225	—	6	—	—	—
			>5.00~10.00	260	215	—	6	—	—	—
			>10.00~25.00	250	200	8	6	—	—	—
		空心基材	≤5.00	255	215	—	6	—	—	—
			>5.00~15.00	250	200	8	6	—	—	—
6060	T5		≤5.00	160	120	—	6	—	—	—
			>5.00~25.00	140	100	8	6	—	—	—
	T6		≤3.00	190	150	—	6	—	—	—
			>3.00~25.00	170	140	8	6	—	—	—
	T66		≤3.00	215	160	—	6	—	—	—
			>3.00~25.00	195	150	8	6	—	—	—
6061	T4		所有	180	110	16	16	—	—	—
	T6		所有	265	245	8	8	—	—	—
6063	T5		所有	160	110	8	8	0.8	58	8
	T6		所有	205	180	8	8	—	—	—
	T66		≤10.00	245	200	—	6	—	—	—
			>10.00~25.00	225	180	8	6	—	—	—
6063A	T5		≤10.00	200	160	—	5	0.8	65	10
			>10.00	190	150	5	5	0.8	65	10
	T6		≤10.00	230	190	—	5	—	—	—
			>10.00	220	180	4	4	—	—	—
6463	T5		≤50.00	150	110	4	6	—	—	—
	T6		≤50.00	195	160	10	8	—	—	—
6463A	T5		≤12.00	150	110	—	6	—	—	—
	T6		≤3.00	205	170	—	6	—	—	—
			>3.00~12.00	205	170	—	8	—	—	—

5. 尺寸偏差

除力学性能应当满足要求外，还应对基材的尺寸偏差做出检查，检查项目包括横截面尺寸、角度、倒角半径及圆角半径、曲面间隙、平面间隙、弯曲度、扭拧度、端头切斜度、长度等。具体尺寸偏差要求参见 GB/T 5237.1—2017《铝合金建筑型材　第 1 部分：基材》中的相关规定。

1）壁厚尺寸、非壁厚尺寸、角度、倒角（或过渡圆角）半径及圆角半径参见国家标准。

2）曲面间隙。如图 8-6 所示，将标准弧样板紧贴在基材的曲面上，测量基材曲面与标准弧样板之间的最大间隙值 X，该值（X）即为基材的曲面间隙。

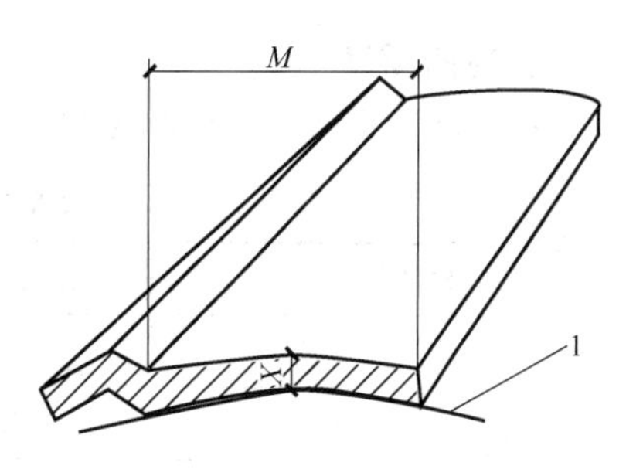

图 8-6　铝合金建筑型材曲面间隙测量示意图

1—标准弧样板　M—弦长

X——曲面间隙

3）平面间隙。沿宽度方向测量基材与平台或直尺或刀平尺之间的最大间隙值 F，如图 8-7 所示，F 即为基材在其整个宽度上的平面间隙。

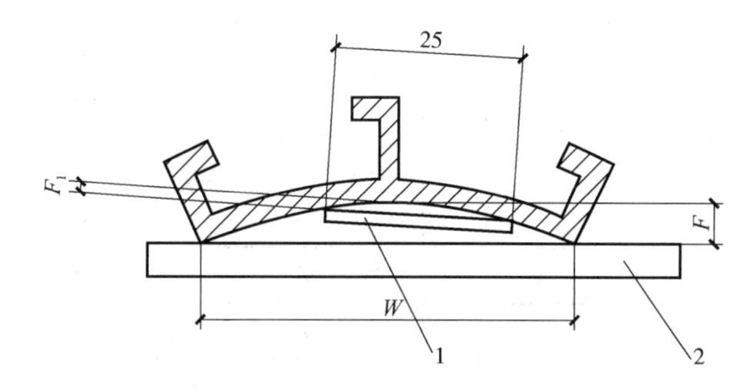

图 8-7　铝合金建筑型材平面间隙测量示意图

1—直尺或刀平尺　2—平台或直尺或刀平尺

W—公称宽度　F_1—25mm 宽度上的平面间隙　F—整个宽度上的平面间隙

4）扭拧度。将基材置于平台上，并使其一端紧贴平台。基材借自重达到稳定时，测量基材翘起端的两侧端点与平台间的间隙值 T_1 和 T_2，如图 8-8 所示，T_2 与 T_1 的差值即为基材的扭拧度。

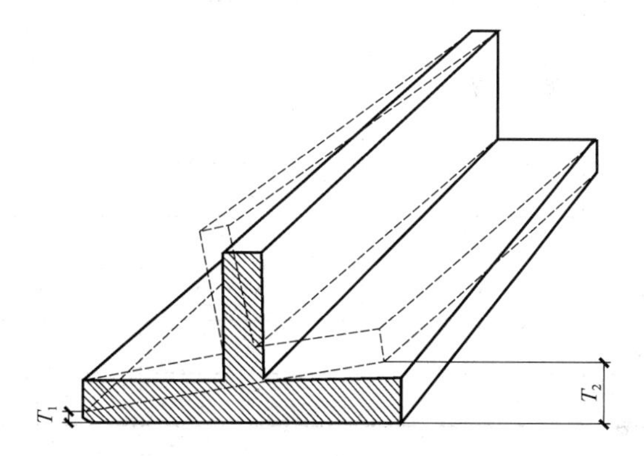

图 8-8　铝合金建筑型材扭拧度测量示意图

T_1、T_2—基材翘起端的两侧端点与平台间的间隙值

6. 检测项目

表面处理后型材的检测项目见表8-13。

表8-13　表面处理后型材的检测项目

检测项目		阳极氧化型材	电泳涂漆型材	喷粉型材	喷漆型材
化学成分		√	√	√	√
力学性能		√	√	√	√
尺寸偏差		√	√	√	√
膜厚		√	√	√	√
光泽				√	√
色差		√	√	√	√
封孔质量		√			
漆膜硬度			√	√	√
漆膜附着性			√	√	√
耐沸水性			√	√	√
耐冲击性				√	√
抗杯突性				√	
抗弯曲性				√	
耐磨性		√	√	√	√
耐盐酸性			√	√	√
耐硝酸性					√
耐碱性			√		
耐砂浆性			√	√	√
耐溶剂性			√	√	√
耐洗涤剂性			√		√
耐湿热性			√	√	√
耐盐雾腐蚀性		√	√	√	√
耐丝状腐蚀性				√	
紫外盐雾联合试验结果			√		
耐候性	加速耐候性		√	√	√
	耐紫外光性	√			
	自然耐候性	√	√	√	√
其他		√	√	√	√
外观质量		√	√	√	√

7. 隔热型材

隔热型材复合方式有穿条式和浇注式，如图8-9所示。

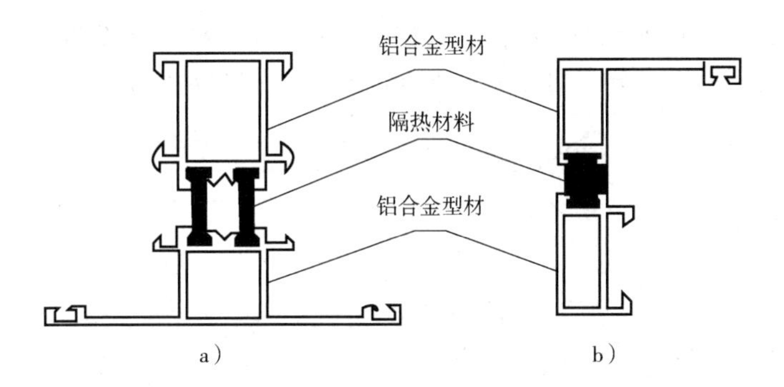

图8-9 隔热型材示意图
a) 穿条式 b) 浇注式

(1) 穿条式隔热型材 使用聚酰胺型材，线膨胀系数与铝合金型材接近，不因热胀冷缩而在复合部位产生较大应力、滑移错位、脱落等现象，具有良好的耐高温性能。

(2) 浇注式隔热型材 使用隔热胶，线膨胀系数与铝合金型材虽不一致，但有效黏结膜层表面，确保浇注型材复合部位不产生滑移错位、脱落等现象。

8.4.6 铝合金建筑用管、棒、线、板、带、箔材

1. 管材

管材可以通过挤压或挤压后拉伸获得，也可以通过板材进行焊接获得（图8-10）。管材为沿其纵向全长，仅有一个封闭通孔且壁厚都均匀一致的空心产品，并呈直线形或成卷交货。按照横截面形状，其分为圆形、椭圆形、正方形、长方形、等边三角形或正多边形等。管材分为无缝管材、有缝管材、焊接管材。

2. 棒材、线材

棒材、线材可以通过挤压或挤压后拉伸（又称为冷拔）获得，为实心压力加工产品。产品沿其纵向全长，横截面对称、均一，且呈圆形、椭圆形、正方形、长方形、等边三角形、正五边形、正六边形、正八边形等，如图8-11所示。

图8-10 铝合金管材横截面示意图

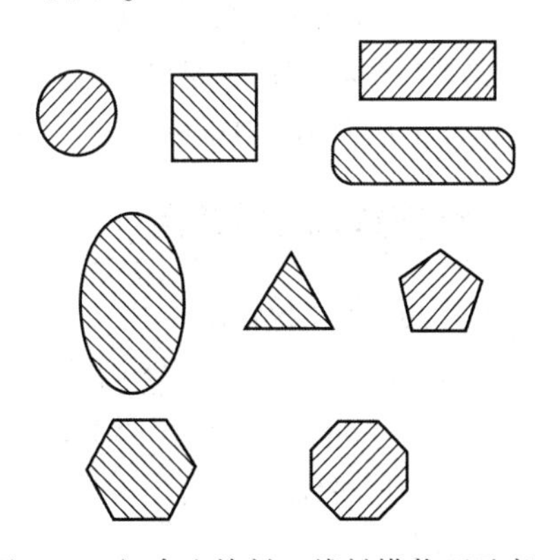

图8-11 铝合金棒材、线材横截面示意图

3. 板材

板材是横截面呈矩形，厚度均一并大于0.20mm的轧制产品。板材可分为薄板和厚板。薄板厚度大于0.20mm且不大于6mm；厚板厚度大于6mm。按照其加工方式，板材可分为

热轧板材和冷轧板材。按照板材形式，板材可分为波纹板材、压型板材，如图 8-12 所示。按其表面花纹形式，板材可分为压花板材和花纹板材，如图 8-13 所示。

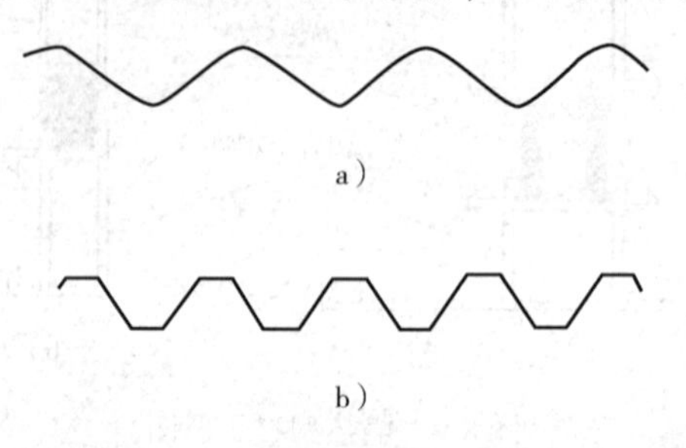

图 8-12　波纹板材、压型板材
a）波纹板材　b）压型板材

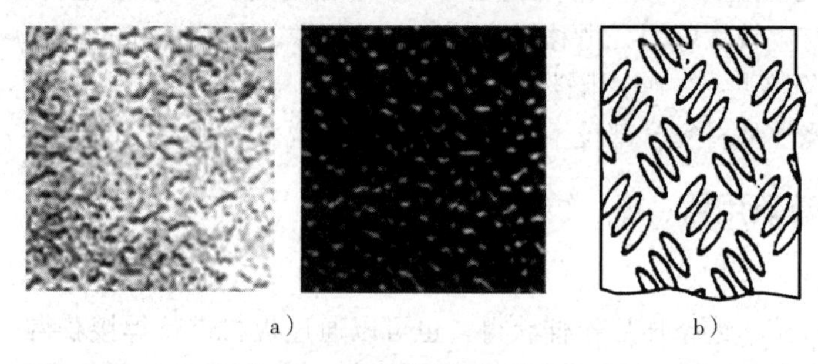

图 8-13　压花板材、花纹板材
a）压花板材　b）花纹板材

4. 带材、箔材

1）带材是横截面呈矩形，厚度均一并大于 0.20mm，且成卷交货的轧制产品。带材也称为卷材，有波纹状产品、花纹状产品、包覆产品、边部经整修和表面打孔的产品，有热轧带材和冷轧带材。

2）箔材是横截面呈矩形，厚度均一并等于或小于 0.20mm，且成卷交货的轧制产品。按其厚度，箔材分为无零箔（厚度为 0.10～0.20mm）、单零箔（厚度为 0.01～0.10mm）和双零箔（厚度为 0.001～0.01mm）。

8.4.7　铝合金在建筑上的应用

1. 铝合金空间网格结构

铝合金空间网格结构已广泛应用于建筑结构中，多以单层网壳、双层网壳以及网架的结构形式建造。1954 年，英国建成跨度 113m 的探索穹顶，是最早建成的铝合金空间网格结构。20 世纪 90 年代以来，该种结构在我国得到了广泛应用与发展，如图 8-14 所示。

2. 铝合金桥梁

与混凝土和钢结构桥梁相比，铝合金桥梁具有如下特点。

1）工厂化制作，场外拼装，不产生建筑垃圾。

2）吊装时间缩短，不需要长时间封路、设路障，对道路交通的影响降低。

3）结构自重减轻，降低了基础费用和对地质条件的要求。

图 8-14　典型铝合金空间网格结构

a）天津平津战役纪念馆（1997）　b）上海浦东游泳馆（1997）　c）南京国际展览中心（2000）　d）义乌游泳馆（2008）　e）上海科技馆（2001）　f）中国现代五项赛事中心游泳击剑馆（2010）

由于上述特点，铝合金在桥梁结构、特别是城市人行天桥上应用广泛。世界上第一座全铝结构的桥梁竣工于 1946 年，位于美国纽约。我国第一座铝合金桥建于 2006 年，为杭州市政府与德国公司合作建成的杭州市庆春路铝合金人行天桥。此后，铝合金桥梁在我国得到广泛应用。典型的铝合金桥梁如图 8-15 所示。

图 8-15　典型的铝合金桥梁

a）杭州市庆春路铝合金人行天桥（2006）　b）上海徐家汇人行天桥（2007）　c）西单商业区人行天桥（2008）　d）杭州市新解百铝合金天桥（2014）

3. 铝合金模板

铝合金模板主要由墙体模板及加固体系、顶板模板和快拆支撑体系、封闭式楼梯模板体系与其他细部节点等体系构造而成，可用于混凝土现浇结构的各种形状的墙柱、梁板、楼梯等工程部位，适用于大面积高层、超高层建筑。根据 JGJ 386—2016，铝合金模板应采用牌号为 A6061-T6 或 A6082-T6 铝合金型材。与钢模板和木模板相比，铝合金模板具有良好的性能。

1）承载能力好，拼缝精度高。铝合金模板使用材料最小的抗拉强度为260MPa，组合成的整体模板承载能力可达到 60×10^3MPa，是传统木模板承载力的两倍左右。

2）重量轻，拼装灵活，施工方便。铝合金模板的平均质量为20kg/m^2，可进行人工拆卸，可无须机械设备协助。

3）成形表面质量良好，不需要再刮腻子，完全符合清水混凝土的要求。

4）回收利用率高，为可再生建材。报废后可全部回收，残值可达到30%以上。维修费用低，周转次数高达 300～500 次，具有良好的经济效益。

5）铝材料性能良好，满足材料长期使用要求。耐湿、不怕冷、不怕热、不怕酸碱、抗变形能力强，模板可在恶劣环境下正常使用。

4. 铝合金门窗

铝合金门窗是采用铝合金建筑型材制作框、扇杆件结构的门、窗的总称。按使用要求，铝合金门窗分为普通型、隔声型、保温型、隔热型、保温隔热型、耐火型等；按用途，铝合金门窗分为外门窗和内门窗；按开启形式，铝合金门窗分为平开旋转类、推拉平移类及折叠类等。

第9章 混凝土制品

混凝土制品是各种水泥混凝土产品的总称，包括梁、板、柱、桩等建筑构件及地面砖、管材、电杆、轨枕等市政交通工程用品。由于工厂化生产，产品质量比现浇混凝土质量高；由于使用工厂化生产的混凝土制品，减少了工地现场的湿作业，工期缩短；由于混凝土制品质量优良，外形美观，在工程建设中得到了较大的应用。但是，有些混凝土制品的生产工艺如采用蒸汽养护与高压蒸养，使建厂投资大、生产能耗高、管理上不够安全以及成本也高等，故混凝土制品的生产工艺急需改进和提高。

9.1 空心楼板

空心楼板是沿轴线长方向留有贯通孔的楼板，用作民用建筑的楼板及屋顶板。

9.1.1 性能与分类

空心楼板是一种单向受力板，直接安放在墙体或梁上，承载能力较大，配制使用较方便，而且外观整齐。空心楼板预留孔道可减轻板重35%左右，还能提高隔热与隔声效果。目前工程上应用最多的是圆孔板（图9-1）。圆孔板分类见表9-1。

表9-1 圆孔板分类

分类	名称	说明
使用要求	短向圆孔板	计算跨度为1800～3900mm，计算宽度为900和1200mm
	长向圆孔板	计算跨度为4500～6900mm，计算宽度为900和1200mm
成形方式	振捣抽芯圆孔板	低流动性混凝土，单板浇筑振动成型抽芯及拉模成型
	挤压成形圆孔板	干硬性混凝土，连续挤压成型成孔，切断成板
配筋方式	预应力圆孔板	预应力钢筋，钢模板成型或长线台座法成型；模外先张法施加预应力，抗裂和承载力高
	非预应力圆孔板	受力筋为普通钢筋，抗裂和承载力低，挤压成型常用

9.1.2 使用注意事项

1）用前应用砖或混凝土块将端头封死，堵头应深入板端40mm左右。

2）板端压墙长度应符合设计要求。

3）板堆放时上下对齐，垫紧压实。

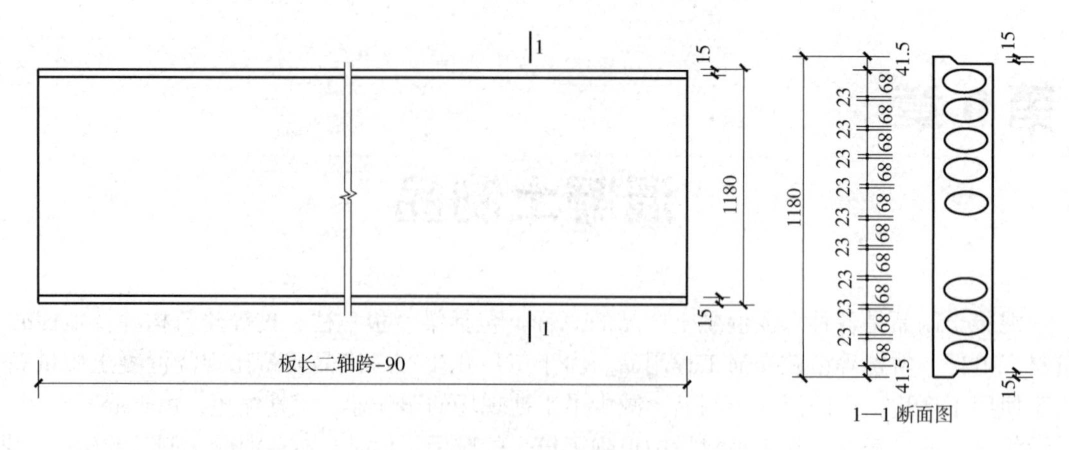

图 9-1 预应力短向圆孔板

9.2 大型楼板

大型楼板是能覆盖整间房的预应力实心或空心楼板，适用于多层及高层钢筋混凝土大模板住宅建筑。大型楼板采用双向配筋，模外先张法张拉钢筋，单控张拉应力。混凝土抗压强度≥40MPa，采用定型钢模板车，在南方可用太阳能养护棚养护。

9.2.1 性能

大型楼板为双向受力板，楼板与墙体之间的连接作用很强，大板上表面为预制好的装饰表面，下表面可做成整齐划一的天花板；减少工地现场装修施工。板的自重较大，装运需用大型机械。

9.2.2 使用注意事项

1）板上必须标明板材名称及生产日期。

2）板的堆场要平整坚实；上下对齐，每垛堆放不宜超过 9 块。

3）吊装前要检验质量，合格后再吊装。

4）沿板长边支座，要设置通长支撑，支座上铺 1:2 水泥砂浆垫层，保证板底入墙部分，全部落实。

9.3 大型屋面板

大型屋面板是一种大型混凝土槽形密肋板，也称为槽形板，多用于单层工业厂房和仓库等排架建筑。大型屋面板的尺寸：一般长为 6.0 ~ 9.0m，宽为 1.5 ~ 3.0m，主筋为冷拉高强预应力钢筋，采用模外张拉钢筋的双控措施；其他配筋为冷拔低碳钢丝或 I 级钢筋。采用定型折页式钢模或固定式的胎模成型混凝土；混凝土强度一般为 30 ~ 40MPa。在板的四角留有预埋件与屋架或梁连接。大型屋面板示意图，如图 9-2 所示。

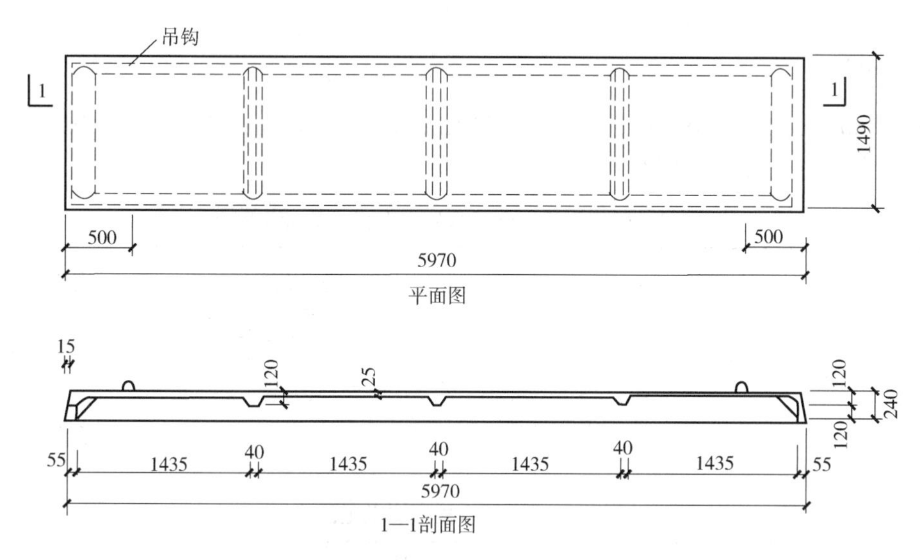

图 9-2　大型屋面板示意图

9.3.1　性能

大型屋面板是单向受力板，可直接铺设在屋架或梁上；板内平板部分的厚度较薄，仅有 30 ~ 40mm；全部荷载由两条纵向边肋承担。大型屋面板的重量较轻，但隔热、隔声效果较差，只能作为仓库或厂房屋顶用。

9.3.2　使用注意事项

1）安装时，要注意板与支座处的钢板焊接，焊缝长度≥60mm，焊缝高度≥5mm；每块板安放在屋架或梁上，焊接不少于 3 点；在伸缩缝处和厂房端部可焊两点。

2）现场堆放板材不得超过 10 块，垫木的高度一致，上下对齐，板悬挑长度≤550mm。

9.4　预制叠合楼板

预制叠合楼板是由预制板和现浇钢筋混凝土层叠合而成的装配式整体楼板。图 9-3 所示为叠合楼板预制部分。钢筋叠合楼板作为一种预制工业化构件，由于构造简单、安装方便，使得其在装配式市场中应用较广。

图 9-3　叠合楼板预制部分

9.4.1 规格

厚度为60mm的预制叠合楼板宽度与跨度见表9-2。预制叠合楼板混凝土配比见表9-3。预制叠合楼板配筋一般为单层双向8@200钢筋网。

表9-2 厚度为60mm的预制叠合楼板宽度与跨度

宽度/mm	跨度/mm							
	2400	2700	3000	3600	3900	4200	4500	4800
1800	√	√	√	√	√	√	√	√
2100	√	√	√	√	√	√	√	√
2400	√	√	√	√	√	√	√	√

表9-3 预制叠合楼板混凝土配比

材料名称	水	水泥	砂	石	外加剂	粉煤灰
用量/(kg/m^3)	165	320	880	1020	6.5	40

9.4.2 性能

1. 优点

1）承载性能良好，运输方便。

2）整体性好，有较大刚度。

3）节省模板支撑，经济效益高。

2. 缺点

1）前期投入较大，且易开裂。

2）预制叠合楼板现浇层对施工单位技术要求高。

3）对工人专业性要求高。

4）预制叠合楼板需要预制和现浇两次生产工艺。

9.4.3 外观质量标准

预制叠合楼板应无露筋、破损孔洞、蜂窝及裂缝等，其外观质量标准见表9-4。

表9-4 叠合楼板外观质量标准

项目		质量要求
露筋		不应有
破损孔洞	任何部位	不应有
蜂窝	主要受力部位	不应有
	次要部位	总面积不超过1%
裂缝	吊点处裂缝	不应有
	面裂	不宜有

（续）

项目	质量要求
表面空鼓、起砂、缺棱掉角	不应有
外表不整齐	轻微
连接钢筋、连接件松动	不允许

9.4.4 使用注意事项

1）预制叠合楼板上应标上型号和生产日期。

2）堆放场地应夯实平整，并设有排水措施；堆放时底板和地面之间应留一定间隙。

3）堆放设置的垫木支承，应符合受力情况，垫木顶面标高一致，并应上下对齐，垫平垫实，堆放层数≤6层。

9.4.5 需要进一步提高的问题

设备投资大，生产工艺落后，制作过程中能量损耗大，噪声及粉尘大。宜采用多功能混凝土，泵送浇筑，免振自密实，太阳能养护，达到省资源、省能源、绿色环保的目的。

9.5 预制填充墙板

预制填充墙板在建筑结构中主要起围护和分隔作用，承自重，用蒸压加气混凝土砌块和砂浆砌筑构成。在工厂内预制完成，运输至项目现场安装。预制填充墙板如图9-4所示，三维尺寸：2500mm×1500mm×200mm，重量：1.5t。

图9-4 预制填充墙板

9.5.1 性能

1. 优点

重量轻，运输方便，保温隔热性能良好，提高建筑物抗震能力，提高施工效率，经济效益高。

2. 缺点

施工要求高，易开裂，容易造成空鼓、渗漏等。

9.5.2 外观质量标准

外观质量标准见表9-5。

表9-5 外观质量标准

项目		质量要求
露筋		不应有
破损孔洞	任何部位	不应有
蜂窝	主要受力部位	不应有
	次要部位	总面积不超过1%

（续）

项目		质量要求
裂缝	吊点处裂缝	不应有
	面裂	不宜有
表面空鼓、起砂、缺棱掉角		不应有
外表不整齐		轻微
连接钢筋、连接件松动		不允许

9.5.3 使用注意事项

1）摆放前应在墙板上喷上型号和生产日期。

2）堆放场地应夯实平整，设有排水措施，堆放时底板和地面要有间隙。

3）堆放时的支承位置应符合其受力情况，设置垫木，垫木顶面标高一致，并应上下对齐，垫平垫实。

9.6 混凝土岩棉复合外墙板

9.6.1 性能

混凝土岩棉复合外墙板厚度较薄，自重轻，保温隔热效果好，制作方便，施工简便，其规格尺寸和性能见表9-6。

表9-6 混凝土岩棉复合外墙板规格尺寸和性能

品种	规格尺寸/mm			性能	
	高度	宽度	厚度	项目	指标
檐墙板	2690～2490	2680、3280、3880	250	自重/(kg/m^3)	500～512
山墙板	2690	2680、2380	250	平均热阻/[(m^2·K)/W]	1.01
阳角板	2690	2500	250	传热系数/[W/(m^2·K)]	1.01
大角板	2690	2600	250	水平荷载（垂直荷载106kN时）/kN	77.8
				水平荷载（垂直荷载440kN时）/kN	11.7

9.6.2 板材制作

1. 原材料

混凝土岩棉复合外墙板组成材料规格及性能见表9-7。

表9-7 混凝土岩棉复合外墙板组成材料规格及性能

名称	规格及性能
普通混凝土	C30
冷拔低碳钢丝（焊网片）	R_g=360MPa

（续）

名称	规格及性能
Ⅰ级钢筋	$R_g=240\text{MPa}$
Ⅱ级钢筋	$R_g=340\text{MPa}$
岩棉保温层	热导率：0.035～0.041W/(m·K) 抗拉强度≥0.01MPa

2. 墙板组成

混凝土岩棉复合外墙板是由 150mm 厚钢筋混凝土结构承重层、50mm 厚岩棉保温层和 50mm 厚混凝土外饰面层组成。

组成 3 层用 ϕ8mm 钢筋连接。采用镀锌钢筋或不锈钢钢筋；外形弯成正三角形或 L 形，约 0.4m² 设一个。混凝土岩棉复合外墙板组成，如图 9-5 所示。

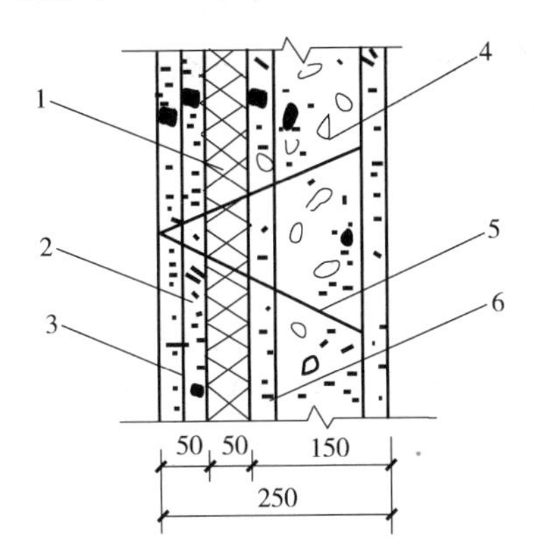

图 9-5　混凝土岩棉复合外墙板组成

1—岩棉保温层　2—混凝土保护面层　3—钢筋网

4—钢筋混凝土结构承重层　5—钢筋连接件　6—钢筋骨架

3. 生产工艺

采用平模台座法生产工艺；用正打或反打成型方法。

1）C30 混凝土的配料与混凝土的拌和。

2）钢筋加工。

3）台座清理→铺设钢筋骨架连接件→浇灌混凝土→插入式振捣→铺设岩棉保温层→铺设钢筋网→铺设面层混凝土→振捣抹面→养护→脱模堆放。

9.6.3　应用技术

混凝土岩棉复合外墙板适用于内浇外挂的大板建筑和预制装配式大板建筑，可用于高度不大于 50m 的高层建筑。使用混凝土岩棉复合外墙板应注意以下几点。

1）墙板运输时，必须让承重层受力，严禁外面层受力，轻吊轻放，防止碰撞。

2）堆放场地必须夯实平整，要有专用安放架。

3）用于大板建筑时，在内墙模板安装就位后，即吊装外墙板，外墙板安装就位后，即与内墙模板拉结固定。首层外墙板的位置要正确，缝隙要一致。

4）外墙板对接的竖缝，应在承重层两侧，用钢筋锚拉，并要另加水平箍筋。竖筋搭接处要焊接。水平缝在楼板处的现浇层中，配置水平拉筋，另加箍筋，与内墙一起组成纵横向圈梁。

5）水平缝与垂直缝的防水，可做成构造防水或材料防水。

9.7 预应力混凝土输水管

预应力混凝土输水管是一种承插式的预应力混凝土压力管，最大直径可达3000mm，长度5000mm，管壁内配有环向与纵向预应力钢筋，所用混凝土抗压强度不低于40MPa，而且防渗抗渗。

9.7.1 分类与性能

预应力混凝土输水管具有良好的抗裂与抗渗性，应用广泛，其分类见表9-8。

表9-8 预应力混凝土输水管的分类

分类	名称
公称内径 D	$D<400$mm，小口径管
	400mm $<D<$ 1200mm，中口径管
	$D>1200$mm，大口径管
制管工艺	振动挤压工艺，又称为一阶段法。在管体混凝土硬化过程中，通过管径扩张，张拉预应力钢筋
	管芯绕丝工艺，又称为三阶段法，在已硬化的混凝土管芯上，缠绕环向预应力钢筋，并进行张拉，然后外覆混凝土保护层

9.7.2 使用注意事项

1）输水管应具有出厂质量证明书，每根管应标明制造厂名称、型号、生产日期和注意事项等。

2）管子应按型号及生产日期分别堆放，堆放层数见表9-9。

3）严禁钢丝绳穿通管子装卸，严禁管子自由滚落。

4）管子和密封胶圈应配套供应，胶圈不应污染水质，性能应符合国家标准要求。

5）公称内径大于2000mm的管允许立放。

表9-9 预应力混凝土输水管堆放层数

公称内径/mm	400～600	700～800	900～1200	1400～1600	1800
堆放层数	5	4	3	2	1

9.7.3 三阶段预应力混凝土输水管接头组成

三阶段预应力混凝土输水管接头组成，如图9-6所示。

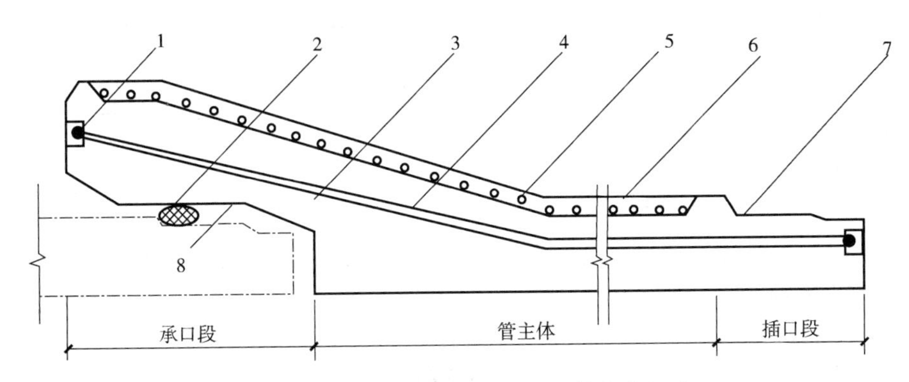

图9-6 三阶段预应力混凝土输水管接头组成

1—锚固装置 2—橡胶圈 3—管芯 4—纵向预应力筋
5—环向预应力筋 6—保护层 7—插口工作面 8—承口工作面

9.8 自应力钢筋混凝土输水管

9.8.1 分类

自应力钢筋混凝土输水管是用自应力水泥为胶凝材料配制混凝土而制成的。自应力水泥在硬化过程中体积膨胀，从而张拉钢筋产生预应力，这也是承插式的钢筋混凝土输水管。

按使用水泥的不同，其可分为硅酸盐、铝酸盐、硫铝酸盐和明矾石四个自应力水泥混凝土品种。按生产工艺，其可分为离心法和悬辊法两类。与预应力混凝土输水管相比，自应力钢筋混凝土输水管生产工艺简单，管径可做得较小，工作压力为0.4~1.2MPa，适用于不含腐蚀性物质的常温水，其规格尺寸见表9-10。

表9-10 自应力钢筋混凝土输水管的规格尺寸

公称内径/mm	100	150	200	250	300	350	400	500	600	800
外径/mm	150	200	260	320	380	440	490	610	720	960
有效长度/mm	3000	3000	3000	3000	4000	4000	4000	4000	4000	4000
实际长度/mm	3080	3080	3080	3080	4088	4088	4107	4107	4117	4140
质量/(kg/根)	90	115	180	260	470	615	700	1070	1415	2536

自应力钢筋混凝土输水管可用于铺设裸露式管道。当铺设于素土平基埋覆式管道时，覆盖土厚不得超过2m；对公称内径为100~350mm的管子应不小于0.8m；对公称内径为400~800mm的管子，应不小于0.6m。

9.8.2 使用注意事项

1）每根管口外表面应标上制造厂名称、类型、等级、生产日期和严禁碰撞等字样，产品应有质量证明证书。

2）管子应按类型、规格、等级及生产日期分别堆放，各层管子间要用支垫隔开，上下支垫应对齐；管子悬臂长不应超过管长的1/5；堆放层数不宜超过表9-11中的规定。

表9-11　自应力钢筋混凝土输水管的堆放层数

公称内径/mm	100～150	200～250	300～400	500～600	800
堆放层数	7	5	4	3	2

3）装运时，要轻装轻放，严禁抛掷；长途运输时，承插口部分要包扎，管子要固牢，层间应放支垫，防滚动、碰撞。

9.9　混凝土和钢筋混凝土排水管

混凝土和钢筋混凝土排水管属于平口混凝土管，是用离心法、悬辊法或挤压法工艺生产的制品。按材料和承载力的不同，其可分为混凝土管、轻型钢筋混凝土管和重型钢筋混凝土管三种。离心辊压成型工艺生产排水管，生产时劳动强度大，噪声大，能量消耗大。

性能：规格品种繁多，抗裂性能较低，适用于各种无内压要求、非严重侵蚀性排污废水的排水管道。

使用注意事项：管子外表面按规定格式写明品种、规格、生产日期及制造厂名称；并具有出厂合格证；按品种、规格、等级及生产日期分别堆放，层数不宜超过表9-12中的规定；装卸运输时严禁碰撞。

表9-12　混凝土和钢筋混凝土排水管的堆放层数

公称内径/mm	75～100	150～300	350～400	450～500	550～900	950～1800
堆放层数	6	5	4	3	2	1

9.10　钢筋混凝土电杆

钢筋混凝土电杆是输电线路上用于支承、架高电线的混凝土制品，用来代替钢材和木材支承，可节省大量钢材和木材，而且经久耐用，外形美观，其分类见表9-13。环形混凝土电杆分类见表9-14。锥形杆和等径杆示意图，如图9-7所示。

表9-13　钢筋混凝土电杆分类

分　类	名　称	说　明
所用材料	普通钢筋混凝土电杆	—
	预应力钢筋混凝土电杆	可分为有限预应力和部分预应力两种
横截面形状	环形	离心法成型的生产工艺
	矩形 工字形 双肢形	振动成型的生产工艺

表9-14　环形混凝土电杆分类

分类	名称	说明
使用方式	整体电杆	—
	组装电杆	由杆段连接成整根杆
外形	等径杆	等径杆全部为组装杆
	锥形杆	包括整体杆和组装杆

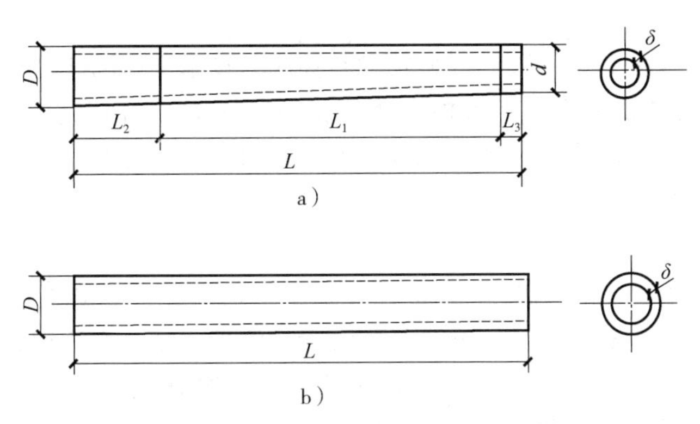

图9-7　锥形杆和等径杆示意图

a）锥形杆　b）等径杆

L—杆长　L_1—荷载点高度　L_2—支持点高度　L_3—梢端至荷载点距离

D—根径（或直径）　d—梢径　δ——壁厚

9.10.1　性能

环形预应力钢筋混凝土电杆（等径杆）的标准检验弯矩见表9-15。

表9-15　环形预应力钢筋混凝土电杆（等径杆）的标准检验弯矩　（单位：kgf · m）

直径/mm	长度/m
	4.50、6.00、9.00
300	2000、2500、3000、3500、4000、4500
400	4000、4500、5000、5500、6000、7000、8000、9000
550	9000、11500、13500、15500、18000

注：1kgf·m = 9.80665N·m。

9.10.2　使用注意事项

1）电杆上应有直径、长度、标准检验弯矩、类型及生产日期等标志和出厂质量证明书。

2）电杆堆放要平整，长度小于12m的应有两个支点支撑，长度大于12m的应有3个支点支撑；锥形杆梢径大于270mm和等径杆直径大于400mm的，堆放层数不宜超过4层；小于以上直径的，堆放层数不宜超过6层。

9.11 钢筋混凝土桩

钢筋混凝土桩主要可分三类，即钢筋混凝土预制桩（包括预应力钢筋混凝土预制桩）、钢筋混凝土管桩和钢筋混凝土板桩，其形状有方形、圆形和板状。钢筋混凝土板桩多用于挡土、护坡、闸水围堰等工程；而方桩及圆形桩主要用于加固地基建造房屋。成本低、承载力高、耐久性好是钢筋混凝土桩的特点。本文只介绍预应力钢筋混凝土管桩。

1. 定义与工艺

离心成型预应力管桩是采用离心成型技术和预应力技术生产的新型桩。制作工艺：管模内安放好钢筋，浇筑混凝土，盖上管模上盖，张拉预应力，离心成型，放入蒸汽养护池，80℃左右，蒸养6h，出池脱模，再放入高压釜，180℃左右，蒸压10～12h，出釜，到C80强度等级的预应力管桩。

2. 性能

（1）单桩承载力高　离心成型预应力管桩制作工艺精良，混凝土强度高，静压入土层时由于挤压作用，管桩承载力要比同样直径的沉管灌注桩或钻孔灌注桩高。

（2）抗裂性和抗弯性好　离心成型预应力管桩经过高强预应力工艺处理，具有较强的抗裂性和抗弯性，能够有效避免运输及静压施打的破损现象。

（3）施工效果优良　施工工艺简单易行，无噪声、振动等影响，接桩快捷、成桩质量可靠，工期短、工效高，成桩后即可做桩基检测。

3. 应用

预应力管桩用于基岩埋藏较浅（10～30m）且风化严重、强风化岩层较厚的地质条件。管桩基础的持力层选在较厚的强风化或全风化、坚硬的黏性土层、密实的碎石土层中。预应力管桩桩尖穿透覆盖层，最后进入持力层中一定深度，持力层经过剧烈挤压，承载力就大为提高。单桩承载力大的特点能得到充分发挥。

不宜采用预应力管桩的地质条件：①孤石和障碍物多的地层；②有坚硬夹层的地区；③石灰岩地层；④从软塑层突变到特别坚硬层的地区。

4. 进一步要解决的问题

C80超高强度混凝土组成材料中，有30%磨细石英砂与水泥配合，需要在高温高压下，石英砂参与水泥的水化反应，把混凝土的强度提高至90MPa以上。故当前我国C80预应力钢筋混凝土管桩的生产，在离心成型后，放入蒸汽养护池蒸养，80℃左右恒温6h，使管桩混凝土强度达到45MPa左右，能支承管桩钢筋预应力，脱模，再进入高压釜中蒸压，在180℃下蒸压10～12h，这时水泥与石英砂反应，生成托勃莫来石，使混凝土强度提高至90MPa以上，这就是“双蒸工艺”。此工艺设备投资大，厂房占地大，耗能，耗劳力，生产中还有安全隐患。

在海南采用多功能混凝土（MPC）技术和太阳能养护工艺，生产了约1.0万m长的C80预应力管桩，质量检测和应用证明，优于当前双蒸工艺生产的管桩。

太阳能养护混凝土管桩与双蒸混凝土管桩性能对比见表9-16。

表 9-16　太阳能养护混凝土管桩与双蒸混凝土管桩性能对比

试样	弹性模量/MPa	劈裂强度/MPa	抗弯强度/MPa	抗拉强度/MPa	断裂能/(J/m^2)	特征长/cm
双蒸	37.52	4.46	6.48	4.66	241.1	40.9
太阳能	48.78	4.80	7.41	5.01	339.8	59.5

由此可见：太阳能养护的试样各项力学参数，均高于双蒸试样。MPC 太阳能养护预应力管桩，不但省资源、省能源、成本低，而且性能优良。

9.12　轨枕

轨枕是铁路钢轨固定的支座，以往多用木材制成，也即枕木。用钢筋混凝土或预应力钢筋混凝土制成的轨枕，代替原来的枕木，虽然重量重，不便于维修更换，但价格低，耐久性好，材料来源广泛，因此新修建的铁路干线及高铁线路，都采用了预应力钢筋混凝土轨枕。预应力钢筋混凝土轨枕的特点主要是强度高、刚度大、稳定性好、稳定轨道能力强，同时耐候、耐蚀、耐火等性能优异，服役寿命长。我国自 1956 年研制出预应力混凝土轨枕之后，主要使用整体式混凝土轨枕。在世界铁路网线中，目前每季度对预应力混凝土轨枕的需求有 1.2 亿根，因此加强对其的开发和研究，对推动世界铁路网线的建设具有重要的意义。

9.12.1　我国混凝土轨枕发展阶段概况

广九铁路是我国最早尝试使用普通钢筋混凝土轨枕的铁路线路，1921 年—1926 年在我国东部沿海地区的地方铁路线路中也开始尝试推广钢筋混凝土轨枕，这段时期的尝试为我国真正大规模研制及推广混凝土轨枕做了铺垫。中华人民共和国成立后的 1953 年，我国科技攻关人员开始开展了混凝土轨枕的大量研究工作，并于 3 年后研制出第一种预应力混凝土轨枕，次年建成第一条预应力混凝土轨枕生产线，此后，在我国铁路网线中得以大规模推广和应用。我国混凝土轨枕发展阶段划分见表 9-17。

表 9-17　我国混凝土轨枕发展阶段划分

阶段	时期	主要轨枕类型
早期研究探索阶段	1956 年—1965 年	弦 15B 型、弦Ⅱ61A 型、弦 61 型、弦 65B 型
Ⅰ型轨枕	1966 年—1980 年	筋 69 及筋 79 型（J-1 型）、弦 69 及弦 79 型（S-1 型）
Ⅱ型轨枕	1981 年—2003 年	筋 81 型（J-2 型）、弦 81 型（S-2 型）、YⅡ-C 型、YⅡ-D 型、YⅡ-E 型、YⅡ-F 型、TKG-Ⅱ型、新Ⅱ型
Ⅲ型轨枕	1990 年—2007 年	Ⅲa 型、Ⅲb 型、Ⅲc 型
Ⅳ型轨枕	2011 年至今	Ⅳa 型、Ⅳb 型

9.12.2　早期预应力钢筋混凝土轨枕

1966 年我国建成的第一条预应力钢筋混凝土轨枕生产线，主要制造弦 15B 型、弦Ⅱ61A 型、弦 61 型、弦 65B 型等类型轨枕，均属于整体式预应力钢筋混凝土轨枕，主要特点有：内部采用 ϕ3mm 的高强碳素压波钢丝作为预应力钢筋；不设置箍筋；内部预埋木螺栓来固定扣件；木螺栓周围设置螺旋筋。此阶段的几种类型预应力钢筋混凝土轨枕主要按照建设型机车、轴重 21t、最高速度 85km/h、铺设密度 1840 根/km 等参数设计。设计研制的预应力钢筋混凝土轨枕参数见表 9-18。弦 61 型轨枕外形尺寸，如图 9-8 所示。

表 9-18 设计研制的预应力钢筋混凝土轨枕参数

轨枕名称		弦 15B 型	弦Ⅱ61A 型	弦 61 型	弦 65 型
长度/mm		2500	2500	2500	2500
截面高度/mm	轨下截面	200	200	200	200
	枕中截面	145	145	155	175
预应力钢筋	直径/mm	$\phi3$	$\phi3$	$\phi3$	$\phi3$
	根数	56	36	36	34
总张拉力/kN		380	367	267	255
轨枕质量/kg		238	240	240	250

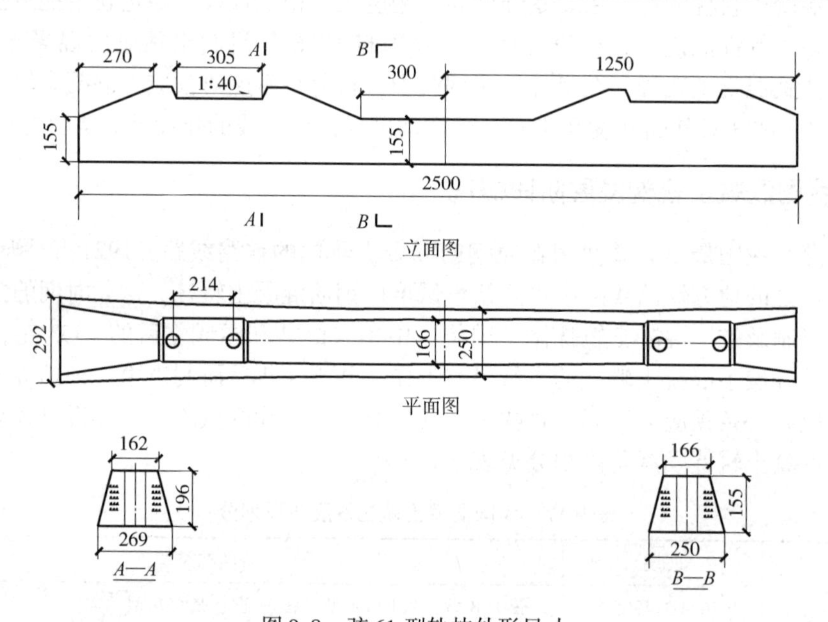

图 9-8 弦 61 型轨枕外形尺寸

这时期内研制的混凝土轨枕在钢筋选型配置、界面尺寸、基材选择及扣件设计等方面均存在不足，在实际运营和运用过程中也逐渐出现了损伤破坏情况，因此进入改性型预应力混凝土轨枕的研究和开发时期。

9.12.3 Ⅰ型混凝土轨枕发展阶段

铁道科学研究院及当时的铁道部第三研究院主导，在 1969 年开发出“69 型”预应力混凝土轨枕，内部采用的预应力主筋不同，分为“弦 69”和“筋 69”两种类型。基材强度也提高至 C50。Ⅰ型混凝土轨枕的主要性能参数见表 9-19。筋 69 型轨枕外形尺寸，如图 9-9 所示。

表 9-19　I 型混凝土轨枕的主要性能参数

轨枕类型		S-1	J-1
长度/mm		2500	2500
截面高度/mm	轨下截面	201	201
	枕中截面	165	165
预应力钢筋	直径/mm	ϕ3	ϕ8.2
	根数	36	4
总张拉力/kN		267	267
轨枕质量/kg		260	260
设计承载弯矩/kN·m	轨下截面正弯矩	11.9	8.8
	轨下截面负弯矩	-11.9	-8.8

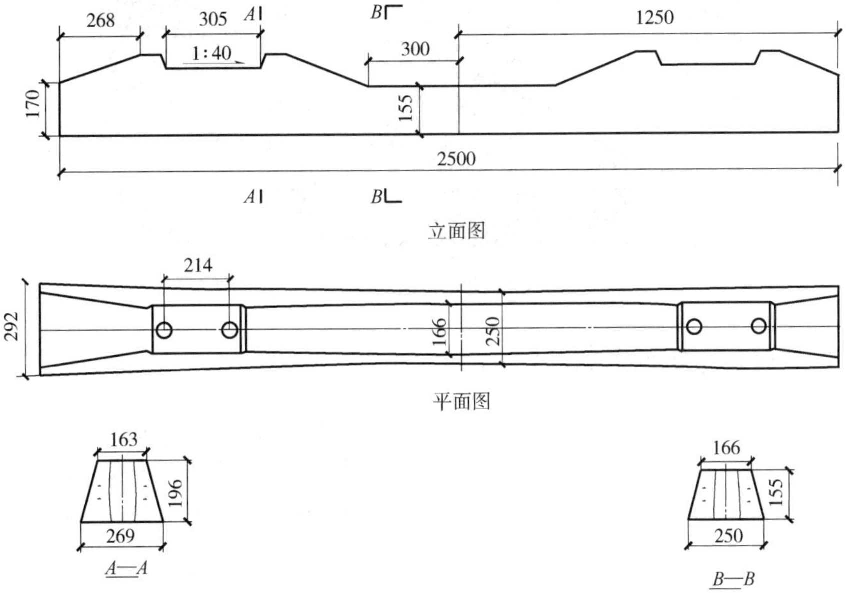

图 9-9　筋 69 型轨枕外形尺寸

9.12.4　Ⅱ型混凝土轨枕发展阶段

Ⅱ型混凝土轨枕研制按照机车轴重 25t、设计最高速度 140km/h、钢轨类型 50kg/m 或 60kg/m、轨枕铺设密度 1760～1840 根/km 进行设计。Ⅱ型混凝土轨枕的主要性能参数见表 9-20。新Ⅱ型预应力钢筋混凝土轨枕的外形，如图 9-10 所示。

表 9-20　Ⅱ型混凝土轨枕的主要性能参数

轨枕类型		S-2 型	J-2 型	YⅡ-F 型	TKG-Ⅱ型	新Ⅱ型
长度/mm		2500				
截面高度/mm	轨下截面	201	201	201	201	205
	枕中截面	165	165	165	165	175

（续）

预应力钢筋	直径/mm	$\phi3$	$\phi10$	$\phi7$	$\phi7$（$\phi10$）	$\phi6.25$
	根数	44	4	8	8（4）	10
总张拉力/kN		327	330	327	327	348
轨枕质量/kg		250	250	250	250	275
设计承载弯矩/kN·m	轨下截面正弯矩	13.1	13.1	13.1	13.1	14.0

图9-10　新Ⅱ型预应力钢筋混凝土轨枕的外形

9.12.5　Ⅲ型混凝土轨枕发展阶段

1990年研究Ⅲ型混凝土轨枕。设计要求：机车最大轴重25t；年通过总重大于30Mt；设计最高速度，货车为100km/h、客车为160km/h；钢轨类型为60kg/m或75kg/m；最小曲线半径为350m。Ⅲ型混凝土轨枕的主要性能参数见表9-21。其中Ⅲa型轨枕外形尺寸，如图9-11所示。

表9-21　Ⅲ型混凝土轨枕的主要性能参数

轨枕类型		Ⅲa型	Ⅲb型	Ⅲc型
长度/mm		2600		
截面高度/mm	轨下截面	230		
	枕中截面	185		
预应力钢筋	直径/mm	$\phi7$		
	根数	10		
总张拉力/kN		415		
轨枕质量/kg		360		
设计承载弯矩/kN·m	轨下截面正弯矩	19		
	轨下截面负弯矩	-17.3		
配套扣件系统		弹条Ⅰ、Ⅱ型扣件	弹条Ⅲ、Ⅳ型扣件	弹条Ⅴ型扣件

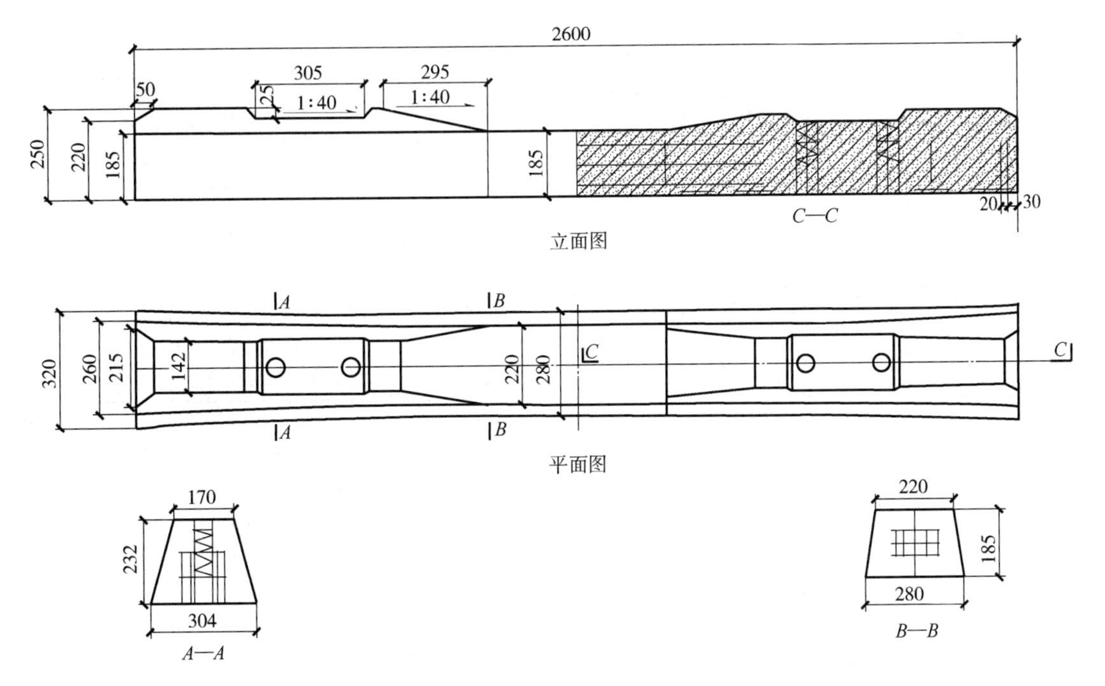

图9-11　Ⅲa型轨枕外形尺寸

9.12.6　Ⅳ型混凝土轨枕发展阶段

2011年在瓦日线的建设工程中，铁道部组织开展了30t轴重重载铁路相关技术的研发。具体设计条件为：机车最大轴重30t；年通过总重100Mt以上；钢轨类型为60kg/m或75kg/m；最小曲线半径为350m；铺设根数：1667或1760根/km。Ⅳ型混凝土轨枕的主要性能参数见表9-22。其中Ⅳa型轨枕外形尺寸，如图9-12所示。

表9-22　Ⅳ型混凝土轨枕的主要性能参数

轨枕类型		Ⅳa型	Ⅳb型
长度/mm		2600	
截面高度/mm	轨下截面	235	
	枕中截面	195	
预应力钢筋	直径/mm	$\phi 7$	
	根数	12	
总张拉力/kN		510	
轨枕质量/kg		390	
设计承载弯矩/kN·m	轨下截面正弯矩	22.57	
	轨下截面负弯矩	-21.33	
配套扣件系统		弹条Ⅵ型扣件	弹条Ⅶ型扣件

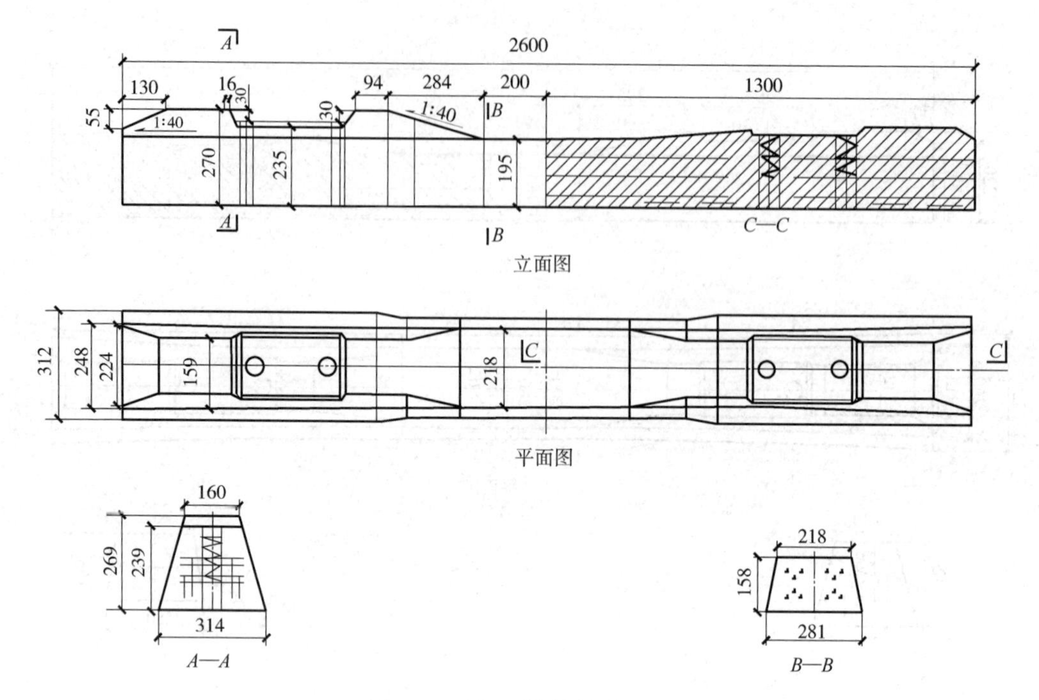

图 9-12　Ⅳa 型轨枕外形尺寸

9.13　高铁无砟轨道

9.13.1　高铁无砟轨道发展历程

1. 国外发展概况

1964 年，全球首条高速客运专线——日本东海道新干线在日本建成运营，高速铁路的建设进入了一个全新的发展时期。继日本之后，德国、法国、西班牙、意大利、瑞典、韩国等国家相继开始兴建高速铁路，并对高速铁路轨道结构形式进行了大量研究。德国是世界上研究开发无砟轨道最早的国家。1959 年—1988 年德国处于无砟轨道试铺高峰期，共计铺设高速铁路无砟轨道多达 36 处，累计试铺里程超过 21km。雷达型无砟轨道是以 1972 年铺设于德国比勒菲尔德-哈姆铁路的雷达车站而命名的，目前德国有 50% 以上的高速铁路采用的是雷达型无砟轨道，英国、法国、印度、荷兰、韩国都引进和采用了德国雷达型无砟轨道技术。20 世纪 70 年代，日本将板式轨道作为铁路建设的国家标准进行推广。英国于 1969 年开始高速铁路无砟轨道的研究和试铺，于 1973 年正式推广应用，并在西班牙、南非、加拿大和荷兰等国家的重载和高速铁路的桥、隧上均得以应用，铺设里程约 80km。

2. 我国发展概况

我国对高铁无砟轨道的研究始于 20 世纪 60 年代，和国外的研究起步时间相近。1996 年—1997 年先后在陇海线白清隧道和安康线大瓢沟隧道铺设弹性支承块式无砟轨道试验段，最终在秦岭一线隧道、秦岭二线隧道正式获得推广应用，合计铺设里程达 36.8km；后期又陆续在宁西线（西安—南京）、兰武复线、宜万线、湘渝线等隧道内及城市轨道中铺设推广，累计铺设弹性支承块式无砟轨道达200km。在2004年，在遂渝线开展了无砟轨道综合试验段关键技术研究，通过引进、消化吸收和再创新，提炼并掌握了无砟轨道的关键建造技术，使得我国的高速铁路具有中国自己的自主知识产权。

2009年12月26日，武广高速铁路投入运行，该线采用从德国睿铁公司（RAIL. ONE）引进的RHEDA 2000双块式无砟轨道技术；京沪高铁、京石高铁、石武高铁、广深港高铁、京沈高铁、哈大高铁、沪宁城际均采用CRTS Ⅰ或CRTS Ⅱ型板式无砟轨道技术；2015年4月，第一条采用CRTS Ⅲ轨道板的郑徐客运专线开始铺设；截止2019年，我国已建成高速铁路3.5万km，涵盖我国由南到北、从东到西，不同气候、不同地貌、不同地形、不同地质区域。大规模高速铁路建设，极大地促进了我国无砟轨道铁路路基技术的进步与发展。

9.13.2　我国高铁无砟轨道的主要技术难点

相对于有砟轨道需要布置碎石、铺设混凝土轨枕等，高铁无砟轨道采用专门制定的钢筋混凝土作为基材的道床板，具有路轨构造效率高、施工工期短等诸多优点，但其建造技术及工序更加繁杂，难度水平也更高。

我国高铁无砟轨道的主要技术难点如下。

1. 轨道稳固性设计

无砟轨道更加注重整体构架的稳固性，地基结构的设计显得尤为重要，建成轨道出现的局部沉陷或变形对高速铁路的运行危害极大，如何实现对施工和设计精准性的把控是一大技术难题。

2. 建造基准及技术的适应性

传统的测定方法已经无法满足对高速铁路建造的测定需求，为保证建造基准的准确性，需要启用更高水平的工程测量装备，同时与其相适应和配套的建造技术的开发也是需要进一步研究的重点方向。

3. 平滑性保障

无砟型高铁工程不但要求在具体的施工作业环节中一气呵成地完成牢靠、稳妥型基础工程的构建，而且还需对无砟轨道的整体刚度、平滑程度给出更高的控制水准，难度也可想而知。

4. 现场的施工管理

由于高铁无砟轨道对精准性、平顺性等的高要求，因此对如无砟型分道岔结构等的现场施工技术控制提出了高要求，再如如何提高现场施工技术人员的施工作业水平也是一大难题。高铁无砟轨道，如图9-13所示。

我国有砟、无砟轨道高速铁路路基沉降变形限制标准见表9-23。

图9-13　高铁无砟轨道

表 9-23 我国有砟、无砟轨道高速铁路路基沉降变形限制标准

设计时速 /(km/h)	轨道类型	工后沉降 /mm	桥路过渡段工后沉降（差异沉降）/mm	沉降速率 /(mm/a)	过渡段折角/rad
200 ~ 300	无砟轨道	15	5	—	1/1000
300 ~ 350	有砟轨道	50	30	20	—
250	有砟轨道	100	50	30	—
200	有砟轨道	150	80	40	—

9.13.3 我国在高速铁路建设中采用的无砟轨道技术

无砟轨道主要有 3 种类型：①板式无砟轨道，工厂预制轨道板现场铺设，主要分为 CRTSⅠ型、CRTSⅡ型、CRTSⅢ型 3 种轨道板和道岔板；②双块式无砟轨道，采用工厂预制部分轨枕（承轨槽部分）并组排现场浇筑道床，形成整体道床板，分为 CRTS Ⅰ 型、CRTS Ⅱ 型 2 种形式；③长枕埋入式无砟轨道，为工厂预制整条轨枕并组排现场浇筑道床，形成整体道床板。

1. CRTS Ⅰ 型板式无砟轨道

特点：单元式轨道板，板与板之间不设置连接，板缝间不进行填充，通过设置凸形挡台限位（周围填充树脂）。标准板有 6 种尺寸规格，长度分别为 5600mm、4962mm、4856mm、4330mm、3685mm、3060mm。此种无砟轨道结构形式是在日本无砟轨道板技术上改性研制而来。CRTS Ⅰ 型板式无砟轨道结构，主要以无挡肩的独立单元板式无砟轨道结构为主，其部件主要包含钢轨、扣件、充填式垫板、预制轨道板、水泥乳化沥青砂浆（CA 砂浆）层、凸形挡台及钢筋混凝土底座板等。底座板及凸形挡台与线下结构物通过预埋套筒内的连接钢筋进行有效连接，浇筑混凝土后形成稳定抵抗外力的整理结构。其中桥梁地段底座板在线下结构断缝处和轨道板断缝处均处于断开状态，路基地段底座板每 2 ~ 3 块轨道板设置一断缝，并使用聚乙烯泡沫板进行填缝处理，顶部及侧边则用聚氨酯封闭。列车荷载可通过不同结构层进行传递，首先通过钢轨将荷载传至轨道板，再通过中间的填充层 CA 砂浆将荷载传至底座板，底座板通过连接钢筋和混凝土底面将荷载传至下部结构。使用低弹性模量（100 ~ 300MPa）的 CA 砂浆作为轨道板与底座板之间的填充层，具有很好的缓冲作用，有利于外力的传递和缓冲，其标准厚度为 4 ~ 10 cm。CRTS Ⅰ 型板式无砟轨道的技术特点和优势主要有以下几点：其自身的单元分块式结构，结构简单，受力状态明确；轨道板采用无挡肩平板式结构，制造工艺简易，采用的后张法施加预应力工艺成熟稳定；底座板通过预埋钢筋与梁面连接，形成稳定受力体；轨道板铺设工艺较简单，由于是单元分块式结构，运营过程中结构出现问题后易于整治修复。其缺点在于：轨道结构纵向整体性和刚度均匀性较差，使得线路平顺性相对较差；同时，CA 砂浆质量较难控制，耐久性有待持续提高。CRTS Ⅰ 型板式无砟轨道，如图 9-14所示。

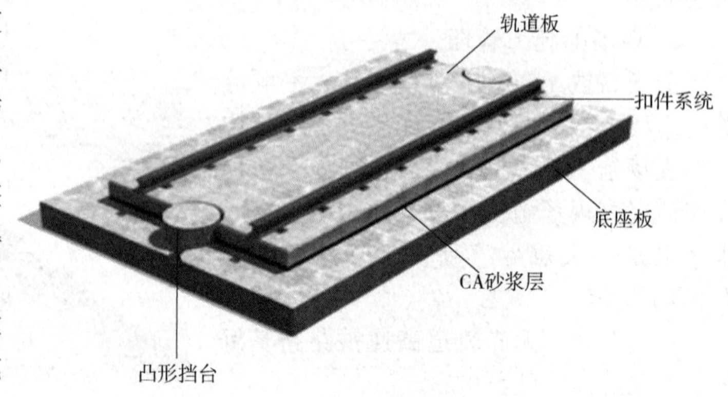

图 9-14 CRTS Ⅰ 型板式无砟轨道

2. CRTS Ⅱ型板式无砟轨道

CRTS Ⅱ型板式无砟轨道，是在现场摊铺的混凝土支承层或现浇钢筋混凝土底座板上，通过水泥乳化沥青砂浆调整层进行预制轨道板的铺设，属于纵连板式无砟轨道结构形式。它有两种形式：①无挡肩轨道板，配套使用的是无挡肩弹性分开式扣件，取消打磨、布板等复杂工艺流程；②有挡肩轨道板，配套使用的是弹性不分开式扣件和承轨台打磨技术工艺。

CRTS Ⅱ型的底座板与轨道板，均纵向连接形成通长的整体板带结构，两侧设置有侧向挡块。标准板长度统一为6.45m，是在德国博格板技术基础上改进研制而来的。它主要由钢轨、扣件、预制轨道板、水泥乳化沥青砂浆（CA砂浆）层、钢筋混凝土底座板、“两布一膜”滑动层及高强度挤塑板（桥梁地段）、锚固结构、侧向挡块等部件组成。承轨面上设置1:40的轨底坡。轨道板端部布置螺纹钢筋，通过张拉扣件纵向连接形成一个贯通的、无限长的连续轨道结构。铺设桥面上轨道板时，经过精调和灌浆后，进行纵向张拉连接成为整体。为适应底座板的连续结构受力，在桥梁两端路基上设置摩擦板和端刺。施工期间在桥上设置临时端刺，以限制底座板中的应力及温度变形。两端间底座板跨梁缝连接时，通过在梁体上设置的预埋钢筋和剪力齿槽与梁体进行固结，形成底座板纵向传力的受力结构形式。底座板两侧设置侧向挡块，以限制底座板的横向位移。列车水平荷载传至底座板处时，通过滑动传至梁端预埋钢筋（剪力销）和剪力齿槽处，再通过预埋钢筋（剪力销）和剪力齿槽传至固定支座。

在底座板与轨道板之间，用高弹性模量的水泥乳化沥青砂浆（CA砂浆）进行填充，起着支承、承力和传力的作用，并可提供一定的弹韧性，标准厚度为3cm。在底座板与梁面之间铺设“两布一膜”滑动层，在梁端一定范围（一般是1.45m）内，可减小梁体转动对底座板的影响。

CRTS Ⅱ型板式无砟轨道的技术特点和优势主要有：通长的纵连结构方式，使其整体性强，纵向刚度分布均匀，线路的平顺性也得以提高，很好地保证了高速列车运行过程中的平稳性和舒适性，同时桥梁地段底座板与梁面间设置滑动层，减少桥梁结构变形对轨道结构的影响。但缺点也比较明显：施工环节增多，工艺复杂，成本加大；CA砂浆层厚度较薄，灌注质量较难控制，耐久性也有待进一步提高；由于其属于整体式纵连结构，即使是结构局部出现问题也较难整治处理。CRTS Ⅱ型板式无砟轨道板，如图9-15所示。

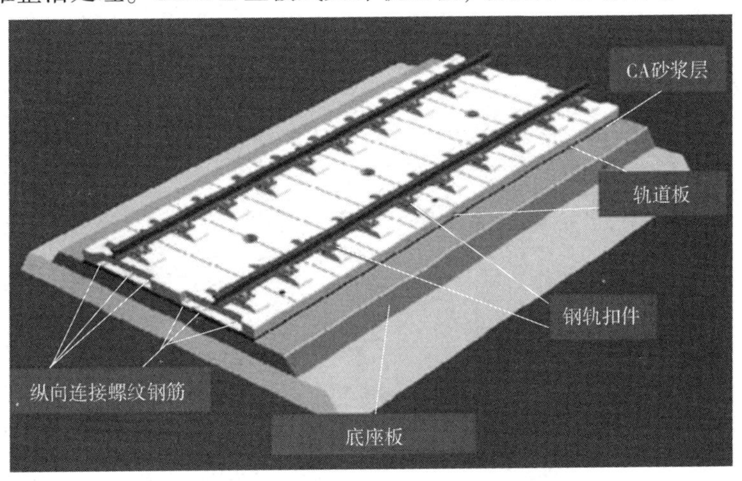

图9-15　CRTS Ⅱ型板式无砟轨道

3. CRTSⅢ型板式无砟轨道

CRTSⅢ型板式无砟轨道的特点在于：采用预制轨道板单元结构，在现浇钢筋混凝土底座板上设置有凹槽限位，在其中充填自密实混凝土后与轨道板形成复合结构，是一种适应 ZPW-2000 轨道电路的无砟轨道结构形式。单元式轨道板的板与板之间不设置连接，板缝也不填充，在底座板上设置两个限位凹槽。标准板有 P5600、P4925、P4856 三种尺寸规格，特殊板也具有 P3710、P5600A、P4925B 规格形式。此板型是我国 2009 年从成灌铁路开始自主研发和设计的新产品，具有完全自主知识产权；缺点在于轨道结构纵向整体性和刚度均匀性相对较差，线路平顺性较 CRTS Ⅱ 型差。CRTS Ⅲ 型板式无砟轨道，如图 9-16 所示。

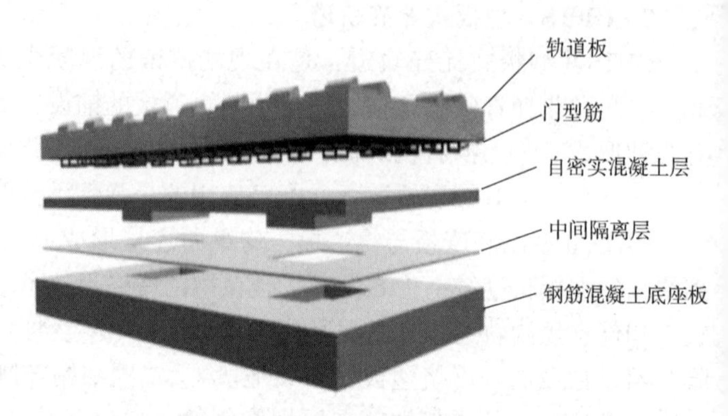

图 9-16　CRTSⅢ型板式无砟轨道

9.14　钢筋混凝土盾构片（管片）

9.14.1　生产工艺

钢筋混凝土盾构片（管片），如图 9-17 所示。其传统的生产工艺如下：钢筋骨架安放在管片模具上，放置预埋件，合拢盖板，浇筑混凝土，振动成型，收水抹面，盖塑料膜，压盖，静停，蒸汽养护（80℃，6h），脱模，浸水养护 14d，出池，检验，堆放。现在管片生产工艺中存在以下问题：C50 普通塑性混凝土，须要振动成型，噪声大，能源耗量大；二次养护，即成型后，静停，蒸养和脱模后，浸入水池，湿养，消耗能源、劳力、水资源和占用大片场地；模具笨重，投入大。总的来说，生产率低，劳动量大，占地面积大，成本高。

图 9-17　钢筋混凝土盾构片（管片）

9.14.2　多功能混凝土的新技术与新工艺

多功能混凝土（MPC）具有自密实、自养护、低收缩、高耐久性等多种功能。采用 C50 的 MPC 在管片生产中施工应用，混凝土浇筑后，免振自密实成型，然后进入太阳棚养护，在南方，太阳棚内温度可达 40～50℃，这是管片的外温；管片混凝土中由于掺入了无机粉体作为自养护剂，均匀分散供水给水泥水化，抑制了管片混凝土的早期收缩和自收缩开裂；在太阳棚内养护温度均匀，强度提高快，24h 抗压强度≥50MPa，可脱模堆放。

由此可见，采用新材料 MPC 和太阳能养护新技术（图 9-18），可使混凝土管片生产免除振动，免除蒸汽养护和浸水养护，达到省力化、省能源和省资源。

a）

b）

图 9-18　太阳能棚

a）试验试样用的太阳棚　b）构件生产时用的太阳棚

9.15　预制混凝土管廊

管廊可把弱电强电管线、输水管、燃气管道等集中放置，便于管理和维修，是城市化建设中新技术的应用。日本大阪某水泥制品厂有专门生产钢筋混凝土管廊的车间。管廊的生产过程，如图 9-19 所示。方涵管廊模具及施工实例，如图 9-20 所示。

a）

b）

c）

图 9-19　管廊的生产过程

a）模具组装及安放钢筋后浇混凝土　b）用插入式及附着式振捣器振实混凝土

c）脱模后的钢筋混凝土管廊

a）

b）

图 9-20 方涵管廊模具及施工实例

a）方涵管廊模具 b）施工实例

管廊用混凝土强度等级 C40～C50，新拌混凝土坍落度 4～6cm，用铲车运输浇筑，用插入式与附着式振捣器，在模板里面和外面，振实混凝土。冬天气温低，制品盖上衫布，通蒸汽养护 6h 左右，才能脱模。

9.16 盒子房屋

日本的三泽住宅公司用钢骨架新陶瓷墙板，组成盒子间，运输到施工现场，拼装成住宅。每天生产 5 栋，月产 125～150 栋；在日本国内，年销售量约 5000 栋。北京亮马桥建造供外国人用的住宅，也曾采用了这种盒子房屋。

9.16.1 新陶瓷墙板

新陶瓷墙板也是一种多孔混凝土板，表观密度 500kg/m^3 左右，抗压强度 4.5MPa；性能与加气混凝土类似。但新陶瓷墙板生产时整块板浇筑，经 30min 蒸养后，脱模入釜蒸压，温度 175～203℃，压力 8～16 个大气压，蒸压 24h，出釜得新陶瓷墙板。在工厂将此板预制成房屋盒子间，运至施工现场，拼装成民用住宅楼。

石灰石和硅石为其主要原材料。将石灰石煅烧，硅石磨粉，按 $CaO:SiO_2=0.8\sim1.0$ 配料，加入发泡剂、稳泡剂、促凝剂等，在固定搅拌机内搅拌；模板运至搅拌机下，浇筑料浆，发泡膨胀。

（1）配筋 板的边框用槽钢，内部用 $\phi6\sim\phi8$mm 钢筋作为纵横向钢筋，间距 10cm（图 9-21）。钢筋网片除锈与防腐均在池内自动进行（图 9-22）。

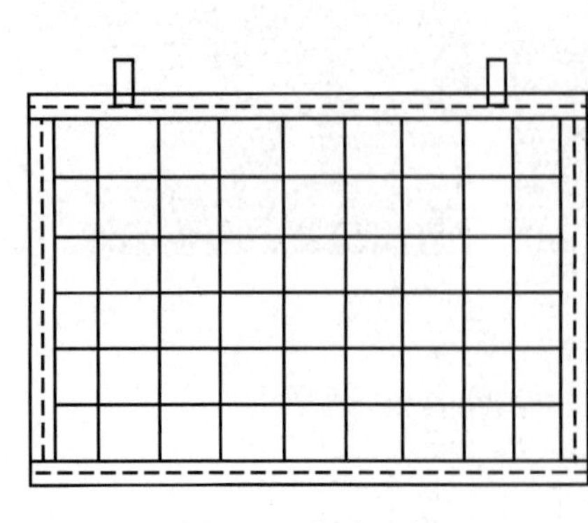

图 9-21 板内配筋

图 9-22 钢筋网片除锈与防腐

（2）模板组装　模板底面都做成装饰混凝土模样，板材脱模后，表面即成为装饰混凝土。板材上编码，便于维修管理。

（3）浇筑养护　将模板运至搅拌机下，料浆直接浇筑入模；蒸养30min后，用翻转机脱模，立装在车上（图9-23），入高压釜蒸压，出高压釜后，由起重机堆放在架子上。

图9-23　经30min蒸养后，用翻转机脱模的板材

（4）表面装修　在组装成盒子间之前，先将板材进行表面装修。由于该板生产时已做成各种线型，故表面装修也即表面喷涂（图9-24）。

（5）组装　装修好的板材进入自动装配线，组装成盒子间（图9-25）。

图9-24　板材表面喷涂

图9-25　将板材组装成盒子间

9.16.2　盒子间的运输组装

盒子间运至施工现场，用汽车起重机把盒子间组成一栋栋住宅楼。每栋住宅楼在现场组装约2.5h，加上基础工程及装修时间，完成一栋住宅楼约需2周时间左右。盒子间的运输组装如图9-26所示，也可用直升机吊装（图9-27）。

a）

b）

图9-26　盒子间的运输组装

a）盒子间运输　b）现场组装成住宅楼

图 9-27　用直升机吊装

9.16.3　新陶瓷墙板及盒子间的性能

新陶瓷墙板与其他材料性能比较见表 9-24。

表 9-24　新陶瓷墙板与其他材料性能比较

名称	密度/(t/m³)	热导率/(W/m·K)	强度				弹性模量/(×10⁴ kgf/cm²)	透湿率/(g/m·m·h)	耐火	隔声（透过损失）/dB（500Hz）
			抗压强度/(N/cm²)	抗拉强度/(N/cm²)	抗弯强度/(N/cm²)	抗剪强度/(N/cm²)				
新陶瓷墙板	0.5	0.110	92.1	13.5	20.6	15.7	3.5	0.029	耐	36，120mm
混凝土	2.0	1.3	162.7	15.7	—	14.7	8.75	0.0014	耐	36，60mm
木材	0.38	0.10	235.2	768.3	999.6	82.3	18.81	0.0050	不耐	36，160mm
钢材	7.86	43～52	473.3～597.8	473.3～597.8	473.3～597.8	180.3～230.3	26.97	没有	不耐	36，8mm

注：$1N/cm^2 = 0.01MPa$；$1kgf \approx 10N$。

新陶瓷墙板的性能：热导率与木材相似，隔声性比木材好，耐火性木材差、新陶瓷墙板优。

新陶瓷结构与其他结构相比结果见表 9-25。

表 9-25　新陶瓷结构与其他结构相比结果

结构类别	尺寸稳定性	标准工期/日	工厂生产化程度（%）	施工合理性（技术等级）
新陶瓷＋钢骨架	优	27	80	6
预制构件	良	55	50	11
一般木结构	中	75	30	17
钢结构	良	60	40	13

（1）耐火性能　新陶瓷墙板耐火试验，如图 9-28 所示。

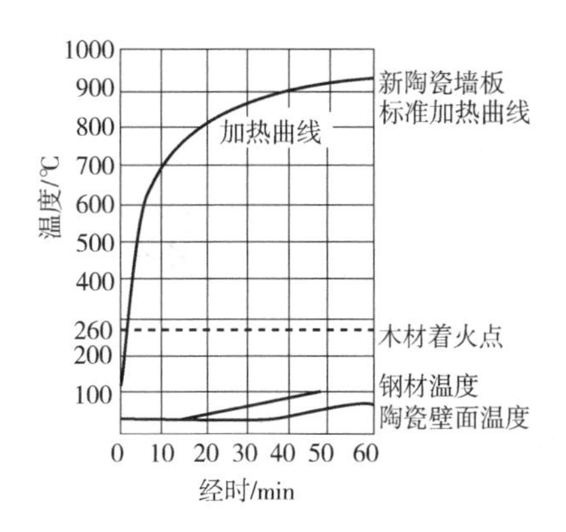

图 9-28 新陶瓷墙板耐火试验（板厚 120mm，1h）

（2）隔声性能 120mm 厚新陶瓷墙板隔声达 36dB，主要由于板内气泡吸收了部分声波，而一般木结构房子只有 25dB（图 9-29）。

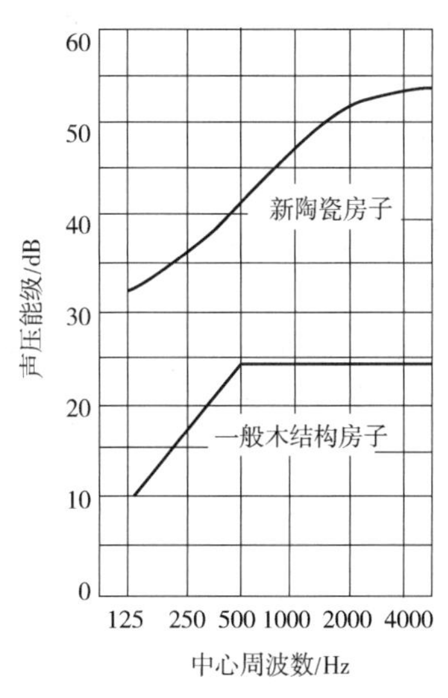

图 9-29 新陶瓷墙板隔声试验

（3）抗震性能 抗震试验证明，新陶瓷房子能抵抗日本关东大地震 4 倍以上的震级。这是由于盒子结构强度高，每个盒子由钢骨架和新陶瓷板组合而成，垂直荷载由钢骨架承担，水平荷载由钢骨架与陶瓷板共同承担。小地震时，让陶瓷板比较多分担地震力，建筑物的变形小。大地震时，由于钢骨架的柔性和新陶瓷耐力墙相撑的效果，防止建筑物倒塌。

通过试验还证实了新陶瓷墙板比加气混凝土的耐久性好，防腐、防蚁等性能也很优异。

第10章 墙体材料

10.1 概述

建筑围护结构的主要组成部分是墙体，构筑墙体的材料称为墙体材料，主要有砌墙砖、砌块、墙板等。砌墙砖按生产工艺又分为烧结砖和非烧结砖。烧结砖按构造分为烧结普通砖、烧结多孔砖和烧结空心砖。对于砌块又分为混凝土空心砌块、加气混凝土砌块和轻骨料泡沫混凝土砌块等。对于墙板可以进一步分为普通混凝土大板、复合大板和轻质墙板等；按其使用功能又分为外墙板和内墙板等。

对墙体材料的性能要求主要有力学性能、物理性能和耐久性等。

10.2 烧结普通砖

以黏土、页岩、煤矸石或粉煤灰为原材料，经过焙烧工艺制得的没有孔洞或孔洞率小于15%的烧结砖，称为烧结普通砖。其中黏土烧结砖的历史最为悠久，在我国已有数千年的历史，历来有“秦砖汉瓦”之说。国外烧制黏土砖也有千年以上的历史。

10.2.1 主要生产工艺

烧结普通砖的工艺为制坯、干燥和焙烧。在焙烧第一阶段，经历有机物质被燃尽、坯体脱去结晶水和原材料脱去结晶水几个过程，坯体的孔隙率增加；在焙烧的高温阶段，温度达到900～1050℃，部分矿物熔融，达到部分烧结状态，强度增加，同时也使孔隙率降低。在氧化气氛中烧成的砖为红色，在还原气氛中烧成的砖为青色，红砖青砖在物理力学性能上没有本质的区别。

烧结普通砖中占有很大比例的是烧结黏土砖和内燃砖。它们是以全部采用黏土为原料或掺入部分煤矸石和粉煤灰，烧结过程中煤矸石和粉煤灰在砖坯内燃烧，提高了内部焙烧温度，质量更为均匀，也节省了燃料。内燃砖的颜色与烧结黏土砖的颜色相差无几。

10.2.2 基本技术要求

1. 外形尺寸

烧结普通砖的标准尺寸为240mm×115mm×53mm，这样4块砖长、8块砖宽、16块砖厚，连同10mm灰缝，恰好是$1m^3$。512块可砌$1m^3$的砖砌体。

2. 强度等级

按GB/T 5101—2017，烧结普通砖的强度等级为MU10、MU15、MU20、MU25、MU30

（表 10-1）。例如：MU30 表示其抗压强度平均值不低于 30MPa，强度标准值不低于 22MPa。

表 10-1 烧结普通砖的强度等级 （单位：MPa）

强度等级	抗压强度平均值 $\bar{f}\geqslant$	强度标准值 $f_k\geqslant$
MU30	30.0	22.0
MU25	25.0	18.0
MU20	20.0	14.0
MU15	15.0	10.0
MU10	10.0	6.5

3. 外观质量

烧结普通砖的外观质量见表 10-2。烧结黏土砖的密度为 1400 ~ 1600kg/m^3，吸水率为 8% ~16% 。

表 10-2 烧结普通砖的外观质量 （单位：mm）

<table>
<tr><th colspan="2">项目</th><th>指标</th></tr>
<tr><td colspan="2">两条面高度差 ≤</td><td>2</td></tr>
<tr><td colspan="2">弯曲 ≤</td><td>2</td></tr>
<tr><td colspan="2">杂质凸出高度 ≤</td><td>2</td></tr>
<tr><td colspan="2">缺棱掉角的三个破坏尺寸，不得同时大于</td><td>5</td></tr>
<tr><td rowspan="2">裂纹长度≤</td><td>大面上宽度方向及其延伸至条面的长度</td><td>30</td></tr>
<tr><td>大面上长度方向及其延伸至顶面的长度或条顶面上水平裂纹的长度</td><td>50</td></tr>
<tr><td colspan="2">完整面 不得少于</td><td>一条面和一顶面</td></tr>
</table>

4. 耐久性

耐久性包括抗风化能力、抗冻融性、抗碱侵蚀能力和石灰爆裂等。用于我国东北、内蒙古和新疆等存在严重风化和冻融地区的烧结普通砖，必须进行冻融试验，满足相应指标的要求才能使用。

10.2.3 应用

烧结黏土砖不仅是承载保温的砌筑材料，也是具有一定装饰性的外墙材料，可以用于建筑围护结构，砌筑柱、拱、烟囱、窑身等结构。除了其技术性能之外，烧结黏土砖同时有一定的装饰性，体现在它的颜色、纹理和外形，建筑师和工匠正是利用了这种装饰性，在满足了建筑物的使用功能之外，创造了具有不朽艺术生命力的建筑物，构成了建筑文化的元素之一。

10.2.4 代表性的烧结黏土砖建筑

烧结黏土砖分为青砖和红砖，两者物理力学性能基本相同，但是外观带给建筑不同的装饰风格。青砖质朴偏冷色、耐污、耐久、不褪色，历史上留下了许多著名的建筑，其中最大的建筑就是我国的万里长城（图 10-1）。红砖的红色偏暖而质朴的外观，对建筑有一种历久不变的独特装饰性，应用的范围比青砖更广一些，实际上也已经成为一种建筑文化的符号而融入建筑及其文化的历史发展中。例如：我国云南弥勒的红砖建筑群（图 10-2）。日本北海道厅旧本厅建筑全部采用红砖建造而成，所以又常被人们称为红砖馆，距今已有 130 多年，被列为日本重要的保护文物（图 10-3）。著名的汉堡仓库城是德国最大红砖建筑群之一，始建于 1886 年，是世界上最大的仓储式综合市场，长 1.5km，延伸超过 $26\times10^4m^2$，拥有超过 30 万 m^2 的存储空间（图 10-4）。2015 年，汉堡仓库城和包括智利之家在内的船运大楼被联合国教科文组织批准列入世界文化遗产名录。

图 10-1　万里长城

图 10-2　我国云南弥勒的红砖建筑群

图 10-3　日本北海道厅旧本厅

图 10-4　德国汉堡的仓库城

另有一些巧妙利用砖的颜色和外形，经建筑师和工匠的巧妙构思和精心的砌筑作业，构筑了各种艺术形式的建筑物，如图10-5～图10-8所示。

图10-5　红砖外墙凹凸纹路

图10-6　青砖砌筑的错落有致的外阳台

图10-7　红砖砌筑的教堂拱顶

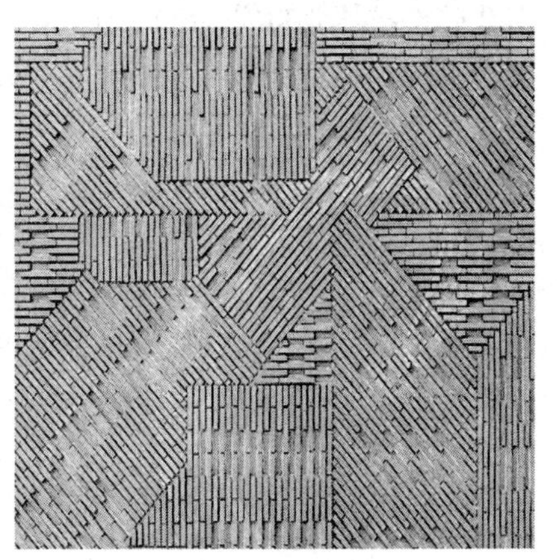

图10-8　红砖的契合图案

随着我国保护耕地红线国策和减少燃煤烟气排放的环保措施的实施，红砖的生产在我国的很多地方已被禁止或被限制，同时推进复合墙体工业化生产以代替砌筑的现场湿作业施工，烧结黏土砖作为一种在建筑发展史上发挥过重大作用的传统墙体材料逐渐淡出建筑材料的中心舞台，但是烧结空心砖、内燃砖等由于相对于实心砖对土壤耗用量相对较少，在建筑工程上仍有一定的使用量。

10.3　烧结多孔砖和烧结空心砖

烧结多孔砖和烧结空心砖来代替烧结普通砖，可使建筑物自重减轻30%左右，节约黏土20%～30%，节约燃料10%～20%，砌筑施工效率提高40%，并能改善保温隔热和隔声性能。

10.3.1　烧结多孔砖

烧结多孔砖外形为直角六面体，有M190×190×90和P240×115×90两种规格（图10-9）；

其孔洞率不低于28%，孔型分为矩形孔和矩形条孔（长度尺寸不小于宽度尺寸的3倍），孔的长度尺寸不大于40mm，宽度尺寸不大于13mm。手抓孔为（30～40）mm×（75～85）mm。

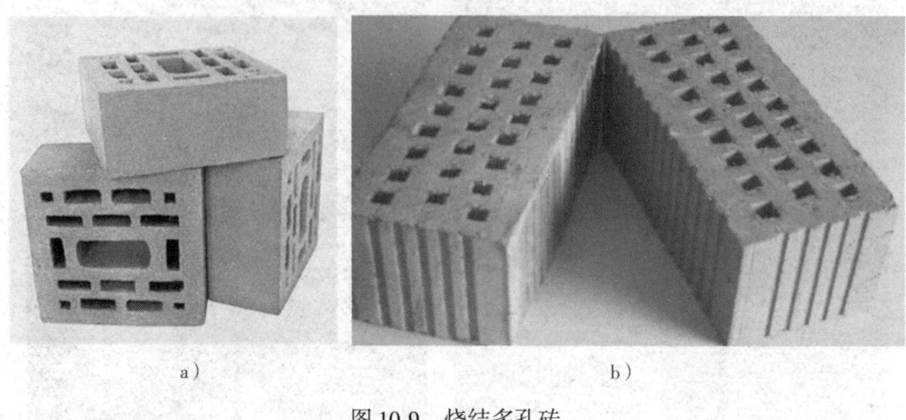

a）　　　　b）

图10-9　烧结多孔砖

a）M规格　b）P规格

烧结多孔砖按抗压强度分为MU30、MU25、MU20、MU15和MU10五个等级，分别按抗压强度平均值和强度标准值评定。烧结多孔砖的密度分为1000kg/m^3、1100kg/m^3、1200kg/m^{3}和1300kg/m^{3}四个等级。

10.3.2　烧结空心砖

烧结空心砖是以黏土、页岩或粉煤灰为主要原料烧制而成的，主要用于非承重部位，孔洞率一般在35%以上，常用的有290mm×190mm×90mm和240mm×180mm×115mm两种规格。砖的壁厚大于10mm，肋厚大于7mm，如图10-10所示。按照GB/T 13545—2014，烧结空心砖分为MU10.0、MU7.5、MU5.5、MU3.5四个等级，见表10-3；密度分为800kg/m^3、900kg/m^3、1000kg/m^{3}和1100kg/m^{3}四个等级，见表10-4。

图10-10　烧结空心砖

表10-3　烧结空心砖的强度等级

强度等级	抗压强度/MPa		
	抗压强度平均值$\bar{f}$≥	变异系数δ≤0.21	变异系数δ>0.21
		强度标准值f_k≥	单块最小抗压强度值f_{min}≥
MU10.0	10.0	7.0	8.0

（续）

强度等级	抗压强度/MPa		
	抗压强度平均值 $\bar{f}\geqslant$	变异系数 $\delta\leqslant0.21$	变异系数 $\delta>0.21$
		强度标准值 $f_k\geqslant$	单块最小抗压强度值 $f_{min}\geqslant$
MU7.5	7.5	5.0	5.8
MU5.0	5.0	3.5	4.0
MU3.5	3.5	2.5	2.8

表 10-4　烧结空心砖的密度等级　（单位：kg/m^3）

密度等级	五块体积密度平均值
800	≤800
900	801 ~ 900
1000	901 ~ 1000
1100	1001 ~ 1100

烧结空心砖自重较轻，强度较低，多用于非承重墙，如多层建筑内隔墙或框架结构的填充墙等，一般以大面作为受压面使用。

10.4　混凝土空心砌块

10.4.1　基本技术要求

混凝土空心砌块是将细石混凝土拌合物经过特定模具和机械压制成型的砌筑墙体材料，常用的规格为 390mm × 390mm × 190mm，其他规格可由供需双方商定。承重砌块的最小外壁厚应不小于 30mm，最小肋厚应不小于 25mm，空心率应不小于 25%，如图 10-11 所示。混凝土空心砌块按抗压强度分为 MU5、MU7.5、MU10、MU15、MU20、MU25、MU30、MU35、MU40 九个等级。

图 10-11　各种规格的混凝土空心砌块

为了提高建筑围护结构的节能效率，近些年发展了聚苯加芯节能砌块，就是在砌块的空洞中加入聚苯板，使节能效率大大提高，如图 10-12 所示。

图 10-12　聚苯加芯节能砌块

10.4.2　混凝土空心砌块的砌筑施工

混凝土空心砌块适用于地震设计烈度为 8 度及其以下的各种建筑墙体，尤其适用于多层建筑的承重墙体及框架结构填充墙；也可以用于围墙、挡土墙、桥梁和花坛等市政设施。混凝土空心砌块的砌筑墙体设有构造柱、拉结筋和错缝的节点技术要求，如图 10-13 和图 10-14 所示。

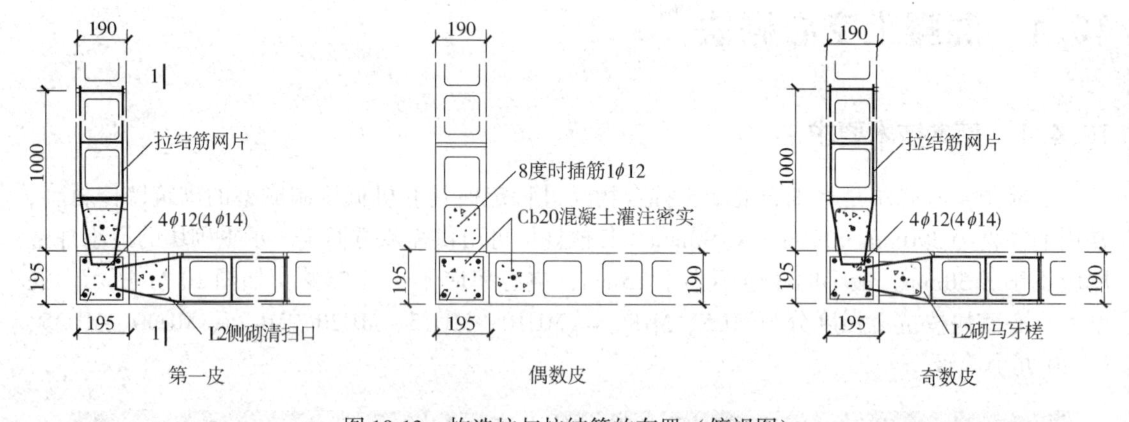

图 10-13　构造柱与拉结筋的布置（俯视图）

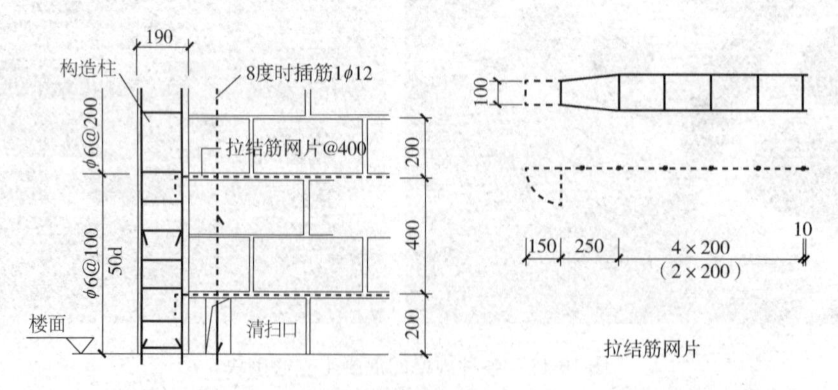

图 10-14　构造柱与拉结筋节点图（图 10-13 中 1—1 剖面图）

10.5　加气混凝土砌块

加气混凝土（ALC）砌块是由钙质材料、硅质材料和发气剂（铝粉）等制备料浆，浇筑后铝粉和碱性组分反应生成氢气而膨胀，形成大量的微小气孔，坯体切割之后再于蒸压釜内进行蒸压养护而成，形成的水化产物主要是托贝莫莱石相，其化学稳定性较好。

加气混凝土砌块一般密度为500～700kg/m^3，只相当于黏土砖和灰砂砖的1/4～1/3，普通混凝土的1/5，使用这种砌体，可以使整个建筑的自重比普通砖混结构建筑的自重降低40%以上。由于建筑自重减轻，地震破坏力小，所以大大提高建筑物的抗震能力。

加气混凝土砌块常用590mm×240mm×190mm和390mm×190mm×190mm等规格尺寸，如图10-15所示，其他尺寸可以由供需双方商定。用于隔墙的砌块强度等级一般为A3.5，外墙为A5，砌筑砂浆强度不低于M5。

加气混凝土砌块砌筑前，应根据建筑物的平面、立面图绘制砌块排列图。在墙体转角处设置皮数杆，皮数杆上画出砌块皮数及砌块高度，并在相对砌块上边线间拉准线，依准线砌筑。

图10-15　常用规格尺寸的加气混凝土砌块

加气混凝土砌块墙的上下皮砌块的竖向灰缝应相互错开，相互错开长度宜为300mm，并不小于150mm。如不能满足时，应在水平灰缝设置2ϕ6的拉结筋或ϕ4钢筋网片，拉结筋或钢筋网片的长度不应小于700mm，如图10-16所示。

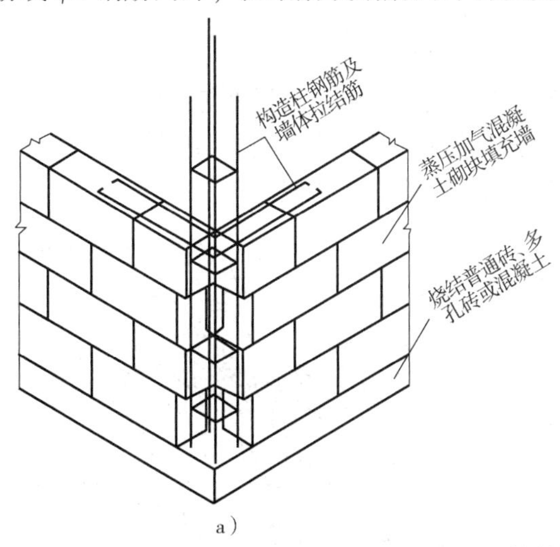

a）

b）

图10-16　拉结筋与构造柱

a）拉结筋与构造柱的设置示意图　b）构造柱的施工

加气混凝土砌块墙的转角处，应使纵横墙的砌块相互搭砌，隔皮砌块露端面。加气混凝土砌块墙的T字交接处，应使横墙砌块隔皮露端面，并坐中于纵墙砌块。

加气混凝土砌块如无有效的防护措施，不宜用于建筑物防潮层以下部位、长期浸水或化学侵蚀环境、长期处于有振动源环境的墙体。

10.6 轻骨料泡沫混凝土砌块

10.6.1 砌块特点

将轻骨料泡沫混凝土拌合物经浇筑、自然养护和切割等工序，生产砌块；其中实心砌块常用规格390mm×190mm×190mm，空心砌块常用规格590mm×390mm×190mm，孔洞率大于25%（图10-17）。实心砌块密度为550~800kg/m^3，空心砌块密度为400~650kg/m^3；强度从3.5MPa到10MPa不等。

a）　　　　　　b）

图10-17　不同规格的轻骨料泡沫混凝土砌块

a）实心砌块　b）空心砌块

10.6.2 砌块的工程应用

轻骨料泡沫混凝土砌块用于内隔墙或框架结构的填充外墙，高强度等级的可用于多层结构设置构造柱的自承重墙。图10-18所示为砌筑施工中的内隔墙。图10-19所示为外角构造柱的设置示意图，设置方法与加气混凝土砌块的砌筑墙体情况类似。

图10-18　砌筑施工中的内隔墙

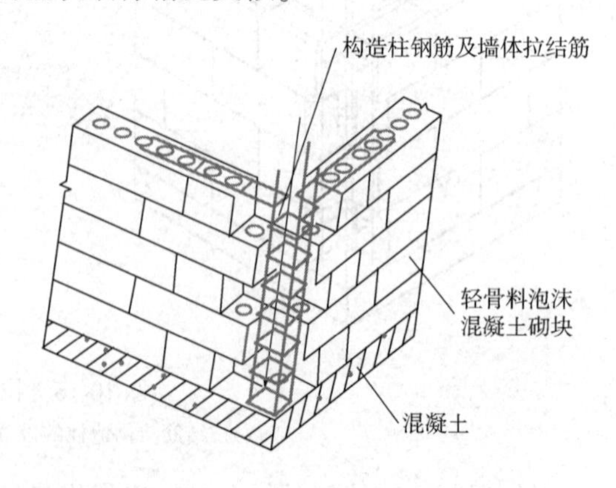

图10-19　外角构造柱的设置示意图

10.7　加气混凝土轻质墙板

加气混凝土轻质墙板（又称为 ALC 板），采用与加气混凝土同样的材料配比和生产工艺，生产的轻质板材（图 10-20），板内配置钢筋和安装连接节点（图 10-21）。

图 10-20　ALC 板的外形

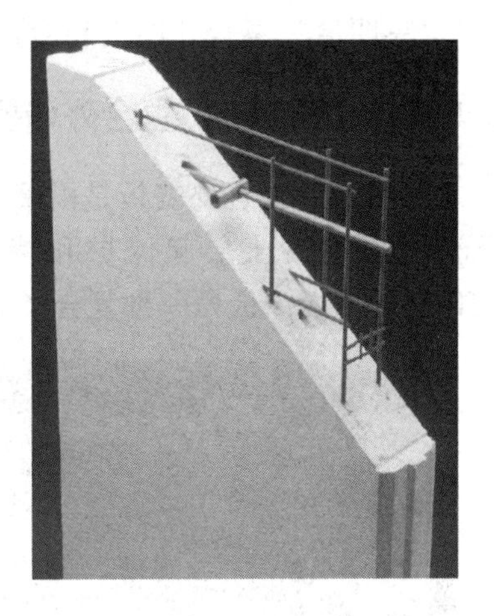

图 10-21　ALC 板的配置钢筋和安装连接节点

ALC 板不燃，耐久性好，使用年限可以和建筑物的使用寿命相匹配。ALC 板的热导率 $\lambda=0.13\mathrm{W/(m\cdot K)}$，蓄热系数 $S=2.75\mathrm{W/(m^2\cdot K)}$，不仅可以用于保温要求高的寒冷地区，也可用于隔热要求高的夏热冬冷地区或夏热冬暖地区。ALC 板生产和施工，工业化、标准化，规范化；可锯、切、刨、钻，施工干作业，速度快；具有完善的应用配套体系，配有专用连接件、勾缝剂与修补辅料等；无放射性，无有害气体逸出，是一种绿色环保材料。

ALC 板广泛应用于内外墙、屋面以及装饰板等。日本从 20 世纪 70 年代就将 ALC 板用于高层建筑的外围护结构（图 10-22），国内也用于钢结构的外围护结构（图 10-23）。

图 10-22　ALC 板用于高层建筑的实例

图 10-23　ALC 板用于钢结构的实例

10.8 复合外墙板

外墙外保温体系已有多年的历史，但制作方法存在不足之处，有易脱落，易燃，不能与建筑物同寿命等不足之处。发展结构保温一体化复合外墙板是一个新的发展方向。目前应用的有“三明治”复合外墙板和微孔混凝土复合外墙大板等。

10.8.1 “三明治”复合外墙板

“三明治”复合外墙板是以聚苯板、挤塑板或岩棉为加芯层，起保温隔热作用，内外两面浇筑钢筋混凝土层起保护和持力作用（图 10-24）。聚苯板和上下层的连接节点，如图 10-25所示。该板另一种复合产品是以岩棉作为加芯层的复合板（图 10-26）。

图 10-24 聚苯板“三明治”复合外墙板的构造

图 10-25 聚苯板和上下层的连接节点

图 10-26 岩棉“三明治”复合外墙板的构造

这两种复合外墙板，较外墙外保温体系是一个很大的进步，初步解决了结构保温一体化的问题，近年来采用“三明治”复合外墙板建造了大批装配式住宅建筑。但是，聚苯板“三明治”复合外墙板仍存在的问题是保温层与结构不同寿命，而且复合外墙板构造的三层之间的节点多，拉结件多，制作工艺复杂，生产率较低。以岩棉作为加芯层的复合外墙板虽然初步解决了保温层耐久性的问题，但是仍存在着岩棉使用过程对施工人员健康的负面影响以及材料成本较高的问题，所以仍存在进一步改进的空间。

10.8.2　微孔混凝土复合外墙大板

微孔混凝土复合外墙大板（以下简称为复合大板），是以普通钢筋混凝土层作为持力层，以轻质微孔混凝土层作为保温层，采用连续浇筑的生产工艺和自然养护的方法，以工业化规模的流水线方式生产，将原来的三层变为两层，同时省去大量的连接件，大大提高了生产率。它集装饰、保温、承载、防火功能为一体，并且实现了工业化高效生产。

复合大板有以下几个突出的优点：①保温层中含大量封闭孔隙的混凝土，密度 700～1100kg/m^3，保温层与持力层一体化，改变保温层厚度和密度，满足不同气候区的建筑节能要求；②持力层的普通钢筋混凝土，选择强度等级不低于 C40 的混凝土，选择钢筋等级不低于 HRB400，受力筋和构造筋依据设计要求配置；③墙体装饰层为清水饰面或各种纹理饰面；④墙体外表面具有防水、耐污、耐候性强等特点，耐火等级达到 A1 级；⑤墙体装饰层、持力层和保温层一体化浇筑成型；⑥有良好的隔声效果，隔声系数≥50dB。复合大板成品和挂装中的复合大板工程应用实例分别如图 10-27 和图 10-28 所示。

图 10-27　复合大板成品

图 10-28　挂装中的复合大板

微孔混凝土复合外墙大板分别在北京、成都、武汉、福州和长沙应用于 6 个示范工程，取得了非常好的经济和社会效益，图 10-29 所示为微孔混凝土复合外墙大板在武汉示范工程中装配施工的实景。图 10-30 所示为工程主体竣工后的实景。

a）

b）

图 10-29　微孔混凝土复合外墙大板在武汉示范工程中装配施工的实景

图 10-30　工程主体竣工后的实景

10.9　天然沸石载气体多孔混凝土板材

10.9.1　天然沸石载气体多孔混凝土及多孔轻骨料混凝土的特性

用天然沸石粉作为载气体，把空气或其他气体带进水泥浆中，使水泥浆膨胀，凝结硬化以后成为多孔混凝土（如图 10-31 所示，其中黑色圆点为轻骨料）。天然沸石还参与水泥的水化反应，故该种多孔混凝土的强度能随着龄期增长而提高。

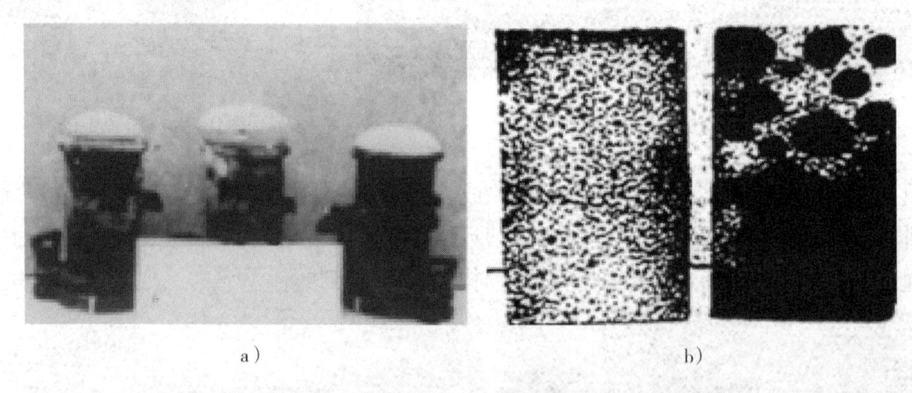

a）　　　　　　　　　　b）

图 10-31　天然沸石载气体多孔混凝土及多孔轻骨料混凝土

a）天然沸石载气体多孔混凝土　b）天然沸石载气体多孔轻骨料混凝土

在天然沸石载气体多孔混凝土（CC）中，掺入轻骨料（NZC），得到一种新型的多孔混凝土（NZCCC），经 28d 标养后，抗压强度达 12～14MPa，相应的表观密度为 900～1000kg/m^3；而 CC 相应的表观密度为 700～900kg/m^3，相应抗压强度只有 5～7MPa。在载气体多孔混凝土（CC）中，掺入表观密度≤500kg/m^3 的人造轻骨料，既能提高抗压强度，又能提高表观密度。

CC 与 NZCCC 的抗压强度、表观密度和 W/(C＋NZAE) 的关系如图 10-32 所示。

当轻骨料的体积掺量为 0.5m^3 左右时，NZCCC 的抗压强度比 CC 提高 60%。养护条件对强度的影响如下。水中养护的 CC 的 28d 抗压强度达 9.5MPa（比强度约 10.44），而高压蒸养试样抗压强度仅 7.1MPa（比强度约 7.45）；前者比后者提高了 34%。水中养护的 NZCC 的 28d 抗压强度为 15.5MPa（比强度约 14.35），而高压蒸养的 NZCC 试样抗压强度为 15.0MPa（比强度约 15.7），两者大体相等。水中养护的 NZCC 的 28d 的抗压强度比 CC 高 63%。高压蒸养的 NZCC 的抗压强度比 CC 提高 111%。这就说明了在 CC 中掺入了轻骨料（表观密度≤500kg/m³），无论是在水中养护或高压蒸养，NZCC 的抗压强度均高于 CC 的抗压强度。

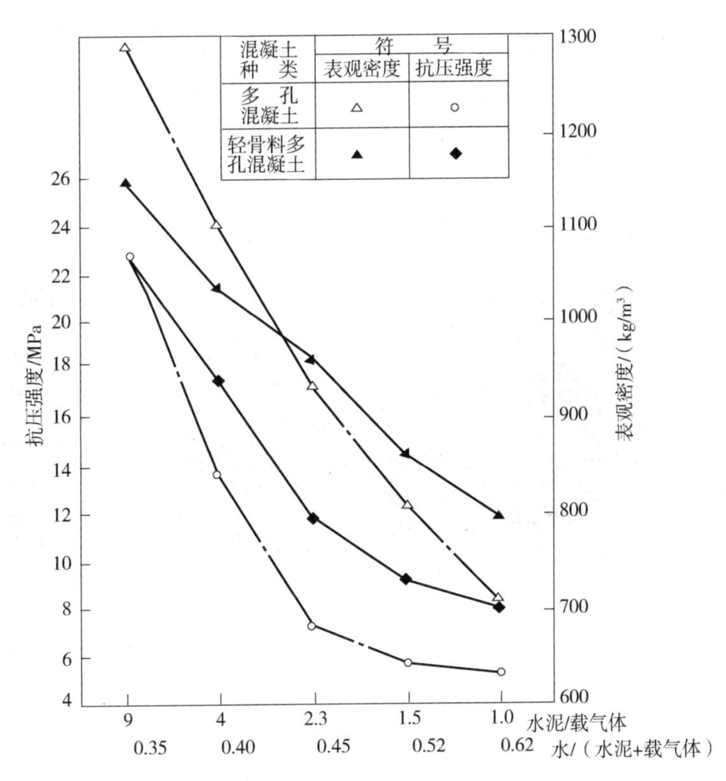

图 10-32　CC 与 NZCCC 的抗压强度、表观密度和 W/(C+NZAE) 的关系

10.9.2　天然沸石载气体多孔混凝土隔墙板的生产应用

在河北张家口市曾建造了一栋三层 500m² 的天然沸石新材料试验楼（图 10-33），内隔墙板都采用了天然沸石载气体多孔混凝土（配合比见表 10-5），其生产过程如图 10-34 所示。

图 10-33　天然沸石新材料试验楼

表 10-5　天然沸石载气体多孔混凝土配合比

编号	水泥（C）	赤城沸石（Z）	$W/(C+Z)$
1	1.5	1	0.40
2	1.5	1	0.45
3	1.5	1	0.50
4	1.5	1	0.55

a）

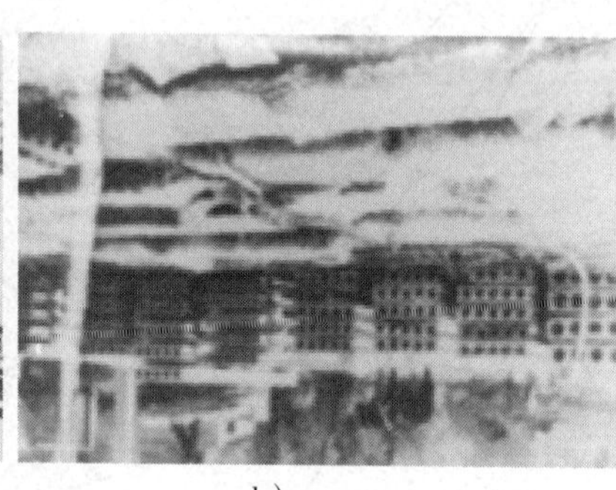
b）

c）

图 10-34　天然沸石载气体多孔混凝土隔墙板生产过程

a）生产浇筑　b）自然浇水养护　c）天然沸石载气体多孔混凝土隔墙板

$W/(C+Z)=0.5$ 的试样在不同养护条件下的强度：标准养护 28d 龄期强度为 4.1～5.3MPa，90d 龄期强度为 6.6～7.3MPa；蒸养试样（90℃，3h），出池强度为 3.6～4.8MPa，28d 龄期时为 5.0～8.5MPa；蒸压试样（180℃，3h）出池强度与标准养护 28d 强度相近。

天然沸石载气体多孔混凝土隔墙板有：分户隔墙板，235cm×59.5cm×12cm，137kg/块；户内隔墙板，263cm×59.5cm×9cm，110kg/块。隔声效果：板厚 90mm，28d 抗压强度 6.9MPa，隔声指数 40.14dB。该试验住宅，经 30 多年的使用，功能良好，耐久性也优良。

第 11 章 建筑砂浆

11.1 概述

建筑砂浆是除混凝土外，另一个在建筑领域大量使用的混合胶结料。建筑砂浆由胶凝材料、细骨料、水和少量添加剂按照适当的比例配制而成。按所用胶结料不同，建筑砂浆分为水泥砂浆、混合砂浆、石灰砂浆、石膏砂浆、聚合物砂浆等；按生产和施工方法，建筑砂浆分为现场拌制砂浆和预拌砂浆，预拌砂浆又可进一步分为湿拌砂浆和干混砂浆；按用途，建筑砂浆分为砌筑砂浆、抹面砂浆、地面砂浆、防水砂浆、装饰砂浆、保温砂浆、泡沫砂浆等。

11.2 现场拌制砂浆

现场拌制砂浆是在工程现场由施工人员自行拌制而成的砂浆，是我国历史上最为常用的建筑砂浆生产方式。但现场拌制砂浆有明显的不足之处：一是质量波动，如砂子的含泥量、石粉含量、级配以及含水量等波动较大，而且容易出现计量不准确而影响砂浆质量；二是现场拌制砂浆品种单一，烧结砖砌体对砂浆性能的要求与加气混凝土砌块、加气混凝土墙板、混凝土空心砌块以及灰砂砖等有所不同，而在现场的原材料品种有限，难以满足工程对各种砂浆的需求；三是对工地的文明施工有所影响。因此，随着现场施工水平提升，现场拌制砂浆逐渐被预拌砂浆所代替。

11.3 预拌砂浆

预拌砂浆是专业生产厂生产的砂浆，具有以下特点：①工厂化生产，原材料质量能严格控制，配合比稳定，可以远程监控生产；②生产率高，自动化生产方式大幅提升砂浆的生产效率和规模；③品种多样化，可专业化定制；目前预拌砂浆已经达到数百种，应用领域涵盖砌筑、抹面、粘接、修补、装饰等，可以针对特殊工程，由技术人员根据工程特点开发和定制专用砂浆；④可充分利用固体废弃物再生资源生产，节约天然原材料；⑤有利于文明施工，将砂浆的生产从现场转移到工厂，显著降低了工程现场的大气污染和噪声污染。

11.3.1 分类

预拌砂浆可分为湿拌砂浆和干混砂浆两类。湿拌砂浆类似于商品混凝土，故也称为商品砂浆，两者均由技术人员进行配合比设计，并由专业厂生产，保证了砂浆的质量。两者不同点主要有：①存放时间不同，湿拌砂浆的存放时间通常不超过 24h，而干混砂浆存放时间通常为3~6个月；②生产设备不同，湿拌砂浆大多由搅拌站生产，而干混砂浆则由专门的混合设备生产；③砂的处理方式不同，湿拌砂浆含水，故砂子不需烘干，而干混砂浆的砂需经烘干处理；④湿拌砂浆运至现场直接使用，干混砂浆需要在现场加水搅拌，工程现场应搭建相应的搅拌设备；⑤品种不同，湿拌砂浆主要有砌筑砂浆、抹面砂浆、地面砂浆和防水砂浆；干混砂浆种类较多，如砌筑砂浆、抹面砂浆、地面砂浆、普通防水砂浆、陶瓷砖黏结砂浆、界面砂浆、聚合物水泥防水砂浆、自流平砂浆、耐磨地坪砂浆、填缝砂浆、饰面砂浆和修补砂浆等。

表11-1和表11-2列出了常用的湿拌砂浆和干混砂浆基本性能。

表11-1　常用的湿拌砂浆基本性能

项　目	砌筑砂浆	抹面砂浆		地面砂浆	防水砂浆
		普通抹面砂浆	机喷抹面砂浆		
强度等级	M5~M30	M5~M20		M15~M25	M15、M20
抗渗等级	—	—	—	—	P6、P8、P10
稠度①/mm	50、70、90	70、90、100	90、100	50	50、70、90
保湿时间/h	6、8、12、24	6、8、12、24		4、6、8	6、8、12、24
保水率（%）	≥88.0	≥88.0	≥92.0	≥88.0	≥88.0
压力泌水率（%）	—	—	<40	—	—
14d拉伸黏结强度/MPa	—	M5：≥0.15 M5以上：≥0.20	≥0.20	—	≥0.20
28d收缩率（%）	—	≤0.20		—	≤0.15

①可根据现场气候条件或施工要求确定。

表11-2　常用的干混砂浆基本性能

项　目	砌筑砂浆		抹面砂浆			地面砂浆	普通防水砂浆
	普通砌筑砂浆	薄层砌筑砂浆	普通抹面砂浆	薄层抹面砂浆	机喷抹面砂浆		
强度等级	M5~M30	M5~M10	M5~M20	M5~M10	M5~M20	M15~M25	M15、M20
抗渗等级	—	—	—	—	—	—	P6、P8、P10
保水率（%）	≥88.0	≥99.0	≥88.0	≥99.0	≥92.0	≥88.0	≥88.0
凝结时间/h	3~12	—	3~12	—	—	3~9	3~12
2h稠度损失率（%）	≤30	—	≤30	—	≤30	≤30	≤30
压力泌水率（%）	—	—	—	—	<40	—	—
14d拉伸黏结强度/MPa	—	—	M5：≥0.15 M5以上：≥0.20	≥0.30	≥0.20	—	≥0.20
28d收缩率（%）	—	—	≤0.20			—	≤0.15

11.3.2　砌筑砂浆

1. 组成材料

（1）胶凝材料　砌筑砂浆常用的胶凝材料有水泥、石灰、石膏等。水泥砂浆强度较高，耐水性好，主要用于潮湿环境、水中以及对砂浆强度等级要求较高的工程。

水泥可采用普通硅酸盐水泥、矿渣硅酸盐水泥、火山灰质硅酸盐水泥、粉煤灰硅酸盐水泥、复合硅酸盐水泥等。M15以上强度等级的砌筑砂浆宜选用42.5级通用硅酸盐水泥；M15以下强度等级的砌筑砂浆宜选用32.5级通用硅酸盐水泥。水泥的用量不应小于$200kg/m^3$。

石灰和石膏通常和水泥一起使用，用来配制水泥混合砂浆。在混合砂浆中，石灰、石膏主要起改善和易性和保水性的作用。生石灰使用前必须经过熟化，且熟化时间不得少于7d，经过磨细的生石灰粉的熟化时间则不得少于2d。不能使用脱水硬化的石灰膏。对于电石渣，应用孔径不大于3mm×3mm的筛网过滤，检验时应加热至70℃后至少保持20min，确保乙炔挥发完后再使用。混合砂浆中的胶凝材料是指水泥和石灰膏、电石膏的材料总量，用量应大于或等于$350kg/m^3$。

（2）细骨料　砂是砌筑砂浆中最常用的细骨料。砂宜选用中砂，随着砂石资源日趋匮乏，砌筑砂浆用砂不限于使用天然砂，也可使用机制砂、净化海砂等，但应符合现行行业标准规定。由于砂浆层较薄，砂子需全部通过4.75mm的筛孔。同时砂子的粒径应根据砌筑材料进行调整。砂子中含的泥，可改善砂浆的保水性和黏聚性，但通常降低砂浆的强度，当含泥量过大，会增加用水量。强度等级≥M2.5砌筑砂浆，砂的含泥量不应超过5%；强度等级M2.5的水泥混合砂浆，砂的含泥量不应超过10%。

（3）拌合水　拌制砂浆的水，与混凝土拌合水相同，不应采用含有害杂质的洁净水。

（4）掺合料　为了改善砂浆的和易性、保水性等，在砂浆中加入掺合料，如粉煤灰、粒化高炉矿渣粉、硅灰、天然沸石粉等。掺合料应符合国家现行标准及相关行业标准。

（5）外加剂　在拌制砌筑砂浆时，要根据砂浆的用途和使用条件选择外加剂。外加剂有减水剂、引气剂、调凝剂、防冻剂、消泡剂、憎水剂等。外加剂应符合相应的外加剂标准。

2. 配合比设计

水泥砂浆及预拌普通砌筑砂浆的强度等级可分为M5、M7.5、M10、M15、M20、M25、M30；水泥混合砂浆的强度等级可分为M5、M7.5、M10、M15。

砂浆配合比应按下列步骤进行计算：①砂浆试配强度；②每m^3砂浆中的水泥用量；③每m^3砂浆中的石灰膏用量；④每m^3砂浆中的砂用量；⑤每m^3砂浆中的用水量。

1）砂浆试配强度应按下式计算，即

$$f_{m,0}=f_2+0.645\sigma \tag{11-1}$$

或

$$f_{m,0}=kf_2 \tag{11-2}$$

式中　$f_{m,0}$——砂浆试配强度（MPa），应精确至0.1MPa；

f_2——砂浆强度等级值（MPa），应精确至0.1MPa；

k——系数，按表11-3取值；

σ——砂浆强度标准差（MPa）。

当有统计资料时，砂浆强度标准差应按下式计算，即

$$\sigma = \sqrt{\frac{\sum_{i=1}^{n} f_{m,i}^2 - n\mu_{fm}^2}{n-1}} \tag{11-3}$$

式中 $f_{m,i}$——统计周期内同一品种砂浆第 i 组试样的强度（MPa）；

μ_{fm}——统计周期内同一品种砂浆 n 组试样强度的平均值（MPa）；

n——统计周期内同一品种砂浆试样的总组数，$n \geqslant 25$。

当无统计资料时，砂浆强度标准差 σ 可按表 11-3 取值。

表 11-3 砂浆强度标准差 σ 及 k 值

施工水平	强度等级							k
	M5	M7.5	M10	M15	M20	M25	M30	
	强度标准差 σ/MPa							
优良	1.00	1.50	2.00	3.00	4.00	5.00	6.00	1.15
一般	1.25	1.88	2.50	3.75	5.00	6.25	7.50	1.20
较差	1.50	2.25	3.00	4.50	6.00	7.50	9.00	1.25

2）每 m³ 砂浆中的水泥用量的计算应符合下列规定。每 m³ 砂浆中的水泥用量，应按下式计算，即

$$Q_C = \frac{1000\ (f_{m,0} - \beta)}{\alpha f_{ce}} \tag{11-4}$$

式中 Q_C——每 m³ 砂浆中的水泥用量（kg），应精确至 1kg；

f_{ce}——水泥的实测强度（MPa），应精确至 0.1MPa；

α、β——砂浆的特征系数，其中 $\alpha = 3.03\text{kg}^{-1}$，$\beta = -15.09\text{MPa}$。

当无法取得水泥的实测强度时，可按下式计算，即

$$f_{ce} = \gamma_c f_{ce,K} \tag{11-5}$$

式中 $f_{ce,K}$——水泥强度等级值（MPa）；

γ_c——水泥强度等级值的富余系数，宜按实际统计资料确定，无统计资料时取 1.0。

3）每 m³ 砂浆中的石灰膏用量应按下式计算，即

$$Q_D = Q_A - Q_C \tag{11-6}$$

式中 Q_D——每 m³ 砂浆中的石灰膏用量（kg），应精确至 1kg，石灰膏使用时的稠度宜为 120mm ± 5mm；

Q_C——每 m³ 砂浆中的水泥用量（kg），应精确至 1kg；

Q_A——每 m³ 砂浆中水泥和石灰膏总量，应精确至 1kg，可为 350kg。

4）每 m³ 砂浆中的砂用量，应按干燥状态（含水率小于 0.5%）的堆积密度值作为计算值（kg）；当含水率大于或等于 0.5% 时，应将水量扣除。

5）每 m³ 砂浆中的用水量，可根据砂浆稠度等要求选用 210 ~ 310kg。此外，用水量还应参考以下原则：混合砂浆中的用水量，不包括石灰膏中的水；当采用细砂或粗砂时，用水量分别取上限或下限；稠度小于 70mm 时，用水量可小于下限；施工现场气候炎热或干燥季节，可酌量增加用水量。

此外，水泥砂浆的材料用量也可直接参考表 11-4，试配强度应按照式（11-1）或者式（11-2）计算。加入粉煤灰作为掺合料时，粉煤灰掺量为胶凝材料总量的 15% ~25%，胶凝材料总量（水泥 + 粉煤灰）可在表 11-4 的基础上略微增加。

表 11-4　水泥砂浆的材料用量　　（单位：kg/m^3）

强度等级	胶凝材料（水泥）	砂	用水量
M5	200 ~ 230	砂的堆积密度值	270 ~ 330
M7.5	230 ~ 260		
M10	260 ~ 290		
M15	290 ~ 330		
M20	340 ~ 400		
M25	360 ~ 410		
M30	430 ~ 480		

砂浆确定初步配合比后，应采用实际原材料进行试配，并对拌合物的稠度和保水率进行测试，当稠度和保水率不能满足要求时，应调整材料用量，直到符合要求为止，然后确定为试配时的砂浆基准配合比。试配时至少应采用三个不同的配合比，其中一个配合比应为前文得到基准配合比，按基准配合比增减 10% 水泥用量得到其余两个配合比。在保证稠度、保水率合格的条件下，可将用水量、石灰膏、保水增稠材料或粉煤灰等活性掺合料用量做相应调整。当砌筑砂浆试配时稠度满足施工要求后，测定不同配合比砂浆的表观密度及强度，并应选定符合强度及和易性要求、并且水泥用量最低的配合比作为砂浆的试配配合比。砂浆配合比设计流程如图 11-1 所示。

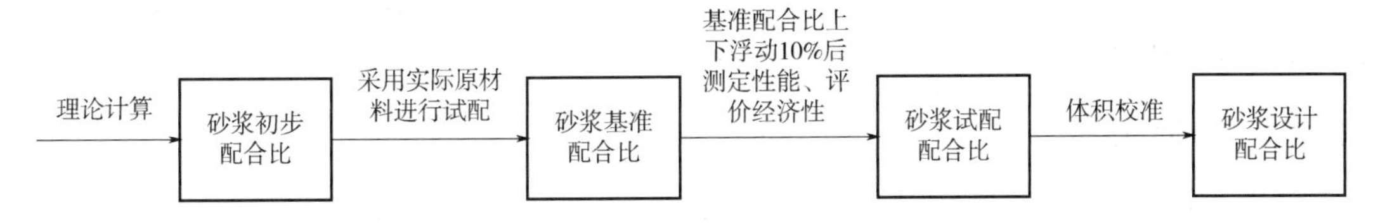

图 11-1　砂浆配合比设计流程

3. 砌筑砂浆的主要性能

（1）强度　砌筑砂浆的强度应满足结构的设计要求。多层房屋的墙一般采用强度等级为 M5 的水泥石灰砂浆；砖柱、砖拱、钢筋砖过梁等一般采用强度等级为 M5 ~ M10 的水泥砂浆；砖基础一般采用不低于 M5 的水泥砂浆；低层房屋或平房可采用石灰砂浆；简易房屋可采用石灰黏土砂浆。

凝土砌块和煤矸石混凝土砌块砌体采用的砂浆强度等级：Mb20、Mb15、Mb10、Mb7.5 和 Mb5；双排孔或多排孔轻骨料混凝土砌块砌体采用的砂浆强度等级：Mb10、Mb7.5 和 Mb5；毛料石、毛石砌体采用的砂浆强度等级：M7.5、M5 和 M2.5。

砌筑砂浆的强度还应满足耐久性的设计要求。对于地面以下或防潮层以下的砌体、潮湿房间的墙或环境类别为 2 的砌体，砌筑砂浆应采用水泥砂浆，并且水泥砂浆的强度分别为：稍潮湿的环境，强度不小于 M5；很潮湿的环境，强度不小于 M7.5；含水饱和的环境，强度不小于 M10。对于处于环境类别为 3 ~5 的、有侵蚀性介质的砌体，砌筑砂浆的强度等级不应低于 M10。

（2）流动性　流动性是指新拌砂浆在自重或外力的作用下产生流动的性质。砂浆的流动性可以用稠度来表示。表 11-5 列出了常见砌体的砌筑砂浆的施工稠度。

表 11-5　常见砌体的砌筑砂浆的施工稠度

砌体种类	施工稠度/mm
烧结普通砖砌体、粉煤灰砖砌体	70～90
混凝土砖砌体、普通混凝土小型空心砌块砌体、灰砂砖砌体	50～70
烧结多孔砖砌体、烧结空心砖砌体、轻骨料混凝土小型空心砌块砌体、蒸压加气混凝土砌块砌体	60～80
石砌体	30～50

（3）保水性　保水性是指新拌砂浆保持水分的能力。通过掺合料或者外加剂的方式，改善砂浆的保水性。良好的保水性使新拌砂浆在存放、运输和使用过程中均具有良好的均匀性和流动性。对不同类型的砌筑砂浆的保水率的下限规定如下，水泥砂浆的保水率不小于 80%，水泥混合砂浆的保水率不小于 84%，预拌砌筑砂浆的保水率不小于 88%。

（4）凝结时间　砂浆的凝结时间是自加水搅拌开始，直至测定仪的贯入度达到 0.5MPa 所需的时间。一般水泥砂浆的凝结时间不超过 8h，混合砂浆的凝结时间不超过 10h，干混砌筑砂浆的凝结时间为 3～12h，湿拌砌筑砂浆的凝结时间应根据运输距离、气候条件和现场施工速度综合确定。

（5）抗冻性　抗冻性是指砌筑砂浆在吸水饱和的状态下经历多次冻融循环，保持或不显著降低原有性质的能力。砌筑砂浆的抗冻性要求因地区而异，夏热冬暖地区的砌筑砂浆的抗冻指标为 F15；夏热冬冷地区的砌筑砂浆的抗冻指标为 F25；寒冷地区的砌筑砂浆的抗冻指标为 F35；严寒地区的砌筑砂浆的抗冻指标为 F50。

11.3.3　抹面砂浆

抹面砂浆也称为抹灰砂浆，是指大面积涂抹在建筑物或构筑物的墙、顶棚、柱等表面的砂浆。抹面砂浆的作用是保护建筑物，增加建筑物的耐久性，同时使建筑物表面平整、美观。抹面砂浆包括水泥抹面砂浆、水泥粉煤灰抹面砂浆、水泥石灰抹面砂浆、掺塑化剂水泥抹面砂浆、聚合物水泥抹面砂浆及石膏抹面砂浆等。抹面砂浆是使用量最大的两种砂浆之一。

1. 组成材料

抹面砂浆根据胶凝材料的不同，可分为水泥基抹面砂浆和石膏基抹面砂浆。水泥基抹面砂浆的主要组成材料与砌筑砂浆类似，仍然为水泥、石灰、石灰膏、砂、水、掺合料等。这些原材料的质量要求同砌筑砂浆。石膏基抹面砂浆的主要组成材料为石膏、砂、水、调凝剂、掺合料等。抹面施工通常分为两层或者三层，底层砂浆用于初步找平和黏结基底，面层砂浆主要其装饰作用。因此，通常情况下，用于面层的抹面砂浆的砂子粒径不大于 1.2mm。

黏结性是抹面砂浆有别于砌筑砂浆最主要的性能要求。为了提高黏结性，砂浆的胶凝材料用量要高于砌筑砂浆。配制抹面砂浆有时会加入一定量的胶黏剂，如聚醋酸乙烯乳液、聚甲基硅醇钠、木质素磺酸钙；为了提高抹面层的抗拉强度，防止抹面层开裂，加入一些纤维增强材料，如麻刀、纸筋、玻璃纤维、聚乙烯纤维等。

2. 类型和配合比设计

抹面砂浆品种较多，应根据不同的工程部位选择不同类型的抹面砂浆。表 11-6 列出了不同抹面砂浆适用的部位。

表 11-6　不同抹面砂浆适用的部位

适用的部位	抹面砂浆品种
内墙	水泥抹面砂浆、水泥石灰抹面砂浆、水泥粉煤灰抹面砂浆、掺塑化剂水泥抹面砂浆、聚合物水泥抹面砂浆、石膏抹面砂浆
温（湿）度较高的车间和房屋、地下室、屋檐、勒脚等	水泥抹面砂浆、水泥粉煤灰抹面砂浆
混凝土板和墙	水泥抹面砂浆、水泥石灰抹面砂浆、聚合物水泥抹面砂浆、石膏抹面砂浆
混凝土顶棚、条板	聚合物水泥抹面砂浆、石膏抹面砂浆
加气混凝土砌块（板）	水泥石灰抹面砂浆、水泥粉煤灰抹面砂浆、掺塑化剂水泥抹面砂浆、聚合物水泥抹面砂浆、石膏抹面砂浆

表 11-7 列出了常用抹面砂浆配合比的材料用量。通过试验得到基准配合比，然后在基准配合比的基础上进行试验得到试配配合比，最后校正得到设计配合比。

表 11-7　常用抹面砂浆配合比的材料用量　（单位：kg/m³）

品种	强度等级	材料用量			
		水泥	砂	水	其他
水泥抹面砂浆	M15	330 ~ 380	砂的堆积密度值	250 ~ 300	—
	M20	380 ~ 450			
	M25	400 ~ 450			
	M30	460 ~ 530			
水泥粉煤灰抹面砂浆	M5	250 ~ 290	砂的堆积密度值	270 ~ 320	内掺，等量取代水泥量的 10% ~ 30%
	M10	320 ~ 350			
	M15	350 ~ 400			
水泥石灰抹面砂浆	M2.5	200 ~ 230	砂的堆积密度值	180 ~ 280	水泥 + 石灰膏 350 ~ 400
	M5	230 ~ 280			
	M7.5	280 ~ 330			
	M10	330 ~ 380			
掺塑化剂水泥抹面砂浆	M5	260 ~ 300	砂的堆积密度值	250 ~ 280	—
	M10	330 ~ 360			
	M15	360 ~ 410			
聚合物水泥抹面砂浆	≥M5	≥260	砂的堆积密度值	≥250	聚合物，一般为水泥量的 2% ~ 20%
石膏抹面砂浆	抗压强度 ≥4.0MPa	石膏 450 ~ 650	砂的堆积密度值	260 ~ 400	—

3. 抹面砂浆的主要性能

（1）强度　抹面砂浆强度等级一般为 M5～M20，砂浆的强度不宜比基体材料强度高出两个及以上强度等级。对于无粘贴饰面砖的外墙，底层抹面砂浆与基体材料强度相同，或者比基体材料高一个强度等级；对于无粘贴饰面砖的内墙，底层抹面砂浆比基体材料低一个强度等级；对于有粘贴饰面砖的内墙和外墙，中层抹面砂浆多采用水泥抹面砂浆，砂浆比基体材料高一个强度等级并且不宜低于 M15；孔洞填补和窗台、阳台抹面等部位采用 M15 或 M20 的水泥抹面砂浆。石膏抹面砂浆面层石膏砂浆抗压强度不小于 6MPa，底层石膏砂浆抗压强度不小于 4MPa。

（2）稠度　抹面砂浆的稠度从底层到面层逐层增大，稠度值逐层减小。底层抹面砂浆的稠度值为 90～110mm，中层抹面砂浆的稠度值为 70～90mm，面层抹面砂浆的稠度值为 70～80mm。对于聚合物水泥抹面砂浆一般为 50～60mm，石膏抹面砂浆的施工稠度值为 50～70mm。

（3）保水率　不同类型的抹面砂浆的保水率要求不同，常用抹面砂浆的保水率见表 11-8。

表 11-8　常用抹面砂浆的保水率

	水泥抹面砂浆	水泥粉煤灰抹面砂浆	水泥石灰抹面砂浆	掺塑化剂水泥抹面砂浆	聚合物水泥抹面砂浆	石膏抹面砂浆
保水率	≥82%	≥82%	≥88%	≥88%	≥99%	底层≥90% 面层≥75%

（4）凝结时间　水泥基抹面砂浆的凝结时间一般为 3～12h，石膏抹面砂浆初凝时间不小于 1h，终凝时间不大于 8h。

（5）拉伸黏结强度　抹面砂浆拉伸黏结强度是在垂直于砂浆层的荷载作用下，砂浆层、基体或者界面破坏时，单位胶接面所承受的拉伸力。表 11-9 列出了不同类型抹面砂浆的拉伸黏结强度。

表 11-9　不同类型抹面砂浆的拉伸黏结强度　（单位：MPa）

	水泥抹面砂浆	水泥粉煤灰抹面砂浆	水泥石灰抹面砂浆	掺塑化剂水泥抹面砂浆	聚合物水泥抹面砂浆	石膏抹面砂浆
拉伸黏结强度	0.20	0.15	0.15	0.15	0.30	0.40

（6）抗冻性　用于外墙的抹面砂浆应满足抗冻性的设计要求。

11.3.4　薄层砌筑砂浆和薄层抹面砂浆

薄层砂浆是指砂浆厚度不大于 5mm 的砂浆。薄层砂浆分为两类，一类是薄层砌筑砂浆，即灰缝厚度不大于 5mm 的砌筑砂浆；另一类是薄层抹面砂浆，即砂浆层厚度不大于 5mm 的抹面砂浆。薄层砌筑砂浆和薄层抹面砂浆以干混砂浆为主。两种砂浆的现场使用情况如图 11-2 和图 11-3 所示。

采用薄层砌筑砂浆和薄层抹面砂浆具有节省材料、施工速度快的优点，但是前提是砌块

图 11-2　薄层砌筑砂浆的现场使用情况

图 11-3　薄层抹面砂浆的现场使用情况

的尺寸精度高和墙面的平整度高。目前薄层砌筑砂浆和薄层抹面砂浆主要用于蒸汽加压混凝土砌块、蒸汽加压混凝土隔墙板的砌筑和抹面。由于薄层砂浆的厚度小，水分散失快，同时蒸汽加压混凝土吸水性强、容易造成与砂浆黏结性较弱，因此，要求砂浆具有很好的保水性和黏结性能。薄层砂浆通常加入纤维素醚等增稠保水剂以实现保水率不小于 99%，并且加入一定量的可分散乳胶粉提升砂浆的黏结性能。此外，薄层砌筑砂浆和薄层抹面砂浆采用的砂子粒径不大于 1.25mm，以确保胶凝材料在薄层中的分散性。薄层砌筑砂浆和薄层抹面砂浆的基本性能见表 11-2。

11.3.5　地面砂浆

地面砂浆主要是对建筑物的地面起找平、保护和装饰作用的砂浆。普通地面砂浆与抹面砂浆类似，主要是抗压强度一般不低于 15MPa，同时用于面层的地面砂浆还应有耐磨度的要求。地面砂浆除了采用现场拌制也可以使用干混砂浆。干混地面砂浆的种类和功能较现场拌制的地面砂浆更多，既有普通地面砂浆，也有自流平地面砂浆和耐磨地面砂浆。

1. 普通地面砂浆

普通地面砂浆主要用于找平层施工、普通地面面层施工等。普通地面砂浆既可以现场拌制，也可以用干混地面砂浆。普通地面砂浆根据强度不同分为 M15、M20、M25、M30、M35 五个等级。根据不同的施工工艺分为两类，一类是传统的普通地面砂浆，一类是半干性地面砂浆。

传统的普通地面砂浆多用于湿法摊铺砂浆施工，砂浆的稠度值较大，一般为 45 ~ 55mm。湿法摊铺具有操作简便、养护要求相对简易以及施工工具简单等特点，但是采用工人手工收面，效率较低，质量容易受人为因素的影响。半干性地面砂浆既可用于地砖的找平垫层也可以使用半干法摊铺。半干法摊铺对于地面砂浆的要求较高，现场拌制砂浆难以满足要求，而采用干混砂浆的新技术，可达到良好的施工质量。半干法摊铺时，半干性地面砂浆稠度值小，为 15 ~ 25mm，拌和均匀后的砂浆，用手可以轻松握成团状，在 1m 高处松手自由落在地上就散开呈散粒状，“手握成团，落地开花”。半干性地面砂浆摊铺后具有一定的抗压强度，可以使用磨光机对地面进行收面抛光，适合大面积连续施工，受人为因素影响小。表 11-10 列出了传统的普通地面砂浆和半干性地面砂浆的技术指标对比。

表 11-10 传统的普通地面砂浆和半干性地面砂浆的技术指标对比

项目		技术指标	
		传统的普通地面砂浆	半干性地面砂浆
细骨料粒径/mm		<4.75	<4.75
稠度/mm		45~55	15~25
保水率（%）		≥88	—
凝结时间/h		3~9	—
2h 稠度损失率（%）		≤30	—
抗压强度/MPa	3d	—	≥6.0
	28d	根据砂浆等级确定	根据砂浆等级确定
抗折强度/MPa	3d	—	≥2.0
	28d	—	≥5.0
抗拉强度/MPa		—	≥0.80
尺寸变化率（%）		±0.15	±0.15
抗冻性		同砌筑砂浆抗冻性要求	同砌筑砂浆抗冻性要求

2. 自流平地面砂浆

自流平地面砂浆是一种用于快速铺设平整度较高的地面的砂浆。自流平地面砂浆摊铺速度快、整体地面平整、无接缝、耐磨损，适合于泵送摊铺，可用于工业厂房、车间、仓储、商业卖场、展厅、体育馆、医院、各种开放空间、办公室等。自流平地面砂浆既可作为饰面层，也可作为找平层做木地板、PVC 塑胶地板、地坪漆等。它有水泥基自流平地面砂浆和石膏基自流平地面砂浆。图 11-4 所示为自流平地面砂浆的流平状态。

图 11-4 自流平地面砂浆的流平状态

水泥基自流平地面砂浆由水泥、细骨料、填料、添加剂组成，稍加辅助性摊铺就能流动找平的地面用材料。它分面层和垫层。面层按照抗压强度等级分为 C25、C30、C35、C40、C50，按照抗折强度等级分为 F6、F7、F8、F10；垫层按照抗压强度等级分为 C16、C20、C25、C30、C35、C40，按照抗折强度等级分为 F4、F6、F7、F8、F10。

石膏基自流平地面砂浆由石膏、细骨料、填料、添加剂组成，在新拌状态下具有流动性，能流动找平的地面的石膏砂浆，也称为自流平石膏。石膏基自流平地面砂浆按照强度等级分为 M20、M30、M40、M50，具体强度指标要求见表 11-11。

表 11-11 石膏基自流平地面砂浆强度指标要求

项 目		指标要求			
		M20	M30	M40	M50
抗压强度/MPa	3d	8.0	12.0	16.0	20.0
	28d	20.0	30.0	40.0	50.0
抗折强度/MPa	3d	1.5	2.0	2.5	3.0
	28d	4.0	5.0	6.0	7.0

石膏基自流平地面砂浆与水泥基自流平地面砂浆相比有以下不同：一是石膏基材料耐水性差、耐磨性差，石膏基自流平地面砂浆不能直接用于地面面层，只能用于室内找平层；二是石膏基材料水化过程收缩小，体积稳定，水泥基自流平地面砂浆由于水泥自收缩大，自流平地面容易开裂，施工厚度一般不大于10mm，石膏基自流平地面砂浆不易开裂，不受施工厚度限制，回填可一次性找平；三是石膏基材料凝结速度快、早期强度高，水泥基自流平地面砂浆一般24h后可上人，普通型石膏基自流平地面砂浆4~6h可上人，1d强度达到设计强度的90%，显著提高施工效率。

自流平地面砂浆的技术指标见表11-12。自流平地面砂浆流动度的测试方法与其他砂浆不同。流动度采用内径30mm、高50mm的金属或者塑料空心圆柱体作为试模；测试板为300mm×300mm的平板玻璃。将试模放置在测试板中央，把制备好的试样灌满试模，在2s内垂直向上提升5~10cm，保持10~15s使试样自由流下。4min后，测量砂浆摊开的圆饼，两个相互垂直的方向的直径，取平均值。

表11-12 自流平地面砂浆的技术指标

<table>
<tr><th colspan="3" rowspan="3">项目</th><th colspan="3">技术指标</th></tr>
<tr><th colspan="2">水泥基自流平地面砂浆</th><th rowspan="2">石膏基自流平地面砂浆</th></tr>
<tr><th>面层</th><th>垫层</th></tr>
<tr><td rowspan="3">流动度</td><td colspan="2">初始流动度/mm</td><td colspan="2">≥130</td><td>145±5</td></tr>
<tr><td colspan="2">20min流动度/mm</td><td colspan="2">≥130</td><td>—</td></tr>
<tr><td colspan="2">30min流动度损失/mm</td><td colspan="2">—</td><td>≤3</td></tr>
<tr><td rowspan="3">凝结时间/h</td><td colspan="2">初凝</td><td colspan="2">—</td><td>≥1</td></tr>
<tr><td rowspan="2">终凝</td><td>普通型</td><td colspan="2">—</td><td>≤6</td></tr>
<tr><td>缓凝型</td><td colspan="2">—</td><td>6~12</td></tr>
<tr><td colspan="3">耐磨性/mm³</td><td>≤400</td><td>≤600</td><td>—</td></tr>
<tr><td colspan="3">尺寸变化率（%）</td><td>±0.10</td><td>±0.15</td><td>±0.02</td></tr>
<tr><td colspan="3">抗冲击性</td><td colspan="2">无开裂或脱离底板</td><td>—</td></tr>
<tr><td colspan="3">24h抗压强度/MPa</td><td colspan="2">≥6.0（24h）</td><td>≥6.0（24h）
≥20.0（绝干）</td></tr>
<tr><td colspan="3">24h抗折强度/MPa</td><td colspan="2">≥2.0（24h）</td><td>≥2.5（24h）
≥7.5（绝干）</td></tr>
<tr><td colspan="3">拉伸黏结强度/MPa</td><td>≥1.5</td><td>≥1.0</td><td>≥1.0（绝干）</td></tr>
</table>

3. 耐磨地面砂浆

耐磨地面砂浆是用于摊铺重摩擦、易损伤、高冲击力的地面砂浆，如购物中心、大型超市、人行道、停车场、生产车间、机器维修车间、仓库等。在基础混凝土层上形成一层致密的耐磨砂浆层，厚度一般为1.5~3mm。。耐磨地面砂浆主要依靠高耐磨骨料和高强水泥实现。一般采用42.5等级以上水泥；耐磨骨料有非金属氧化物骨料、金属氧化物骨料和金属骨料，如石英砂、钢渣、铁矿砂、锡钛合金等。耐磨地面砂浆的技术指标见表 11-13。

表 11-13　耐磨地面砂浆的技术指标

项目	技术指标	
	非金属氧化物骨料	金属氧化物骨料或金属骨料
外观	均匀、无结块	
骨料含量偏差（%）	±5	
抗折强度/MPa	≥11.5	≥13.5
抗压强度/MPa	≥80.0	≥90.0
耐磨度比（%）	≥300	≥350
表面强度（压痕直径）/mm	≤3.30	≤3.10

11.4　装饰砂浆

装饰砂浆也称为饰面砂浆，是粉刷在建筑物表面主要起装饰作用的砂浆。装饰砂浆底层和中层施工工艺与普通抹面砂浆一致，面层需要特殊处理，使表面呈现出的线条、图案、纹理、色彩，到达装饰建筑物的效果。由于装饰砂浆层的厚度较厚，通常为 1.5～2.5mm，表面有更好的质感和立体感。对于高层建筑，装饰砂浆可以替代瓷砖，减少了瓷砖剥落带来的安全隐患。装饰砂浆的饰面如图 11-5 所示。

图 11-5　装饰砂浆的饰面

1. 材料组成

装饰砂浆材料组成包括胶凝材料、细骨料、水、掺合料、可分散乳胶粉、颜料、其他外加剂等。胶凝材料为普通水泥、白水泥以及石灰、石膏等。装饰砂浆的骨料除一般的天然砂外，还有石英砂、彩砂、玻璃或者陶瓷碎粒、石渣、石屑等。

室外装饰砂浆的颜料应具有抗紫外线和耐碱性，通常选用矿物颜料。室内装饰砂浆可使用有机颜料，但应注意避免污染室内空气，还应注意彩色骨料的选择。

装饰砂浆加入可分散乳胶粉，提高黏结性、抗渗性、耐久性，防止砂浆泛碱。

2. 主要性能

装饰砂浆的表面效果制作工艺多种多样，如拉毛、甩毛、水刷、水磨、干黏、压面等。装饰砂浆应满足表 11-14 中的要求。

表 11-14 装饰砂浆的技术指标

项目		技术指标	
		外墙	内墙和顶棚
可操作时间	30min	刮涂无障碍	
初期干燥抗裂性		无裂纹	
吸水量/g	30min	≤2.0	
	240min	≤5.0	
强度/MPa	抗折强度	≥2.50	
	抗压强度	≥4.50	
	拉伸黏结强度	≥0.50	
	老化循环拉伸黏结强度	≥0.50	—
抗泛碱性		无可见泛碱，不掉粉	—
耐沾污性（白色或浅色）	立体状/级	≤2	—
耐候性/级		≤1	—

11.5 防水砂浆

防水砂浆是一种具有高抗渗能力的砂浆，其是构筑刚性防水层的主要材料之一，适用于不受振动和具有一定刚度的材料的表面防水，广泛应用于地下建筑、水池等结构。防水砂浆分为普通防水砂浆、聚合物水泥防水砂浆和水泥基渗透结晶型防水砂浆三类。

1. 普通防水砂浆

普通防水砂浆分为多层抹面砂浆和掺入防水剂的防水砂浆。

多层抹面砂浆由水泥、细骨料、掺合料和水组成，是将普通水泥砂浆经过多层抹压制作而成。砂浆结构密实，防水效果良好。但由于施工操作要求高，工序复杂，养护要求严格，容易渗漏，故现已很少采用。

掺入防水剂的防水砂浆，是在普通水泥砂浆中掺入一定量的防水剂而成，目前使用最为广泛。防水剂外掺加入，为水泥质量的 3% ~5%。目前，国内生产的砂浆防水剂可分为硅酸钠水玻璃防水剂、憎水剂防水剂（可溶性和不溶性金属皂类防水剂）、氯化物金属盐类防水剂等。由于掺入防水剂的防水砂浆组分较为复杂，为了保证防水效果，防水砂浆以预拌砂浆为主，主要性能指标见表 11-1 和表 11-2，抗渗性能分为 P6、P8 和 P10 三个等级。

2. 聚合物水泥防水砂浆

聚合物水泥防水砂浆是在水泥、细骨料、水、掺合料等材料的基础上，掺入一定量的聚合物或者可分散乳胶粉，作为改性剂，配制而成。按聚合物类型不同分为两类：采用粉体聚合物，即可分散乳胶粉，制作成单组分干混砂浆；采用液体聚合物，即聚合物乳液，将液体和粉体分别混合，制作成双组分的干混砂浆。

目前常用的聚合物类型有天然橡胶胶乳、合成橡胶胶乳（氯丁橡胶、丁苯橡胶等）、热塑性树脂乳液（聚丙烯酸酯、苯乙烯-丙烯酸酯、聚醋酸乙烯酯等）等几大类。

水泥砂浆中的聚合物在环境条件下，随着砂浆中水分的失去，逐渐成膜，形成三维网状结构填充在砂浆的空隙中，既提高了砂浆的密实度，也提高了砂浆的抗裂性能，同时由于聚合物具有一定的弹性，因此使防水砂浆具有一定的柔性，进一步提高了防水层的抗渗性能。聚合物通过外掺加入，掺量为水泥质量的10% ~20%。

聚合物水泥防水砂浆的技术指标见表11-15。

表11-15　聚合物水泥防水砂浆的技术指标

<table>
<tr><th colspan="3" rowspan="2">项目</th><th colspan="2">技术指标</th></tr>
<tr><th>Ⅰ型</th><th>Ⅱ型</th></tr>
<tr><td rowspan="2">凝结时间</td><td colspan="2">初凝/min</td><td colspan="2">≥45</td></tr>
<tr><td colspan="2">终凝/h</td><td colspan="2">≤24</td></tr>
<tr><td rowspan="3">抗渗压力/MPa
使用厚度不大于5mm按照涂层试样，超过5mm按照砂浆试样</td><td>涂层试样</td><td>7d</td><td>≥0.4</td><td>≥0.5</td></tr>
<tr><td rowspan="2">砂浆试样</td><td>7d</td><td>≥0.8</td><td>≥1.0</td></tr>
<tr><td>28d</td><td colspan="2">≥1.5</td></tr>
<tr><td colspan="3">抗压强度/MPa</td><td>≥18.0</td><td>≥24.0</td></tr>
<tr><td colspan="3">抗折强度/MPa</td><td>≥6.0</td><td>≥8.0</td></tr>
<tr><td colspan="3">柔韧性（横向变性能力）/mm</td><td colspan="2">≥1.0</td></tr>
<tr><td colspan="2" rowspan="2">黏结强度/MPa</td><td>7d</td><td>≥0.8</td><td>≥1.0</td></tr>
<tr><td>28d</td><td>≥1.0</td><td>≥1.2</td></tr>
<tr><td colspan="3">耐碱性</td><td colspan="2">无开裂，剥落</td></tr>
<tr><td colspan="3">耐热性</td><td colspan="2">无开裂，剥落</td></tr>
<tr><td colspan="3">抗冻性</td><td colspan="2">无开裂，剥落</td></tr>
<tr><td colspan="3">收缩率（%）</td><td>≤0.30</td><td>≤0.15</td></tr>
<tr><td colspan="3">吸水率（%）</td><td>≥6.0</td><td>≥4.0</td></tr>
</table>

11.6　保温砂浆

保温砂浆也称为绝热砂浆，是一种热导率很低的砂浆，主要用于建筑的节能保温，一般为干混砂浆。

1. 材料组成

保温砂浆材料组成包括水泥、石灰膏、石膏等胶凝材料，保温轻骨料，水，聚合物添加剂，外加剂等。

根据保温轻骨料的种类不同，保温砂浆可以分为无机保温砂浆和有机保温砂浆。

常用的无机保温轻骨料有膨胀珍珠岩、膨胀蛭石、玻化微珠等。常用的有机保温轻骨料有聚苯乙烯颗粒，其热导率在0.033 ~0.044W/(m·K)之间。

2. 主要性能

保温砂浆的技术指标见表11-16。

表 11-16　保温砂浆的技术指标

项目		技术指标				
		Ⅰ型无机保温砂浆	Ⅱ型无机保温砂浆	玻化微珠保温砂浆	聚苯颗粒保温砂浆	气凝胶保温砂浆
干密度/(kg/m³)		240～300	301～400	≤300	180～250	380～420
抗压强度/MPa	墙体用	≥0.20	≥0.40	≥0.20	≥0.20	0.10～0.25
	地面及屋面			≥0.30		
热导率（25℃）/[W/(m·K)]		≤0.070	≤0.085	≤0.070	≤0.060	0.045～0.048
蓄热系数/[W/(m²·K)]		—	—	≥1.5	≥0.95	—
线收缩率（%）		≤0.30	≤0.30	≤0.30	≤0.30	—
压剪黏结强度/kPa		≥50	≥50	≥50	≥50	89
燃烧性能级别		A	A	A2	B1	A
抗冻性 F15		质量损失≤5% 抗压强度损失率≤25%			—	—
软化系数		≥0.50	≥0.50	≥0.60	≥0.50	0.64

11.7　水泥基灌浆料

水泥基灌浆料是用于注入结构物的裂缝、空隙、孔洞的一种具有大流动性、早强、高强、微膨胀等特点的水泥砂浆，其可用于装配式建筑钢筋连接套筒、螺栓锚固、结构加固等灌浆，如图 11-6 和图 11-7 所示。

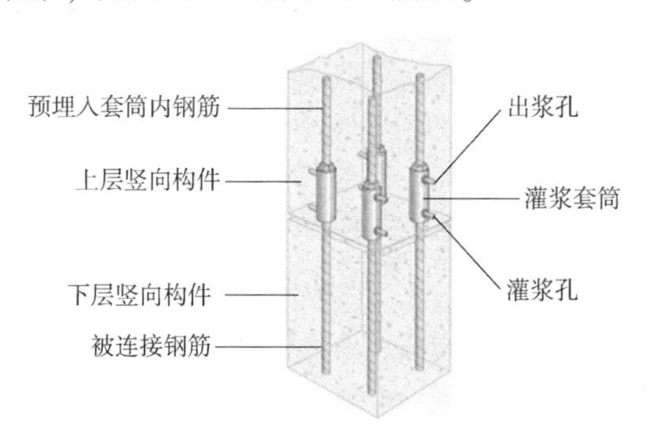

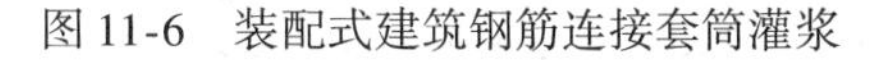
图 11-6　装配式建筑钢筋连接套筒灌浆

图 11-7　螺栓锚固灌浆

1. 材料组成

水泥基灌浆料由水泥、细骨料、矿物掺合料、外加剂组成。由于水泥基灌浆料的抗压强度较高，采用的水胶比一般较小，因此，水泥基灌浆料的大流动性主要通过加入高效减水剂实现。此外，为了防止由于水泥砂浆的自收缩和干燥收缩导致填充部位出现缝隙，配制水泥基灌浆料时还应加入少量的膨胀剂用来补偿收缩。例如：氧化钙类膨胀剂，掺量一般为水泥质量的 3%～5%；硫铝酸钙类膨胀剂，掺量一般为水泥质量的 8%～12%；氧化镁类膨胀剂，掺量一般为水泥质量的 2%～5%。

2. 主要性能

水泥基灌浆料分为钢筋连接套筒灌浆料和普通水泥基灌浆料，其中普通水泥基灌浆料分为四种型号，其中Ⅰ、Ⅱ、Ⅲ三种型号，用于螺栓锚固、结构加固。由于其灌入金属套筒内部，空间较小，因此，钢筋连接套筒灌浆料的抗压强度较大。水泥基灌浆料的技术指标见表 11-17。

表 11-17　水泥基灌浆料的技术指标

项目		技术指标				
		钢筋连接套筒灌浆料	水泥基灌浆料Ⅰ型	水泥基灌浆料Ⅱ型	水泥基灌浆料Ⅲ型	水泥基灌浆料Ⅳ型
截锥流动度/mm	初始	≥300	—	≥340	≥290	含粗骨料，30min扩展度为 550m 的混凝土
	30min	≥260	—	≥310	≥260	
流锥流动度/s	初始	—	≤35	—	—	
	30min	—	≤50	—	—	
抗压强度/MPa	1d	≥35	≥20			
	3d	≥60	≥40			
	28d	≥85	≥60			
竖向膨胀率（%）	3h	0.02～2	0.1～3.5			
	24h 与 3h 差值	0.02～0.40	0.02～0.5			
28d 自干燥收缩（%）		≤0.045	—			
氯离子含量（%）		≤0.03	<0.1			
泌水率（%）		0				

11.8　泡沫砂浆

泡沫砂浆是一种将微小气泡引入拌合物，硬化后形成微孔结构的砂浆，也简称为泡沫混凝土，具有热导率小、体积密度小、流动性好等特点，可用于地面保温层施工、屋面保温层施工和现浇轻质墙体，也可用于废旧矿井、基坑、地下建筑及地下通道顶面、地下管道夹层等的回填。泡沫砂浆所用泡沫和砂浆硬化结构如图 11-8 所示。

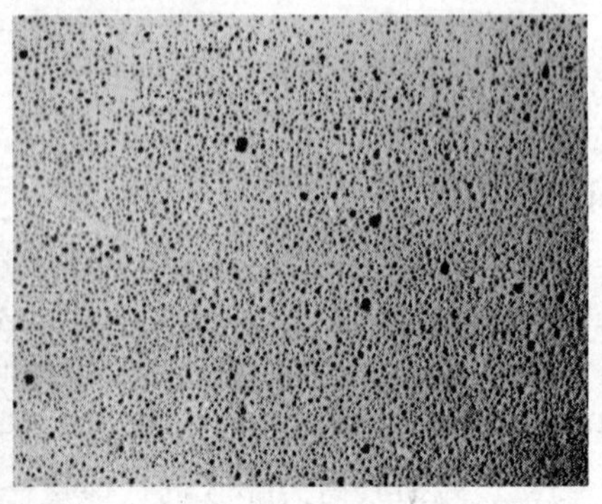

图 11-8　泡沫砂浆所用泡沫和砂浆硬化结构

1. 材料组成

泡沫砂浆以水泥为主要胶凝材料，将细骨料、水、掺合料、外加剂等搅拌成混合料浆，再与物理发泡方式得到的泡沫混合均匀形成具有闭孔结构的轻质泡沫砂浆。用于矿井回填的泡沫砂浆主要采用固体废弃物作为细骨料，如尾矿砂、煤矸石及其自燃灰、工程渣土等。常用于物理发泡的发泡剂为表面活性剂类发泡剂，即主要有松香皂类发泡剂、十二烷基苯磺酸钠、动植物蛋白类发泡剂等。泡沫砂浆的配制与其他砂浆相比技术难度较大。泡沫在热力学上属不稳定体系，其只能在较短的时间内保持稳定，因此泡沫砂浆的最后一步拌合过程主要在工程现场进行。

2. 主要性能

泡沫砂浆根据密度等级可分为16级。表11-18列出了泡沫砂浆的技术指标。

表11-18　泡沫砂浆的技术指标

密度等级	干密度 ρ/(kg/m^3)		热导率/[W/(m·K)]	抗压强度/MPa
	标准值	允许范围		
A01	100	$50<\rho\leq150$	0.05	0.1~0.2
A02	200	$150<\rho\leq250$	0.06	0.2~0.5
A03	300	$250<\rho\leq350$	0.08	0.3~0.7
A04	400	$350<\rho\leq450$	0.10	0.5~1.0
A05	500	$450<\rho\leq550$	0.12	0.8~1.2
A06	600	$550<\rho\leq650$	0.14	1.0~1.5
A07	700	$650<\rho\leq750$	0.18	1.2~2.0
A08	800	$750<\rho\leq850$	0.21	1.8~3.0
A09	900	$850<\rho\leq950$	0.24	2.5~4.0
A10	1000	$950<\rho\leq1050$	0.27	3.5~5.0
A11	1100	$1050<\rho\leq1150$	0.29	4.0~5.5
A12	1200	$1150<\rho\leq1250$	0.31	4.5~6.0
A13	1300	$1250<\rho\leq1350$	0.33	5.0~9.5
A14	1400	$1350<\rho\leq1450$	0.37	5.5~10.0
A15	1500	$1450<\rho\leq1550$	0.41	7.0~25.0
A16	1600	$1550<\rho\leq1650$	0.46	8.0~30.0

注：热导率在含水率为6%时测定，自然状态下可乘以1.25的修正系数。

11.9　再生砂浆

再生砂浆也称为再生骨料砂浆，是指利用建筑废弃物混凝土、砂浆、石、砖瓦等经过破碎加工生产而成的细骨料制作的砂浆，再生细骨料的粒径不大于4.75mm。目前，再生砂浆多用作砌筑砂浆、抹面砂浆。再生砂浆的技术指标应满足相应的砌筑砂浆或抹面砂浆的要求，而非因为是再生砂浆而降低技术指标要求。

1. 材料组成

再生砂浆的材料组成与普通砂浆类似，主要区别在于再生砂浆中的部分细骨料或全部细骨料为再生骨料。此外部分再生砂浆为了提高再生骨料性能，会预先对再生骨料进行表面改性，常用的改性方法有水硬性胶凝材料水溶液浸泡、有机硅溶液浸泡、微生物矿化溶液浸泡等。

再生砂浆用再生骨料根据骨料性能分为Ⅰ、Ⅱ、Ⅲ三个等级，技术指标见表11-19。

表11-19　再生砂浆用再生骨料的技术指标

项目	Ⅰ类			Ⅱ类			Ⅲ类		
	细	中	粗	细	中	粗	细	中	粗
细度模数	1.6~2.2	2.3~3.0	3.1~3.7	1.6~2.2	2.3~3.0	3.1~3.7	1.6~2.2	2.3~3.0	3.1~3.7
微粉含量（%）（MB<1.4）	<5.0			<7.0			<10.0		
微粉含量（%）（MB≥1.4）	<1.0			<3.0			<5.0		
泥块含量（%）	<1.0			<2.0			<3.0		
饱和硫酸钠溶液中质量损失（%）	<8.0			<10.0			<12.0		
压碎指标（%）	<20			<25			<30		
再生胶砂需水量比	<1.35	<1.30	<1.20	<1.55	<1.45	<1.35	<1.80	<1.70	<1.50
再生胶砂强度比	>0.80	>0.90	>1.00	>0.70	>0.85	>0.95	>0.60	>0.75	>0.90
表观密度/(kg/m³)	>2450			>2350			>2250		
堆积密度/(kg/m³)	>1350			>1300			>1200		
空隙率（%）	<46			<48			<52		

再生骨料与天然砂相比，表面具有大量的微小孔隙，骨料的强度低，吸水量大。全部采用再生骨料会使砂浆强度下降、收缩大；一般认为，再生骨料占比低于30%时，可忽略再生骨料对砂浆性能的不利影响。

2. 配合比设计

当采用细再生骨料进行砂浆的配合比设计时，基本流程和普通砂浆一致，即首先确定试配砂浆强度。但是区别在于，再生砂浆在确定试配强度时，应按照一定比例上调。例如：采用细再生骨料配制的砌筑砂浆，所用细再生骨料应符合Ⅰ类中型的指标要求，配制砂浆强度等级为M10。

首先确定普通砂浆试配强度，试配强度应为：10MPa×1.15=11.5MPa。

计算再生砂浆试配强度应为：11.5MPa÷0.9=12.8MPa。接着依次计算水泥用量、砂用量、用水量，确定用水量时，参考表11-7中的用水量，在此基础上有一定比例的增加。

第12章 建筑石材与建筑陶瓷

12.1 引言

石材作为建筑材料，可以追溯到久远的年代甚至人类的发展早期，其原因在于人类赖以生存的地壳本身就是触手可及的建筑材料，世界的文明史自身就伴随着人类有意识地利用石材作为建筑材料的历史。古埃及的金字塔、意大利的比萨斜塔，山西大同的云冈石窟、赵州永济桥都是古代人类利用天然石材作为建筑材料的典型范例。而近现代建筑中，清故宫宫殿的汉白玉、大理石基座、栏杆，都是具有历史代表性的石材建筑。北京人民英雄纪念碑、毛主席纪念堂、人民大会堂等，也都是使用石材的典范。但由于天然石材的开采和使用，在一定程度上属于利用不可再生资源且对环境造成冲击，因而天然石材的替代材料——人造石材也在近几十年来得到了发展。另一方面，作为传统的石材替代材料——陶瓷材料，其表面装饰的便利性以及多样性更赋予了天然石材难以替代的功能。尤其是自工业革命以来，技术的进步带来了生产力的大解放，以建筑瓷砖和卫生洁具为代表的陶瓷建筑材料无论在产量、质量和品种上都得到了空前的发展，成为最受市场欢迎的建筑装饰材料之一。

12.2 建筑石材

建筑石材分为天然石材和人造石材。天然石材是指从天然岩体中开采出来的，并经加工成块状或板状材料的总称。建筑装饰用的天然石材主要有花岗岩、大理石、砂岩和石灰石等。所谓大理石是指碳酸盐岩类的岩石，如我国著名的汉白玉就是北京房山大石窝的白云岩；云南大理石则是产于大理县的大理岩。而花岗岩则是以二氧化硅为主的岩石，如北京白虎涧的白色花岗石、济南青花岗岩和青岛的黑色花岗石。天然石材以其强度高、耐久性好、装饰纹理自然有特色而作为装饰材料得到了广泛使用，既可作为建筑的外立面，也可作为建筑地板使用。值得注意的是，大理石和花岗岩相比，具有较低的放射性，因而最新的大理石标准中，没有规定其放射性限制指标。而且由于大理石显色比较鲜艳，纹理别致，因而更适用于室内装饰。而花岗岩的国家标准中则规定，其放射性限制指标应符合现行规范 GB 6566 的要求。

12.2.1 天然大理石建筑板材

根据 GB/T 19766—2016《天然大理石建筑板材》标准，天然大理石材可分为方解石大理石、白云石大理石、蛇纹石大理石。作为建筑材料常以毛光板、普型板、圆弧板及异形板上市，根据其表面光滑程度，又可分为镜面板和粗面板。普型板尺寸有边长和厚度两个系列。边长系列有300mm、305mm、400mm、500mm、600mm、700mm、800mm、900mm、1000mm、1200mm，厚度系列有10mm、12mm、15mm、18mm、20mm、25mm、30mm、35mm、40mm、50mm。普型板有特殊要求时，可根据供需双方约定商议。圆弧板和异形板根据供需双方约定执行，根据加工质量，可分为A、B、C三个等级。毛光板的平面度和厚度要求、普型板尺寸规格允许偏差、圆弧板允许尺寸规格偏差见表12-1～表12-3。而普型板表面平整度要求、圆弧板直线度和线轮廓度要求、普型板角度要求见表12-4～表12-6。大理石板材外观缺陷要求见表12-7，物理性能要求见表12-8。

表12-1　毛光板的平面度和厚度要求　（单位：mm）

项目		技术指标		
		A	B	C
表面平整度		0.8	1.0	1.5
厚度	≤12	±0.5	±0.8	±1.0
	>12	±1.0	±1.5	±2.0

表12-2　普型板尺寸规格偏差　（单位：mm）

项目		技术指标		
		A	B	C
长度、宽度		0 -1.0		0 -1.5
厚度	≤12	±0.5	±0.8	+1.0
	>12	±1.0	±1.5	±2.0

表12-3　圆弧板规格尺寸允许偏差　（单位：mm）

项目	技术指标		
	A	B	C
弦长	0 -1.0		0 -1.5
高度	0 -1.0		0 -1.5

表12-4　普型板表面平整度要求　（单位：mm）

板材长度	技术指标					
	镜面板材			粗面板材		
	A	B	C	A	B	C
≤400	0.2	0.3	0.5	0.5	0.8	1.0
>400～≤800	0.5	0.6	0.8	0.8	1.0	1.4
>800	0.7	0.8	1.0	1.0	1.5	1.8

表12-5 圆弧板直线度和线轮廓度要求 （单位：mm）

<table>
<tr><th colspan="2" rowspan="3">项目</th><th colspan="6">技术指标</th></tr>
<tr><th colspan="3">镜面板材</th><th colspan="3">粗面板材</th></tr>
<tr><th>A</th><th>B</th><th>C</th><th>A</th><th>B</th><th>C</th></tr>
<tr><td rowspan="2">直线度
（按板材高度）</td><td>≤800</td><td>0.6</td><td>0.8</td><td>1.0</td><td>1.0</td><td>1.2</td><td>1.5</td></tr>
<tr><td>>800</td><td>0.8</td><td>1.0</td><td>1.2</td><td>1.2</td><td>1.5</td><td>1.8</td></tr>
<tr><td colspan="2">线轮廓度</td><td>0.8</td><td>1.0</td><td>1.2</td><td>1.2</td><td>1.5</td><td>1.8</td></tr>
</table>

表12-6 普型板角度要求 （单位：mm）

<table>
<tr><th rowspan="2">板材长度</th><th colspan="3">技术指标</th></tr>
<tr><th>A</th><th>B</th><th>C</th></tr>
<tr><td>≤400</td><td>0.3</td><td>0.4</td><td>0.5</td></tr>
<tr><td>>400</td><td>0.4</td><td>0.5</td><td>0.7</td></tr>
</table>

表12-7 大理石板材外观缺陷要求

<table>
<tr><th rowspan="2">缺陷名称</th><th rowspan="2">规定内容</th><th colspan="3">技术指标</th></tr>
<tr><th>A</th><th>B</th><th>C</th></tr>
<tr><td>裂纹</td><td>长度≥10mm的条数/条</td><td colspan="3">0</td></tr>
<tr><td>缺棱</td><td>长度≤8mm，宽度≤15mm（长度≤4mm、宽度≤1mm的不计），每米长允许个数/个</td><td rowspan="4">0</td><td rowspan="3">1</td><td rowspan="3">2</td></tr>
<tr><td>缺角</td><td>沿板材边长顺延方向，长度≤3mm，宽度≤3mm（长度≤2mm、宽度≤2mm的不计），每块板允许个数/个</td></tr>
<tr><td>色斑</td><td>面积≤6cm²（面积<2cm²的不计），每块板允许个数/个</td></tr>
<tr><td>砂眼</td><td>直径<2mm</td><td>不明显</td><td>有，不影响装饰效果</td></tr>
<tr><td colspan="5">对毛光板不作要求</td></tr>
</table>

表12-8 大理石板材物理性能要求

<table>
<tr><th colspan="2" rowspan="2">项目</th><th colspan="3">技术指标</th></tr>
<tr><th>方解石大理石</th><th>白云石大理石</th><th>蛇纹石大理石</th></tr>
<tr><td colspan="2">体积密度/(g/cm³) ≥</td><td>2.60</td><td>2.80</td><td>2.56</td></tr>
<tr><td colspan="2">吸水率（%） ≤</td><td>0.50</td><td>0.50</td><td>0.60</td></tr>
<tr><td rowspan="2">压缩强度/MPa≥</td><td>干燥</td><td rowspan="2">52</td><td rowspan="2">52</td><td rowspan="2">70</td></tr>
<tr><td>水饱和</td></tr>
<tr><td rowspan="2">弯曲强度/MPa≥</td><td>干燥</td><td rowspan="2">7.0</td><td rowspan="2">7.0</td><td rowspan="2">7.0</td></tr>
<tr><td>水饱和</td></tr>
<tr><td colspan="2">耐磨性①/(1/cm³) ≥</td><td>10</td><td>10</td><td>10</td></tr>
<tr><td colspan="5">①仅适用于楼梯踏步、台面等易磨损部位的大理石石材</td></tr>
</table>

注：耐磨性按GB/T 9966.4中方法A进行，以下同。

12.2.2 天然花岗石建筑板材

根据GB/T 18601—2016，天然花岗石建筑板材按形状可分为毛光板、普型板、圆弧板、异形板四类。表面可分为镜面、细面和粗面三种方式。可用于装饰和结构性承载。异形板边长系列有300mm、305mm、400mm、500mm、600mm、800mm、900mm、1000mm、1200mm、1500mm、1800mm。厚度系列有10mm、12mm、15mm、18mm、20mm、25mm、30mm、35mm、40mm、50mm。普型板有特殊要求时，可根据供需双方约定商议，圆弧板和异形板根据供需双方约定执行。根据加工质量，可分为优等品、一等品和合格品。毛光板的表面平整度和厚度偏差、普型板规格尺寸允许偏差、圆弧板规格尺寸允许偏差分别见表12-9～表12-11。普型板表面平整度允许公差、普型板角度允许公差、圆弧板直线度和线轮廓度允许公差分别见表12-12～表12-14。板材正面的外观缺陷限制要求和板材物理性能要求分别见表12-15、表12-16。作为建筑装修材料，花岗石的使用必须遵循表12-17的规定。

表12-9 毛光板的表面平整度公差和厚度偏差 （单位：mm）

项目		技术指标					
		镜面和细面板材			粗面板材		
		优等品	一等品	合格品	优等品	一等品	合格品
表面平整度		0.80	1	1.5	1.5	2.00	3.00
厚度	≤12	±0.5	±1.0	+1.0 -1.5			
	>12	±1.0	±1.5	±2.0	+1.0 -2.0	±2.0	+2.0 -3.0

表12-10 普型板规格尺寸允许偏差 （单位：mm）

项目		技术指标					
		镜面和细面板材			粗面板材		
		优等品	一等品	合格品	优等品	一等品	合格品
长度、宽度		0 -1.0		0 -1.5	0 -1.0		0 -1.5
厚度	≤12	±0.5	±1.0	+1.0 -1.5			
	>12	±1.0	±1.5	±2.0	+1.0 -2.0	±2.0	+2.0 -3.0

表12-11 圆弧板规格尺寸允许偏差 （单位：mm）

项目	技术指标					
	镜面和细面板材			粗面板材		
	优等品	一等品	合格品	优等品	一等品	合格品
弦长	0 -1.0		0 -1.5	0 -1.5	0 -2.0	0 -2.0
高度				0 -1.0	0 -1.0	0 -1.5

表 12-12　普型板表面平整度允许公差　（单位：mm）

板材长度 L	技术指标					
	镜面和细面板材			粗面板材		
	优等品	一等品	合格品	优等品	一等品	合格品
$L \leqslant 400$	0.20	0.35	0.50	0.60	0.80	1.00
$400 < L \leqslant 800$	0.50	0.65	0.80	1.20	1.50	1.80
$L > 800$	0.70	0.85	1.00	1.50	1.80	2.00

表 12-13　普型板角度允许公差　（单位：mm）

板材长度 L	技术指标		
	优等品	一等品	合格品
$L \leqslant 400$	0.30	0.50	0.80
$L > 400$	0.40	0.60	1.00

表 12-14　圆弧板直线度和线轮廓度允许公差　（单位：mm）

项目		技术指标					
		镜面和细面板材			粗面板材		
		优等品	一等品	合格品	优等品	一等品	合格品
直线度（按板材高度）	≤800	0.80	1.00	1.20	1.00	1.20	1.50
	>800	1.00	1.20	1.50	1.50	1.50	2.00
线轮廓度		0.80	1.00	1.20	1.00	1.50	2.00

表 12-15　板材正面的外观缺陷限制要求

<table>
<tr><th rowspan="2">缺陷名称</th><th rowspan="2">规定内容</th><th colspan="3">技术指标</th></tr>
<tr><th>优等品</th><th>一等品</th><th>合等品</th></tr>
<tr><td>缺棱</td><td>长度≤10mm，宽度≤1.2mm（长度<5mm、宽度<1.0mm的不计），周边每米长允许个数/个</td><td rowspan="5">0</td><td rowspan="3">1</td><td rowspan="3">2</td></tr>
<tr><td>缺角</td><td>沿板材边长，长度≤3mm，宽度≤3mm（长度≤2mm的不计），每块板允许个数/个</td></tr>
<tr><td>裂纹</td><td>长度不超过两端顺延至板边总长度的1/10（长度<20mm的不计），每块板允许条数/条</td></tr>
<tr><td>色斑</td><td>面积≤15mm×30mm（面积<10mm×10mm的不计），每块板允许条数/条</td><td rowspan="2">2</td><td rowspan="2">3</td></tr>
<tr><td>色线</td><td>长度不超过两端顺延至板边总长度的1/10（长度<40mm的不计），每块板允许条数/条</td></tr>
</table>

注：干挂板材不允许有裂纹存在。

表 12-16　花岗石建筑板材的物理性能要求

项目	技术指标	
	一般用途	功能用途
体积密度/(g/cm^3)，≥	2.56	2.56

（续）

项目		技术指标	
		一般用途	功能用途
吸水率（%），≤		0.60	0.40
压缩强度/MPa，≥	干燥	100	131
	水饱和		
弯曲强度/MPa，≥	干燥	8.0	8.3
	水饱和		
耐磨性/($1/cm^3$)，≥		25	25

注：使用在地面、楼梯踏步、台面等严重踩踏或磨损部位的花岗石板材应检验此项。

表 12-17　花岗石使用场合放射性核素限量规定

A类	$I_{Ra}\leqslant1.0$ 和 $I_r\leqslant1.3$	不受限制
B类	$I_{Ra}\leqslant1.3$ 和 $I_r<1.9$	不可用于Ⅰ类民用建筑内饰面，但可用于Ⅱ类民用建筑物、工业建筑内饰面及其他一切建筑的外饰面
C类	$I_r\leqslant2.8$	只可用于建筑物的外饰面及室外其他用途

注：I_{Ra}——内照射系数，I_r——外照射系数。

12.2.3　天然砂岩建筑板材

根据GB/T 23452—2009，天然砂岩建筑板材是指以石英为主要组成的天然矿石制成的板材的总称。根据矿物组成，可分为杂砂岩（石英含量为50%～90%）、石英砂岩（石英含量大于90%）和石英岩（为变质的石英岩）。按形状可分为毛板、普型板、圆弧板和异形板。不同形状板材根据各自的质量指标要求可分为优等品、一等品和合格品。边长系列为300mm、305mm、400mm、500mm、600mm、800mm、900mm、1000mm、1200mm、1500mm、1800mm，厚度系列为10mm、12mm、15mm、18mm、20mm、25mm、30mm、35mm、40mm、50mm。毛板表面平整度公差和厚度偏差、普型板规格尺寸允许偏差应符合表12-18、表12-19的规定。圆弧板规格尺寸允许偏差、普型板表面平整度允许公差见表12-20、表12-21。圆弧板直线度和线轮廓度允许偏差、普型板角度允许公差见表12-22、表12-23。天然砂岩板外观质量、物理性能要求见表12-24、表12-25。

表 12-18　毛板表面平整度公差和厚度偏差　（单位：mm）

项目		技术指标		
		优等品	一等品	合格品
表面平整度公差		1.50	1.80	2.00
厚度偏差	≤12	±0.5	±0.8	±1.0
	>12	±1.0	±1.5	±2.0

表 12-19　普型板规格尺寸允许偏差　（单位：mm）

项目	允许偏差		
	优等品	一等品	合格品
长度、宽度	0 -1.0		0 -1.5

（续）

项目		允许偏差		
		优等品	一等品	合格品
厚度	≤12	±0.5	±0.8	±1.0
	>12	±1.0	±1.5	±2.0

表 12-20　圆弧板规格尺寸允许偏差　（单位：mm）

项目	允许偏差		
	优等品	一等品	合格品
弦长	0 -1.0		0 -1.5
高度	0 -1.0		0 -1.5

表 12-21　普型板表面平整度允许公差　（单位：mm）

板材长度	允许公差		
	优等品	一等品	合格品
≤400	0.60	0.80	1.00
400~800	1.20	1.50	1.80
>800	1.50	1.80	2.00

表 12-22　圆弧板直线度和线轮廓度允许偏差　（单位：mm）

项目		允许公差		
		优等品	一等品	合格品
直线度（按板材高度）	≤800	1.00	1.20	1.50
	>800	1.50	1.50	2.00
线轮廓度		1.00	1.50	2.00

表 12-23　普型板角度允许公差　（单位：mm）

板材长度	允许公差		
	优等品	一等品	合格品
≤400	0.30	0.50	0.80
>400	0.40	0.60	1.00

表 12-24　天然砂岩建筑板材外观质量要求

缺陷名称	规定内容	技术指标		
		优等品	一等品	合格品
裂纹	长度≥10mm 的条数/条	0		
缺棱[①]	长度≤8mm，宽度≤1.5mm（长度≤4mm、宽度≤1mm 的不计），每米长允许个数/个	0	1	2

（续）

<table>
<tr><th rowspan="2">缺陷名称</th><th rowspan="2">规定内容</th><th colspan="3">技术指标</th></tr>
<tr><th>优等品</th><th>一等品</th><th>合格品</th></tr>
<tr><td>缺角①</td><td>沿板材边长顺延方向，长度≤3mm，宽度≤3mm（长度≤2mm、宽度≤2mm 的不计），每块板允许个数/个</td><td rowspan="3">0</td><td rowspan="2">1</td><td rowspan="2">2</td></tr>
<tr><td>色斑</td><td>面积≤6cm²（面积<2cm²的不计），每块板允许个数/个</td></tr>
<tr><td>砂眼</td><td>直径<2mm</td><td>不明显</td><td>有，不影响装饰效果</td></tr>
</table>

①对毛板不作要求。

表 12-25 天然砂岩建筑板材物理性能要求

<table>
<tr><th colspan="2" rowspan="2">项目</th><th colspan="3">技术指标</th></tr>
<tr><th>杂砂岩</th><th>石英砂岩</th><th>石英岩</th></tr>
<tr><td colspan="2">体积密度/(g/cm³)，≥</td><td>2.00</td><td>2.40</td><td>2.56</td></tr>
<tr><td colspan="2">吸水率（%），≤</td><td>8</td><td>3</td><td>1</td></tr>
<tr><td rowspan="2">压缩强度/MPa，≥</td><td>干燥</td><td rowspan="2">12.6</td><td rowspan="2">68.9</td><td rowspan="2">137.9</td></tr>
<tr><td>水饱和</td></tr>
<tr><td rowspan="2">弯曲强度/MPa，≥</td><td>干燥</td><td rowspan="2">2.4</td><td rowspan="2">6.9</td><td rowspan="2">13.9</td></tr>
<tr><td>水饱和</td></tr>
<tr><td colspan="2">耐磨性①/(1/cm³) ≥</td><td>2</td><td>8</td><td>8</td></tr>
</table>

①仅适用在地面、楼梯踏步，台面等易磨损部位的砂岩板材。

12.2.4 天然石灰石建筑板材

根据 GB/T 23453—2009，石灰石根据密度不同，可分为低密度石灰石（密度在 1.76 ~ 2.16g/cm³）、中密度石灰石（密度在 2.16 ~ 2.56g/cm³）、高密度石灰石（密度不小于 2.56g/cm³）。按形状可分为毛光板、普型板、圆弧板、异形板。不同形状的板材根据各自的质量指标要求可分为优等品、一等品和合格品，边长和厚度系列与砂岩板相同。天然石灰石板材毛光板表面平整度公差和厚度偏差、普型板规格尺寸允许偏差见表 12-26、表 12-27。圆弧板壁厚最小值不小于 20mm，规格尺寸允许偏差见表 12-28，普型板表面平整度允许公差见表 12-29。圆弧板直线度和线轮廓度允许公差见表 12-30。普型板角度允许公差见表 12-31。石灰石板的外观质量要求、物理性能要求见表 12-32、表 12-33。

表 12-26 毛光板表面平整度公差和厚度偏差 （单位：mm）

项目	技术指标		
	优等品	一等品	合格品
表面平整度公差	0.80	1.00	1.50

（续）

项目		技术指标		
		优等品	一等品	合格品
厚度偏差	≤12	±0.5	±0.8	±1.0
	>12	±1.0	±1.5	±2.0

表 12-27　普型板规格尺寸允许偏差　　（单位：mm）

项目		允许偏差		
		优等品	一等品	合格品
长度、宽度		0 -1.0		0 -1.5
厚度	≤12	±0.50	±0.8	±1.0
	>12	±1.0	±1.5	±2.0

表 12-28　圆弧板规格尺寸允许偏差　　（单位：mm）

项目	允许偏差		
	优等品	一等品	合格品
弦长	0 -1.0		0 -1.5
高度	0 -1.0		0 -1.5

表 12-29　普型板表面平整度允许公差　　（单位：mm）

板材长度	允许公差		
	优等品	一等品	合格品
≤400	0.20	0.30	0.50
400～800	0.50	0.60	0.80
>800	0.70	0.80	1.00

表 12-30　圆弧板直线度和线轮廓度允许公差　　（单位：mm）

项目		允许公差		
		优等品	一等品	合格品
直线度（按板材高度）	≤800	0.60	0.80	1.00
	>800	0.80	1.00	1.20
线轮廓度		0.80	1.00	1.20

表 12-31　普型板角度允许公差　　（单位：mm）

板材长度	允许公差		
	优等品	一等品	合格品
≤400	0.30	0.40	0.50
>400	0.40	0.50	0.70

表 12-32 石灰石建筑板材外观质量要求 （单位：mm）

<table>
<tr><th rowspan="2">缺陷名称</th><th rowspan="2">规定内容</th><th colspan="3">技术指标</th></tr>
<tr><th>优等品</th><th>一等品</th><th>合格品</th></tr>
<tr><td>裂纹</td><td>长度≥10mm 的不允许条数/条</td><td colspan="3">0</td></tr>
<tr><td>缺棱①</td><td>长度≤8mm，宽度≤1.5mm（长度≤4mm、宽度≤1mm 的不计），每米长允许个数/个</td><td rowspan="4">0</td><td rowspan="3">1</td><td rowspan="3">2</td></tr>
<tr><td>缺角①</td><td>沿板材边长顺延方向，长度≤3mm，宽度≤3mm（长度≤2mm、宽度≤2mm 的不计），每块板允许个数/个</td></tr>
<tr><td>色斑</td><td>面积≤$6cm^2$（面积＜$2cm^2$ 的不计），每块板允许个数/个</td></tr>
<tr><td>砂眼</td><td>直径＜2mm</td><td>不明显</td><td>有，不影响装饰效果</td></tr>
</table>

①对毛光板不作要求。

表 12-33 石灰石建筑板材物理性能要求

<table>
<tr><th colspan="2" rowspan="2">项目</th><th colspan="3">技术指标</th></tr>
<tr><th>低密度石灰石</th><th>中密度石灰石</th><th>高密度石灰石</th></tr>
<tr><td colspan="2">吸水率（%），≤</td><td>12.0</td><td>7.5</td><td>3.0</td></tr>
<tr><td rowspan="2">压缩强度/MPa，≥</td><td>干燥</td><td rowspan="2">12</td><td rowspan="2">28</td><td rowspan="2">55</td></tr>
<tr><td>水饱和</td></tr>
<tr><td rowspan="2">弯曲强度/MPa，≥</td><td>干燥</td><td rowspan="2">2.9</td><td rowspan="2">3.4</td><td rowspan="2">6.5</td></tr>
<tr><td>水饱和</td></tr>
<tr><td colspan="2">耐磨性①/(1/cm^3)</td><td>10</td><td>10</td><td>10</td></tr>
</table>

①仅适用在地面、楼梯踏步、台面等易磨损部位的石灰石建筑板材。

12.2.5 人造石板材

人造石材主要有水磨石、人造石实体面材、人造石英石和人造大理石等。

1. 水磨石

以水泥或水泥和树脂的混合物为胶黏剂，以天然碎石或砂或石粉为主要原料、经过搅拌、振动或压制成型、养护，表面经过研磨和（或）抛光等工序制作而成的建筑装饰材料。分为预制和现浇两种，就成型建材制品而言，主要指预制水磨石。由于掺合料的不同（各色石子或大理石碎片）和（或）色彩掺合剂的不同，可具有不同的装饰效果。

根据 JCT 507—2012，依据抗折强度和吸水率，水磨石可分为普通水磨石和水泥人造石。按使用功能可分为常规水磨石、防静电用水磨石、不发火水磨石、洁净水磨石。可用于墙面、柱面、台面板、隔断板、贴脚板等场合。按加工程度不同可分为磨面水磨石和抛光水磨石两种。

预制水磨石常规尺寸和水磨石装饰面外观缺陷技术要求见表 12-34 和表 12-35。有图案水磨石抛光面越线和图案偏差技术要求、尺寸偏差技术要求、抗折强度和吸水率技术要求见表 12-36 ~ 表 12-38。

表 12-34　预制水磨石常规尺寸　（单位：mm）

类别	指标						
长度	300	305	400	500	600	800	1200
宽度	300	305	400	500	600	800	—

注：其他规格尺寸可由设计使用部门与生产厂共同议定。

表 12-35　水磨石装饰面外观缺陷技术要求

缺陷名称	技术要求	
	普通水磨石	水泥人造石
裂缝	不允许	不允许
返浆、杂质	不允许	不允许
色差、划痕、杂石、气孔	不明显	不允许
边角缺损	不允许	不允许

表 12-36　有图案水磨石抛光面越线和图案偏差技术要求

缺陷名称	技术要求	
	普通水磨石	水泥人造石
图案偏差	≤3mm	≤2mm
越线	越线距离≤2mm，长度≤10mm；允许 2 处	不允许

表 12-37　磨石尺寸偏差技术要求

类别	长度、宽度		厚度		表面平整度		角度	
	普通水磨石	水泥人造石	普通水磨石	水泥人造石	普通水磨石	水泥人造石	普通水磨石	水泥人造石
Q	0 -1	0 -1	+1 -2	±1	0.8	0.6	0.8	0.6
D	0 -1	0 -1	±2	+1 -2	0.8	0.6	0.8	0.6
T	±2	±1	±2	+1 -2	1.5	1.0	1.0	0.8
G	±3	±2	±2	+1 -2	2.0	1.5	1.5	1.0

表 12-38　水磨石抗折强度和吸水率要求

项目		指标	
		普通水磨石	水泥人造石
抗折强度/MPa	平均值≥	5.0	10.0
	最小值≥	4.0	8.0
吸水率（%）≤		8.0	4.0

2. 人造石实体面材

根据 JCT 908—2013，甲基人造石实体面材是以氢氧化铝为主要填料制成的人造石，根据有机黏结材料的种类可分为丙烯酸甲酯类人造石实体面材和不饱和聚酯类人造石实体面材。其规格尺寸可分为Ⅰ型、Ⅱ型和Ⅲ型，尺寸分别为2440mm×760mm×12mm、2440mm×760mm×6.0mm、3050mm×760mm×12mm，人造石实体面材外观质量应符合表12-39所示。其他性能有尺寸偏差、巴氏硬度、荷载变形和冲击韧度、落球冲击、弯曲性能、耐磨性、线性热膨胀系数、色牢度和老化性能、放射性防护分类指标、耐污染性、耐燃烧性能、耐化学药品性、耐热性、耐高温性等应符合标准要求。

表12-39　人造石实体面材外观质量

项目	要求
色泽	色泽均匀一致，不得有明显色差
板边	板材四边平整，表面不得有缺棱掉角现象
花纹图案	图案清晰、花纹明显；对花纹图案有特殊要求的，由供需双方商定
表面	光滑平整，无波纹、料痕、刮痕、裂纹，不允许有气泡及大于0.5mm的杂质
拼接	拼接不得有可察觉的接驳痕

3. 人造石英石

以天然石英石（砂、粉）、硅砂、尾矿等晶态二氧化硅为主要成分的无机材料为主要原料、以高分子聚合物或水泥或二者的混合物为粘合材料制成的具有天然石英质感的人造石称为人造石英石或人造硅晶石。

常规尺寸的人造石英石边长有400mm、600mm、760mm、800mm、900mm、1000mm、1200mm、1400mm、1450mm、1500mm、1600mm、2000mm、2400（2440）mm、3000mm、3050mm、3600mm，厚度有8mm、10mm、12mm、15mm、16mm、18mm、20mm、25mm、30mm。根据建材行业标准JCT 908—2013，石英石板材正面外观缺陷要求见表12-40，根据外观质量可分为A、B两个级别。其他性能有尺寸偏差、莫氏硬度、吸水率、弯曲性能、压缩强度、耐磨性、线性热膨胀系数、光泽度、放射性防护分类控制。如果用于台面，还有耐污染性、耐化学品性、耐热性、耐高温性能及耐落球冲击性能。

表12-40　人造石英石板材正面外观缺陷要求

<table>
<tr><th rowspan="2">名称</th><th rowspan="2">规定内容</th><th colspan="2">技术指标</th></tr>
<tr><th>A级</th><th>B级</th></tr>
<tr><td>缺棱</td><td>长度不超过10mm，宽度不超过1.2mm（长度不大于5mm、宽度不大于1mm的不计），周边每米长允许个数/个</td><td rowspan="3">0</td><td rowspan="3">≤2（总数或分数）</td></tr>
<tr><td>缺角</td><td>面积不超过5mm×2mm（面积小于2mm×2mm的不计），每块板允许个数/个</td></tr>
<tr><td>气孔</td><td>直径不大于1.5mm（小于0.3mm的不计），板材正面每平方米允许个数/个</td></tr>
<tr><td>裂纹</td><td colspan="3">板材正面不允许出现，但不包括填料中石粒（块）自身带来的裂纹和仿天然石裂纹；底面裂纹不能影响板材的力学性能</td></tr>
</table>

注：板材允许修补，修补后不得影响板材装饰效果和物理性能。

4. 人造大理石

以大理石、石灰石等的碎料、粉料为主要原材料，以高分子聚合物或水泥或二者的混合物为粘合材料制成的具有天然大理石质感的人造石材称为人造大理石。

常规尺寸的人造大理石边长有 400mm、600mm、800mm、900mm、1000mm、1200mm，厚度有 12mm、15mm、16mm、16.5mm、18mm、20mm、30mm。

根据建材行业标准 JCT 908—2013，人造大理石板材正面外观缺陷要求见表 12-41，根据外观质量可分为两个级别。其他性能有尺寸偏差、莫氏硬度、吸水率、落球冲击、弯曲性能、压缩强度、耐磨性、线性热膨胀系数、光泽度、放射性防护分类等指标。

表 12-41 人造大理石板材正面外观缺陷要求

<table>
<tr><th rowspan="2">名称</th><th rowspan="2">规定内容</th><th colspan="2">技术指标</th></tr>
<tr><th>A 级</th><th>B 级</th></tr>
<tr><td>缺棱</td><td>长度不超过 10mm，宽度不超过 2mm（长度不大于 5mm、宽度不大于 1mm 的不计），周边每米长允许个数/个</td><td rowspan="3">0（允许修补）</td><td>≤1</td></tr>
<tr><td>缺角</td><td>面积不超过 5mm × 2mm（面积小于 2mm × 2mm 的不计），每块板允许个数/个</td><td>≤2</td></tr>
<tr><td>气孔</td><td>最大直径不大于 1.5mm（小于 0.3mm 的不计），板材正面每平方米允许个数/个</td><td>≤1</td></tr>
<tr><td>裂纹</td><td colspan="3">不允许出现，但不包括填料中石粒（块）自身所带的裂纹和仿天然石裂纹</td></tr>
</table>

注：大骨料产品外观缺陷由供需双方确定。

12.3 建筑陶瓷

建筑陶瓷是指利用天然无机原料，通过配料、制坯和烧成而得到的、满足建筑需要的材料的通称。从狭义的角度来讲，建筑陶瓷包括陶瓷砖、黏土砖瓦等。而建筑卫生陶瓷也服务于建筑需要，因而，从广义的角度，也把它归为建筑陶瓷。

12.3.1 陶瓷砖

陶瓷砖是以黏土、石英、长石为主要原料制造的用于覆盖墙面和地面的板状和块状建筑陶瓷制品。根据是否上釉，可分为釉面砖和无釉砖两种。根据吸水率的差异，可分为瓷质砖（吸水率≤0.5%）、炻瓷砖（0.5% < 吸水率≤3%）、细炻砖（3% < 吸水率≤6%）、炻质砖（6% < 吸水率≤10%）和陶质砖（吸水率 > 10%）。根据成型方法，可分为挤压砖和干压砖两类。挤压砖根据尺寸偏差又可分为精细挤压砖和普通挤压砖两种。

根据 GB/T 4100—2015，陶瓷砖的主要性能分为尺寸和表面质量、物理性能和化学性能三个大类，第一类性能主要包括对瓷砖铺贴产生重要影响的边直度、直角度等；第二类性能主要包括影响粘贴的瓷砖装饰系统抵御其使用环境物理影响能力的参数，如吸水率、抗热震性和抗冲击性等；第三类性能主要是指影响粘贴的瓷砖装饰系统耐污染、耐化学清洗剂侵蚀的能力，当然还包括瓷砖可渗出重金属铅、镉的限量。根据产品的成型工艺不同，挤压陶瓷砖和干压陶瓷砖的性能要求各有差异。

1. 挤压陶瓷砖

在尺寸及外观方面，精细挤压陶瓷砖较普通挤压陶瓷砖有较高的要求，随吸水率的增大，挤压陶瓷砖尺寸要求有所降低，如表12-42所示。根据陶瓷砖吸水率不同，挤压陶瓷砖物理性能有很大的差异。其中断裂模数、破坏强度和耐磨性对不同陶瓷砖有较为具体的要求，见表12-43。对不同吸水率的五类挤压陶瓷砖，色差要求均为：有釉砖，$\Delta E<0.75$；无釉砖，$\Delta E<1.0$。瓷砖的线热膨胀系数、抗热震性、抗冻性、地砖摩擦系数、有釉砖抗釉裂性能、湿膨胀、抗冲击性等根据产品具体的使用场合有不同的要求。在化学性能方面，除特殊情况外，在一般使用场合，瓷砖被认为具有耐酸碱的化学稳定性。耐家庭化学用品和游泳池盐类要求采用100g/L氯化铵溶液和20mg/L次氯酸钠溶液浸泡，根据目测判定等级。铅、镉溶出量只在瓷砖与食品接触的场合才有要求。

表12-42 挤压陶瓷砖尺寸和表面质量技术要求

技术要求				备注
项目		精细	普通	
长度和宽度	每块砖（2条边或4条边）的平均尺寸相对于工作尺寸的允许偏差	±1.0% 最大 ±2mm	±2.0% 最大 ±4mm	对精细挤压陶瓷砖的细炻砖、炻质砖和陶质砖，允许偏差分别为±1.25%、±2.0%、±2.0%
	每块砖（2条边或4条边）的平均尺寸相对于10块砖（20条边或40条边）平均尺寸的允许偏差	±1.0%	±1.5%	对精细陶瓷砖中的炻质砖和陶质砖，允许偏差为±1.5%
厚度	每块砖厚度的平均值相对于工作尺寸厚度的平均偏差	±10%	±10%	
边直度	相对于工作尺寸厚度的平均偏差	±0.5%	±0.6%	炻质砖和陶质砖，允许偏差为±1.0%
直角度	相对于工作尺寸厚度的平均偏差	±1.0%	±1.0%	
表面平整度	相对于由工作尺寸计算的对角线中心弯曲度	±0.5%	±1.5%	对精细挤压陶瓷砖中的炻质砖、陶质砖±1.0%
	相对于工作尺寸的边弯曲度	±0.5%	±1.5%	对精细挤压陶瓷砖中的炻质砖、陶质砖±1.0%
	相对于由工作尺寸计算的对角线翘曲度	±0.8%	±1.5%	对精细挤压陶瓷砖中的炻质砖、陶质砖±1.5%
背纹	有要求时深度不小于0.7mm			
表面质量	至少砖的95%的主要区域无明显缺陷			

表12-43 不同挤压陶瓷砖断裂模数、破坏强度和耐磨性的要求

陶瓷砖类型	破坏强度/N	断裂模数/(N/mm²)	（耐磨性）耐磨损体积/mm³
瓷质砖	厚度≥7.5mm时，≥1300	平均值≥28，单个值≥21，强度3000N以上的砖不适用	无釉地砖，≤275
	厚度<7.5mm时，≥600		有釉地砖分级别衡量
炻瓷砖	厚度≥7.5mm时，≥1100	平均值≥28，单个值≥21，强度3000N以上的砖不适用	无釉地砖，≤275
	厚度<7.5mm时，≥600		有釉地砖分级别衡量

（续）

陶瓷砖类型	破坏强度/N	断裂模数/(N/mm²)	（耐磨性）耐磨损体积/mm³
细炻砖	厚度≥7.5mm时，≥950	平均值≥20，单个值≥18，强度3000N以上的砖不适用	无釉地砖，≤393
	厚度<7.5mm时，≥600		有釉地砖分级别衡量
炻质砖	≥900	平均值≥17.5，单个值≥15，强度3000N以上的砖不适用	无釉地砖，≤649
			有釉地砖分级别衡量
陶质砖	≥600	平均值≥8，单个值≥7，强度3000N以上的砖不适用	无釉地砖，≤2365
			有釉地砖分级别衡量

2. 干压陶瓷砖

由于工艺较挤压陶瓷砖可控，因而，干压陶瓷砖和挤压陶瓷砖在厚度方面要求不同，存在瓷砖厚度和面积的关系的要求，见表12-44。其尺寸及外观方面质量技术要求见表12-45。根据陶瓷砖吸水率不同，干压陶瓷砖的断裂模数、破坏强度和耐磨性对不同陶瓷砖有较为具体的要求，见表12-46。

表12-44　干压砖厚度和面积的关系要求

表面积 S	厚度值/mm
S≤900cm²	≤10.0
900cm²<S≤1800cm²	≤10.0
1800cm²<S≤3600cm²	≤10.0
3600cm²<S≤6400cm²	≤11.0
S>6400cm²	≤13.5

注：微晶石、干挂砖等特殊工艺和特殊要求的砖或有合同规定时，厚度由供需双方协商确定。

表12-45　干压陶瓷砖尺寸和表面质量技术要求

技术要求				备注
项目		名义尺寸①N/mm		
		70~150（Ⅰ型砖）	≥150（Ⅱ型砖）	
长度和宽度	每块砖（2条边或4条边）的平均尺寸相对于工作尺寸的允许偏差	±0.9mm	±0.6%，最大±2.0mm	Ⅰ型陶质砖，±0.75mm，Ⅱ型陶质砖，±0.5%
		抛光砖最大值±1.0mm		仅限于瓷质砖
厚度	每块砖厚度的平均值相对于工作尺寸厚度的平均偏差	±0.5mm	±5%，最大±0.5mm	Ⅱ型陶质砖，±10%
边直度	相对于工作尺寸厚度的平均偏差	±0.75mm	±0.5%，最大±1.5mm	Ⅰ型陶质砖，±0.5mm Ⅱ型陶质砖，±0.3%
		抛光砖最大值±0.2%，最大值≤1.5mm		
直角度	相对于工作尺寸厚度的平均偏差	±0.75mm	±0.5%，最大±2.0mm	
		抛光砖最大值±0.2%，最大值≤2.0mm		仅限于瓷质砖

（续）

技术要求				备注
项目		名义尺寸①N/mm		
		70～150（Ⅰ型砖）	≥150（Ⅱ型砖）	
表面平整度	相对于由工作尺寸计算的对角线中心弯曲度	±0.75mm	±0.5%，最大±2.0mm	Ⅰ型陶质砖：－0.5～0.75mm；Ⅱ型陶质砖：－0.3%～0.5%，最大－1.5～2.0mm
	相对于工作尺寸的边弯曲度	±0.75mm	±0.5%，最大±2.0mm	Ⅰ型陶质砖：－0.5～0.75mm；Ⅱ型陶质砖：－0.3%～0.5%，最大－1.5～2.0mm
	相对于由工作尺寸计算的对角线翘曲度	±0.75mm	±0.5%，最大±2.0mm	
	抛光砖表面平整度允许偏差为±0.15%，且最大偏差≤2.0mm 边长为600mm的砖，表面平整度表示为上凸和下凹，且最大偏差小于2.0mm			抛光砖仅限于瓷质砖
背纹	有要求时深度不小于0.7mm			
表面质量	至少砖的95%的主要区域无明显缺陷			

注：①为方便起见本表把名义尺寸为70～150mm的陶瓷砖标记为Ⅰ型砖，名义尺寸大于150mm的陶瓷砖标记为Ⅱ型砖。

表12-46　不同陶瓷砖断裂模数、破坏强度和耐磨性的要求

陶瓷砖类型	破坏强度/N	断裂模数/(N/mm²)	（耐磨性）耐磨损体积/mm³
瓷质砖	厚度≥7.5mm时，≥1300	平均值≥35，单个值≥32，强度3000N以上的砖不适用	无釉地砖，≤175
	厚度<7.5mm时，≥700		有釉地砖分级别衡量
炻瓷砖	厚度≥7.5mm时，≥1100	平均值≥30，单个值≥27，强度3000N以上的砖不适用	无釉地砖，≤175
	厚度<7.5mm时，≥700		有釉地砖分级别衡量
细炻砖	厚度≥7.5mm时，≥1000	平均值≥22，单个值≥20，强度3000N以上的砖不适用	无釉地砖，≤345
	厚度<7.5mm时，≥600		有釉地砖分级别衡量
炻质砖	≥800	平均值≥18，单个值≥16，强度3000N以上的砖不适用	无釉地砖，≤540
	≥600		
陶质砖	≥600	平均值≥15，单个值≥12，强度3000N以上的砖不适用	分级别衡量
	≥350		

12.3.2　烧结普通砖

烧结普通砖是以黏土、页岩、煤矸石、粉煤灰、建筑渣土、淤泥（江河湖淤泥）、污泥为主要原料，经过焙烧而成的主要用于建筑物承重部位的普通砖。其公称尺寸为长240mm、宽115mm、高53mm。传统意义上的烧结普通砖为黏土砖，但由于制备黏土砖需要利用良田取黏土，且由于随工业发展而带来的煤矸石、粉煤灰等因对环境造成破坏而需要消纳，因而，烧结普通黏土砖于近十几年来受到了禁限，而利用固体废弃物制造的煤矸石砖、粉煤灰砖、淤泥砖等在市场上有着越来越广泛的使用。由于原料的变化对产品性能产生了特殊的影响，因而，烧结普通砖的性能要求比烧结黏土砖有更为详细的规定。

根据 GB/T 5101—2017，烧结普通砖的尺寸偏差要求、外观质量要求、强度等级见表 12-47 ~ 表 12-49。区分不同区域的温度在 0℃上下波动的天数及霜冻天气温度时的降雨量，将我国各区域分为严重风化区和非严重风化区，对不同类型区域的烧结普通砖抗风化性能的要求见表 12-50。由于有些砖的主要原料如煤矸石导致烧结砖中会产生较多的游离氧化钙而导致砖产生石灰爆裂，因而烧结普通砖要求加盖蒸 6h 后不得产生大于 $15mm^2$ 的石灰爆裂区，并对较小爆裂区的发生频度以及蒸后的残留强度有具体的规定。

表 12-47　烧结普通砖尺寸偏差要求　（单位：mm）

公称尺寸	指标	
	样本平均偏差	样本极差≤
240	±2.0	6.0
115	±1.5	5.0
53	±1.5	4.0

表 12-48　烧结普通砖外观质量要求　（单位：mm）

项目		指标
两条面高度差	≤	2
弯曲	≤	2
杂质凸出高度	≤	2
缺棱掉角的三个破坏尺寸，不得同时大于		5
裂纹长度	≤	
a. 大面上宽度方向及其延伸至条面的长度	≤	30
b. 大面上长度方向及其延伸至顶面的长度或条顶面上水平裂纹的长度	≤	50
完整面不得少于		一条面和一顶面

注：1. 为砌筑挂浆而施加的凹凸纹、槽、压花等不算作缺陷。
2. 凡有下列缺陷之一者，不得称为完整面：
（1）缺损在条面或顶面上造成的破坏面尺寸同时大于 10mm × 10mm；
（2）条面或顶面上裂纹宽度大于 1mm，其长度超过 30mm；
（3）压陷、粘底、焦花在条面或顶面上的凹陷或凸出超过 2mm，区域尺寸同时大于 10mm × 10mm。

表 12-49　烧结普通砖强度等级　（单位：MPa）

强度等级	抗压强度平均值≥	强度标准值≥
MU30	30.0	22.0
MU25	25.0	18.0
MU20	20.0	14.0
MU15	15.0	10.0
MU10	10.0	6.5

表 12-50　烧结普通砖的抗风化性能

砖种类	严重风化区				非严重风化区			
	5h 沸煮吸水率（%）≤		饱和系数 ≤		5h 沸煮吸水率（%）≤		饱和系数 ≤	
	平均值	单块最大值	平均值	单块最大值	平均值	单块最大值	平均值	单块最大值
黏土砖、建筑渣土砖	18	20	0.85	0.87	19	20	0.88	0.90
粉煤灰砖	21	23			23	25		
页岩砖	16	18	0.74	0.77	18	20	0.78	0.80
煤矸石砖								

12.3.3　烧结多孔砖和多孔砌块

随着墙体保温及高层建筑的发展，实心的烧结普通砖显现了一定的局限性。基于此，烧结多孔砖和多孔砌块应运而生。烧结多孔砖和烧结多孔砌块的原料和基本工艺过程与烧结普通砖相同。与烧结普通砖相比，其特点主要体现为多孔的性能。根据 GB/T 13544—2011，烧结多孔砖和多孔砌块的密度等级、孔型结构和孔洞率分别见表 12-51、表 12-52。

表 12-51　烧结多孔砖和多孔砌块密度等级　（单位：kg/m^3）

密度等级		3 块砖或砌块干燥表观密度平均值
砖	砌块	
—	900	≤900
1000	1000	900 ~ 1000
1100	1100	1000 ~ 1100
1200	1200	1100 ~ 1200
1300	—	1200 ~ 1300

表 12-52　烧结多孔砖和多孔砌块孔型结构和孔洞率

孔型	孔洞尺寸/mm		最小外壁厚 /mm	最小肋厚 /mm	孔洞率（%）		孔洞排列
	孔宽度尺寸 b	孔长度尺寸 L			砖	砌块	
矩型条孔或矩型孔	≤13	≤40	≥12	≥5	≥28	≥33	所有孔宽应相等，孔采用单向或双向交错排列 孔洞排列上下左右应对称，分布均匀，手抓孔的长度方向尺寸必须平行于砖的条面

注：1. 矩型孔的孔长 L、孔宽 b 满足式 $L \geqslant 3b$ 时，称为矩型条孔。

2. 孔四个角应做成过渡圆角，不得做成直尖角。

3. 如设有砌筑砂浆槽，则砌筑砂浆槽不计算在孔洞率内。

4. 规格大的砖和砌块应设置手抓孔，手抓孔尺寸为（30 ~ 40）mm ×（75 – 85）mm。

12.3.4　烧结瓦

烧结瓦是由黏土或其他无机非金属原料经成型、烧结等工艺处理，用于建筑物屋面覆盖及装饰用的板状或块状烧结制品。根据形状可分为平瓦、脊瓦、三曲瓦、双筒瓦、鱼鳞瓦、牛舌瓦、板瓦、筒瓦、滴水瓦、沟头瓦、J 形瓦、S 形瓦、波形瓦和其他异形瓦及其配件、饰件。还可分为有釉瓦和无釉瓦。根据 GB/T 21149—2019《烧结瓦》规定，通常的规格和主要结构尺寸、表面质量要求、裂纹允许长度范围见表 12-53 ~ 表 12-55。除此之外，还有尺寸允许偏差、最大允许变形、磕碰、釉粘允许程度、石灰爆裂等性能要求。

表 12-53　烧结瓦规格及主要结构尺寸　（单位：mm）

产品类别	规格	基本尺寸							
		厚度	瓦槽深度	边筋高度	搭接部分长度		瓦爪		
					头尾	内外槽	压制瓦	挤出瓦	后爪有效高度
平瓦	400 × 240 ~ 360 × 220	10 ~ 20	≥10	≥3	50 ~ 70	25 ~ 40	具有四个瓦爪	保证两个后爪	≥5
脊瓦	L≥300 b≥180	h	l_1				d		h_1
		10 ~ 20	25 ~ 35				> $d/4$		≥5
三曲瓦、双筒瓦、鱼鳞瓦、牛舌瓦	300 × 200 ~ 150 × 150	8 ~ 12	同一品种，规格瓦的曲度或弧度应保持基本一致						
板瓦、筒瓦、滴水瓦、沟头瓦	430 × 350 ~ 110 × 50	8 ~ 16							
J 形瓦、S 形瓦	320 × 320 ~ 250 × 250	12 ~ 20	谷深 c≥35，头尾搭接部分长度 50 ~ 70，左右搭接部分长度 30 ~ 50						
波形瓦	270 × 170 ~ 420 × 330	8 ~ 16	瓦脊高度≤35，头尾搭接部分长度 30 ~ 70，内外槽搭接部分长度 25 ~ 40						
平板瓦	270 × 170 ~ 480 × 350	8 ~ 16	瓦槽深度≥10，边筋高度≥3，头尾搭接部分长度 30 ~ 70，内外槽搭接部分长度 25 ~ 40						

表 12-54　烧结瓦表面质量要求

缺陷项目		优等品	合格品
有釉类瓦	无釉类瓦		
缺釉、斑点、落脏、棕眼、熔洞、图案缺陷、烟熏、釉缕、釉泡、釉裂	斑点、起泡、熔洞、麻面、图案缺陷、烟熏	距 1m 处目测不明显	距 2m 处目测不明显
色差、光泽差	色差	距 2m 处目测不明显	

表 12-55　烧结瓦裂纹长度允许范围

（单位：mm）

产品类别	裂纹分类	优等品	合格品
平瓦、波形瓦、平板瓦	未搭接部分的贯穿裂纹	不允许	
	边筋断裂	不允许	
	搭接部分的贯穿裂纹	不允许	不得延伸至搭接部分的 1/3 处
	非贯穿裂纹	不允许	≤15
脊瓦	未搭接部分的贯穿裂纹	不允许	
	搭接部分的贯穿裂纹	不允许	不得延伸至搭接部分的 1/3 处
	非贯穿裂纹	不允许	≤15
三曲瓦、双筒瓦、鱼鳞瓦、牛舌瓦	贯穿裂纹	不允许	
	非贯穿裂纹	不允许	不得超过对应边长的 3%
板瓦、筒瓦、滴水瓦、沟头瓦、J 形瓦、S 形瓦	未搭接部分的贯穿裂纹	不允许	
	搭接部分的贯穿裂纹	不允许	
	非贯穿裂纹	不允许	≤15

12.3.5　卫生陶瓷

卫生陶瓷是卫生间、厨房和试验室等场所用的带釉陶瓷制品，也称卫生洁具，是目前我国建筑行业的一种重要建筑材料。卫生陶瓷根据材料质地的不同，可分为瓷质卫生陶瓷和炻陶质卫生陶瓷。根据 GB 6952—2015，其种类分别见表 12-56、表 12-57。瓷质卫生陶瓷的吸水率不大于 0.5%，而炻陶质卫生陶瓷的吸水率高于 0.5% 但不大于 15%。卫生陶瓷外观缺陷最大允许范围见表 12-58。随着技术的进步以及资源节约呼声的高涨，轻量化和节水在卫生陶瓷的生产实践中得到了实施。该标准规定：质量达到如下规格的单件产品即达到了轻量化要求，分别为连体坐便器质量不超过 40kg，不含水箱的分体坐便器质量不超过 25kg，蹲便器质量和洗面器质量不超过 20kg、壁挂式小便器质量不超过 15kg。不同用水量卫生陶瓷的规格要求见表 12-59。

表 12-56　瓷质卫生陶瓷产品分类

种类	类型	结构	安装方式	排污方向	按用水量分	按用途分
坐便器（单冲式和双冲式）	挂箱式 坐箱式连体式 冲洗阀式	冲落式 虹吸式喷射虹吸式 旋涡虹吸式	落地式壁挂式	下排式后排式	普通型 节水型	成人型 幼儿型 残疾人/老年人专用型
蹲便器	挂箱式 冲洗阀式	—	—	—	普通型 节水型	成人型 幼儿型
洗面器 洗手盆	—	—	台式 立柱式 壁挂式 柜式	—	—	—

（续）

种类	类型	结构	安装方式	排污方向	按用水量分	按用途分
小便器	—	冲落式 虹吸式	落地式 壁挂式	—	普通型 节水型 无水型	—
净身器	—	—	落地式 壁挂式	—	—	—
洗涤槽	—	—	台式 壁挂式	—	—	住宅用 公共场所用
水箱	带盖水箱、无盖水箱	—	壁挂式 坐箱式 隐藏式	—	—	—
小件卫生陶瓷	皂盒、手纸盘等	—	—	—	—	—

表 12-57　炻陶质卫生陶瓷产品分类

种类	类型	安装方式
洗面器、洗手盘		台式、立柱式、壁挂式、柜式
不带存水弯的小便器		落地式、壁挂式
水箱		坐箱式、壁挂式
净身器		落地式、壁挂式
洗涤槽	家庭用、公共场所用	立柱式、壁挂式
淋浴盘		
小件卫生陶瓷	皂盘、手纸盒等	

表 12-58　卫生陶瓷外观缺陷最大允许范围

缺陷名称	单位	洗净面	可见面	其他区城
开裂、坯裂	mm	不准许		不影响使用的允许修补
釉裂、棕眼	mm	不准许		允许有不影响使用的缺陷
大釉泡、色斑、坑包	个	不准许		
针孔	个	总数 2	1；总数 5	
小釉泡、花斑	个	总数 2	1；总数 6	
小釉泡、斑点	个	1；总数 2	2；总数 8	
波纹	mm^2	≤2600		
缩釉、缺釉	mm^2	不准许		
磕碰	mm^2	不准许		$20mm^2$ 以下 2 个
釉缕、桔釉、釉粘、坯粉、落脏、剥边、烟熏、麻面	—	不准许		

注：1. 数字前无文字或符号时，表示一个标准面允许的缺陷数。
2. 0.5mm 以下的不密集针孔可不计。

表 12-59　卫生陶瓷用水量要求

（单位：L）

产品名称	普通型	节水型
坐便器	≤6.4	≤5.0
蹲便器	单冲式：≤8.0；双冲式：≤6.4	≤6.0
小便器	≤4.0	≤3.0

第 13 章 建筑木材、竹材与人造木材

13.1 概述

作为一种天然材料，木材是人类最早使用的土木工程材料之一。我国古代有大量的木质结构建筑，有的留存至今，如北京天坛的祈年殿、湖北武汉的黄鹤楼和山西应县木塔，作为典型的文化遗产，至今屹立于中华大地，成为有名的景点，其建筑结构体现了中国古代劳动人民的智慧，为世人所敬仰，成为国内外学术界研究的重要对象。

由于生长特性，木材具有纤维增强材料的性质，有较好的弹性和韧性，耐冲击和抗振动性能好；其年轮的特征赋予了木材肌理别致、自然悦目的特点；木材在干燥过程中产生很丰富的微孔，因而具有轻质、隔热性好、保温性能好的特点，且使其易于用油漆等材料加以装饰；木材的易加工性更是赋予了其可以利用卯榫结构连接的优越性。但木材也存在一些缺点，如由于树瘤而导致的内部结构不均匀、湿胀干缩大、易翘曲和开裂，易燃、易腐、易受虫蛀及有天然疵病等，对其在土木结构上的应用产生了一些负面作用。

但自工业革命以来，尤其是随着现代科技发展而产生的水泥进而发展成钢筋混凝土，木材作为主要的建筑材料用于建设房子已成为历史。原因之一是树木的生长周期不能满足由于人类增长而带来的对建筑的需求，木材的过度开采会导致森林覆盖率大幅下降，破坏人类赖以生存的自然生态平衡。其二是木材作为建筑材料，在建造高层乃至超高层建筑时，劣势明显。因而，到 20 世纪末，木结构房屋基本消失了，木材在建筑中主要用作装修装饰材料、制作家具，而且木材的使用趋于多样化，各种源于木材的人造板材也得到了开发和应用。另外，由于竹材特殊的结构和肌理，基于竹材的各种建筑材料也得到较好的发展。值得一提的是，基于木材结构与性能的基本理论，以无机材料为组成的人造木材也得到了发展。

13.2 天然木材制品

虽然树木种类繁多，但由天然木材直接加工的木质建材一般按树种可分为针叶树类木材和阔叶树类木材两大类。

(1) 针叶树木材　针叶树树干一般通直高大，木材纹理平顺，材质均匀，木质较软而易于加工，故又称为软木材。针叶树木材的主要特点是树脂含量高，其表观密度小、湿胀系数和热膨胀系数小，强度较高，耐腐蚀性强。针叶树木材在建筑工程中广泛用作承重构件和家具用材。常用品种有红松、落叶松、云杉、冷杉、柏木等。

(2) 阔叶树木材　阔树叶木材一般通直部分较短，材质较硬，较难加工，故又称为硬木材。其主要特点是：强度高，纹理显著，图案美观；胀缩变形较大，易翘曲、干裂等。阔

叶树木材在建筑工程中常用作尺寸较小的构件及室内装饰。常用品种有榆木、桦木、柞木、山杨、青杨等。

天然木材按材种可分为原木、原条、锯材三种。

13.2.1 原条

林业部门把只经修枝剥皮去梢而未造材的伐倒木称为“原条”。我国国标中，原条长度范围为5～35m。由于原条是一种比较原始的产品，到具体使用时还需要根据不同用途而进行横截。原条还可根据材质进行分类，并已有国家或行业标准对其分别进行界定。如LY/T 1509—2008阔叶树原条、LY/T 1502—2008马尾松原条、LY/T1079－2006小原条、LY/T 1370—2002原条造材、GB/T 5039—1999杉原条。

各种原条的具体要求见表13-1。原条可按照各等级原木标准的材质指标进行量材设计并合理截取，形成原条造材。根据梢径，原条又可分为小径、中径和大径，对应尺寸见表13-2。根据LY/T 2984—2018，各种原条等级见表13-3，检验标准见表13-4。而对杉原条而言，根据GB/T 5039—1999，其评级标准见表13-5。

表13-1　各种原条分类及具体要求

原条分类	各类原条的概念	检尺长	检尺径	梢径
杉原条	采伐后只经打枝、剥皮的杉木段（含水杉、柳杉）	从大头斧口（或锯口）至梢端的检尺长＞5m	8cm以上	6～12cm（6cm系实足尺寸）
马尾松原条	采伐后只经打枝、剥皮的马尾松木段	长＞5m	＞8cm	6～12cm
阔叶树原条	采伐后只经打枝、剥皮的南方产材省区阔叶树木	长＞5m	＞8cm	6～12cm（6cm系实足尺寸）
小原条	在南方林区抚育兼采伐并只经打枝剥皮而未造材加工的各种针叶、阔叶树小条木	从大头斧口（或锯口）至梢端的检尺长＞3m	＞4cm	＞3cm

表13-2　原条尺寸分级

尺寸分级	小径	中径	大径
杉原条	8～12cm	14～18cm	＞20cm
阔叶树原条			
马尾松原条			

表13-3　原条等级标准

缺陷名称	检量方法	杉原条		马尾松原条		阔叶树原条		小原条
		缺陷允许限度						
		一等	二等	一等	二等	一等	二等	
漏节	在全长范围内的个数不得超过	不许有	2个	不许有	2个	不许有	2个	不许有

（续）

缺陷名称	检量方法	杉原条		马尾松原条		阔叶树原条		小原条
		缺陷允许限度						
		一等	二等	一等	二等	一等	二等	
边材腐朽	厚度不得超过检尺径的（检尺长范围内）	不许有	15%	不许有	10%	不许有	15%	不许有
心材腐朽	面积不得超过检尺径断面面积的（在全长范围内）	不许有	16%	不许有	30%	不许有	30%	10%
虫眼	任意材长 1m 中虫眼个数不得超过（检尺长范围内）	不许有	不限	5 个	不限	3 个	20 个	
外夹皮	深度不得超过检尺径的	15%	40%	15%	30%	15%	40%	
外伤、偏枯	深度不得超过检尺径的	15%	40%	15%	30%	15%	40%	15%
弯曲	最大拱高不得超过该弯曲内曲水平长的	3%	6%	3%	6%	3%	6%	3%

表 13-4　原条检验标准

缺陷检量的内容	原条等级允许缺陷的检量方法
树瘤	材身树瘤。表面完好的，不作缺陷计算 树瘤呈空洞未腐朽的，按外伤计算 树瘤呈空洞已腐朽的，按边腐和漏节降等最低的一种计算
啄木鸟眼	未腐朽的啄木鸟眼，按外伤计算 已腐朽的啄木鸟眼，按边腐和漏节降等最低的一种计算
白蚁蛀蚀	白蚁蛀蚀深度不足 10mm 的不计，自 10mm 以上的按边腐计算。断面上的不计
大头抽心	抽心面积，不超过检尺径断面面积 16% 的不计，超过 16% 的评为二等材

表 13-5　杉原条评级标准

两种或两种以上缺陷的等级评定	检尺长范围外缺陷的等级评定	检量等级允许缺陷的尺寸单位	
		缺陷名称	检量缺陷尺寸单位
应以降等最低的一种缺陷为准	除漏节和新腐外，其他缺陷不计	外夹皮长度	cm（不足 1cm 的舍去）
		弯曲内曲水平长度	
		弯曲拱高	
		外伤	
		偏枯深度	
		其他缺陷	mm（不足 1mm 的舍去）

13.2.2 原木

原木是指原条按一定尺寸加工成规定直径和长度的材料。根据用途和尺寸可分类如表 13-6 所示。一般用作建筑的支柱构建，如檩材，椽材等。也可作为加工原材料，如造纸原料、人造板原料等。其中檩材对缺陷的要求根据 LY/T 1157—2018 规定，见表 13-7。椽材对缺陷的要求见表 13-8。原木电杆对缺陷的限定要求见表 13-9。

表 13-6 原木按用途和尺寸分类

<table>
<tr><td rowspan="18">原木</td><td rowspan="14">按用途分类</td><td rowspan="7">直接用原木</td><td>直接用原木坑木</td></tr>
<tr><td>直接用原木电杆</td></tr>
<tr><td>脚手杆</td></tr>
<tr><td>木杆</td></tr>
<tr><td>檩材</td></tr>
<tr><td>椽材</td></tr>
<tr><td>车立柱</td></tr>
<tr><td rowspan="5">加工用原木</td><td>加工用原木枕资</td></tr>
<tr><td>阔叶锯切用原木</td></tr>
<tr><td>针叶锯切用原木</td></tr>
<tr><td>刨切单板用原木</td></tr>
<tr><td>旋切单板用原木</td></tr>
<tr><td rowspan="2">次加工原木</td><td>人造板原木</td></tr>
<tr><td>造纸用原木</td></tr>
<tr><td rowspan="4">按尺寸划分</td><td>特级原木</td><td rowspan="4"></td></tr>
<tr><td>小径原木</td></tr>
<tr><td>长原木</td></tr>
<tr><td>短原木</td></tr>
</table>

表 13-7 檩材对缺陷的要求

缺陷名称	检量方法	允许限度
漏节	在全材长范围内	不许有
边材腐朽	在全材长范围内	不许有
心材腐朽	腐朽直径与检尺径之比（小头）	不许有
	腐朽直径与检尺径之比（大头）	≤10%
虫眼	检尺长范围内	不许有
弯曲	最大拱高与该弯曲内曲水平长之比	≤3%
外伤、偏枯	外伤、偏枯深度与检尺径之比	≤10%
风折木、炸裂、劈裂、贯通裂	在全材长范围内	不许有

表 13-8 椽材缺陷允许限度

缺陷名称	检量方法	允许限度
漏节	在全材长范围内	不许有
边材腐朽	在全材长范围内	不许有

（续）

缺陷名称	检量方法	允许限度
心材腐朽	腐朽直径与检尺径之比（小头）	不许有
	腐朽直径与检尺径之比（大头）	≤10%
虫眼	最多 1m 长范围内的个数不得超过	2 个
弯曲	最大拱高与该弯曲内曲水平长之比	≤5%
外夹皮	外夹皮长度与检尺长之比	≤20%
外伤、偏枯	外伤、偏枯深度与检尺径之比	≤10%

表 13-9　原木电杆缺陷允许限度

缺陷名称	检量要求	允许限度
漏节	全材长范围内	不许有
边材腐朽	全材长范围内	不许有
心材腐朽	腐朽直径不超过检尺径的	小头：不许有
		大头：10%
弯曲	最大拱高不超过该弯曲内曲水平长的	1.5%
虫眼	检尺长范围内	不许有
外伤、偏枯	深度不得超过检尺径的	10%

注：枯立木、风折木、双丫木、端头贯通开裂及小头劈裂厚度超过检尺径 10% 的原木均不可用作电杆。

13.2.3　锯材

锯材是建筑工程中常用木材的一种，是已经锯解并按一定的尺寸加工成一定规格的材料，是建筑工程中常用木材的一种。按其厚度，锯材可分为薄板、中板和厚板。薄板锯材厚度有 12mm、15mm、18mm、21mm 四种，宽度尺寸范围在 50～240mm；中板锯材厚度包括 25mm、30mm 两种类型，宽度尺寸范围在 50～260mm；厚板锯材厚度主要包括 40mm、50mm 和 60mm 三种，宽度尺寸范围在 60～300mm 范围之间。也有根据截面宽度和厚度比例对其进行分类的方法，其中截面宽度为厚度 3 倍或 3 倍以上的木材称为板材；截面宽度不足厚度 3 倍的木材称为方材，板材和方材统称为板方材。

根据国家标准 GB 4822—2015《锯材检验标准》，锯材除有长度、宽度、厚度尺寸指标外，还有节子（如椭圆节、条状节、掌状节、腐朽节等）、腐朽、裂纹和夹皮、虫眼、钝棱、斜纹、翘曲等限度指标。其材质指标根据木材材质不同各有其具体的规定。根据 GB/T 153—2009《针叶树锯材标准》和 GB/T 4817—2009《阔叶树锯材标准》，两种锯材允许尺寸偏差见表 13-10，针叶树锯材材质指标见表 13-11，阔叶树锯材材质指标见表 13-12。

表 13-10　锯材尺寸允许偏差

种类	尺寸范围	偏差
长度	不足 2.0m	+3cm -1cm
	自 2.0m 以上	+6cm -2cm

（续）

种类	尺寸范围	偏差
宽度、厚度	不足30mm	±1mm
	30mm及以上	±2mm

表13-11 针叶树锯材材质指标

缺陷名称	检量与计算方法	允许限度			
		特等	一等	二等	三等
活节及死节	最大尺寸不得超过板宽的	15%	30%	40%	不限
	任意材长1m范围内个数不得超过	4	8	12	不限
腐朽	面积不得超过所在材面面积的	不允许	2%	10%	30%
裂纹夹皮	长度不得超过材长的	5%	10%	30%	不限
虫眼	任意材长1m范围内个数不得超过	1	4	15	不限
钝棱	最严重缺角尺寸不得超过材宽的	5%	10%	30%	40%
弯曲	横弯最大拱高不得超过内曲水平长的	0.3%	0.5%	2%	3%
	顺弯最大拱高不得超过内曲水平长的	1%	2%	3%	不限
斜纹	斜纹倾斜程度不得超过	5%	10%	20%	不限

表13-12 阔叶树锯材材质要求

缺陷名称	检量与计算方法	允许限度			
		特等	一等	二等	三等
死节	最大尺寸不得超过板宽的	15%	30%	40%	不限
	任意材长1m范围内个数不得超过	3	6	8	不限
腐朽	面积不得超过所在材面面积的	不允许	2%	10%	30%
裂纹夹皮	长度不得超过材长的	10%	15%	40%	不限
虫眼	任意材长1m范围内个数不得超过	1	2	8	不限
钝棱	最严重缺角尺寸不得超过材宽的	5%	10%	30%	40%
弯曲	横弯最大拱高不得超过该弯曲内曲水平长的	0.5%	1%	2%	4%
	顺弯最大拱高不得超过该弯曲内曲水平长的	1%	2%	3%	不限
斜纹	斜纹倾斜程度不得超过	5%	10%	20%	不限

注：长度不足1m的锯材不分等级，其缺陷允许限度不低于三等材。

13.3 天然木材加工板材

由于天然木材生长周期长，且其存在固有的缺点如各向异性、容易干裂，并存在节瘤等各种缺陷，从而导致大块取材在有些情况下存在困难，为解决这个问题，人造木材得到了开发。人造木材分为实木拼接板及各种采用胶黏剂粘合木质纤维等制成的板材。后者主要有刨花板、胶合板、纤维板、木塑复合板等。

13.3.1 实木拼接板

实木拼接板是由若干块比较小的实木板，按照一定的拼接方法，拼接成为一整块较大的实木板。拼接方法有平接法（光滑界面用胶黏剂粘接）、阶梯面拼接法（接合面刨削成阶梯形的平直光滑的表面，借助胶黏剂进行拼接）、槽榫（簧）拼接法（拼接面削成直角形的槽榫（簧）或榫槽，然后借助胶黏剂进行接合）、齿形槽榫拼接、穿条拼接法、螺钉拼接法、木销拼接法、穿带拼接法、吊带拼接法、螺栓拼接法及金属连接件拼接法等。

根据林业行业标准 LY/T 2488—2015，实木拼接板外观质量要求如表 13-13 所示，尺寸偏差要求如表 13-14 所示，物理力学性能要求如表 13-15 所示。甲醛释放限量值应符合 GB 18580—2001 中 E1 限量值（干燥器法），即板材游离甲醛含量标准应≤9mg/100g。

表 13-13　实木拼接板外观质量要求

缺陷种类		计算方法	等级		
			A 级	B 级	合格
节子	活节	最大单个长径/mm	10	15	不限
	死节	最大单个长径/mm	不允许有	10，应修补完好	30
		每平方米板面个数/个		6	应修补完好
贯通裂缝			不允许有		
裂纹（除贯通裂缝外）		最大单个长度/mm	20，应修补完好	50，应修补完好	应修补完好
		最大单个宽度/mm	0.3，应修补完好	2，应修补完好	
腐朽		不大于材面面积（%）	不允许有		允许有初腐
髓心		不大于材面面积（%）	不允许有	20	不限
孔洞（含虫眼）		最大单个长径/mm	不允许有	5，应修补完好	
		每平方米板面个数/个		6	
边角缺损		边角缺损面积占该板条横断面积（%）	不允许有		1
		板条缺角			应修补完好
夹皮		—	不允许有		不限
树脂道		最大单个长度/mm	30	150	不限
		最大单个宽度/mm	1	5	
		每平方米板面个数/个	3	6	
色差		—	不明显		不限
拼接缝隙		—	不允许有		应修补完好
胶缝		最大单条宽度/mm	0.2		不限
指接残损	齿缺	最大单个深度/mm	0.3，应修补完好	1.5，应修补完好	应修补完好
		最大单个宽度/mm	0.3，应修补完好	0.5，应修补完好	
		占材面面积（%）	1	6	
	指接间隙	最大单个长径/mm	不允许有	0.5 应修补完好	应修补完好
		平方米板面个数/个		6	
修补			不允许有	材色和纹理应与周围材质协调，且不允许有缝隙和脱落	不允许脱落

表 13-14　实木拼接板尺寸偏差要求

检验项目		单位	要求
长度		mm/m	+2 0
宽度		mm/m	+2 0
厚度	<20	mm	+0.2 0
	≥20		+0.3 0
垂直度		mm/m	1.0
边缘直度		mm/m	1.0
平整度	板厚<20	mm/m	2.0
	板厚≥20		≤1.5
指接或侧拼高度差		mm	≤0.1

表 13-15　实木拼接板物理力学性能

检验项目			单位	性能指标要求
含水率			%	6~15
指接抗弯强度	气干密度≤0.30g/cm³	平均值	MPa	20
		最小值		16
	0.30g/cm³<气干密度≤0.47g/cm³	平均值	MPa	25
		最小值		20
	气干密度>0.47g/cm³	平均值	MPa	35
		最小值		28
侧拼抗剪强度	气干密度≤0.47g/cm³	平均值	MPa	5
		最小值		3
	气干密度>0.47g/cm³	平均值	MPa	8
		最小值		5
胶层浸渍剥离	指接胶层浸渍剥离			试件横断面上任一胶层的剥离长度之和不得超过该胶层长度的1/3，且横断面胶层总剥离长度不得超过该横断面胶层总长度的10%
	侧拼胶层浸渍剥离			试件两端面上任一胶层剥离长度之和不得超过该胶层长度的1/3，且两端面胶层总剥离长度不得超过该两端面胶层总长度的10%

13.3.2　刨花板

根据GB/T 4897—2015，刨花板是将木材或非木材植物纤维加工成刨花（或碎料），施加胶黏剂（或其他添加剂），组坯成型并经热压而成的一类人造板。可分为普通型刨花板、家具型刨花板、承载型刨花板、重载型刨花板。根据使用环境不同，可分为干燥状态下使用的刨花板，潮湿状态、高湿状态下使用的刨花板。根据功能还可分为阻燃型刨花板、防虫害刨花板、抗真菌刨花板。其中承载型的刨花板可用于室内地板材料、搁板、屋顶板、墙面板和普通结构用板。而重载型的刨花板可用于工业地板材料、搁板和梁等。其尺寸偏差要求、外观质量要求见表13-16、表3-17。理化性能包括板内密度偏差（板内密度偏差控制在±10%之内）、含水率为3%~13%、甲醛释放量应符合GB 8580的规定。对不同要求的板材，还有其他物理力学性能要求。干燥状态下使用的承载型刨花板、重载型刨花板的其他物理力学性能见表13-18、表13-19。潮湿状态下使用的承载型刨花板、重载型刨花板的其他物理力学性能见表13-20、表13-21。高湿状态下使用的承载型刨花板、重载型刨花板的其他物理力学性能见表13-22、表13-23。

表13-16　刨花板尺寸偏差要求

项目		基本厚度范围	
		≤12mm	>12mm
厚度偏差	未砂光板	+1.5mm -0.3mm	+1.7mm -0.5mm
	砂光板	±0.3mm	
长度和宽度偏差		±2mm/m，最大值±5mm	
垂直度		<2mm/m	
边缘直度		≤1mm/m	
平整度		≤12mm	

表13-17　刨花板外观质量要求

缺陷名称	要求
断痕、透裂	不允许
压痕	肉眼不允许
单个面积大于40mm²的胶斑、石蜡斑、油污斑等污染点	不允许
边角残损	在公称尺寸内不允许

表13-18　干燥状态下使用的承载型刨花板物理力学性能要求

项目	单位	基本厚度范围/mm					
		≤6	6~13	13~20	20~25	25~34	>34
静曲强度	MPa	15	15	15	13	11	8
弹性模量	MPa	2200	2200	2100	1900	1700	1200
内胶合强度	MPa	0.45	0.40	0.35	0.30	0.25	0.20
24h吸水厚度膨胀率	%	22.0	19.0	16.0	16.0	16.0	15.0

表 13-19 干燥状态下使用的重载型刨花板物理力学性能要求

项目	单位	基本厚度范围/mm				
		6～13	13～20	20～25	25～34	>34
静曲强度	MPa	20	18	16	15	13
弹性模量	MPa	3100	2900	2550	2400	2100
内胶合强度	MPa	0.60	0.50	0.40	0.35	0.25
24h 吸水厚度膨胀率	%	16.0	15.0	15.0	15.0	14.0

表 13-20 潮湿状态下使用的承载型刨花板物理力学性能要求

项目		单位	基本厚度范围/mm					
			≤6	6～13	13～20	20～25	25～34	>34
静曲强度		MPa	18	17	16	14	12	9
弹性模量		MPa	2450	2450	2400	2100	1900	1550
内胶合强度		MPa	0.5	0.45	0.40	0.35	0.30	0.30
24h 吸水厚度膨胀率		%	16.0	13.0	11.0	11.0	11.0	10.0
防潮性能	选项 1 循环试验后内胶合强度 循环试验后吸水厚度膨胀率	MPa %	0.23 16.0	0.20 15.0	0.20 13.0	0.18 12.0	0.16 11.0	0.14 10.0
	选项 2 沸水煮后内胶合强度	MPa	0.15	0.14	0.14	0.12	0.10	0.09
	选项 3 70℃水中浸渍处理后静曲强度	MPa	6.7	6.4	5.6	4.9	4.2	3.5

表 13-21 潮湿状态下使用的重载型刨花板物理力学性能要求

项目		单位	基本厚度范围/mm				
			6～13	13～20	20～25	25～34	>34
静曲强度		MPa	21	19	18	16	14
弹性模量		MPa	3000	2900	2700	2400	2200
内胶合强度		MPa	0.75	0.70	0.65	0.60	0.45
24h 吸水厚度膨胀率		%	10.0	10.0	10.0	10.0	9.0
防潮性能	选项 1 循环试验后内胶合强度 循环试验后吸水厚度膨胀率	MPa %	0.34 11.0	0.32 10.0	0.29 10.0	0.27 10.0	0.20 8.0
	选项 2 沸水煮后内胶合强度	MPa	0.23	0.21	0.20	0.18	0.14
	选项 3 70℃水中浸渍处理后静曲强度	MPa	7.7	7.0	6.3	6.0	5.6

表 13-22　高湿状态下使用的承载型刨花板物理力学性能要求

项目		单位	基本厚度范围/mm					
			≤6	6~13	13~20	20~25	25~34	>34
静曲强度		MPa	19	18	16	15	14	12
弹性模量		MPa	2600	2600	2400	2100	1900	1700
内胶合强度		MPa	0.55	0.50	0.45	0.40	0.35	0.30
24h 吸水厚度膨胀率		%	13.0	12.0	10.0	10.0	10.0	9.0
防潮性能	选项 1 循环试脸后内胶合强度 循环试验后吸水厚度膨胀率	MPa %	0.30 10.0	0.25 10.0	0.22 9.0	0.20 9.0	0.17 8.0	0.15 8.0
	选项 2 沸水煮后内胶合强度	MPa	0.30	0.28	0.20	0.17	0.15	0.12
	选项 3 70℃水中浸渍处理后静曲强度	MPa	11.4	10.8	9.6	9.0	8.4	7.2

表 13-23　高湿状态下使用的重载型刨花板其他物理力学性能要求

项目		单位	基本厚度范围/mm				
			6~13	13~20	20~25	25~34	>34
静曲强度		MPa	22	20	18	17	16
弹性模量		MPa	3350	3100	2900	2800	2600
内胶合强度		MPa	0.75	0.70	0.65	0.60	0.55
24h 吸水厚度膨胀率		%	9.0	8.0	8.0	8.0	7.0
防潮性能	选项 1 循环试验后内胶合强度 循环试验后吸水厚度膨胀率	MPa %	0.45 10.0	0.42 9.0	0.39 9.0	0.36 8.0	0.33 7.0
	选项 2 沸水煮后内胶合强度	MPa	0.37	0.35	0.32	0.30	0.27
	选项 3 70℃水中浸渍处理后静曲强度	MPa	13.2	12.0	10.8	10.2	9.6

13.3.3　胶合板

胶合板是由木段旋切成单板或由木方刨切成薄木，再用胶黏剂胶合而成的三层或多层的板状材料，通常用奇数层单板，并使相邻层单板的纤维方向互相垂直胶合而成。一般为三层至十三层，常见的有三合板、五合板、九合板和十三合板（市场上俗称为三厘板、五厘板、九厘板、十三厘板）。最外层的正面单板称为面板，反面的称为背板，内层板称为芯板。根据使用条件，可分为耐气候胶合板、耐水胶合板、不耐潮胶合板。建筑用胶合板主要在室外条件下使用，如建筑外装修和混凝土模板；在装饰工程中主要应用于顶棚板、墙裙及地板衬板等。

根据 GB 9846—2015，依据所用的材质不同，胶合板可分为阔叶树胶合板、针叶树胶合板和热带阔叶树胶合板等。对各种板又分等规定了允许的缺陷要求，分别包括：针节、活节、半活节、死节、夹皮、裂缝、虫孔、排定孔、孔洞、变色、腐朽、树胶道、表板拼接离缝、表板叠层、芯板叠离、长中板叠离、鼓泡、分层、凹陷、压痕、毛刺沟痕、表板砂透、透胶及其他人为污染、补片、补条和板边缺陷等。根据上述指标，可以将胶合板分为优等品、一等品和合格品。胶合板的含水率要求、胶合强度要求、静曲强度和弹性模量要求见表13-24～表13-26。

表13-24　胶合板含水率要求　（单位：%）

胶合板材种	类别	
	Ⅰ、Ⅱ类	Ⅲ类
阔叶树材（含热带阔叶树材）	5～14	5～16
针叶树材		

表13-25　胶合板胶合强度要求　（单位：MPa）

树种名称/水材名称/国外商品材名称	类别	
	Ⅰ、Ⅱ类	Ⅲ类
椴木、杨木、拟赤杨、泡桐、橡胶木、柳安、奥克榄、白梧桐、异翅香、海棠木、桉木	≥0.70	≥0.70
水曲柳、荷木、枫香、槭木、榆木、柞木、阿必东、克隆、山樟	≥0.80	
桦木	≥1.00	
马尼松、云南松、落叶松、云杉、辐射松	≥0.80	

表13-26　胶合板静曲强度和弹性模量要求　（单位：MPa）

试验项目		公称厚度 t/mm				
		$7 \leq t \leq 9$	$9 < t \leq 12$	$12 < t \leq 15$	$15 < t \leq 21$	$t > 21$
静曲强度	顺纹	32.0	28.0	24.0	22.0	24.0
	横纹	12.0	16.0	20.0	20.0	18.0
弹性模量	顺纹	5500	5000	5000	5000	5500
	横纹	2000	2500	3500	4000	3500

13.3.4　纤维板

纤维板又名密度板，是以木质纤维或其他植物素纤维为原料，施加脲醛树脂或其他适用的胶黏剂制成的人造板。制造过程中可以施加胶黏剂和（或）添加剂。纤维板具有材质均匀、纵横强度差小、不易开裂等优点，用途广泛。根据密度的不同，又可分为超低密度纤维板、低密度板、中密度纤维板和高密度纤维板。超低密度板和低密度板一般用于制造家具。

1. 中密度纤维板

根据GB/T 11718—2009，中密度板为密度在650～800kg/m^{3}之间的木质纤维板。可分为普通型中密度纤维板、家具型中密度纤维板和承重型中密度纤维板。其中承重型中密度纤维板和建筑材料关系较为密切，可用于室内地面铺设、棚架、室内普通建筑部件等。对其在干燥状态、潮湿状态和高湿状态下使用不同的性能要求分别见表13-27～表13-30。

表 13-27　干燥状态下使用承重型中密度板性能要求

性能	单位	公称厚度范围/mm						
		1.5～3.5	3.5～6	6～9	9～13	13～22	22～34	>34
静曲强度	MPa	36.0	34.0	34.0	32.0	28.0	25.0	23.0
弹性模量	MPa	3100	3000	2900	2800	2500	2300	2100
内结合强度	MPa	0.75	0.70	0.70	0.70	0.60	0.55	0.55
吸水厚度膨胀率	%	45.0	35.0	20.0	15.0	12.0	10.0	8.0

表 13-28　潮湿状态下使用承重型中密度板性能要求

性能		单位	公称厚度范围/mm						
			1.5～3.5	3.5～6	6～9	9～13	13～22	22～34	>34
静曲强度		MPa	36.0	34.0	34.0	32.0	28.0	25.0	23.0
弹性模量		MPa	3100	3000	3000	2800	2500	2300	2100
内结合强度		MPa	0.75	0.70	0.70	0.70	0.60	0.55	0.55
吸水厚度膨胀率		%	30.0	18.0	14.0	12.0	8.0	7.0	7.0
防潮性能[①]	选项 1 循环试验后内结合强度 循环试验后吸水厚度膨胀率	MPa %	0.35 45.0	0.30 25.0	0.30 20.0	0.25 18.0	0.20 13.0	0.15 11.0	0.12 10.0
	选项 2 沸腾试验后内结合强度	MPa	0.20	0.18	0.18	0.15	0.12	0.10	0.08
	选项 3 湿静曲强度（70℃热水浸泡）	MPa	9.0	8.0	8.0	8.0	6.0	4.0	4.0

①防潮性能的三个指标为选项，衡量性能时可选择采用。

表 13-29　高湿状态下使用承重型中密度纤维板性能要求

性能		单位	公称厚度范围/mm						
			1.5～3.5	3.5～6	6～9	9～13	13～22	22～34	>34
静曲强度		MPa	36.0	34.0	34.0	32.0	28.0	25.0	23.0
弹性模量		MPa	3100	3000	3000	2800	2500	2300	2100
内结合强度		MPa	0.75	0.70	0.70	0.70	0.60	0.55	0.55
吸水厚度膨胀率		%	20.0	14.0	12.0	10.0	7.0	6.0	5.0
防潮性能[①]	选项 1 循环试验后内结合强度 循环试验后吸水厚度膨胀率	MPa %	0.40 25.0	0.35 20.0	0.35 17.0	0.35 15.0	0.30 11.0	0.27 9.0	0.25 7.0
	选项 2 沸腾试验后内结合强度	MPa	0.25	0.20	0.20	0.18	0.15	0.12	0.10
	选项 3 湿静曲强度（70℃热水浸泡）	MPa	15.0	15.0	15.0	15.0	13.0	11.5	10.5

①防潮性能的三个指标为选项，衡量性能时可选择采用。

表 13-30　高湿状态下承重型中密度板甲醛释放限量要求

测量方法	气候箱法	小型容器法	气体分析法	干燥器法	穿孔法
单位	mg/m^3	mg/m^3	$mg/(m^2 \cdot h)$	mg/L	mg/100g
限量值	0.124	—	3.5	—	8
甲醛释放量应符合气候箱法、气体分析法或穿孔法中的任一项限量值，具体使用哪种方法由供需双方协商选择。如果用小型容器法或干燥器法来进行生产控制检验，则应确定其与气候箱法之间的有效相关性，即推断出相当于气候箱法对应的限量值。					

2. 高密度木质纤维板

高密度纤维板是以木材或其他植物为原料，经纤维制备、施加胶黏剂，在加热加压条件下压制成的厚度不小于1.5mm，名义密度大于800kg/m³的板材。根据GB/T 31765—2015的规定，高密度纤维板根据使用场合可分为普通型高密度纤维板、潮湿状态下使用的高密度纤维板和高湿状态下使用的高密度纤维板，其性能要求分别见表13-31～表13-33。不同状态下使用的高密度纤维板的甲醛释放限量均须符合GB 18580—2001的要求。

表 13-31　普通型高密度纤维板性能要求

性能	单位	公称厚度范围/mm				
		1.5～3.5	3.5～6	6～9	9～13	13～22
静曲强度	MPa	38.0	37.0	36.0	35.0	35.0
弹性模量	MPa	3900	3800	3600	3500	3200
内结合强度	MPa	0.95	0.90	0.85	0.80	0.80
表面结合强度	MPa	0.80	0.90	1.00	1.20	1.20

表 13-32　潮湿型高密度纤维板性能要求

性能		单位	公称厚度范围/mm				
			1.5～3.5	3.5～6	6～9	9～13	13～22
静曲强度		MPa	42.0	42.0	42.0	40.0	38.0
弹性模量		MPa	3900	3800	3600	3500	3200
内结合强度		MPa	1.20	1.20	1.20	1.00	1.00
表面结合强度		MPa	0.80	0.90	1.00	1.20	1.20
吸水厚度膨胀率		%	16.0	14.0	12.0	10.0	6.0
防潮性能①	选项1 循环试验后内结合强度 循环试验后吸水厚度膨胀率	MPa %	0.40 18.0	0.40 16.0	0.40 14.0	0.35 11.0	0.35 11.0
	选项2 沸腾试验后内结合强度	MPa	0.40	0.40	0.40	0.30	0.30
	选项3 湿静曲强度（70℃热水浸泡）	MPa	15.0	15.0	15.0	15.0	13.0

①防潮性能的三个指标为选项，衡量性能时可选择采用。

表 13-33　高湿型高密度纤维板性能要求

性能		单位	公称厚度范围/mm			
			1.5~3.5	6~9	9~13	13~22
静曲强度		MPa	42.0	42.0	40.0	38.0
弹性模量		MPa	3800	3600	3500	3200
内结合强度		MPa	1.20	1.20	1.00	1.00
表面结合强度		MPa	0.90	1.00	1.20	1.50
吸水厚度膨胀率		%	12.0	10.0	8.0	5.0
防潮性能①	选项 1 循环试验后内结合强度 循环试验后吸水厚度膨胀率	 MPa %	 0.50 14.0	 0.50 12.0	 0.45 10.0	 0.45 9.0
	选项 2 沸腾试验后内结合强度	MPa	0.50	0.50	0.40	0.40
	选项 3 湿静曲强度（70℃热水浸泡）	MPa	20.0	20.0	20.0	18.0

①防潮性能的三组指标为选项，衡量性能时可选择采用。

13.4　建筑竹材

尽管相比木材，竹材有生长地域受限、不容易取材的缺点，但竹类材料有其优于木材的诸多性质，如竹材特有的抗菌效果、材质坚韧轻强、收缩量小、弹性好、刚性好、硬度大、纤维长、纹理通直、光滑亮洁等特点，因而竹类材料在建材中得到了广泛应用。其中典型的有竹单板饰面人造板、竹木复合层积地板、竹集成地板材、重组竹地板、竹材饰面木质地板、竹木复合层积地板、展平竹地板等，并分别形成了国家标准或行业标准。

根据 LY/T 3201—2020，展平竹地板为先将竹筒或竹片经过软化、展开、干燥、定型制成竹片，然后将其应用于表面得到的地板材料。分为留青展平竹地板和去青展平竹地板。底层可由竹展平板或木质材料组成，表层也可进行表面涂刷装饰。其外观质量包括色差、裂纹、表面凹痕、漏刨、榫舌残缺、虫孔、腐朽、缺棱、霉变、污染、鼓泡、针孔、皱皮、漏漆、粒子、胀边等。理化性能指标见表 13-34。

表 13-34　展平竹地板理化性能指标

项目		单位	指标值
含水率		%	6.0~15.0
静曲强度①	厚度≤15mm	MPa	≥80
	厚度>15mm		≥70
浸渍剥离试验		mm	四个侧面的各层层板之间的任一胶层的累计剥离长度不超过该胶层全长（槽口长度不计）的 1/3，6 个试件中至少有 5 个试件达到上述要求

（续）

项目		单位	指标值
表面漆膜耐磨性②	被磨部分状况	—	磨100r后漆膜未磨透
	磨耗值	g/100r	≤0.12
表面漆膜耐污染性②		—	5级，无明显变化
表面漆膜附着力②		—	不低于2级
表面抗冲击性能②		mm	压痕直径≤10，无裂纹
甲醛释放量		—	按GB 18580的规定进行

①背面开槽的展平竹地板不测静曲强度。
②为涂饰展平竹地板的检测项目。

根据GB/T 20240—2017，竹集成材地板是将精刨竹条纤维方向相互平行，宽度方向拼宽，厚度方向层积一次胶合加工成的或层板厚度方向层积胶合、加工而成的企口地板。可包括水平型竹集成材地板、垂直型竹集成材地板、组合型竹集成材地板，也可采用涂刷、漂白、碳化等工艺加工。产品的理化性能指标要求见表13-35。

表13-35　竹集成材地板理化性能指标

项目			指标值
含水率			6.0%～15.0%
静曲强度	面板纤维方向与芯板纤维方向相互平行	厚度≤15mm	≥80MPa
		厚度>15mm	≥75MPa
	面板纤维方向与芯板纤维方向相互垂直	厚度≤15mm	≥75MPa
		厚度>15mm	≥75MPa
浸渍剥离试验	水平型竹集成地板 组合型竹集成地板		四个侧面的各层层板之间的任一胶层的累计剥离长度≤该胶层全长的1/3，六个试件中至少五个试件达到上述要求
	垂直型竹集成材地板		两端面胶层剥离长度大于胶层全长的1/3的胶层数≤总胶层数的1/3，六个试件中至少五个试件达到上述要求
表面漆膜耐久性	磨耗转数		磨100r后表面未磨透
	磨耗值		≤0.12g/100r
表面漆膜耐污染性			5级，无明显变化
表面漆膜附着力			不低于2级
表面抗冲击性能			压痕直径≤10mm，无裂纹

总体而言，发挥竹材表面装饰特色及其相比于木材的特殊功能，将其与竹材本身或其他材料如木材的复合，使其能够取长补短，将是竹品建材的未来发展方向。

13.5　人造木材

树木生长比较缓慢，资源不足，大量使用木材会导致森林覆盖率下降，破坏自然生态平衡，为了保持生态环境和可持续发展，人类应该合理地利用木材以便节约木材。另一方面，木材也存在一些缺点：内部结构不均匀，呈各向异性，湿胀干缩大，易翘曲和开裂，易燃、易腐、易受虫蛀及具有天然疵病等。为了弥补木材资源不足及提高其性能，人们开始研发人造木材，下面介绍主要的两种人造木材生产工艺。

13.5.1 高温高压动态反应法

以石灰与天然沸石粉，两者按氧化钙与氧化硅之比1:1配合，在陶瓷生产球磨机中加水粉磨（水料比0.8~1.0），得到料浆（过400目），放入动态反应釜中在温度180℃、12个大气压下，经过6~8h的动态反应，就得到以托勃莫来石为主要矿物成分的料浆。取出料浆，压滤成饼，再与岩棉纤维及树脂胶配合，搅拌均匀，浇筑入模，加压成型，然后干燥脱模，这样制得的人造木材，其表观密度为800~900kg/m^3，抗弯强度为12~14MPa。该人造木材可钉可锯，耐火，吸水率低，耐久性好。

13.5.2 超细粉与成孔物常温合成法（图13-1）

以高强度水泥熟料粉（强度52.5MPa以上）60%~70%，硅灰10%，微珠20%，引气剂1.5~2.0/万，纤维材料2~4kg/m^3；配料后，把粉体材料先投入双轴搅拌机，搅拌均匀后，加水（$W/B=0.2$），拌合成料浆，再加入纤维，搅拌均匀后，投入引气剂，高速搅拌2min后，浇筑入模，自密实成型。脱模后，用塑料袋封装，在太阳棚内养护3d，即可得新型人造木材产品。

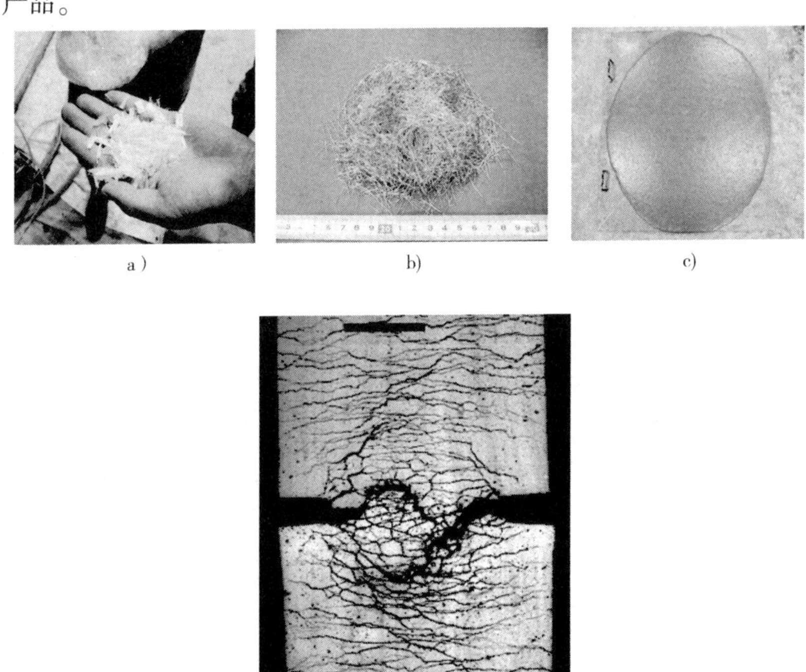

图13-1 超细粉常温合成木材

a）有机纤维 b）无机纤维 c）流动性 d）拉伸试验的裂纹分布

该产品所用有机与无机纤维及浆体的流动性、产品拉伸试验裂缝分布等，可参见图 13-1。试件拉伸试验时，出现的裂纹分布显示：裂缝呈分散状态，宽度比较小。超细粉常温合成木材的表观密度为 1200～1400kg/m^3；抗弯强度 16～20MPa。可锯，可钉，抗腐蚀，耐久性优异，生产时可直接浇筑成内外墙板及方木等，便于施工应用。

第 14 章

建筑玻璃

14.1 概述

玻璃是由熔融物冷却硬化而得到的非晶态固体。广义的玻璃包括单质玻璃、有机玻璃和无机玻璃，狭义的玻璃仅指无机玻璃。

工业上大规模生产的玻璃通常是由二氧化硅（SiO_2）为主要成分的硅酸盐玻璃，是以石英砂、纯碱、长石和石灰石等为主要原料，经 1550 ~ 1600℃高温下烧至熔融，成形后急冷固化而成的非结晶无机固体材料。

玻璃作为一种结构材料和功能材料具有良好的光学性能和较好的化学稳定性，被广泛应用于建筑材料、轻工、交通、医药、化工、电子、航天和原子能等方面。

在建筑行业，玻璃除了具有一般材料难以具备的透明性、优良的力学性能和热工性能外，还有艺术装饰作用，其深加工制品还具有控制光线、隔热、隔声、节能和提高建筑艺术装饰性等功能。

14.1.1 玻璃的组成与分类

1. 玻璃的组成

玻璃的组成很复杂，不同的玻璃品种，其组成也不一样。以最常用的硅酸盐玻璃为例，其主要化学成分为 SiO_2（质量分数为 70% ~75%）、Na_2O（质量分数为 13% ~15%）、CaO（质量分数为 6% ~11%），另外还含有少量 Al_2O_3、MgO 等，它们对玻璃的性质起着十分重要的作用。

2. 玻璃的分类

玻璃的种类很多，有不同的分类方法。

根据化学成分，玻璃可分为硅酸盐玻璃、磷酸盐玻璃、硼酸盐玻璃、铝酸盐玻璃、锗酸盐玻璃等。随着科学技术的发展，又研制出硫系玻璃、卤化物玻璃、卤氧化物玻璃、氮氧玻璃及金属玻璃等。其中以硅酸盐玻璃应用最广，其是以 SiO_2 为主要成分，另外还含有一定量的 Na_2O 和 CaO，故又称为钠钙硅酸盐玻璃，为常用的建筑玻璃。

根据玻璃原料配合的不同，玻璃可分为钠玻璃、钾玻璃、铅玻璃等种类，以 SiO_2、CaO 和 Na_2O 为主要原料的称为钠玻璃；若以 K_2O 代替 Na_2O，并提高 SiO_2 含量，则成为制造化学仪器用的钾玻璃；若引入 MgO，并以 Al_2O_3 替代部分 SiO_2，则成为制造无碱玻璃纤维和高级建筑玻璃的铝玻璃；用 PbO 代替 Na_2O 的称为铅玻璃。建筑工程中大多采用钠玻璃或钾玻璃，而铅玻璃的光学性能好，用于光学玻璃仪器。

根据玻璃制品的种类，可以将玻璃分为瓶罐玻璃、器皿玻璃、保温瓶玻璃、平板玻璃、仪器玻璃、电真空玻璃、封接玻璃、泡沫玻璃、玻璃微珠、眼镜玻璃及玻璃纤维等。

根据玻璃的特殊用途，可以将玻璃分为光纤玻璃、溶胶-凝胶玻璃、生物玻璃、微晶玻璃、石英玻璃、光学玻璃、防护玻璃、半导体玻璃、激光玻璃、超声延迟线玻璃及声光玻璃等。

建筑玻璃是用作建筑物的门、窗、屋面、墙体及室内外装饰、采光、遮像、隔声、隔热、防护的玻璃总称。有各种平板玻璃及其加工制品，如普通窗玻璃、压花玻璃、吸热玻璃、热反射玻璃、釉面玻璃、玻璃棉砖、中空玻璃板、波形玻璃板、槽型玻璃等；还有玻璃空心砖、泡沫玻璃、微晶玻璃等。建筑玻璃不仅具有采光和防护的功能，而且还是良好的隔声、隔热和艺术装饰功能。随着建筑玻璃品种的发展、强度的提高以及加工方法的优化，建筑玻璃已得到越来越多的应用，而且将应用得更加广泛。

14.1.2 玻璃的性能

（1）密度　玻璃内几乎无孔隙，属于致密材料，其密度与化学成分有关，普通硅酸盐玻璃的表观密度为2500～2600kg/m³；硼硅酸盐玻璃的表观密度为2200～2300kg/m³；含有重金属离子时密度较大，如含大量PbO的玻璃，其表观密度可达6500kg/m³。

玻璃的密度还与其温度有关。温度升高，玻璃密度下降。对于一般工业玻璃，自室温到1300℃范围内，密度下降为6%～12%。

（2）光学性能　玻璃是一种高度透明的物质，具有优良的光学性能，广泛用于建筑物的采光、装饰及光学仪器和日用器皿。

玻璃的光学性能用一定的光学常数表示。当光线入射玻璃时，表现出透射、反射和吸收三种性能。

1）光线透过玻璃的性质称为透射，以透光率表示。普通清洁玻璃的透明性好，透光率达82%以上。

2）光线被玻璃阻挡，按一定角度反射出来称为反射，以反射率表示。

3）光线通过玻璃后，一部分光能量损失，称为吸收，以吸收率表示。

玻璃的反射率、吸收率、透光率之和等于入射光的强度，为100%。反射率、吸收率与透光率的大小与玻璃的颜色、折射率、表面状态、玻璃表面是否镀有膜层、膜层的性质与厚度以及光的入射角等多种因素有关。用途不同的玻璃，要求这三项光学性能的大小各异。用于采光、照明时要求透光率高，如3mm厚的普通平板玻璃的透光率≥85%；用于遮光和隔热的热反射玻璃，要求反射率高，如反射型玻璃的反射率可达48%以上，而一般洁净玻璃仅为7%～9%。

玻璃对光的吸收与玻璃的组成、厚度及入射光的波长有关。不同玻璃对不同波长的光具有选择吸收性，通过玻璃出来的光，会因原来光谱组成的改变而获得某种颜色的光。例如：在玻璃中加入钴、镍、铜、锰、铬等氧化物而相应呈现蓝、灰、红、紫、绿等颜色，由此可制成有色玻璃。当加入Fe^{2+}、V^{4+}、Cu^{2+}等金属离子，则可吸收波长为0.7～5μm的红外线，从而可制成吸热玻璃。

（3）热学性能　玻璃的热学性能包括热膨胀系数、热导率、比热容、热稳定性等，其中热膨胀系数是极重要的基本性能。

玻璃热膨胀系数在玻璃成型、退火、热强化处理以及与金属、陶瓷的封接等伴随加热与冷却的操作中，对工艺条件起关键的作用。当需要高的耐热性时，热膨胀系数就必须小；当希望有高的内应力时，如钢化玻璃，热膨胀系数就应该大；当玻璃与玻璃焊接时，涉及的几种玻璃热膨胀系数必须“匹配”；玻璃与金属封接，要求与上述相同；实验室仪器容量的变化也要考虑热膨胀系数。一般建筑玻璃的热膨胀系数为（9 ~ 15）$\times 10^{-6}$/℃。

玻璃是热的不良导体，热导率较低。它的热导率随温度升高而降低，其还与玻璃的化学组成有关，增加 SiO_2、Al_2O_3时其值增大。石英玻璃的热导率最大，为 1.344W/(m·K)，普通玻璃的热导率为 0.75 ~ 0.92W/(m·K)。

常用玻璃的传热系数见表 14-1。

表 14-1　常用玻璃的传热系数

<table>
<tr><th>玻璃品种</th><th>玻璃代码</th><th>膜系代码</th><th>传热系数/[W/(m²·K)]</th></tr>
<tr><td>透明浮法玻璃</td><td>6C</td><td></td><td>5.73</td></tr>
<tr><td rowspan="2">阳光控制镀膜玻璃</td><td rowspan="2">6RE</td><td>CCS115</td><td rowspan="2">5.73</td></tr>
<tr><td>CMG165</td></tr>
<tr><td rowspan="2">透明中空玻璃</td><td>6C + 9A + 6C</td><td rowspan="2"></td><td>3.00</td></tr>
<tr><td>6C + 12A + 6C</td><td>2.83</td></tr>
<tr><td rowspan="4">单面低辐射中空玻璃</td><td rowspan="2">6Low-E + 9A + 6C</td><td>CES11-85X</td><td>1.98</td></tr>
<tr><td>CED13-38X</td><td>1.89</td></tr>
<tr><td rowspan="2">6Low-E + 12A + 6C</td><td>CES11-85X</td><td>1.79</td></tr>
<tr><td>CED13-38X</td><td>1.69</td></tr>
</table>

玻璃的比热容一般为（0.33 ~ 1.05）$\times 10^3$J/(kg·K)。它随温度升高而增加，还与化学成分有关，当含 Li_2O、SiO_2、B_2O_3 等金属氧化物时比热容增大；当含 PbO、BaO 时其值降低。

玻璃经受剧烈的温度变化而不破坏的性能称为热稳定性。由于玻璃传热慢，在玻璃温度急变时，沿玻璃的厚度从表面到内部，有着不同的膨胀量，由此而产生内应力，当内应力超过玻璃极限强度时就造成碎裂破坏，所以玻璃热稳定性差，受急冷、急热时易破裂。玻璃热稳定性的大小用试样在保持不破坏条件下所能经受的最大温度差来表示，它的热稳定性也是玻璃的一个重要热学性能。对玻璃热稳定性影响最大的是玻璃的热膨胀系数。

（4）力学性能

1）抗压强度。玻璃的抗压强度与其化学成分、制品形状、表面性质和制造工艺有关。二氧化硅（SiO_2）含量高的玻璃有较高的抗压强度，而氧化钙（CaO）、氧化钠（Na_2O）及氧化钾（K_2O）等氧化物是降低抗压强度的因素。玻璃的抗压强度高，一般为 600 ~ 1200MPa。

2）抗拉强度。玻璃的理论计算抗拉强度为 12000MPa，但实际强度仅为理论强度的 1/300 ~ 1/200，即为 40 ~ 60MPa，与抗压强度相比，玻璃的抗拉强度要小得多，故玻璃在冲击力作用下易破碎，是典型的脆性材料。

3）刚度。玻璃在常温下具有较高的刚度，具有弹性的性质，普通玻璃的弹性模量为（6 ~ 7.5）$\times 10^4$MPa，为钢的 1/3，而与铝相接近。但随着温度升高，弹性模量下降，出现塑性变形。

4）硬度。一般玻璃的莫氏硬度为 6 ~ 7。

5）脆性。玻璃的最大弱点是脆性大。玻璃的脆性指标（弹性模量与抗拉强度之比，即 E/R_m）为1300~1500。脆性指标越大，说明脆性越高，玻璃的脆性也可以根据冲击试验来确定。相比之下，混凝土材料的脆性指标为4200~9350，钢材为400~460，橡胶为0.4~0.6。

（5）化学性能　玻璃抵抗表面变质或破坏的能力称为玻璃的化学稳定性。它取决于玻璃的组成、结构、热历史、表面状况、侵蚀介质的性质以及侵蚀时的温度、压力、时间、侵蚀状态等。

玻璃具有较高的化学稳定性，在通常情况下对水、酸、盐以及化学试剂或气体等具有较强的抵抗能力，能抵抗除氢氟酸和磷酸以外的各种酸类的侵蚀，但耐碱性差。如果玻璃组成中含有较多易蚀物质，在长期受到侵蚀介质的腐蚀下，化学稳定性将变差，导致玻璃损坏。长期使用或在水蒸气作用下，表面分解有 SiO_2胶体和苛性碱，称为玻璃发霉。

另外，玻璃由液态转变为玻璃态的相变过程是可逆的。当某些玻璃在空气中长期放置或加热后，由无定形转变成晶体结构，这种现象称为反玻璃化或失透。

14.2　平板玻璃

14.2.1　概述

平板玻璃就是板状的硅酸盐玻璃，其厚度远远小于其长度和宽度，上下表面平行。从组成上划分，平板玻璃一般属于钠钙玻璃（$Na_2O-CaO-SiO_2$）。

平板玻璃也可以定义为平整玻璃，其应具有光滑的抛光面并在透过玻璃看物体时没有视觉扭曲现象。

平板玻璃是建筑玻璃中用量最大的一种，主要用于一般建筑的门窗，起透光、挡风雨、保温和隔声等作用，同时也是深加工具有特殊功能玻璃的基础材料。

平板玻璃按属性分为无色透明平板玻璃和本体着色平板玻璃；按公称厚度分为2mm、3mm、4mm、5mm、6mm、8mm、10mm、12mm、15mm、19mm、22mm、25mm十二种规格。

着色玻璃是指玻璃成分中加入着色剂使玻璃显现一定颜色的平板玻璃。本体着色（Body-Colored）玻璃和有色玻璃可通过改变熔窑内原料的基本成分，用各种玻璃成形工艺生产出来。

14.2.2　平板玻璃的性能

1. 一般性能

平板玻璃的一般性能见表14-2。

表14-2　平板玻璃的一般性能

一般性能	参数
密度/(g/cm^3)	约2.5
硬度（莫氏）	5.5~6.5
弹性模量/MPa	7×10^4
抗压强度/MPa	800~900

（续）

一般性能	参　数
抗弯强度/MPa	70 ~ 90
抗拉强度/MPa	40 ~ 60
线性热膨胀系数（室温 ~ 350℃）/($\times 10^{-6}$/℃)	9 ~ 10
折射率	1.52
传热系数	普通平板玻璃 0.756 ~ 0.818W/($m^2 \cdot K$)，浮法玻璃 1W/($m^2 \cdot K$)
比热容	普通平板玻璃 837J/(kg·K)，浮法玻璃 792J/(kg·K)
软化点	普通平板玻璃 530 ~ 650℃，浮法玻璃 720 ~ 730℃

2. 光学性能

无色透明平板玻璃可见光透射比应不小于表 14-3 中的规定。本体着色平板玻璃可见光透射比、太阳光直接透射比、太阳能总透射比偏差应不超过表 14-4 中的规定。本体着色平板玻璃颜色均匀性，同一批产品色差应≤2.5。

表 14-3　无色透明平板玻璃可见光透射比最小值

公称厚度/mm	可见光透射比最小值（%）
2	89
3	88
4	87
5	86
6	85
8	83
10	81
12	79
15	76
19	72
22	69
25	67

表 14-4　本体着色平板玻璃透射比偏差

种　类	偏差（%）
可见光（380 ~ 780nm）透射比	2.0
太阳光（300 ~ 2500nm）直接透射比	3.0
太阳能（300 ~ 2500nm）总透射比	4.0

3. 隔声与隔热性能

平板玻璃镶嵌在建筑物门窗上，具有隔声和隔热的功能。单片平板玻璃的透过损失和透热率如图 14-1 和图 14-2 所示。

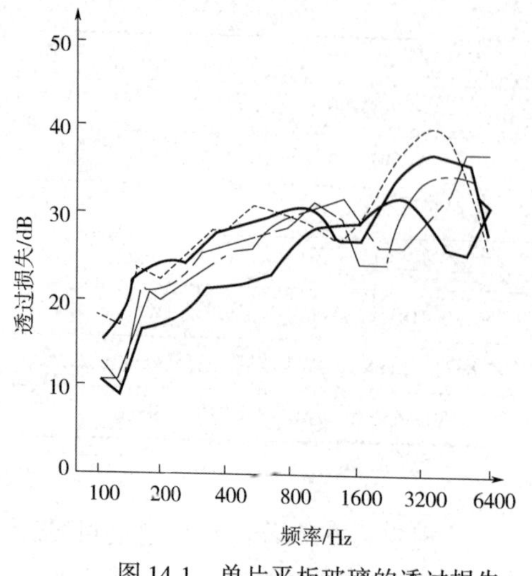

图 14-1　单片平板玻璃的透过损失

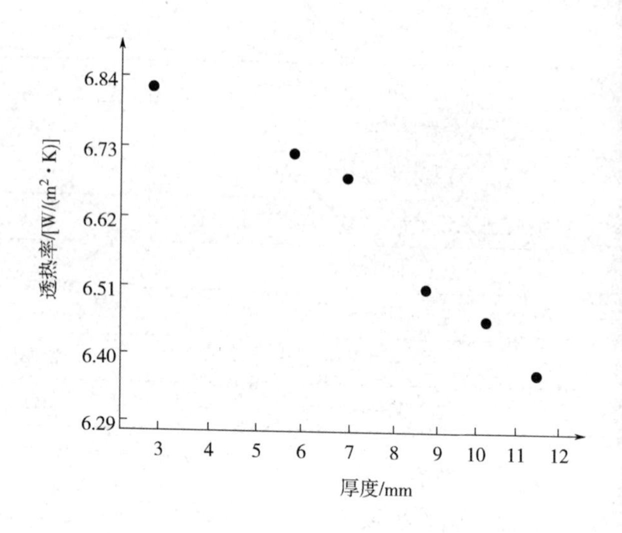

图 14-2　单片平板玻璃的透热率

4. 耐风压性能

平板玻璃的耐风压性能见表 14-5。

表 14-5　平板玻璃的耐风压性能

品　种	平均破坏荷载/kg	容许荷载（破损概率 1/1000）/kg	品　种	平均破坏荷载/kg	容许荷载（破损概率 1/1000）/kg
普通平板玻璃			浮法玻璃		
2mm	225	90	3mm	325	130
3mm	450	180	5mm	650	260
5mm	900	360	6mm	880	350
6mm	1100	440	8mm	1500	600
			10mm	2100	850
			12mm	3000	1200

14.2.3　平板玻璃的成型

平板玻璃的成型分为三大类。

1. 手工成型

手工成型有冠冕法、手筒法及机筒法等。这些都是平板玻璃的原始成型方法。现在只有某些生产量很少的玻璃品种，如有色玻璃等还使用这种方法。

2. 压延法、浇注法和轧制法

这些方法只用在夹丝及压花玻璃的生产中。

3. 机械拉制法

机械拉制法是平板玻璃的现代成型法，可分为以下两种。

1）水平拉引。浮法、平拉法。

2）垂直引上。有槽垂直引上法、无槽垂直引上法及对辊引上法（又称为旭法）。

垂直引上法是我国生产玻璃的传统方法。它是将熔融的玻璃液通过槽砖向上引拉成玻璃板带，再经急冷后切割而成。用垂直引上法和平拉法生产的平板玻璃称为普通平板玻璃。它的优点是工艺比较简单，其主要缺点是玻璃厚度不易控制，产品易产生波纹和波筋等，使透过的影像产生歪曲变形。

浮法是目前世界上生产平板玻璃最先进的方法，是将熔融玻璃液流入盛有熔锡的锡槽中，使其在干净的锡液表面自由摊平（称为锡槽浮抛成形），并逐渐降温、退火而成。锡槽也称为浮抛窑，有一定深度，其高温区可达 1200℃以上。浮法工艺产量高、质量好、品种多、规格大、劳动生产率高。用浮法工艺生产的平板玻璃称为浮法玻璃。浮法玻璃最大的优点是玻璃表面平整、光洁、无波筋、波纹，光学性能优于一般平板玻璃，可代替磨光玻璃使用，适用于高级建筑门窗及橱窗。

14.2.4 平板玻璃的应用

平板玻璃在建筑、交通工具、室内装饰、商展橱柜、电子显示器、光电转换装置和太阳能利用等领域得到广泛应用，并日益成为有助于创造安全、节能、防噪、减污、美观和舒适的生态环境和有利于实施可持续发展战略的重要材料。

普通平板玻璃主要用于普通建筑，如民用建筑的门窗玻璃，经喷砂、雕磨、腐蚀等方法加工后，可做成屏风、黑板、隔断墙等。

浮法玻璃除用于普通建筑、玻璃幕墙以外，还可做某些深加工玻璃原片，经深加工后制成钢化玻璃、镀膜玻璃、夹层玻璃、中空玻璃等。

平板玻璃还用于制作工艺玻璃。

不同厚度的平板玻璃的用途也有所差异。

1）3～4mm 玻璃主要用于画框表面。

2）5～6mm 玻璃主要用于外墙窗户、门扇等小面积透光造型中。

3）7～9mm 玻璃主要用于室内屏风等较大面积但又有框架保护的造型中。

4）9～10mm 玻璃可用于室内大面积隔断、栏杆等装修项目。

5）11～12mm 玻璃可用于地弹簧玻璃门和一些活动和人流较大的隔断中。

6）15mm 以上玻璃主要用于较大面积的地弹簧玻璃门及整块玻璃外墙面。

14.3 装饰玻璃

装饰玻璃是指用于建筑物表面装饰的玻璃制品，也称为饰面玻璃，包括板材和砖材。现代建筑的装饰效果尽显建筑的个性风采，装饰玻璃不仅体现玻璃的透光、透明特性，并且从艺术的角度对建筑进行装饰，营造特殊的建筑环境氛围。装饰玻璃主要品种如下。

1. 彩色玻璃

彩色玻璃也称为有色玻璃或颜色玻璃，有透明和不透明两种。

彩色玻璃是在玻璃原料中加入一定量的着色剂（主要是各种金属氧化物）而制成。彩色玻璃的彩面也可用有机高分子涂料制得，或是通过化学热解法、真空溅射法、溶胶-凝胶法等现代工艺在玻璃表面形成彩色膜而制成。

彩色玻璃的颜色有红、黄、蓝、黑、绿、灰等十余种，清澈透明。它可按设计的图案分割后用铅条或黄铜条在窗框中拼装成大面积花窗及镶拼成其他各种图案花纹，并有耐蚀、抗冲刷、易清洗等特点，主要用于建筑物的内、外墙和门窗及对光线有特殊要求的部位。有时在玻璃原料中加入乳浊剂（萤石等）可制得乳浊有色玻璃，这类玻璃透光而不透视，具有独特的装饰效果。

不透明彩色玻璃又称为釉面玻璃或玻璃贴面砖。它是以要求尺寸的平板玻璃、磨光玻璃或玻璃砖等为基料，在玻璃表面的一面喷涂上各种易熔性色釉液，再在喷涂液表面均匀地撒上一层玻璃碎屑，以形成毛面，然后加热到彩釉的熔融温度（500～550℃），使釉层、玻璃碎屑与玻璃三者牢固地结合在一起，再经退火或钢化而成。该玻璃可用作内外墙的饰面材料。

2. 玻璃马赛克

玻璃马赛克又称为玻璃锦砖或玻璃纸皮砖，是一种小规格的彩色装饰玻璃。它是由多种颜色的透明熔融玻璃经轧制而成。它与陶瓷锦砖（马赛克）在外形和使用方法上有相似之处，也是一种小规格的装饰制品。它与陶瓷锦砖的外观区别在于：玻璃马赛克是半透明的玻璃质材料，呈乳浊或半乳浊状，内含少量气泡和未熔颗粒（未熔融的微小石英晶体），而陶瓷锦砖则是不透明的。玻璃马赛克的一般尺寸为20mm×20mm、25mm×25mm、30mm×30mm，厚4.0mm、4.2mm、4.3mm，背面有槽纹，有利于与基面黏结。为便于施工，出厂前将玻璃马赛克按设计图案反贴在牛皮纸上，规格为327mm×327mm，称为一联，也可采用其他尺寸。

玻璃马赛克可做成30多种颜色，色泽鲜艳，色调柔和，朴实、典雅，美观大方，且有透明、半透明、不透明三种，装饰效果好。玻璃马赛克具有化学性能稳定、冷热稳定性好等优点，此外还具有不变色、不积灰、下雨自洗、历久常新、重量轻、与水泥黏结性好、价格低于陶瓷锦砖等优点，是良好的外墙装饰材料。也可将各种颜色的、形状不规则的玻璃马赛克小块拼成图画、装饰窗及屋顶等。

如将玻璃马赛克的尺寸做大些，还可制成表面色调仿造大理石、花岗岩的玻璃制品等。

3. 花纹玻璃

花纹玻璃包括压花玻璃和喷花玻璃，其中以压花玻璃最为常见。压花玻璃是用压延法生产，它的一面平整，另一面有凹凸不同的花纹。压花玻璃可使室内光线柔和悦目，具有良好的装饰效果。

压花玻璃是将熔融的玻璃液在急冷中，玻璃硬化前，由带图案花纹的辊轴滚压，在玻璃的单面或两面压出深浅不同的各种图案而制成的，又称为滚花玻璃。压花玻璃分普通压花玻璃、真空冷膜压花玻璃和彩色膜压花玻璃三种，其一般规格为800mm×700mm×3mm，尺寸不得小于300mm×400mm，也不得大于1200mm×2000mm。

压花玻璃具有透光不透视的特点，这是由于其表面凹凸不平，当光线通过时产生漫射，因此，从玻璃的一面看另一面的物体时，物像模糊不清。压花玻璃表面有各种图案花纹，具有一定的艺术装饰效果，多用于办公室、会议室、浴室、卫生间以及公共场所分离室的门窗和隔断等处。使用时应注意的是，如果花纹面安装在外侧，不仅很容易积灰弄脏，而且沾上水后，就能透视，因此，安装时应将花纹朝向室内。

作为换代产品，可以通过真空镀膜化学热分解法制成具有彩色膜、热吸收膜或热反射膜的压花玻璃。

喷花玻璃也称为胶花玻璃。它是在平板玻璃表面贴上花纹图案，再抹上护面层，然后经喷砂处理而成。喷花玻璃花纹美丽，透光而不透视，所以宾馆大厦，特别是沿街的酒楼、商店都乐于采用。一般厚度为 6mm，最大加工尺寸为 2200mm × 1000mm。

4. 白片玻璃、磨砂玻璃

白片玻璃现大多采用浮法工艺生产。它表面平整光滑且有光泽，人、物形象透过时不变形，透光率大于 84%，常用于制作高级门、窗、橱窗和镜子等。

磨砂玻璃又称为毛玻璃，是将平板玻璃的表面经机械喷砂、手工研磨或氢氟酸溶蚀等方法处理成均匀的毛面，具有透光而不透明的特点。由于光线通过磨砂玻璃后形成漫反射，光线不刺眼，具有避免炫目的优点。

磨砂玻璃用于要求透光而不透视的部位，如卫生间、浴室、办公室的门窗及隔断等处，安装时应将毛面朝向室内。磨砂玻璃还可用作黑板、灯具等。

5. 光栅玻璃

光栅玻璃也称为镭射玻璃或激光玻璃，是以玻璃为基材的新一代建筑装饰材料，经特种工艺处理后，玻璃背面出现全息或其他几何光栅，在阳光、月光、灯光等光源照射下，形成物理衍射分光而出现艳丽的七色光，且在同一感光点或感光面上会因光线入射角的不同而出现色彩变化，使被装饰物显得华贵高雅、富丽堂皇。

光栅玻璃的颜色有银白、蓝、灰、紫、红等多种。按其结构有单层、普通夹层和钢化夹层之分，按外形有花形、圆柱形和图案产品等。光栅玻璃适用于酒店、宾馆和各种商业、文化、娱乐设施的装饰。

6. 泡沫玻璃

泡沫玻璃是把废碎玻璃和 3% ~5% 的发泡剂分别磨细后拌匀，经烧结、退火、冷却后加工而成。泡沫玻璃的孔隙率达 80% ~90%，隔热保温，吸声性能好，还具有一定的可加工性（锯、钉、钻）。当使用不同颜色的发泡剂时，还可制成不同色彩的泡沫玻璃，赋予泡沫玻璃较好的装饰作用。

7. 镜子玻璃

镜子是一种传统的日用品，但随着制镜技术的不断发展，现在已能制成大面积有颜色的镜子，功能已远远超出着衣、梳妆时照容貌的作用，把它安装在室内墙面上，能增加色彩、开阔视野，使狭窄的空间显得宽敞，已经成为一种广受欢迎的室内外装饰材料。

镜子玻璃或镜面玻璃是以一级平板玻璃、磨光玻璃、浮法玻璃等无色透明玻璃或着色玻璃（蓝色、茶色）为基体，在其表面通过镀银形成反射率极强的镜面反射玻璃产品。为提高装饰效果，在镀银之前可以对其基体玻璃进行彩绘、磨刻、喷砂、化学蚀刻等加工，形成具有各种花纹或精美字画的镜子玻璃，也可将玻璃经热弯加工或磨制形成特殊形态的哈哈镜。

8. 磨光玻璃

磨光玻璃是用平板玻璃经表面磨平而成，分单面磨光和双面磨光两种，一般厚度为 5mm、6mm。其特点是表面非常平整，主要用于高级建筑物的门窗或橱窗。

9. 刻花玻璃

刻花玻璃是用平板玻璃经涂漆、雕刻、围蜡、酸蚀而成，色彩丰富。

10. 拼花玻璃

拼花玻璃是将各种颜色的玻璃拼成一定花纹、图案及彩画的装饰玻璃。

11. 釉面玻璃

釉面玻璃是以平板玻璃、压延玻璃、磨光玻璃或玻璃砖为基体，在其表面涂敷一层彩色易熔性釉，在熔炉中加热至釉料熔融，使釉层和玻璃牢牢结合在一起，再经退火或钢化等热处理制成具有美丽色彩或图案的装饰材料。釉面玻璃具有良好的化学稳定性（抗酸碱性）和热反射性、不透明、永不褪色和脱落。

釉面玻璃分为退火釉面玻璃和钢化釉面玻璃两种，其性能见表14-6。

表14-6　退火釉面玻璃和钢化釉面玻璃的性能

性能	退火釉面玻璃	钢化釉面玻璃
密度/(kg/m^3)	2500	2500
抗弯强度/MPa	44	245
抗拉强度/MPa	44	226
线膨胀系数/(1/℃)	$(90\pm7)\times10^{-7}$	$(90\pm7)\times10^{-7}$

釉面玻璃色彩艳丽，色调品种多，而且牢固耐用，可作为商场、饭店、宾馆等场所的内墙装饰，也可用于围墙、阳台、回廊等构筑物外墙的装饰和贴面保护。最经常、最大规模是用作悬挂板，即幕墙结构实体部分的外饰面层。

12. 水晶玻璃

水晶玻璃又称为石英玻璃，是采用玻璃珠在耐火材料模具中制得的一种高级艺术玻璃，表面晶亮，宛如水晶。玻璃珠是以二氧化硅（SiO_2）和其他添加剂为主要原料，经配料后用火焰烧熔结晶而制成。水晶玻璃表面光滑，机械强度高，化学稳定性和耐蚀性较好。

水晶玻璃由于通透度高，可制成各种工艺品而大受青睐。水晶玻璃非常适用于家居装饰摆设以及在建筑装饰上的特殊要求。

13. 微晶玻璃

微晶玻璃是由特定组成的基础玻璃在一定温度下控制结晶而得到的晶粒细小并且均匀分布于玻璃体中的多晶复合材料。微晶玻璃是一种优质的饰面装饰材料，例如：矿渣微晶玻璃中的微晶只有10^{-6}mm大小，与热处理后的未结晶玻璃混合起来，乌黑发亮，有很好的装饰效果。

14. 冰花玻璃

冰花玻璃属二次加工（装饰）玻璃，又俗称为建筑艺术漫散射玻璃。生产冰花玻璃的工艺一直沿用的方法是把动物（骨胶）胶液人工涂覆在轻微打毛的玻璃表面，然后将胶层烘干，开裂，从玻璃表面剥落，从而留下冰花图案。这种图案类似于化石图案，配有该图案的玻璃板构成了非常迷人的装饰玻璃，可广泛应用于内装饰。

冰花玻璃的规格尺寸与建筑平板玻璃的切裁尺寸大致相同，其厚度为5mm、6mm、8mm和10mm。常规规格尺寸为长度1500mm，宽度1100mm，但制作和切裁不受限制，冰花玻璃生产企业一般应建筑设计师及装饰物要求的规格尺寸而定产。

建筑艺术装饰用的冰花型光散射玻璃是通过在玻璃上仿制冰花的图案，从而获得具有不重复的美丽花纹。就其光学性能而言，它类似于压花玻璃，但在艺术装饰方面它却比压花玻璃好。冰花玻璃可以用于光漫散射的建筑物门、窗和大隔断墙、屏风、浴室隔断、吊顶、壁挂等装饰。其优点是不透明，但透光性良好，形成的花纹还可以掩饰玻璃的某些缺陷及不足之处，如线道、波纹、气泡等，显得更加完美。

14.4 安全玻璃

安全玻璃是指当发生自然灾害、非自然灾害或人为破坏时，能够使人体的伤害或财产的损失降到最低的一种防护玻璃。自然灾害是指发生的水灾、地震或火灾；非自然灾害是指环境因素、产品使用不当或设计不当造成的；人为破坏是指盗抢、恐怖事件等造成的。

安全玻璃有多种，如钢化玻璃、夹层玻璃、防火玻璃、电磁屏蔽玻璃、安全膜玻璃、防辐射玻璃、激光防护玻璃、防炸弹玻璃等。

玻璃是脆性材料，当外力超过一定值后即碎裂成具有尖锐棱角的碎片，几乎没有塑性变形。另外，由于玻璃在成形冷却过程中内部产生了不均匀的内应力，也加剧了玻璃的脆性。由于普通玻璃的脆性，破坏时易伤人，故安全性能不好。为减小玻璃的脆性，提高其安全性能，通常采用的方法有：用退火法消除内应力；用物理钢化法（淬火）或化学钢化法使玻璃中形成可缓解外力作用的均匀的预应力；消除玻璃表面缺陷；采用夹层和夹丝等方法。

安全玻璃的主要特性是力学强度较高，抗冲击能力较好。被击碎时，碎块不会飞溅伤人，并兼有防火的功能。

14.4.1 防火玻璃

建筑防火玻璃是指在标准耐火试验条件下，当其一面受火时，在一定时间内其背火面温度不超过规定的温度，并能防止火焰穿透的玻璃。防火玻璃在1000℃火焰中能保持60～180min不炸裂，从而有效地阻止火焰和烟雾的蔓延，利于有足够的时间逃生和抢险救灾工作。

1. 耐火性能相关的几个术语

（1）耐火完整性　在标准耐火试验条件下，当玻璃构件的一面受火时，能在一定时间内防止火焰和热气穿透或在背火面出现火焰的能力。

（2）耐火隔热性　在标准耐火试验条件下，当玻璃构件的一面受火时，能在一定时间内使其背火面温度不超过规定值的能力。

（3）耐火极限　在标准耐火试验条件下，玻璃构件从开始受火的作用时起，到失去完整性或隔热性要求时止的这段时间。

2. 防火玻璃的类型

（1）按结构分为　①单片防火玻璃：由单层玻璃构成，并满足相应耐火性能要求的特种玻璃；②复合防火玻璃：由两层或两层以上玻璃复合而成或由一层玻璃和有机材料复合而成，并满足相应耐火性能要求的特种玻璃。

复合防火玻璃包括夹层防火玻璃、灌注型防火玻璃、夹丝防火玻璃、中空防火玻璃等。

（2）按耐火性能分为　①隔热型防火玻璃（A类）：耐火性能同时满足耐火完整性、耐火隔热性要求的防火玻璃；②非隔热型防火玻璃（C类）：耐火性能仅满足耐火完整性要求的防火玻璃。

（3）按耐火极限分为　五个等级：0.50h、1.00h、1.50h、2.00h和3.00h。

3. 防火玻璃的性能要求

（1）耐火性能　防火玻璃的耐火性能要求见表14-7。

表14-7　防火玻璃的耐火性能要求

分类名称	耐火极限等级	耐火性能要求
隔热型防火玻璃（A类）	3.00h	耐火隔热性时间≥3.00h，耐火完整性时间≥3.00h
	2.00h	耐火隔热性时间≥2.00h，耐火完整性时间≥2.00h
	1.50h	耐火隔热性时间≥1.50h，耐火完整性时间≥1.50h
	1.00h	耐火隔热性时间≥1.00h，耐火完整性时间≥1.00h
	0.50h	耐火隔热性时间≥0.50h，耐火完整性时间≥0.50h
非隔热型防火玻璃（C类）	3.00h	耐火完整性时间≥3.00h，耐火隔热性无要求
	2.00h	耐火完整性时间≥2.00h，耐火隔热性无要求
	1.50h	耐火完整性时间≥1.50h，耐火隔热性无要求
	1.00h	耐火完整性时间≥1.00h，耐火隔热性无要求
	0.50h	耐火完整性时间≥0.50h，耐火隔热性无要求

（2）弯曲度　防火玻璃的弓形弯曲度不应超过0.3%，波形弯曲度不应超过0.2%。

（3）可见光透射比　防火玻璃的可见光透射比要符合表14-8中的要求。

表14-8　防火玻璃的可见光透射比

项　目	允许偏差最大值（明示标称值）	允许偏差最大值（未明示标称值）
可见光透射比	±3%	≤5%

（4）外观质量　试验后复合防火玻璃的外观质量应符合表14-9中的要求。

表14-9　复合防火玻璃的外观质量

缺陷名称	要　求
气泡	直径300mm圆内允许长0.5mm～1.0mm的气泡1个
胶合层杂质	直径500mm圆内允许长2.0mm以下的杂质2个
划伤	宽度≤0.1mm、长度≤50mm的轻微划伤，每m^2面积内不超过4条
	0.1mm＜宽度＜0.5mm、长度≤50mm的轻微划伤，每m^2面积内不超过1条
爆边	每m边长允许有长度不超过20mm、自边部向玻璃表面延伸深度不超过厚度一半的爆边4个
叠差、裂纹、脱胶	脱胶、裂纹不允许存在；总叠差不应大于3mm

注：复合防火玻璃周边15mm范围内的气泡、胶合层杂质不作要求。

（5）耐寒性能　试验后复合防火玻璃试样的外观质量应符合表14-9中的要求。

（6）耐紫外线辐照性　当复合防火玻璃使用在有建筑采光要求的场合时，应进行耐紫外线辐照性测试。

复合防火玻璃试验后不应产生显著变色、气泡及浑浊现象，且试验前后可见光透射比相对变化率ΔT应不大于10%。

（7）抗冲击性能 对试样试验破坏数的要求：在进行抗冲击性能检验时，如试样破坏不超过一块，则该项目合格；如三块或三块以上试样破坏，则该项目不合格；如果有两块试样破坏，可另取六块备用试样重新试验，如仍出现试样破坏，则该项目不合格。

单片防火玻璃不破坏是指试验后不破碎；复合防火玻璃不破坏是指试验后玻璃满足下述条件之一：①玻璃不破碎；②玻璃破碎但钢球未穿透试样。

（8）碎片状态 每块试验试样在50mm×50mm区域内的碎片数应不低于40块，允许有少量长条碎片存在，但其长度不得超过75mm，且端部不是切削刃状；延伸至玻璃边缘的长条形碎片与玻璃边缘形成的夹角不得大于45°。

4. 防火玻璃的应用

防火玻璃有良好的透光和防火隔热性能，有一定的耐久性和抗冲击强度，适用于宾馆、饭店、餐厅、影剧院、机场、体育馆等公共建筑及高层建筑有防火分区要求的工业与民用建筑，主要用于制作防火门窗、防火隔墙等。

除透明的防火玻璃外，还有茶色、压花、磨砂和带有图案的防火玻璃。

14.4.2 钢化玻璃

1. 钢化玻璃的定义及制备方法

钢化玻璃即经热处理工艺之后的玻璃，其特点是在玻璃表面形成压应力层，机械强度和耐热冲击强度得到提高，并具有特殊的碎片状态。钢化玻璃也称为强化玻璃。玻璃钢化的方法有多种，一般分为化学钢化法和物理钢化法两大类，每一类中又有不同的方法，见表14-10。

表14-10 玻璃钢化方法

钢化类型		说明	
化学钢化法	低温型	在较低温度下，用大半径碱金属离子交换玻璃中的小半径碱金属离子，玻璃表面形成压应力层的方法	
	高温型	在较高温度下，用小半径碱金属离子交换玻璃中大半径碱金属离子，在玻璃表面生成膨胀系数小的物质，使玻璃表面形成压应力层的方法	
	电化学法	采用附加电场，在电场中进行离子交换，以加快离子扩散速度的方法	
物理钢化法	按冷却介质分类	风钢化	采用高压空气作为冷却介质使玻璃增强的方法
		液体钢化	采用油类或水雾等作为冷却介质使玻璃增强的方法
		熔盐钢化	采用易熔盐作为冷却介质使玻璃增强的方法
		固体钢化	采用高导热的固体颗粒作为冷却介质使玻璃增强的方法
	按钢化程度分类	全钢化玻璃、半钢化玻璃、区域钢化玻璃	
	按钢化玻璃形状分类	平钢化玻璃、弯钢化玻璃	
	其他分类	普通钢化玻璃、彩色膜钢化玻璃、釉面钢化玻璃、导电钢化玻璃	

物理钢化法也称为淬火法，其中的一种方法就是将平板玻璃放入加热炉中，加热到接近其软化温度（610~650℃）并保持一定时间（一般为3~5min），然后移出加热炉并随即用多头喷嘴向玻璃两面喷吹冷空气，使之迅速均匀冷却，冷至室温后就成为高强度的钢化玻璃。

化学钢化法也称为离子交换法，其中的一种方法就是将待处理的玻璃浸入钾盐溶液中，使玻璃表面的钠离子扩散到溶液中，而溶液中的钾离子则填充至玻璃表面钠离子的位置。

上述两种钢化处理方法都可以使玻璃表面产生一个预压应力，这个表面预压应力使玻璃的机械强度和抗冲击性能大大提高。一旦受损整块玻璃呈现网状裂纹，破碎后，碎片小且无尖锐棱角，不易伤人。

物理钢化玻璃的应力状态如图 14-3 所示。由于冷却过程中，玻璃的两个表面首先冷却硬化，待内部逐渐冷却并伴随体积收缩时，已硬化的外表势必阻止内部的收缩，从而使玻璃处于内部受拉、外表受压的应力状态（图 14-3b）。当玻璃受弯时，表面的压应力可抵消部分受弯引起的拉应力，即减小了实际拉应力（图 14-3c），且玻璃的抗压强度较高，受压区的压应力虽然增加了，但远不至于使玻璃破坏，从而提高了玻璃的抗弯能力，抗弯强度提高 5 ~6 倍。处于这种应力状态的玻璃，一旦受到撞击损坏，便产生应力崩溃，破碎时碎片小，无锐角，不易伤人，故称为安全玻璃。

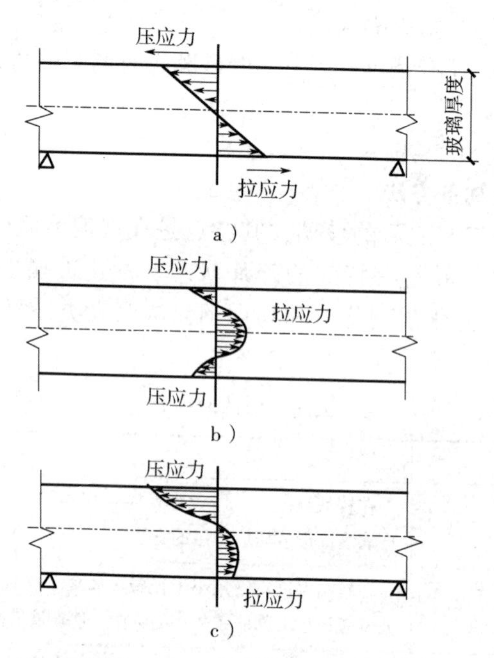

图 14-3　物理钢化玻璃的应力状态

a）普通玻璃受弯作用时截面上的应力分布　b）物理钢化玻璃截面上的应力分布

c）物理钢化玻璃受弯作用时截面上的应力分布

2. 钢化玻璃的分类

根据我国标准 GB 15763. 2—2005《建筑用安全玻璃 第 2 部分：钢化玻璃》，钢化玻璃分类方法如下。

（1）按生产工艺分类

1）垂直法钢化玻璃。在钢化过程中采取夹钳吊挂的方式生产出来的钢化玻璃。

2）水平法钢化玻璃。在钢化过程中采取水平辊支撑的方式生产出来的钢化玻璃。

（2）按形状分类

1）平面钢化玻璃。

2）曲面钢化玻璃。

（3）按应用范围分类

1）建筑用钢化玻璃。

2）非建筑用钢化玻璃。

3. 钢化玻璃的性能

钢化玻璃的力学强度高，比普通平板玻璃要高3~5倍，其抗弯强度不低于200MPa；抗冲击性能好，用1.04kg钢球从1.0m高处落下，6块钢化玻璃中至少有5块可保持完整而不破碎。钢化玻璃还具有弹性好的特点，一块1200mm×350mm×6mm的钢化玻璃受力后可产生100mm的弯曲挠度。钢化玻璃在经受急冷急热时不易发生炸裂，最大安全工作温度为288℃，能承受200℃的温差变化。

（1）钢化玻璃一般性能要求

1）表面应力。钢化玻璃的表面应力不应小于90MPa。

以制品为试样，取3块试样按规定的方法进行试验，当全部符合规定为合格，2块试样不符合则为不合格；当2块试样符合时，再追加3块试样，如果3块全部符合规定则为合格。

2）耐热冲击性能。钢化玻璃应耐200℃温差不破坏。

取4块试样按规定的方法进行试验，当4块试样全部符合规定时认为该项性能合格；当有2块以上不符合时，则认为不合格；当有1块不符合时，重新追加1块试样，如果它符合规定，则认为该项性能合格；当有2块不符合时，则重新追加4块试样，全部符合规定时则为合格。

（2）钢化玻璃安全性能要求

1）抗冲击性。取6块钢化玻璃按规定的方法进行试验，试样破坏数不超过1块为合格，多于或等于3块为不合格。破坏数为2块时，再另取6块进行试验，试样必须全部不被破坏为合格。

2）碎片状态。取4块试样按规定的方法进行试验，每块试样在任何50mm×50mm区域内的最少碎片数必须满足表14-11中的要求，且允许有少量长条形碎片，其长度不超过75mm。

表14-11 最少允许碎片数

玻璃品种	公称厚度/mm	最少碎片数/片
平面钢化玻璃	3	30
	4~12	40
	≥15	30
曲面钢化玻璃	≥4	30

3）霰弹袋冲击性能。取4块玻璃试样按规定的方法进行试验，应符合下列任意一条的规定。

①玻璃破碎时，每块试样的最大10块碎片质量的总和不得超过相当于试样65cm^{2}面积的质量，保留在框内的任何无贯穿裂纹的玻璃碎片的长度不能超过120mm。

②弹袋下落高度为1200mm时，试样不破坏。

4. 钢化玻璃的应用

由于钢化玻璃具有上述特点，可用作高层建筑物的门窗、幕墙、隔墙、屏蔽、桌面玻璃及现代家具面层、炉门上的观察窗、辐射式气体加热器、弧光灯用玻璃以及汽车风挡、电视屏幕、受振车间的采光、高温车间的防护等。

用作幕墙的钢化玻璃是建筑物的围护和装饰墙体，不仅面积大，而且要满足建筑使用功能的要求，故对尺寸、安全性能等要求较高。

如果将釉料通过特殊工艺印制在玻璃表面，然后经烘干、钢化处理，将釉料永久性地烧结于玻璃表面就得到一种不仅安全性较高，而且抗酸碱的玻璃产品，称为彩釉钢化玻璃。彩釉铜化玻璃兼有反射和不透光性，应用于建筑门厅、天篷、隔断的各种装饰部位。

14.4.3 夹层玻璃

1. 夹层玻璃相关术语

（1）夹层玻璃　夹层玻璃是玻璃与玻璃和/或塑料等材料，用中间层分隔并通过处理使其黏结为一体的复合材料的统称。常见和大多使用的是玻璃与玻璃，用中间层分隔并通过处理使其黏结为一体的玻璃构件。

（2）安全夹层玻璃　在破碎时，中间层能够限制其开口尺寸并提供残余阻力以减少割伤或扎伤危险的夹层玻璃。

（3）对称夹层玻璃　从两个外表面起依次向内，玻璃和/或塑料及中间层等材料在种类、厚度和/或一般特性等均相同的夹层玻璃。

（4）不对称夹层玻璃　从两个外表面起依次向内，玻璃和/或塑料及中间层等材料在种类、厚度和/或一般特性等不相同的夹层玻璃。

（5）中间层　介于两层玻璃和/或塑料等材料之间起分隔和黏结作用的材料，使夹层玻璃具有诸如抗冲击、阳光控制、隔声等性能。

（6）离子性中间层　含有少量金属盐，以乙烯-甲基丙烯酸共聚物为主，可与玻璃牢固地黏结的中间层材料。

（7）PVB 中间层　以聚乙烯醇缩丁醛为主的中间层材料。

（8）EVA 中间层　以乙烯-聚醋酸乙烯共聚物为主的中间层材料。

2. 夹层玻璃的分类

根据我国标准 GB 15763.3—2009《建筑用安全玻璃 第 3 部分：夹层玻璃》，夹层玻璃分类方法如下。

（1）按形状分类

1）平面夹层玻璃。

2）曲面夹层玻璃。

（2）按霰弹袋冲击性能分类

1）Ⅰ类夹层玻璃。对霰弹袋冲击性能不作要求的夹层玻璃。该类夹层玻璃不能作为安全玻璃使用。

2）Ⅱ-1 类夹层玻璃。霰弹袋冲击高度可达 1200mm，冲击结果符合规定的安全夹层玻璃。

3）Ⅱ-2 类夹层玻璃。霰弹袋冲击高度可达 750mm，冲击结果符合规定的安全夹层玻璃。

4）Ⅲ类夹层玻璃。霰弹袋冲击高度可达 300mm，冲击结果符合规定的安全夹层玻璃。

此外，按夹层玻璃的特性分有多个品种：如破碎时能保持能见度的减薄型；可减少日照量和眩光的遮阳型；通电后可保持表面干燥的电热型；防弹型；玻璃纤维增强型；报警型；防紫外线型；隔声型；光致变色型；电磁屏蔽型等。

3. 夹层玻璃的结构及制备方法

夹层玻璃是由两片或多片玻璃，之间夹了一层或多层有机聚合物中间膜，经过特殊的高温预压（或抽真空）及高温高压工艺处理后，使玻璃和中间膜永久黏合为一体的复合玻璃产品，其结构如图 14-4 所示。

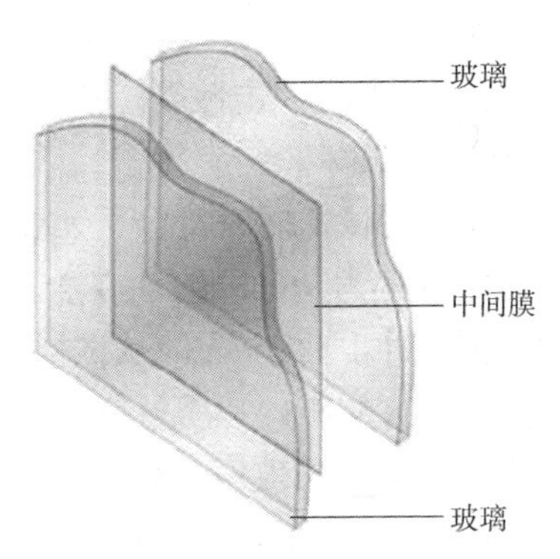

图 14-4　夹层玻璃的结构

夹层玻璃的层数有 2、3、4、5 等，最多可达 9 层，达 9 层时则一般子弹不易穿透，成为防弹玻璃。

夹层玻璃的生产方法主要有两种：一种是将中间膜胶片夹在两层或多层玻璃中间，放入高压釜内热压而成，称为胶片热压法或干法，适用于工业化生产；二是将配制好的黏结剂浆液灌注到已合好模的两片或多片玻璃中间，通过加热聚合或光照聚合而制成夹层玻璃，称为灌浆法或湿法。两种生产工艺都可以用来制造平面夹层玻璃或曲面夹层玻璃。胶片热压法适合于大批量生产，具有强度高、光畸变小、质量稳定的特点。灌浆法适合于多品种小批量生产，其尺寸不受胶片和高压釜的尺寸限制，但工艺过程不易控制。

生产夹层玻璃可选用的原片玻璃包括浮法玻璃、普通平板玻璃、压花玻璃、抛光夹丝玻璃、夹丝压花玻璃等。所用玻璃可以是无色的、本体着色的或镀膜的；透明的、半透明的或不透明的；退火的、热增强的或钢化的；表面处理的，如喷砂或酸腐蚀的等。

生产夹层玻璃可选用的塑料包括聚碳酸酯、聚氨酯和聚丙烯酸酯等。所用塑料可以是无色的、着色的、镀膜的；透明的或半透明的。

生产夹层玻璃可选用的中间层材料可以是种类、成分、力学和光学性能等不同的材料，如离子性中间层、PVB 中间层、EVA 中间层等。中间层可以是无色的或有色的；透明的、半透明的或不透明的。

4. 夹层玻璃的性能要求

（1）一般性能要求

1）可见光透射比。按规定的方法进行检验，夹层玻璃的可见光透射比由供需双方商定。

2）可见光反射比。按规定方法进行检验，夹层玻璃的可见光反射比由供需双方商定。

3）抗风压性能。由供需双方商定是否有必要进行本项试验，以便合理选择给定风载条件下适宜的夹层玻璃的材料、结构和规格尺寸等，或验证所选定夹层玻璃的材料、结构和规格尺寸等能否满足设计风压值的要求。

（2）安全性能要求

1）耐热性。按规定的方法进行检验，试验后允许试样存在裂口，超出边部或裂口 13mm 部分不能产生气泡或其他缺陷。

2）耐湿性。按规定的方法进行检验，试验后试样超出原始边15mm、切割边25mm、裂口10mm部分不能产生气泡或其他缺陷。

3）耐辐照性。按规定的方法进行检验，试验后试样不可产生显著变色、气泡及浑浊现象，且试验前后试样的可见光透射比相对变化率ΔT应不大于3%。

4）落球冲击剥离性能。按规定的方法进行检验，试验后中间层不得断裂、不得因碎片剥离而暴露。

5）霰弹袋冲击性能。按规定的方法进行检验，在每一冲击高度试验后试样均应未破坏和/或安全破坏。

破坏时试样同时符合下列要求为安全破坏：①破坏时允许出现裂缝或开口，但是不允许出现使直径为76mm的球在25N力作用下通过的裂缝或开口；②冲击后试样出现碎片剥离时，称量冲击后3min内从试样上剥离下的碎片，碎片总质量不得超过相当于100cm^{2}试样的质量，最大剥离碎片质量应小于44cm^{2}面积试样的质量。

Ⅱ-1类夹层玻璃：3组试样在冲击高度分别为300mm、750mm和1200mm时冲击后，全部试样未破坏和/或安全破坏。

Ⅱ-2类夹层玻璃：2组试样在冲击高度分别为300mm和750mm时冲击后，试样未破坏和/或安全破坏；但另1组试样在冲击高度为1200mm时，任何试样非安全破坏。

Ⅲ类夹层玻璃：1组试样在冲击高度为300mm时冲击后，试样未破坏和/或安全破坏；但另1组试样在冲击高度为750mm时，任何试样非安全破坏。

Ⅰ类夹层玻璃：对霰弹袋冲击性能不作要求。

5. 夹层玻璃的应用

夹层玻璃的抗冲击性能比平板玻璃高几倍，破碎时只产生辐射状的裂纹和少量碎屑，碎片仍粘贴在膜片上，不致伤人。它还具有耐久、耐热、耐湿、耐寒和隔声等性能，适用于高层和有特殊安全要求的建筑物的门窗、隔墙、工业厂房的天窗和某些水下工程等。

14.4.4 均质钢化玻璃

1. 均质钢化玻璃提出的背景

普通退火玻璃经过热处理工艺成为钢化玻璃，玻璃表面形成了压应力层，使得玻璃的机械强度、耐热冲击强度均得到了提高，并具有特殊的碎片状态。钢化玻璃作为一种安全玻璃，被广泛应用于建筑等领域。

我国每年都有大量的钢化玻璃使用在建筑幕墙上，但钢化玻璃的自爆大大限制了钢化玻璃的应用。自爆就是钢化玻璃在无直接机械外力作用下发生的自动性炸裂。根据行业经验，普通钢化玻璃的自爆率在1~3‰。自爆是钢化玻璃固有的特性之一。

经过长期的跟踪与研究，发现玻璃内部存在硫化镍（NiS）结石是造成钢化玻璃自爆的主要原因。硫化镍有二种结晶，高温时（$T>380℃$）是α相，低温时是β相。在钢化时由于急速冷却，α相来不及转变成β相。在使用过程中，常温亚稳的α相慢慢转变成稳定的β相，伴随约4%的体积膨胀引起钢化玻璃的自爆。

研究表明，通过对钢化玻璃进行均质（第二次热处理工艺）处理，可以大大降低钢化玻璃的自爆率。但如果均质处理时温度控制不当，会引起NiS逆向相变或相变不完全，甚至导致钢化应力松弛，影响最终产品的安全性能。

均质钢化玻璃也称为热浸钢化玻璃（Heat Soaked Thermally Tempered Glass），是指经过特定工艺条件处理过的钠钙硅钢化玻璃（简称为 HST）。

均质处理或热浸处理，俗称为引爆，就是将钢化玻璃加热到 290℃ ±10℃，并保温一定时间，促使硫化镍 α 相彻底转变为低温稳定的 β 相，让原本使用后才出现的自爆人为地提前在工厂的热浸炉中进行，从而减少安装后使用中的钢化玻璃自爆。

2. 均质方法

均质处理或热浸处理方法一般用热风作为加热的介质，使用的设备称为热浸炉或均质炉，采用对流方式加热。使热空气流平行于玻璃表面并通畅地流通于每片玻璃之间，且不因玻璃的破碎而受到阻碍。在对曲面钢化玻璃进行均质处理过程，应采取措施防止由于玻璃形状的不规则而导致气流流通不通畅。空气的进口与出口也不得由于玻璃的破碎而受到阻碍。

均质处理过程包括升温、保温及冷却三个阶段。

（1）升温阶段　升温阶段开始于所有玻璃所处的环境温度，终止于最后一片玻璃表面温度达到 280℃的时刻。

（2）保温阶段　保温阶段开始于所有玻璃表面温度达到 280℃的时刻，保温时间至少为 2h。在整个保温阶段中，应确保玻璃表面的温度保持在 290℃ ±10℃的范围内。炉内温度有可能超过 320℃，但玻璃表面的温度不能超过 320℃，应尽量缩短玻璃表面温度超过 300℃的时间。

（3）冷却阶段　当最后达到 280℃的玻璃完成 2h 保温后，开始冷却阶段。在此阶段玻璃温度降至环境温度。当炉内温度降至 70℃时，可认为冷却阶段终止。应对冷却速率进行控制，以最大限度地减少玻璃由于热应力而引起的破坏。

3. 均质钢化玻璃的性能要求

均质钢化玻璃的尺寸及允许偏差、厚度及允许偏差、外观质量、弯曲度、抗冲击性、碎片状态、霰弹袋冲击性能、表面应力及耐热冲击性能与 GB/T 15763.2—2005《建筑用安全玻璃 第 2 部分：钢化玻璃》的要求相同。

对弯曲强度（四点弯法）的要求：以 95% 的置信区间，5% 的破损概率，均质钢化玻璃的弯曲强度应符合表 14-12 中的规定。

表 14-12　均质钢化玻璃的弯曲强度

均质钢化玻璃	弯曲强度/MPa
以浮法玻璃为原片的均质钢化玻璃 镀膜均质钢化玻璃	120
釉面均质钢化玻璃（釉面为加载面）	75
压花均质钢化玻璃	90

14.5　保温隔热玻璃

保温隔热玻璃包括吸热玻璃、阳光控制镀膜玻璃、中空玻璃、低辐射镀膜玻璃（Low-E 玻璃）等，具有特殊的保温隔热功能，又称为节能玻璃。保温隔热玻璃还具有良好的装饰效果，除用于一般门窗外，常作为幕墙玻璃。

14.5.1 吸热玻璃

吸热玻璃是在无色透明平板玻璃的配合料中加入着色剂，采用浮法、垂直引上法、平拉法等工艺生产出来的平板玻璃。它既能吸收大量红外线辐射能，又能保持较高可见光透过率。

1. 吸热玻璃的生产

吸热玻璃是一种特殊的颜色玻璃，有灰色、茶色、蓝色、绿色、古铜色、青铜色、粉红色和金黄色等。吸热玻璃分为本体着色和表面镀膜两大类。生产吸热玻璃的方法相应也有两种：一种是在普通钠钙硅酸盐玻璃的原料中加入一定量的有吸热性能的着色剂，如氧化铁、氧化镍、氧化钴以及硒等；另一种是在平板玻璃表面喷镀一层或多层金属或氧化锡、氧化锑、氧化铁、氧化钴等金属氧化物薄膜而制成。

2. 吸热玻璃的性能

吸热玻璃与普通平板玻璃相比具有如下特点。

（1）吸收更多的太阳辐射热　吸热玻璃能吸收70%以上红外线辐射能，比普通平板玻璃高2~3倍，又能保持良好的可见光透光率。例如：6mm厚透明浮法玻璃，在太阳光照射下透射比为84%，而同样条件下茶色、灰色吸热玻璃的直接透射比不超过60%。吸热玻璃的颜色和厚度不同，对太阳辐射热的吸收程度也不同。

普通平板玻璃与吸热玻璃的太阳能透过热值及透热率比较见表14-13。

表14-13　普通平板玻璃与吸热玻璃的太阳能透过热值及透热率比较

玻璃品种	透过热值/(W/m²)	透热率（%）
空气（暴露空间）	879.2	100
普通平板玻璃（3mm厚）	725.7	82.55
普通平板玻璃（6mm厚）	662.9	75.53
蓝色吸热玻璃（3mm厚）	551.3	62.7
蓝色吸热玻璃（6mm厚）	432.6	49.21

（2）吸收更多的太阳可见光　吸热玻璃比普通平板玻璃吸收更多的可见光，如6mm厚的普通平板玻璃能透过太阳可见光的78%，同样厚度的古铜色吸热玻璃仅能透过太阳可见光的26%。这一特点能使吸热玻璃阻挡太阳能进入室内，同时使刺目的阳光变得柔和，起到良好的反眩作用。

（3）能吸收太阳的紫外线　吸热玻璃除了能吸收红外线外，还可以显著减少紫外线的透射，减轻对人体的损害，也可以防止紫外线对室内家具、日用器具、商品、档案资料与书籍等的褪色和变质作用。

（4）透明度不如普通平板玻璃　吸热玻璃仍具有一定的透明度，透过它仍能清晰地看到室外景物。

3. 吸热玻璃的应用

由于上述特点，吸热玻璃已在如下方面得到广泛应用：①用于楼、堂、馆、殿堂等大型建筑物上，既可作为门窗玻璃，又能作为墙体装饰材料，使室内典雅华贵；②用于制作玻璃镜，用浅茶色玻璃制作的玻璃镜古香古色，别具情趣；③用于制作玻璃家具；④用于制作车船玻璃；⑤用于制作灯具。

吸热玻璃还可进一步加工制成磨光玻璃、钢化玻璃、夹层玻璃或中空玻璃等。

14.5.2　阳光控制镀膜玻璃

阳光控制镀膜玻璃又称为热反射镀膜玻璃或热反射玻璃，是通过膜层改变其光学性能，对波长范围300～2500nm的太阳光具有选择性反射和吸收作用的镀膜玻璃。

阳光控制镀膜玻璃是一种能把太阳的辐射热反射和吸收的玻璃。它可以调节室内温度，减轻制冷和采暖装置的负荷，与此同时由于它的镜面效果而赋予建筑以美感。阳光控制镀膜玻璃主要用于建筑。

1. 阳光控制镀膜玻璃的分类

根据GB/T 18915.1—2013《镀膜玻璃 第1部分：阳光控制镀膜玻璃》，阳光控制镀膜玻璃有如下分类方法。

（1）按镀膜工艺分类　①离线阳光控制镀膜玻璃；②在线阳光控制镀膜玻璃。

（2）按是否进行热处理或热处理种类进行分类　①非钢化阳光控制镀膜玻璃：镀膜前后，未经钢化或半钢化处理；②钢化阳光控制镀膜玻璃：镀膜后进行钢化加工或在钢化玻璃上镀膜；③半钢化阳光控制镀膜玻璃：镀膜后进行半钢化加工或在半钢化玻璃上镀膜。

（3）按膜层耐高温性能的不同分类　①可钢化阳光控制镀膜玻璃；②不可钢化阳光控制镀膜玻璃。

2. 阳光控制镀膜玻璃的生产工艺

阳光控制镀膜玻璃的生产方法主要有离线的真空阴极磁控溅射法和在线的化学气相沉积法。向玻璃表面涂覆一层或多层铜、铬、钛、钴、镍、银、铂、铑等金属单体或金属化合物薄膜，或者把金属离子渗入玻璃的表面层使之成为着色的反射玻璃。

3. 阳光控制镀膜玻璃的热学及光学性能

阳光控制镀膜玻璃对太阳辐射有较高的反射能力，如6mm厚浮法玻璃的总反射热仅16%，而阳光控制镀膜玻璃则可达30%～40%，因而常用它制成中空玻璃或夹层玻璃，以增加其隔热性能。镀金属膜的阳光控制镀膜玻璃还有单向透像的作用，即白天能在室内看到室外景物，而室外却看不到室内的景象，故越来越多地用作高层建筑的幕墙。应当注意的是，阳光控制镀膜玻璃使用不适当时，会给环境带来光污染问题。

阳光控制镀膜玻璃还用于有隔热要求的建筑物门窗、汽车和轮船的玻璃窗等。

4. 阳光控制镀膜玻璃的主要性能要求

（1）光学性能　光学性能包括紫外线透射比、可见光透射比、可见光反射比、太阳光直接透射比、太阳光直接反射比和太阳能总透射比，其要求应符合表14-14中的规定。

表14-14　阳光控制镀膜玻璃的光学性能要求

检测项目	允许偏差最大值（明示标称值）	允许最大差值（未明示标称值）
光学性能	±1.5%	≤3.0%

注：对于明示标称值（系列值）的产品，以标称值作为偏差的基准，偏差的最大值应符合本表的规定；对于未明示标称值的产品，则取3块试样进行测试，3块试样之间差值的最大值应符合本表的规定。

（2）颜色均匀性　阳光控制镀膜玻璃的颜色均匀性，以CIELAB（国际照明委员会制定的一个颜色系统）均匀色空间的色差来表示，其色差应不大于2.5。

（3）耐磨性　试验前后试样的可见光透射比差值的绝对值应不大于4%。

（4）耐酸性　试验前后试样的可见光透射比差值的绝对值应不大于4%，且膜层变化应均匀，不允许出现局部膜层脱落。

（5）耐碱性　试验前后试样的可见光透射比差值的绝对值应不大于4%，且膜层变化应均匀，不允许出现局部膜层脱落。

14.5.3　中空玻璃

中空玻璃是指两片或多片玻璃以有效支撑均匀隔开并周边黏结密封，使玻璃层间形成有干燥气体空间的制品。中空玻璃是一种性能良好的玻璃结构，间隔空腔中充填干燥空气或惰性气体，也可在框底放置干燥剂。为获得更好的声控、光控和隔热等效果，还可充以各种能漫射光线的材料、电介质等。近年来，中空玻璃在建筑领域得到广泛应用。中空玻璃的质量应符合 GB/T 11944—2012《中空玻璃》的规定。

1. 中空玻璃的分类

根据 GB/T 11944—2012《中空玻璃》，中空玻璃有如下分类方法。

（1）按形状分类　①平面中空玻璃；②曲面中空玻璃。

（2）按中空腔内气体分类　①普通中空玻璃：中空腔内为空气的中空玻璃；②充气中空玻璃：中空腔内充入氩气、氪气等气体的中空玻璃。

2. 中空玻璃的结构及生产方法

中空玻璃的结构如图 14-5 所示。在两片或多片玻璃中间，用注入干燥剂的铝框或胶条将玻璃隔开，四周用胶接法密封，使中间腔体始终保持干燥气体。中空玻璃的节能性能是通过构造中空玻璃的空间结构实现的，其干燥不对流的充气层可阻断热传导的通道，从而有效降低其传热系数，达到节能的目的。

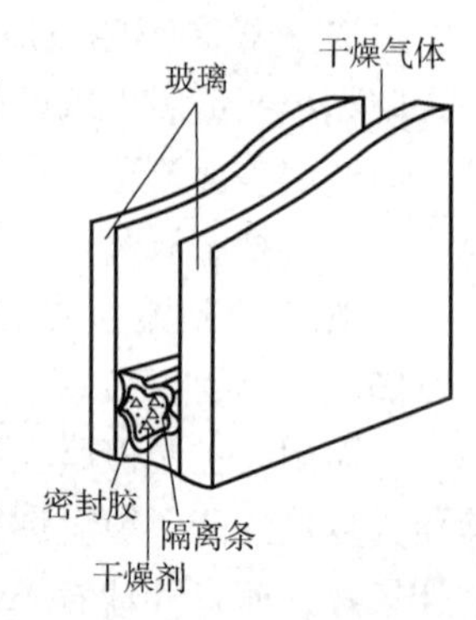

图 14-5　中空玻璃的结构

中空玻璃的密封结构主要有单道密封与双道密封。单道密封是指玻璃之间只打一道胶的工艺。单道密封胶包括聚硫胶、热熔丁基胶、聚氨酯和实维高胶条（Swiggle）；双道密封是指玻璃之间打两道胶的工艺。第一道密封胶的作用包括：①中空玻璃预定位作用；②隔离水气；③防止空气和惰性气体进出中空玻璃空腔。在现有使用的中空玻璃胶中，丁基胶（PIB）的水气渗透率最低，因此，通常被用作第一道密封。第二道密封胶的作用包括：①将玻璃和胶条黏结成一个中空玻璃整体；②防止分子筛向外泄漏；③弹性恢复并缓冲边部应力；④对防止水气渗透起辅助作用。

中空玻璃是用玻璃经过切割、清洗、密封等工序加工制作而成的。中空玻璃的生产方法有熔接法、焊接法、胶接法和复合胶条法等，如图 14-6 所示。熔接法是将两块玻璃板的边缘同时加热至软化温度，再用压机将其边缘加压，从而使两块玻璃板的边缘直接熔合在一起形成一个整体，而其内部充有干燥气体，如图 14-6a 所示。焊接法是将两块或两块以上的玻璃，以金属焊接的方式，使其周边密封相连，形成中空玻璃，如图 14-6b 所示。胶接法就是用两侧有黏结胶的胶条把两块玻璃四周粘接在一起，形成具有一定空腔厚度的中空玻璃，如图 14-6c 所示。复合胶条法是新一代胶接方法，所用胶条是一种经挤压成型的连续带状材料，由密封剂、干燥剂、铝波浪带及其他高分子材料经特殊工艺制作而成，如图14-6d所示。

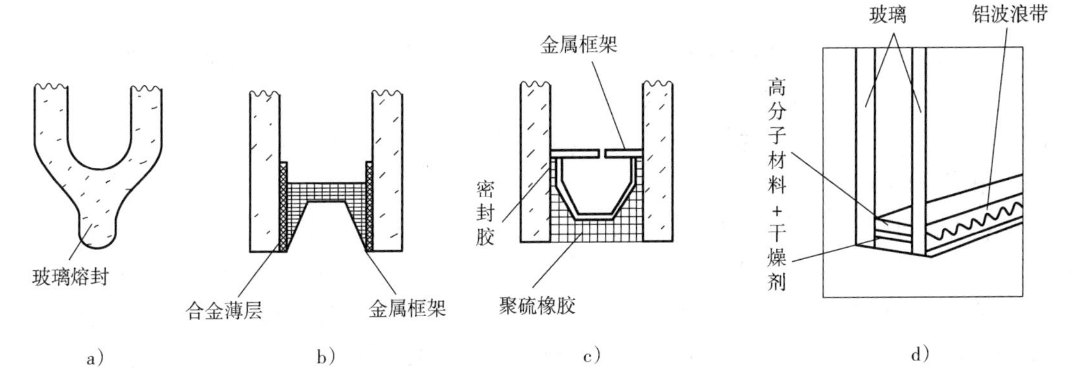

图14-6　中空玻璃的生产方法

a）熔接法　b）焊接法　c）胶接法　d）复合胶条法

中空玻璃可以根据要求，选用各种不同性能和规格的玻璃原片，如采用浮法玻璃、钢化玻璃、夹层玻璃、夹丝玻璃、压花玻璃、彩色玻璃、阳光控制镀膜玻璃、吸热玻璃等制成。玻璃原片厚度可为3mm、4mm、5mm和6mm，充气层厚度一般为6mm、9mm和12mm，中空玻璃厚度可为12~42mm。我国生产的中空玻璃面积已达3m×2m。

3. 中空玻璃的性能特点

中空玻璃具有以下特点。

（1）优良的隔热性能　温度为20℃时，空气的传热系数为0.03W/(m^2·K)，玻璃的传热系数为0.8W/(m^2·K)，铝框的传热系数为24.0W/(m^2·K)。中空玻璃的传热系数比普通玻璃要小得多。

（2）隔声性能好　中空玻璃的隔声性能与玻璃的厚度和空气隔层有关，一般情况下可以降低噪声30~40dB。双层或多层中空玻璃具有良好隔声性能。总厚度为12.5mm，空气层厚度为6mm的双层中空玻璃能使噪声减少到29dB；总厚度为25mm，空气层厚度为6mm的三层中空玻璃可使噪声减少到28.5dB。

（3）露点低，不易结露　中空玻璃比普通单层玻璃的热阻大得多，所以可大大降低结露的温度，而且中空玻璃内部密封，空间的水分被干燥剂吸收，也不会在隔层出现露水。例如，采用5mm厚单层玻璃时，当室外风速为5m/s，室内温度为20℃，相对湿度为60%，室外温度为8℃时，玻璃朝向室内的一侧就开始结露；而同样条件下，16mm（5+6A+5）厚的双层中空玻璃在室外温度降至-2℃才开始结露，27mm（5+6A+5+6A+5）厚的三层中空玻璃在室外温度为-11℃时才开始结露。

（4）质量轻　结构轻便，制作和安装便于工业化，且经济。

4. 中空玻璃的性能要求

（1）露点　中空玻璃的露点应<-40℃。

（2）耐紫外线辐照性能　试验后，试样内表面应无结雾、水汽凝结或污染的痕迹且密封胶无明显变形。

（3）水汽密封耐久性能　水分渗透指数I≤0.25，平均值I_{av}≤0.20。

（4）初始气体含量　充气中空玻璃的初始气体含量应≥85%（V/V）。

（5）气体密封耐久性能　充气中空玻璃经气体密封耐久性能试验后的气体含量应≥80%（V/V）。

（6）U值（中空玻璃传热系数）　由供需双方商定是否有必要进行该项试验。

中空玻璃U值（传热系数）是指在稳态条件下，中空玻璃中央区域，不考虑边缘效应，玻璃两外表面在单位时间、单位温差，通过单位面积的热量，单位为W/(m^2·K)。

5. 中空玻璃的应用

中空玻璃的主要功能是隔热、隔声，寿命可达25年以上，适用于室内相对湿度不超过60%、室内外温差不大于50℃、耐压差允许外界压力波动范围为±0.1大气压（约10kPa）、需要采暖、防止噪声、防止结露以及需要无直射阳光和特殊光的建筑物，如住宅、办公楼、学校、医院、旅馆、商店、恒温恒湿的实验室以及工厂的门窗、天窗和玻璃幕墙等。

14.5.4　真空玻璃

真空玻璃是指两片或两片以上平板玻璃以支撑物隔开，周边密封，在玻璃间形成真空层的玻璃制品。真空玻璃是基于保温瓶原理拓展而来的，中间的真空层阻断了热传导和对流，具有超保温、防结露结霜、隔声等功能，是可以替代中空玻璃的一种新型绿色环保产品。真空玻璃比中空玻璃起步晚，但由于其比中空玻璃具有更强的综合性能优势，具有很好的发展前景。

1. 真空玻璃的结构

真空玻璃的结构如图14-7所示。将两片平板玻璃用低熔点玻璃将四边密封起来，一片玻璃上有一个排气管，排气管与该片玻璃也用低熔点玻璃密封。两片玻璃间间隙为0.1~0.2mm。为使玻璃在真空状态下承受大气压的作用，两片玻璃板间放有微小支撑物，支撑物用金属或非金属材料制成，均匀分布。由于支撑物非常小，不会影响玻璃的透光性。

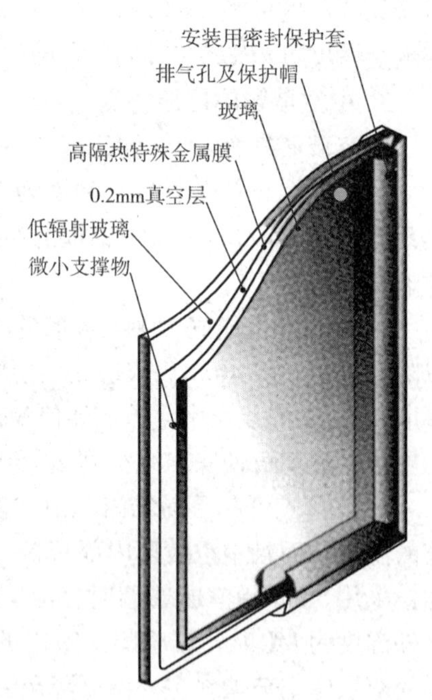

图14-7　真空玻璃的结构

真空玻璃与中空玻璃在结构上有相似之处，但也有明显的差别：一是中空玻璃的中间层是干燥空气或惰性气体，而真空玻璃中间层的真空的；二是真空玻璃要承受大气压力，不能用密封胶来密封，而是用低熔点玻璃将四周密封起来。

2. 真空玻璃的性能特点

与中空玻璃相比，真空玻璃有更优越的保温、防结露、隔声等性能。

（1）保温隔热性能　真空玻璃具有真空隔热和低辐射膜的双重作用，两片玻璃中间的真空层消除了传导和对流传热，特殊的金属膜减少了辐射传热。因此，与中空玻璃相比，真空玻璃具有更好的保温隔热性能。真空玻璃保温隔热性能比中空玻璃好2~3倍，比普通单片玻璃好6倍以上，比一般墙体也好得多。真空玻璃与中空玻璃的保温隔热性能比较见表14-15。

表 14-15 真空玻璃与中空玻璃的保温隔热性能比较

玻璃类型	组合形式	传热系数/[W/(m^2·K)]
低辐射真空玻璃	4C+0.12V+4L	1.40
低辐射真空中空玻璃	4C+0.12V+4L+12A+4C	1.02
中空玻璃	4C+12A+4L	3.12
冲氩中空玻璃	4C+12Ar+4C	2.85

注：4C—4mm 厚浮法玻璃；4L—4mm 厚低辐射镀膜玻璃；0.12V—0.12mm 厚真空层；12A—12mm 厚空气层；12Ar—12mm 厚氩气层，下同。

（2）防结露性能　由于真空玻璃保温隔热性能好，热阻高，室内一侧玻璃表面温度不易下降，所以即使室外温度很低，也不易结露，具有更好的防结露性能。表 14-16 是真空玻璃与中空玻璃防结露性能的比较。可见在相同湿度条件下，真空玻璃结露温度更低。这对严寒地区冬天的采光极为有利，而且真空玻璃不会发生像中空玻璃常发生的“内结露”问题。“内结露”是中空玻璃因间隔内含有水汽，在较低温度下结露而产生，根本无法去除，严重影响视野和采光。

表 14-16 真空玻璃与中空玻璃防结露性能的比较

玻璃类型	厚度/mm	室外温度（露点）/℃		
		室内湿度 60%	室内湿度 70%	室内湿度 80%
真空玻璃	3+0.1+3≈6	-21	-8	2
中空玻璃	3+6+3=12	-1	-5	11

注：室温 20℃，室内自然对流，户外风速 3.5m/s，真空玻璃一面为低辐射玻璃。

（3）隔声性能　真空玻璃特有的构造能有效克服中空玻璃在中低频段容易产生共鸣的弱点，对于声音的传播可以大幅度降低，具有良好的隔声性能。在降低外界噪声传入的同时，室内生活声音也不易外传。在大多数频段，特别是中低频段，真空玻璃的隔声性能优于中空玻璃，其比较见表 14-17。

表 14-17 真空玻璃和中空玻璃的隔声性能比较

玻璃类型		低辐射真空玻璃	中空玻璃
组合形式		4C+0.12V+4L	4C+12A+4L
隔声量/dB	100~160Hz	22	19
	200~315Hz	27	17
	400~630Hz	31	20
	800~1250Hz	35	32

（4）抗风压性能　真空玻璃中的两片玻璃牢固结合在一起，中间填有支撑物，刚性很好，一般来说其抗风压性能是中空玻璃的 1.5 倍。表 14-18 列出了真空玻璃与中空玻璃、浮法玻璃的允许载荷比较。

表 14-18 真空玻璃与中空玻璃、浮法玻璃的允许载荷比较

玻璃类型	玻璃总厚度/mm	允许载荷 $P\times A$/N	玻璃类型	玻璃总厚度/mm	允许载荷 $P\times A$/N
真空玻璃	6	3600	中空玻璃	12	2363
	8	5760			
	10	8400	浮法玻璃	3	1575
	9.8（夹丝）	7100		5	3375

注：P 为允许风压（Pa）；A 为使用面积（m^2）。

（5）耐久性　真空玻璃的耐久性试验结果见表 14-19。从表 14-19 中数据可见，真空玻璃在苛刻的条件下，其热阻变化均在 2% 以下，可以认为真空玻璃的性能是长期稳定可靠的，具有很好的耐久性。

表 14-19 真空玻璃的耐久性试验结果

项　目	试样处理	检测温度/℃	热阻 /[(m²·K)/W]	热阻变化
紫外线辐照试验	(23±2)℃、(60±5)%湿度下放置 7d	14	0.223	-1.3%
	浸水-紫外线光照射 600h 后，(23±2)℃、(60±5)%湿度下放置 7d		0.220	
气候循环试验	(23±2)℃、(60±5)%湿度下放置 7d	13	0.216	0.5%
	(23±2)℃下 500h，(23±2)℃、(60±5)%湿度下放置 7d		0.217	
高温高湿试验	(23±2)℃、(60±5)%湿度下放置 7d	13	0.214	-1.9%
	250 次热冷却循环，(23±2)℃、(60±5)%湿度下放置 7d		0.210	

3. 真空玻璃的主要性能要求

建材行业标准 JC/T 1079—2020《真空玻璃》对真空玻璃的主要性能要求如下。

（1）保温性能　按规定的方法进行检验，真空玻璃的保温性能应符合表 14-20 中的规定。

表 14-20 真空玻璃的保温性能要求

等级	传热系数（U 值或 K 值）/[W/(m²·K)]
Ⅰ	≤1.0
Ⅱ	U 值 >1.0 或 K 值≤2.0

注：本标准中热流计法测试的传热系数用 U 值表示，标定热箱法测试的传热系数用 K 值表示。

（2）隔声性能　建筑用真空玻璃计权隔声量 Rw 应不小于 35dB，其他用途的真空玻璃计权隔声量 Rw 由供需双方商定。

（3）耐久性试验　试验后传热系数变化量 ΔU 或传热系数变化率 ΔU_r 的平均值应符合表 14-21 中的规定。有排气口的试样，试验后排气口保护装置或保护材料应不脱落。

表 14-21　真空玻璃耐久性试验传热系数变化值要求

试验前传热系数 U 值/[W/(m^2·K)]	传热系数变化量 ΔU/[W/(m^2·K)]	传热系数变化率 ΔU_r(%)
<1.0	≤0.10	—
≥1.0	—	≤10.0

4. 真空玻璃的应用

真空玻璃比中空玻璃薄，最薄只有 6mm，现有住宅窗框原封不动即可安装。由于真空玻璃薄、轻，可以减少窗框材料，减轻窗户和建筑物的质量。

真空玻璃可以与另一片玻璃，或者真空玻璃与真空玻璃组合成中空玻璃，其热导率更低。真空玻璃也可以和钢化、夹层、夹丝、贴膜等技术组合，具有防火、隔声、安全等功能。这些组合玻璃即所谓“超级玻璃”。

真空玻璃主要用于建筑业的门窗和幕墙，与单层玻璃相比，每年每 m^2 窗户可节约 700MJ 的能源，相当于一年节约用电 192kW · h。真空玻璃还可用于冷藏展示柜上，具有比单片玻璃和中空玻璃优越的隔热性能和防结露性能。此外，真空玻璃的应用还可以拓宽到交通领域，如车、船，以及需要透明、隔热、节能、隔声等其他领域。

14.5.5　低辐射镀膜玻璃（Low-E 玻璃）

低辐射镀膜玻璃（Low Emissivity Coated Glass）是指对 4.5～25μm 红外线有较高反射比的镀膜玻璃，也称为 Low-E 玻璃。

由于该种玻璃的膜层与普通浮法玻璃比具有很低的辐射系数（普通浮法玻璃辐射系数为 0.84，Low-E 玻璃一般为 0.1～0.2 甚至更低），因此将镀有这种膜层的玻璃称为低辐射镀膜玻璃。

低辐射镀膜玻璃是在高质量的浮法玻璃基片表面上涂覆金属或金属氧化物薄膜，使它对远红外光具有双向反射作用，既可以阻止室外热辐射进入室内，又可以将室内物体产生的热能反射回来，从而降低玻璃的传热系数。这种玻璃在波长为 2.5～40μm 的红外光区，可将 80% 以上的热线反射回去。因此，它具有很好的隔热、保温作用。

1. 低辐射镀膜玻璃的分类

根据 GB/T 18915.2—2013《镀膜玻璃 第 2 部分：低辐射镀膜玻璃》，低辐射镀膜玻璃有如下分类方法。

（1）按镀膜工艺分类　①离线低辐射镀膜玻璃；②在线低辐射镀膜玻璃。

（2）按膜层耐高温性能分类　①可钢化低辐射镀膜玻璃；②不可钢化低辐射镀膜玻璃。

2. 低辐射镀膜玻璃的结构

低辐射镀膜玻璃膜层的基本结构如图 14-8 所示，包括三部分：功能膜、第一层介质膜和外层介质膜。

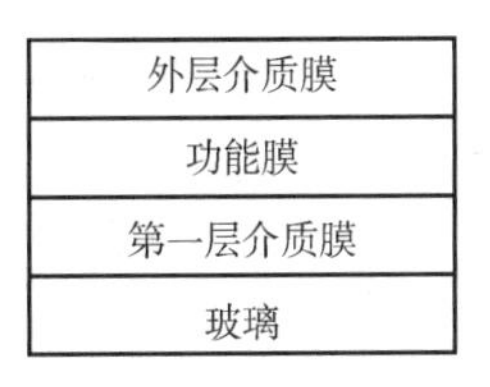

图 14-8　低辐射镀膜玻璃膜层的基本结构

（1）功能膜　控制整个膜系的表面电阻，决定膜系的辐射率，并直接影响膜系的透射比和反射比。一般采用正电性金属元素，如金、银、铜等作为该层膜的材料。从生产成本考虑，用银和铜更经济些。由于铜容易氧化而出现“铜斑”，相比之下，银的抗氧化性比铜略好些，因此，通常用银作为该层功能膜材料。由于银质软，不耐磨，与玻璃的结合力差，因此银膜两侧需加介质膜。

（2）第一层介质膜　它一般是金属氧化物膜（TiO_2、SnO_2、ZnO_2 等）或类似的绝缘膜，用来提高银与玻璃表面的附着力，同时兼有调节膜系光学性能和颜色的作用。

（3）外层介质膜　它也是金属氧化物膜或类似的绝缘膜，其既是减反射膜也是保护膜，在可见光和近红外太阳能光谱中起减反射作用，以提高此波长范围内的太阳能透射比，同时保护银膜，提高膜系的物理及化学性能。另外，在银膜与外层介质膜之间通常加入很薄的一层金属或合金膜（如 Ti 或 NiCr 等）作为遮蔽层，其作用是防止银膜被氧化。

根据膜系结构和性能的不同，低辐射玻璃分为单银低辐射膜系、双银低辐射膜系、阳光控制低辐射膜系和改进型低辐射膜系等基本结构。单银膜系中只有一层银膜，双银膜系中有两层银膜。阳光控制低辐射指的是在低辐射玻璃性能的基础上加入阳光控制性能，使其既具有低辐射玻璃的性能又具有热反射玻璃的性能。几种膜层的结构如图 14-9 所示。

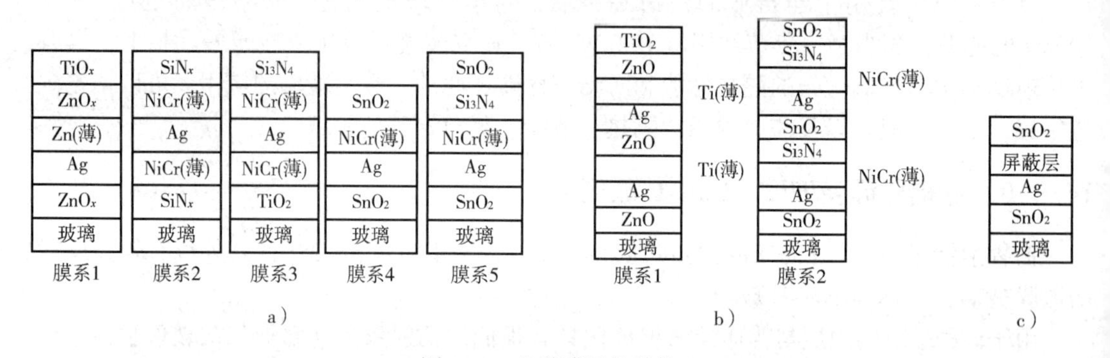

图 14-9　几种膜层的结构

a）单银低辐射膜系结构　b）双银低辐射膜系结构　c）阳光控制低辐射膜系结构

3. 低辐射镀膜玻璃的生产

低辐射镀膜玻璃生产技术主要分为离线法和在线法两种。离线法包括真空磁控溅射法、离线 CVD 法、凝胶溶胶法，多数采用的是真空磁控溅射法。在线法包括 CVD 法和喷涂法，比较成熟的是 CVD 法。

离线真空磁控溅射法是将普通浮法玻璃切割洗涤后送入一个大的真空室内，内部设有多个溅射靶，在高真空环境下，气体被电离形成等离子体，等离子体中的阳离子轰击靶材表面，阴极靶溅射出金属原子，沉积到玻璃表面上，形成膜层。用真空磁控溅射法生产低辐射镀膜玻璃，至少需要一层纯银薄膜作为功能膜。由于纯银膜与玻璃基片的亲和力较差且易氧化，一般纯银膜应在两层金属氧化物膜之间，第一层氧化物膜为介质膜，用来增加纯银膜的附着力，第二层氧化物膜为保护膜，防止银的氧化，属于“软镀膜”。根据纯银膜的层数多少可分为单银低辐射镀膜玻璃、双银低辐射镀膜玻璃和多银低辐射镀膜玻璃等。

在线化学气相沉积法（CVD 法）是在浮法玻璃生产线上生产玻璃的同时在锡槽内进行镀膜的。由于此时的玻璃处于 640℃的高温，保持新鲜状态，具有较强的反应活性，膜层同玻璃的结合是通过化学键实现的，因此膜层同玻璃结合得非常牢固，膜层全部由半导体氧化物构成，具有很好的化学稳定性和热稳定性。因此，膜层坚硬耐用，在空气中不会氧化，所以称其为硬镀膜，可进行各种冷加工以及热弯、钢化、夹层、合中空，而且在合中空过程中不需要去边部膜层，可直接合中空，能够单片使用，同普通玻璃寿命相同。

4. 低辐射镀膜玻璃的性能

（1）光学性能

1）可见光透过率高、反射率低。低辐射镀膜玻璃的可见光透过率一般在 80% 左右，能让室内保持良好的采光效果。可见光反射率一般在 11% 以下，与普通白玻璃相近，低于普通阳光控制镀膜玻璃的可见光反射率，可避免造成反射光污染。

2）紫外线透过率低。许多有机物，如地毯、织物、纸张、艺术品、字画、家具等暴露在阳光下都会褪色。这是因为阳光中的紫外线能量较高，在阳光照射下，很有可能打破有机物化学键的稳定性，从而导致物品褪色和退化。普通玻璃能阻挡低于 300nm 的紫外线，但 300～380nm 的紫外线能透射进来，而低辐射镀膜玻璃可以阻挡 55% 左右的紫外线透射到室内。

3）中红外反射率高。低辐射镀膜玻璃与普通玻璃相比，大幅度提高了在中红外波段的反射率，可以将 80% 以上的红外热辐射反射回去，从而也降低了吸收率。同时它也降低了对近红外波段的透过率，因此夏季能减少太阳辐射热进入室内的程度。在可见光波段上，Low-E 玻璃继续保留了高透过率的特性，能为室内提供一个良好的采光环境，尽可能地减少照明消耗。低辐射镀膜玻璃的节能效果就是既能像普通的浮法玻璃一样让室外太阳能、可见光透过，又能像红外反射镜一样将物体辐射热反射回去。

图 14-10 所示为普通玻璃与低辐射镀膜玻璃的透过率和反射率比较。

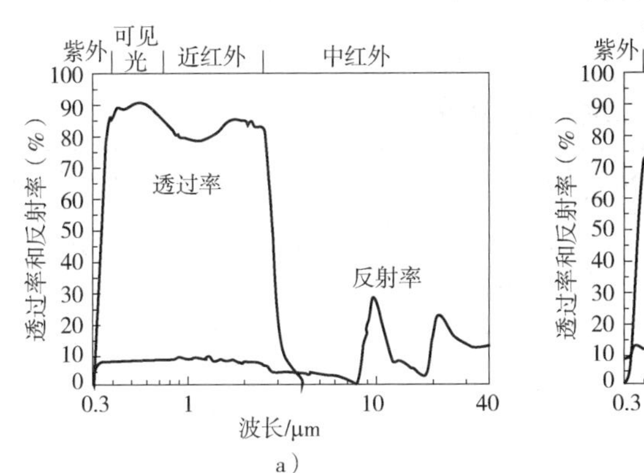

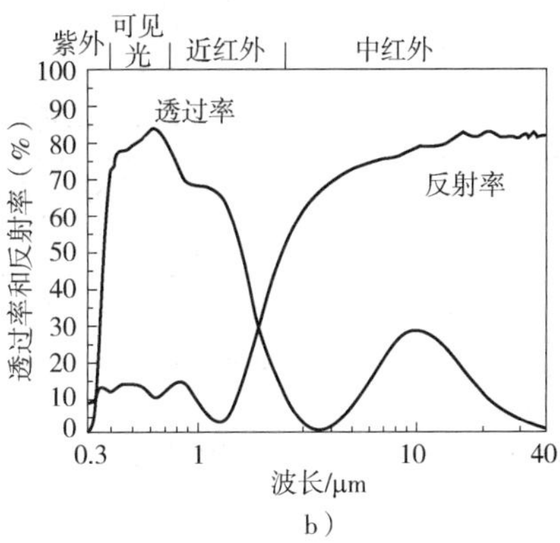

图 14-10　普通玻璃与低辐射镀膜玻璃的透过率和反射率比较

a）普通玻璃　b）低辐射镀膜玻璃

（2）热学性能

1）超低辐射率。低辐射镀膜玻璃简称为低辐射玻璃或 Low-E 玻璃，是因其所镀的膜层具有极低的表面辐射率。普通玻璃的表面辐射率在 84% 左右，低辐射镀膜玻璃的表面辐射率都在 25% 以下，可以达到良好的保温隔热性能。

2）低的传热系数。传热系数越低，说明玻璃的保温隔热性能越好，在使用时的节能效果越显著。低辐射镀膜玻璃的传热系数一般在 1.9W/(m^2·K) 左右。

3）可调节的太阳得热系数（SHGC）。透光围护结构太阳得热系数（Solar Heat Gain Coefficient，SHGC）是指在照射时间内，通过透光围护结构部件（如门窗或透光幕墙）的太阳辐射室内得热量与透光围护结构外表面（如门窗或透光幕墙）接收到的太阳辐射量的比值。

SHGC 也是用来判别节能特性的主要参数之一。玻璃的 SHGC 值越大，意味着有更多的太阳直射热量进入室内。该值对节能效果的影响与建筑物所处的气候条件有关。在炎热气候条件下，应该减少太阳辐射热量对室内温度的影响，此时需要玻璃具有相对低的 SHGC 值；在寒冷气候条件下，应充分利用太阳辐射热量来提高室内的温度，此时需要高 SHGC 的玻璃。低辐射镀膜玻璃通过膜层结构的控制，可以根据需要调节玻璃的 SHGC，从而使其使用范围更加广阔。

（3）电学性能　低辐射镀膜玻璃的表面电阻随膜厚的增加而逐渐减小，同时金属膜的表面电阻与辐射率呈线性关系，表面电阻越大，辐射率越大。

（4）力学性能　离线低辐射镀膜玻璃的膜属于软膜，容易划伤，因此不能单片使用，仅适合用于双层或多层中空玻璃的基片，且在做成中空之前，不宜长期保存和频繁搬运，也不能进行热弯、钢化等再加工。在线低辐射镀膜玻璃的膜属于硬膜，膜层的耐磨性好，不易划伤，可进行热弯、钢化、夹层、中空等再加工，并可储存。

（5）化学性能　膜层的抗酸、碱侵蚀的能力越好，才能在各种环境下保持长期的稳定性。

5. 低辐射镀膜玻璃的主要性能要求

GB/T 18915.2—2013《镀膜玻璃 第2部分：低辐射镀膜玻璃》对低辐射镀膜玻璃的主要性能要求如下。

（1）光学性能　低辐射镀膜玻璃的光学性能包括紫外线透射比、可见光透射比、可见光反射比、太阳光直接透射比、太阳光直接反射比和太阳能总透射比，其要求应符合表 14-22 中的规定。

表 14-22　低辐射镀膜玻璃的光学性能

项目	允许偏差最大值（明示标称值）	允许最大差值（未明示标称值）
指标	±1.5%	≤3.0%

注：对于明示标称值（系列值）的产品，以标称值作为偏差的基准，偏差的最大值应符合本表的规定；对于未明示标称值的产品，则取 3 块试样进行测试，3 块试样之间差值的最大值应符合本表的规定。

（2）颜色均匀性　低辐射镀膜玻璃的颜色均匀性，以 CIELAB 均匀色空间的色差 ΔE_{ab}^{*} 来表示，其色差应不大于 2.5。

（3）辐射率　低辐射镀膜玻璃的辐射率是指温度 293K、波长 4.5～25μm 波段范围内膜面的半球辐射率。离线低辐射镀膜玻璃辐射率应小于 0.15；在线低辐射镀膜玻璃辐射率应小于 0.25。

（4）耐磨性　试验前后试样的可见光透射比差值的绝对值应不大于 4%。

（5）耐酸性　试验前后试样的可见光透射比差值的绝对值应不大于 4%。

（6）耐碱性　试验前后试样的可见光透射比差值的绝对值应不大于 4%。

6. 低辐射镀膜玻璃的应用

低辐射镀膜玻璃应用于建筑上主要有两方面的作用，其一是节能，阳光控制镀膜玻璃的主要功能是反射太阳能（因此也称为太阳能控制玻璃），以减少太阳能进入室内，降低室内给热，节省空调费用，低辐射镀膜玻璃通过减少室内热量以辐射的形式向室外传导，达到室内保温，从而节省采暖费用的目的；其二是装饰作用，镀膜玻璃的多种反射颜色可以使建筑物的外观更能满足建筑师和业主的审美需要，达到建筑物豪华、壮观、富丽堂皇的目的。

14.6 墙地玻璃及屋面玻璃

玻璃墙地材料及屋面材料也称为结构玻璃，是指将玻璃用于建筑物的门窗、内外墙、透光屋面、顶棚以及地坪等部位。玻璃墙地材料及屋面材料是现代建筑的一种重要的围护结构材料。

14.6.1 玻璃砖

玻璃砖有实心和空心两类，它们均具有透光而不透视的特点。空心玻璃砖已占据主要市场，成为当今重要的建筑玻璃与构件材料之一。

空心玻璃砖是指周边密封、内部中空的模制玻璃制品。

1. 玻璃砖的结构

空心玻璃砖是先用箱式模具把熔融的玻璃液压制成凹形玻璃块，再将两块压铸成的凹形玻璃块熔接或胶结成整体的空心砖，中间充以约2/3个大气压（1个大气压＝101325Pa）的干空气层。空心玻璃砖用的玻璃可以是光面的，也可以在内部或外部压铸成带各种花纹或各种颜色的。空心玻璃砖有单腔和双腔两种。双腔空心玻璃砖，即在两个凹形砖之间有一层玻璃纤维网，从而形成两个空气腔，具有更高的热绝缘性。而实心玻璃砖是机械压制而成的。

玻璃砖的形状和尺寸有多种，砖的内外表面可制成光面或凹凸花纹面，有无色透明或彩色等多种，形状有正方形、矩形以及各种异形砖，规格尺寸以边长为115mm、145mm、240mm、300mm的正方形砖居多。

射入室内的光流，由于在半砖内表面上压成的条纹的作用而重新分布。目前使用最广泛的玻璃砖是在其内表面压制成透镜状的平行条纹，而且在两块半砖熔封时使之互相垂直，这有利于光的分布。

2. 玻璃砖的类型

玻璃砖的分类大致如下：①按形状分为正方形的、长方形的、角形的、圆形的；②按结构分为单腔胶合、单腔熔接、双腔熔接；③按光学与热学性能分为散光的、不散光的、反光的和吸热的；④按颜色分为有色的和无色的；⑤按强度分为钢化的和退火的。

3. 玻璃砖的性能

玻璃砖的透光率为40%～80%（空心玻璃砖为50%～60%）。压铸花纹和填充玻璃棉的空心玻璃砖，由于光线的漫射，使室内光照柔和优雅。

空心玻璃砖的体积密度小，约800kg/m^3，热导率低，约0.46W/(m·K)，与单层玻璃相比，可使热损失降低1/2，并明显改善隔声性能，具有较好的隔热、隔声效果。双腔玻璃砖的隔热、隔声性能更佳，在建筑上的应用更广泛。

因此，玻璃砖具有透光性、光散射性、密封性、高机械强度、使用方便、寿命较长等特点，还可形成柔和的漫射光照，提高自然光照深度，并具有耐火性能。

4. 玻璃砖的主要性能要求

我国建材行业标准JC/T 1007—2006《空心玻璃砖》对空心玻璃砖提出如下的性能要求。

（1）抗压强度　平均抗压强度不小于7.0MPa，单块最小值不小于6.0MPa。

（2）抗冲击性　以钢球自由落体方式做抗冲击试验，试样不允许破裂。

（3）抗热震性　冷热水温差应保持30℃，试验后试样不允许出现裂纹或其他破损现象。

5. 玻璃砖的应用

玻璃砖主要用作建筑物的透光墙体，如建筑物承重墙、隔墙、淋浴隔断、门厅、楼梯间、电梯间、通道及隔热的透光构件等。某些特殊建筑为了防火，或严格控制室内温度、湿度等要求，不允许开窗，使用玻璃砖既可满足上述要求，又解决了室内采光问题。

玻璃砖的砌筑方法基本上与普通砖相同。砌筑玻璃砖可采用水泥砂浆，还可用钢筋作为加筋材料埋入水泥砂浆砌缝内。但应注意，钠钙硅酸盐玻璃制成的玻璃砖，其热膨胀系数与烧结黏土砖及混凝土均不相同，因此砌筑时在玻璃砖与混凝土或黏土砖连接处应加弹性衬垫，起缓冲作用。

14.6.2　异形玻璃

异形玻璃是一种新型建筑玻璃。它是采用硅酸盐玻璃，通过压延法、浇注法和辊压法等生产工艺制成，呈大型长条玻璃构件。

异形玻璃有无色的和彩色的、配筋的和不配筋的、表面带花纹的和不带花纹的、夹丝的和不夹丝的以及涂层的等多种。就其外形分，主要有槽形、波形、箱形、肋形、三角形、Z形和V形等品种。异形玻璃具有良好的透光、隔热、隔声和机械强度高等优良性能，主要用作建筑物外部竖向非承重的围护结构，也可用作内隔墙、天窗、透光屋面、阳台和走廊的围护屏壁以及遮雨棚（篷）等。

14.6.3　仿石玻璃

采用玻璃原料可制成仿石玻璃制品。仿大理石玻璃的颜色、耐酸和抗压强度等均已超过天然大理石，可以代替天然大理石作为装饰材料和地坪。仿花岗岩玻璃是将废玻璃经过一定的加工后，烧成具有花岗岩般花纹和性质的板材。产品的表面花纹、光泽、硬度和耐酸、碱性等指标与天然花岗岩相近，与水泥浆的黏结力超过天然花岗岩，可用作装饰与地坪材料。

14.6.4　槽形玻璃（U形玻璃）

槽形玻璃又称为U形玻璃，属异形玻璃系列产品之一，是一种新型建筑玻璃。它是用硅酸盐玻璃制成的大型长条构件，是房屋和建筑物透光围护结构用的高效材料之一。

1. U形玻璃的结构

U形玻璃的结构如图14-11所示。它是用先压延后成型的方法连续生产而成，其纵向呈条状，横断面呈U形（横断面由一个底边和两个与底边基本垂直的翼构成）。其中U形有带筋的和不带筋的。玻璃本身可制成无色的、着色的；表面可做成光滑的、瓦楞状的、涂防晒涂层的，还可制成非夹丝的和夹丝的。夹丝玻璃的配筋金属丝一般为0.45～0.63mm镀铝钢丝，常用7～8根沿玻璃纵向排列，丝间距取30～50mm。

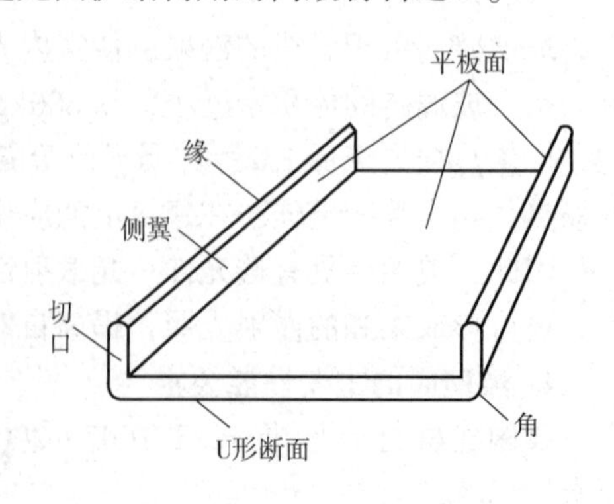

图14-11　U形玻璃的结构

U 形玻璃产品宽度一般为 260mm、330mm 和 500mm，翼缘高度有 41mm、50mm、60mm 等数种，厚度一般为 5mm、6mm、7mm，长度有 4m、6m、7m 可选。

2. U 形玻璃的类型

将 U 形玻璃大致分为：①从形状上分为 U 形玻璃和双 U 形玻璃（横断面呈双 U 形）；②从颜色上分为无色 U 形玻璃和着色 U 形玻璃；③从表面状态上分为平面 U 形玻璃和压花 U 形玻璃；④从强度上分为夹丝夹网的 U 形玻璃和无夹丝夹网的 U 形玻璃。

3. U 形玻璃的技术特性

（1）良好的透光性　根据形式的不同，U 形玻璃的透光系数为 0.5 ~ 0.8。U 形玻璃用作墙体或屋面材料时，可在竖向上互相紧贴一起安装在房屋的采光口上，构成采光口的透光构件，作为辅助光源。它又像空心玻璃砖一样，能不使视线透过围护结构。压延 U 形玻璃的表面能造成柔和的散射光。

表 14-23 列出了 U 形玻璃的光透过率。

表 14-23　U 形玻璃的光透过率

玻璃颜色	光透过率（%）	玻璃颜色	光透过率（%）
浅蓝色	70	茶色	62
青铜色	48	褐色	44
金色	74	无色	80

（2）较强的结构刚度　横断面的 U 形结构使得 U 形玻璃在厚度相同的情况下比普通平板玻璃的机械强度高得多。抗弯强度达到 12.7MPa，剪切强度达到 4.4MPa，弹性模量达到 65214MPa。用在围护结构不需要使用窗扇，可减少用来制造窗扇的材料消耗，还可降低制造费用。

（3）良好的隔热作用　用单排 U 形玻璃做的围护结构，其热传导性能与单层 5mm 玻璃大致相同。因用 U 形玻璃构筑的围护结构没有能使空气透光的接缝，所以其传热系数较为理想。例如：两排 U 形玻璃墙体的传热系数为 2.1 ~ 2.2W/(m^2·K)，单层玻璃窗的传热系数为 5.5 ~ 6.0W/(m^2·K)，双层玻璃的传热系数为 3.0W/(m^2·K)。

（4）良好的隔声作用　根据声学资料，用两排 U 形构件建造的墙，不亚于房间之间用砖和其他材料做的粉刷隔墙。不同型号的 U 形玻璃，其隔声效果差别不大。U 形玻璃的隔声能力主要取决于其安装方式。一般说来，单排安装的 U 形玻璃的隔声能力与5 ~ 6mm 厚的单片平板玻璃大致相同。双排安装的 U 形玻璃比单排安装的隔声效果好得多，可在单排安装的隔声基础上减小 10dB 以上。

一般情况下，单排安装的 U 形玻璃的减声效果为 23dB，双排安装的 U 形玻璃的减声效果为 35dB。

（5）较好的控制光线效果　在 U 形玻璃的底面内侧镀一层有控制光线作用的金属氧化物薄膜，则会具有控制光线的功能。这种镀膜 U 形玻璃的表面既能反射阳光，又不影响室内照明，且从室内向外看，具有一种舒适的古铜色色调。这种玻璃的紫外线透过能力很差，所以，室内存放的对紫外线敏感的物体，不会因紫外线的辐射而褪色。

4. U 形玻璃的性能要求

我国建材行业标准 JC/T 867—2000《建筑用 U 形玻璃》对 U 形玻璃的性能要求如下。

1）U 形玻璃的可见光透射比应符合表 14-24 中的规定。

表 14-24　U 形玻璃的可见光透射比

玻璃的种类	玻璃的表面特征	可见光透射比（%）
不夹丝的 U 形玻璃和双 U 形玻璃	平滑	≥65
	带波纹或花纹图案	≥55
夹丝的 U 形玻璃和双 U 形玻璃	平滑	≥55

2）U 形玻璃的抗弯曲性能不得低于表 14-25 中所列数值。

表 14-25　U 形玻璃的抗弯曲性能

玻璃摆放方式	产品规格		允许荷载/×9.8N
	厚度/mm	正面宽/mm	
翼朝上	6	260	100
	6	330	110
	6	500	120
翼朝下	6	260	40
	6	330	40
	6	500	40

5. U 形玻璃的应用

因 U 形玻璃具有特殊的横断面，故具有如下特性：在厚度相同的情况下，其机械强度比平板玻璃高；将其槽口相对，双排安装，可提高隔热、隔声性能；变换拼装方式，可具有独特的装饰效果，提高建筑艺术性。因而 U 形玻璃已广泛应用于各种建筑中，如商场、餐厅、展览馆、体操房等外部竖向非承重围护结构，营业大厅、办公大楼、敞廊等内隔墙，暖房、月台、游泳池、外廊等透光屋顶，以及大面积采光窗口、天窗、厅门采光檐篷、遮雨棚、阳台围护栏板、人造微气候室等。与普通钢化平板玻璃结构相比，可降低成本 20% ~ 40%、减少作业量 30% ~50%、节省玻璃和金属耗用量。例如：可用 4mm 厚玻璃制成的瓦楞状 U 形玻璃代替 10mm 厚的平板玻璃，由此可减轻玻璃重量 60%、金属 67% ~75%。

采用吸热玻璃制成的 U 形玻璃最适宜用于大面积的防晒部位。

14.7　微晶玻璃

14.7.1　概述

微晶玻璃是控制玻璃晶化得到的一类含有大量微晶相及玻璃相的多晶固体材料，也称为玻璃陶瓷或微晶陶瓷。根据其组成、结构及性能的不同，微晶玻璃在国防、航空航天、电子、化工、生物医学、机械工程和建筑等领域作为结构材料、功能材料、建筑材料得到了广泛应用。

微晶玻璃结晶特征是在微晶（几微米的极细晶体）之间均匀分布着玻璃（层厚约 1μm），即为微晶体与玻璃相均匀分布的复合材料，其中玻璃含量占 5% ~10%。这种结构的材料既能保持玻璃的优良性质，又能提高强度、热稳定性、化学稳定性，还能改善脆性。

微晶的原料与玻璃相同，但一般要加入成核剂 Au、Ag、Cu、Pt 等或者 Ti、Zr 等的化合物。对原料纯度要求较高，工艺过程要求较严格。微晶玻璃的生产过程，除了增大热处理工序以外，同普通玻璃的生产过程一样。微晶玻璃的生产工艺有熔融法、烧结法、压延法、溶胶－凝胶法、浮法等。

作为建筑装饰用的微晶玻璃，集玻璃的光洁晶亮与花岗岩的华丽质感于一体，具有极佳的视觉美感，是现代建筑行业理想的高档绿色环保装饰材料，以其特有的优良性能和高雅气派受到越来越多的消费者青睐。

14.7.2 微晶玻璃的种类

已有的微晶玻璃种类繁多，分类方法也有所不同，通常有以下的分类方法。

1）按外观可分为透明微晶玻璃和不透明微晶玻璃。

2）按微晶化原理分为光敏微晶玻璃和热敏微晶玻璃。

3）按基础玻璃的组成分为硅酸盐系统、铝硅酸盐系统、硼硅酸盐系统、硼酸盐和磷酸盐系统。

4）按所用原料分为技术微晶玻璃（用一般的玻璃原料）和矿渣微晶玻璃（用工矿业废渣等为原料）。

5）按性能又可分为耐高温、耐蚀、耐热冲击、高强度、低膨胀、零膨胀、低介电损耗、易机械加工以及易化学蚀刻等微晶玻璃以及压电微晶玻璃、生物微晶玻璃等。

14.7.3 建筑用微晶玻璃的性能特点

微晶玻璃的结构、性能及生产方法与玻璃、陶瓷都不相同，而又集中了它们的特点，成为一类独特的材料。与其他传统的建筑装饰材料，如天然花岗岩、大理石及其他人造材料相比，微晶玻璃主要有以下优点。

1. 颜色丰富、质感柔和

天然石材的颜色花纹变化较大，而微晶玻璃的色泽花纹可根据要求设计，而且具有棕红、大红、橙、黄、绿、蓝、紫、白、灰、黑等基色，可任意组合各种色调。尤其是可以生产高雅的纯白色板材，这是天然花岗岩所不具有的品种。其研磨抛光后的光泽度大于 90 度，可达镜面效果。微晶玻璃由结晶相和部分玻璃相组成，尽管抛光板的表面粗糙度远高于天然石材，但是光线不论由任何角度射入，经由结晶体漫反射可产生均匀和谐的漫反射效果，形成自然柔和的质感，不产生光污染。

2. 耐蚀性及耐久性优良

天然石材因其耐蚀性差，经风吹雨打之后，表面的光泽、色彩会消退。而微晶玻璃的耐酸性和耐碱性都比花岗岩、大理石优良，作为化学稳定性优良的无机材料，即使长期暴露于风雨及污染空气中也不易出现变质、褪色、强度降低等现象。

3. 吸水性低，表面易清洁

微晶玻璃的吸水率几乎为零，所以水不易渗入，不必担心冻结破坏以及铁锈、混凝土泥浆、灰色污染物渗透内部，根除了石材泛碱的现象，附着于表面的污物也很容易擦洗干净。

4. 强度高、可轻量化、安装灵巧方便

天然石材机械强度和化学稳定性较差，造成抗风化能力和耐久性较差，而微晶玻璃材料内部结构中生长有各种晶相，是一种特殊高温工艺制成的均质材料，根除了导致天然石材断裂的细碎裂纹，所以在强度上、耐磨度上均优于天然石材，不易受损，可适当调节材料厚度以配合施工方法，符合现代建筑物轻巧、坚固的潮流。

5. 弯曲自由、成形容易、经济省时

曲面石材是由较厚的石材切削而成，加工过程耗时、耗材、成本高，而微晶玻璃的软化温度较低，一般在800~900℃，加热软化后可随意制得各种弧面或曲面的板材。可利用这一特性，制造出重量轻、强度大、价格便宜的曲面板。规格可满足用户的任意要求，尺寸准确，铺贴时不显缝。

6. 原料成本低廉、可利用工业废弃物

一些优质天然石材的资源受到限制，蕴藏量有限，价格昂贵，而微晶玻璃可选用化工原料，甚至工业废弃物，如矿渣、尾矿、粉煤灰、砂土等为原料，就地取材，成本较低。

7. 无放射性、绿色无害

大多数天然石材具有微量的对人体有害的放射剂量，而微晶玻璃装饰板材无任何种类的放射剂量，保证了使用环境中无放射性污染，有利于营造宜居环境，保护人民健康。

表14-26列出了微晶玻璃与天然石材的性能对比。表14-27列出了微晶玻璃弧面板与石质弧面板的比较。我国建材行业标准JC/T872—2019《建筑装饰用微晶玻璃》对微晶玻璃的性能要求见表14-28。

表14-26 微晶玻璃与天然石材的性能对比

特性 \ 材料		微晶玻璃	大理石	花岗岩
力学性能	抗弯强度/MPa	40~50	5.7~15	8~15
	抗压强度/MPa	341.3	67~100	100~200
	抗冲击强度/Pa	2452	2059	1961
	弹性模量/$\times10^4$MPa	5	2.7~8.2	4.2~6.0
	莫氏硬度	6.5	3~5	~5.5
	维氏硬度（100g）	600	130	130~570
	相对密度	2.6	2.7	2.7
化学性能	耐酸性（1% H_2SO_4 煮沸1h后的失重）（%）	0.08	10.3	0.9
	耐碱性（1% NaOH煮沸1h后的失重）（%）	0.05	0.28	0.08
	耐海水性/（mg/cm^2）	0.08	0.19	0.17
	吸水率（%）	0	0.3	0.35
热学性能	膨胀系数（30~380℃）/（$\times10^{-7}$/℃）	62	80~260	80~150
	热导率/[（W/（m·K）]	1.6	2.2~2.3	2.1~2.4
	比热容/[（Cal/g·℃）]	0.19	0.18	0.18
	抗冻性（%）	0.028	0.23	0.25

（续）

特性 \ 材料		微晶玻璃	大理石	花岗岩
光学性能	白色度（L 度）	89	59	66
	扩散反射率（%）	80	42	64
	正反射率（%）	4	4	4

表 14-27 微晶玻璃弧面板与石质弧面板的比较

	微晶玻璃弧面板	花岗岩弧面板	大理石弧面板	备注
柱面板	D0.5～3m	D0.5～2m	D0.5～2m	
凸面墙面板	R1.5～15m	无	无	用于弧形墙面、雨棚、墙角圆柱等大直径装饰
凹面墙面板	R1.5～15m	无	无	用于弧形大厅内墙面及其他凹面装饰的弧形墙面
耐渗透性	板面不渗透、不泛碱、不变色	某些品种易渗透、泛碱引起板面变色		
耐候性	很好	好	差	
$1m^2$ 单板重	40kg 左右	90～200kg	90～200kg	微晶板厚度 10～15mm，石质则为 30～70mm
色差	目视无色差	目视常有明显色差	目视常有明显色差	
颜色稳定性	很好	好	易褪色	
光泽度稳定性	好	较好	差	
化学稳定性	很好	好	差	

表 14-28 JC/T 872—2019《建筑装饰用微晶玻璃》对微晶玻璃的性能要求

项目	要求
莫氏硬度	≥5
耐划痕性	1.5N 无划痕
抗急冷急热性	无裂纹
线膨胀系数①/$℃^{-1}$	$\leqslant 8\times10^{-6}$
吸水率（%）	≤0.05
耐磨性②/(g/cm^2)	$\leqslant 5.0\times10^{-4}$
冲击韧性（kJ/m^2）	≥1.2
摩擦系数②（干态）	0.5
耐污染性/级	1
耐化学腐蚀性	无明显变化
弯曲强度/MPa	≥30
弹性模量①/MPa	$\geqslant 8.0\times10^{4}$

（续）

项目		要求
泊松比①		≥0.20
压缩强度②/MPa		≥100
抗菌性③（%）	抗菌率	≥90
	抗菌耐久性能	≥85

①仅有设计需求时要求。

②仅地面应用时要求。

③仅有抗菌需求时要求。

14.7.4 微晶玻璃在建筑中的应用

作为建筑材料中的“高端”产品，建筑微晶玻璃已经得到国内外建筑师的青睐和广泛认同，也就使得微晶玻璃在建筑工程中得到了广泛应用。

1）利用微晶玻璃装饰板来代替天然大理石或花岗岩等用作装饰材料，可用于外墙、内墙、地板、楼梯踏板、立柱贴面、大厅柜台面、卫生间台面等部位。

2）作为结构材料，可用于阳台、门窗、分隔墙体等场合。

3）其他用途，如制作各种高档家具、制作高档珍贵工艺品等。

微晶玻璃现已用于机场、车站、办公大楼、地铁、宾馆等高档公用建筑和别墅等高档住房场所，如东京火车站、广州地铁、首都机场、上海国际会议中心、天津开发区外商投资服务中心、深圳赛格广场等。

此外，在防腐工程中，可用微晶玻璃装饰板代替铸石砌筑耐酸池、贮槽、电解槽；造纸工业的蒸煮锅、酸性水解锅、硫酸吸收塔、氯气干燥塔、反应器；石油化工设备的内衬等以及防酸性气体和液体的地面、墙壁；其他行业也有大量的工业防腐工程。

14.8 气凝胶玻璃

14.8.1 气凝胶简介

气凝胶是指通过溶胶-凝胶法，用一定的干燥方式使气体取代凝胶中的液相而形成的一种纳米级多孔固态材料。

气凝胶是一种新型的轻质纳米多孔非晶固态材料，具有三维网状的微观结构，这种特殊的结构使其在力学、声学、光学、热学等方面的性能明显不同于相应的宏观玻璃态材料，具有高孔隙率、高比表面积、低密度、低折射率、低弹性模量、高声阻抗、低热导率、强吸附性等特有性能，从而使其在隔热、隔声、储氢、催化等领域有很好的应用前景。

气凝胶按组分可分为氧化物气凝胶、有机气凝胶、炭/石墨烯气凝胶、碳化物气凝胶、硫族气凝胶以及金属气凝胶等。

气凝胶材料具备极低的密度，研究人员2013年报道了密度低至0.16mg/cm^3的超弹性全碳气凝胶，2014年报道了密度低至0.12mg/cm^3的超弹性多功能化的三维纳米纤维气凝胶。气凝胶材料也是世界上热导率最低的固体材料，其室温热导率低于100kPa、20℃干空气的

热导率 [0.025W/(m·K)]，被称为超级绝热材料。除此以外，气凝胶材料还具备高孔隙率、高比表面积、低折射率、低介电常数等特性，表现出优异的光学、热学、声学、电学特性，见表 14-29。

表 14-29　气凝胶的一些结构和性能参数

热导率	常温常压下 <0.018W/(m·K)，固体中最低
使用温度	-196 ~ 650℃
密度	0.06 ~ 0.18g/cm³
比表面积	约 700m²/g
孔径尺寸	1 ~ 100nm；平均孔径 10 ~ 20nm
孔隙率	95% ~ 99%
胶体颗粒尺寸	10 ~ 100nm
声学性能	声速 100m/s，纤维复合隔声性更好
防火性	A1 级
折射率	低至 1.025，接近空气
介电常数	低介电常数，<1.1
疏水性能	超疏水（接触角 >150°）（仅指疏水改性气凝胶）
外观	半透明/白色半透明/纤维毡/板材/薄膜

14.8.2　气凝胶玻璃的结构与特点

气凝胶玻璃是一种以气凝胶为主要原料制成的新型建筑材料。在两片玻璃中间夹填气凝胶，这样的“三明治”就是气凝胶玻璃。气凝胶颗粒填充玻璃主要是将研磨之后的气凝胶颗粒按照一定粒度及级配加入到用乙醇清洗干净的玻璃之间，然后经后续密封加工而成，工艺简单，成本较低，在当前的商业生产中占据主导地位。还可采用浸泡涂膜结合常压干燥过程制备气凝胶涂膜玻璃。还有整块气凝胶填充玻璃，是将大块状的气凝胶材料作为玻璃层间的芯材，经后续的密封胶装形成的，该方法由于需要大型块状的气凝胶材料，生产成本较高，难度大，难以实现大范围推广。

气凝胶玻璃，从外观和透明度来看，和普通玻璃相似，但它有更多优点。

1）保温、隔热性能好。比矿棉具有更高的保温性能，比普通双层玻璃的绝热效果高几倍。

2）热稳定性高，耐热冲击能力强。即使在 1300℃赤热情况下，放入水中也不破坏。

3）阻燃性好。其是良好的防火材料。

4）容重小。仅 0.07 ~ 0.25g/cm³，为普通玻璃几十分之一（普通玻璃密度为 2.4 ~ 2.7g/cm³）。

5）抗放射性辐射和紫外线辐射。对各种放射性射线和紫外线都有很高的稳定性。

6）具有良好的隔声性能。隔声性能超过玻璃与金属材料 4 倍以上，是所有已知无机材料中隔声性能最好的材料。

7）无毒。

8）可调色。与普通玻璃一样可以着上各种颜色。

2012 年天津南玻研发出气凝胶中空玻璃，是将气凝胶和中空玻璃结合，相互取长补短形成的一种具有一定采光性能的墙体材料，其隔热、保温性能远远超过现有的低辐射节能玻璃，传热系数为 0.5W/(m^2·K)，其结构如图 14-12 所示。

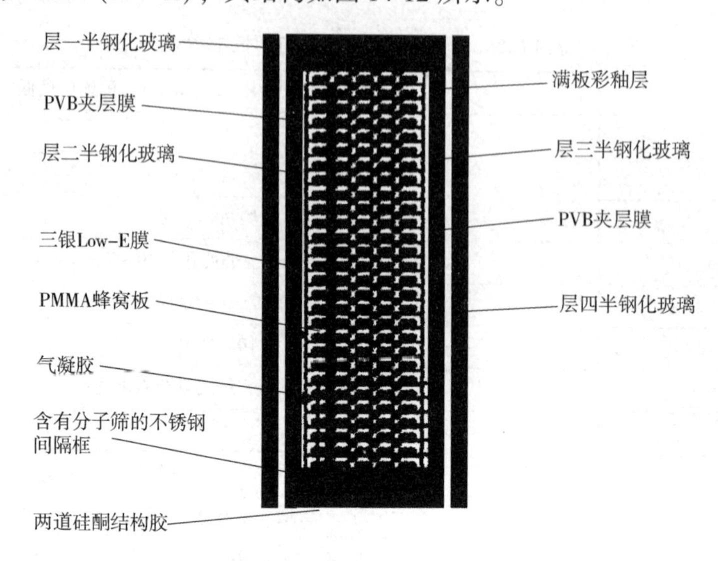

图 14-12　气凝胶中空玻璃的结构

14.8.3　气凝胶玻璃的性能

采用浸泡涂膜结合常压干燥过程制备的气凝胶涂膜玻璃，预测当气凝胶涂膜厚度为 100μm 时，气凝胶涂膜本身热导率为 0.016W/(m·K)，而气凝胶涂膜玻璃为 0.20W/(m·K)，透光率超过 90%。

有研究将一整块 12mm 厚气凝胶材料夹在 4mm 浮法玻璃和 Low-E 玻璃之间制备成气凝胶玻璃。结果表明，当气凝胶玻璃替代量从 40% 增加至 100% 时，窗户的 U 值从 1.2W/(m·K) 减小至 0.6W/(m·K)。同时当气凝胶玻璃覆盖量为 100% 时，平均日光指数从原来的 36.2% 降低为 32.5%，节能效率可达 80% 以上。

表 14-30 列出了几种主要气凝胶玻璃的构造及参数。

表 14-30　几种主要气凝胶玻璃的构造及参数

生产商	厚度/mm	U 值/[W/(m^2·K)]	可见光透射率（%）	遮蔽系数
Advanced Glazing Ltd（玻璃窗）	25.4	1.14	10～45	0.10～0.42
	44.45	0.61	9～40	0.09～0.37
	76.2	0.31	7～32	0.07～0.30
Duo-Gard (polycarbonate)	10	0.26	72	—
	16	0.17	62	—
	25	0.11	59	—
	40	0.09	40	—
Kalwall（玻璃窗）	60	0.30	12～20	0.12～0.22

（续）

生产商	厚度/mm	U 值/[W/(m²·K)]	可见光透射率（%）	遮蔽系数
Okalux（玻璃窗）	38	0.60	59	0.61
	68	0.30	45	0.54
Pilkington（ProfilitTGP）	16	0.21	50	0.42
	25	0.19	38	0.31
Wasco（polycarbonate）	16	0.22	48	0.57

14.9 自洁玻璃

14.9.1 自洁玻璃的含义及其特点

随着玻璃幕墙、玻璃屋顶、玻璃结构在高层建筑中的大规模应用以及高层建筑的不断涌现，玻璃的清洁问题越来越突出，高层建筑的玻璃幕墙、玻璃窗清洗起来既艰苦，又危险。采用擦窗机清洁玻璃既不经济又不方便，寻求一种具有自我清洁功能的玻璃已成为世界各国研究的热点和难点，传统的润湿自洁和机械自洁难以满足现实清洁的要求。自洁玻璃的出现，为这一问题的解决提供了有效途径。

自洁玻璃（Self-Cleaning Glass），也称为自清洁玻璃或自洁净玻璃，是指普通玻璃经过特殊的物理或化学方法处理后，其表面产生独特的物理特性，从而使玻璃无须通过传统的人工擦洗方法而达到清洁效果的玻璃。

自洁玻璃具备两个方面的功能。

①玻璃表面在自然条件下，即在阳光、雨水和空气存在的条件下具有超亲水性或超疏水性，使之在雨水或自来水的冲刷下，可带走玻璃表面的灰尘。

②玻璃表面在自然光照射下，具有光催化能力，可以分解吸附在玻璃表面的有机化合物，使之降解为 CO_2 和水，以便于被雨水和自来水冲走。

自洁玻璃能够利用阳光、空气、雨水，自动保持玻璃表面的清洁，并且玻璃表面所镀的 TiO_2 膜或其他半导体膜还能分解空气中的有机物，以净化空气，且催化空气中的氧气使之变为负氧离子，从而使空气变得清新，同时能杀灭玻璃表面的细菌和空气中的细菌。自洁玻璃不仅能净化本身，还能净化周围的环境，有着人们希望的理想功能。

自洁玻璃具有许多优良性能。

①能使窗户长期保持清洁，降低清洁频率。

②玻璃上的灰尘和污垢大大减少，非常容易清洗。

③节省清洗费用。

④窗户视野清晰，即使在下雨天也不受影响。

⑤具有和普通玻璃一样的中性外观和透明度。

⑥大大减少清洁剂的用量，有助于环保。

自洁玻璃可像普通玻璃一样切割，可用于钢化玻璃、夹胶玻璃、弧形玻璃等。自洁玻璃的抗风压强度与普通玻璃相差不大，有良好的耐擦性能，在玻璃幕墙、玻璃门窗、玻璃屋顶、太阳电池板、温室、家具玻璃、商店橱窗、电话亭和候车亭等中，有良好的应用前景。

14.9.2 自洁玻璃的基本原理

光催化是纳米半导体的独特性能之一，也是自洁玻璃的技术基础。这种纳米材料在光的照射下，把光能转化为化学能，促进有机物发生反应的过程称为光催化。其基本原理是：当半导体氧化物（如 TiO_2）的纳米粒子受到大于禁带宽度能量的光子照射后，电子从价带跃迁到导带，产生了电子-空穴对，电子具有还原性，空穴具有氧化性，空穴与氧化物半导体纳米粒子表面的 OH^- 反应，生成氧化性很强的 OH 自由基，活泼的 OH 自由基可以将许多难降解的有机物氧化为 CO_2 和 H_2O 等无机物。例如：可以将酯氧化为醇，醇氧化为醛，醛再氧化为酸，酸进一步氧化，生成 CO_2 和 H_2O。

半导体氧化物光催化的活性，主要取决于价带和导带的氧化-还原电位，价带的氧化-还原电位越正，导带的氧化-还原电位越负，则光生电子和空穴的氧化及还原能力就越强，光催化降解有机物的效率就越高。目前广泛研究的半导体光催化剂，大多属于宽禁带的 n 型半导体氧化物。已研究光催化剂有 TiO_2、ZnO 和 SiO_2 等 10 余种，这些半导体氧化物都有一定的光催化降解有机物的活性，但因其中大多数易发生化学或光化学腐蚀，不适合作为自洁玻璃的光催化剂，而 TiO_2 的纳米粒子不仅具有很高的光催化活性，而且耐酸、耐碱、耐光化学腐蚀、成本低、无毒，并且与玻璃表面具有很好的附着性能，这就使 TiO_2 纳米粒子成为自洁玻璃应用最多的光催化剂。

从自洁玻璃的基本原理上来说，自洁玻璃的含义可以描述为：通过在玻璃表面形成纳米级微粒和纳米级微孔结构的半导体氧化物（当前主要是 TiO_2）的光催化薄膜，在阳光的作用下，光催化剂产生了电子-空穴对，以其特有的强氧化能力，将玻璃表面几乎所有的有机污染物完全氧化并降解为相应的无害无机物，从而对环境不会造成二次污染。玻璃表面在催化剂本身的光致两亲性（即亲水、亲油性）的共同作用下，使玻璃表面具有超亲水性，从而使玻璃表面具有自洁、防雾和不易再被污染的功能。

TiO_2 光催化自洁玻璃的制备主要是利用镀膜技术，在普通玻璃表面镀上一层 TiO_2 薄膜，使其具有自洁和防雾性能。目前 TiO_2 光催化自洁玻璃的镀膜方法主要有溶胶-凝胶法、化学气相沉积法（CVD）、磁控溅射法、液相沉积法、水解-沉淀法、前驱物结晶体升华成膜法、电化学法、离子束增强沉积法、真空蒸发法、喷雾热分解法、微弧氧化法、自组装法等。

14.9.3 自洁玻璃的种类

自洁玻璃按材质可分为无机膜材料自洁玻璃和有机膜材料自洁玻璃；按亲水性可分为超亲水自洁玻璃和超疏水自洁玻璃。通常无机膜材料自洁玻璃具有超亲水性，而有机膜材料自洁玻璃具有超疏水性，也有特殊无机膜材料的超疏水玻璃。

从膜的组成上说，超亲水自洁玻璃包括以下类型。

1）纳米 TiO_2 自洁玻璃。

2）纳米 TiO_2/SiO_2 自洁玻璃。

3）过渡金属掺杂纳米 TiO_2 自洁玻璃。

4）稀土金属离子掺杂纳米 TiO_2 自洁玻璃。

5）贵金属掺杂纳米 TiO_2 自洁玻璃。

6）非金属元素掺杂纳米 TiO_2 自洁玻璃。

7）无机-有机杂化自洁玻璃。

超疏水自洁玻璃包括以下类型。

1）有机聚合物疏水自洁玻璃。

2）无机金属氧化物疏水自洁玻璃。

14.9.4　自洁玻璃的性能

当前自洁玻璃的自洁性能技术指标主要是通过“亲水角”和“有机物降解率”来体现的。亲水角是指固体玻璃与液体（水）接触时所形成的固液气系统中，气液界面和固液界面的夹角，常用 θ 表示；有机物降解率是指在一定条件下，自洁玻璃对有机物（常以甲苯、油酸等为试验物）分解的百分数。表 14-31 列出了几种自洁玻璃的性能。

表 14-31　几种自洁玻璃的性能

		格兰特	皮尔金顿	耀华	中科纳米
制备方法		离子掺杂法	CVD 法	CVD 法	溶胶－凝胶法
自洁性能	超亲水性	太阳光照射 1h 后，亲水角 2.2°	太阳光照射 5 天后，亲水角 <5°	太阳光照射 5 天后，亲水角 <5°	太阳光照射 7h，亲水角 <5°
	有机物降解率	紫外光照射下，90min 内甲苯降解率 92.85%	—	紫外光照射下，12h 内油酸降解率 70%	—
可见光透过率		86%	约 70%	约 70%	高于 80%
后续加工性能		可加工成环保节能玻璃，如 Low-E 自洁玻璃	单独使用	单独使用	单独使用
耐老化测试		1000h 强紫外光照射下，外观不变，耐老化后的 30min 甲苯降解率为 96.0%	—	—	2000h 老化试验，外观不变

14.9.5　自洁玻璃的市场前景

建筑行业需求攀升是自洁玻璃市场发展的主要推动力，自洁玻璃在劳动力和清洗方面的低成本是促进市场发展的另一重要元素。此外，太阳电池板对自洁玻璃需求逐渐上升以及环保玻璃产品不断发展，共同为自洁玻璃市场创造发展机遇。2017 年全球自洁玻璃市值约为 9400 万美元，预计到 2025 年，该市场年增长率将超过 4.6%，还有预测为增长 5.4%。

14.10　泡沫玻璃

14.10.1　泡沫玻璃的含义及分类

泡沫玻璃（Foam Glass）又称为多孔玻璃，是以废玻璃或云母、珍珠岩等富玻璃相物质为基料，混入适当的发泡剂、促进剂、改性剂并粉碎混匀，放在特定的模具中经预热、熔融、发泡、冷却、退火而制成的一种内部充满无数均匀气孔的多孔材料。泡沫玻璃是由大量的直径在0.1～3mm的均匀气泡结构组成，气泡体积高达80%～95%，其表观密度为120～500kg/m³，可根据使用的要求，通过变更生产技术参数来调整密度。

泡沫玻璃具备优异的性能，在装饰、保温、消声、防腐等领域有着广泛的用途，能够满足当代发展的需求，存在巨大的发展潜力。

泡沫玻璃有多种分类方法。

1）按孔型结构分为开孔型泡沫玻璃和闭孔型泡沫玻璃。开孔型泡沫玻璃一般通过石灰石发泡制得，主要用作吸声材料，也称为吸声泡沫玻璃。闭孔型泡沫玻璃一般通过炭黑或焦炭发泡制得，主要用作隔热保温材料，也称为隔热泡沫玻璃。

2）按原料分为钠钙硅泡沫玻璃、熔岩废渣泡沫玻璃、硼硅酸盐泡沫玻璃。

3）按形状分为板状泡沫玻璃、管状泡沫玻璃和颗粒状泡沫玻璃。

4）按发泡温度分为高温发泡型泡沫玻璃和低温发泡型泡沫玻璃。

5）按用途分为隔热泡沫玻璃、吸声泡沫玻璃、屏蔽泡沫玻璃和清洁泡沫玻璃。

6）按颜色分为黑色泡沫玻璃、白色泡沫玻璃、彩色泡沫玻璃。

14.10.2 泡沫玻璃的性能

泡沫玻璃是一种性能优越的隔热、吸声、防潮、防火的轻质高强建筑材料和装饰材料。它具有如下优点。

1）不吸湿、不吸水、不会因长年使用降低隔热保温效果。

2）具有良好的隔热性能，不燃烧，能在－268～482℃广阔温度范围内使用。

3）具有良好的吸声性能。

4）有较高的机械强度，且易于加工、切割或粘拼成各种形状的制品。

5）不风化、不老化、本身无毒、无放射性和腐蚀性。

6）不受鼠啮虫咬和微生物腐蚀。

7）具有良好的化学稳定性，除HF酸外，泡沫玻璃一般不与其他的酸发生化学反应，泡沫玻璃也有较好的耐碱性能。

8）具有较好的染色性能，可以作为保温装饰材料。

表14-32列出了泡沫玻璃与其他几种保温材料的性能比较。

表14-32　泡沫玻璃与其他几种保温材料的性能比较

材料名称	密度/(kg/m³)	抗压强度/MPa	热导率/[W/(m·K)]	最高使用温度/℃	吸水率(质量分数,%)	可燃性有/无
岩棉板	130	0.34	0.036	600	160	无
憎水珍珠岩板	220	0.44	0.065	750	6.5	无
聚苯乙烯板	25	0.10	0.054	100	6.0	有
聚氨酯板	60	0.20	0.026	100	4.0	有
膨胀蛭石	145	0.65	0.056	1000	450	无
泡沫玻璃	180	0.80	0.060	500	0.5	无

14.10.3 泡沫玻璃在建筑中的应用

泡沫玻璃由于其独特的理化性能和良好的施工性能，可以作为保温材料用于建筑节能；可作为吸声材料用于高架路、会议室等减噪工程；可作为轻质填充材料用于松软土地，减少沉降；可作为轻骨料加入混凝土以减轻其质量；可作为保水材料用于绿化工程。

建筑用泡沫玻璃制品的物理性能要求见表 14-33，其中型号与密度的对应关系见表 14-34。

表 14-33 建筑用泡沫玻璃制品的物理性能要求

项目		性能指标			
		Ⅰ型	Ⅱ型	Ⅲ型	Ⅳ型
密度允许偏差（%）		±5			
热导率[(平均温度（25±2)℃)]/[W/(m·K)]		≤0.045	≤0.058	≤0.062	≤0.068
抗压强度/MPa		≥0.50	≥0.50	≥0.60	≥0.80
抗折强度/MPa		≥0.40	≥0.50	≥0.60	≥0.80
透湿系数/[ng/(Pa·s·m)]		≤0.007		≤0.050	
垂直于板面方向的抗拉强度/MPa		≥0.12			
尺寸稳定性（70±2)℃，48h（%）	长度方向	≤0.3			
	宽度方向				
	厚度方向				
吸水量/(kg/m²)		≤0.3			
耐碱性①/(kg/m²)		≤0.5			

①外墙保温时有此要求。

表 14-34 建筑用泡沫玻璃制品的型号与密度的对应关系

型号	密度/(kg/m³)	型号	密度/(kg/m³)
Ⅰ型	98～140	Ⅲ型	161～180
Ⅱ型	141～160	Ⅳ型	≥181

1. 用作保温材料

（1）用于屋面保温隔热　泡沫玻璃用于屋面的保温隔热层时，由于它不吸水、不吸湿，用水泥砂浆粘铺后，水分不可能进入，所以不会造成防水层的起鼓破坏现象，不需做排气孔，也不存在长久使用后性能下降的问题。

泡沫玻璃具有一定的强度，不易被压缩，既可用于正置屋面，也可用于倒置屋面、斜坡屋面，如图 14-13 所示。倒置屋面也可用作种植屋面，在房顶进行绿化，建筑屋顶花园。

将闭孔型泡沫玻璃用于房屋屋面防水保温能起到以下重要作用。

1）由于它完全保留了无机玻璃的化学稳定性，具有耐蚀、不老化、不风化、不软化等特性，因而能满足房屋耐久性的要求。

2）当它作为屋面的一种保温材料使用时，采用密封砌筑施工，本身又能起到一层刚性防水层的作用，不仅提高了屋面的防水性能，而且也不会发生普通保温材料因吸水受潮后保温效果降低、发生气胀、冻鼓等问题，可起到一材二用的作用。

3）泡沫玻璃的机械强度可满足在屋面上建筑屋顶花园后，人员在屋面上活动的承载要求。

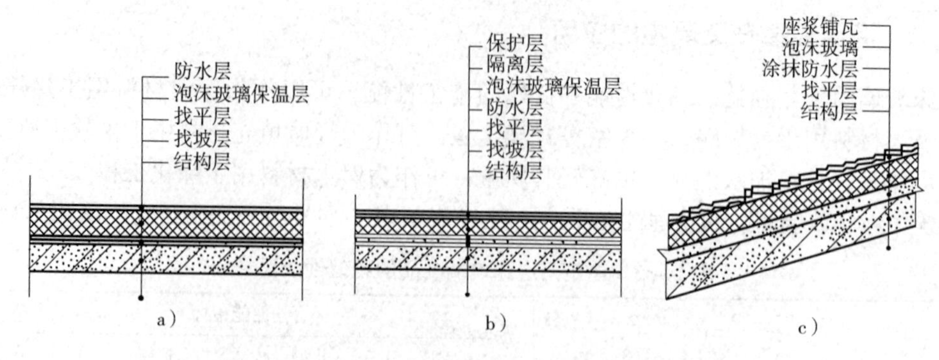

图 14-13　泡沫玻璃建筑屋面保温隔热结构示意图

4）它与混凝土等建筑材料胀缩差十分接近，有利于提高防水结构的可靠性和使用寿命。

（2）用于墙体保温隔热　泡沫玻璃用于墙体保温隔热，代替红砖，减薄墙体厚度，节约能源更是首屈一指，而且间接地扩大了建筑使用面积，减轻了建筑物的自重。施工时用普通水泥砂浆或聚合物水泥砂浆粘贴，粘贴力强。例如：作为外墙涂料面层，只要在泡沫玻璃层外抹一层水泥砂浆找平即可；如采用彩色泡沫玻璃，可将泡沫玻璃切割成一定大小的形状，直接用聚合物水泥砂浆粘贴。

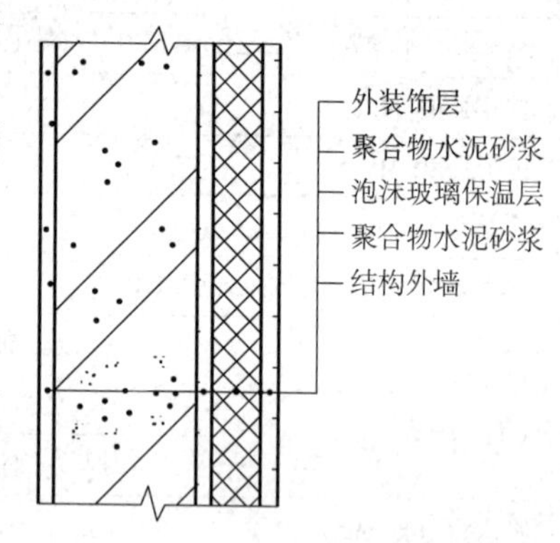

图 14-14　使用泡沫玻璃的外墙外保温系统

外保温系统是建筑节能工程中最广泛采用的设计方案。使用泡沫玻璃的外墙外保温系统如图 14-14 及表 14-35 所示。

表 14-35　使用泡沫玻璃的外墙外保温系统基本构造

<table>
<tr><th rowspan="2">饰面</th><th colspan="5">基本构造层次及组成材料</th><th rowspan="2">构造示意图</th></tr>
<tr><th>基层①</th><th>粘结层②</th><th>保温层③</th><th>抹面层④</th><th>饰面层⑤</th></tr>
<tr><td>涂料</td><td rowspan="2">混凝土墙或各种砌体墙＋水泥砂浆找平层＋金属托架</td><td rowspan="2">黏结砂浆</td><td rowspan="2">泡沫玻璃板</td><td rowspan="2">抗裂砂浆＋耐碱玻纤网布＋抗裂砂浆＋锚栓</td><td>柔性外墙腻子＋外墙涂料</td><td>锚栓 ① ② 金属托架 ③ ④ ⑤</td></tr>
<tr><td>面砖</td><td>面砖黏结剂＋面砖＋面砖填缝剂</td><td>锚栓 ① ② 金属托架 ③ ④ ⑤</td></tr>
</table>

在外墙保温时，只要使用 20mm 厚的泡沫玻璃，就相当于增加一道 250mm 厚黏土砖的保温功能。在 250mm 黏土砖墙上外贴泡沫玻璃的保温效果见表 14-36。

表 14-36　在 250mm 黏土砖墙上外贴泡沫玻璃的保温效果

贴泡沫玻璃厚度	墙体总热阻/[m^2/(K・W)]	室内外不同温差时的热损失/(W/m^2)			
		差 10℃	差 20℃	差 30℃	差 40℃
不贴保温层时	0.315	31.7	63.5	95.2	126.9
贴 20mm	0.604	13.8	27.5	41.3	55.0
贴 25mm	0.677	12.7	22.9	37.9	50.6
贴 30mm	0.873	—	—	34.4	45.8

注：黏土砖热导率取 0.8W/(m·K)，泡沫玻璃热导率取 0.069W/(m·K)，都为常温值。

2. 用作吸声材料

开孔型泡沫玻璃主要用作吸声材料。用作吸声材料的泡沫玻璃在发泡过程中采用特殊工艺，使其中 40% ~60% 的气孔相互贯通，形成具有通孔结构的多孔材料。当声波入射到吸声泡沫玻璃的表面时，激发孔隙内的空气振动，在受振动空气的黏滞阻力及其与玻璃孔壁摩擦的作用下，使声能转化为热能而迅速衰减，从而产生良好的吸声效果。

吸声用泡沫玻璃不仅能起到良好的降噪作用，而且具有质轻、不燃、不腐及受潮、吸水后不软化等特点，因此被广泛用于游泳馆、地铁、食品和纺织车间等潮湿、防火并有低噪要求的建筑工程中。吸声泡沫玻璃在发达国家已广泛用于地铁、地下军事设施、隧道、工厂车间、音乐厅、剧场和大会堂等建筑中，以及飞机场周围建筑物外表面，以降低噪声；国内在 20 世纪 90 年代陆续用于上海地铁、广州地铁、人民大会堂空调机房和风道的降噪吸声，近年又用于高架路两旁的吸声墙。

3. 用作轻质填充材料

泡沫玻璃作为轻质填充材料应用在市政建设工程中，具有如下优点。

1）泡沫玻璃耐热、抗化学侵蚀性能好。

2）泡沫玻璃不会释放出有害物质，不会污染地基和地下水，是一种环境友好材料。

3）泡沫玻璃的表观密度可通过生产工艺参数控制，以适应不同的地基情况。

4）闭孔型泡沫玻璃气孔封闭，不与外界连通，其质量不会因下雨吸水而变化。

5）粒状泡沫玻璃的形状、尺寸与普通的卵石和碎石相似，因此，其填埋方法也与普通的地基材料相似，不需要特殊的施工机械。

4. 用作轻质混凝土骨料

将泡沫玻璃作为轻质混凝土骨料的报道最先见于法国。在 20 世纪 30 年代，由法国圣戈班公司生产的泡沫玻璃由于气孔直径较大，分布不均，因此主要用作混凝土的轻骨料。随后许多国家进行了相关研究，俄罗斯的公司研制出了粒状和板状泡沫玻璃，其中粒状泡沫玻璃可以直接用作轻质混凝土骨料。日本也有相关报道，将粒状泡沫玻璃作为骨料掺入混凝土中，制备钢筋混凝土锚，其质量由 760kg 减至 550kg，因而更容易建造，且运输费用也大大降低。

5. 用作绿化保水材料

为了解决混凝土“灰色污染”问题，人们采用了很多办法，使用开孔型泡沫玻璃就是其中一种方法。开孔型泡沫玻璃的吸水率为50%～70%，有的甚至更高，具有轻质、保水、性能优良的特点。因此，当坡面因失水变干时，泡沫玻璃板中储存的水分可继续供给土壤和树根，同时泡沫玻璃板交错拼接，能阻止土壤流失。

14.11 其他建筑特种玻璃

14.11.1 光致变色玻璃

光致变色玻璃受太阳或其他光线照射时，其颜色随光的增强而逐渐变暗，停止照射后又能恢复原来的颜色。用这种玻璃可以自动调节室内的光线，但因生产成本较高，只限于用在有特殊要求的建筑中。

14.11.2 透紫外线玻璃

这种玻璃除透可见光外，还能透过不少于25%的紫外线。这种玻璃的原料含有极少的铁、钛、铬氧化物。因紫外线对人体健康有益，所以这种玻璃多用于医疗建筑、幼儿园、温室等处。

14.11.3 电致变色玻璃

电致变色（调光）玻璃是由基体玻璃和电致变色系统构成，这种玻璃在外电场的作用下，会引起颜色的可逆变化，从而可在较大范围内调节其对光的吸收、透过和反射三者的比例关系，因而它是一种光、热可调性材料。早期，此种玻璃窗主要是为汽车工业而开发的。近年来，人们又开始探讨其在建筑上的应用。电致变色玻璃窗的主要优势在于它能够高效地控制玻璃的透光性，从而可减少眩光、日光，满足采暖和制冷的需求或提供夜间保温和居室的遮阳。在炎热的夏季和酷冷的冬季采用此种玻璃窗后，可最大限度地抑制近红外线的辐射或使近红外线透射，明显地降低空调和采暖的费用，比静态控制的玻璃窗更为节能。

14.11.4 温致变色和压致变色玻璃

温致变色和压致变色玻璃，其结构都是在双层透明玻璃中间填充有高分子材料，不同之处在于一个是高分子材料的体积随温度变化，一个是高分子材料的形状随压力而改变。不论这些材料是体积还是形状的改变都能使穿过双层透明玻璃的光线途径发生变化，从而达到变色调光的目的。例如：当室外温度高于室内温度时，玻璃自身的可见光透过率或红外线透过率开始下降，玻璃就会增强对外界光线中红外线部分的“过滤功能”，有效阻止太阳热辐射进入室内；当室外温度下降时，玻璃的红外线透过率升高，更多的红外线透过玻璃照射进入室内。它们的特点是：①调旋光性能好，其透明度能逐步改变，反应速度快，从完全透明到完全不透明可瞬间完成；②调光方式多样，可手动、电动到自动或遥控均可；③结构简单，成本低，安装方便；④可与任何面积的玻璃配套，也可将任何形状和曲面的玻璃改装成调光玻璃。

第 15 章 建筑用玻璃钢

15.1 概述

玻璃钢是纤维增强塑料（Fiber Reinforced Plastics，FRP）的俗称，是以合成树脂为基体，以纤维及其制品（纱、布、带、毡等）为增强材料制成的复合材料。可添加或不添加填料、颜料等助剂。由于其强度高，可以和钢铁相比，因此称为玻璃钢。

合成树脂是一种人工合成的高分子化合物，在玻璃钢中，一方面将纤维黏结成一个整体，起着传递荷载的作用；另一方面又赋予玻璃钢各种优良的综合性能，如良好的耐蚀性、电绝缘性和施工工艺性等，因而玻璃钢制品的性能，往往取决于所用合成树脂的种类。

纤维及其制品是玻璃钢的主要承力材料，在玻璃钢中起着增强骨架的作用，对玻璃钢的力学性能起主要作用，同时也减少了产品的收缩率，提高了材料的热变形温度和抗冲击等性能。

在玻璃钢中，树脂和纤维之间的黏结状况，对玻璃钢的力学性能、耐蚀性和耐久性等有着重大的影响。为了增加树脂和纤维之间的黏结，除了从工艺上改进树脂对纤维的浸润性外，一个重要的措施就是用各种增强型浸润剂（含偶联剂）对纤维进行表面处理。

玻璃纤维是最常用的增强材料。随着科学技术的发展，玻璃纤维已不能满足某些高温、高强度、高模量和特殊腐蚀介质等方面应用的需要，出现了碳纤维、硼纤维和有机纤维等作为增强材料的制品，这些制品和玻璃钢都属于复合材料范畴。

我国从 1958 年才开始生产玻璃纤维增强塑料，但是发展迅速。玻璃钢材料因其独特的性能优势，已在航空航天、铁道公路、装饰建筑、家居家具、广告展示、工艺礼品、建材卫浴、游艇泊船、体育用材、环卫工程等相关行业中广泛应用，并深受赞誉。

玻璃钢是由多种组分材料组成的复合材料，许多性能优于单一组分的材料，具有重量轻、强度高、耐化学腐蚀、可设计性好、介电性能好、耐烧蚀及容易成型加工等优点，但也有弹性模量较低、耐热性较差、可燃、存在老化等问题。

玻璃钢的主要用途见表 15-1。

表 15-1 玻璃钢的主要用途

分类	项目	主要用途
建筑材料	波纹板、平板	工厂屋顶采光材料、温室屋顶采光材料、围墙材料、夹层结构面板
	建筑材料	篱笆、百页窗板、门窗、（拉挤型材）掩体、密封舱、收费箱、外墙板、牛圈、活动房
		游泳池、浮桥、防波堤、浮标、道路灯杆、灯台、道路标志、铁道线路部件、混凝土模板、钢管桩套、桥梁桁架、扶手、混凝土加强筋、直升机屏蔽、种紫菜的杆（拉挤型材）

（续）

分类	项目	主要用途
住宅材料	浴盆	浴盆、卫生间、淋浴室
	便槽、净化槽	便槽、净化槽、临时厕所
	水循环部件	防水盘、柜台面板、地下水箱
舟艇、船舶	船体	舰艇、作业船、交通艇、渔船、巡洋舰、快艇、赛艇、摩托艇、深海潜水勘察艇
	船装部件	桅杆、通风管、油槽、水槽、浮筒、螺旋桨轴、舷窗框架
汽车车辆	汽车	四轮车外装部件、内部部件、低罩部件，两轮车车体部件，手推小车、拖车、雪地车、高尔夫两轮车、特殊车等的车体、仪表板、扰流板、弹簧、螺旋桨轴
	车辆	车前罩、窗轨、管道、座椅、卫生间、污水缸
罐、容器	一般容器	给水箱、地下埋设贮水罐、粮仓、饲料槽、养殖槽、集装箱、高压气瓶
	耐蚀器具	药液贮罐、地下埋设汽油罐、载重汽车罐、电镀槽、洗涤器、洗净装置、烟筒、管子、通风道、格栅、电缆槽
工业材料	生产用管	农用水管、结构用管、耐压管、电绝缘用管
	设备装置外壳、安全罩等	冷却塔壳、机械装置罩、安全罩、办公机器罩
	电器零件	接线盒、转换开关盒、配电盘、绝缘板、臂杆、电缆槽、导线管、专用电器柜、抛物面天线、雷达天线罩、电池外壳、飞轮、风机叶片
杂货	娱乐、体育用品	安全帽、滑雪板、冲浪板、独木舟、弓面、球拍
	各种用具	椅子、工作台、显示器、人造石、种植机、假肢、修理用具、人体模型、盆、托盘
其他		玻璃钢模具，其他难以分类的制器

15.1.1 玻璃钢的优点

1. 轻质高强

普通碳钢的密度为7.8g/cm^3，而玻璃钢的密度在1.5～2.0g/cm^3，只有碳钢的1/4～1/5，比铝合金还要轻1/3左右，可是其机械强度却能达到甚至超过碳钢的水平，如某些环氧和不饱和聚酯玻璃钢，其抗拉和弯曲强度均能达到400MPa以上。若按比强度（是指强度与密度的比值）计算，玻璃钢不仅超过碳钢，而且达到或超过某些特殊合金钢的水平。因此，玻璃钢不仅对于火箭、宇宙飞行器、高压容器以及其他需要减轻自重的制品应用中具有重要的意义，而且作为有效的防腐设备的主要结构材料，具有运输、安装和维修方便等优点。表15-2列出了几种材料的相关参数。

表15-2　几种材料的相关参数

材　料	密度 /(g/cm^3)	抗拉强度 /×10^{3}MPa	弹性模量 /×10^{5}MPa	比强度 /×10^{7}cm	比模量 /×10^{9}cm
钢	7.8	1.03	2.1	0.13	0.27
铝合金	2.8	0.47	0.75	0.17	0.26

（续）

材料	密度/(g/cm³)	抗拉强度/×10³MPa	弹性模量/×10⁵MPa	比强度/×10⁷cm	比模量/×10⁹cm
钛合金	4.5	0.96	1.14	0.21	0.25
玻璃纤维复合材料	2.0	1.06	0.4	0.53	0.20
碳纤维Ⅱ/环氧复合材料	1.45	1.50	1.4	1.03	0.97
碳纤维Ⅰ/环氧复合材料	1.6	1.07	2.4	0.67	1.5
有机纤维/环氧复合材料	1.4	1.4	0.8	1.0	0.57
硼纤维/环氧复合材料	2.1	1.38	2.1	0.66	1.0
硼纤维/铝复合材料	2.65	1.0	2.0	0.38	0.57

2. 耐蚀性好

玻璃钢与普通金属的电化学腐蚀机理不同，它不导电，在电解质溶液里不会有离子溶解出来，因而对大气、水和一般浓度的酸、碱、盐等介质有着良好的化学稳定性，特别在非氧化性强酸和相当广泛的pH值范围内的介质中都有着良好的适应性，过去用不锈钢也对付不了的一些介质，如盐酸、氯气、二氧化碳、稀硫酸、次氯酸钠和二氧化硫等，现在用玻璃钢可以很好地解决。因此，玻璃钢是一种优良的耐腐蚀材料，已应用到化工防腐的各个方面，正在取代碳钢、不锈钢、木材、有色金属等。用其制造的化工管道、储罐、塔器等具有较长的使用寿命和极低的维修费用。

3. 电性能好

玻璃钢具有优良的电性能，通过选择不同的树脂基体、增强材料和辅助材料，可以将其制成绝缘材料或导电材料。例如：玻璃纤维增强的树脂基复合材料具有优良的电绝缘性能，并且在高频下仍能保持良好的介电性能，因此可作为高性能电动机、电器的绝缘材料；这种复合材料还具有良好的透波性能，被广泛地用于制造机载、舰载和地面雷达罩。复合材料通过原材料的选择和适当的成型工艺可以制成导电复合材料，这是一种功能复合材料，在冶金、化工和电池制造等工业领域具有广泛的应用前景。

4. 热性能良好

玻璃钢的热导率较低，室温下为1.254～1.672kJ/(m·h·K)，只有金属的1/100～1/1000，是优良的绝热材料。在瞬时超高温情况下，是理想的热防护和耐烧蚀材料。选择适当的基体材料和增强材料可以制成耐烧蚀材料和热防护材料，能有效地保护火箭、导弹和宇宙飞行器在2000℃以上承受高温、高速气流的冲刷作用。

5. 良好的隔声性能

玻璃钢的阻尼性能很好，对声音的阻隔可以达到26～30dB。

6. 良好的表面性能

玻璃钢一般和化学介质接触时表面很少有腐蚀产物，也很少结垢，因此用玻璃钢管道输送流体，管道内阻力很小，摩擦系数也较低，可有效地节省动力；此外，玻璃钢设备一般不会像金属设备那样生成金属离子污染介质。目前，经食品和药物管理局检验，已有许多热固性树脂或玻璃钢用于食品和医药工业中。

7. 耐疲劳性能好

疲劳破坏是指材料在交变载荷作用下，由于材料微观裂纹的形成与扩展而造成的低应力破坏。金属材料的疲劳破坏常常是没有明显预兆的突发性破坏，而聚合物基复合材料中纤维与基体的界面能阻止材料受力所致裂纹的扩展。因此，其疲劳破坏总是从纤维的薄弱环节开始逐渐扩展到结合面上，破坏前有明显的预兆。大多数金属材料的疲劳强度极限是其抗拉强度的20%～50%，而碳纤维/聚酯复合材料的疲劳强度极限可为其抗拉强度的70%～80%。

8. 减振性好

受力结构的自振频率除与结构本身形状有关外，还与结构材料比模量的平方根成正比。复合材料比模量高，故具有高的自振频率。同时，复合材料界面具有吸振能力，使材料的振动阻尼很高，可避免因振动而导致的破坏。曾经对形状、尺寸相同的轻金属合金及碳纤维复合材料所制的悬臂梁做振动试验，由试验得知：轻金属合金梁需9s才能停止振动，而碳纤维复合材料梁只需2.5s就会停止同样大小的振动。

9. 过载安全性好

玻璃钢的基体中有大量独立的纤维，每cm^2上的纤维少则几千根，多至上万根。当材料过载而有少数纤维断裂时，荷载会迅速重新分配到未破坏的纤维上，使整个构件在短期内不至于失去承载能力。

10. 可设计性好

可设计性是指设计人员可根据所需制品对力学性能及其他性能的要求，在结构设计的同时对材料本身进行设计。玻璃钢是一种可以改变其原料的种类、数量比例和排列方式，以适应各种不同要求的复合材料。一般可通过以下各种途径改善某些性能，以制得能满足各种不同要求的玻璃钢设备。

1）改变树脂的种类并提高与介质相接触表面层的树脂含量，以提高耐蚀性。

2）选用不同纤维的种类和控制玻璃钢中纤维的含量，以适应不同耐蚀性和强度的要求。

3）改变纤维的排列，以适应不同方向的强度设计要求。

4）采用外层、内层和中间层的不同玻璃钢结构，组成多层次的复合玻璃钢结构，以适应不同层次对耐蚀性和强度的不同要求，充分发挥材料的作用。

5）改善树脂和纤维的界面状况，防止介质的渗透和扩散引起的制品脱层，延长玻璃钢的寿命。

6）通过玻璃钢和金属的复合（玻璃钢衬里）、塑料和玻璃钢的复合（塑料外包玻璃钢）以及整体玻璃钢等形式，可灵活地适应不同场合的要求。

7）通过添加不同的颜料，可以制得不同色彩的产品，从而达到不同的装饰效果。

8）可对产品的形状进行设计，使其具有圆（柱）形、工字形、U字形、波浪形等各种形状，适用于不同场合的形状需要。

9）可对结构进行设计，可使产品具有实心、空心、夹层等不同的结构。

10）可对壁厚进行设计，根据承载大小等使用条件，设计不同的壁厚，以确保产品的使用寿命。

11）可对各部件间的接头方式进行设计，既确保接头安全可靠，同时与整个建筑的构造相协调。

12）可对卫生、介电、耐腐蚀等性能进行设计，从而具备应用中所需的不同功能。

13）可对大件制品进行分块组装式设计，在玻璃钢企业预制，在建筑现场组装。

11. 成型工艺性优良

未固化前的热固性树脂和玻璃纤维组成的材料具有改变形状的能力，通过不同的成型方法和模具，可以方便地加工成所需要的任何形状，这一特点最适合于大型、整体和结构复杂的防腐设备的施工要求，适合于现场施工和组装。

15.1.2 玻璃钢的缺点

和其他材料一样，玻璃钢也存在一些缺点。

1. 弹性模量低

玻璃钢的弹性模量比木材大 2 倍，但比结构钢小 10 倍，因此在产品结构中常感到刚性不足，容易变形。

用碳纤维等高模量纤维作为增强材料可以提高复合材料的弹性模量，甚至可超过钢的弹性模量，另外，通过结构设计也可以克服其弹性模量低的缺点，如可以做成壳状结构、夹层结构，或者做加强筋等。

2. 长期耐热性差

玻璃钢耐热性远低于金属，一般玻璃钢不能在高温下长期使用，通常的使用温度在 60～250℃。通用型聚酯玻璃钢在 50℃以上强度就明显下降，一般只在 100℃以下使用；通用型环氧玻璃钢在 60℃以上，强度有明显下降；即使耐高温的聚酰亚胺基复合材料，其长期工作温度也只能在 300℃左右。

3. 老化现象

老化现象是塑料的共同缺陷，玻璃钢也不例外，在紫外线、风沙雨雪、化学介质、机械应力等作用下容易导致性能下降，即发生所谓的老化现象。但对此的评价不应过分，如二次大战中敷设的玻璃钢管道，已使用 50 多年，仍在使用。一些外国公司称，保证其生产的玻璃钢管的使用寿命为 50 年。

4. 剪切强度低

层间剪切强度是靠树脂来承担的，所以很低，受力过程中可产生分层。可以通过选择工艺、使用偶联剂等方法来提高层间黏结力，最主要的是在产品设计时，尽量避免使层间受剪。

5. 表面硬度低，耐磨性差

表面主要是树脂，硬度低，耐磨性较差，表面易划伤。但有些树脂的耐磨性很好，如聚氨酯弹性体复合材料的耐磨性好。

6. 可燃

树脂均为有机高聚物，是可燃的。玻璃钢有可燃性，虽可做到阻燃或自熄，但燃烧时冒黑烟、有臭味。

15.2 玻璃钢屋面材料

15.2.1 玻璃钢瓦

建筑工程中用量较多的一种玻璃钢制品是纤维增强塑料波形瓦（俗称为玻璃钢瓦），用作屋面覆盖材料，如图15-1所示。玻璃钢瓦有平的和弯曲的两种，其结构形式、大小和波形可按需要设计，且可制成透明、半透明、不透明产品以及各种色彩的不同产品。玻璃钢瓦重量轻、强度高，不怕冰雹击打，安装方便，已广泛应用于工业厂房、大型民用建筑、仓库、汽车库、菜市场、航空港、农用温室等要求采光的屋面，售货亭、货棚、凉棚、候车棚等小型建筑、临时建筑也在大量应用。

图15-1　玻璃钢瓦

玻璃钢瓦与传统的黏土瓦和石棉瓦以及常用的彩钢瓦相比，在性能上具有明显的优越性，它们的性能对比见表15-3。玻璃钢瓦具有以下特性。

（1）重量轻　玻璃钢瓦的厚度一般为2.5～3.0mm，建造同样面积的房屋，采用玻璃钢瓦的屋顶重量是石棉瓦的1/3、彩钢瓦的1/2、黏土瓦的1/10。

（2）节能、隔声　玻璃钢瓦的热导率是0.325W/(m·K)，大约是12mm厚黏土瓦的1/3、石棉瓦的1/5、0.5mm厚彩钢瓦的1/2000。在不考虑加保温层的情况下，玻璃钢瓦的保温性能仍能达到最佳。通过音位测定试验表明，在遭受暴雨、冰雹、大风等外界影响时，玻璃钢瓦都能很好地吸收噪声。

（3）耐化学性好　玻璃钢瓦在经过表面处理后，具有非常好的耐蚀性，不会被雨雪侵蚀导致性能下降，可以长期抵御酸、碱、盐等各种化学物质腐蚀。浸泡盐、碱及60%以下各种酸实验24h无化学作用，因此更适用于盐雾腐蚀性强的沿海地区及空气污染严重地区。

（4）防水性好　玻璃钢瓦致密不吸水，不存在微孔渗水的问题，因此拥有卓越的自防水性能，可以省去防水层，从而降低建筑物造价。

（5）强度高　玻璃钢瓦自身具有非常好的抗荷载性能，在支撑间隔600mm情况下，加重150kg时，瓦没有裂纹，没有被破坏；1kg重的钢球自1.5m高度自由落在瓦面上也没有产生裂纹；低温下落球冲击10次无破坏；经过10个冻融循环，无空鼓、气泡、剥离、裂纹现象产生。

（6）绝缘性、耐火性好　经国家化学建筑材料测试中心检测，玻璃钢瓦的主体材料属难燃产品，防火性能达到B1级；且其另一个技术特性是不导电，遇到意外放电也会完好无损。

（7）自清洁　玻璃钢瓦的表面致密光滑，本身不易吸附灰尘，一经雨水冲刷便洁净如新，不会出现积垢后被雨水冲刷得斑斑驳驳的现象。

（8）安装方便　经试验，安装面积100m^{2}的屋面，黏土瓦需要约一个月，玻璃钢瓦只需要7～10d。

表 15-3　几种屋面瓦的性能对比

指标	黏土瓦	彩钢瓦	石棉瓦	玻璃钢瓦
密度/(kg/m^3)	2.6×10^3	7.8×10^3	2.0×10^3	1.8×10^3
耐候性	一般	较好	一般	好
外观	表面粗糙	色彩单一	造型简单	造型美观
强度	一般	好	较好	好
保温性	好	一般	一般	较好
安装时间	较慢	较快	较快	较快

玻璃钢瓦采用聚酯树脂和玻璃纤维为原料，经手工糊制、压制和连续生产等工艺制成。玻璃钢瓦的规格尺寸为：长度 1800mm，宽度 740mm，厚度 0.8～2.0mm。其重量轻，强度高，耐高温，耐腐蚀，耐冲击，透光率高，一般用于工业厂房的采光带、凉棚等。

夹层结构玻璃钢是制造大跨度屋盖的最佳材料之一。夹层结构玻璃钢具有轻质、高强、比强度和比刚度大的优良性能，用来制造高层建筑和大跨度建筑的屋盖是十分理想的。上海玻璃钢研究所研制的卡拉 OK 娱乐厅圆柱形玻璃钢屋盖以及商城旋转餐厅玻璃钢屋盖，均采用泡沫夹层，使建筑物自重大大减小，又能实现无梁无柱、美观大方。东方明珠电视塔进出塔大厅屋盖采用的是蜂窝夹层结构的双曲面玻璃钢拱顶，拱顶基圆直径为 60m，梁与梁之间的最大跨度为 15m，共计面积 2000m^2 以上。由于其刚度、强度大，便于上人装灯和维修，比常用的石膏板屋盖要优越得多。其双曲面屋盖上还可以任意开设灯孔和灯槽，确保使用和美观。高强度大型玻璃钢拱瓦的跨度可以达到 30m，这种拱瓦采用的是大波小波相间的结构。大跨度拱形玻璃钢轻质屋面，可以充分发挥玻璃钢易成型、轻质高强及透光性好的特点，是新材料、新结构在建筑工程中应用的典型实例。

普通玻璃钢材料的阻燃性都比较低，可以通过在玻璃钢配方中引入高填充的阻燃型复合填料体系、添加特殊的分散与降黏等工艺助剂，实现阻燃性能指标符合国际、国内建筑业的标准要求。阻燃剂按其在合成树脂中的形态，分为添加型和反应型两种。添加型是往树脂中添加适量有机和无机阻燃剂，使制品达到离火自熄的要求；反应型是选用难燃原料作为生成树脂的某一组分来达到阻燃的要求。以往多采用氯化树脂作为阻燃剂，但这种阻燃剂易受紫外线和潮气的影响而变黄、耐老化性差，且燃烧时放出有毒气体。现在以氢氧化铝、三氧化二锑等作为阻燃剂。

通过结构设计，可使得玻璃钢瓦具有保温性能。有一种玻璃钢复合拉挤瓦，由上表层、中间部分和下表层三部分构成。上表层为彩色面漆层，下表层为底漆层，中间部分由 2～10 层玻璃纤维纺织毡组成。该制品隔热效果好，同时耐腐蚀能力强、抗拉强度和抗冲击强度高。

为了使屋面既具有好的透光性能，又有一定的保温性能，设计了一种玻璃钢中空屋面板，由波纹面板、卡板、内面板等组成。波纹面板、卡板及内面板均采用透光型玻璃钢板制成，通过黏结连接成整体结构。

15.2.2　玻璃钢防水屋面

屋面防水是房屋建筑的重要一环，将玻璃钢用于屋面防水工程越来越受到重视。玻璃钢屋面防水材料的选择和施工工艺的确定对工程质量的优劣以及使用寿命有直接的影响。

玻璃钢防水屋面施工的主要材料分为 FRP 防水层用复合树脂、玻纤毡等玻璃纤维增强材料、表面涂层等装饰材料及固化剂等。FRP 防水层用复合树脂有防水专用聚酯树脂及适用于各种部位的防腐蚀用、水池用聚酯树脂。

玻璃钢防水屋面施工的主要材料分述如下。

1. 底层涂料

为了提高底层和 FRP 防水层的粘接性，根据底层种类、状态选择使用聚氨酯、聚酯树脂和环氧树脂类。

对于底层为混凝土构造的，为了提高粘接性，一般使用潮湿固化型-液性聚氨酯系涂料。该涂料具有向混凝土底层适度渗透性，同时使底层表面产生自疏水性，提高与防水用聚酯的亲和性。

对于木质、金属、塑料等的底层，可使用各种底层涂料。

2. FRP 防水用聚酯树脂

防水用聚酯树脂比一般 FRP 用聚酯树脂的伸长率高、柔性大、与混凝土底层的密接性好，发生龟裂时与底层的黏结性高。玻璃钢防水用聚酯树脂分为防水用、防腐蚀用、水池用聚酯树脂，这些都属于不饱和聚酯树脂。不饱和聚酯树脂固化方法分为加温固化和常温固化。尽管 FRP 防水施工可在 40℃ 以下的常温下固化，但需添加促进剂（钴系等）和固化剂。

一般 FRP 防水用聚酯树脂中事先已加入促进剂，只要在施工现场加入固化剂即可固化，且对应各种季节，选择不同黏度、不同固化类型固化剂。考虑防水用聚酯树脂施工现场的作业性（固化性、涂刷性、含浸脱泡性等），根据不同季节，其黏度、固化性也需调节，一般有冬用、春秋用、夏用 3 类。表 15-4 列出了防水用聚酯树脂性状示例。

表 15-4　防水用聚酯树脂性状示例

	冬用	春秋用	夏用
黏度（25℃）/（mPa·s）	300～500	400～500	500～600
胶凝时间（25℃）/min	10～20	20～40	30～40

3. 玻璃纤维增强材料

由于玻璃纤维与防水用聚酯树脂的粘接性好、强度高、弹性大，耐热性、耐磨性、耐老化性都比较好。故 FRP 防水用增强材料主要使用玻璃纤维，其中优先选择玻纤毡作为 FRP 防水层，如要求表面平滑性高时，还可以选择表面毡。用于 FRP 防水的玻纤毡，重量为 $380g/m^2$ 及 $450g/m^2$，根据规格不同分别使用。为减少玻纤毡的重叠部位差异，使用端部拉毛的玻纤毡较好。表面毡是用连续的玻璃纤维制作的薄片状基材，树脂含量多，可改善防水用玻纤毡的 FRP 内衬面的凹凸不平，使其变得平滑，一般使用单重 $30g/m^2$ 的表面毡。

4. 表层材料

表层材料是为了提高防水层的耐久性、耐候性、耐磨性、美观性，也可提高屋面、水槽、水池等的耐水性、耐蚀性。表面材料一般使用二液反应型的合成树脂涂料、不饱和树脂系的表面材料（胶衣）。

5. 固化剂

屋面防水用 FRP 使用过氧化物类固化剂，通常使用 55% 的过氧化甲乙酮（MEKPO）。一般而言，固化剂的加入量随施工现场的环境温度高低而不同。表 15-5 列出了温度、固化剂加入量与某防水用树脂胶凝时间的关系（春秋用），施工前一般应现场先进行小试确认。

表 15-5　温度、固化剂加入量与某防水用树脂胶凝时间的关系（春秋用）

温度/℃	固化剂加入量（%）			
	0.8	1.0	1.5	2.0
	胶凝时间/min			
15	90	60	45	35
20	60	40	30	25
25	35	25	20	15
30	25	20	14	9

玻璃钢防水屋面除了上述主要材料外，还需要一些辅助材料，如腻子、绝缘胶带、颜料糊等。腻子用于底层的倒角，差异修正，修补龟裂，一般使用聚酯树脂系产品，固化剂可使用防水用聚酯树脂相同的有机过氧化物类固化剂；绝缘胶带用于混凝土接缝处、墙缝、龟裂处等易发生移动的部分，使其底层和防水层部分绝缘，使防水层不受零张力影响；颜料糊用于防水聚酯树脂的着色剂，一般按 5% ~10% 比例调和使用。颜料糊应控制好添加量。

还有用高密度玻璃钢薄板作为防水片材，用于屋面防水。高密度玻璃钢薄板以其优良的防水特性和超长的使用寿命，为防水材料研究单位和生产厂家所重视。

根据防水性能和便于施工的要求，高密度玻璃钢薄板的尺寸标定为长 2000mm，宽 900mm，厚 0.9 ~ 1.5mm，或根据用户设计要求按协议尺寸生产，但最大尺寸（长 × 宽 × 厚），一般不超过 2400mm × 1500mm × 3mm。

高密度玻璃钢薄板屋面防水，采用冷黏法施工，通常做单层屋面防水或叠层屋面防水。采用黏结性和耐寒性能好的涂料，如 APT 水乳型改性聚氯乙烯防水涂料，以及其他冷胶黏剂作为黏结剂施工。图 15-2 所示为高密度玻璃钢薄板防水屋面示意图。

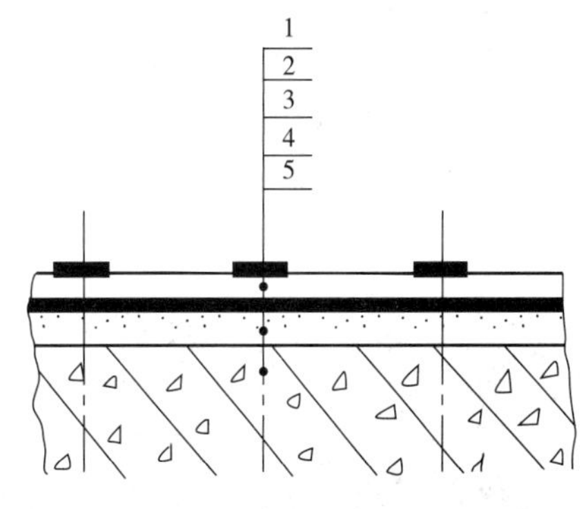

图 15-2　高密度玻璃钢薄板防水屋面示意图

1—对接接缝胶黏带　2—玻璃钢薄板

3—玻璃钢薄板与细石混凝土底面胶黏带

4—细石混凝土底面

5—屋面结构（找坡或平面）层

同时具有防水和保温性能的玻璃钢屋面，如图 15-3 所示。该屋面是一种多层结构，由聚氨酯发泡层、树脂水泥砂浆层和玻璃钢层组成，防水隔热保温屋面位于建筑屋面之上。该屋面中的聚氨酯发泡层热导率小，在夏季起到隔热作用，在冬季起到保温作用；树脂水泥砂浆层可提高屋面强度，保持聚氨酯发泡层的防水隔热和保温性能；玻璃钢层极大地提高了屋面的防水性能和强度，提高了屋面的寿命。

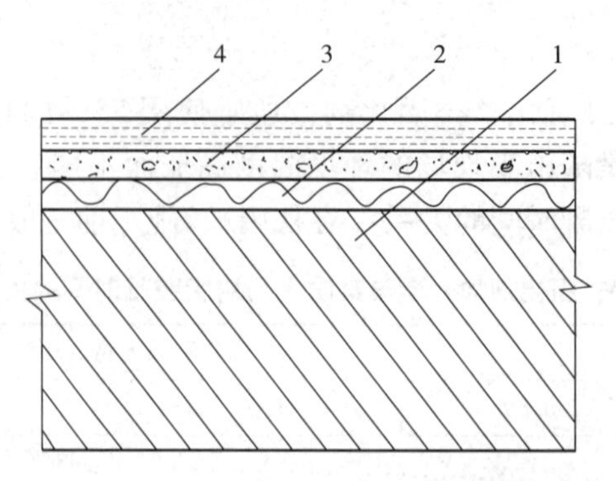

图 15-3　同时具有防水和保温性能的玻璃钢屋面

1—建筑屋面　2—聚氨酯发泡层

3—树脂水泥砂浆层　4—玻璃钢层

15.3　玻璃钢门窗

玻璃钢门窗是以玻璃纤维及其制品为增强材料，以不饱和聚酯树脂为基体材料，通过拉挤工艺生产出空腹型材，经过切割、组装、喷漆等工序制成门窗框，再装配上密封条及五金件制成的门窗。

玻璃钢门窗被国际称为继木、钢、铝、塑之后的第五代门窗产品。它既有铝合金的坚固，又有塑钢门窗的保温性、防腐性，更有它自身独特的特性，如多彩、美观、时尚，在阳光下照射无膨胀，在冬季寒冷条件下无收缩，无须金属加强，耐老化，可与建筑物同寿命（大约 50 年）。玻璃钢门窗独特的材料结构，使它具有一定的优良特性，被建筑业誉为 21 世纪绿色环保门窗产品。

玻璃钢门窗与传统木门窗、钢门窗相比有许多优点，如耐腐蚀、耐潮湿、维修方便等，尤其适用于有腐蚀介质的化工生产车间。玻璃钢门窗按结构形式可分为实心门窗、空腹门窗两种，生产方式为整体模塑或型材拼装。目前，我国主要采用型材拼装法生产空腹薄壁窗，但也在采用片状模塑料压制空腹薄壁窗，组件连接主要采用贴接法。图 15-4 所示为玻璃钢门窗示例。

图 15-4　玻璃钢门窗示例

玻璃钢门窗是采用中碱玻璃纤维无捻粗纱及其织物作为增强材料，采用不饱和树脂作为基体材料，经过特殊工艺将这两种材料复合，并添加其他矿物填料，再通过加热固化，拉挤成各种不同截面的空腹型材加工而成。玻璃钢型材的空腹腹腔内不用钢板作为内衬，不需要任何单体材料辅助增强，完全依靠自身结构支撑。由于以玻璃纤维及其织物作为增强材料，经树脂粘接后无毛丝裸露，经机械拉挤热固化成型，因此抗折、抗弯、抗变形能力强。

玻璃钢门窗具有如下特点。

1. 质轻高强

玻璃钢型材的密度为 1400 ~ 2200kg/m^3，约为钢材的 1/4 ~ 1/5，铝合金的 2/3，但强度却很高，其抗拉强度为 350 ~ 450MPa，弯曲强度在 300MPa 以上，弯曲弹性模量在 20GPa 以上，与普通碳钢相近，为铝合金的 2 ~ 3 倍，是塑钢型材的 8 倍左右。表 15-6 列出了几种门窗型材的物理性能比较。

表 15-6　几种门窗型材的物理性能比较

项目	玻璃钢	铝合金	PVC	钢
密度/(kg/m^3)	1700	2900	1500	7800
抗拉强度/MPa	388	150	50	420
比强度	228	52	33	54

2. 隔热保温性能好

玻璃钢型材热导率低，室温下为 0.3 ~ 0.4W/(m·K)，与塑钢型材相当，远远低于铝合金型材，只有金属的 1/100 ~ 1/1000，是优良的绝热材料。表 15-7 列出了几种门窗型材的导热性能比较。

表 15-7　几种门窗型材的导热性能比较

项目	玻璃钢	铝合金	PVC	钢
热导率/[W/(m·K)]	0.30	203.5	0.43	58.2

玻璃钢型材的热膨胀系数为 8×10^{-6}/℃，与墙材、玻璃的线膨胀系数相当，在冷热差变化较大的环境下，不易与建筑物及玻璃之间产生缝隙，更是提高了其密封性，加之玻璃钢型材为空腹结构，具有空气隔热层，所有的缝隙均有胶条、毛条密封，因此隔热保温效果显著。

冬季采用玻璃钢节能门窗的室内温度比采用普通节能门窗的室内温度要高 2 ~ 4℃；夏季采用玻璃钢节能门窗的室内温度比采用普通节能门窗的室内温度要低 1 ~ 3℃。据测算，与带有隔热桥的铝合金门窗相比，玻璃钢门窗的节能效果可提高 60% 以上。

寒冷地区建筑物上的金属窗框，因室内外温差特别大容易结露，这成为加速建筑物老化的原因之一。窗框改用绝热性良好的玻璃钢拉挤制品可解决这一问题。

3. 隔声性强

玻璃钢是由不饱和聚酯树脂与玻璃纤维组合而成的复合结构，这种结构的振动阻尼很高，对声音的阻隔可达到 26 ~ 30dB，尤其是配装了中空玻璃后，隔声量为 35 ~ 40dB 左右，隔声效果尤为明显。

4. 抗老化耐腐蚀

玻璃钢门窗对无机酸、盐、碱、大部分有机物、海水及潮湿环境都有较好的抵抗力，对于微生物也有抵抗作用，因此不仅适用于干燥地区，同样也适用于多雨、潮湿地区以及有腐蚀性介质的沿海地区和化工场所。在正常使用条件下，玻璃钢门窗寿命可达30~50年。

5. 健康、绿色环保

生产玻璃钢门窗型材的原料，均不含甲醛、氯、苯等有害物质，属于低毒、无毒材料。经高温固化后分子结构稳定，不会在外界条件作用下释放影响环境的物质和气体，经有关部门检测，符合国家强制性标准 GB 18584—2001《室内装饰装修材料 木家具中有害物质限量》和 GB 6566—2010《建筑材料放射性核素限量》规定的各项有害物质限量指标，甲醛释放量和可溶性铅、镉、铬、汞等项目均为标准限量的1/6~1/600，达到A类装修材料要求，符合绿色环保建材重点推广产品。

6. 尺寸稳定性好，不易变形

玻璃钢型材热变形温度为200℃，即使长时间处于烈日下也不会变形，其膨胀系数与建筑物和玻璃相当，在冷热温差变化较大的环境下，不易与建筑物及玻璃之间产生缝隙，可大大提高玻璃钢门窗的密封性能。尤其是弥补了塑钢门窗的低温冷脆的不足，在低温状态下，玻璃钢门窗也不会像塑料那样发脆，使用温度可达-60℃。保证了国内南方、北方不同地理环境温度下的正常使用，甚至在严寒的北极和南极地区也有极佳的使用效果。

在通常情况下，在-40℃~80℃下玻璃钢性能均十分稳定，可长期使用于温度变化较大的环境中。

7. 密封性能好

玻璃钢门窗在组装过程中，角部处理采用胶黏加螺接工艺，同时全部缝隙均采用橡胶条和毛条密封，加之特殊的型材结构，因此密封性能好。塑钢门窗的气密性与玻璃钢门窗相当，铝合金门窗则要差一些。在水密性方面，塑钢门窗由于材质强度和刚性低，水密性要比玻璃钢门窗和铝合金门窗低两个等级。

8. 装饰性好

玻璃钢门窗饰面颜色丰富，可制成材料型材的本色或进行内部着色，也可充分利用玻璃钢门窗型材硬度高，经砂光后表面光滑细腻易涂装的特点，采用耐老化的气干性聚酯胶衣或涂料喷涂，色彩丰富，附着力强，耐擦洗，不褪色，观感舒适，并且价格适中，适合中高档消费。

采用成熟的木纹工艺，使木纹纹理直接投入于型材表面0.7mm，效果逼真，长久保持，表面耐刮碰，不易受损伤。目前已有100多个品种。

采用自动化氟碳喷漆工艺，可根据楼体的主题色自主搭配，氟碳喷漆工艺将型材表面处理成上千种颜色，同时具有免维护、自清洁、优良的防腐蚀性能、超强耐候性、强附着性、高装饰性等特点。

9. 绝缘性能好

玻璃钢是良好的绝缘材料，其不受电磁波影响，不反射无线电波，透微波性好，能够承受高电压而不损坏。因此，玻璃钢门窗对野外临时建筑物及通信系统的建筑物具有特殊的用途。

10. 减震性能好

玻璃钢型材的弹性模量为 20900MPa，用它制成的门窗具有较高的减震频率，玻璃钢中树脂与纤维界面的结合，具有吸震和抗震能力，避免了结构件在工作状态下共振引起的早期破坏。

11. 加工灵活

由于玻璃钢设计、加工具有灵活性，所以门窗加工上也具有灵活性，可以方便制作出各种样式、各种色彩的门窗，也可随意拼接组合成各种型号尺寸的门窗。

表 15-8 和表 15-9 列出了铝合金、塑钢、玻璃钢型材及其门窗的性能比较。表 15-10 列出了玻璃钢型材与其他门窗框型材的传热系数比较。

表 15-8　铝合金、塑钢、玻璃钢型材的性能比较

型材	项目		
	铝合金型材	塑钢型材	玻璃钢型材
材质及成型工艺	6063-T5 高温（500°C）挤压成型后快速冷却及人工时效，再经阳极氧化、电泳涂漆、喷涂等表面处理	硬聚氯乙烯热塑性塑料以 PVC 树脂为主要原料与其他 15 种助剂和填料混合（185℃）经挤出机挤出成型	玻璃纤维增强塑料（FRP）是玻璃纤维浸透树脂后在牵引机牵引下通过加热模具高温固化成型
密度	2.7g/cm^3	1.4g/cm^3	1.9g/cm^3
抗拉强度	≥1.57MPa	≥0.5MPa	≥4.2MPa
屈服强度	≥1.08MPa	≥0.37MPa	≥2.21MPa
热膨胀系数	21×10^{-6}/℃	85×10^{-6}/℃	8×10^{-6}/℃
热导率	203.5W/(m·K)	0.43W/(m·K)	0.3W/(m·K)
抗老化性	优	良	优
耐热性	不变软	维卡软化温度≥83℃	不变软
耐冷性	无低温脆性	脆化温度 -40℃	无低温脆性
吸水性	不吸水	0.8%（100℃，24h）	不吸水
导电性	良导性	电绝缘体	电绝缘体
燃烧性	不燃	可燃	难燃
耐蚀性	耐大气腐蚀性好，但应避免直接与某些其他金属接触时的电化学腐蚀	耐潮湿、盐雾、酸雨，但应避免与发烟硫酸、硝酸、丙酮、二氯乙烷、四氯化碳及甲苯等直接接触	耐潮湿、盐雾、酸雨

表 15-9　铝合金门窗、塑钢门窗、玻璃钢门窗的性能比较

项目	铝合金门窗	塑钢门窗	玻璃钢门窗
抗风压	2500～3500Pa，Ⅱ～Ⅰ级	1500～2500Pa，Ⅴ～Ⅱ级	3500Pa，Ⅰ级
水密性	150～350Pa，Ⅳ～Ⅱ级	50～150Pa，Ⅴ～Ⅳ级	150～350Pa，Ⅳ～Ⅱ级
气密性	Ⅲ级	Ⅰ级	Ⅰ级
隔声性	良	优	优

（续）

项目	铝合金门窗	塑钢门窗	玻璃钢门窗
使用寿命	20年	15年	30年
防火性	防火性能好	防火性能差，燃烧后放氯（毒）气	防火性能好
装饰性	多种质感，色彩装饰性好	单一白色，装饰性较差	多种质感，色彩装饰性好
耐久性	无机材料，高度稳定不老化	有机分子材料，会老化	复合材料，高度稳定不老化
稳定性	尺寸稳定性好	易变形，尺寸稳定性差	尺寸稳定性好
保温效果	差	好	好

表15-10　玻璃钢型材与其他门窗框型材的传热系数比较

门窗框型材及代号		传热系数 $K/[W/(m^2 \cdot K)]$
普通铝合金（AL）		6.06
断桥铝合金型材（ALb）	三腔	3.98
塑钢型材（PVC）	三腔	2.18
	六腔	1.61
玻璃钢型材（FG）	两腔	2.22
	三腔	1.94
木材（W）		2.37
金属和木材复合（SW）		2.50

玻璃钢门窗也还存在一些不足，如玻璃钢门窗在安装过程中防护要求高，其最大的缺点就是硬脆性较大，如果在安装时碰撞造成了破损就很难修补；相比塑钢门窗，玻璃钢门窗的成本偏高。

15.4　玻璃钢墙板

玻璃钢预制轻质墙板主要用作非承重的围护墙板和隔墙板。作为围护墙板，主要抵御风沙、雨雪、阳光、冷空气、声音的侵袭和骚扰以及构件的意外撞击；作为隔墙板，具有一定的隔声、隔热、耐水和装饰性能。使用要求不同，其结构形式和材料组成也不同。例如：要求优良防火性能时，可与无机材料或金属材料复合；而要求优良隔热性能时，可与泡沫塑料复合。

图15-5所示为一种玻璃钢复合保温墙板，采用玻璃钢做板体，包覆玻璃纤维布和保温板，同时还设有加强筋，墙板两侧面还设置有组装配合凸块和凹槽。该玻璃钢复合保温墙板可用于建造民房、厂房或楼房，保温性能好、节能、低碳、防火、防腐、无毒、环保，重量仅为砖混结构的三分之一，安装方便，施工周期短，建筑费用低，牢固性好，使用寿命长，可以根据房屋墙面需要，制成不同规格尺寸。

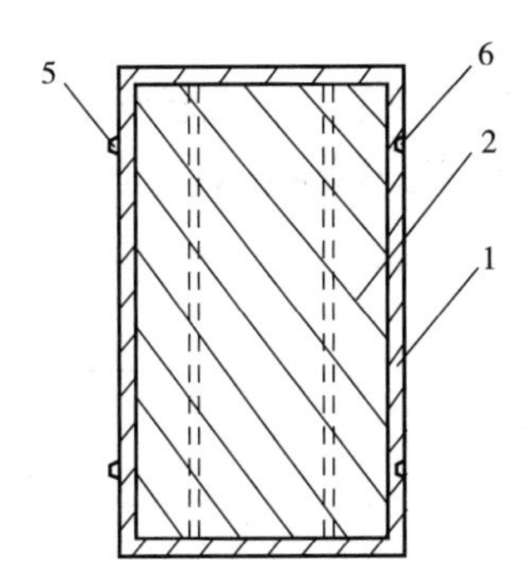

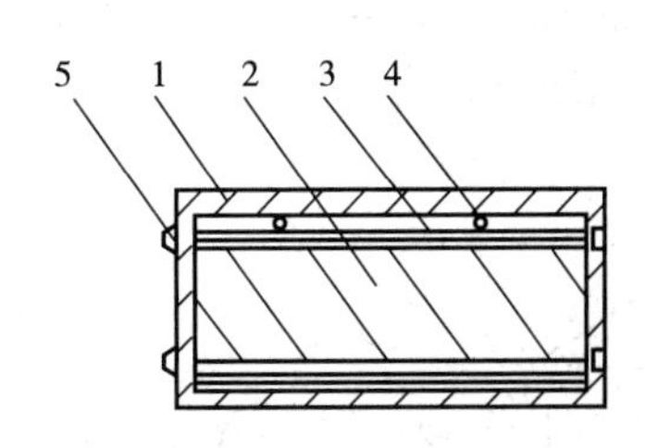

图 15-5　一种玻璃钢复合保温墙板

1—玻璃钢板体　2—保温板　3—玻璃纤维布　4—加强筋　5—凸块　6—凹槽

图 15-6 所示为一种玻璃钢保温墙板，是由厚度为 3 ~ 15mm 的玻璃钢材料和岩棉等保温材料结合而成，墙板的外壳是由矩形板状的玻璃钢材料制成，墙板外壳的内部填充有岩棉等保温材料，墙板的厚度为 100 ~ 200mm，墙板的边缘有凹槽。安装时，首先将预制好的边框型材连接在建筑物的框架上，然后将玻璃钢墙板与边框型材进行连接。连接方法是将玻璃钢墙板边缘的凹槽与边框型材进行吻合镶嵌，然后用螺栓紧固即可。

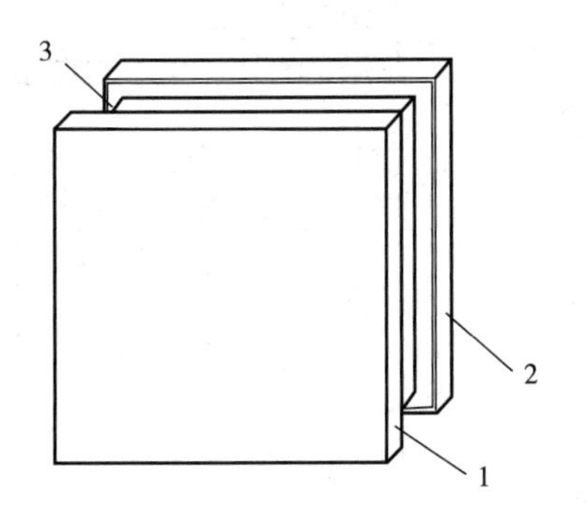

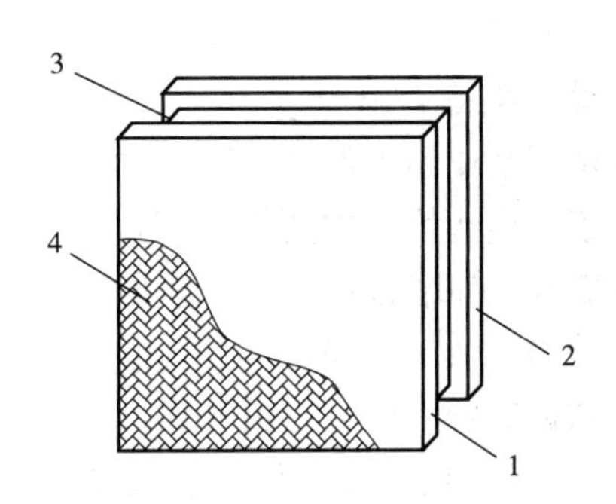

图 15-6　一种玻璃钢保温墙板

1—墙板外侧　2—墙板内侧　3—凹槽　4—保温材料

图 15-7 所示为一种高强玻璃钢墙板，是在玻璃钢板的一侧粘贴了一层钢丝网。玻璃钢层与钢丝网层通过环氧树脂粘接。这种墙板的特点是增加了墙板的抗撞击、抗磨损能力，尤其适合野外或恶劣环境中使用。

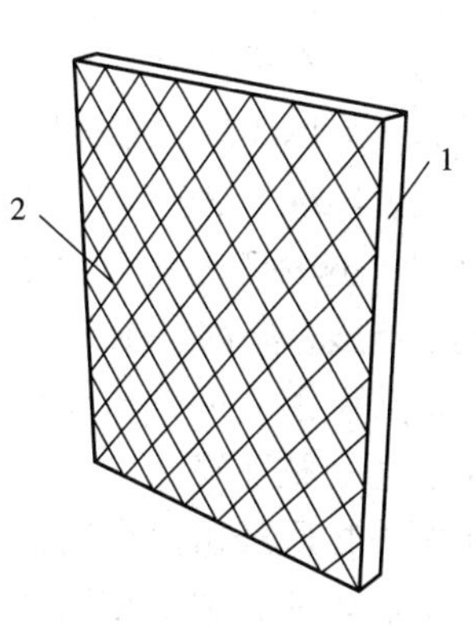

图 15-7　一种高强玻璃钢墙板

1—内层：玻璃钢层

2—外层：钢丝网层

图 15-8 所示为一种可以收集雨水的玻璃钢墙板，包括导水板、墙板、导水管。导水板与墙板形成一个导水槽将墙面的积水导向导水管的入水口，通过导水管将水输送至建筑物内，供人们使用。由于每一块墙面板材都带有导水管，所以雨水收集面广，通常该墙面板材都安装在高层建筑上，受雨面也比较大，高层的墙面收集的水可以直接供高层的人使用，不需要再用水泵等设备向高层输送，并且该墙面板材的导水板相互形成的夹角可以加快收集雨水的速度，有风时也不会影响雨水的收集。不仅如此，该墙面板材的导水板相互形成的夹角在有风时，可

以形成风道，通过风的乱流自动清洁墙面。

这种玻璃钢墙板不仅具有耐腐蚀的作用，还能收集雨水；墙面板材的导水板相互形成的夹角能利用风能清洁自身；墙板背面设置的若干凹槽有效增大与黏合剂或水泥的接触面积，从而加固与墙体的结合。

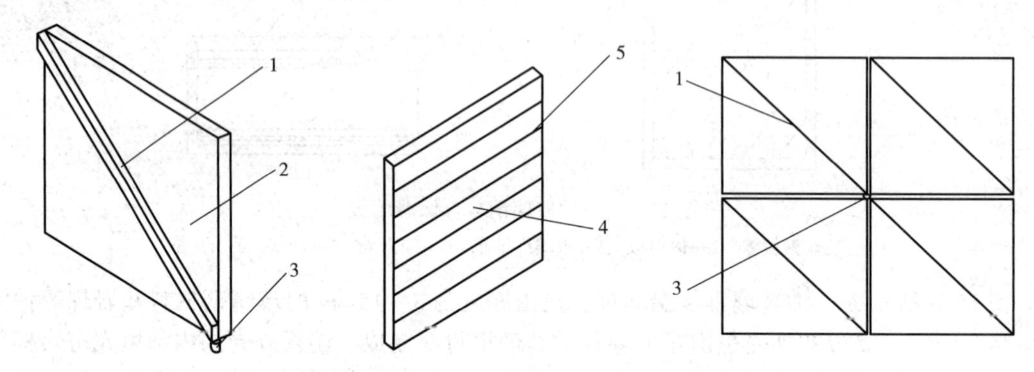

图 15-8　一种可以收集雨水的玻璃钢墙板

1—导水板　2—墙板　3—导水管　4—背面　5—凹槽

图 15-9 所示为一种竹/玻璃钢复合材料墙板，是以竹子为主要原料，作为结构的主要承力构件，外覆或缠绕纤维增强复合材料，中间填充填料复合而成。该材料结构可制成各种形式和形状的承力杆件和面板结构，用于轻型建筑结构所用的杆件和墙板，以及高层建筑隔墙等。该墙板可应用于各种轻型建筑、大型建筑屋顶结构、活动房屋、高层建筑隔墙、高柔性抗震建筑结构、船舶、桥梁、粮仓等。

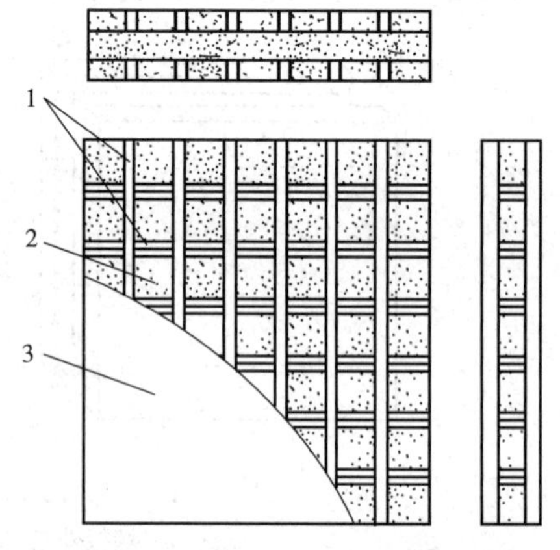

图 15-9　一种竹/玻璃钢复合材料墙板

1—竹排　2—轻型填充材料　3—玻璃钢外壳

还有一种稻草板/玻璃钢复合墙板，用于建造皮带通廊。传统的纸面稻草板由于纸面易于吸水、吸潮，可引起稻草板破损、腐蚀等一系列问题，所以不能外露。为了充分发挥纸面稻草板的优点和解决其存在问题，在稻草板上下两面和四个侧面均包 2 层玻璃丝布，涂以 3 层阻燃树脂，制成阻燃树脂玻璃钢面稻草板。经现场试验，受到火烧时不微燃、难碳化，当火源移走后立即停止碳化，耐火极限超过 1h。这种阻燃树脂玻璃钢面稻草板的保温、防水、防潮、防大气腐蚀性能好；自重轻，利于抗震；坚固、耐久、美观，具有良好的技术经济指标。

玻璃钢还可以与混凝土复合形成装饰墙体，如图 15-10 所示。表面层是为了使玻璃钢层表面平整而喷涂的一薄层树脂，防反向渗透层则是为防止空气、土壤中的水分及气液相腐蚀物质经由聚合物混凝土层向玻璃钢层渗透而铺设的油毡等物。聚合物混凝土层是整个墙体的骨架。该墙体试样经受了 4 年户外自然老化试验，强度不仅没有下降，反而略有上升。

英国 Gaswall Systems 公司专门研究玻璃钢壁面。玻璃钢壁面是瓷砖或类似墙覆盖物的替换物。使用玻璃钢壁面比用瓷砖便宜，而且既美观又卫生。玻璃钢可以覆盖多孔的、不均匀的或异型的墙壁表面，而且它可以直接粘结到任何坚固的墙壁上，无论是石头、混凝土、木头、钢铁、砖，甚至这些材料的混合物都可以用玻璃钢包覆面层。在新的建筑物上不用粉刷涂层，可以直接粘结玻璃钢壁面。由于玻璃钢壁面没有易藏菌和纳垢的接合处，因此用于牛奶场、厨房、食品加工厂和屠宰场是非常受欢迎的，并且玻璃钢的颜色是加入到树脂系统里的，所以墙壁脏了可以直接擦净或用水龙带冲洗干净都不会使墙壁掉色，能永保壁面的清洁和美观。如果玻璃钢壁面用不带颜色的树脂，那么加工出的制品是光滑、半透明的。另外玻璃钢具有耐蚀和固有的防水性能，因此玻璃钢特别适合用作地下室墙壁面。它不会被水渗透，也不会霉坏，减少了维修，所以在英国维多利亚旅社地下室处处都会看到玻璃钢墙壁。由于玻璃钢具有很多优点，而且使用玻璃钢壁面可以使环境清洁，保持无菌，因此医院、实验室、炼油厂和其他制造工业都可以使用玻璃钢壁面。

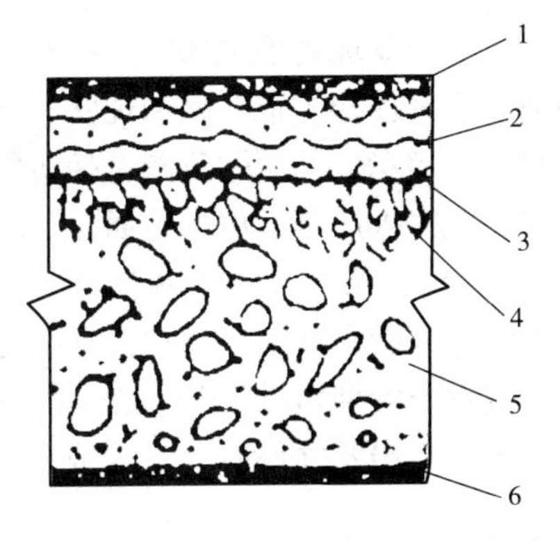

图 15-10　聚合物混凝土/玻璃钢复合结构墙体示意图

1—表面层　2—玻璃钢层　3—界面层　4—树脂渗透层　5—聚合物混凝土层　6—防反向渗透层

15.5　玻璃钢地面

玻璃钢地面可以采用板材铺成，也可现场施工制得。板材有单层平板、夹层板以及与其他材料复合的板材。现场施工时，因选用的原材料不同，可制得不同功能的地面。在工业建筑中用以做防腐处理，除地面外，还有沟道、设备基础、墙裙、踢脚线、水池等，其整体耐蚀性优良。

玻璃钢地面是以玻璃纤维毡或布和合成树脂为原料制成。可采用手糊法现场整体成型或用增强塑料板拼铺而成，其构造如图 15-11 所示。其性能和厚度可按使用要求进行设计，常用不饱和聚酯树脂和环氧树脂，具有防水、无尘、绝缘及防腐蚀等特点，一般用于工业建筑的防腐蚀地面或电绝缘地面等。图 15-12 所示为实际的环氧树脂地面，表面亮丽，美观大方。

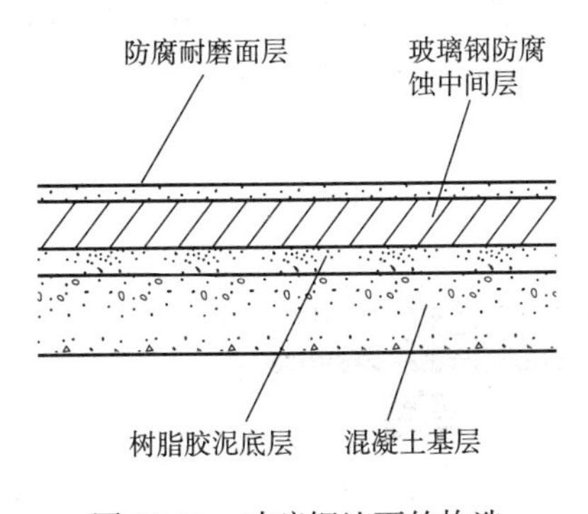

图 15-11　玻璃钢地面的构造

图 15-12　实际的环氧树脂地面

由于环氧玻璃钢地面中含有玻璃纤维，所以具有抗张性强、抗龟裂、防漏水、抗撞击、增强涂膜韧性、防霉、耐蚀性强、无臭、安全的特点。表面有自流平镘面、滚面、亮光型、止滑型等形态。其适用范围包括防龟裂地面；制药厂、发电厂、有色金属厂、食品厂、电镀车间、线路板厂等厂房的地面。

图 15-13 所示为耐酸碱玻璃钢地面构造示意图。该使用环境要求所选的树脂必须要耐酸碱腐蚀，并能在常温下固化，且固化收缩率要低。经分析对比，选用的树脂为 6101 环氧树脂，玻璃纤维增强材料为 0.2mm 中碱平纹脱蜡布和 0.4mm 中碱方格布（经处理剂处理），填料为铸石粉及立德粉（主要成分为硫酸钡和硫化锌）。

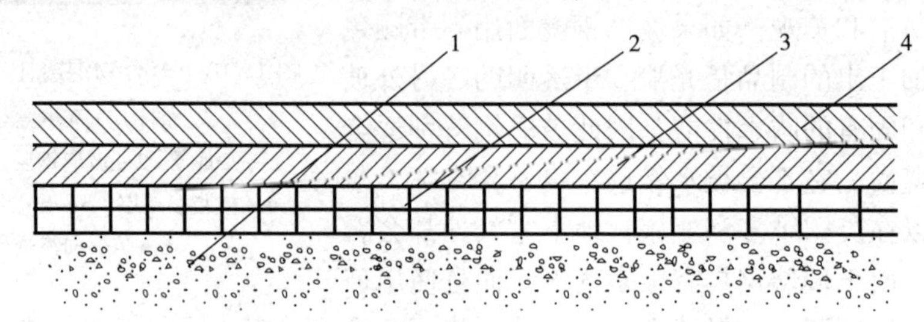

图 15-13　耐酸碱玻璃钢地面构造示意图

1—水泥混凝土　2—树脂底漆　3—防酸中间过渡层　4—防腐耐磨表面层

为解决电镀车间地面防腐问题，天津电镀厂采用了耐酸、耐碱、耐热性优良的双酚 A 型 3301 不饱和聚酯作为粘结剂材料，研究出酸泥砌砖（或花岗岩石材）的防腐应用技术，砖下有玻璃钢作为隔离层。该地面经电镀车间十年实际应用，完好无损，十年没有进行过维修，成功地解决了电镀车间地面防腐技术难题。

某热电厂卸盐酸平台地面采用了环氧砂浆、YJ 呋喃玻璃钢、YJ 呋喃砂浆、花岗岩对地面进行防腐蚀处理。其工艺是将素土夯实兼找坡；C15 混凝土垫层 120mm 厚；1∶2 环氧砂浆找平层 20mm 厚；YJ 呋喃玻璃钢二布三油隔离层；YJ 呋喃砂浆结合层 10mm 厚；花岗岩块材 100mm 厚；YJ 呋喃胶泥灌缝，缝宽 10 ~ 15mm。环氧砂浆与混凝土有很强的粘接强度，另一面 YJ 呋喃树脂固化剂呈酸性，与混凝土反应使粘接强度下降，所以采用环氧砂浆找平层作为过渡层。采用 YJ 呋喃玻璃钢二布三油主要起到隔离作用，是防渗层。

某生产新型半导体显示器件、模组及相关产品电子厂房，占地面积约 3.9 万 m^2，建筑面积约 15.7 万 m^2，对防尘有很高的要求。其地面混凝土结构面上全部采用环氧树脂涂料施工，根据作用及工艺不同分为无溶剂环氧涂层地面、防静电环氧涂层地面、环氧自流平地面及环氧树脂玻璃钢地面，其施工剖面图如图 15-14 所示。

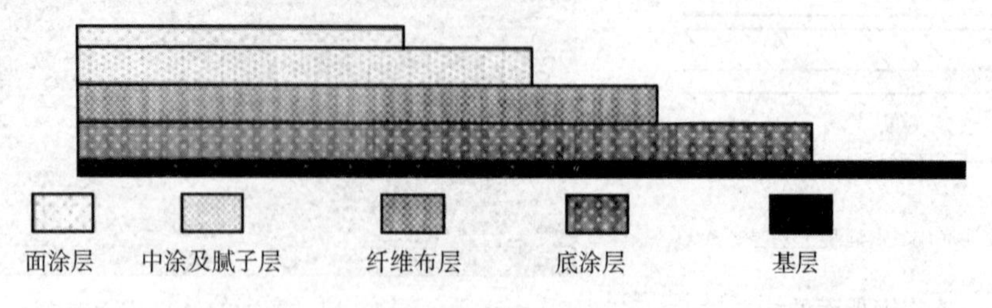

图 15-14　防尘玻璃钢地面施工剖面图

玻璃钢地面的施工难点是：①环氧树脂玻璃钢地面需要渗透入地面内，对基层处理要求高；②厂房空间很大，地面观感色泽难以保持一致；③环氧树脂玻璃钢地面在涂布过程中易产生气泡，引起空鼓，从而影响地面质量。这些都是在施工中应该注意的问题。

除上述玻璃钢地面外，还有玻璃钢仿大理石地面、玻璃钢地暖地板、防滑玻璃钢格栅等地面材料。

玻璃钢仿大理石地面的制作方法是：将水泥砂浆地面进行清洗，去除油污，铲高补低，使地面平整，在上刮胶泥，刮胶泥后待干燥，用砂布或砂纸磨平后在其上涂刷市场销售的 910 建筑胶，并在上面铺设第一层无纺布，在无纺布上刮涂第一道玻璃钢材料，然后铺设第二层无纺布，并待其固化；在第二层无纺布上刮涂第二道玻璃钢材料，然后待其固化，在第二道玻璃钢材料固化层上喷涂彩色美术图案，待其干燥即成为玻璃钢仿大理石地面。

图 15-15 所示为一种玻璃钢地暖地板，其由玻璃钢材料制成的 A 型板块和 B 型板块组合而成，在 A 型板块和 B 型板块的左端分别设置有卡榫和通孔，A 型板块和 B 型板块的右端分别设置有卡槽，在 A 型板块和 B 型板块的中部分别设置有燕尾槽，在 B 型板块的前端设置有燕尾榫。该地板导热性好，散热快，不仅可以达到节能的目的，而且由于不需要在地面上另外铺装发热材料，也不需要在地面上覆盖较厚的水泥层，可节约大量的人力，降低安装成本。当地暖发热材料损坏时，由于该地板拆卸方便，容易进行更换和维修。

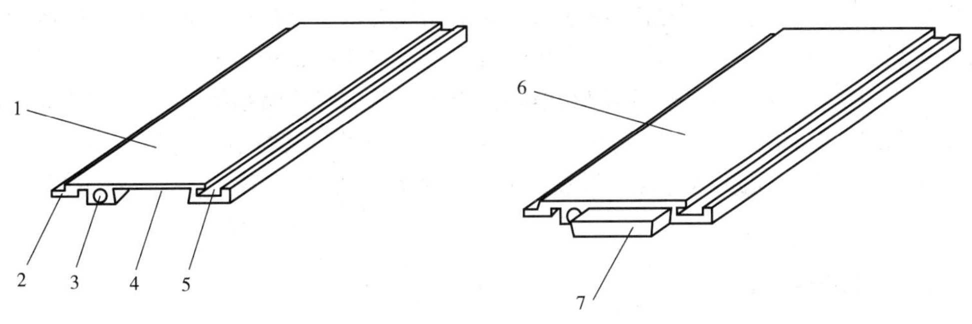

图 15-15　一种玻璃钢地暖地板

1—A 型板块　2—卡榫　3—通孔　4—燕尾槽　5—卡槽　6—B 型板块　7—燕尾榫

玻璃钢格栅是 20 世纪 90 年代引入我国的一种地面新材料，是用模具制成的玻璃纤维格栅。其突出特性是防滑，可用于桥梁走道、人行天桥、作业船平台和污水处理、食品加工、制药等行业的工作平台、设备平台以及楼梯踏板等场所。玻璃钢格栅具有许多优越的性能，包括安全性、高强度及良好的耐蚀性，增加了人身安全的可靠性；既有金属格栅的优良特性，又避免了金属格栅的一些缺点；不导电、不导磁，具有良好的绝缘和绝热性能；外观美，模塑表面光滑，容易清洁；维护费用低，无须油漆，减少清洗费用；经济性好，降低组合安装及支承结构的制作费用，节约投资；安装方便，仅为钢质格栅的 1/4 重量，使用普通手用工具即能方便地切割等。

图 15-16 所示为一种防滑玻璃钢地面，由玻璃钢格栅和若干支撑托安装在一起构成。该产品具有寿命长、防滑性能优良、隔水、安装简便、易清理等特点，应用于各种湿滑地面，如厨房、水切割、水产、浴场、淋浴房等水和污渍较多，易出现地面湿滑问题的场所，可有

效解决地面的防滑安全问题。

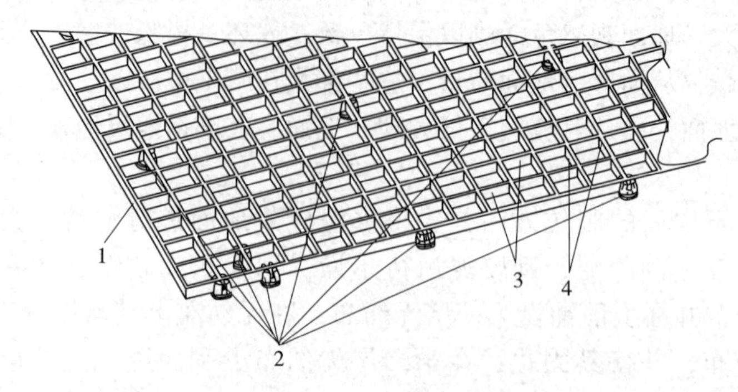

图 15-16　一种防滑玻璃钢地面

1—玻璃钢格栅　2—支撑托　3—横支撑杆　4—纵支撑杆

15.6　玻璃钢卫生洁具

玻璃钢卫生洁具因其轻质高强、耐水和耐化学腐蚀性能优良、造型美观、色泽绚丽多彩而获得迅速发展。按其使用特性可分为浴盆（浴缸）、淋浴器、洗面具、盥洗池、化妆台、便器等；按其组成则可分为单件卫生洁具、组合卫生洁具、半围护卫生间、整体卫生间等。其中浴缸又可分为全玻璃钢浴缸、甲基丙烯酸甲酯玻璃钢复合浴缸、玻璃钢水泥钢丝网结构浴缸等。目前，日本使用玻璃钢卫生洁具已占建筑用玻璃钢总量的 80%。

玻璃钢卫生洁具是用热固性不饱和聚酯树脂或环氧树脂等为粘接材料，以玻璃纤维及织物为增强材料，采用手糊、喷射成型和模压成型而制成的。其特点是造型雅致、体感舒适、色泽鲜艳、强度高、质量小、耐水耐热、耐化学腐蚀、经久耐用、安装运输方便、维修简单等。

15.6.1　玻璃钢浴缸

一般来说，使用玻璃纤维复合材料（FRP）制成的浴缸，都可以称为玻璃钢浴缸。玻璃钢浴缸有保温性好、舒适（比陶瓷的导热性低，不发凉）、拆装简易、重量轻、寿命长等优点，一般使用寿命可达到 50 年左右。在美国现代家居卫生间中，玻璃钢浴缸的采用最为广泛。

玻璃钢浴缸分为胶衣型浴缸和亚克力浴缸两类。胶衣型浴缸即表面为胶衣树脂的玻璃纤维增强塑料浴缸；亚克力浴缸即表面为亚克力板材的玻璃纤维增强塑料浴缸。

玻璃钢浴缸使用的增强材料包括玻璃纤维短切原丝毡和连续原丝毡、玻璃纤维无捻粗纱、玻璃纤维无捻粗纱布等。

玻璃钢的成型工艺已从最初的手糊工艺发展至真空吸塑、喷射等。

对玻璃钢浴缸的质量要求包括外观、长度偏差、耐日用化学品性、耐污染性、巴柯尔硬度、吸水率、耐荷重性、耐冲击性、耐热水性、满水变形和排水性能等。玻璃钢浴缸与其他常用浴缸的性能比较见表 15-11。从表 15-11 可见，玻璃钢浴缸的综合性能可以做到最好。

表 15-11　玻璃钢浴缸与其他常用浴缸的性能比较

性能	不同浴缸的主要材质					
	玻璃钢	搪瓷	不锈钢	聚丙烯	木头	陶瓷
耐久性	5	5	5	4	3	4
卫生性	5	5	5	5	4	5
皮肤感	5	4	3	5	5	3
保湿性	5	4	3	5	5	4
不吸水性	5	5	5	5	3	5
维护性	5	5	5	5	3	3
耐热性	4	5	5	3	4	5
耐冲击性	5	4	5	4	4	2
耐蚀性	5	5	5	5	3	5
易施工性	5	5	5	5	3	2
美观性	5	5	4	4	3	4

注：5 代表满分。

以亚克力为面材，由玻璃钢为增强层材料的亚克力浴缸，同时具备了两者的优势，使亚克力/玻璃钢（PMMA/FRP）复合浴缸具有如下的特点。

1）单位质量小，相同尺寸的浴缸仅相当于纯玻璃钢材料浴缸质量的 2/3，不足搪瓷材料浴缸质量的 1/3。

2）色调丰富多彩，不易褪色。

3）形式多样，造型随意，PMMA/FRP 的工艺性决定了其外形设计豪华、美观的优势。

4）热导率低，热性能突出，具有良好的保温效果。

5）表面硬度高达 M-102，是最硬的热塑性材料之一，相当于铝材的表面硬度。

6）电绝缘性能突出，特别适合于光照、通电条件下使用。

7）较高的拉伸及弯曲性能，保证产品轻质高强，不易变形，便于安装。

8）抗冲击能力强，完全满足使用要求和一般的外部冲击。

9）耐化学及污染性较好，尤其对日用清洁剂、洗涤剂和化妆物品具有优良的耐受性。

10）成型温度低，易于加工，操作简便，防滑效果好。

11）真空吸塑，表面粗糙度低，肤感温暖，手感细腻平滑。

12）壳体热压整体成型，不渗漏，易清洁。

13）可修复性好，持久耐用，长时间使用后用专门清洁剂擦拭表面，恢复如新。

图 15-17 所示为一种亚克力浴缸。

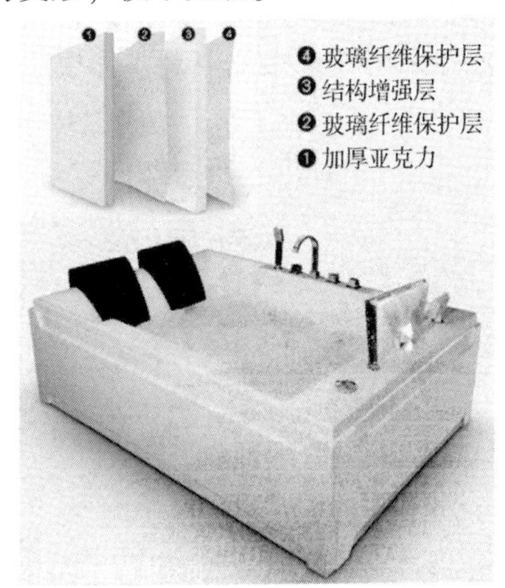

图 15-17　亚克力浴缸

对于玻璃钢浴缸的使用，要注意做好防护，一般包括以下几点。

1）浴前先放冷水。

2）用后立即清洗，不要用砂粒质的或磨损性的清洗剂。

3）不要用含有损于浴缸的有机溶剂的洗涤剂。

4）不要接触明火或钝器。

5）可以用适当抛光剂除去轻微划痕。

15.6.2 整体淋浴房

整体淋浴房是一种将喷淋装置、淋浴屏、淋浴房体、顶盖以及底盆连接为一体的洗浴空间，在这个单独的空间内完成淋浴的需求。淋浴房的基本构造是底盘加围栏，如图 15-18 所示。

图 15-18 整体淋浴房

淋浴房底盘种类比较多，按材质主要有大理石、人造石、陶瓷、亚克力、玻璃钢等；按形状有方形、圆形、多角形等。玻璃钢淋浴房底盘是一种新型的淋浴房底盘。玻璃钢淋浴房底盘采用 SMC 复合材料整体模压成型技术生产。图 15-19 所示为两种玻璃钢淋浴房底盘。

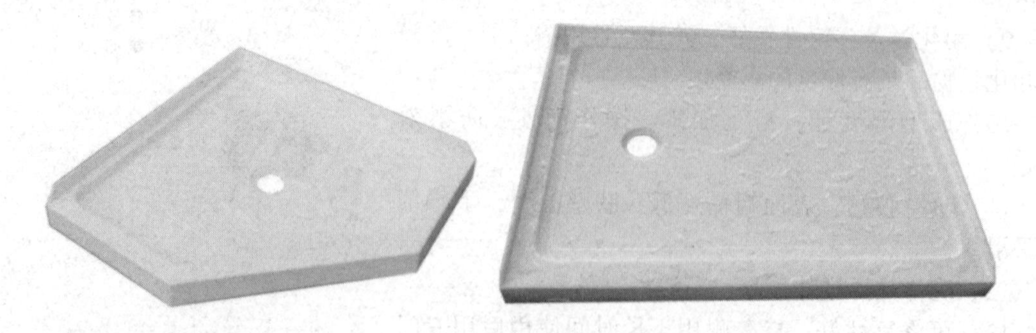

图 15-19 两种玻璃钢淋浴房底盘

玻璃钢淋浴房底盘有如下性能特点。

1）表面光洁、致密、肤感亲切、易清洁。

2）保温隔热、防水防潮。

3）质地强、抗冲击、耐高温、抗老化、不吸潮。

4）环保性能安全、无污染、无辐射。

5）长时间暴露在湿热环境下也不会变色变形。

整体淋浴房的底盘和围栏均由玻璃钢制作，图 15-20 所示为一种玻璃钢整体式淋浴房。它是由第一侧板 1、第二侧板 2、背板 3、底盘 4 整体成型的玻璃钢制品。其特点是侧板、背板及底盘之间都是无缝连接，侧板和背板顶部都设置翻边，便于与其他部件连接。

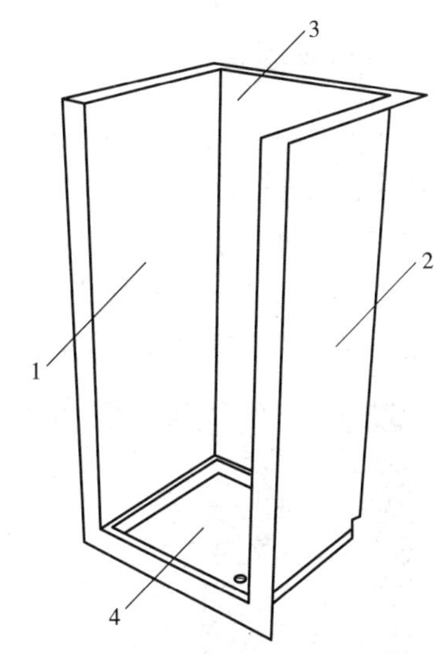

图 15-20　一种玻璃钢整体式淋浴房
1—第一侧板　2—第二侧板　3—背板　4—底盘

15.6.3　洗面盆

洗面盆、洗漱台等均可由玻璃钢制作。图 15-21 所示为几种不同形状的玻璃钢洗面盆。

图 15-21　几种不同形状的玻璃钢洗面盆

图 15-22 所示为一种玻璃钢连体洗面盆，由外壳、置物台、洗面盆、水龙头安装口、手纸盒、废纸篓和废纸篓盒盖等部分组成。外壳上部设置物台、洗面盆和水龙头安装口，外壳侧面设手纸盒和废纸篓。这种连体洗面盆采用高强玻璃钢材料，表面低粗糙度工艺处理，整体组合式安装工艺，嵌入式连接结构，安装简单，使用方便，外形美观，结构牢固，抗冲击强度高，人为不易损坏，维修更换方便，适用于公共卫生间。

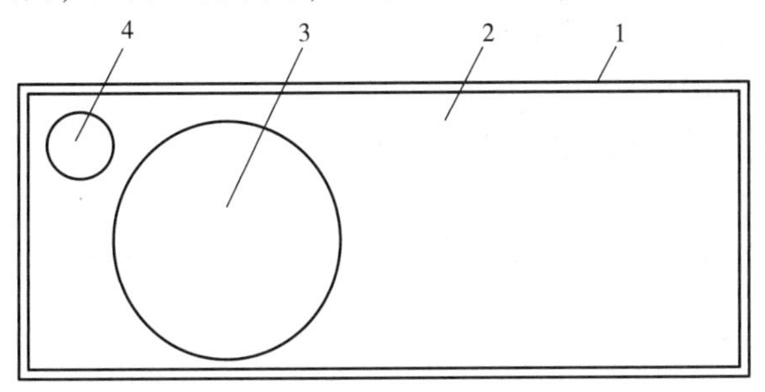

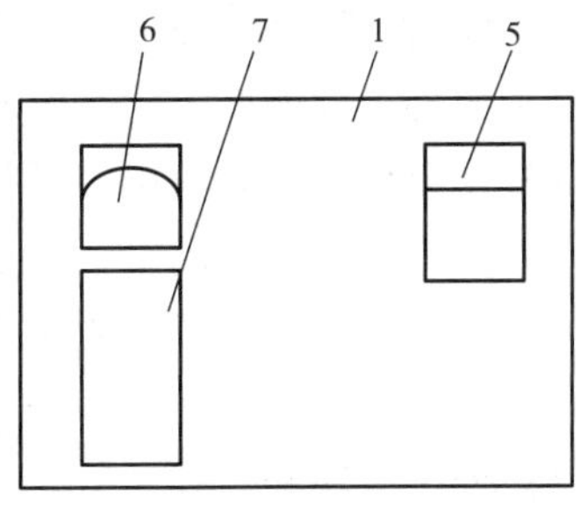

图 15-22　一种玻璃钢连体洗面盆
1—外壳　2—置物台　3—洗面盆　4—水龙头安装口　5—手纸盒
6—废纸篓　7—废纸篓盒盖

15.6.4 蹲/坐便器

以玻璃钢为材质制造的蹲便器和坐便器，价格比较便宜，适合大众需求。经过不断改进，产品向着节水、时尚化、多功能等方向发展。

玻璃钢蹲便器是由玻璃钢材质通过模压工艺制作而成的，如图 15-23 所示。玻璃钢蹲便器是目前非常流行的农村厕改设备，充分发挥了玻璃钢材质耐酸碱腐蚀、抗压、抗冲击、环境适应能力强、使用寿命长的优点，可正常使用长达几十年以上。

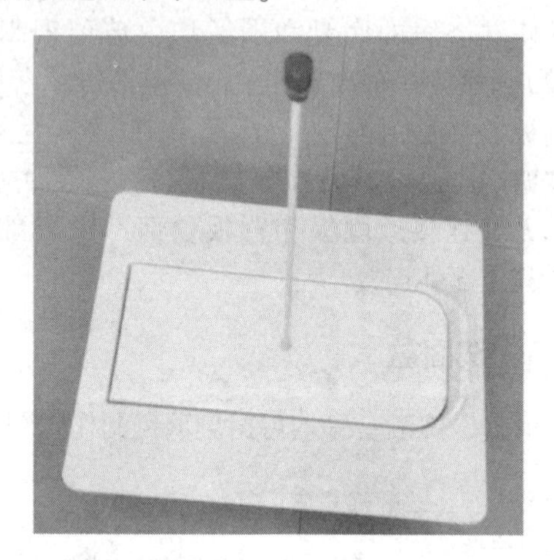

图 15-23 玻璃钢蹲便器

玻璃钢坐便器是以热固性不饱和聚酯树脂或环氧树脂等为粘接材料，以玻璃纤维及织物为增强材料，采用手糊、喷射成型和模压成型而制成的。玻璃钢坐便器品种齐全，形式多样，按类型分为挂箱式、坐箱式、连体式、冲洗阀式；按结构分为冲落式、虹吸式、喷射虹吸式、旋涡虹吸式；按安装方式分为落地式、壁挂式；按排污方向分为下排式、后排式、下排/后排式；按用水量分为普通型、节水型；按用途分为成人型、幼儿型、残疾人/老年人专用型。

与传统的陶瓷坐便器相比，玻璃钢坐便器具有以下特点。

1）成型过程不需要高温煅烧，生产能耗低，成品率高。

2）与相当强度的陶瓷比较，玻璃钢壁较薄，可以制成内径较大的冲水管道和虹吸管道，管道内表面光滑，使得冲水更加流畅，不易出现堵塞现象。

3）抗冲击性能好，耐化学腐蚀，经久耐用。

4）易改变形状和色调，可制作造型雅致、色泽鲜艳的坐便器。

5）既具有陶瓷的质感，又重量轻。

6）便池本体、水箱、冲水管道及虹吸管道可通过连接组装，方便拆卸、清洗，维修简单。

7）便于运输和安装。

有一种由热塑性树脂制备的节水型坐便器，热塑性树脂中包含无机填料，通过注射工艺制成。该坐便器的原料充足易得，生产操作简单，生产率高，能耗小，环境友好；所得坐便器精致美观，物理性能良好，自洁性好，节水明显，全冲水 3L，小冲水 2L，冲水流畅。

15.6.5　玻璃钢整体卫生间

玻璃钢整体卫生间（也称为玻璃钢盒子卫生间）包括浴缸、洗面盆、梳妆台、坐便器、水箱、墙板、底盘、五金配件等。它是以玻璃纤维为增强材料、不饱和聚酯树脂为粘接材料，以胶衣树脂为制品的胶衣层，采用手工糊、喷涂等成型方法制成。玻璃钢整体卫生间如图 15-24 所示。

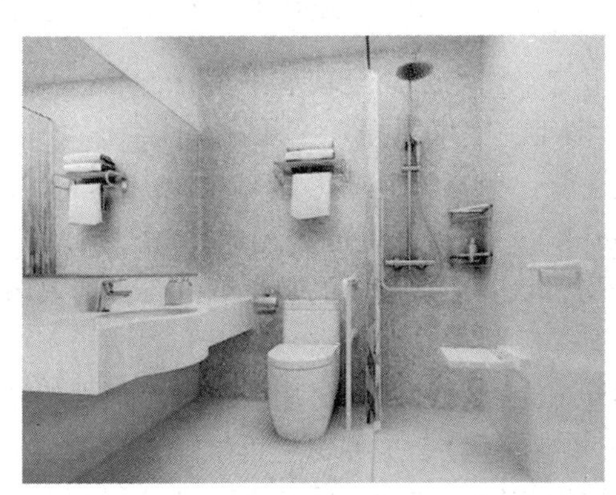

图 15-24　玻璃钢整体卫生间

玻璃钢整体卫生间具有自重轻、强度高、防水、防腐、不渗漏、设计灵活、色泽丰富、整洁美观、占地面积小、生产工艺简单、运输安装方便等优点。

玻璃钢整体卫生间用于列车上，因重量轻，可为列车减轻负重；玻璃钢的韧性高，不易损坏，安全系数高；玻璃钢的吸水率及耐渗水性都很好，因此，采用整体玻璃钢后，卫生间下部的钢结构不易因水渗漏而腐蚀；整体玻璃钢卫生间内设备（包括灯具、电线、管路等）全部在车下组装成整体后，用起重机吊往车上即可，安装方便。

移动式卫生间也可以由玻璃钢制作，其主体材质为优质环氧树脂和玻璃纤维，光滑平整、坚固耐用、永不生锈。底座为彩色强化玻璃钢模具成型，达到坚固耐用、美观大方，并且不生锈、不腐蚀、墙板光滑、易保洁、符合卫生要求、重量轻以及可随意设置移动到位。卫生间内部设施简洁实用，便器使用时见不到下面的储存粪便，无视觉污染和嗅觉污染，并能有效抑制臭味外泄。

玻璃钢移动式卫生间是一种应急卫生间，可在应对临时性大型集会、临时施工、自然灾害或重大事故时使用。它是整体式移动卫生间，材质为优质环氧树脂和玻璃纤维，充分保证产品的牢固性，同时又可满足吊装、铲装、人工搬运安装到位的需求。

15.7　玻璃钢房屋

玻璃钢房屋用作石油、地质等部门的野营房或城市建筑的加层房，均由玻璃钢型板拼装组合而成。型材除玻璃钢外，还有钢木骨架件。采用夹层结构时，芯材一般为泡沫塑料。玻璃钢房屋的特点是重量轻、装拆方便、保温隔热性能好、舒适美观。玻璃钢加层房负荷约 30kg/m^2，为钢筋混凝土房负荷的 1/8。此外，它还适用于农用温室、博览会建筑、风景胜地建筑、天文馆、售货亭、岗亭等。

1970 年秋日本太阳工业公司第一个研制成了全玻璃钢的盒式商亭。根据顾客的要求，商亭内设置了调节器，并进行内部装修，以完整的产品系列形式提供给市场。1979 年日本又建成了全玻璃钢盒式旅馆，起名为“盒式房”，随后又出现了同一类型的盒式旅馆“单元房”，其特点是容易运输和安装。

美国阿兰公司设计的玻璃钢夹层结构大板建筑，四楼以下不用钢、木材料，全部构件实现标准化、定型化，工厂预制，现场组装，施工方便，造价降低 20%，而且经受 8.5 级地震后安然无恙。

可以用玻璃钢建造机房，整个机房的梁柱均采用全玻璃钢型材，墙板及屋顶采用玻璃钢蜂窝夹层结构。建造的机房已使用 20 多年，完好无损。

玻璃钢夹层结构具有良好的保温性能，聚氨酯泡沫热导率 $\lambda=0.034\text{W}/(\text{m}\cdot\text{K})$，玻璃钢蜂窝当量热导率 $\lambda=0.04\sim0.19\text{W}/(\text{m}\cdot\text{K})$。玻璃钢建筑装配式冷库及活动房也是利用玻璃钢夹层结构优良的保温性能，使冷库及活动房获得较大的热工效率，同时具各侧墙和屋顶具有自身承载结构。

荷兰复合材料工业公司使用玻璃纤维无捻粗纱和毡材增强一种阻热性树脂，研制成功一种箱形的预制房屋，取名为 Space Box（空间盒）。这种房屋可以非常快捷地解决人们对临时或更长时间住房的需求，尤其适用于学生住房。这种房屋是一种夹芯结构，在泡沫塑料芯的两侧蒙上防火的玻璃纤维增强树脂板，板的外表面含聚酯纤维表面毡。房屋由预成型的板材在装配夹具中用胶粘接而成。在板材中埋有硬钢联梁，可使房屋上下重叠安装，安装采用插接方式，所以安装和拆迁都十分方便。这种房屋重量很轻，所需基础减至最少，两块简单的混凝土板就足以承载叠装的三个房屋。

这种房屋的设计遵守了严格的建筑规范，包括安全、防火、通风、噪声、环境湿度等方面的居室规范。房屋的外观也很讲究。玻璃钢板选用优质阻燃树脂，采用树脂注射工艺成型，在树脂中直接混入颜料，可做成任何颜色，省去了涂漆工序。尽管房屋的墙壁是一块整板，但房屋内部设计和装饰与普通居室完全一样。大的窗户提供充足的自然光线。夹芯板材保证良好的绝热隔声。房屋内配置了完整的生活设施（包括厨房和浴室）。因此住在屋内同样有舒适的家庭之感。居住者对这种房屋非常满意。

Space Box 项目位于荷兰乌特勒支大学，作为学生公寓，每个房间是 3m×6.5m 结构，相当于 20m^2 的快捷酒店，如图 15-25 所示。

图 15-25　荷兰的 Space Box 模块化公寓

南京佛手湖边的玻璃钢宅是使用玻璃钢作为主要建筑材料的一次尝试，以玻璃钢格栅系统作为建筑的结构和围护构件，表达了“轻”“透”“散”“薄”的设计理念。空间各功能单元相对松散组织，适应多种使用的可能；保证了日光，通风的通透性；采用轻盈的结构和受力方式，期望最大限度地保持天然地貌。玻璃钢的形式本身，具有一种似乎半隐形的作用，比起钢材，它特殊的质感和色泽感利于和玻璃形成一个整体。玻璃钢轻便，利于快捷的组装；其多项性能与钢材相当，这些特点，使得玻璃钢结构建筑自重轻、地基浅，预制构件的运输能耗低。此外，玻璃钢利于塑造成各种形式，它的低温低碳的加工过程也使其更节能。

相比于混凝土、钢材，玻璃钢建筑更适合预制装配而不是现场制作，节点连接更适合插接灌胶而不是焊接或浇筑。由此，玻璃钢建筑是一种快速装配式建筑，建筑形式是建造过程的反映。

整栋建筑用 168 根玻璃钢柱子，这些柱子既与玻璃融合起来，又同时与竹林融合起来，形成了一种特殊的似乎来自环境自身的结构体，如图 15-26 所示。

图 15-26　玻璃钢宅

一座高 15m 五层的可移动玻璃钢楼房在瑞士 Swiss Bau 建筑展览会展出。该建筑是框架结构，把玻璃钢制成带槽的面板嵌在框架上。面板是采用中间带填料的夹层结构形式，使绝热、隔声性能更好。面板中的绝缘层厚度为 50mm，重量为 $12kg/m^2$。实际建造中，用三种框架制成立柱及梁。立柱是用 U 型材与一个工字型材粘接在一起，而梁是用 U 型材与平板粘接在一起形成长方形管。对其立柱及梁进行完整的结构试验，符合设计要求。该建筑的另一个特点是拆装方便，容易搬动。其总重为 10t，荷载量是 $3000N/m^2$，占地面积 $320m^2$，预计使用寿命可达 100 年，外观维护约 50 年。

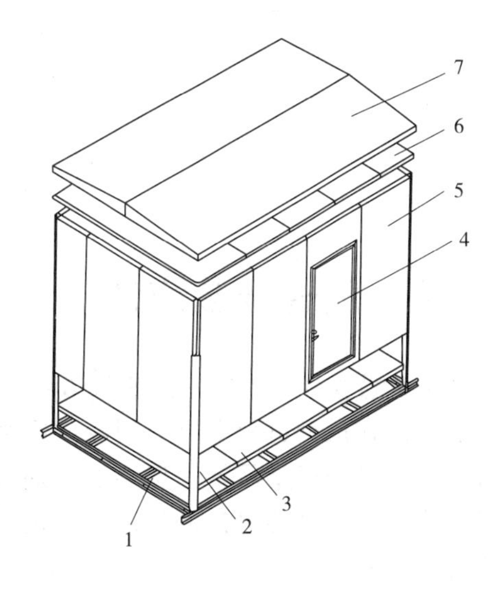

图 15-27　一种玻璃钢活动房

1—基础座　2—钢结构骨架　3—地面板　4—门
5—墙板　6—房顶板　7—玻璃钢雨帽

图 15-27 所示为一种玻璃钢活动房，整体钢结构骨架用螺栓连接，墙板、房顶板、地面板相互连接处采用企口插入式安装，偏心锁钩相互紧扣，结构坚固、密合；墙板、房顶板外表面玻璃钢，

中间层硬质聚氨酯发泡塑料，耐蚀性、耐候性、抗老化性能好，抗压强度和绝缘保温性能优良，适合野外环境气候恶劣条件下使用。零部件标准化设计，可任意组合互换，满足不同规格的活动房面积需求。现场组装、拆卸操作简易、方便灵活。

图 15-28 所示为一种瓦楞形玻璃钢房，其主体是一拱形房体，两端安装有复合板墙体。拱形房体由左右对称的玻璃钢弧形房体板组成，而玻璃钢弧形房体板由若干玻璃钢弧形瓦楞组合板首尾连接组成。这种玻璃钢房结构简单，通过采用玻璃钢弧形瓦楞板进行瓦楞卡接，既能够快速搭建，又能够无限延伸，扩大了内部面积。

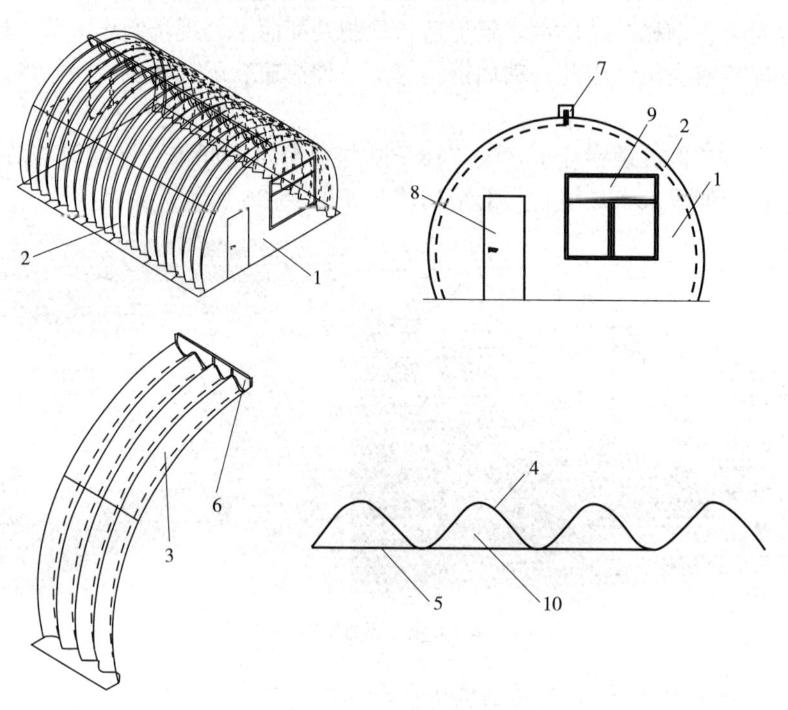

图 15-28　一种瓦楞形玻璃钢房

1—复合板墙体　2—玻璃钢弧形房体板　3—玻璃钢弧形瓦楞组合板
4—玻璃钢弧形瓦楞板　5—玻璃钢弧形加强板　6—连接翻边　7—U 型防水罩
8—开启门　9—窗户　10—相变层

15.8　玻璃钢装饰件

彩色玻璃钢具有很好的装饰效果，可以做成多种形式的装饰制品。制备彩色 FRP 制品，可以在成型过程中或成型后，通过着色、涂装、电镀等方法，对 FRP 表面进行美化和修饰，进而满足需要，提高制品质量。FRP 装饰技术不仅包括颜色着色、表面涂装等传统方法，而且还包括近年新开发的结构填料装饰、模内涂饰、化学与真空镀膜等先进的方法。

15.8.1　表面涂装技术

常规的表面涂装技术是在 FRP 成型后，使用各种不同的、具有高性能的或某种功能性的涂料，采取不同的涂装方法对FRP表面进行涂装，从而起到修饰作用。常用涂装方法有手工刷涂、淋涂、浸涂、空气喷涂等。国外也有先涂导电底漆，再进行静电或电泳涂装。根据所用涂料类型，可常温固化或高温烘焙。

模内涂饰法也是一种表面涂装的新方法。它包括三种形式：一是在制品成型前，先将涂料均匀喷涂在热模腔中（可对不需涂层部分加以遮盖），然后加料并合模固化；二是在加料加压固化后，微启上模，在上模与制品间注进涂料，然后再合模使之固化；三是在材料固化过程中，在闭模状态下高压注进涂料，这通常称为高压模内涂饰法。通过模内涂饰，省略了二次底涂工序与设备，降低了成本；避免了挥发性溶剂的污染，改善了工作环境；大大改善了制品表面质量。

在玻璃钢外表面涂刷涂料获得装饰效果，其缺点是经风吹、日晒、雨淋，涂层易剥落，且成本较高，费工费时。

15.8.2　颜料着色技术

颜料着色技术是在FRP制品固化成型前，在树脂糊配方中加入各种有效的颜料着色剂，从而得到内外色调均匀的FRP制品。它是FRP表面装饰技术中最简单经济的一种，省略了二次涂装工序，节约了设备投资和劳动力成本。对于多数要求不高的FRP制品，都可以采用颜料着色法实现表面装饰。

在国外开发出模内着色技术，即直接将着色剂用模内涂饰的方法，在制品上得到完美的装饰涂层，不需再做任何表面处理。模内着色技术有两种：一是Krauss Marfei公司采用RIM（反应注射成型）形式的混合设备，进行RIM制件和SMC/BMC（片状模塑料/块状模塑料）制件的模内着色；二是Fuller、Battenfeld和Rover三家公司共同开发的一种称为“粒化注射喷涂技术”（GIPT）的模内工艺。它采用改进的共注射机和专用粉末涂料对RIM制件和SMC/BMC制件进行模内着色。模内着色技术的应用包括卫生洁具及娱乐与建筑设施中一些室外耐久制品。

直接在树脂中加入颜料获得装饰效果的这种制备方法，其缺点是通常只能加入一种颜色，往往深浅不一，有阴影，使产品显得厚薄不均。如果要制备具有两种以上颜色的产品，成型工艺非常复杂，工序多，成本高，而且也存在着色不均、边界易模糊等问题。

15.8.3　结构填料装饰技术

结构填料装饰技术是在FRP成型过程中，在树脂糊配方中加入某些金属粉粒、着色聚合物粒料、石英砂、玻璃珠（球）等结构填料，通过特殊的混合与加工方法，获得具有特殊表面装饰效果的制品。结构填料装饰技术可制成花盆、洗菜池、浴缸、电话机等产品。结构填料装饰技术必须有专门的混合与配料技术，而且对制造过程中所用设备的要求很苛刻。

15.8.4　化学镀膜技术及真空镀膜技术

由于FRP本身不导电，无法采用传统的金属电镀技术。可采用化学镀膜技术或真空镀膜技术实现FRP表面金属镀层，从而赋予制品金属光泽与反射性以及多花色的装饰外观。

化学镀膜技术是一种无电电镀技术。它是以水为基础的表面装饰技术，其原理为在 FRP 制品与溶液界面上通过一种可溶的还原剂，对一种可溶的金属离子进行可控的自动催化的还原反应，从而在制品表面得到黏结良好的金属涂层。无电电镀溶液的基本组分包括待积附金属（如 Ni、Co、Cu、Ag、Sn 等）的盐、还原剂（如氢化物，次磷酸盐等）、与金属离子能形成可溶性络合物的配位体以及 pH 缓冲剂、稳定剂等。

在 FRP 制品进行无电电镀前，须进行表面改性，有两种改性方法：用铬酸、硫酸和水组成的标准刻蚀剂进行化学改性或在密闭系统中充满低浓度 SO_3 气体对 FRP 制品进行气相改性。

真空镀膜技术主要有真空蒸发上金和溅射积附方法。真空蒸发上金的基本工艺过程为：清洗待上金 FRP 制品，在其表面涂饰聚合物底层，然后将其置于真空室内，用特殊加热器将镀膜金属加热汽化，足够真空度下使汽化的金属涂料到达 FRP 表面，表面使金属蒸气冷凝而形成粘接良好的镀膜层，最后可再涂透明涂层。

溅射积附方法的基本工艺过程为：在一真空系统内，借助氩等重惰性气体离子为高能粒子轰击产生的动量，把镀膜金属的原子从固体（靶）表面撞出并放射出来，放在靶前面的 FRP 基材（溅射对象）拦截溅射出来的原子流，后者凝聚并形成镀膜层。在这个过程中，镀膜金属变成蒸气相是通过原子规模的动量交换而不是化学过程或热过程，它不要求基材是一个导电电极。常用于真空镀膜的材料为 A1、Cr、Cd、Cu、Au、Ag 等金属。由于镀膜前，已对 FRP 基材进行脱脂、抛光及涂底层等表面处理，因而镀膜制品具有极高反射性，可用于一些光亮部件的装饰。

采用玻璃钢镀膜制品装饰建筑物，不仅有金属装饰所具有的一切优点，而且重量轻、造型精美、速度快、造价低。门上花纹、徽记、吊灯、吸顶灯装饰罩、楼梯扶手、栏杆等建筑装饰构件都可以用玻璃钢镀膜制品。

除上述方法外，FRP 表面装饰的技术还有色笔着色、杂色处理、压花、烫印、夹层、热喷涂等。

有一种多彩玻璃钢，不是采用颜料，而是采用彩色织物层，由三层组成，上层为玻璃钢，中间层为彩色织物，下层也是玻璃钢。彩色织物可以是印有各种色彩图案的花布，如各种化纤布、棉布、丝、麻布及混纺布。

经过涂装、着色、镀膜等处理的玻璃钢，可以制成玻璃钢装饰板、玻璃钢装饰条、玻璃钢罗马装饰柱、玻璃钢豪华型屋檐等。上海汤臣大酒店 90m 高度的外墙壁上使用了玻璃钢装饰条；大中华橡胶厂使用了玻璃钢豪华屋檐；哈尔滨市儿童少年活动中心大厅彩色透明吊顶、围墙正门彩色蘑菇形灯罩、屋顶多面体装饰球、内墙壁画底板等都由玻璃钢制作。

上海玻璃钢研究院有限公司为宏伊国际广场（位于上海河南南路，南京东路拐角处）内部护栏装饰板工程（该工程 6 个层面 12 部电梯）设计制造了 FRP 装饰面。所用 FRP 产品的主要材料为 300g/m^2 短切毡和 400g/m^2 中碱方格布、阻燃树脂（氧指数达 28 以上）等，逐层糊至 6mm 厚。图 15-29 所示为宏伊国际广场内装饰效果图。图 15-30 所示为电梯上下玻璃钢装饰图。图 15-31 所示为围栏凹凸玻璃钢装饰图。

图 15-29　宏伊国际广场内装饰效果图

图 15-30　电梯上下玻璃钢装饰图

图 15-31　围栏凹凸玻璃钢装饰图

15.9　玻璃钢模板

模板是混凝土的成型模具，在混凝土施工中，模板是不可缺少的辅件。在现代房屋建筑施工中，模板施工是一项十分重要的内容，模板施工水平关系到整个房屋建筑的质量与安全。模板类型也对建筑施工效率、质量及成本有着较大的影响。

传统建筑模板有木模板、竹模板、钢模板等，玻璃钢模板是一种新型的建筑模板。玻璃钢模板就是以玻璃钢为主要材料制作的模板，其增强材料主要为玻璃纤维布，基体材料主要是不饱和聚酯树脂。由于玻璃钢模板具有一些木模板和钢模板所不具备的特性，已被越来越多的施工企业采用。

玻璃钢模板最早用于美国，在美国用玻璃钢模板生产混凝土预制构件已有 50 多年的历史。玻璃钢模板的出现，大大加速了装配式建筑技术的发展。

15.9.1　玻璃钢模板的种类

随着模板技术的不断创新，玻璃钢模板的种类越来越多，已有多种结构形式、多种用途的玻璃钢模板，包括通用轻型玻璃钢大模板、多功能玻璃钢模板、玻璃钢夹芯复合混凝土模板、玻璃钢蜂窝模板、玻璃钢圆柱模板、玻璃钢菱镁复合模板、玻璃钢多层木模板、平板玻璃钢圆柱模板、可变径玻璃钢圆柱模板等，这些不同的模板在不同的房屋建筑中及不同的部位使用，各有千秋。

还可以将玻璃钢模板分为带加劲肋的玻璃钢模板与柔性玻璃钢模板。采用型钢做模板框，与玻璃钢面板复合而成的模板，用于产生较大侧压力的部位，如墙体；采用玻璃钢做面板和纵横肋的玻璃钢模板，用于产生压力较小的部位，如楼板。柔性玻璃钢模板较适用于圆柱、椭圆柱及异形构件等部位。

15.9.2 玻璃钢模板的制造

在工地上使用时，玻璃钢模板是粗摔粗打的，模板要有足够的抗摔打能力和抗冲击能力；水泥的碱性会侵蚀模板的凝胶层，破坏层间结构，模板要有足够的耐蚀性；因混凝土振捣器和振动台的强烈振动，所以模板要有足够高的强度；受到混凝土浆体压力的作用，模板会伸长，甚至会变形，模板要有足够的刚度。玻璃钢模板要满足这些要求。

根据模板的厚度，可采用手糊法或喷射法成型。这两种方法都可制造大型模板构件。对于批量大而尺寸较小的模板，可采用模压法制造。

在模板的表面涂一层凝胶，其厚度一般为0.3~0.6mm。凝胶涂层十分重要，由于它与混凝土直接接触，所以必须能耐混凝土碱性的侵蚀，这就要求特别认真仔细地处理涂层，其中包括耐碱树脂的聚合完全与否。掺入高岭土、石英粉、金刚砂等填充剂，可减少涂层收缩，提高耐磨性。填充剂约占30%~60%，粒度为100~300μm。掺入5%石墨或二硫化钼，可改善表面的润滑性。

为了提高凝胶涂层的强度，可加入短切玻璃纤维，用它来增强凝胶涂层的模板，能够保持尖锐的棱角。使用证明，形状复杂的混凝土构件，采用这种玻璃钢模板，使用达400多次，模板基本上无损坏。

对承受混凝土压力的玻璃钢模板壁板，为加强其对抵抗蠕变和纵向弯曲的能力，可在壁板内增设加强筋。加强筋可用多孔塑料条、型钢、中间剖开的硬纸管。加强筋必须被层压板的一层或数层覆盖住，但不能用木条加强，因为木料不易干透，从而导致模板翘曲。

玻璃钢模板表面应使用耐磨性能、耐冲击性能以及强度好的树脂。由于玻璃钢的弹性模量及线膨胀系数与钢、木、混凝土等材料相差很大，因此，混凝土构件凝结后，不致粘附在模板表面上。模板在使用前无须涂油，但为了拆模时更加滑腻，可在玻璃钢模板上喷洒石蜡乳剂，这样，模板上残留的水泥以及其他污物就易于冲洗干净。在使用玻璃钢模板时，用压缩空气拆模比机械拆模要好，因机械拆模时对模板损伤太大。

15.9.3 玻璃钢模板的特点

与钢模板相比，玻璃钢模板具有以下特点。

1）具有价格优势。玻璃钢模板的制作原料充足、价格低廉、制作简单，因此，玻璃钢模板造价低，仅为定型钢模板市场价格的1/2左右，降低了一次性投入。

2）强度高、自重轻。玻璃钢用合成树脂做基底，外加增强的玻璃纤维，使得玻璃钢模板的强度可与钢材相媲美，且韧性好、耐磨性。自身重量轻，施工中完全能够由人工竖起。

5m 高的圆柱模板两人就能抬动。

3）有一定的透视性能。玻璃钢模板有一定的透视性能，在施工中方便观察模板的位置和接缝。

4）耐蚀性强。玻璃钢不仅能够承受空气、水和一般浓度的酸碱盐的长期侵害，而且对各种油类和溶剂油有非常高的抵抗力。

5）玻璃钢模板的平整度高、接缝少。玻璃钢模板具有玻璃一样的平面，而且不易粘混凝土，模板高度可一次性制作，在水平方向无接缝，仅在竖向上有一道接缝，这些特点使得现浇混凝土强度好，表面平整光滑，水平方向无接缝，圆度准确，垂直度误差小。

6）外部支撑少，不需要复杂的外部支撑体系。玻璃钢模板在上、下两端进行固定后，不再需要另外的支撑就能够达到现浇混凝土对垂直度的要求，省去了复杂且增加模板自重的支撑体系。

7）有一定的保温性能。玻璃钢模板热导率小，冬季施工时模板外侧包裹两层保温毯即可满足要求，比钢模板更有利于冬季施工。

8）施工方便，重复利用率高。玻璃钢模板易于加工，装拆方便，由于按照每层柱子净高加工，一次性封模，可显著提高工效。模板拆除后便于清理和维修。玻璃钢模板的耐磨性好，模板拆除后可重复利用次数多。

15.9.4 玻璃钢模板的应用

圆柱形玻璃钢模板用于混凝土柱的浇筑是一种典型的应用，以此为例进行介绍。混凝土结构中，圆柱造型比较普遍。圆柱模板主要有两种形式，一种是定型钢制，另一种是柔性（刚性）玻璃钢制。图 15-32 所示为某建筑工程柱体浇筑使用的圆柱形玻璃钢模板的配置情况及其支撑方式示意图。

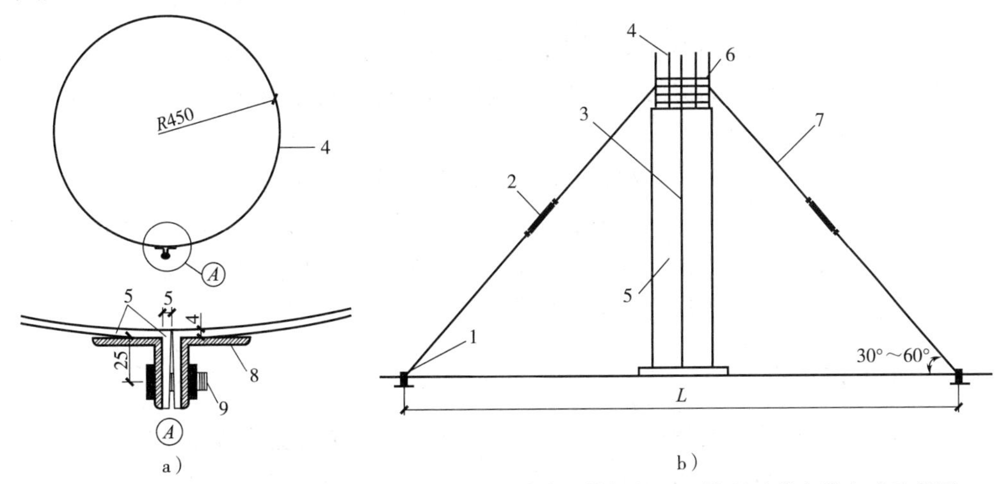

图 15-32 某建筑工程柱体浇筑使用的圆柱形玻璃钢模板的配置情况及其支撑方式示意图

a）模板配置情况 b）支模示意

1—预埋拉环 2—花篮螺栓 3—接口螺栓 4—柱筋 5—玻璃钢柱模

6—箍筋 7—垂直拉筋（四个方向） 8—角钢 9—连接螺栓

北京金融活动中心 F7/9 大厦结构工程中采用 3mm 厚无胎平板玻璃钢模板施工钢筋混凝土圆柱约 2000 个（圆柱直径 500～1100mm），比普通钢模板提高工效近 3 倍，施工简便，节约费用约142.5万元，圆柱混凝土观感好，成型精度高，对提高施工速度及施工质量有显著的意义。

国家大剧院的舞台乐池、戏剧院及南侧入口处部分工程中采用无胎平板玻璃钢模板，这部分混凝土圆柱的尺寸有700mm、800mm、1000mm和2400mm四种，采用玻璃钢模板施工，在质量、工期和成本等方面都取得了很好的效益。圆柱混凝土的成型效果好，圆度偏差和垂直度均控制在2mm以内，接缝少，整个柱面上仅有一条竖向接缝，完全满足清水混凝土的要求。施工速度快，与传统钢模板相比可提高工效2~3倍，且能够减少人工和机械的投入，节约制作费，总计节约费用达22.3万元。

玻璃钢模板不仅在圆柱的施工中有好的应用效益，而且在异形柱中也能够发挥它的优势。例如：成都南部副中心科技创业中心工程中，圆柱与椭圆柱均采用柔性玻璃钢作为模板，与传统模板相比，不仅降低了成本，还加快了工期。

玻璃钢模板重量轻，容易成型为各种复杂的曲面形状及花纹，周转率高，表面光洁，拆模方便，不易存水，不易积灰，特别适用于装饰混凝土的模板。试验和使用情况表明玻璃钢衬模用于装饰混凝土生产，具有以下特点。

1）玻璃钢衬模模具费用低廉，加工速度快，能经常变换花样。

2）玻璃钢衬模在钢模板上拆装方便，不影响钢模板常规使用。

3）玻璃钢衬模耐磨性好，周转使用次数高，价格便宜。

4）耐高温、耐油、耐碱。

5）用玻璃钢衬模制作的装饰板质量好，花纹棱角分明，没有掉边角的现象。

15.10 玻璃钢透微波建筑与设备

玻璃钢具有良好的绝缘性能，其不受电磁波作用，不反射无线电波。通过设计，可使其在很宽的频段内都具有良好的透微波性能，对电通信系统的建筑物有特殊用途，如可用于制造雷达天线罩和各种机房。

玻璃钢透微波建筑是用玻璃钢和其他建筑材料建造的微波通信建筑物，其承重构件采用钢或钢筋混凝土构件，围护构件采用玻璃钢夹层结构板。这种板材具有良好的透微波性能，对微波不反射，不折射，不产生干扰，能保证雷达等通信设备在建筑物内正常工作。建筑形式多样，一般根据使用环境的建筑要求进行设计。

15.10.1 地面雷达罩

雷达天线罩（又称为天线罩、雷达罩）是保护天线系统免受外部环境影响的结构，防止环境对天线工作状态的影响和干扰，从而减少驱动天线运转的功率，提高其工作可靠性，保证天线全天候工作。

由于地面雷达罩一般都是在潮湿、雨雪、霜冻、低温、盐雾等严酷的气候条件下使用，所以罩体材料除了有优异的透微波性能外，还必须具有足够高的强度和耐久性。因此，对于雷达罩，在电气性能上要求具有良好的电磁透波特性，在力学性能上能受外部恶劣环境的作用。玻璃钢是一种合适的雷达罩材料。一般雷达罩都由玻璃钢等复合材料制成。图15-33所示为几种由玻璃钢制作的地面雷达罩。

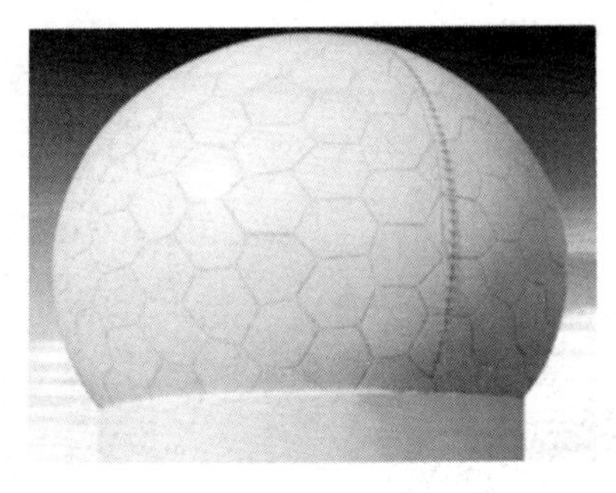

图 15-33　几种由玻璃钢制作的地面雷达罩

地面雷达罩一般采用截球型的形式，为了便于制造，运输和安装，通常将球面分成正多面体。常见的分块有四面体、六面体、八面体、十二面体和二十面体等多种，也可采用其他的分块形式，如瓜瓣形、砌块形等。

根据板材受力情况，地面雷达罩可以分为两大类：壳体结构和空间构架。壳体结构的地面雷达罩中，嵌板通常是弯曲的，其结构荷载是靠壳体作用来承担的；空间构架的雷达罩是由许多自成平面的平板构成，其结构荷载由平板的翼缘或金属的空间构架承担。直径较大的地面雷达罩，一般均采用金属空间构架。

透波玻璃钢使用的增强纤维以 E 玻璃纤维和 S 玻璃纤维为主，M 玻璃纤维也有使用。环氧树脂是雷达罩最常用的树脂基体之一。由于先进雷达罩对全频带、低介电损耗、耐高温、耐天候等性能要求的不断提升，还在不断研究开发其他树脂，如氰酸酯树脂、聚酰亚胺树脂、双马来酰亚胺树脂、酚醛树脂、有机硅树脂等。其中氰酸酯树脂具有出色的介电性能，同时还具有耐高温、低吸湿率、低热膨胀系数、优良的力学性能和粘接性能，以及良好的工艺性，已成功地应用于雷达罩。

雷达罩多采用玻璃钢夹层结构，如蜂窝夹层板或泡沫塑料夹层板。板材的厚度除了满足强度及刚度的要求外，还受到材料的介电常数、损失角正切和雷达的电磁能冲击角、电磁波的波长等限制。我国早在 20 世纪 70 年代就用玻璃钢蜂窝夹层结构制造了一座直径 44m 的雷达罩，其外形是一个截球壳，表面积相当于 8 亩（1 亩 =666.6m^2），可以罩下像北京民族文化宫那样大的建筑物，它是当时世界上同类产品中直径最大的一个。该雷达罩具有优良的电信性能，透过损失少，瞄准误差小，并且还能抵抗 12 级以上（风速 45m/s）的大风袭击。

除制作大型地面雷达罩外，随着手机通信业的迅速发展，玻璃钢以其良好的可成型性能和外观的可美化性，也被广泛应用于制造通信基站的雷达外罩。

15.10.2　微波塔楼

微波塔楼是电信通信中的特种建筑物，特别要求有严格的透微波性能。此外，微波塔楼都矗立在几十米的高空，要求能承受较大的风压，并能长期经受风沙雨雪的侵蚀及日光的曝晒。在这种高要求的透微波性能、高强度、高耐久性的情况下，玻璃钢是建造微波塔楼的适宜材料。

北京长话大楼上的四层微波塔楼是玻璃钢微波塔楼的典型代表，如图 15-34 所示。该座微波塔楼的全部围护结构均采用玻璃钢，包括墙板、连接构件等。塔楼的墙板是采用聚酯玻璃钢蜂窝夹层板材。墙板的内、外面板厚度为1.5mm，芯材为正六角形蜂窝。所有墙板的连接及固定均采用螺栓连接及胶接。为保证整个围护结构的透微波性能，连接所用的螺栓及角钢也采用玻璃钢。

图15-34　北京长话大楼

为了保证围护结构的透微波特性，其防火措施是在墙板的表面采用了33号胶衣聚酯，以降低表面的可燃性。另外，防老化的措施是在板材组装后，将表面清洗干净，再行喷漆处理，以保护墙板表面，防止大气老化。根据使用情况，可在使用数年后，再清洗表面，喷漆处理。

15.10.3　透波墙

微波传输比光缆传输具有更强的抗人为或自然灾害的能力。在临时及应急事件中，它更是构成信号传输中一种不可缺少的手段。因此，在我国微波传输仍是广播台、电视台、发射台重要的信号传输手段之一。在广播电视工程的建设中，微波设施的建设也处于重要的地位。

微波传输的首要特性是天线前方不可有任何物体的遮挡，因此为使传输路径上的通视效果最好，一般工程中微波天线都安装在建筑物的最高层的屋顶，或架设在铁塔上。但是有些工程的屋顶不具备安装天线的条件；还有的工程为使天线避免风吹日晒及屋面荷载增加的直接影响，通常将微波天线安装在有遮挡的隔墙（板）后或封闭的室内。为了解决微波传输方向上不受阻挡，又不影响建筑造型的美观，结合雷达罩等产品的使用，从而产生了微波透波墙。

通常把与建筑构成一体的雷达罩称为透波墙。微波透波墙既用于保护微波天线免受环境暴露之害和风荷载的直接影响，同时又为天线电波提供了发射和接收的电磁窗口，是一种满足电气性能的复合材料结构件，即一种隔墙（或板）。

微波透波墙（板）根据各个工程中建筑外墙使用的材料不同，分为透明与不透明材质两大类，要求透明的材质主要是与遮挡处为玻璃幕墙相匹配；对要求不透明的材质，主要是与彩色装饰面板或金属铝扣板相匹配。

从20世纪80年代初建设的中央电视台彩电中心开始使用微波透波墙，随后建设的省、市级大、小规模的广播电视中心及发射塔也采用了微波透波墙。微波透波墙已经发展到了第四代产品，在保证电气性能满足广播电视信号传输的同时，还能够与建筑物外墙装饰要求的质感、颜色等几乎完全吻合，与建筑物有机地融合在一起，增强了建筑物的完整性和美感。

几百米高的电视塔中要求电磁波透过率达到98%，又能在几百米高的地方承受60m/s的风荷载的透波墙。在这种技术要求下，只有将硬质聚氨酯泡沫塑料和玻璃钢复合起来形成一个以聚氨酯泡沫塑料为型芯，玻璃钢作为蒙皮的夹层结构才能满足。

北京电视中心的微波透波墙结构如图 15-35 所示。微波透波墙由七层结构组成，包括内外表面涂层、内外蒙皮和胶层及刚性泡沫。内外蒙皮为介电性能好的玻璃布，芯层选为低损耗的泡沫。截面参数对透波性能至关重要，在进行大量计算、反复优化、多次试验及测试后确定的微波透波墙设计参数见表 15-12。

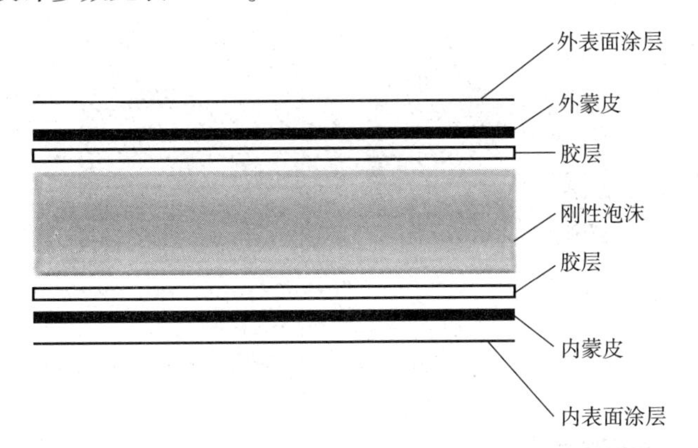

图 15-35　北京电视中心的微波透波墙结构

表 15-12　北京电视中心的微波透波墙设计参数

层号	名称	介电常数	损耗角正切
1	外表面涂层	3. 5 ±0. 2	≤0. 035
2	外蒙皮	4. 0 ±0. 15	≤0. 015
3	胶层	2. 0 ±0. 2	≤0. 01
4	刚性泡沫	1. 08 ±0. 02	≤0. 003
5	胶层	2. 0 ±0. 2	≤0. 01
6	内蒙皮	4. 0 ±0. 15	≤0. 015
7	内表面涂层	3. 5 ±0. 2	≤0. 035

15. 11　玻璃钢管道

玻璃钢因其具有耐酸、耐微生物侵蚀、耐各种介质腐蚀以及环境适应能力强等特点，在各种管道中得到了广泛的应用。玻璃钢管道是一种轻质高强、耐腐蚀的非金属管道。这种管道是以树脂为基体、玻璃纤维为增强材料，经过一系列特殊工艺加工制作而成。玻璃钢管道产品除全玻璃钢管材、管件外，还有玻璃钢增强混凝土管，玻璃钢增强聚氯乙烯管，玻璃钢与树脂混凝土的复合管等，用于工业建筑的下水管道、地下管道、污水处理管道、废气处理管道、物料输送管道、集水管、排泥管、地下电缆保护管以及采暖通风、空调等方面。

15. 11. 1　玻璃钢管道的类型

玻璃钢管道按用途可分为玻璃钢脱硫管道、玻璃钢压力管道、玻璃钢电缆保护管、玻璃钢输水管道、玻璃钢保温管道、玻璃钢通风管道、玻璃钢污水管道、玻璃钢顶管、玻璃钢导静电管等。

玻璃钢管道按结构分为玻璃钢管（纯玻璃钢管）、玻璃钢夹砂管、内衬玻璃钢钢筋混凝土管、玻璃钢复合预应力钢筒混凝土管等。

图 15-36 所示为几种玻璃钢管道。

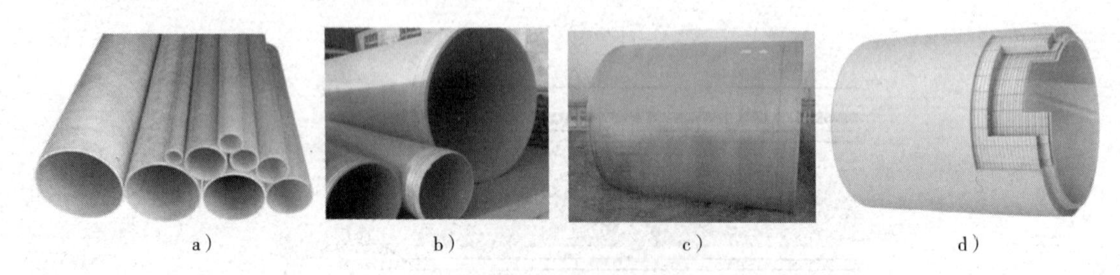

图 15-36　几种玻璃钢管道

a）玻璃钢管（纯玻璃钢管）　b）玻璃钢夹砂管　c）玻璃钢顶管　d）内衬玻璃钢钢筋混凝土管

15.11.2　玻璃钢管道的特点

玻璃钢管道具有以下特点。

1）耐蚀性强，使用寿命长。优良的耐蚀性是玻璃钢管道的一个突出优点，通过选择合适的合成树脂，并在管道的内壁层大幅度增加树脂的含量，就可以形成输送大部分腐蚀性介质的防腐蚀层，又称为玻璃钢“内衬”。这种所谓“内衬”不是附加的，而是玻璃钢管道材料中不可分割的一部分，这与其他管道附加的内衬是不同的。同样，玻璃钢管道的外表面也具有良好的耐蚀性。玻璃钢管道与普通金属的电化学腐蚀机理不同，其不导电，其制品表面电阻值在 $1\times10^{16}\sim1\times10^{22}\Omega$，在电解质溶液中不会有离子溶解出来，因而对大气、水和一般浓度的酸、碱、盐等介质具有良好的化学稳定性，抵抗腐蚀能力强。通常情况下，钢管的使用年限在 15 ~ 20 年，且使用过程中需要定期进行防腐处理，而玻璃钢管道的使用寿命可达 50 年以上，而且不需要定期保养。

2）具有良好的耐热性，防冻和抗藻功能。在一定温度内，玻璃钢具有较好的热稳定性，在 -30℃状态下，仍具有良好的韧性和极高的强度，可在 -50 ~ 80℃的温度范围内长期使用，采用特殊配方的树脂还可以在 110℃以上使用。玻璃钢管道的内表面和外表面不易附着微生物，不会引起藻类生长。金属或水泥管会随着时间的流逝而产生藻类，这直接影响其使用寿命。

3）电绝缘性能和保温性能好。玻璃钢管道是绝缘体，可安全地应用于输电、电信线路密集区和多雷区。玻璃钢的热导率低，约为钢的 1%，保温性能优异，在长距离管道使用中，不需要像使用钢管时考虑管道的热胀冷缩。

4）重量轻，强度高，运输安装方便。采用纤维缠绕法生产的玻璃钢管道，其密度在 $1.7\sim2.0\mathrm{g/cm^3}$，只有钢的 1/4，但玻璃钢管道的环向拉伸强度为 180 ~ 300MPa，轴向拉伸强度为 60 ~ 150MPa，近似合金钢。因此，其比强度是合金钢的 2 ~ 3 倍，它可以根据用户的不同要求，设计成满足各类承受内、外压力要求的管道。对于相同管径的单位长度重量，玻璃钢管道只有碳钢管（钢板卷管）的 1/2.5，铸铁管的 1/3.5，预应力钢筋水泥管的 1/8 左右，因此，其运输、安装十分方便。玻璃钢管道每节长度可达12m，比混凝土管减少2/3的接头。它的承插连接方式，安装快捷简便，同时降低了吊装费用，提高了安装速度，降低了劳动强度，提高了劳动生产率。

5）水力条件好，输送介质运行阻力小，流通能力高。玻璃钢管道具有非常光滑的内表面，糙率和摩阻力很小，糙率 n 仅为0.009，而混凝土管的 n 值为0.014，铸铁管为0.013，因此比相同直径的传统材料有更高的流通能力。由于玻璃钢管道在大多数情况下保持了原始的表面粗糙度，不易结垢，不生锈，因此其在保持高的流通能力的同时，还节省了泵的能量，延长了工程寿命。采用同等内径的管道时，玻璃钢管道比其他材质的管道压头损失小，节省泵送费用，可缩短泵送时间，降低长期运行费用。

6）产品可设计性强，适应能力好。由于玻璃钢管道是复合材料管道，制作时可在树脂中加入不同填料，以满足不同的受力和使用要求。可根据用户的各种具体要求设计和制造成不同压力等级和刚度水平的管道，如不同的流速、不同的埋深和负载条件。根据管道承受内、外压力的不同，可进行材料配比和壁厚设计；按照输送介质及使用功能的不同，可以达到耐腐蚀、阻燃、高强、介电等目的；管材、管件款式较多，可满足工程设计和施工的要求。此外，还可进行定做，根据用户的特殊需要，管件及连接甚至可现场制作，施工方便。

7）透入-渗出率低。由于良好的密封连接和较长的管长度，玻璃钢管道具有比许多传统材料管道更低的透入-渗出率，这样就大大减轻了地下水对管道的透入，也减轻了废料渗出对土壤和地下水的污染。

8）维护简单。金属管道必须设置阴极防腐系统，并要进行周期性的维护，此外，还必须经常地修理管道的内衬和涂层，而对于玻璃钢管道来说，不需要单独设置防锈、防污、绝缘、保温等措施，这些维护措施基本上不需要，从而使玻璃钢管道的维护大为简化。

9）寿命周期成本低，经济效益好。对于相同直径的管材，玻璃钢管材的价格高于混凝土管，而低于铸铁管和钢管。管道直径越大，管材造价差别也越大。由于玻璃钢管道省略了传统管道所需的内衬和涂层，因此其具有使用寿命较长，基本不用维护的特点，再考虑到安装及运输费用低等特点，玻璃钢管材的综合效益均优于其他材质的管材。因此，从总的经济效益来看，玻璃钢管道的寿命周期成本较低。

15.11.3 玻璃钢管壁的结构

玻璃钢管道的管壁通常可分为三层，如图15-37所示。

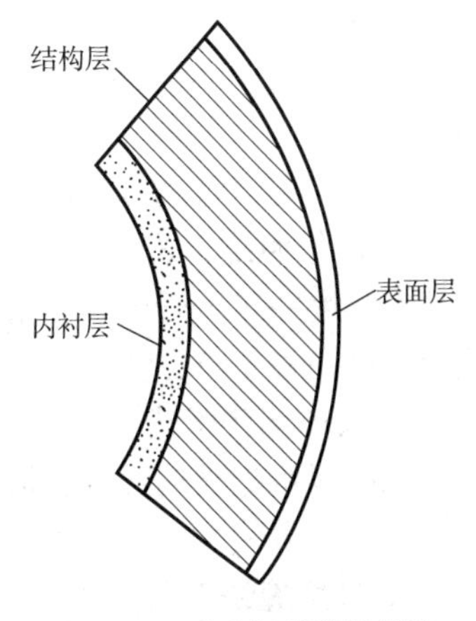

图15-37 玻璃钢管道的管壁结构示意图

1. 内衬层

内衬层又可分为内表面层和次内层，内表面层的树脂含量高达90%以上，也称为富树脂层，可根据介质的不同来选择合适的树脂。内表面层的作用主要是防腐蚀防渗漏。次内层含有一定的短切纤维，但树脂含量仍高达70%～80%，其作用是作为防腐蚀防渗漏的第二道防线，并当结构层产生裂纹时，次内层还起到保护内表面层的作用。内衬层的总厚度一般为1.5～2.5mm。

2. 结构层

结构层主要承受荷载，厚度由结构分析计算确定，其材料结构形式主要是增强纤维缠绕结构，树脂含量一般为25%～50%，此外还有预浸胶织物布卷织结构、树脂砂浆夹层结构以及加筋结构等形式。其中树脂砂浆夹层结构是用8～20目的石英砂（质量分数约为25%）、连续玻璃纤维（质量分数约为9%）、短切玻璃纤维（质量分数约为10%）及聚酯树脂（质量分数约为56%）通过专门的设备加工而成。

3. 表面层

表面层由抗老化添加剂和树脂配制而成，其作用主要是保护结构层并防止大气老化。

15.11.4 玻璃钢夹砂管

玻璃钢夹砂管（玻璃纤维增强塑料夹砂管，Glass Fiber Reinforced Plastics Mortar Pipes，简称为FRPM管）就是以玻璃纤维及其制品为增强材料，以不饱和聚酯树脂等为基体材料，以石英砂及碳酸钙等无机非金属颗粒材料为填料，采用定长缠绕工艺、离心浇注工艺、连续缠绕工艺方法制成的管道。

FRPM管的管壁结构如图15-38所示，由内衬层、内增强层（内结构层、内缠绕层）、夹砂层（树脂砂浆层）、外增强层（外结构层、外缠绕层）和外保护层（外表面层）组成。内衬层又可分为内表面层和次内层。

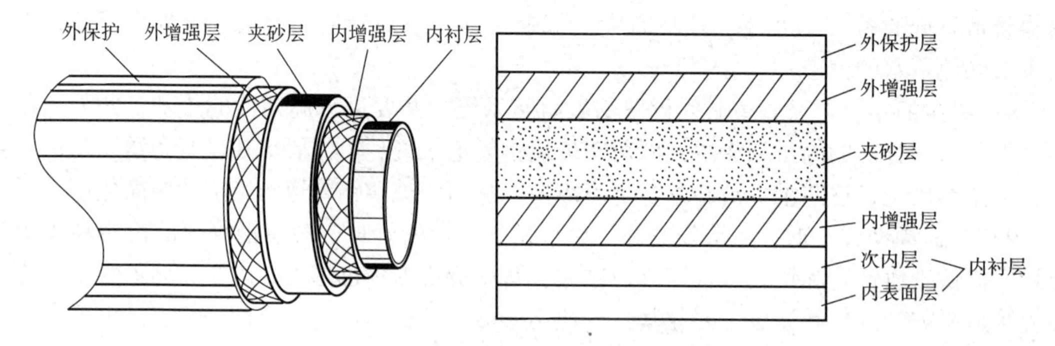

图15-38 FRPM管的管壁结构

FRPM管采用石英砂夹芯结构，既降低了管道的玻璃钢综合造价成本，又提高了管道的整体刚度和强度。FRPM管在市政工程中得到了广泛应用，尤其是大口径夹砂管，因为FRPM管正好契合市政工程用量大、输送介质压力低、埋地使用、要求维护量少等特点。

玻璃钢夹砂管通常采用以下三种工艺成型。

1. 定长缠绕工艺

在长度一定的管模上，采用螺旋缠绕和/或环向缠绕工艺在管模长度内由内至外逐层制造管材的一种生产方法。

2. 离心浇注工艺

用喂料机把玻璃纤维、树脂、石英砂等按一定要求浇注到旋转模具内，固化后形成管材的一种生产方法。

3. 连续缠绕工艺

在连续输出的模具上，把树脂、连续纤维、短切纤维和石英砂按一定要求采用环向缠绕方法连续铺层，并经固化后切割成一定长度的管材的一种生产方法。

15.12　玻璃钢筋

由单向连续纤维拉挤成型并经树脂浸渍固化的纤维复合材料棒状制品即为纤维增强塑料筋（Fiber-Reinforced Polymer Bar，简称为 FRP 筋，俗称为玻璃钢筋）。

近年来，FRP 筋越来越多应用于土木工程，主要原因是由于环境因素和各种外力作用的影响，钢筋混凝土等土木结构受到极大的损伤，其中钢筋出现腐蚀，从而大大降低了结构的承载能力，而维修的费用也在日渐增加，这就迫切要求有一种更经济实用的方法来解决。FRP 筋具有很好的耐蚀性，还有比强度高、耐疲劳性好等优点，并且 FRP 筋具有可设计性，设计者可通过选择合适的纤维和树脂、调整各组分材料的比例含量、确定纤维的铺设角度以及选择恰当的成品加工方法来满足使用者对材料的刚度、强度等方面的要求，这样 FRP 筋混凝土结构就应运而生。

FRP 筋能适应现代工程结构向大跨、高耸、重载、高强和轻质发展以及承受恶劣条件的需要，符合现代施工技术的工业化要求，因此正被越来越广泛地应用于桥梁、各类民用建筑和海洋、近海、地下工程等结构。土木工程学科的发展，在很大程度上取决于性能优异的新材料的发展与应用。FRP 筋凭借其优异的性能，已成为当今土木工程界研究与应用的热点。FRP 筋在日本、加拿大等国家已得到广泛应用，并提出了“无钢桥面板”技术，并向“全复合材料桥面板”发展。

15.12.1　玻璃钢筋的种类

FRP 筋是由纤维和树脂组成的，常用的纤维有玻璃纤维（Glass Fiber）、碳纤维（Carbon Fiber）、芳纶纤维（阿拉米德纤维，Aramid Fiber）等；常用树脂材料包括环氧树脂、聚氨酯树脂、聚乙烯树脂等。相应的 FRP 筋种类包括玻璃纤维增强塑料筋（GFRP）、碳纤维增强塑料筋（CFRP）、芳纶纤维增强塑料筋（AFRP）、玄武岩纤维增强塑料筋（BFRP）、混杂纤维增强塑料筋（HFRP）、钢-连续纤维复合筋（Steel-FRP Composite Bar，SFCB）等。图 15-39 所示为几种 FRP 筋。

相比于 GFRP 筋、CFRP 筋和 AFRP 筋，BFRP 筋的研发时间较短。玄武岩纤维是通过将玄武岩矿石料高温（1450 ~ 1500℃）熔融后，从铂铑合金拉丝漏板中高速拉出制备而成。作为一种新型无机环保绿色高性能纤维材料，其在纤维增强复合材料、摩擦材料、造船材料、隔热材料、汽车行业、高温过滤织物以及防护领域等多个方面得到了广泛应用。其中，以连续玄武岩纤维作为增强材料的 BFRP 筋正成为传统 GFRP 筋的有力竞争者。

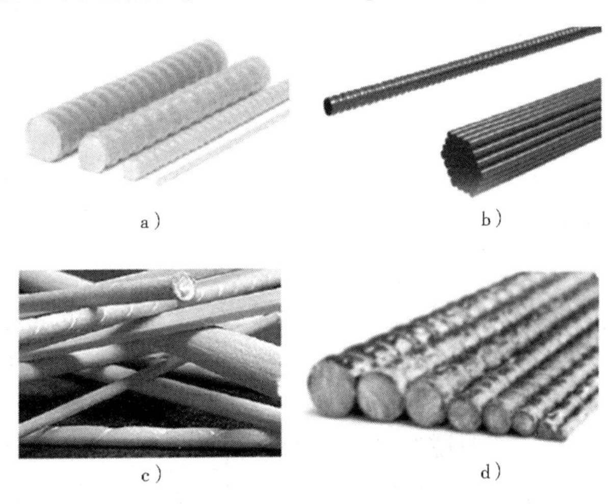

图 15-39　几种 FRP 筋

a）GFRP　b）FRP　c）AFRP　d）BFRP

FRP筋的横断面有方形的和圆形的，有实心的和空心的。

FRP筋的表面形态有螺纹型、表面粘砂型、独立花纹型等。图15-40所示为几种不同表面形态的FRP筋。

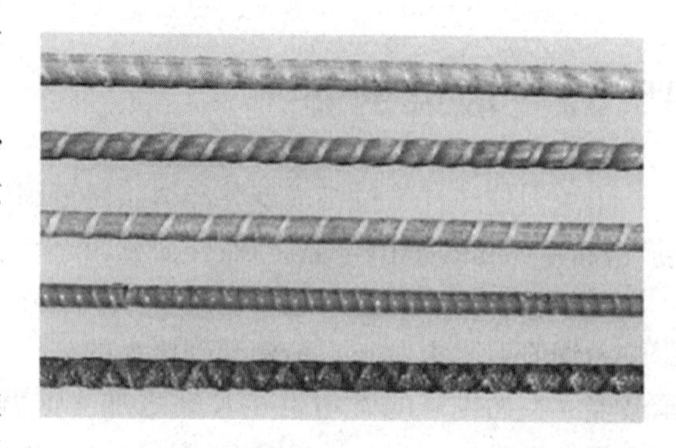

图15-40　几种不同表面形态的FRP筋

15.12.2　玻璃钢筋的基本物理力学性质

纤维类型、纤维用量、树脂类型、纤维方向、筋的尺寸以及生产过程中的质量控制都对FRP筋的性能有着重要的影响。

（1）密度　FRP筋的密度在1.25～2.1g/cm³，只有钢的1/5～1/4，因此，便于运输和施工，施工时不仅可减小施工荷载，减轻布筋的劳动强度，节约劳动费用；而且在用于混凝土结构时可大大减轻结构自重。几种典型的FRP筋和钢筋的密度见表15-13。

表15-13　几种典型的FRP筋和钢筋的密度

种类	钢筋	GFRP	CFRP	AFRP
密度/(kg/m³)	7900	1250～2100	1500～1600	1250～1400

（2）热膨胀系数　FRP筋在纵向和横向的热膨胀系数因纤维类型、树脂类型及纤维用量的不同是变化的。纵向热膨胀系数取决于纤维的特性，而横向热膨胀系数取决于树脂的特性。表15-14列出了几种典型FRP筋和钢筋的热膨胀系数。负热膨胀系数表示这种材料升温时收缩，降温时膨胀。作为对比，混凝土的热膨胀系数通常为（7.2～10.8）×10⁻⁶/℃，并且认为是各向同性的。从表15-14中可见，GFRP筋的热膨胀系数与混凝土接近，当周围环境温度变化时，不会产生较大的温度应力破坏GFRP筋与混凝土之间的粘结，从而保证了GFRP筋与混凝土能协同工作。

表15-14　几种典型FRP筋和钢筋的热膨胀系数

方　向	热膨胀系数（×10⁻⁶/℃）			
	钢筋	GFRP	CFRP	AFRP
纵向，α_L	11.7	6.0～10.0	-9.0～0.0	-6～-2
横向，α_T	11.7	21.0～23.0	74.0～104.0	60.0～80.0

注：纤维的体积分数在50%～70%。

由于FRP材料横向热膨胀系数较大而纵向热膨胀系数小，在温度差异大的环境中，FRP筋将会产生较大的纵横向变形差，从而对FRP筋的性能产生影响，还会造成与混凝土之间粘结破坏问题。

（3）抗拉性能　当受到拉伸荷载时，FRP筋在断裂之前没有塑性行为（屈服）。由每一种纤维组成的FRP筋的拉伸行为直到断裂都表现为弹性应力-应变关系。一些常用FRP筋的抗拉性能见表15-15。FRP筋的抗拉强度明显要超过普通钢筋，与高强钢丝差不多。

表 15-15　一些常用 FRP 筋的抗拉性能

	钢筋	GFRP	CFRP	AFRP
公称屈服应力/MPa	276～517	—	—	—
抗拉强度/MPa	483～690	483～1600	600～3690	1720～2540
弹性模量/GPa	200.0	35.0～51.0	120.0～580.0	41.0～125.0
屈服应变（%）	1.4～2.5	—	—	—
断裂应变（%）	6.0～12.0	1.2～3.1	0.5～1.7	1.9～4.7

注：纤维的体积分数在 50%～70%。

FRP 筋的抗拉强度和刚度受多个因素的影响。在 FRP 筋中，纤维是主要的承载组分，所以纤维在 FRP 中的体积分数显著影响 FRP 筋的抗拉性能。随不同纤维体积分数，FRP 筋的强度和刚度是变化的，即使是筋的直径、外观和组成相同。

值得注意的是，与钢筋不同，FRP 筋的单位抗拉强度是随其直径而变化的。例如：三种不同厂家生产的 GFRP 筋，直径从 9.5mm 到 22.2mm，抗拉强度降低达 40%。

（4）抗压性能　不推荐将 FRP 筋用于抵抗压应力。FRP 筋的抗压强度低于其抗拉强度，有研究显示，对于 GFRP 筋、CFRP 筋和 AFRP 筋，抗压强度分别是其抗拉强度的 55%、78% 和 20%。

（5）弹性模量　FRP 筋的弹性模量约为钢筋的 25%～75%，这样，在配有 FRP 筋的混凝土结构中，如果不施加预应力，则挠度较大和裂缝开展较宽将不可避免。

FRP 筋的抗压弹性模量似乎比其抗拉弹性模量小。据报道，GFRP 筋的抗压弹性模量大约是其抗拉弹性模量的 80%，对于 CFRP 筋大约是 80%，对于 AFRP 筋是 100%。

FRP 筋的应力-应变曲线接近线弹性，在发生较大变形后还能恢复原状，塑性变形小，有利于结构偶然超载后的变形恢复。

（6）抗剪性能　多数 FRP 筋复合材料的层间抗剪切能力相对较弱，由于通常没有横穿层间的增强材料，层间抗剪强度主要由相对较弱的聚合物基质控制。FRP 筋的抗剪强度一般不超过其抗拉强度的 10% 左右，比较容易发生弯折和剪切破坏。在将 FRP 筋用作预应力筋及进行 FRP 的材性试验时，需使用特制的锚具及夹具。

（7）抗弯性能　FRP 筋可以由热固性树脂或热塑性树脂制造。热固性树脂由于其分子结构在受热时会分解，因此用这种树脂制成的 FRP 筋不能弯曲。用热塑性树脂制成的 FRP 筋可以通过加热、加压进行弯曲操作。根据日本土木协会设计准则，在受弯时引入一个强度损失因子。FRP 筋弯曲部分的强度取决于弯曲部分的曲率半径与 FRP 筋直径的比值。为了精确确定 FRP 筋在弯曲时的强度损失，应该按照有关规程的测试方法实测确定。

（8）粘结性能　FRP 筋的粘结性能依赖于设计、制造工艺、筋本身的力学性能及使用环境条件。当把 FRP 筋固定在混凝土中时，粘结力通过界面的黏滞阻力、界面摩擦阻力和因界面不规则产生的机械联锁而传递。

FRP 筋与混凝土之间的粘结耐久性在很大程度上与混凝土中的湿度和碱性环境有关，这些环境条件使得聚合物和纤维/树脂界面发生退化，导致 FRP 筋的粘结强度降低。此外，混凝土保护层中的纵向裂缝也对 FRP 筋的粘结强度起不利影响。

（9）极限应变　从表 15-15 可见，FRP 筋的极限应变较小。各种 FRP 筋的极限应变一般为钢筋的20%左右，且应力-应变关系是相同的，受拉时线弹性上升直至脆断，没有普通钢筋那样的屈服平台。FRP的脆性使FRP筋不像钢筋那样具有延性，其脆性性能会限制应力的重分布；同时在FRP筋应用时，不能简单地当成钢筋计算，必须针对其性能采用合理的设计方法。

（10）电磁性能　FRP筋无磁感应，有良好的电磁绝缘性能，还有透波性能，代替钢筋使用后可使结构满足某些特殊要求，如用于雷达设施、地磁观测站、医疗核磁共振设备。

（11）可设计性　FRP筋具有优良的可设计性，可以通过使用不同的纤维材料、纤维含量和铺陈方向设计出各种强度指标、弹性模量以及特殊性能要求的FRP筋。为了改善构件的某种性能，还可以选择两种或两种以上的纤维混杂使用，以达到优化的目的。

15.12.3　玻璃钢筋在长期荷载作用下的性能

（1）松弛　在FRP松弛试验中，若试样的伸长量保持恒定，则可以测出荷载随时间递减，是时间的函数。从5kh的常温松弛试验结果可推断出100年后松弛应变约为10%~15%，而AFRP在碱性液体中的松弛应变比在空气中约多40%。因而，FRP在空气中和碱性液体中的最终松弛应变（100年后）分别为15%和20%~25%。

试验中观察到的GFRP束的松弛主要是由其生产时的缺陷（如纤维在FRP束中没有严格处于轴心位置）所引起。同钢筋一样，在以时间的对数为横坐标，应力为纵坐标的坐标系中，GFRP束由于松弛所造成的预应力损失也是一条直线。由试验中记录的5kh处对应的应力松弛损失为3.2%，从而可以导出与100年对应的应力松弛损失的数值，GFRP束的这种特性即使在较高的温度下也不会发生显著的变化。

另外，在生产商提供的产品性能表里，CFRP束在100年后的应力松弛损失约为3%，同钢筋相差不大。有关CFRP的松弛和徐变的一系列试验结果表明，CFRP的长期应力松弛很小，在一般性设计中可忽略不计，但对重要工程，为保险起见，应力松弛损失可采用3%。

（2）徐变　FRP筋在恒定荷载作用下，经历一段时间会突然断裂，这种现象称为徐变断裂或静力疲劳，这段时间称为耐受时间（或持续时间）。随着持续拉应力与FRP筋短期强度比值的增加，耐受时间缩短。有人对不同横断面的FRP筋进行了徐变破坏试验，研究结果表明，当持续应力限制在短期强度60%以内，徐变破坏不会发生。纤维在复合材料中的方向和体积率对FRP筋的徐变特性影响很大。有关研究表明，由于徐变引起的FRP筋的应变值仅是初始弹性应变的3%。

在极端不利的情况下，如高温、紫外辐射、高碱度、干湿循环、冻融循环，徐变断裂耐受时间会发生不可逆的缩短。因此，应当注意环境因素会影响徐变性能，可能使耐受时间变短。

一般来说，玻璃纤维对徐变断裂最敏感，芳纶纤维居中，碳纤维最不敏感，即CFRP筋最不易发生徐变破坏。

Yamaguchi等人对直径为6mm的GFRP筋、CFRP筋和AFRP筋进行了一系列试验，据预测50年后FRP筋的徐变断裂应力与其短期抗拉强度的比值为0.29（GFRP筋）、0.47（CFRP筋）和0.93（AFRP筋）。

在室温下把相当于50%极限强度的短期（48h）和长期（1年）持续荷载加在GFRP筋

和 CFRP 筋上，试样几乎没有发生徐变，抗拉弹性模量和极限强度变化不大。

(3) 疲劳 FRP 筋有很好的抗疲劳性。在这方面的研究大多集中在高性能纤维上（如芳纶纤维和碳纤维），因为其在航空领域的应用中受到拉-拉荷载重复作用。在荷载重复作用下的测试结果表明，在低应力比下，碳纤维-环氧树脂筋的疲劳强度比钢筋高，而 GFRP 筋的疲劳强度比钢筋低。在其他的研究中，GFRP 锚筋受到 1000 万次循环剪切荷载作用，结果表明其有良好的抗疲劳性。另一项研究中，GFRP 预应力筋承受循环荷载作用，其最大应力为 496MPa，应力范围是 345MPa。该筋在锚固区发生破坏前能承受 400 万次以上的加载循环。

2000 万次循环的拉-拉疲劳试验表明，CFRP 筋具有良好的抗疲劳性，平均应力是极限强度的 60%，最小应力是极限强度的 55%，最大应力是极限强度的 64%。这种筋的弹性模量在疲劳试验后没有发生太大变化。虽然 GFRP 筋的疲劳强度比钢筋略低，但在大部分土木工程建造中其疲劳强度还是足够的。

影响 FRP 筋力学特性的因素很多，如温度、湿度、荷载作用时间、紫外线作用和腐蚀等。例如：在潮湿的环境中，FRP 筋吸收过量的水分后强度和刚度会大大降低，树脂的特性发生改变，筋膨胀和翘曲，因此最好选用具有抗潮湿性的树脂。在寒冷地区还要考虑冻融循环作用的影响。FRP 筋尽管有很好的耐蚀性，但在特定的环境中也会破坏，必须根据具体情况选取适宜的材料。例如：混凝土在刚浇注时就是碱性的，这时需用耐碱玻璃纤维。

15.12.4 玻璃钢筋的耐热性能

FRP 筋受热时，既影响其力学性能，也影响其与混凝土的粘结性能，这是由于纤维、树脂、FRP 筋及混凝土的热膨胀系数有较大的不同。FRP 筋的热膨胀系数在纵向比混凝土低一些或基本一致，但在横向要高 5～8 倍。在一些特殊情况下，当有高的温度变化时，大的热膨胀系数差值可在筋的表面产生较大径向压力，导致混凝土保护层的纵向开裂。这说明混凝土保护层要做够厚的重要性，尤其是使用 AFRP 筋时。

热效应也影响树脂的老化，从而影响 FRP 筋的剩余强度。FRP 筋的抗拉强度和弹性模量也会受到温度的影响。在混凝土结构的服务温度范围（-20℃～60℃），CFRP 筋的弹性模量降低是可以忽略的，但是 AFRP 筋和 GFRP 筋可以观察到轻微下降。只有当温度高到使树脂发生性能退化时，FRP 筋的抗拉强度才发生变化。

聚合物材料通常是可燃的，或在火灾中会受到伤害。因此，FRP 筋的耐火性能或耐高温性能基本上由制造 FRP 的树脂决定。温度高于 150～200℃，树脂就会软化、熔化或着火。纤维本身或多或少能耐更高的温度，如芳纶纤维到 200℃，玻璃纤维到 300～350℃，而碳纤维在没有氧气的环境中可以达到 800～1000℃。

研究表明，除了纤维类型，FRP 筋的表面形状对其耐火性能和在高温下的行为也有重要影响。由于温度对碳纤维本身没有什么影响，CFRP 筋表现出最好的性能。与 CFRP 圆棒相比，CFRP 股和编制束的抗拉强度在 400℃时下降约 20%，而 CFRP 圆棒没有损失。AFRP 筋在 400℃时的抗拉强度下降约 60%，与表面形状无关。研究还注意到从 300℃冷却到室温后的试验试样的抗拉强度没有下降。

由 FRP 筋增强的混凝土梁在高温荷载下的挠度也与所用配筋的表面形状有关。有 GFRP 增强梁的挠度和有 AFRP 或 CFRP 编制束增强梁的挠度大于钢筋增强梁。螺旋形缠绕的或平直的 CFRP 棒增强梁产生了好的结果，其挠度大约是钢筋增强梁的1/5。

有研究表明，随着温度升高，GFRP 筋的极限抗拉强度和极限应变下降明显，而高温作用对 GFRP 筋的弹性模量影响较小。高温下直径 16mm 的 GFRP 筋的极限抗拉强度和弹性模量比直径为 22mm 和 25mm 的高。

试验显示，在 60℃以下时，采用以树脂为基体的 FRP 筋，其松弛和徐变对温度不敏感，而以其他材料为基体的 FRP 筋，温度变化会影响其松弛和徐变。

AFRP 筋在 60℃时的徐变系数与 20℃时没有太大变化，但高温会加速 AFRP 筋的老化。这说明，高温会促进纤维结构的破坏，AFRP 筋在 60℃时从加载到发生断裂的时间只有 20℃时的 1/10 ~1/15。

15.12.5 玻璃钢筋的耐久性

玻璃钢有良好耐蚀性，FRP 筋可以在酸、碱、氯盐和潮湿的环境中长期使用，这是传统结构材料难以比拟的。在化工建筑、盐渍地区的地下工程、海洋工程和水下工程中，FRP 材料耐腐蚀的优点已经得到实际工程的证明。一些发达国家已经开始在寒冷地区和近海地区的桥梁、建筑中较大规模地采用 FRP 结构或 FRP 配筋混凝土结构以抵抗除冰盐和空气中盐分的腐蚀，极大地降低了结构的维护费用，延长了结构的使用寿命。

（1）碱环境的影响　碳纤维不吸收液体，而且能够抵抗酸、碱和有机溶剂，因此，碳纤维在任何恶劣环境下都没有明显的损坏。

众所周知，玻璃纤维在碱性环境中会受到侵蚀。因此，用树脂保护玻璃纤维是非常重要的。对混凝土中和在强碱溶液中的 GFRP 筋的研究表明，玻璃纤维由于碱的作用而受到明显劣化，而与树脂无关。根据碱溶液的饱和度和作用时间，抗拉强度的下降幅度在 30% ~100%。乙烯基酯树脂表现出最好的保护能力。加速试验的结果比在混凝土中表现出更严重的劣化程度。玻璃纤维在碱环境中的劣化程度与纤维的类型有密切关系。

芳纶纤维在碱环境中也会产生劣化，但是比玻璃纤维的劣化程度低，也可能与实际的纤维产品有关。抗拉强度的降低程度在 25% ~50%。碱环境可以破坏树脂分子间的链接。乙烯基酯树脂抵抗碱的能力是最好的，环氧树脂有足够的抵抗能力，而聚酯树脂的抵抗能力较差。

（2）氯离子的影响　在海洋、使用除冰盐等环境下，氯离子会渗透入混凝土中，加速钢筋腐蚀。有氯离子存在时，FRP 筋也有被腐蚀的风险。CFRP 筋和 AFRP 筋对氯离子是不敏感的，但是芳纶纤维好像不适用于海洋环境，因其膨胀会引起一些难题。试验研究表明，在海洋环境或有可能导致腐蚀破坏的除冰盐存在时，GFRP 筋可产生严重损坏。

（3）紫外辐射的影响　聚合物材料在受到紫外辐射时会产生相当程度的劣化。混凝土中的 FRP 筋因受到保护而不直接受到太阳光的照射，但是储存在室外或作为外部加强筋使用时，就会暴露在紫外辐射环境中。GFRP 筋和 CFRP 筋的劣化是由于树脂基质的劣化引起的。直接暴露在阳光下 2500h 后，GFRP 筋的抗拉强度和弹性模量的下降小于 10%，而对于 CFRP 筋可以忽略不计。芳纶纤维本身就会因紫外线辐射而劣化。

研究结果表明，AFRP 筋对紫外线比较敏感，而 GFRP 筋和 CFRP 筋对紫外线的免疫能力比较好。

（4）水和湿度的影响　在新拌混凝土中，FRP 筋与水接触是不可避免的。水可以被高分子吸收进入其化学链中，并且可以产生较弱的化学反应而导致高分子的特性（如强度，弹性模量，黏结性）发生相当大的变化。这些效应是可逆的，但是树脂的肿胀可在基质中产生微裂纹，而使纤维失去黏结性和更高的渗透性。一般来说，乙烯基酯树脂抵抗吸水的能力最好，环氧树脂有足够的抵抗能力，而聚酯树脂的抵抗能力较差。

对于纤维来说，与芳纶纤维相比，碳纤维和玻璃纤维不吸收水。芳纶纤维吸水引起的抗拉强度降低及弹性模量或松弛的变化是可逆的，而引起的疲劳强度的降低是不可逆的。AFRP筋因吸水而引起的性能降低约为15%～25%。由于AFRP筋肿胀，干湿循环（如在海洋结构的浪溅区）会引起开裂，而导致混凝土破坏。

Starkova等人将GFRP筋、CFRP筋和AFRP筋放在20±3℃，RH=97%±2%的湿环境中，进行了长达15年的研究。用层间剪切强度（Interlaminar Shear Strength，ILSS）表示这些筋的耐久性。FRP筋在湿环境中的长期暴露试验结果为ILSS下降10%～50%。不论吸水率是多少，样品干燥后的性能保持率约为90%。

（5）冻融的影响　在寒冷地区，混凝土工程结构经常会遭遇冻融循环的作用，对于道路、桥梁等，还经常会遭遇到冻融和除冰盐环境的耦合作用。

Tannous对CFRP筋和AFRP筋在－30～60℃的空气环境中进行了1200次的冻融循环，冻融循环制度为：在－30℃环境中放置2h后紧接着再在60℃的环境中放置2h。试验结果表明，在空气湿度环境下的冻融循环对两种类型的FRP筋的力学性能均没有明显影响。

张新越等采用快速冻融试验机对环氧树脂基的CFRP筋和GFRP筋进行了50～300次的冻融循环试验。FRP筋被直接浸入水中，一次循环包括1h的冷冻和2h的解冻，温度区间为－17.8～7℃。试验结果表明，经历300次冻融循环后，CFRP筋的抗拉强度降低了2.16%，弹性模量提升了5.38%；GFRP筋的抗拉强度降低了9.4%，弹性模量提升了5.79%。

Chen将GFRP筋在含氯离子的碱溶液中进行了300次的冻融循环，冻融循环制度为：－20℃中浸泡30min，然后在90min内升温至20℃，在20℃中浸泡30min后再在90min之内降低至－20℃。试验结果发现，300次的冻融循环后GFRP筋的抗拉强度反而提高了4%。

（6）极端温度环境的影响　当FRP筋应用于极度寒冷地区时，会遭遇极低温环境；当遭受火灾时，其会遭遇极高温环境。Wang对CFRP筋和两种直径的GFRP筋进行了高温下的抗拉强度测试。试验结果表明，在500℃的温度下，FRP筋的强度几乎为零，温度低于300℃时，弹性模量的降低较小，超过400℃后，弹性模量急速降低。Robert对GFRP筋分别在－100～0℃的低温环境和23～315℃的高温环境下的抗拉、抗剪和抗弯性能进行了试验研究。试验结果表明，在－40～50℃的区间内，GFRP筋的性能较为稳定，当温度低于－50℃时，GFRP筋的力学性能都得到了提高，其中当温度为－100℃时，GFRP筋的抗拉、抗剪和抗弯性能分别提高了19%、44%和67%。当温度超过树脂的玻璃化温度（T_g=120℃）后，筋材力学性能急剧降低。同时也发现，温度对抗拉性能的影响要弱于其对抗剪和抗弯性能的影响。

（7）不同因素的耦合作用　温度升高明显加强吸水和碱液的影响，温度从20℃到60℃，GFRP筋和AFRP筋的劣化速率加倍。海洋浪溅区的干湿循环加速了紫外辐射对AFRP筋的劣化作用。碳化对FRP筋的耐久性似乎没什么影响。

综上所述，FRP筋既有优点，又有不足，ACI在其报告（ACI 440.1R-15）中对使用FRP筋时应考虑的问题进行了总结。

FRP 筋有哪些性能优势?

1）耐氯离子和化学侵蚀。

2）轻质、高强（密度仅为钢材的 1/5 到 1/4，强度高于普通钢筋）。

3）在电磁场中绝缘（GFRP 筋、BFRP 筋）。

4）不导电、绝热性好（GFRP 筋、BFRP 筋）。

5）混凝土保护层可以更薄。

6）不需要在混凝土中添加额外的阻锈剂（甚至可以直接使用海水、海砂配制混凝土）。

7）耐疲劳性能好。

8）用于临时性结构中时，易于被切割清理。

9）相比于涂层钢筋，FRP 筋对施工过程中的细微损伤不敏感。

FRP 筋与普通钢筋比有哪些性能区别?

1）FRP 筋是线弹性材料，而钢筋为弹塑性材料。

2）FRP 筋是各向异性材料，而钢筋为各向同性材料。

3）FRP 筋的弹性模量较低，其增强构件的配筋往往由正常使用极限状态的要求控制。

4）FRP 筋的徐变系数要高于钢筋。

5）FRP 筋纵向和环向的热膨胀系数不同。

6）FRP 筋在火灾和高温下的耐受时间要比钢筋短。

7）当 FRP 筋因环境作用出现性能退化时，其带来的影响是较为温和的，而钢筋发生锈蚀时，锈蚀产物的体积膨胀会导致混凝土开裂。

FRP 筋适宜应用在哪些领域?

1）经常遭受氯盐或化学离子侵蚀的混凝土结构。

2）要求电磁绝缘的混凝土结构。

3）替换环氧涂层钢筋、镀锌钢筋或不锈钢筋。

4）在隧道工程和采矿工程中，作为临时支护结构的内部增强筋，在后续会被机械切割清理。

5）对导热性能有较高要求的结构中。

6）在海工大体积混凝土结构中，配合普通钢筋，用在大体积混凝土的外围。

第 16 章

建筑饰面材料

16.1 概述

建筑饰面材料属于装饰材料，一般是指建筑物的罩面材料，包括室内室外的墙面装饰材料、顶面装饰材料和地面装饰材料。按照材质分类有石材、木材、无机矿物、涂料、纺织品、塑料、金属、陶瓷、玻璃及纸品等，市场上销售分类还有板材、线材、纤维制品、胶凝材料、骨架材料、管线材料、五金配件等。饰面材料给人以美感，还兼有隔热、防水防潮、防火、隔声及保护功能，近年来国内外不断推出绿色环保的新型饰面材料。饰面材料常用的有乳胶漆、壁纸、墙面砖、涂料、饰面板、墙布、木门等。建筑装饰靠各种材料来实现，不同材料的色彩、质感、触感、光泽会影响到建筑物内的工作生活环境。

墙面装饰材料可以保护墙体和墙体内部铺设的电线、水线、网线、电视信号线等隐蔽工程，保证室内环境舒适美观，保证室内隔声、防水防潮、防火，兼顾外形色彩与质感；顶面装饰材料由于使用位置和功能不同，具有耐脏和装饰特点，色彩方面简洁浅淡或白色，配合灯具，增加室内亮度，造型有平板、层叠、浮雕及镂空等样式；地面装饰材料保护楼板及地面，要求强度、硬度和耐擦洗、抗腐蚀功能，此外还需具有防潮、防滑、光洁等基本功能，地面装饰与原地面留有一定空间，以便地面走线、铺设管道等，其材质和颜色体现现代装饰的主题，给人的感受不同，因此材料选择需要更加人性化。装饰材料的选择要考虑以下几个方面。

(1) 地域及气候　不同地域如南北方有着不同的气候，主要是温湿度的不同，对材料的选择和使用均有重要的影响。南方气候潮湿、炎热，选材应该多选含水率低、耐潮湿、具有冷感的装饰材料，而北方相对干燥，采暖的空间内多采用传热系数低的材料，使人感觉温暖舒适。

(2) 空间及部位　不同功能的建筑物空间不同，如歌舞厅、会堂、医院、餐厅、大堂、卧室、厨房、卫生间等，对材料的选择要求不同。宽大空间装饰材料选择大线条图案，表面材料粗犷坚硬，有立体感和隔声效果；私人卧室则可以选择清新明快淡色调的材料，材料富有弹性、防滑和质地柔软特性，以哑光漆、壁纸、墙布为佳。此外不同的装饰部位如墙面、地面、顶面、玄关、电视墙、立柱等，对材料的选择也不同，需要考虑坚固性、防灰尘、耐磨性等。

(3) 经济性及功能性　选择装饰材料需要考虑经济性和功能性，不同星级的装修标准应区别对待，总之，对声、光、热、防水、防火、电路等标准不同，材料的质量安全及相应的功能要求必须满足。

16.2 墙体饰面涂料

墙体饰面涂料用于建筑墙面起装饰和保护作用，使建筑墙面美观整洁，同时也能够延长其使用寿命。墙体饰面涂料按建筑墙面包括内墙涂料和外墙涂料两大部分。内墙涂料注重装饰和环保，外墙涂料注重防护和耐久。人们希望装饰效果流光溢彩、美轮美奂，高贵典雅、浪漫、温馨；也更希望材料本身无污染、健康环保，个性而又富有立体感，如质感涂料主要就是运用特殊的工具在墙上塑造出不同的造型和图案，使空间更加立体和真实美观大方。质感涂料丰富而生动，以其变化无穷的立体化纹理、多选择的个性搭配，令人耳目一新，正在向丰富多彩、时尚、健康环保趋势发展，展现出独特的空间视角。

涂料施工的主要工序按顺序为铲墙皮⟶胶贴裂缝⟶石膏找平⟶白乳胶贴布⟶刮腻子⟶细砂纸打磨⟶涂底漆⟶涂乳胶漆面漆⟶养护 7 ~ 10d。购买涂料时如果闻到刺激性气味，那么就需要谨慎选择；打开涂料桶，如果出现严重的分层现象，表明质量较差；用棍轻轻搅动，抬起后，涂料在棍上停留时间较长、覆盖均匀，说明质量较好；用手蘸一点，待干后用清水很难洗掉的为好；用手轻捻，越细腻越好。认真检查产品的质量合格检测报告，注意明示标识是否齐全。对于进口涂料，最好选择有中文标识及说明的产品。

16.2.1 合成树脂涂料

以合成树脂为主要成膜物质的涂料，称为合成树脂涂料。合成树脂涂料以石油化工产品为基础，名目繁多、性能优良，并已成为现代涂料的主要品种。近几十年来，由于石油化学工业发展很快，合成树脂涂料已成为涂料工业的中心，约占整个涂料产量的 70% 以上。其力学性能、装饰和防护等综合性能均优于油脂涂料及天然树脂涂料。自 1909 年出现酚醛树脂涂料以来，合成树脂涂料发展很快。20 世纪 80 年代初，美国合成树脂涂料已占涂料总产量的 90%。1984 年，中国合成树脂涂料约占涂料总产量的 50%。

合成树脂乳液内墙涂料又称为内墙乳胶漆，以合成树脂乳液为基料，与颜料、体质颜料及各种助剂配制而成。漆膜具有良好的耐水性、耐碱性、耐洗刷性、防霉性等主要特性，色彩柔和，用于室内新旧灰泥、砂浆、混凝土等材质的墙体涂装。执行 GB/T 9756—2018 标准，颜色有多种适宜的色彩（参考色卡）；光泽有丝光、柔光、半光、哑光等；表面干燥时间≤2h；耐洗刷性，优等品 6000 次、一等品 1500 次、合格品 350 次。施工时用 10% ~ 20% 清水稀释，彻底搅匀，刷、辊或喷涂均可。施工完毕，用清水洗工具。施工环境要求，温度不低于 10℃，湿度不高于 85%。施工表面应平整、光滑、干燥、无裂缝，建议涂 1 ~ 2 道抗碱底漆，再涂 2 ~ 3 道内墙乳胶漆，复涂间隔时间为 2h 以上（25℃，50% 相对湿度）。

16.2.2 水性外墙涂料

乳胶漆是以合成树脂乳液为基料，加入颜料、填料及各种助剂配制而成的一种水性涂料，是室外装饰装修最常用的墙面装饰材料。乳胶漆与普通油漆不同，其以水为介质进行稀释和分解，无毒无害，不污染，无火灾危险，施工简便，消费者可以自己涂刷。乳胶漆分高、低等级两种，高档具有水洗功能，可以用清水擦洗。外墙乳胶漆结膜干燥快，施工工期短，可以随意配制不同颜色和光泽，节约装饰成本。目前常见的有多乐士、立邦、华润、三棵树、嘉宝莉、大师漆、紫荆花、美涂士、德高、晨阳水漆等水性乳胶漆品牌。

16.2.3　水溶性内墙涂料

水溶性内墙涂料是以水溶性聚合物为基料，加入一定量的颜料、填料、助剂和水，经研磨、分散后制成的，如聚乙烯醇水玻璃内墙涂料、聚乙烯醇甲醛内墙涂料和仿瓷内墙涂料等都是水溶性内墙涂料。低等级水溶性内墙涂料，常见的有 106 和 803 涂料。106 涂料是以聚乙烯醇和多种无机高分子材料，经过高温反应的合成物为主要成膜物，配以重钙粉、滑石粉、轻钙粉、立德粉，经过高速分散、研磨、过滤而成。聚乙烯醇甲醛内墙涂料（通称为 803 涂料）是继 106 涂料后出现的又一种价廉物美的内墙涂料。803 涂料是以聚乙烯与甲醛进行反应生成半缩醛后，再以氨基化的建筑胶水（通称为 801 建筑胶水）为基料，加入颜料、填料、添加剂等组分，经高速分散、研磨而成。

16.2.4　仿石涂料（真石漆）

仿石涂料（真石漆）是以纯丙烯酸聚合物和天然彩石为原料，是由底漆层、真石漆层、面漆层组成的复层涂料，多用于建筑物的外墙涂装。特点是立体感强，可施工成仿花岗岩和仿砖等各种样式，装饰效果好，给人以古典高雅的感觉。涂层厚，耐候性好，耐沾污性好。施工使用方便、工艺简单、省时易干、施工工具可用水清洗、耐水、耐污染性好、遇水涂膜不泛白、质感好、易造型、表现力强。真石漆最先用于建筑外墙装饰，近年来用于室内装修，主要用于室内的背景墙、造型墙等装饰造型丰富的位置，装饰效果丰富自然、质感强、有良好的视觉冲击力，衬托出高雅、庄重和谐的气氛。真石漆施工时应注意以下几点。

1）底漆及主料为水性物品，无毒不燃，无腐蚀，按非危险品办理贮运，存放于阴凉干燥处，贮存温度最好在 5～30℃。面漆为易燃物，贮存、运输时注意防火防爆，防止高温及日晒雨淋。

2）施工时环境温度最好在 10℃以上，相对湿度必须保持 5%以上。户外施工时，阴雨及有风天气（风力 4 级以上）不能施工。

3）现场可喷涂部分应包装隔离，以免沾污后难以去除。底漆及主料施工用完后，立即用自来水将施工工具冲洗干净；面漆专用工具用完后必须用配套的稀释剂清洗。

16.3　墙纸与墙布

墙纸与墙布都是传统的家居装饰材料，价格低廉。墙纸又称为壁纸，一般由纸基、油墨和壁材三部分组成，表面印刷各种图案。墙纸市场上以塑料墙纸为主，其最大优点是色彩、图案和质感变化无穷，远比涂料丰富。选购墙纸时，主要是挑选其图案和色彩，注意在铺贴时色彩图案的组合，做到整体风格、色彩相统一。墙纸的色彩非常纯正，墙面涂漆可能会出现微小的色差，但壁纸从选购到贴到墙上颜色不会发生变化，不用担心有色差；墙纸健康环保，乳胶漆很多成分长期与空气接触之后都会产生对人体有害的化学物质，如可能释放甲醛气体。墙布采用特定的黏合胶，没有气味，环保指标符合国家室内装饰规定要求，当天施工当天就可以入住；墙纸很少使用胶水，施工完成后，一般3d就可以入住。墙布又称为壁布，裱糊墙面的织物，用棉布为底布，并在底布上施以印花或轧纹浮雕，也有以大提花织成，所用纹样多为几何图形和花卉图案。表面为纺织材料，也可以印花、压纹，其特点是视觉舒适、触感柔和、少许隔声、高度透气、亲和性佳。采用纳米技术和纳米材料对纺织品及棉花进行处理，并把棉花织成针刺棉作为墙布的底层，使表层的布和底层的针刺棉都具有阻燃、隔热、保温、吸声、隔声、抗菌、防霉、防水、防油、防污、防尘、防静电等功能。墙布原材料是聚酯纤维，档次稍高，但墙纸的材料是木质纤维，手感和质感都很好，但在质感上墙布比墙纸更胜一筹。

从使用持久性来看，墙纸色牢度比较差，长时间铺贴会褪色，泛黄，从而破坏室内环境；无缝墙布由于是聚酯纤维合并交织而成，具有较好的固色能力，能长久保持铺贴效果。从保养情况来看，墙纸在空气湿度大的环境下容易滋生霉菌，不但破坏了装饰效果，墙纸也会被破坏不可修复；墙布防潮透气性明显强于墙纸，一旦污染极易清洗，同一部位擦拭多次不会擦毛或破损，且不留痕迹。

16.4 墙面装饰板

新房装修要用到很多装饰材料，墙面装饰板就是其中一种。目前市面上墙面装饰板的种类越来越多，它的装饰效果也逐渐增强。墙面装饰板的种类有3种：①实木板，比较常见的有胶合板和细木工板，具有强度高、吸声、隔热等效果，主要用于隔断、夹墙等，但实木板不耐潮；②板材，最常用的板材是装饰板和密度板，板材不仅平整光滑，而且密度也很大，性能稳定，制作工艺更简单更环保；③片材，有刨花板和集成材，经过多重压制和复合制成的特殊面板，具有吸声和防火耐潮性能。

墙面装饰板施工流程包括以下步骤：第1步，先确定其所要安装的位置，把线弹好，然后按图样找出标高、平面位置；第2步，预埋件处理，如排列间距尺寸和位置符合装龙骨的要求；第3步，在墙面装饰板上涂一层防潮层，木护墙和木龙骨安装一定要先找平，骨架和木砖中间要垫木垫，木砖一定要用两个以上的钉子钉牢，木龙骨和墙体的接触面要进行防腐处理，其他三面要涂刷防火涂料；第4步，龙骨安装检验合格后再安装15mm厚细木工板用来做衬板，施工时一定要钉牢固，其次拼接板之间要留出5mm左右的伸缩缝隙；第5步，墙面装饰板安装时可以按不同房间的风格来进行。

16.4.1 竹木装饰板

竹木装饰板取材自天然的竹、木，但树木与竹子不同，其生长较为缓慢、产量有限，为了珍惜自然资源，响应绿色建材的理念，开发出能发挥其最大功效的系列产品。透过修边材料或其他装饰技法将其掩饰、美化，产品材质可完全经由环境自然分解，取之于自然，回归于自然，才能永续利用。

16.4.2 人造玉石板

人造玉石板重量较天然石材轻盈，使得施工较为容易，不易脱落，可减少墙面及地板负载重量；人造玉石的透光效果明显、色差小、可塑性高，适应复杂造型的能力与效果是天然石材无法比拟的，而材质坚硬、不易碎、便于运送等优点，还可节省运送成本和减少包装费用。

16.4.3 椰壳板

椰壳板为自然环保建材之一，将原本废弃不用的空椰壳，制成具有装饰性的建材，其硬度极高，具有良好耐磨性，甚至可媲美高级木材，其本身经过裁切后，仍保有自然弯曲的弧度，立体感十足。此外，每个椰壳的色泽、曲度、纹路、厚度等条件，与人造建材不同，每片之间都会有些许的不同，因而具有变化性，视觉上活泼。

16.4.4 透光板

透光板的透光性佳，内部放置人工冷光，光线经过石材透射出人造石材纹路，呈现石材半透明的美感；除了作为装饰性用途外，还具有壁面分隔空间的实用性，且能有效隐藏灯管线路；在公共建筑、商业空间及家庭装饰等地方常能见到，适合用于屏风分隔墙、透光背景墙、透光方圆包柱、吧台、展示柜等需要间接照明的场所。

16.4.5 生态树脂板

生态树脂板可以制作成全透明或半透明的产品。全透明的生态树脂板具有和玻璃相同的效果，可以将其内含夹藏物清楚地呈现，其透明性使得后面的装潢摆设等背景一览无遗，空间感较大，缺点是缺乏隐蔽性，有刮痕也会很明显；半透明性或雾面的真藏板则没有这个问题，稍微刮伤是看不出来的，在保养上较为轻松简便，兼具采光性与屏风的遮蔽、分隔效果，生态树脂板的内容物也能清楚地呈现出来，较玻璃更具有装饰性。

16.5 地面装饰材料

地面装饰材料有很多，一般应具有安全性，如阻燃、防滑、电绝缘等；还应具有舒适性，如行走舒适有弹性、隔声吸声等；装饰性，具有美感；耐久性，节省费用与消耗等。室内地面装饰材料石材高雅华丽、装饰效果好；陶瓷地砖坚固耐用、色彩鲜艳、易清洗、防火、耐腐蚀、耐磨、较石材质地轻，应用广泛；木地板古朴而大方且有弹性，行走舒适、美观隔声；地面涂料适应性强、价格低廉、花色品种多、施工方便；塑料地板使用性能较好、适应性强、耐腐蚀、行走舒适、花色品种多、涂料装饰效果较好、价格适中；纯毛地毯质地优良、柔软弹性好、美观高贵，但价格昂贵且易虫蛀霉变；化纤地毯重量轻、耐磨、富有弹性而脚感舒适、色彩鲜艳且价格低于纯毛地毯。

地面装饰材料的选择如下：由于客厅活动频繁，客厅的地面最好是使用瓷砖作为装饰材料，看着简洁明朗又大气，客厅的地面瓷砖应该尽量选择尺寸较大的瓷砖，一般在600mm × 600mm 以上的瓷砖；客房及居室地面装饰材料可以选择实木地板，噪声小，保温不散热没有冷感；厨房、卫生间地面材料比较潮湿，污渍多，要先做防水，通常选择瓷砖作为地面的装饰材料，宜选择尺寸较小的瓷砖，表面最好是有磨砂纹理的瓷砖，既能够防水防滑还方便清洁卫生；阳台根据不同的使用功能选择，如果是普通用来晾晒衣物和透光通风的话，地面以瓷砖为主，能够防水，方便清洁，如果用于休闲茶吧式的装饰则应该使用木条；储物间地面材料首选瓷砖，能够承受重物和尖锐物体的挤压。

16.6 顶棚装饰材料

顶棚装饰材料很多，主要使用的是各种装饰板，有金属装饰板、木质装饰板、石膏装饰板、岩棉装饰板、玻璃纤维装饰板及各种复合材料装饰板。

目前常用的顶棚装饰板有石膏顶棚装饰板、纸面石膏装饰板。板条抹灰顶棚是传统的吊顶形式之一，所用的材料主要为大小木龙骨、优质木板条及吊杆和顶棚涂料；石膏板材顶棚是生活中较为常用的一种，主要材料为石膏板，具有轻便、防火、色调舒适且具有良好的装饰效果；粘贴板顶棚既可用于顶棚装修，也可用于有吊顶的顶棚龙骨安装，常用材料有钙塑板、硬聚氯乙烯塑料板、塑料复合板、胶合板、纤维板等，其特点是质轻、美观洁净、保暖耐磨、易擦洗、弹性好，尤其常用于厨房、卫生间等地方。

16.7 隔墙及吊顶材料

轻钢龙骨的宽度通常被用来称为龙骨的型号，一般依据隔墙吊顶选择轻钢龙骨的规格。例如：宽度为50mm的龙骨称为50型龙骨，轻钢龙骨墙体材料有50型、75型、100型、150型等几种，龙骨的长度分为3m、4m两种，厚度从0.4mm到2.0mm不等。纸面石膏板每标准张（2400mm×1200mm）价格在22~30元。加上辅助材料费用及人工费用，一般轻钢龙骨隔断墙的装饰价格在90~150元/m^2。

一般情况下，用纸面石膏吊顶时多数人会选择轻钢龙骨，龙骨的镀锌有两种，一种是热镀锌，一种是冷镀锌。热镀锌价格高，冷镀锌价格低。吊顶龙骨由承载龙骨（主龙骨）、覆面龙骨（辅龙骨）及各种配件组成，分为D38（UC38）、D50（UC50）和D60（UC60）三个系列。D38用于吊点间距900~1200mm不上人吊顶，D50用于吊点间距900~1200mm上人吊顶，D60用于吊点间距1500mm上人加重吊顶，U50、U60为覆面龙骨，其与承载龙骨配合使用。墙体龙骨由横龙骨、竖龙骨及横撑龙骨和各种配件组成，有Q50（C50）、Q75（C75）、Q100（C100）和Q150（C150）四个系列。隔墙吊顶材料要求用滚涂板，材质环保性强，不易泛黄氧化，采用无烙处理液进行操作，弥补了腹膜板易变色的缺陷；滚涂油漆含有活性化学分子，促使材料表面形成一种保护层，满足环保要求。隔墙可以红砖隔墙比较好，吊顶可以用埃特板或者石膏板。轻钢龙骨隔墙吊顶就是经常看到的天花板，造型天花板是用轻钢龙骨做框架，然后覆上石膏板做成的。轻钢龙骨吊顶按承重分为上人轻钢龙骨吊顶和不上人轻钢龙骨吊顶。彩钢板隔墙吊顶规格有1150mm×50mm、1220mm×2440mm等。

轻钢龙骨石膏板隔墙的主要材料及配件如下。

1）轻钢龙骨主件。沿顶龙骨、沿地龙骨、加强龙骨、竖龙骨、横龙骨应符合设计要求。

2）轻钢骨架配件。支撑卡、卡托、角托、连接件、固定件、附墙龙骨、压条等应符合设计要求。

3）紧固材料。射钉、膨胀螺栓、镀锌自攻螺钉、木螺钉和黏结嵌缝料应符合设计要求。

4）填充隔声材料。按设计要求选用。

5）罩面板材。纸面石膏板规格、厚度由设计人员或按图样要求选定。主要机具包括直流电焊机、电动无齿锯、手电钻、螺钉旋具、射钉枪、线坠、靠尺等。轻钢骨架、石膏罩面板隔墙施工前应先完成基本的验收工作，石膏罩面板安装应待屋面、顶棚和墙抹灰完成后进行，设计要求隔墙有地枕带时，应待地枕带施工完毕，并达到设计程度后，方可进行轻钢骨架安装。工艺流程为轻隔墙放线──→安装门洞口框──→安装沿顶龙骨和沿地龙骨──→竖龙骨分档──→安装竖龙骨──→安装横龙骨卡档──→安装石膏罩面板──→施工接缝──→面层施工。

石膏罩面板施工需要：

1）检查龙骨安装质量、门洞口框是否符合设计及构造要求，龙骨间距是否符合石膏板宽度的模数。

2）安装一侧的纸面石膏板，从门口处开始，无门洞口的墙体由墙的一端开始，石膏板一般用自攻螺钉固定，板边钉距为200mm，板中间距为300mm，螺钉距石膏板边缘的距离不得小于10mm，也不得大于16mm，自攻螺钉固定时，纸面石膏板必须与龙骨紧靠。

3）安装墙体内电管、电盒和电箱设备。

4）安装墙体内防火、隔声、防潮填充材料，与另一侧纸面石膏板同时进行安装填入。

5）安装墙体另一侧纸面石膏板。安装方法同第一侧纸面石膏板，其接缝应与第一侧纸面石膏板错开。

6）安装双层纸面石膏板。第二层板的固定方法与第一层相同，但第三层板的接缝应与第一层错开，不能与第一层的接缝落在同一龙骨上。

纸面石膏板接缝做法有三种形式，即平缝、凹缝和压条缝，可按以下程序处理。

1）刮嵌缝腻子。刮嵌缝腻子前先将接缝内浮土清除干净，用小刮刀把腻子嵌入板缝，与板面填实刮平。

2）粘贴拉结带。待嵌缝腻子凝固即行粘贴拉结材料，先在接缝上薄刮一层稠度较稀的胶状腻子，厚度为1mm，宽度为拉结带宽，随即粘贴拉结带，用中刮刀从上而下一个方向刮平压实，赶出胶状腻子与拉结带之间的气泡。

3）刮中层腻子。拉结带粘贴后，立即在上面再刮一层比拉结带宽80mm左右、厚度约1mm的中层腻子，使拉结带埋入这层腻子中。

4）找平腻子。用大刮刀将腻子填满楔形槽与板抹平。根据设计要求，可做各种墙面装饰、纸面石膏板墙面饰面。

质量问题如下。

1）墙体收缩变形及板面裂缝。原因是竖龙骨紧顶上下龙骨，没留伸缩量，超过2m长的墙体未做控制变形缝，造成墙面变形。隔墙周边应留3mm的空隙，这样可以减少因温度和湿度影响产生的变形和裂缝。

2）轻钢骨架连接不牢固。原因是局部节点不符合构造要求，安装时局部节点应严格按图规定处理。钉固间距、位置、连接方法应符合设计要求。

3）墙体罩面板不平。多数由两个原因造成：一是龙骨安装横向错位，二是石膏板厚度不一致。明凹缝不均：纸面石膏板拉缝不很好掌握尺寸；施工时注意板块分档尺寸，保证板间拉缝一致。

第 17 章

建筑门窗与小五金

17.1 概述

门窗既是建筑物围护结构的重要组成部分，也是建筑物重要的装饰部分。在进行房屋设计时，要根据建筑物等级、性质、立面及风格选用适宜的门窗。为了满足使用要求，门窗必须具有以下功能：密闭、保温、隔声、采光、通风、抗风雨及足够的力学性能。

门窗的种类有：①不同材质的门窗，木门窗、钢门窗、铝合金门窗和塑料门窗；②不同开启方式的门窗，平开窗（门），推拉窗（门），翻转窗（上、下翻转）和悬窗（上、中、下悬）；③特殊需求的门窗，折叠门、自由门、卷帘门、保温门和防火门等。

17.2 木门窗

1. 木门分类及规格

木门按用途分为专用木门及阳台门；按形式分为平开（推拉）大木门及对开门（双扇、四扇）等，其规格见表 17-1。

2. 木窗的分类及规格

木窗按用途分为木隔断窗及全木外窗，其规格见表 17-2 和表 17-3。

表 17-1　木门的规格

类型	规格/mm
阳台门及专用门	宽 750、1200、1500、1800、2100 高 2100、2250、2400
中小学专用门	宽 900、1000、1300 高 2100、2700
拼板门	宽 1000、1500、1800、2100、2400、3000 高 2100、2400、2700
平开（推拉）大木门	宽 3000、3300、3600 高 3000、3600
对开门（双扇、四扇）	宽 1500、1800、2400、2700、3000 高 2100、2400、2700、3000、3300

表 17-2 木隔断窗的规格

型号	洞口尺寸/mm	开启方向	门窗扇特征	适用范围
C00	600×1680	上部固定，下部推位	全玻璃窗扇	玻璃隔断或门连窗
C01	900×1680	上部固定，下部推位	全玻璃窗扇	玻璃隔断或门连窗
C02	1200×1680	上部固定，下部推位	全玻璃窗扇	玻璃隔断或门连窗
C03	1500×1680	上部固定，下部推位	由 C00、C01 组成	用于玻璃隔断
C04	1800×1680	上部固定，下部推位	由二樘 C01 组成	用于玻璃隔断
C05	2100×1680	上部固定，下部推位	由二樘 C00 组成	用于玻璃隔断
C06	2400×1680	上部固定，下部推位	由二樘 C02 组成	用于玻璃隔断

表 17-3 全木外窗的规格

类型	规格/mm	适用范围
平开木窗	宽（与高相同）600、900、1200、1800、2100、2400	工业与民用建筑
中小学专用	宽 1200、1500、1800；高 2100	中小学教室
中悬木侧窗	宽 900、1200、1500、1800、2100、2400 高 900、1200、1800、2100、2400、3000、3600	工业与民用建筑
中悬木侧窗	宽 2400、3000、3600、4200；高 900、1200、1800、2100、2400	工业与民用建筑

3. 质量标准

木门窗制作质量应符合要求：①表面净光或砂磨，无刨痕、毛刺和锤印；②框、扇的线形应符合设计要求，割角、拼缝应严实平整；③小料和短料胶合门窗及胶合板或纤维板门扇不允许脱胶，胶合板不允许刨透表层单板和戗槎；④制作允许偏差，应符合表 17-4 中的要求。

表 17-4 门窗制作允许偏差

序号	项目	构件名称	允许偏差/mm		
			Ⅰ级	Ⅱ级	Ⅲ级
1	翘曲	框	3		4
		扇	2		3
2	对角线长度	框、扇	2		3
3	胶合板、纤维板门每 m^2 内平整度	扇	2		3
4	高、宽	框	0、-1		0、-2
		扇	+1、0		+2、0
5	裁口、线条和结合处	框、扇	0.5		1
6	冒头或棂子对水平线	扇	±1		±2

4. 安装技术要求

1）门窗框安装前，应校正规方，钉好斜拉条（不得少于两根），无下坎的门框应加钉水平拉条，以防运输和安装过程中变形。

2）门窗框应按设计要求的水平标高和平面位置，在砌墙过程中进行安装。

3）在砌墙过程中安装门窗框时，应以钉子固定于砌在墙内的木砖上，每边固定点不少于两个；间距不大于1.2m。

4）先砌墙后安装门窗框时，砌墙时应留出门窗框走头（门窗框上下坎两端伸出口外部分）的缺口，在门窗框安装就位后，封砌缺口。

5）寒冷地区的门窗框与外墙砌体间的空隙，应填塞保温材料。

6）门窗框安装的留缝宽度和允许偏差应符合表17-5及表17-6中的规定。

表17-5　门窗框安装的留缝宽度

序号	项目		留缝宽度/mm
1	门窗扇对口缝，扇与框间立缝		1.5~2.5
2	工业厂房双扇大门对口缝		2~5
3	框与扇间上缝		1.0~1.5
4	窗扇与下坎间缝		2~3
5	门扇与地面间缝	外门	4~5
		内门	6~8
		卫生间门	10~12
		工厂大门	10~20

表17-6　门窗框安装的允许偏差

序号	项目	允许偏差/mm	
		Ⅰ级	Ⅱ级、Ⅲ级
1	框的正、侧面垂直度	3	
2	框的对角线长度	2	3
3	框与扇接触面平整度	2	

7）门窗小五金安装应符合下列规定：①安装齐全，位置适宜，固定可靠；②合页距门窗上、下端宜取立挺高度的1/10，并避开上、下冒头，安装后应开关灵活；③小五金均应用木螺钉固定，不得用钉子代替，安装时，木螺钉要拧入，或打入1/3深度后再拧入，严禁打入全部深度；④门窗拉手应位于门窗高度中点以下，窗拉手距地面1.5~1.6m为宜；门拉手距地面0.9~1.05m为宜。

17.3　板式门

板式门是以木框或钢框做骨架，配以足够木条，两面敷以涂胶的胶合板或硬质纤维板，经热压而成。

1）类型、规格。板式门有夹板门（表17-7）、钢管门框印刷木纹板门（表17-8和表17-9）和全木门等。

2）使用范围及注意事项。板式门外观平整光滑，整体性好，隔声，防潮，耐用，美观，适用于各种建筑的内门，如有防水涂刷饰面，也可用作外门及阳台门。使用及运输过程中，严禁利器碰撞。

表 17-7　夹板门（钢口木门）的类型与规格　（单位：mm）

类型	空腹钢门框（钢口）	纤维板门扇（木门）	木腰头窗
有腰头，窗单扇	宽：800、900、1000；高：2500 宽：900、1000；高：2700	宽：700、800、900；高：1950 宽：800、900；高：2050	宽：700、800、900；高：488 宽：800、900；高：588
无腰头，窗单扇	700×2000	600×1950	
无腰头，窗单扇	宽：700、800、900、1000 高：2000	宽：600、700、800、900 高：1950	

表 17-8　钢管门框/印刷木纹板门的类型与规格（户门及室门）

型号	洞口尺寸/mm	开启方向	门扇特征	上腰头尺寸/mm	适用范围
T201，T202	900×1960	左开，右开	整板门扇		户门，室门
T203，T204	900×1960	左开，右开	门扇上有块玻璃		户门，室门
T205，T206	900×1960	左开，右开	门扇 1m 为通门		中间单元门
T301，T302	1000×1960	左开，右开	整板门扇		户门，室门
T211，T212	900×2100	左开，右开	整板门扇		户门，室门
T213，T214	900×2100	左开，右开	门扇有 35cm×45cm 玻璃一块		户门，室门
M215，M216	900×2100	左开，右开	门扇下部有通风百页		室门，厕所
T311，T312	1000×2100	左开，右开	整板门扇		室门，户门
T313，T314	1000×2100	左开，右开	门扇有 35cm×45cm 玻璃一块		室门，户门
T221，T222	900×2400	左开，右开	整板门扇	900×414	室门，阳台
T223，T224	900×2400	左开，右开	门扇有 35cm×45cm 玻璃一块	900×414	室门，阳台
T225，T226	900×2400	左开，右开	门扇有通风百页	900×414	室门，厕所
T321，T322	1000×2400	左开，右开	整板门扇	1000×414	室门，阳台
T323，T324	1000×2400	左开，右开	同 T223，T224	1000×414	室门，阳台
T021，T022	900×2530	左开，右开	整板门扇	900×414	室门，阳台
T031，T032	1000×2530	左开，右开	整板门扇	1000×544	室门，阳台
T231，T232	900×2700	左开，右开	整板门扇	900×574	室门，阳台
T233，T234	900×2700	左开，右开	同 T223，T224	900×574	室门，厕所
M235，M236	900×2700	左开，右开	门扇下部有通风百页	900×574	室门，厕所
T331，T332	1000×2700	左开，右开	整板门扇	1000×574	户门，阳台
T333，T334	1000×2700	左开，右开	同 T223，T224	1000×574	户门，阳台

表 17-9　钢管门框印刷木纹板门的类型与规格（厕所门及厨房门）

型号	洞口尺寸/mm	开启方向	门扇特征	适用范围
M001，M002， M001-1，M001-2	600×1840	内左，右开 外左，右开	上部玻璃，下部百页	厕所
M003，M004 M003-1，M004-2	650×1840	内左，右开 外左，右开	上部玻璃，下部百页	厕所
M005，M006 M005-1，M006-2	650×1960	内左，右开 外左，右开	上部玻璃，下部百页	厕所
M101，M102 M101-1，M102-2	750×2100	内左，右开 外左，右开	上部玻璃，下部百页	厕所

（续）

型　号	洞口尺寸/mm	开启方向	门扇特征	适用范围
M121，M122 M121-1，M122-2	750×2400	内左，右开 外左，右开	上部玻璃，下部百页	厕所
M103，M104 M103-1，M104-2	750×1960	内左，右开 外左，右开	上半截为玻璃	厨房，隔断，阳台
M123，M124 M123-1，M124-2	750×2400	内左，右开 外左，右开	上半截为玻璃	厨房，隔断，阳台
T013，T014	750×2350	内左，右开	上半截为玻璃	厨房，隔断，阳台
T133，T134	750×2700	内左，右开	上半截为玻璃	厨房，隔断，阳台
B01	600×530	左开	单扇单开	吊柜，壁柜
B02	600×750	左开	单扇单开	壁柜
B03	600×1960	左开	单扇单开	壁柜
B04	600×2530	左开	B01，B03 组成	壁柜
B05	600×2730	左开	B02，B03 组成	组合壁柜
B11	700×530	内左，右开	单扇单开	吊柜，壁柜
B12	700×750	左开，右开	单扇单开	吊柜，壁柜
B13-1，B13-2	700×1960	左开，右开	分上下两扇	吊柜，壁柜
B14，B14-1，B14-2	700×2530	左开，右开	B11，B13 组成	壁柜
B15，B15-1，B15-2	700×2730	左开，右开	B12，B13 组成	壁柜
B21	900×530	双扇开	双扇门，左右开	吊柜，壁柜
B22	900×750	双扇开	双扇门，左右开	吊柜，壁柜

17.4　钢门窗

依据 GB/T 20909—2017，钢门指用钢质型材或板材制作门框、门扇或门扇骨架结构的门，钢窗指用钢质型材、板材（或以钢质型材、板材为主）制作框、扇结构的窗。单樘门、窗的构造尺寸，应根据门、窗洞口宽、高尺寸及洞口装饰面材料厚度、门窗安装缝隙等实际情况，协调确定，宜按照 GB/T 30591—2014 的规定优先选用标准门窗。

1. 钢窗

钢型材为外框和扇框的窗制品称为钢窗；有实腹平开钢窗和空腹平开钢窗两类。

（1）实腹平开钢窗　实腹平开钢窗主要分为外开窗、内开窗、气密窗和非气密窗四大类；窗厚基本尺寸有 25mm 和 32mm 两个系列；洞口尺寸见表 17-10。

表 17-10　实腹平开钢窗洞口尺寸（25 和 32 料）

窗高/mm	宽度/mm				
	600	900	1200	1500	1800
600	0606	0906	1206	1506	1806
900	0609	0909	1209	1509	1809
1200	0612	0912	1212	1512	1812
1400	0614	0914	1214	1514	1814
1500	0615	0915	1215	1515	1815

（续）

窗高/mm	宽度/mm				
	600	900	1200	1500	1800
1600	0616	0916	1216	1516	1816
1800	0618	0918	1218	1518	1818
2100①	0621	0921	1221	1521	1821

①为 32 料的洞口尺寸，其余均为 25 料的洞口尺寸。

1）质量标准。外观应平整美观，相交构件的交接面平滑；尺寸及允许偏差见表17-11。

表 17-11　实腹平开钢窗尺寸及允许偏差

窗框和窗扇的宽度及高度/mm	≤1500	>1500
允许偏差/mm	±1.5	±2.0
窗框和窗扇两对角线尺寸/mm	≤2000	>2000
尺寸差允许偏差/mm	≤2.5	≤3.5

2）基本性能。实腹平开钢窗的基本性能见表 17-12。

表 17-12　实腹平开钢窗的基本性能

基本性能	25 料	32 料	
		气密	非气密
风压变形性/Pa	1680	5840	5720
空气渗透性（10Pa）/[m^3/(m·h)]	5.0	0.9	3.3
雨水渗漏性/Pa	50	100	100

启闭性能：最大开关力不超过 50N。

3）检测方法。上述三项基本性能检测方法与铝合金窗相同。

4）应用技术。应注意防锈，油漆脱落应立即补刷，玻璃镶嵌要求安全耐火。

（2）空腹平开钢窗　分类同实腹平开钢窗；窗厚的基本尺寸为 25mm 系列，洞口尺寸见表 17-13；基本性能见表 17-14；最大开关力不超过 50N；检测方法与应用技术与实腹平开钢窗相同。

表 17-13　空腹平开钢窗洞口尺寸

窗高/mm	宽度/mm				
	600	900	1200	1500	1800
600	0606	0906	1206	1506	1806
900	0609	0909	1209	1509	1809
1200	0612	0912	1212	1512	1812
1400	0614	0914	1214	1514	1814
1500	0615	0915	1215	1515	1815
1800	0618	0918	1218	1518	1818

表 17-14　空腹平开钢窗的基本性能

基本性能	25 料		25A，25 料	
	气密型	非气密型	气密型	非气密型
风压变形性/Pa	2500	2500	2670	2930
空气渗透性（10B）/[m^3/(m·h)]	2.0	5.7	0.65	2.9
雨水渗漏性/Pa	100	50	100	100

（3）彩板薄壁钢窗　它是利用薄壁彩板经冷轧制成的空腹型材组装成的窗户产品，有平开（内外开）和推拉两大类。窗厚的基本系列：平开窗、推拉窗均为79.5mm。洞口尺寸如下。平开窗：宽600mm、900mm、1500mm、2100mm、2400mm；高600～1500mm、1500～2400mm（宽度≥1800mm带固定扇；高度≥1800mm带上下固定扇或亮子）。推拉窗：宽900～1800mm、1800～2700mm；高600～1200mm（宽度≥1800mm带固定扇）。彩板薄壁钢窗的基本性能见表17-15。

表 17-15　彩板薄壁钢窗的基本性能

基本性能	窗型	
	平开窗	推拉窗
风压变形性/Pa	2250	1350
空气渗透性（10B）/[m^3/(m·h)]	0.5	1.0
雨水渗漏性/Pa	400	300

2. 钢门

（1）分类　普通钢门是以钢型材为外框和扇框的门制品，主要类型有外门和阳台门。其技术要求与钢窗相同。

（2）产品规格　钢外门的洞口规格尺寸：宽700mm、800mm、900mm、1200mm、1500mm、1800mm；高2000mm、2100mm、2400mm、2500mm。钢阳台门的洞口规格尺寸：宽750mm；高2250mm、2400mm。彩板薄壁钢门的洞口规格尺寸：平开门，宽900mm、1200～1800mm；高2100～2400mm、2400mm、2700～3000mm；推拉门，宽1500～1800mm；高1800～2100mm。

17.5　铝合金门窗

铝合金门窗是指采用铝合金挤压型材为框、梃、扇料制作的门窗，简称为铝门窗。铝合金门窗包括以铝合金作为受力杆件（承受并传递自重和荷载的杆件）基材的和木材、塑料复合的门窗，简称为铝木复合门窗、铝塑复合门窗。铝合金门窗有推拉铝合金门、推拉铝合金窗、平开铝合金门、平开铝合金窗及铝合金地弹簧门五种，都有国家建筑标准设计图。每一种门窗分为基本门窗和组合门窗。基本门窗由框、扇、玻璃、五金配件、密封材料等组成。组合门窗由两个以上的基本门窗用拼樘料或转向料组合而成。铝合金型材表面的阳极氧化膜颜色有银白色、古铜色。玻璃品种可采用普通平板玻璃、浮法玻璃、夹层玻璃、钢化玻璃、中空玻璃等。玻璃厚度一般为 5mm 或 6mm。质量要求有三点：门窗表面不应有明显的擦伤、划伤、碰伤等缺陷；门窗相邻杆件着色表面不应有明显的色差；门窗表面不应有铝屑、毛刺、油斑或其他污迹，装配连接处不应有外溢的胶黏剂。

每种门窗按门窗框厚度构造尺寸分为若干系列，如门框厚度构造尺寸为 90mm 的推拉铝合金门，则称为 90 系列推拉铝合金门。推拉铝合金门有 70 系列和 90 系列两种，基本门洞高度有 2100mm、2400mm、2700mm、3000mm，基本门洞宽度有 1500mm、1800mm、2100mm、2700mm、3000mm、3300mm、3600mm。推拉铝合金窗有 55 系列、60 系列、70 系列、90 系列、90（Ⅰ）系列。基本窗洞高度有 900mm、1200mm、1400mm、1500mm、1800mm、2100mm，基本窗洞宽度有 1200mm、1500mm、1800mm、2100mm、2400mm、2700mm、3000mm。

平开铝合金门有 50 系列、55 系列、70 系列。基本门洞高度有 2100mm、2400mm、2700mm，基本门洞宽度有 800mm、900mm、1200mm、1500mm、1800mm。平开铝合金窗有 40 系列、50 系列、70 系列。基本窗洞高度有 600mm、900mm、1200mm、1400mm、1500mm、1800mm、2100mm，基本窗洞宽度有 600mm、900mm、1200mm、1500mm、1800mm、2100mm。

铝合金地弹簧门有 70 系列、100 系列。基本门洞高度有 2100mm、2400mm、2700mm、3000mm、3300mm，基本门洞宽度有 900mm、1000mm、1500mm、1800mm、2400mm、3000mm、3300mm、3600mm。

17.6　塑料（塑钢门窗）门窗

塑料门窗即采用 U-PVC 塑料型材制作而成的门窗，具有抗风、防水、保温等良好特性，而采用玻璃纤维增强塑料为玻璃钢门窗。玻璃钢门窗型材有很高的纵向强度，一般情况下可以不用增强型钢。门窗尺寸过大或抗风压要求高时，应根据使用要求确定增强方式。型材横向强度较低。玻璃钢门窗框角梃连接为组装式，连接处需用密封胶密封，防止缝隙渗漏。

塑钢门窗是用塑钢型材制作的门窗，塑钢型材由塑料与型钢混合型材制作而成。

塑钢门窗可从下部推开。平开门是指合页（铰链）装于门侧面、向内或向外开启的门。平开门有单开的平开门和双开的平开门。

塑钢门窗的安装质量检查：①窗户表面、窗框要洁净；②塑钢门窗需平整、光滑；③玻璃密封条与玻璃及玻璃槽口的接触应平整，不得卷边、脱槽；④密封门窗半闭时，扇与框之间无明显缝隙，密封面上的密封条处于压缩状态；⑤单层玻璃不直接接触型材，双层玻璃内外表面均应洁净，玻璃平整、安装牢固，无松动现象，玻璃夹层内没有灰尘和水汽，隔条不能翘起；⑥带密封条的压条与玻璃全部贴紧，压条与型材的接缝处无明显缝隙，接头缝隙小于或等于 1mm；⑦拼樘料与窗框连接紧密，同时用嵌缝膏密封，不扰动，螺钉间距小于或等于 600mm，内衬增强型钢两端与洞口固定牢靠；⑧开关部件：平开、推拉或旋转窗关闭严密；⑨框与墙体连接的窗框横平竖直、高低一致，固定片的间距应小于或等于 600mm，框与墙体连接牢固，缝隙用弹性材料填嵌饱满，表面缝膏密封，无裂缝；⑩排水孔位置正确，同时还要通畅。

17.7 其他门窗

1. 全新旋开窗

全新旋开窗优越于平开窗的密封性，窗扇开启面积大却不占用空间。它以推拉的形式开启，却优于平开窗的密封性能，具有与幕墙窗媲美的外形、美观、耐用、安全、环保节能；取平开窗及推拉窗之精华，去之糟粕。全新旋开窗的诞生发挥了室外铝合金轻质坚固、防雨、防腐蚀、多色可选的特征，同时让室内华贵、节能环保的特质充分展现。

2. 多玻环保节能窗

多玻环保节能窗环保、节能优越于普通窗。多玻环保节能窗利用增加玻璃的空气间层数量、加大型材构造来达到阻滞冷热散失速度的目的，同时多级密封系统也补充其他窗在密封中存在的不足，使室内与室外真正达到几乎完全隔绝的状态，控制了热量的散失，减少了室外噪声的干扰，同时表明面的处理更多样、大气更能适应多样化装饰并与之完美搭配。

3. 木复合门窗

木复合门窗外刚内柔，豪华，耐用。铝木复合门窗大致有4大类：意大利式木包铝、德式铝包木、复合木铝型材及木铝共生型材。铝木复合门窗都是发挥了室外铝合金轻质坚固、防雨、防腐蚀、多色可选的特征，同时让室内木质华贵、节能环保的特质展现。

4. 断桥铝门窗

断桥铝门窗采用隔热断桥铝型材和中空玻璃，具有节能、隔声、防噪、防尘、防水等功能。断桥铝门窗的传热系数 K 值为 $3W/(m^2 \cdot K)$ 以下，比普通门窗热量散失减少一半，降低取暖费用30%左右，隔声量达29dB以上，水密性、气密性良好，均达国家A1类窗标准。断桥铝门窗加工制作应在工厂内进行，不得在施工现场制作，门窗制作应符合设计和断桥铝合金门窗安装及验收规范要求。断桥铝合金门窗框应安装牢固，门窗应推拉、开启灵活，窗台处应有泄水孔，并应设置限位装置。紧固件应符合有关技术规程的规定；五金件型号、规格和性能均应符合国家现行标准的规定。

17.8 小五金

五金是指金、银、铜、铁、锡五种金属材料。小五金是指安装在建筑物或家具上的金属器件和某些小工具的统称，如钉子、螺钉、铁丝、锁、合页、插销、弹簧等；建筑小五金是指安装在建筑物的各种设备或家具上的各种附属件、器件的统称。大五金是指钢板、钢筋、扁铁、万能角钢、槽钢。小五金产品种类繁多，规格各异，在家居装饰中起着不可替代的作用，选择好的五金配件可以使很多装饰材料使用起来更安全、便捷。建筑小五金按应用范围分为五类：门窗小五金、家具小五金、水暖小五金、卫生间小五金、结构小五金。传统的建筑小五金，主要以金属为原料，如普通碳钢冷轧钢带、冷拔低碳钢丝、各种规格铜材和铝材、轻金属合金以及可锻铸铁等。表面处理材料有铜、镍、铬、银等。建筑小五金必须保证外形尺寸准确，零部件配合精密，外观和表面必须光亮、均匀。此外，各种制品按照使用功能，都规定有控制指标。

近年来，发展了用各种非金属材料制作的小五金，如陶瓷、玻璃、橡胶、塑料等。特别是使用聚酰胺、聚丙烯和其他工程塑料制造的各种塑料小五金，如卫生间小五金和水暖小五金。这些塑料制品不仅质量好，外形、色泽美观，装饰效果好，并且生产率高，成本低廉，可节约大量有色金属，应用已日趋广泛。建筑小五金是工业与民用建筑内部结构和各种设施的重要零配件，不仅要具有使用功能，而且还日益要求具有装饰效果和体现一定的艺术水平，以适应现代化建筑业的发展。

五金件的选用：①宜挑选有品牌、产品合格证和保修卡的五金件；②挑选密封性能好的合页、滑轨、锁具，选购时开合、拉动几次感觉其灵活性和方便性；③挑选手掂有沉重感并灵活性能好的锁具，选购时可把钥匙插拔几次看看顺不顺畅，开关拧起来是否省劲；④宜挑选外观性能好的各类装饰五金件，选购时主要是看外观是否有缺陷，电镀光泽如何，手感是否光滑，有没有气泡、斑点和划痕等。

1. 门窗小五金

门窗小五金包括门锁、拉手、插销、合页、窗钩、闭门器、门铃等。具体地说，门锁包括外装门锁、执手锁、抽屉锁、球型门锁、玻璃橱窗锁、电子锁、链子锁、防盗锁、浴室锁、挂锁、号码锁、锁体、锁芯；拉手包括抽屉拉手、柜门拉手、玻璃门拉手；合页包括玻璃合页、拐角合页、轴承合页（铜质、钢质）、烟斗合页；轨道包括抽屉轨道、推拉门轨道、吊轮、玻璃滑轮；铰链；插销（明、暗）；门吸；地吸；地弹簧；门夹；闭门器；板销；门镜；防盗扣吊；压条（铜、铝、PVC）；碰珠、磁碰珠。

普通合页用于橱柜门、窗、门等。材质有铁质、铜质和不锈钢质。普通合页的缺点是不具有弹簧铰链的功能，安装合页后必须再装上各种碰珠，否则风会吹动门板。铰链分明铰链和暗铰链。明铰链就是我们平时看到大多数门用到的那种，没有回弹力的。暗铰链大多用于家具上，可分为液压、快装、框门和普通的。门吸是安装在门后面，在门打开以后，通过门吸的磁性稳定住，防止风吹会自动关闭。门镜俗名叫作猫眼，其作用是从室内通过门镜向外看，能看清门外视场角约为 120°范围内的所有景象，而从门外通过门镜却无法看到室内的任何东西，若在公房或私寓等处的大门上，装上此镜对于家庭的防盗和安全，能发挥一定的作用。

2. 家具小五金

家具小五金包括各种箱柜手柄、护角、搭扣、合页、锁等；万向轮、柜腿、门鼻、风管、不锈钢垃圾桶、金属吊撑、堵头、窗帘杆（铜质、木质）、窗帘杆吊环（塑料、钢质）、密封条、升降晾衣架、衣钩、衣架。

3. 水暖小五金

水暖小五金包括各种室内供暖和给水的小直径管件、阀门、疏水器、排气阀门等；铝塑管、三通、对丝弯头、防漏阀、球阀、八字阀、直通阀、普通地漏、洗衣机专用地漏、生胶带。

4. 卫生间小五金

卫生间小五金包括各种淋浴器、水箱配件、衣钩、毛巾架、肥皂盘、扶手、浴盆及洗面器水嘴、冲水阀等；镀锌铁管、不锈钢管、塑料胀管、拉铆钉、水泥钉、广告钉、镜钉、膨胀螺栓、自攻螺钉、玻璃托、玻璃夹、绝缘胶带、铝合金梯子、货品支架；洗面池龙头、洗衣机龙头、延时龙头、花洒、皂碟架、皂蝶、单杯架、单杯、双杯架、双杯、纸巾架、厕刷托架、厕刷、单杆毛巾架、双杆毛巾架、单层置物架、多层置物架、浴巾架、美容镜、挂镜、皂液器、干手器。

5. 结构小五金

结构小五金包括各种规格的圆钉、木螺钉、铁丝、金属网、天花板吊钩、各种紧固件等；钢锯、手用锯条、钳子、螺钉旋具、卷尺、克丝钳、尖嘴钳、斜嘴钳、玻璃胶枪；直柄麻花钻头、金刚石钻头、电锤钻头、开孔器。

第 18 章

建筑塑料管材及管件

18.1 概述

塑料管材是通过高端技术复合而成的化学建材，也是继钢材、木材、水泥之后第四大类的新型建筑材料。2015 年，在我国新、改、扩建工程项目中，建筑排水管道中的 85%、建筑雨水排水管中的 80%，市政排水管道中的 50% 以上均采用塑料管材；在城市建筑给水、热水供应及供暖管道中的 85% 也采用塑料管材；在城市供水管道（＜DN400）中的 80% 也采用塑料管材，村镇供水管道中的 90% 采用塑料管材，城市燃气塑料管（中低压管）的应用量也达到 40% 以上，建筑电线穿线护套管中的 90% 采用了塑料管材。塑料管材在建筑设计和使用中具有诸多优势，如其水流损失小、节能、节材、保护生态等。

18.2 建筑塑料管材分类

1. 按树脂原料分类

塑料管材主要有聚氯乙烯管（PVC 管）、聚丙烯管（PP 管）、聚乙烯管（PE 管）、氯化聚氯乙烯管（CPVC 管）、丙烯腈-丁二烯-苯乙烯共聚物管（ABS 管）、苯乙烯橡塑管（SR 管）、玻璃纤维增强热固性塑料管（GRP 管）以及聚丁烯管（PB 管）。这类塑料管包括用不饱和聚酯树脂和环氧树脂为基料，将玻璃纤维或玻纤布通过机械缠绕或手糊成型的增强管材。各类塑料管材如图 18-1 所示。

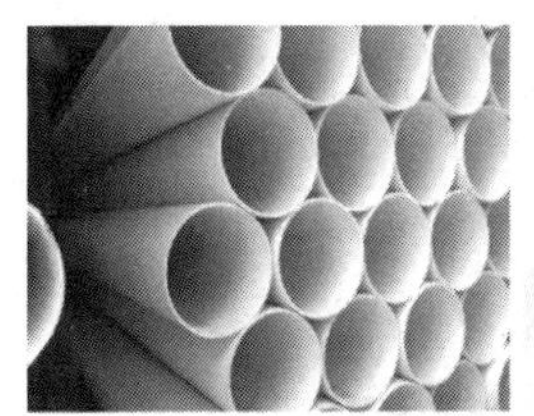

图 18-1　各类塑料管材

2. 按用途分类

塑料管材常分为压力管和常压管（无压管）两大类。建筑上水管、饮用水管、输油输气管、真空管、污水压送管及某些受压下水管等，属于压力管。压力管又分为长输管、公用管以及工业管。建筑下水管、排污管、放空管、建筑或桥梁雨水管和电器及电线护套管等属于常压管。

3. 按表面状态分类

按表面状态可分为以下几类：平滑管，内外壁都较为光滑；螺纹管，是指外壁光滑而内壁带有螺纹的管材，其可使向下排放的水形成螺旋状，有效地降低噪声，主要用于下水管；波纹管，管材的内外壁都不光滑，可随意弯曲，在拐弯处可节省弯头，在建筑墙内穿线管使用较为常见；缠绕管，管材的内外壁均不光滑，但与波纹管的成型方法有所差异，如图 18-2 所示。

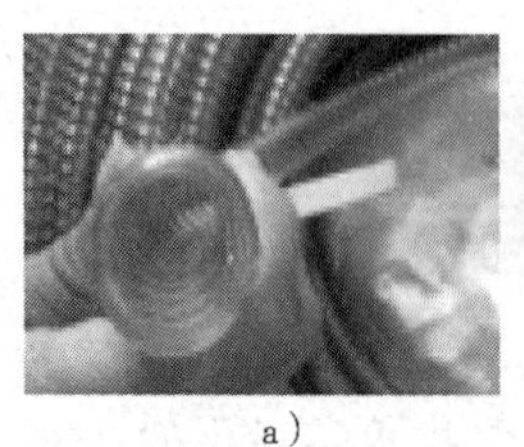
a）

b）

c）

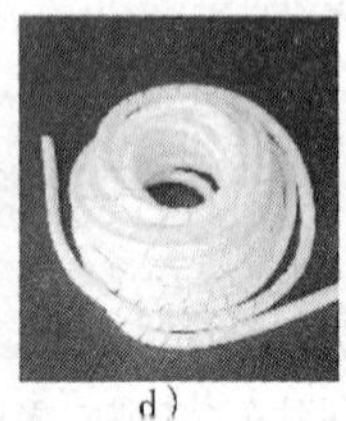
d）

图 18-2　按表面状态分类的管材

a）平滑管　b）螺纹管　c）波纹管　d）缠绕管

4. 按层数分类

按管材的层数可分为单层管和复合管两类。单层管使用同一材料制成，具有单层结构，如 PVC 及 HDPE 管等。复合管使用相同或不同材料制成，具有多层结构，如铝塑复合管、纤维增强管、钢塑复合管、钢丝增强管以及双壁波纹管等。铝塑复合管兼有塑料和金属双重优点，既具备金属材料的强度、抗静电性、阻燃性等，也具有塑料的保温性、耐蚀性、长寿性等。纤维增强管和钢丝增强管是在塑料材料内加入钢丝材料或高强纤维制备而成。双壁波纹管是刚性较大、高抗冲击、高抗压、高抗弯、光滑内壁的一类新型管材，可取代钢管、铸铁管、水泥管，用于排水和地下电缆等。各类复合塑料管材如图 18-3 所示。钢塑复合压力管及其结构示意图如图 18-4 所示。

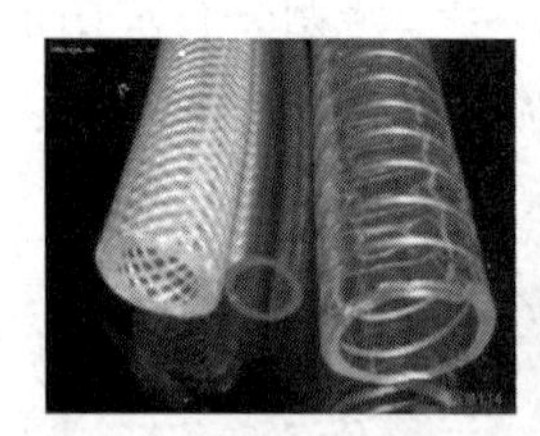

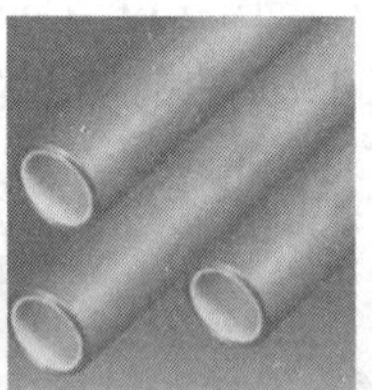

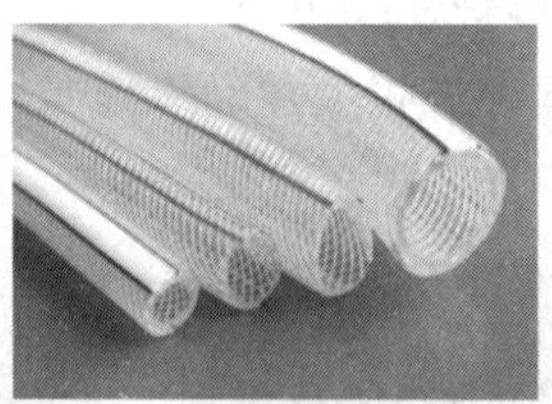

图 18-3　各类复合塑料管材

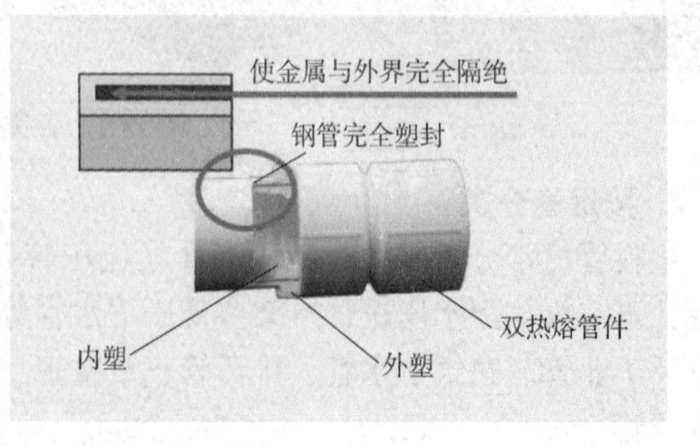

图 18-4　钢塑复合压力管及其结构示意图

5. 按软硬程度分类

按软硬程度可分为硬质管、半硬质管、软质管。硬质管一般在压力管中应用较多，其管壁较厚，部分管径可达800mm及以上，如UPVC管、HDPE管等；半硬质管也称为可弯型硬管，如电线护套管等；软质管中又包含了波纹管、发泡管等。

6. 建筑塑料管材应用的优缺点

（1）建筑塑料管材应用的优点　与常用的金属管和水泥管相比，塑料管材的自重一般仅为金属管的1/6～1/10，其耐蚀性更好，抗冲击和抗拉强度也更高，其内表面光滑、摩擦系数小，从而可降低输水能耗5%以上，具有综合节能的效果，同时其制造能耗相对传统材料管材也降低了75%左右。另一方面，其运输更为方便，安装也更为简单，服役寿命可达30～50年。发达国家在给水领域和燃气领域应用聚氯乙烯等管材已非常成熟，并取代传统管材。其应用领域也取得了较大的突破，如不用开挖管沟，采用定向钻孔等方法即可铺设聚乙烯管，这种安装和应用优势使其取代传统管材成为一种必然的趋势。

（2）建筑塑料管材应用的缺点

1）UPVC排水管抗冲击性能较差。按照国家标准进行落锤冲击试验，UPVC管材的一次通过率不足50%，部分产品在10次冲击过程中全部破裂；脆性、伸长率也较低，易断裂；软化温度较低，遇热变形。

2）铝塑复合管，用于热水管道系统时，存在以下不足：其铝层接缝处为薄弱环节，导致液压试验破裂处大多在焊缝线处，会产生一定的集中应力；铝层与塑料层黏结力较弱，容易产生分层脱落破坏；部分塑料管道企业生产的塑料层交联度较低（$<65\%$），使管材高温静液压强度不足，导致在热水管道系统中使用的破坏风险增加。

3）近年来，建筑排水用硬聚氯乙烯管材的使用环境大多在室外，排水管件与雨落水管材搭配使用的现象也较多。但在许多使用环境中，建筑物内排水对排水管的技术指标较低，调研发现部分室内管材在室外使用，会导致材料的耐候性出现较大问题，影响管道整体的寿命。

18.3　硬聚氯乙烯排水管及管件

硬聚氯乙烯又称为UPVC，UPVC排水管在工程使用中有铸铁排水管无可比拟的优越性。其主要成分为聚氯乙烯，其单体的结构简式为CH2 = CHCl；UPVC用途极广，UPVC落水系统及配件管具有良好的加工性能，同时制造成本低，具有耐腐蚀、色泽鲜艳、牢固耐用、绝缘等特点。

1. 生产工艺

UPVC的制备主要包含了混合、挤出、冷却定型、牵引、切割等生产环节，其具体的生产工艺流程如图18-5所示，成型条件见表18-1。

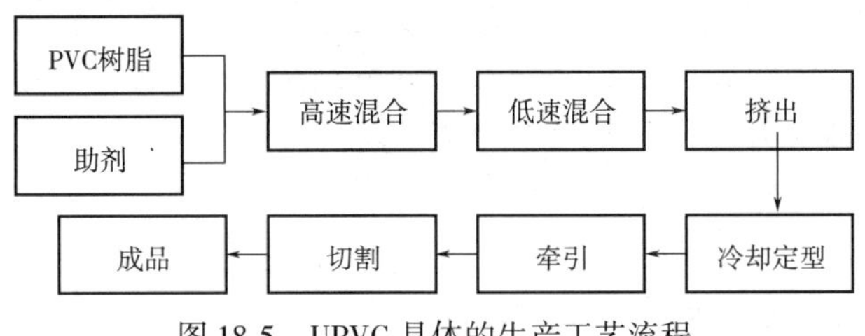

图18-5　UPVC具体的生产工艺流程

表 18-1　UPVC 成型条件

项目	参数
料管温度/℃	160 ~ 190
模具温度/℃	40 ~ 60
干燥温度/℃	80
射胶压力/(kg/cm²)	700 ~ 1500
密度/(g/cm³)	1.4
成型收缩度（%）	0.1 ~ 0.5
壁厚/mm	2.0 ~ 50.0
吸水率（24h）（%）	0.1 ~ 0.4
热变形温度/℃	70

2. 物理力学性能

UPVC 排水管及管件的物理力学性能见表 18-2。

表 18-2　UPVC 排水管及管件的物理力学性能

名称	项目	指标	
		优等品	合格品
管子	拉伸屈服强度/MPa	≥43	≥40
	断裂伸长率（%）	≥80	≥80
	维卡软化温度/℃	≥79	≥79
	扁平试验	无破裂	无破裂
	落锤冲击试验（20℃/0℃）	T1R≤10%/5%	9/10 通过
	纵向回缩率（%）	≤5.0	≤9.0
管件	维卡软化温度/℃	77	70
	烘箱试验	合格	合格
	坠落试验	无破裂	无破裂

3. UPVC 排水管优良的性能

（1）良好的排水性能　塑料立管的排水最大通水能力大致是铸铁管的 1.6 倍，同时抑制水封破坏的现象。因此，在同等当量的排水情况下，UPVC 排水管管径较铸铁管管径小，或同样管径在规范许可范围内可尽量采用较小坡度，增加空间净高，提高了建筑的使用功能。混凝土管粗糙系数大约为 0.014。UPVC 管内壁结构光滑，粗糙系数仅为 0.009，流体在流动的过程中受到的阻力小，相同管径输送相同性质的流体时，UPVC 管比钢管的阻力小 30% 左右，能耗小，运行费用更低。

（2）管材轻、施工方便　UPVC 管密度在 1.4t/m³ 左右，仅为铸铁管的 1/5，相同长度比铸铁管要轻得多，安装所需的人力和时间成本都低很多。UPVC 排水管在安装时，采用承插式熔粘接口，比传统的粘接工艺，提高了安装效率。其标准长度（有 6m、4m）比铸铁管长，减少了接口数量和安装工序。一根标准 6m 长的 DN110 的 UPVC 塑料管只需 1～2 人即可安装完成，而铸铁管则要 2～3 人，工程安装时间可减少 60% 以上，安装费用也可降低 50% 以上。

（3）经济、美观　UPVC 排水管价格仅为铸铁排水管的 80% 左右，每 $1000m^2$ 建筑面积比用铸铁排水管造价降低 700 元左右。另一方面，由于 UPVC 管较轻，物流成本更低。UPVC 的化学耐蚀性好，不用特别上漆等防腐处理。

4. UPVC 排水管及管件应用方面的问题

（1）排水噪声大　由于 UPVC 排水管内壁较为光滑，水流不易形成水膜沿管壁流动，在管道内的流动状态并非有序而是混乱撞击管壁；而且，UPVC 排水管管壁比同规格的其他材质（如铸铁）管壁薄，如 DN110 的 UPVC 管大约是铸铁管的 70%，这样 UPVC 管就不能有效地阻止噪声的传递，故排水噪声大。

（2）承压能力较弱　相对于铸铁等材质的排水管，UPVC 排水管的承压能力较弱，低于 0.4MPa。

（3）建筑防火问题　UPVC 管虽难燃，但易软化变形，且烟味极浓。火灾中，一方面产生致命烟气，另一方面，温度超过 90℃ 时管道软化变形，火势在管道穿越部位蔓延，而穿过屋面的排水管或通气管风速更大，则火势蔓延更快。

（4）刚度影响　UPVC 是塑料制品，其刚度远不及铸铁及水泥管材，加上其膨胀系数大，因此合理地选择支承尤为重要。

（5）胶黏剂质量问题　承插式塑料管胶黏剂接口粘接示意图如图 18-6 所示。管道粘接不牢导致的漏水如图 18-7 所示。

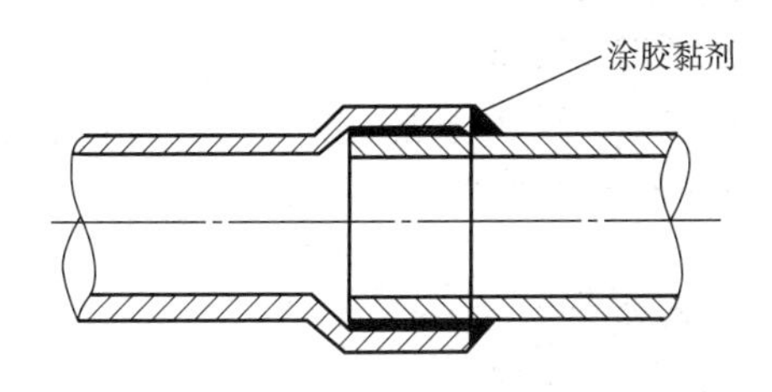

图 18-6　承插式塑料管胶黏剂接口粘接示意图

图 18-7　管道粘接不牢导致的漏水

5. 应用要点

1）加强过程控制，提高施工质量。正确的施工工艺要注意几个要点：管材断口要平齐，用圆锉或刮刀去掉断口内外的飞边，粘接前应对承插口做插入试验，不要全部插入，插入深度为承口的 3/4 深度即可，并做好标记；规范试插后，用棉丝将承插口周围的水分、灰尘擦拭干净；用毛刷涂抹胶黏剂，先涂承口，后涂插口，应沿轴向涂抹，涂抹要均匀，用量要适宜，不得漏涂或流淌；涂抹完成后，随即找准方向将管子轻轻插入承口，对直后挤压，管端插入深度应超过标记，并保证接口的垂直度，而后静置 2～3min；接口过程中，可稍做旋转，以使胶黏剂分布均匀；粘口结束后立即用棉丝将溢出的胶黏剂擦拭干净，直埋管道可不擦拭。UPVC 排水管公称外径、壁厚、长度及粘接承口见表 18-3。

表 18-3 UPVC 排水管公称外径、壁厚、长度及粘接承口 （单位：mm）

公称外径	直管				粘接承口		
	壁厚		长度		承口中部内径		最小承口深度
	公称尺寸	公差	公称尺寸	极限偏差	最小尺寸	最大尺寸	
40	20	0.4			40.1	40.4	25
50	20	0.4			50.1	50.4	25
75	23	0.4			75.1	75.5	40
90	32	0.6	4000 或 6000	±10	90.1	90.5	46
110	32	0.6			110.2	110.6	48
125	32	0.6			125.2	125.6	51
160	40	0.6			160.2	160.7	58

2）规范楼板堵洞作业，降低管道渗漏风险。管道安装完毕后，堵洞应由土建派专人与水暖工配合完成，既保证了立管垂直度及管道的平面位置，也提高了堵洞质量。堵洞时要求用钢筋棍将混凝土振捣密实。装修施工时，管道周围做高 5cm、水平尺寸大于管径 5cm 的防水台墩。

3）加强管理，做好保护工作和措施，避免人为因素的破坏。

4）UPVC 管破裂损坏时的维修。若粘接处渗漏，可采用套补粘接法。选用合适长度的相同口径管材，沿纵向将其剖开，然后将套管内表面以及被修补管材的外表面进行打磨，涂抹胶黏剂后在漏水处贴紧。粘接处渗漏可采用溶剂法，先排干管道内的水，并使管内形成负压，然后将胶黏剂注在渗漏部的孔隙上，管内呈负压、胶黏剂被吸入孔隙中而达到止漏目的。管材损坏，可以更换整段管材，采用双承接口连接件更换管材。采用环氧树脂加固化剂配成树脂溶液，用玻璃纤维布浸渍树脂溶液后，均匀缠绕在管道或接头渗漏处的表面，经固化后成为玻璃钢，该方法施工简单，堵漏效果好且成本低。采用管道补漏管卡或者管道堵漏器进行固定补漏。管道补漏管卡如图 18-8 所示。管道堵漏器如图 18-9 所示。

图 18-8 管道补漏管卡

图 18-9 管道堵漏器

5）UPVC 管的冲洗和消毒。UPVC 管在验收前应进行通水清洗。冲洗水浊度应为 10mg/L 以下的净水，洗水流速宜大于 2m/s，一直冲洗到出口处的水浊度与进水口的水浊度相当为止。管道经冲洗后用含 20 ~ 30mg/L 游离氯的水灌满管道进行消毒，含氯水在管中应留置 24h 以上。消毒完毕再用饮用水冲洗，并取样对水质进行检验。

第 19 章

防水材料

19.1 概述

建筑防水是指为防止水对建筑物某些部位的渗透，而从建筑材料上和构造上采取的技术措施。使用防水材料是做好建筑防水的重要手段，对于建筑物正常使用功能的发挥和耐久性都有着重要意义。

建筑物需要进行防水处理的部位主要有屋面、墙面、地面和地下室。防水材料则是指防止雨水、雪水、地下水、工业和民用的给排水、腐蚀性液体以及空气中的湿气、蒸气等侵入建筑物的材料。

防水按其采取的措施和手段的不同，分为材料防水和构造防水两大类。材料防水是靠建筑材料阻断水的通路，以达到防水的目的，如卷材防水、涂膜防水、混凝土及水泥砂浆刚性防水以及黏土、灰土类防水等。构造防水则是采取合适的构造形式，阻断水的通路，以达到防水的目的，如止水带和空腔构造等。防水的应用领域包括：房屋建筑的屋面、地下、外墙和室内；城市道路桥梁和地下空间等市政工程；高速公路和高速铁路的桥梁、隧道；地下铁道等交通工程；引水渠、水库、坝体、水力发电站及水处理等水利工程。

防水材料按品种划分为：沥青类防水材料；橡胶塑料类防水材料；水泥类防水材料；金属类防水材料。

防水材料按材料性状划分为：防水卷材，主要用于工程施工，如屋顶、外墙、地下室等；有机高分子防水涂料；嵌缝材料，有膏状或糊状，固体带状或片状；防水剂，有粉剂及水剂；新型聚合物水泥基防水材料。

19.2 沥青

沥青是一种褐色或黑色材料，没有固定的化学成分和物理常数，由极其复杂的碳氢化合物及其衍生物组成，在常温下呈固体、半固体或液体状态，溶于汽油、二硫化碳、四氯化碳等有机溶剂中。沥青具有良好的不透水性及不导电性；与砖、石、木材及混凝土等黏结性好；能抵抗酸、碱、盐的侵蚀。沥青广泛应用于工业与民用建筑、铁路、桥梁、道路及水利等工程。由于资源丰富、价格低廉，其是应用最普遍的防水材料。按沥青材料的来源分类如图 19-1 所示。

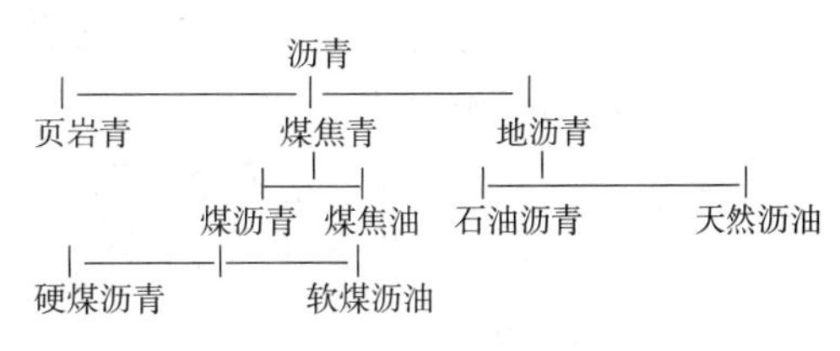

图 19-1　按沥青材料的来源分类

19.2.1 石油沥青

石油沥青是原油或石油衍生物经蒸馏提炼出汽油、煤油、柴油、润滑油等轻质油后的残渣，经加工而得。

1. 分类

石油沥青按用途分为道路石油沥青、建筑石油沥青、普通石油沥青及专用石油沥青。普通石油沥青含蜡量较高（>15%），又称为多蜡沥青；塑性、黏性、稳定性均较差；很少单独使用，通常与建筑沥青搭配使用，或掺入1%左右氧化锌，再经吹氧2~4h后再使用。这种沥青低温韧性及抗老化性能均优于其他类石油沥青。

2. 技术性能

（1）黏性　沥青在外力作用下抵抗变形的能力，在一定程度上表现为沥青的黏度和黏结性。固体沥青用针入度表示，液体沥青用黏滞度表示；两者的值越小，表示沥青黏性越好。

（2）塑性　沥青在外力作用下变形能力的大小，用延伸度表示。延伸度越大，塑性越好，抗振动、冲击及基层开裂的能力越高。

（3）温度稳定性　它是指沥青的黏性和塑性受温度升降而变化的性能，用软化点表示。软化点越高，沥青的温度稳定性越好。

（4）大气稳定性　沥青在大气作用下，抵抗老化的性能，用加热质量损失百分率和加热前后的针入度表示。加热质量损失百分率越小，表示大气稳定性越好。

3. 技术指标

石油沥青的技术指标见表19-1。

表19-1　石油沥青的技术指标

技术指标	道路石油沥青（NB/SH/T 0522—2010）					建筑石油沥青（GB/T 494—2010）	
	200	180	140	100	60	30	10
针入度/(1/10mm)	200~300	150~200	110~150	80~110	50~80	26~35	10~25
延度/cm≥	20	100	100	90	70	2.5	1.5
软化点/℃	30~48	35~48	38~51	42~55	45~58	≥75	≥95
溶解度（%）≥	99.0	99.0	99.0	99.0	99.0	99.0	99.0
闪点/℃≥	180	200	230	230	230	260	260

在建筑工程中，夏日太阳直射，屋面沥青防水层温度高于环境温度25~30℃；所用沥青的软化点应高于屋面温度25~30℃。建筑石油沥青主要用于屋面及地下室防水，严寒地区的屋面工程，不宜单独使用10号沥青。

4. 石油沥青的应用

道路石油沥青主要用作道路工程或屋面工程的黏结剂；建筑石油沥青主要用作防水、防潮及防腐，制造油毡油纸及绝缘材料。

19.2.2 岩沥青

岩沥青是石油经过长达亿万年的沉积变化，在热、压力、氧化、触媒、细菌等的综合作用下生成的沥青类物质。常用作基质沥青改性剂。岩沥青的物理特性趋近于“煤”。

国内已经探明岩沥青矿产资源主要分布于新疆、青海以及四川青川一带。青川岩沥青矿分布在四川北部龙门山地区，储量在 300 万 t 以上，远景储量 1000 万 t，被誉为“中国乃至世界罕见的沥青天然矿体”，储量位居全国第一。其化学构成（质量分数）为碳 81.7%、氢 7.5%、氧 2.3%、氮 1.95%、硫 4.4%、铝 1.1%、硅 0.18% 及其他金属 0.87%。其中，碳、氢、氧、氮、硫的含量较高，使其在岩石的表面产生极强的吸附力。岩沥青具有以下特性。

1）抗车辙。试验和路用证明，岩沥青改性剂可有效提高沥青路面的抗车辙能力，推迟路面车辙的产生，降低车辙深度和疲劳剪切裂纹的出现。

2）抗剥落。在岩沥青中，氮元素以官能团形式存在，使岩沥青具有很强的浸润性和对自由氧化基的高抵抗性，特别是与集料的黏附性及抗剥离性得到明显改善。

3）抗老化、抗高温。天然岩沥青的软化点达到 300℃ 以上，加入到基质沥青后，使其具有良好的抗高温、抗老化性能。

4）耐候性。岩沥青的抗微生物侵蚀作用很强，并具有在自由表面形成致密光亮保护膜的特点。岩沥青的加入改善了普通沥青的耐候性和抗紫外线能力，提高沥青路面的耐久性，减缓沥青老化速度，从而延长道路的使用寿命。

19.2.3 煤沥青

煤沥青是炼焦的副产品，即焦油蒸馏后残留在蒸馏釜内的黑色物质。它与精制焦油没有明显的界线，一般的划分方法为：软化点在 26.7℃（立方块法）以下的为焦油，在 26.7℃ 以上的为沥青。土建工程中采用的煤沥青主要是半固体状的低温煤沥青（一类软化点为 30～45℃，二类为 45～75℃）。与石油沥青相比，煤沥青有如下特点：①密度比石油沥青大，一般为 1.10～1.26g/cm^3；②塑性差，低温条件下脆硬，受力易产生变形开裂；③温度稳定性差，因可溶性树脂含量高，受热软化溶于油分中；④大气稳定性差，不饱和的芳香烃含量多，在光、热和氧的综合作用下，老化过程快；⑤有毒、有臭味，含有难挥发的蒽、菲、芘等有毒性物质，它们加热时会挥发出来，但防腐效果好；⑥与矿物质材料黏附力较强。

煤沥青质量比石油沥青差，多用于次要工程，但可两者混合使用，用于铺筑停车场，有较好的耐久性。使用煤沥青应严格控制加热时间和温度，并注意防毒。煤沥青与石油沥青鉴别方法见表 19-2。

表 19-2　煤沥青与石油沥青鉴别方法

鉴别方法	煤沥青	石油沥青
密度	>1.1g/cm^3（约为 1.25g/cm^3）	接近 1.0g/cm^3
锤击	音清脆，韧性差	音哑，富有弹性，韧性好
燃烧	黄烟，刺激味	无色，无刺激臭味
溶液颜色	在煤油或汽油中溶解后，滴于滤纸上，呈内黑外棕或黄色	液滴于滤纸上，呈棕色

19.2.4 沥青改性及改性材料

为了改善沥青性能，在其中加入适量的磨细矿物填充料、橡胶及树脂等，制成沥青改性制品。

1. 橡胶改性沥青

在沥青中掺入橡胶，如天然橡胶、丁基橡胶、氯丁橡胶、丁苯橡胶、再生橡胶等，可改善沥青的气密性、低温柔性、耐蚀性、耐候性、耐光性、耐燃烧性，可制作卷材、片材、密封材料或涂料。

2. 树脂改性沥青

常用的树脂有聚乙烯树脂、聚丙烯树脂及酚醛树脂等。用树脂改性沥青，可提高耐寒性、耐热性、黏结性和不透水性。

3. 橡胶和树脂改性沥青

同时加入橡胶和树脂，可使沥青同时具有橡胶和树脂的特性，性能更加优越，主要用来制作片材、卷材、密封材料及防水涂料。

4. 矿物填充料改性沥青

加入一定数量的矿物填充料，能提高沥青的黏结力、耐热性和温度稳定性，扩大沥青使用温度范围。

5. 共聚物改性沥青

共聚物是通过两种以上的单体共同聚合而成的，也称为热塑型橡胶。它同时兼具树脂和橡胶的特点，是一种优质的沥青改性材料。SBS 是苯乙烯和丁二烯的共聚物，国际上 40% 左右的改性沥青均采用了 SBS。

19.3 沥青胶与冷底子油

19.3.1 沥青胶（沥青防水油膏）

1. 石油沥青为基料的沥青胶

在石油沥青中加入软化剂、成膜剂、填充材料及改性材料等配制而成的塑性或弹塑性密封材料。软化剂有重松节油、松焦油、全损耗系统用油、重柴油等；成膜剂有鱼油、蓖麻油、桐油等；填充材料有滑石粉等；改性材料有橡胶、树脂等。

沥青胶一般具有较好的黏结性、耐热性、保油性、低温柔性以及较低的挥发性和适宜的施工度等。沥青胶主要用于接缝防水，如屋面、渠道、渡槽等伸缩缝的填料，也用于油毡的黏结剂以及修补裂缝等。使用时，缝内应洁净干燥，先涂刷冷底子油一道，待其干燥后即嵌填沥青胶并压实。为延缓沥青胶大气老化，表面可加保护层。

2. 煤焦油为基料的沥青胶

以煤焦油为基料配制的沥青胶有聚氯乙烯胶泥及塑料油膏等。前者是由煤焦油、聚氯乙烯树脂以及增塑剂、稳定剂、填料等在 130 ~ 140℃ 温度下塑化而成的热用防水接缝材料；后者是由煤焦油、废旧聚氯乙烯塑料以及增塑剂、稀释剂、防老剂、填料等配制而成，宜热用也可冷用的防水接缝材料。两者均为性能良好的沥青胶。

19.3.2 冷底子油

冷底子油是将沥青稀释溶解在煤油、轻柴油或汽油中制成的，涂刷在水泥砂浆或混凝土基层面打底用。在常温下用于防水工程的底层，故称为冷底子油。冷底子油黏度小，具有良好的流动性，涂刷在混凝土、砂浆或木材等基面上能很快渗入基层孔隙中，待溶剂挥发后便与基面牢固结合。根据溶剂的种类不同，冷底子油分为慢挥发性冷底子油及快挥发性冷底子油。冷底子油可封闭基层毛细孔隙，使基层形成防水能力；处理基层界面，为黏结同类防水材料创造了有利条件。冷底子油应涂刷于干燥的基面上，不宜在有雨、雾、露的环境中施工，通常要求与冷底子油相接触的水泥砂浆的含水率 $<10\%$。

冷底子油是由石油沥青加溶剂溶解而成的，其溶剂可按表 19-3 配制。

表 19-3　冷底子油的溶剂配制

所用沥青	溶剂组成（体积分数）		
	轻柴油或煤油	汽油	苯
10 号石油沥青	40%	60%	—
30 号石油沥青	30%	—	70%

冷底子油可按以下两种方法制成：将沥青加热熔化，使其脱水不再起泡为止，再将熔好的沥青倒入桶中冷却，待达到 110～140℃时，将沥青成细流状慢慢注入一定量的溶剂中，并不停地搅拌，直至沥青完全加完、溶解均匀为止；另一方法是将熔化沥青倒入桶或壶中，待冷却至 110～140℃后，将溶剂按配合比要求分批注入沥青熔液中，边加边不停地搅拌，直至加完、溶解均匀为止。

19.4　防水卷材

将沥青类或高分子类防水材料浸渍在胎体上，制作成的防水材料产品，以卷材形式提供，称为防水卷材。根据主要组成材料不同，分为沥青防水卷材、高聚物改性沥青防水卷材和合成高分子防水卷材；根据胎体的不同，分为无胎卷材、纸胎卷材、玻璃纤维胎卷材、玻璃布胎卷材和聚乙烯胎卷材。它是建筑工程防水材料中的重要品种之一。

19.4.1　沥青防水卷材

1. 有胎卷材

沥青防水卷材是在基胎（如原纸、纤维织物）上浸涂沥青后，再在表面撒布粉状或片状的隔离材料而制成的可卷曲片状防水材料。主要产品有：石油沥青纸胎油毡（已禁止生产）；石油沥青玻璃布油毡；石油沥青玻璃纤维胎油毡；铝箔面油毡。

2. 无胎卷材

将填充料、改性材料及添加剂等掺入沥青材料或其他主体材料中，经混炼、压延或挤出成型而成的卷材。例如：沥青再生胶油毡，是由 10 号建筑石油沥青与再生橡胶和填料按比例配合，经混炼、压延或挤出而成的无胎防水卷材。

19.4.2　改性沥青防水卷材

1. 弹性体沥青防水卷材

1）胎基材料。聚酯毡、玻璃纤维毡、玻璃纤维增强聚酯毡。

2）热塑性弹性体改性沥青。

3）表面覆盖物。细砂、矿物粒料或聚乙烯膜。

将胎基材料放入热塑性弹性体改性沥青中浸渍，将表面覆盖物撒布于胎基材料的上下两面，得改性沥青防水卷材。国内生产的主要产品是SBS改性沥青柔性防水卷材，应符合GB 18242—2008的规定。

2. 塑性体沥青防水卷材

与弹性体沥青防水卷材的主要区别是采用热塑性树脂改性沥青。目前生产的主要为APP改性沥青防水卷材。

3. TPO复合防水卷材

TPO复合防水卷材是以TPO橡胶为防水芯层，两表面覆有无纺布作为粘接层，采用特殊工艺加工而成，其特点如下。

1）耐老化性好。提高卷材的使用寿命。

2）柔软性好。橡胶一样的柔软性和随服性，-40℃低温下柔软性仍基本不变。

3）高延伸。伸长率可达400%～800%，变形能力强，可有效防止零延伸。

4）粘接性好。通过两表面的无纺布，用改性水泥胶黏剂与基层粘接，粘接性好。

5）施工性能好。通过上表面无纺布可直接进行装修，可以在潮湿基层上施工，特别适用于地下防水。

6）绿色环保。无毒、无害、无污染。

19.4.3 铝箔防水卷材

铝箔防水卷材（图19-2）是在多次解决彩板屋面防水施工的基础上，根据金属屋面热导率高、南北气候不同、地区季节不同的特点，经科学配比，研发出的一整套针对彩板屋面的防水、防腐系统。南方料耐高温达80℃无流淌，北方料低温柔度可达-30℃。不同的地区、不同的季节，采用不同的材料。表面采用金属铝箔（即柔软的金属薄膜）作为表层，具有防潮、气密、隔热、抗太阳紫外线光、耐蚀等特点。自黏层为耐老化的丁基橡胶，黏结力强。

图19-2 铝箔防水卷材

产品特点如下。

1）日照吸收率极低（0.07），具有卓越的隔热保温性能，可以反射掉93%以上的辐射热。

2）自身伸长率400%～1000%，对金属屋面的热胀冷缩有很强的适应性，能随屋面的凹凸起伏而实贴屋面。

3）如果在钢结构屋面做一层金属铝箔自黏防水卷材，可使空气与金属屋面完全隔离，不仅能达到防水效果，又能起到防腐蚀效果，可延长彩板屋面使用年限20～30年。

4）施工简单，冷施工，揭去材料下层的隔离膜，粘正位置即可。

5）普通刀伤钉伤，常温下可自愈。

6）耐久性好，人工老化达25年。

铝箔防水卷材规格为 1m×20m。

19.5　防水嵌缝材料

用于封闭建筑物各种接缝的防水材料，称为防水嵌缝材料。其按外观形状有定形和不定形两类。

19.5.1　定形防水嵌缝材料

定形防水嵌缝材料有塑料止水带、橡胶密封条等。

1. 橡胶密封条

橡胶密封条是采用天然橡胶及优质附加料为主要原料，经塑炼、压延、硫化等工序加工而成的。它具有透明、光滑的外表，柔软、无毒无味、弹性好、耐高低温（-80～280℃）、不易老化、不变形、耐轻微的酸碱，在耐臭氧、耐溶性、电气绝缘方面也有很好的性能，如图 19-3 所示。它用于建筑物、构筑物、桥梁、隧道、地铁等工程的各种变形缝，是保证防水工程质量不可缺少的重要材料。

橡胶密封条一般每条长 200cm，各橡胶厂可按照用户要求的规格制作。

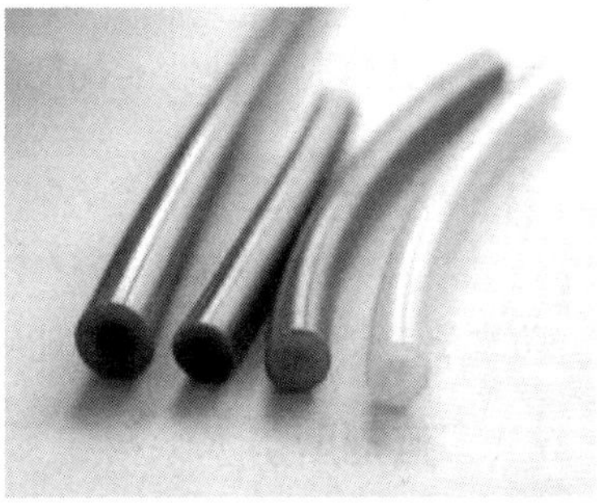

图 19-3　橡胶密封条

2. 塑料止水带

塑料止水带是由聚氯乙烯树脂加入增塑剂、填充剂、稳定剂等，经塑炼、造粒、挤出等工序加工而成的，技术指标见表 19-4。

表 19-4　塑料止水带的技术指标

序号	项目		塑料品种		
			EVA	ECB	PVC
1	拉伸强度/MPa		≥16	≥14	≥10
2	扯断伸长率（%）		≥550	≥500	≥200
3	撕裂强度/(kN/m)		≥60	≥60	≥50
4	低温弯折性		-35℃无裂纹	-35℃无裂纹	-25℃无裂纹
5	热空气老化（80℃×168h）	外观（100%伸长率）	无裂纹		
		拉伸强度保持率（%）	≥80		
		扯断伸长率保持率（%）	≥70		
6	耐碱性 $Ca(OH)_2$ 饱和溶液（168h）	拉伸强度保持率（%）	≥80		
		扯断伸长率保持率（%）	≥90		≥80

19.5.2　不定形防水嵌缝材料

不定形防水嵌缝材料是指弹性和非弹性的密封膏、糊等材料。

1. 建筑防水沥青嵌缝油膏

它是以石油沥青为基料，掺入改性材料及填充料制成的冷用嵌缝材料，广泛用于各种屋面板、空心板及墙板等防水密封，也可用于混凝土跑道、桥梁及各种构筑物的伸缩缝等防水密封。建筑防水沥青嵌缝油膏与嵌缝基层要有良好的黏结性，具有耐热性、低温柔性、保油性及低挥发率和适宜的施工性能。

2. 聚氯乙烯建筑防水嵌缝材料

它是以煤焦油为基料，掺入适量的聚氯乙烯树脂、增塑剂、稳定剂及填充料，在140℃下塑化而成。该防水嵌缝材料具有良好的黏结性、防水性、弹塑性、耐热性、低温柔性及抗老化性；伸长率较大，成本较低。

3. SBS改性沥青弹性密封膏

SBS（苯乙烯-丁二烯-苯乙烯）是热塑性弹性体的典型代表。SBS改性沥青弹性密封膏是以石油沥青为基料，加入SBS及软化剂、防老化剂配制而成的，具有优良的弹性、耐热性、低温柔性，是一种性能优良的密封膏。

19.6 防水涂料

防水涂料是指形成涂膜，能够防止雨水或地下水渗漏的一种涂料。

19.6.1 溶剂型防水涂料

溶剂型防水涂料是以油料、天然树脂或合成树脂为基料，以有机溶剂为分散介质，涂刷后溶剂挥发，表面形成防水膜，如沥青防水涂料、人工合成树脂类防水涂料等。沥青防水涂料由沥青基料、分散介质和改性材料配制而成，有冷、热沥青防水涂料之分。冷沥青防水涂料主要由沥青和溶剂组成；为了提高涂料的性能，常掺入改性剂，称为改性沥青防水涂料。热沥青防水涂料是由石油沥青经脱水后，加入填料等配制而成，但要在高温熔融状态下施工。下面主要介绍改性沥青防水涂料。

1. 沥青鱼油酚醛防水涂料

它是用硫化鱼油和酚醛树脂改性的沥青防水涂料。

1）配方（质量份）：石油沥青100；硫化鱼油30；210松香酚醛树脂15；松焦油10；松节重油15；重溶剂油15；氧化钙2；滑石粉120；云母粉120；氧化铁黄30；铝银浆10；汽油150.4；煤油37.6。

2）配制方法。将石油沥青切成碎片，放入盘中加热熔化脱水（240～250℃）；边搅拌，边加入硫化鱼油、松节重油、松焦油和氧化钙等，反应约30min；当温度降至120℃时，将填料和颜料、210松香酚醛树脂、汽油、煤油加入有搅拌器的反应釜内，继续搅拌45～60min，取样检测合格后出锅。

3）技术性能。色泽及外观：暗黄色，平光；流平性：无刷痕；涂膜8～72h完全干燥；附着力：划圈2级；抗冲击力：50kgf（1kgf≈9.8N）；耐热性：80℃，恒温5h：涂膜不发黏；耐寒性：-20℃，15d，涂料不起亮，不发泡。

4）用途。屋面防水。

2. 沥青氯丁橡胶防水涂料

它是在沥青中掺入氯丁橡胶进行改性而成。

1）配方。甲组分（质量比）：10号石油沥青与甲苯各50%的比例；乙组分（橡胶溶液）（质量比）：氯丁橡胶（生胶）100、硬脂酸1、苯二甲酸二丁酯2、氧化锌1.25、硫黄0.8、尼奥棕-D 0.25、二硫化四甲基秋兰姆0.1、氧化镁4。

2）配制方法。将10号石油沥青加热熔化脱水，冷却保持液态，按比例缓慢加入甲苯，搅拌均匀；将氯丁橡胶与各种助剂材料在双辊机上混炼，压制成1~2mm胶片，切成碎片；然后按胶片与甲苯=1∶4的比例，投入搅拌机中，搅拌溶解，制成黏稠性的氯丁橡胶溶液；将甲组分与乙组分按6∶5的质量比，充分混合即成沥青氯丁橡胶防水涂料，性能见表19-5。

3）用途。屋面、外墙及地下室、水池等工程防水。

表19-5　沥青氯丁橡胶防水涂料性能

性能	指标
耐热性（80℃，5h，45°角）	无变化
黏结力（25℃）/MPa	0.3
低温柔性	-40℃×2h 轴径5mm，弯180°无变化
低温抗裂性（基层开裂宽度）	0.8mm，常温涂膜不开裂
不透水性（动水压0.2MPa）	3h不透水

3. 沥青基厚质防水涂料

它是以石油沥青为基料，掺入废橡胶粉和溶剂配制而成，配比见表19-6。配制方法：将石油沥青熔化脱水，除杂质，加入橡胶粉，边加边拌，并升温熬制（180~200℃）1h左右，然后降温至100℃左右，加入定量汽油进行稀释，搅拌均匀即为成品。性能特点：耐热性，80℃±2℃不流淌；耐裂性好，-10℃，ϕ10mm低温不脆裂；静水压，1.5kPa，7d，不透水。它主要用于屋面防水。

表19-6　沥青基厚质防水涂料配比（质量分数）

编号	石油沥青				含纤维胶粉或胎面胶粉	汽油
	60号	30号	10号	油渣		
1	15%		21%		24%	40%
2			21.6%	14.4%	24%	40%
3		36%			24%	40%

此外，以合成树脂为基料的防水涂料，均属于合成树脂类防水涂料，其中包括某些油膏稀释涂料和聚胺酯类防水涂料，例如：溶剂型苯乙烯防水涂料及聚乙烯醇缩丁醛防水涂料等。

19.6.2　水乳型沥青防水涂料

它是以沥青为基料，以水为分散介质，乳化成乳液后掺入助剂和填料配制而成的。

1. 阴离子乳化沥青防水涂料

它是以石油沥青为基料，以阴离子表面活性物质为乳化剂，并掺入辅助材料烧碱配制而成的。

（1）配方　①沥青液（质量比），10号沥青30、60号沥青70；②乳化液（质量比），洗衣粉0.9，肥皂1.1，烧碱0.4，水97.6。

（2）配制方法　制备沥青液：将石油沥青放入锅内，加热至180～200℃熔化，脱水，除去杂质，160～190℃保温备用；制备乳化液：将水烧热，加入烧碱溶解后，倒入洗衣粉水和肥皂水，搅拌均匀，保温60～80℃备用；将沥青液与乳化液混合，搅拌而成均匀的沥青乳液。

（3）特点　怕硬水、易凝聚、怕酸碱、泡沫多。

（4）用途　筑路、屋面防水及地下防水。

2. 阳离子乳化沥青防水涂料

它是以石油沥青为基料，以阳离子表面活性物质为乳化剂，并加入辅助材料而制成的。

（1）配方（质量比）　直馏沥青165，羟基聚胺阳离子表面活性剂0.9，水135。

（2）配制方法　将沥青加热脱水，并于135℃保温；将阳离子表面活性物质溶于水中，用醋酸调整pH=5.8，加热至50℃，即为乳化液；将乳化液倒入匀化机中，然后将热沥青徐徐倒入匀化机中进行乳化，得到阳离子乳化沥青防水涂料。

（3）特点　乳化沥青与骨料都能很好结合，即使在潮湿天气也能很快成膜，可在较低温度（4～5℃）施工，在-15℃冷藏，贮藏稳定性好。

19.6.3　反应性防水涂料

反应性防水涂料是由两个液态组分构成的涂料，涂覆后经化学反应形成固态涂膜，无体积收缩，涂刷一次即可获得要求的涂膜厚度，但需现场配制，不能在潮湿基层上施工。

1. 聚氨酯涂膜防水涂料

它是以异氰酸酯为主剂，掺入交联剂、改性剂（炭黑）、填料、稳定剂及催化剂（调节反应速度）等，搅拌均匀而成的。

（1）性能　抗拉强度0.9MPa，伸长率>450%，直角撕裂强度0.6MPa，冷脆温度-20℃，耐强酸强碱。

（2）用途　用于屋顶、地下室、浴室、外墙及混凝土构件伸缩缝的防水。施工时要保持容器的严密性。

2. 焦油聚氨酯涂膜防水涂料

它是由主剂和固化剂两部分构成的。使用时，两者按比例混合，涂在需要防水的底层上，经反应后得到一种橡胶状弹性体。

（1）配料　主剂（质量比），黄色预聚体为1；固化剂，黑色液体为1.8；混合，搅拌均匀即可使用，一般应在30min内用完。

（2）特性　抗拉强度>2MPa；黏着强度>2MPa；伸长率>200%；抗裂性：涂膜厚1mm，基层开裂1.2mm，涂膜不开裂；不透水性>0.8MPa；抗热寒性：-40～100℃；耐老化性>10年；耐酸碱，在浓、稀酸碱液中浸泡一个月，不起泡，不龟裂。

（3）用途　用于屋面、天沟防水，地下工程、外墙防水，金属管道与混凝土接缝处及地下管道防水等。

19.6.4　渗透型防水涂料

渗透型防水涂料有固态和液态两种。该类涂料涂刷后，能渗透到基层内部，生成水化硅酸钙凝胶，堵住毛细孔而防水。

1. M150 水溶型水泥密封防水涂料

它是一种含有催化剂和载体的水溶型防水涂料。它渗透到混凝土内部，和混凝土中的碱起化学反应，生成凝胶，堵塞毛细孔而起防水作用。

（1）性能　渗透性：头24h可渗入1.5in（1in = 0.0254m），并继续渗透；抗压强度增长率：7d增长15%，31d增长23%；抗吸水性：未处理砂石及砖，吸水7%～14%，处理后1.3%；抗风化。

（2）用途　建筑物内外墙、地下工程防水与维修；不适宜用于金属和木材；地下喷涂量3～3.5kg/m^2，屋面3.5～4.0kg/m^2。

2. “确保时”无机防水涂料

它是引进美国的专利原料，配以国产白泥、石英砂等制成的，是一种防水和补漏用的渗透型防水涂料。

（1）性能　抗压强度22～25MPa，抗折强度5～6MPa，黏结强度 > 1.7MPa，遮盖力≤300gf/m^2，耐碱及耐高温，冻融50次无变化，抗渗抗裂。

（2）用途　用于建筑物内外墙、屋顶及地下室防水。

19.7 防水剂

凡是掺入水泥砂浆或混凝土内，能提高抗渗性的外加剂，均可称为防水剂。它可分为无机防水剂及有机防水剂两大类。

19.7.1 硅酸钠防水剂

硅酸钠防水剂是以硅酸钠（俗称为水玻璃或泡花碱）为基料，掺入水和其他无机化合物而制得的一种液体。“二矾”“四矾”、新建牌和红星牌防水剂，均属此类产品。它的特点是以内掺使用为主，具有促凝和防水作用，属于刚性防水，抗裂性较差。

防水促凝剂又称为“二矾”防水剂，以水玻璃为基料，加入水、硫酸铜和重铬酸钾（二矾）配制而成。

（1）组成材料及配制方法　见表19-7。

表19-7　防水促凝剂的组成材料及配制方法

组成材料				配制方法
名称	通称	分子式	配比(质量比)	将水加热至100℃，按配比用量加入硫酸铜及重铬酸钾，继续加热，搅拌，待全部溶解后，冷却至30～40℃，然后将其倒入水玻璃中，搅拌均匀即可使用
硫酸铜	胆矾	$CuSO_4 \cdot 5H_2O$	1	
重铬酸钾	红矾钾	K_2CrO_7	1	
硅酸钠	水玻璃	$NaSiO_3$	400	
水		H_2O	60	

（2）用途　将此防水促凝剂掺入水泥浆或水泥砂浆中，用以堵塞局部渗漏。

1）促凝水泥浆。水泥浆 $W/B = 0.5 \sim 0.6$，掺入胶凝材料1%的防水促凝剂，搅拌均匀即成。

2）快凝水泥砂浆。水泥和砂的质量比 1∶1 干拌均匀，防水促凝剂与水的比例为 1∶1，将防水促凝剂与水拌匀后，用其代替拌合水，按 $W/B=0.45\sim0.50$ 比例拌合水泥砂浆。凝固快，应随拌随用。

3）快凝水泥胶。水泥∶防水促凝剂 = 1∶(0.5～0.6)；在水中也可凝固，故要随拌随用。施工应用时，可根据实际调整。

19.7.2 金属皂类防水剂（又名避水浆）

金属皂类防水剂是用碳酸钠、氢氧化钾等碱金属化合物，掺入氨水、硬脂酸和水配制而成的一种乳白色浆状液体。这类防水剂具有塑化作用，可降低水灰比；同时在水泥砂浆中能生成不溶性物质，堵住毛细管通道，提高抗渗防水性能。其配方见表 19-8。

表 19-8 金属皂类防水剂配方

材料	质量分数（%）		备注
	配方 1	配方 2	
硬脂酸	4.13	2.63	工业品，凝固点 54～58℃，皂化值 200
碳酸钠	0.21	0.16	工业品，纯度 99%，含碱量约 82%
氨水	3.1	2.63	工业品，密度 910kg/m^3，含 NH_3 约 25%
氟化钠	0.05	—	工业品
氢氧化钾	0.82	—	工业品
水	91.725	94.58	饮用水

用途：在硅酸盐水泥或矿渣水泥配制的砂浆或混凝土中，掺入水泥量的 1.5%～5.0%，可配制防水砂浆或防水混凝土，用于屋面、墙体及地下室等工程的防水，用后注意养护，勿暴晒。

19.7.3 有机硅类防水剂

以有机硅聚合物（甲基硅醇钠或高氟硅醇钠）为主要成分的水溶性液体，通称为有机硅类防水剂。这种防水剂涂刷后，能被空气中的二氧化碳分解，形成甲基硅酸，并聚合成不溶于水的甲基聚硅醚防水膜，起到防水作用。有机硅类防水剂是无色或浅黄色透明液体，施工方便，涂刷后不影响基层色泽。

1. 配比

有机硅类防水剂配比见表 19-9。

表 19-9 有机硅类防水剂配比

中性硅水配比	有机硅表面喷涂料配比	水泥砂浆中掺中性硅水配比
（有机硅∶硫酸铝∶水）	（有机硅∶水）	（水泥∶107 胶 + 水∶中性硅水∶砂）
1∶0.4∶5（质量比）	1∶9（质量比）	1∶0.2 + 0.4∶0.6∶1（刮抹或涂刷）
1∶5∶0.4（体积比）	1∶11（体积比）	1∶0.2 + 0.4∶0.6∶1（刮抹或涂刷）

2. 中性硅水与 107 胶混配步骤

1）107 胶加水稀释（体积比）：按 0.2 份 107 胶，加 0.40 份水稀释。

2）将稀释后的107胶与水泥砂搅拌（体积比）：水泥1份，砂0.6份，加入稀释后的107胶，共同搅拌均匀。

3）在107胶水泥砂浆中掺入中性硅水，调制成水泥砂浆。

3. 注意事项

1）基层事先清理，查补裂缝。

2）查补裂缝可用107胶水泥浆或水泥砂浆修补。

3）涂刷时要均匀，必须连续重复涂刷1～2遍，中间不休息。

19.8　近年我国新开发的几种防水涂料

19.8.1　水性环保型桥梁防水涂料

这是一种水性、无毒无污染、黏结强度大、弹性优良、耐高低温范围宽广、价格低廉的新型桥梁防水涂料。该产品采用优质石油沥青为基料，以橡胶高分子材料为改性剂，以水作为介质，经催化、交联、乳化等科学工艺生产而成。该产品最主要的优势在于：改性沥青中的橡胶所形成的高分子聚合物形成连续网络，而互相贯穿交联，使改性沥青呈现高聚物性能，防水涂料干后保持橡胶的弹性、低温柔性、耐老化性，并具有抗剪切力强、耐温、抗冻、抗化学腐蚀、抗裂、冷施工、防火、无毒无味、无环境污染等优点，能适应桥面长期动荷载而抗压的要求，对温差的适用性极为宽广，低温可达－30℃，可承受沥青混凝土160℃以上的温度。该产品不仅是桥面理想的防水涂料，而且是粘贴防水片材沥青瓦的最佳材料。由于该产品良好的性能和低廉的价格，将有力推动我国建筑防水涂料的发展。

19.8.2　隔热防水涂料

该防水涂料含有一种获得专利权的微孔玻璃球，并有着无数闭合胶体。为这种微孔玻璃球提供载体的是具有高性能的特种树脂，它是聚合物和共聚物的总和体。该涂料既可以与柔性防水涂料和刚性防水涂料复合使用，也可以直接施工于各种基层，独立发挥防水涂料和隔热涂料的良好性能。该涂料在金属物体上使用时，极具柔性和封闭性，能堵漏、隔热、防锈；用于沥青屋面时，可反射90%的太阳能量，防止沥青降解，延长使用寿命；用于刚性防水屋面时，能阻止混凝土膨胀，封闭细裂纹和缝隙，防止水分渗透，有极佳的黏附性和延伸性。

19.8.3　聚合物柔性防水涂料

聚合物柔性防水涂料是以聚合物乳液和水泥为主要原料，加入其他外加剂制得的双组分水性建筑防水涂料。由于这种防水涂料由“聚合物乳液＋水泥”双组分组成，因此具有“刚柔相济”的特性，既有聚合物涂膜的延伸性、防水性，也有水硬性胶凝材料强度高、易与潮湿基层黏结的优点。可以调节聚合物乳液与水泥的比例，满足不同工程对柔韧性与强度等的要求，施工方法方便。该种防水涂料以水作为分散剂，解决了因采用焦油、沥青等溶剂型防水涂料所造成的环境污染以及对人体健康的危害，所以近年来在国内外发展迅速，成为后起防水材料中的新秀。

19.8.4 硅丙外墙涂料

硅丙外墙涂料是有机硅和丙烯酸酯建筑外墙涂料的简称，是一种新型高档外墙涂料，具有优良的耐候性（寿命为10年以上）、耐污染性，作为防水涂料使用比较普遍，其乳液型涂料不含有毒溶剂，对环境无污染，对人体无害，符合当前环保型绿色建材的要求，是涂料的更新换代产品。

19.8.5 澳瑞格防水涂料

该防水涂料由澳大利亚 Insulating Technology Pty · Ltd 公司生产，具有广泛应用领域，隔热保温效果极佳，集防水、隔热、防腐、节能、阻燃等多种涂料功能为一体，同时具备美化装饰和绿色环保效果。该防水涂料耐洗刷，寿命长，同时具有防腐功能，耐酸雨侵蚀。该防水涂料有很高的耐磨性和黏结强度，不开裂，防水能力强，易冲洗，寿命达15~20年。使用该防水涂料作业十分方便快捷，防水、隔热、保温、防腐、阻燃诸功能都有，一滚一抹一喷即可完成，可节约作业工本70%以上。该防水涂料质地细腻，色泽悦目，内外墙装饰品味高雅独特。该防水涂料是国际公认的完全符合美国和欧共体环保质量标准的绿色产品，属于生态安全型、无毒无害产品，现已列入美国和欧共体安全质量免检产品。该防水涂料通过我国住房和建设部检测中心以及国家建材研究中心测试认证。

19.9 化学灌浆材料

化学灌浆是指由各种化学材料制成的浆液，用设备将其灌入地层或混凝土缝隙内，使其扩散、固化，以起到加固或防渗堵漏作用。化学灌浆材料有无机灌浆材料和有机灌浆材料两大类。水泥属于颗粒性材料，不包括在化学灌浆材料中。

化学灌浆材料应符合以下要求：

1）浆液是真溶液，黏度小，可灌性好，且无毒或低毒；其固化时间可按需要调节；在胶凝过程中，其黏度增长有明显的突变，收缩率小。

2）被灌浆体的黏结力强，且抗渗性好。

3）浆液渗透力强。

4）被固结体耐久性好。

5）施工工艺简便，材料来源广，方便；在建筑工程中主要用于防渗堵漏。

19.9.1 水玻璃类灌浆材料

水玻璃类灌浆材料是以硅酸钠水溶液为主体，配以其他无机材料制成的，价廉，无污染，国内外广泛应用。

1. 组成

水玻璃（模数2.75~3.06）；促凝剂 $CaCl_2$；瞬时凝结，固砂体强度可达3~6MPa。为降低成本，将水玻璃与水泥混合使用。当水玻璃溶液浓度为40°Be′（波美度）时，水玻璃与水泥体积比在1:0.4~1:0.6，使固结体强度最高。

2. 用途

它广泛用于矿井、隧道和建筑基础的加固，墙壁、井壁的防渗堵漏等。

3. 注意事项

水玻璃耐水性差，永久性水利工程的应用受限制。

19.9.2 丙烯酰胺类灌浆材料

丙烯酰胺类灌浆材料是以丙烯酰胺为主剂，掺入其他助剂而制成的，又称为丙凝。该材料黏度很低，可以注入极细微的孔隙中。水溶液在氧化-还原引发体系的作用下，能够迅速聚合形成具有体型高分子结构，富有弹性，新旧凝胶体能结合为整体，适应很大变形而不开裂；不溶于水及一般溶剂，能抗酸、碱、菌等，是一种比较好的灌浆材料。

1. 组成

丙烯酰胺类灌浆材料是以丙烯酰胺为主剂（甲液），与交联剂、促进剂和引发剂（乙液）混合后，产生加聚反应而成，其组成见表19-10。

2. 用途

1）广泛用于大坝、隧道、地下建筑等防渗漏工程。

2）处理水泥灌浆不能解决的细微裂缝。

3）不宜用作补强灌浆材料。

表19-10 常用丙烯酰胺类灌浆材料组成

序号	甲液①					乙液①			凝结时间/min	灌浆压力/MPa
	丙烯酰胺	二甲基双丙烯酰胺	β-二甲氨基丙腈	N，N′-甲叉双丙烯酰胺	水	过硫酸胺	水泥	水		
1	47	2.5	2.0	—	220	2.0	—	220	3	0.4
2	47	2.5	2.0	—	220	1.5	—	220	5	0.4
3	19	—	0.2～0.8	—	80	1	—	100	可调	0.4
4	9.5	—	0.5～1.0	0.5	—	0.4～0.8	—	90	5～13	0.4
5	50	—	0.21	0.5	76	1.5～2.5	60～70	120	可调	1.4

①按质量进行配比。

19.9.3 丙烯酸盐类灌浆材料

由丙烯酸和金属化合而成的丙烯酸盐，再与其他助剂（交联剂、引发剂、阻聚剂等）配制而成丙烯酸盐类灌浆材料。根据不同目的，使用不同的共聚单体，单体的浓度在10%～30%之间变化。丙烯酸盐种类和性状见表19-11。

1. 特点

黏度低，可灌性好（能灌入0.05mm裂缝），凝结时间可在数秒至数小时内控制。

2. 主要性能

1）不透水性。渗透系数低（2.0×10^{-12}m/s）。

2）强度与弹性。固砂体强度0.3～1.0MPa，是一种强韧的弹性体。

3）抗挤出能力。在内径1mm、长10~30cm的毛细管中，灌入该溶液，凝聚后可承受10MPa。

4）膨胀性。在水中不收缩，故可在湿态下灌浆止水。

表19-11　丙烯酸盐种类和性状

丙烯酸盐的种类		单体水溶液性状				聚合物性状				
		浓度（%）	pH	密度/（g/cm³）	黏度/×10⁻³Pa·s	外观	溶解性		稳定性	
							水	有机溶剂	酸	碱
一价	丙烯酸钠	30	7.0~7.5	1.15	3.9	透明凝胶	溶解	不溶	溶解	溶解
	丙烯酸钾	30	5.5~6.0	1.14	2.0	透明凝胶				
二价	丙烯酸钙	30	6.0~6.5	1.11	4.0	白色凝胶	不溶	不溶	强酸中略有侵蚀，弱酸中稳定	稳定
	丙烯酸锌	30	4.5~5.0	1.12	3.7	白色凝胶				
	丙烯酸镁	30	5.5~6.0	1.19	6.2	半透明凝胶				
	丙烯酸钡	30	5.5~7.5	1.27	2.6	白色凝胶				
	丙烯酸铅	10	7.0~7.5	1.07	1.2	白色凝胶				
	丙烯酸镍	30	4.0~4.5	1.18	2.6	绿色凝胶				
三价	丙烯酸铝	10	4.0~4.5	1.05	1.5	白色凝胶	不溶	不溶	强酸中略有侵蚀，弱酸中稳定	稳定
	丙烯酸铬	10	2.5~3.0	1.07	2.0	绿黑色凝胶				

3. 用途

它用于大坝、隧道、下水道及地下建筑的堵漏、补强及地基处理、水下接缝等。

19.9.4　甲基丙烯酸酯类灌浆材料

甲基丙烯酸酯类灌浆材料是以甲基丙烯酸酯为主剂，掺入其他助剂配制而成的，又称为甲凝。

1. 组成

甲基丙烯酸酯类灌浆材料的组成见表19-12。

表19-12　甲基丙烯酸酯类灌浆材料

材料名称	作用	性状	用量（液体以体积计，固体以质量计）
甲基丙烯酸甲酯	主剂	无色液体	100L
过氧化苯甲酰	引发剂	白色固体	1~1.5kg
二甲基苯胺	促进剂	淡黄色液体	0.5~1.5L
对甲苯亚磺酸	除氧剂	白色固体	0.5~1.0kg
焦性没食子酸	阻聚剂	白色固体	0~0.1kg
醋酸乙烯酯，丙烯酸	改性剂	无色液体	视品种而定

2. 配制方法

称取甲基丙烯酸甲酯和改性剂，然后加入过氧化苯甲酰、对甲苯亚磺酸，必要时加入阻聚剂焦性没食子酸，拌匀，待固体成分完全溶解后，再加入二甲基苯胺。

3. 性能

1）该产品强度高，黏度低，抗拉强度 1.6MPa；比丙凝强度高，但黏度比丙凝低，甚至比水还低；能灌入 0.05mm 的裂缝，并能渗入两侧，将裂缝黏结好。

2）可黏结金属、玻璃、混凝土以及某些塑料，均有较大的黏结强度和成膜能力；可在 -20～-10℃固化。

3）在潮湿的混凝土面上黏结强度下降。

19.9.5　丙烯酸环氧树脂灌浆材料

丙烯酸环氧树脂灌浆材料是以丙烯酸环氧酯为主剂，和其他助剂配制成的灌浆材料。

1. 组成

丙烯酸环氧树脂灌浆材料的组成见表 19-13。

表 19-13　丙烯酸环氧树脂灌浆材料的组成

材料名称	作用
丙烯酸环氧酯	主剂
苯乙烯	共聚单体
过氧化环己酮	引发剂
环烷酸钴	促进剂
二甲基苯胺	促进剂（低温下使用）

2. 配制方法

将丙烯酸环氧酯与大约 50% 的苯乙烯配制成主液，再加入含有 50% 邻苯二甲酸二丁酯的过氧化环己酮溶液和环烷酸钴的苯乙烯溶液，后两种溶液的用量根据所需凝结时间而定。

3. 用途

1）在 20℃左右时，浆液中丙烯酸环氧酯:苯乙烯 =4:6，浆液黏度降至 10×10^{-3}Pa·s，从而可以满足灌注细小裂缝要求。

2）浆液在 0～20℃的低温下聚合，可用于混凝土在低温条件下补强。

3）如浆液中含有少量石蜡（0.05%），对混凝土黏结劈裂抗拉强度也能达到 13～25MPa，可满足补强要求。

4）通过改变氧化物和促进剂的用量可调节浆液凝固时间（几分钟～几小时）。

4. 注意事项

当丙烯酸环氧酯聚合时，如接触空气，则凝胶体表面固化不完全，加入石蜡、醋酸丁酸纤维素加以防止。

此外，还有脲醛树脂类、聚氨酯类及环氧树脂灌浆材料等。

第20章 耐腐蚀材料

具有抵抗酸、碱、盐及有机介质腐蚀作用的材料，称为耐腐蚀材料。腐蚀可分为三种类型：①液相腐蚀，如酸或碱溶液；②气相腐蚀，如酸雾、含腐蚀性气体的大气；③固相腐蚀，材料受固相酸、碱的腐蚀。建筑工程中的耐腐蚀材料可分为有机、无机和金属三大类。建筑工程材料耐腐蚀性能的评价标准见表20-1。

表20-1 建筑工程材料耐腐蚀性能的评价标准

耐腐蚀能力	评价标准
耐腐蚀材料	腐蚀介质及试样表面无变化，质量变化率为0%～0.5%
尚能耐腐蚀材料	腐蚀介质及试样表面有变化，质量变化率为0.5%～1.0%
不耐腐蚀材料	腐蚀介质及试样表面有明显变化，质量变化率>1.0%

20.1 无机耐腐蚀材料

无机耐腐蚀材料主要有天然石材、石墨、耐酸陶瓷、搪瓷、铸石、水玻璃及硫黄类的耐腐蚀材料等。

20.1.1 石墨

石墨材料以其优异的导热性和耐腐蚀性能在氯碱系统得到重用，石墨制化工设备促进了氯碱工业的发展。其在磷酸、硫酸、石油化工、医药等工业中，也得到广泛应用。它主要用于制造强腐蚀介质的换热设备，此外，还有降膜式吸收器、合成炉、泵、管道等。降膜式吸收器用于易溶性气体吸收，主要用于生产盐酸。采用石墨降膜式吸收，传热效率远高于塔式绝热吸收的效率，是氯碱工业中的一项重大革新。石墨合成炉用于可燃物的燃烧和合成，如氯气和氢气燃烧合成盐酸。国内外大多采用将合成、吸收、冷却等工序合并到一台石墨合成炉中完成，大大简化了生产工艺流程。

20.1.2 陶瓷材料

陶瓷材料属于硅酸盐材料。在工程技术领域，陶瓷材料的高温化学稳定性和优异的耐腐蚀性能，是区别于其他材料的主要特点。氧化铝陶瓷在化工设备中应用最为广泛，约占60%。氮化硅在沸腾的硫酸溶液中几乎不发生腐蚀。精细陶瓷在化工设备中，可部分代替目前使用的耐热钢、不锈钢及钛合金，制作泵、阀、管道、热交换器、精密过滤器、检测仪器、塑料加工机械等。它既可以制作整体设备，也可以以涂层或衬里的表面处理形式，使其他材料免于被侵蚀。

20.1.3 搪瓷

玻璃涂搪在钢制品上，是目前人们所熟知的搪玻璃，也称为耐酸搪瓷，具有良好的刚性和优良的耐腐蚀性能。在金属外壳内衬玻璃薄层可制得搪玻璃制品，既具有金属高强度的特性，又具有玻璃的耐腐蚀性能和表面光滑的性能，化学稳定性能高，在20%盐酸中沸煮时的腐蚀深度仅为0.000466mm/年，在2%苛性钠100℃下的腐蚀深度为2.090mm/年。但搪玻璃涂层膨胀系数较大，在$100\times10^{-7}\sim300\times10^{-7}$，由于受玻璃本身弱点的限制，对于要求高温（反应温度300℃以上）、耐磨、耐冲击等化工过程，搪玻璃设备就不适宜了。1960年美国最大的一家搪玻璃公司法武都拉与康宁公司积极合作，把微晶玻璃用于搪玻璃化工设备上，随后，日本、德国等国也积极研制微晶搪玻璃化工设备，使用温度可达980℃，耐温差为300~450℃，应用于石油加工和化学工业部门。据报道，目前德国已能生产了微晶搪玻璃设备，美国也有专门工厂生产。微晶搪玻璃是一种特殊的玻璃，经搪玻璃工艺制成设备后，再经特殊处理，在玻璃中生成一种或几种全晶质的微小晶体，就成为不透明的类似陶瓷状物质，在化学、石油化工、制药、塑料、生物化学等许多部门得到日益广泛的应用，特别是在化学和石油化工中将有很大应用前途。

20.1.4 水玻璃耐酸材料

1. 性能

水玻璃耐酸材料是以水玻璃为胶结料，氟硅酸钠为硬化剂，掺入适量耐酸粉料和耐酸骨料，经拌制而成。其特点是对酸类腐蚀介质及有机溶剂等化学侵蚀，具有耐腐蚀能力；但对氟氢酸、300℃以上的热磷酸、油酸和碱性腐蚀介质无耐腐蚀能力。

2. 原材料

（1）水玻璃 又名泡花碱或钠水玻璃，是一种能溶于水的硅酸盐，通常是指硅酸钠（$Na_2O\cdot nSiO_2$）。

（2）氟硅酸钠 外观为白色、浅灰色或黄色粉末；纯度≥95%；含水率≤1.0%；脱水后研细过筛才能使用，250目筛余≤10%。

（3）耐酸粉料及骨料 常用的耐酸粉料包括石英粉、铸石粉、辉绿岩粉及瓷粉等。常用的细骨料为石英砂，粗骨料有石英岩、玄武岩、安山岩、花岗岩及耐酸砖块等。级配及物理力学性能应满足相关标准要求。

（4）外加剂 主要有糖醇、盐酸苯胺等。

3. 配比

（1）水玻璃胶泥 水玻璃1份，氟硅酸钠0.15~0.18份，辉绿岩粉1.25~1.30份，耐酸水泥1.25~1.30份。

（2）水玻璃砂浆 水玻璃1份，氟硅酸钠0.15~0.17份，辉绿岩粉1.0~1.4份，耐酸水泥2.0~2.2份，复合粉（辉绿岩粉:石英砂粉=1:1）2.0~2.2份，细骨料2.5~2.6份。

（3）水玻璃混凝土 水玻璃模数2.3~2.8，300~330kg/m^3；氟硅酸钠：44~49kg/m^3；细骨料：450~600kg/m^3；粗骨料：粒径5~25mm，900~1100kg/m^3。

4. 技术性能及用途（表20-2）

表20-2　水玻璃耐酸材料的技术性能及用途

水玻璃耐酸材料	凝结时间		28d强度/MPa		浸酸安定性	吸水率（%）	用途
	初凝	终凝	抗压强度	抗拉强度			
胶泥	30min	8h	—	≥2.5	合格	≤15	铺砌耐酸块材面层
砂浆	—	—	≥15	—	合格	—	砌筑耐酸块材、耐酸面层及耐酸管道内壁处理
混凝土	—	—	≥20	—	合格	—	耐酸池槽、设备基础、烟囱及烟道内壁处理

水玻璃耐酸材料对一般无机酸、有机酸、腐蚀性气体具有抵抗能力；但不耐氟氢酸、热磷酸、高级脂肪酸或油酸、碱和呈碱性反应的热溶液腐蚀。

20.1.5　耐碱混凝土

碱性介质对混凝土腐蚀时，含碱溶液通过毛细管扩散渗透进入混凝土中。浓度较大和介质的碱性较强的高温碱液下，混凝土就会发生化学腐蚀。提高混凝土的耐碱性首先要选用抗腐蚀的水泥和骨料，降低水灰比，提高混凝土的密实度。

1. 原材料选择

（1）水泥　要用42.5级及以上的普硅水泥；C_3A含量≤9%；或者配制碳酸盐水泥，以水泥熟料1份与石灰石粉1份配合，共同磨细而成。不得采用矾土水泥、火山灰质水泥、矿渣水泥和膨胀水泥。

（2）粗细骨料　采用密实耐碱的石灰岩、白云岩、大理岩等；也可采用火成岩为粗骨料；细骨料可采用石英岩砂；粗细骨料碱溶率≤1g/L。

（3）粉料　最宜于采用石灰石粉，粒度应≤0.15mm。

2. 配比及主要技术指标

（1）配比　W/C0.45～0.55，425号水泥340～360kg/m^3；中砂600～780kg/m^3；粗骨料1100～1200kg/m^3；石灰石粉110～120kg/m^3；水150～170kg/m^3；坍落度5～8cm；强度20～25MPa。

（2）适用条件　可耐50℃以下、浓度25%的氢氧化钠腐蚀；50～100℃、浓度12%的氢氧化钠和铝酸钠溶液腐蚀；任何浓度的氨水腐蚀。

（3）耐碱砂浆配比　水泥:（砂＋石灰石粉）＝1:（2～3），W/C≤0.5；石灰石粉料约占细骨料总量25%。

20.1.6　硫黄配制的耐腐蚀材料

以硫黄为胶结料，聚硫橡胶为增韧剂，掺入耐腐蚀粉料和细骨料，经加热熬制而成。特性：密实性好，强度高，硬化快，能耐大多数无机酸、中性盐和酸性盐的腐蚀，不耐硝酸、强碱及有机溶液；性脆，收缩大，易出现裂缝和起鼓；耐火性差，不宜用于≥90℃及明火接触、热冷交替、温度急剧变化和直接受撞击的部位；可用作面层嵌缝材料、黏结块材及管头接口灌浆材料等。配比如下：硫黄60～70份，石英粉35～40份，聚硫橡胶1～2份。加热熬制，得硫黄胶泥。

20.2　有机耐腐蚀材料

有机耐腐蚀材料包括耐腐蚀塑料、耐腐蚀玻璃钢及用有机胶结料配制的耐腐蚀材料，如沥青耐腐蚀材料、树脂耐腐蚀材料。使用该类耐腐蚀材料时，要注意使用温度，以免发生燃烧。

20.2.1　聚氯乙烯塑料

聚氯乙烯塑料的特点与用途见表 20-3。

表 20-3　聚氯乙烯塑料的特点与用途

材料名称	特点		主要用途
	优点	缺点	
硬 PVC	机械强度高，化学稳定性好，耐油，抗老化，易黏结，价廉	使用温度 <60℃，线胀系数大，成型加工性不好	管、棒、板及焊条等，建筑耐腐蚀材料，保温材料，防辐射材料等
软 PVC	柔软，耐摩擦，耐挠曲，弹性好，易加工，耐寒，电气性能好	使用温度 -15 ~ 55℃，抗弯强度及韧性低，不耐冲击	板、管、薄膜、焊条、地毡，建筑用防辐射、防水、耐腐蚀材料

1. 性能

聚氯乙烯塑料耐腐蚀性能优良，能耐一般浓度无机酸、碱、盐的侵蚀，也能耐浓度低于 30% 的醋酸、甲酸和甲醛，但不耐脂肪酸、>90% 浓度的硫酸、甲苯和乙醚的侵蚀。

2. 选择及应用

1）不宜用于温度 >60℃ 或受机械冲击作用的部位。

2）软 PVC 板只能用于室内，粘贴时，宜用氯丁酚醛、氯丁橡胶、沥青橡胶黏结剂。作为隔离层使用时，也可使用沥青胶泥黏结。

3）软 PVC 板厚度 ≥3mm 时，宜用软 PVC 焊条或本体焊接技术焊接。

4）硬 PVC 板材宜采用硬 PVC 焊条焊接。

施工应用要点：①软 PVC 使用前 24h，应打卷放平，并使其在施工现场温度相同；②基层表面干燥，清洁，含水率 <6%，阴阳角做成圆角；③塑料板黏合前要脱脂去污，可用肥皂、酒精或丙酮处理；④合理使用焊接工具和黏结剂。

20.2.2　树脂为主要原料的耐腐蚀材料

以树脂为胶结料，加入固化剂、增韧剂、稀释剂、填料等，可制成耐腐蚀胶泥；如加入细骨料，可制成耐腐蚀砂浆。按胶结料功能，这类材料可分为树脂胶泥、树脂砂浆、树脂涂料及混凝土等几大类。

该类材料的优点是耐蚀性、抗水性及绝缘性好，强度高，黏着力强；缺点是抗冲击韧性差。

1. 原材料及技术要求

树脂为主要原料的耐腐蚀材料的原料及技术要求见表 20-4。

表 20-4　树脂为主要原料的耐腐蚀材料的原料及技术要求

原料名称		技术要求 检验项目及性能指标
树脂类	呋喃树脂	糖醇＜95%，糠酮≤94%，灰分≤3%，含水率≤1%，黏度 1000～1300P
	环氧树脂	环氧值：E－44：0.41～0.47mol/100g；E－42：0.38～0.45mol/100g 软化点：E－44：12～20℃；E－42：21～27℃
	酚醛树脂	游离酚含量≤10%，游离醛含量≤2%，含水量≤12%
	聚酯树脂	酸值≤40mg，KOH/g，黏度：120～300P
固化剂	乙二胺	纯度＞70%，含水＜1%，分子量 60，当量 15，密度 0.889kg/L
	间苯二胺	纯度＞90%，含水＜1%，灰分含量＜0.5%，熔点 63～64℃，密度 1.139kg/L
	二乙烯三胺	含量＞90%，其他胺类含量＜3.0%，灼烧残渣＜0.1%
	苯磺酰氯	含水率≤2%，密度 1.37～1.41g/cm^3，沸点 51.5℃，凝固点 14～16℃
	对甲苯磺酰氯	纯度＞90%，游离醛＜1.5%，碱不溶物＜1.0%，熔点 64℃
增韧剂	酚醛胶泥用	桐油钙松香
	环氧胶泥用	邻苯二甲酸二丁酯，磷酸三苯酯，聚酯树脂（304 号、319 号）
	稀释剂	丙酮、乙醇、二甲苯、苯乙烯
	引发剂（催化剂）	过氧化苯甲醛、过氧化环乙酮

2. 配比及性能

树脂胶泥和砂浆配比见表 20-5。树脂胶泥的性能见表 20-6。

表 20-5　树脂胶泥和砂浆配比（质量比）

名称	树脂			稀释剂		固化剂				粉料			细骨料
						胺类固化剂		酸性固化剂					
	环氧树脂	酚醛树脂	呋喃树脂	丙酮	乙醇	乙二胺	乙二胺丙酮溶液	苯磺酰氯	对甲苯磺酰氯:硫酸乙酯 7:3	石英粉	辉绿岩粉	硫酸钡粉	石英砂
环氧胶泥	100	—	—	0～10	—	6～8	12～16	—	—	150～250	180～250	200～330	—
酚醛胶泥	—	100	—	0～10	0～10	—	—	6～10	8～12	150～200	—	200～330	—
环氧酚醛胶泥	70	30	—	0～10	—	4～6	8～12	—	—	150～200	180～200	200～330	—
环氧呋喃胶泥	70	—	30	0～10	—	5～7	10～14	—	—	150～200	180～220	200～300	—
环氧砂浆	100	—	—	10	—	6～8	12～16	—	—	270	—	—	540
环氧煤焦油砂浆	50	—	—	50	—	5	—	—	—	200	—	—	400

（续）

名称	树脂			稀释剂		固化剂				粉料			细骨料
						胺类固化剂		酸性固化剂					
	环氧树脂	酚醛树脂	呋喃树脂	丙酮	乙醇	乙二胺	乙二胺丙酮溶液	苯磺酰氯	对甲苯磺酰氯:硫酸乙酯 7:3	石英粉	辉绿岩粉	硫酸钡粉	石英砂
环氧酚醛砂浆	50～70	50～30	—	10～15	—	6～7	12～14	—	—	200	—	—	400
呋喃砂浆	—	—	100	甲苯 10～15	—	—	—	—	硫酸乙酯 12～4	75～125	—	—	225～375

表 20-6　树脂胶泥的性能

树脂胶泥名称	强度/MPa		黏结强度/MPa				收缩率（%）	耐热度/℃
	抗压	抗拉	混凝土	瓷板	钢铁	石材		
环氧胶泥	45～80	4.5～8.0	2.0	3.8	2.0	3.5	0.08	—
酚醛胶泥	37.8～84.0	3.9～5.4	1.5	1.1	0.8	2.5	0.16～0.4	<120
呋喃胶泥	45～80	4.8	1.8	0.09	0.68	4.8	—	—
环氧煤焦油胶泥	26.7	1.48	2.0	5	4.0	5.0	—	—

3. 施工技术要点

1）施工时的环境温度以 15～25℃为宜，相对湿度≤80%；温度低于 10℃时，应采取保温措施；以苯磺酰氯为固化剂时，温度低于 17℃时就需加热保温。

2）基层要坚实。

3）常温养护及热处理制度见表 20-7 和表 20-8。

表 20-7　树脂胶泥的常温养护

树脂胶泥名称	养护期不少于以下天数	
	地面	贮槽
环氧胶泥	7	15
酚醛胶泥、环氧酚醛胶泥	10	20
环氧呋喃胶泥	5	30
YJ 呋喃胶泥	14（20℃）	

表 20-8　树脂胶泥的热处理制度

<table>
<tr><th rowspan="2">树脂胶泥名称</th><th colspan="7">热处理保温温度及时间/h</th></tr>
<tr><th>常温～40℃</th><th>40℃</th><th>40～60℃</th><th>－60℃</th><th>60～80℃</th><th>80℃</th><th>80℃～常温</th></tr>
<tr><td>环氧胶泥</td><td rowspan="4">1</td><td rowspan="4">4</td><td>2</td><td rowspan="4">4</td><td rowspan="4">2</td><td>8</td><td rowspan="4">缓慢冷却（降温速度 15℃/h）</td></tr>
<tr><td>酚醛胶泥</td><td>2</td><td>24</td></tr>
<tr><td>环氧酚醛胶泥</td><td>2</td><td>24</td></tr>
<tr><td>环氧呋喃胶泥</td><td>24</td><td>24</td></tr>
<tr><td>YJ 呋喃胶泥</td><td></td><td>4</td><td></td><td>22</td><td>自然冷却</td><td>自然冷却</td><td>自然冷却</td></tr>
</table>

第 21 章

防辐射建筑材料

防辐射材料是指用来防护来自原子装置的原子核辐射（即放射性）的材料，一般包括 α、β、γ、X 射线（即伦琴射线）和中子流等，分为表面辐射防护材料和防穿透性辐射材料两大类。表面辐射防护材料包括有机板材、涂料、金属材料和无机非金属材料等。防穿透性辐射材料包括防辐射混凝土，铅、钢铁等重金属材料，普通混凝土，黏土砖砌体，压实黏土，石墨，防辐射玻璃以及防辐射橡胶和塑料等。

21.1　表面辐射防护材料

表面辐射防护材料是指不易沾染放射性灰尘，如受到污染也易于洗消的特种性能装饰材料。常用表面辐射防护材料见表 21-1。对表面辐射防护材料的具体要求：①表面光滑；②防撞击、磨损，干湿、冷热等性能优良；③耐化学腐蚀；④渗透性低；⑤易清洗，为非离子型材料。

表 21-1　常用表面辐射防护材料

类别	材料名称
有机板材类	软聚氯乙烯板、塑料贴面板
无机非金属材料	釉面瓷砖、砂浆
涂料类材料	耐化学作用过氯乙烯漆、酚醛清漆、耐酸漆、生漆等
金属材料类	不锈钢板、碳钢钢板、镀锌板等

21.1.1　防辐射涂料

防辐射涂料由黏结剂和填料构成。常用黏结剂有聚酰亚胺、聚恶二唑、环氧树脂、有机硅树脂等。填料主要有重金属化合物，如钛、锌、铅、铬等氧化物。由于辐射能会使聚合物交联和降解，故用来配制防辐射的聚合物，必须耐辐射。有机黏结剂的防辐射涂料只能用于辐射强度较小的场合，作为表面辐射防护材料。

21.1.2　防辐射砂浆

防辐射砂浆的原料，应选取减弱快、产生次级辐射影响小的材料；具有良好的结构力学性能和机械加工性能，并且在相应的辐射和温度环境下，有良好的稳定性。

（1）骨料　主要采用重晶石砂为主要骨料，用其配制的防辐射砂浆防辐射效果明显，初始剂量率为 2.45Gy/min 的 X 射线经 40mm 厚的砂浆屏蔽后剂量率降至 1.55Gy/min，衰减

系数为 1.14×10^{-2}/cm。

（2）水泥　采用 42.5 级以上的普通硅酸盐水泥，水泥用量只要保证砂浆的和易性好，不用太高，因为水泥用量过多时，其密度下降。

（3）水灰比　控制在 0.4 ~0.5，用水量不宜过大，引入充分数量的结晶水或轻元素。

（4）掺入钢纤维　提高防辐射砂浆的抗压与抗折强度。

（5）掺入活性铅粉　活性铅粉掺入量越大，防辐射性能越好，但掺入活性铅粉使砂浆的力学性能降低，其掺入量越大，砂浆力学性能降低幅度越大。

砂浆搅拌时，由于重晶石的强度较低、性脆，时间不宜过长；砂浆在成型试样时，振动台的振动时间不要过长，以免引起泌水和分层；外加剂掺入对于砂浆和易性影响很大。

21.1.3　防氡涂料

氡是放射性元素铀、钍等衰变链的产物，是天然放射性铀系中的一种放射性惰性气体。它具有极强的迁移活动性，凡有空气的空间就有氡及其子体的存在。建筑材料中放射性物质衰变都有氡同位素产生，是室内环境中氡和放射性的主要来源。天然石材及建筑材料（含工业废渣）本身是由天然的岩石、砂、土及各种矿石产生的，因而可能会释放出一定量的氡。来自于住宅地基以下的岩石和局部断裂构造的氡，对底层的作用大，但随着楼层的高度而递减。而建筑材料中的氡却对任何楼层都起作用。当今，人们已经开始日益关注生活环境中的氡气和辐射的污染，并探讨防氡降氡以及防辐射的最佳途径，因此发展具有防氡、防辐射功能的建筑材料已经势在必行。

防氡涂料由聚丙烯酸超细乳液 5% ~15%、纳米材料 1% 及填料构成。防氡率为 60.1%，比普通涂料防氡性能提高了 20%。

21.2　防穿透性辐射材料

防穿透性辐射材料主要用于建造核反应堆和设置放射性辐射源的机房或试验室等建筑物。α、β、γ、X 射线的穿透能力较强，可贯穿一定厚度的材料，同时其辐射强度也受到削弱。材料对放射性射线的吸收能力与其种类、厚度和体积密度有关。防穿透性辐射材料比较见表 21-2。

表 21-2　防穿透性辐射材料比较

材料	防辐射能力	性能	成本
铅板	对低能和高能的 γ 射线和 X 射线均有较好的屏蔽效果，对中子射线屏蔽效果较差	具有较大的徐变能力，在较大荷载作用下，不能被应用	属于贵重金属，来源少，成本高
铁板、钢板	对 γ 射线和 X 射线屏蔽效果均较好，对中子射线屏蔽效果差	力学性能较好，难施工，耐蚀性差	成本较高
水	对中子射线屏蔽效果好	所需厚度比较大，而且水防护层难以定型，在构造处理和管理上也比较复杂	成本低

（续）

材料	防辐射能力	性能	成本
混凝土	对γ射线、X射线和中子射线均有较好的屏蔽效果	材料来源也广泛，又便于施工，可以根据要求制成任何尺寸和形状的结构	成本低
红砖砌体	较混凝土差	结构作用、围护作用、屏蔽作用	成本低
聚合物	对γ射线和X射线的屏蔽效果较好，对中子射线屏蔽效果较好	易于施工，不耐高温，耐久性和老化性差	成本较高
玻璃陶瓷	对γ射线和X射线的屏蔽效果较好，对中子射线屏蔽效果较好	力学性能好，耐高温性好	成本高

钢铁、铅和重混凝土等可将受到的α、β射线的全部以及γ、X与中子射线的绝大部分吸收与屏蔽掉。通常，这些材料复合使用，可以取得更有效的防护效果。防穿透性辐射材料的主要要求：结构工程材料的密度要大，强度要高，屏蔽放射线的能力要强；在复合材料中含有足够的氢、硼元素，并保证在使用过程中保持稳定；材料的抗渗性、耐久性和对辐射作用的稳定性要优良；对共同工作的其他材料没有腐蚀作用。

21.2.1 防辐射混凝土

防辐射混凝土是表观密度不小于2800kg/m^3、用于防护和屏蔽核辐射的混凝土。

防辐射混凝土的组成材料见表21-3。与普通混凝土不同，胶凝材料采用能结合较多水分的石膏矾土水泥，不产生体积收缩的膨胀水泥，屏蔽能力强的钡水泥、锶水泥、硼水泥，也可采用普通硅酸盐水泥。粗骨料使用铁矿石、铁块、重晶石及蛇纹石等密度较大或结晶水较多的粗骨料。施工宜用灌浆法。

表21-3　防辐射混凝土的组成材料

强度等级及密度/(kg/m^3)	每m^{3}材料种类及用量/kg				配合比
	水	水泥	细骨料	粗骨料	水泥：水：砂：石子
C20混凝土，3600	186	32.5级石膏矾土水泥，285	重晶石砂，911	5～40mm磁铁矿碎块，2238	1:0.65:3.2:7.8
C30混凝土，2983	170	32.5级硼水泥，396	重晶石砂，753	重晶石块，1664	1:0.42:1.9:4.2
C35混凝土，3626	167	42.5级钡水泥，641	磁铁矿砂，1089	7～25mm磁铁矿碎块，1729	1:0.26:1.7:2.7
C40混凝土，3470	176	42.5级钡水泥，588	重晶石砂，1059	7～25mm重晶石碎块，1647	1:0.3:1.8:2.8
C60混凝土，2880	192	72.5级特快硬矾土水泥，480	硼镁铁矿砂，1104	8～10mm硼镁铁矿碎块，1104	1:0.4:2.3:2.3

如混凝土或砂浆流动性不够，可适当添加减水剂。

21.2.2 其他防穿透性辐射材料

其他防穿透性辐射材料见表21-4。

表 21-4　其他防穿透性辐射材料

名称	特性	用途
铅、钢铁等重金属材料	防穿透性良好，质软易变形；钢铁易活化长期带有放射线	可做密闭性很强的防护外壳；造价贵，常和其他材料结合使用
普通混凝土、黏土砖砌体、压实黏土	普通混凝土的防辐射能力仅为防辐射混凝土的 1/2 ~ 1/3。黏土砖砌体及压实黏土成本低，应用方便	核工程的外围结构及一般防护工程
石墨	可吸收中子	反应堆减速剂和堆体屏蔽材料
防辐射玻璃	铅玻璃，密度 3.4 ~ 3.6g/cm^3	用于窥视孔，与有机玻璃结合用
防辐射橡胶和塑料	美观光滑，便于加工，用于防 X 射线辐射	X 射线辐射机房及有关设备的防护

第22章 防火涂料

22.1 概述

22.1.1 防火涂料的特点

防火涂料具有双重属性：其一是具有装饰、防锈、防腐和延长被保护材料使用寿命的作用；其二是在火灾时可迅速发生物理或化学反应，起隔火与阻止火焰蔓延传播的作用。防火涂料还有以下特点：本身难燃或不燃，能维持被保护的基材不直接接触空气，可延迟基材起火燃烧；可在遇火受热时分解释放不燃的惰性气体，稀释周围空气里的氧气或者基材受热释放出的易燃气体，从而抑制燃烧；膨胀型防火涂料遇火膨胀发泡，生成泡沫隔热层，包覆基材，阻止基材燃烧。防火涂料的基本特征见表22-1。

表22-1 防火涂料的基本特征

分类依据	类型	基本特征
受热后状态	膨胀型	遇火迅速膨胀，防火效果好，并有较好的装饰效果
	非膨胀型	自身有良好的隔热阻燃性能，遇火不膨胀，密度较小
基料	无机型	磷酸盐、硅酸盐为黏结材料，自身不燃，价格便宜
	有机型	合成树脂为黏结材料，易形成膨胀发泡层，防火性能好
分散介质	水性	水为介质，无环境污染，生产、施工、运输安全
	溶剂型	有机溶剂为介质，施工条件受限制较少，涂层性能好，但环境污染严重
使用目标	钢结构	适用于钢结构的防火，装饰性不强
	混凝土结构	适用于混凝土结构的防火，装饰性不强
	木结构（饰面型）	适用于木结构的防火，有良好的装饰性
	电缆	适用于电缆的防火，涂层有良好的柔性，装饰性不强
应用场合	室内型（N）	用于建筑物室内或隐蔽工程的钢结构表面，要求良好的装饰性
	室外型（W）	用于建筑物室外或露天工程的钢结构表面，有耐水、耐候、耐蚀性等要求
涂层厚度	厚型（H）	涂层厚5~25mm，耐火极限不低于2.0h
	薄型（B）	涂层厚2~5mm，耐火极限不低于1.0h
	超薄型（CB）	涂层厚≤2mm，耐火极限不低于1.0h

22.1.2 防火涂料的种类

按不同的方法分类，防火涂料可分为如图22-1所示的种类。

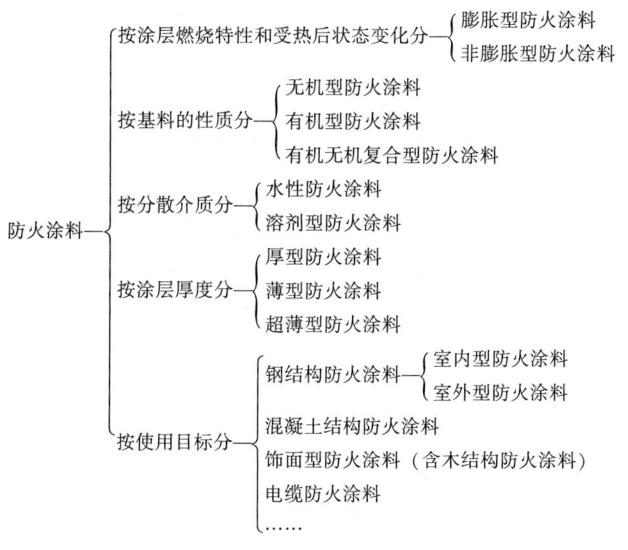

图22-1　防火涂料的种类

22.1.3　防火涂料的组成

防火涂料通常由基料、颜料、填料、助剂和溶剂等组成，其中包含防火助剂。

1. 基料

防火涂料的基料有无机型与有机型两类。无机型基料包括硅酸盐（如硅酸锂、硅酸钾、硅酸钠等）、硅溶胶、磷酸盐（如磷酸氢铝）等。有机型基料分为溶剂型与水性两类。溶剂型基料包括酚醛树脂、卤化醇酸树脂、不饱和聚酯树脂、氨基树脂（如三聚氰胺甲醛树脂、脲醛树脂等）、卤化烯烃树脂（如高氯化聚乙烯树脂、过氯乙烯树脂、偏氯乙烯树脂、聚氯乙烯树脂等）、呋喃树脂、有机硅树脂和氯化橡胶等。水性基料包括聚丙烯酸酯共聚乳液、硅丙乳液、聚醋酸乙烯酯乳液、氯偏乳液、丁苯乳液等。

2. 助剂

防火涂料的助剂分为防火助剂和适用于一般涂料的通用助剂。

(1) 防火助剂　防火助剂分为非膨胀型防火助剂与膨胀型防火助剂。

非膨胀型防火助剂主要为阻燃剂，包括含磷、卤素的有机化合物（如氯化石蜡、十溴联苯醚、磷酸三甲苯酯与β-三氯乙烯磷酸酯等）和锑系（三氧化二锑）、硼系（硼酸锌）、铝系（氢氧化铝）与镁系（氢氧化镁）等无机化合物。

膨胀型防火助剂通常是由脱水成炭催化剂（酸源）、成炭剂（碳源）与发泡剂三部分组成。脱水成炭催化剂有聚磷酸铵、硫酸铵、磷酸铵、三聚氰胺、三（二溴丙基）磷酸酯、三氯乙基磷酸酯、磷酸二氢铵、磷酸氢二铵等，其作用是在高温下可分解出酸类物质，促使成炭剂失水炭化。成炭剂为含高碳的有机化合物，如淀粉、改性纤维素、三乙醇胺、季戊四醇、丙三醇等，其作用是在发泡剂使涂层发泡后，在脱水成炭催化剂作用下使涂层形成炭化层。发泡剂有双氰胺、三聚氰胺、氯化联苯、氯化石蜡等，其作用是在涂层受热时能分解出不燃性气体（水蒸气、氨气或CO_2等），使涂层发泡膨胀。

(2) 通用助剂　通用助剂分为溶剂型防火涂料的助剂与乳液型防火涂料的助剂两类。溶剂型防火涂料的助剂包括润滑分散剂、防冻剂、流平剂和消泡剂等。乳液型防火涂料的助剂包括增稠剂、颜料分散剂、消泡剂、成膜助剂、防霉防腐剂、防冻剂、防锈剂和流平剂等。

3. 颜料与填料

防火涂料的颜料不仅起着色的作用，还可改善防火涂料的理化性能。合理选用颜料，可以收到事半功倍的防火效果。防火涂料的常用颜料有钛白粉（TiO_2）、氧化铁红（Fe_2O_3）、氧化铁黄（$Fe_2O_3 \cdot H_2O$）、铅铬绿（以铁蓝颜料浆中沉淀铬黄而得，也可以铬黄与铁蓝拼成）、铁蓝（由铁盐、亚铁氰化物与铁氰化物组成）与铁黑（Fe_3O_4）等。

防火涂料的填料有硅藻土、粉状硅酸盐纤维、云母粉、高岭土、海泡石粉与滑石粉等。

4. 溶剂

溶剂是防火涂料中挥发性组分，其作用是调节防火涂料的黏度和干燥速度，改善防火涂料的施工性能。常用的防火涂料溶剂有甲苯、二甲苯、乙酸乙酯、乙酸丁酯、乙二醇乙醚乙酸酯、乙醇、正丁醇、双丙酮醇、丙酮、甲乙酮、环己酮、甲基异丁基酮、异佛尔酮、醋酸溶纤剂、石油醚、丙二醇甲醚、丙二醇乙醚、丙二醇丁醚、200 号溶剂汽油等。

22.1.4 防火涂料的防火原理

防火材料的防火机理，主要表现为膨胀型防火涂料与非膨胀型防火涂料的防火机理。

1. 膨胀型防火涂料的防火机理

膨胀型防火涂料成膜后，在火焰或高温作用下，涂层剧烈发泡炭化，形成一层比原涂层厚几十倍甚至几百倍的难燃、海绵状炭质层，可以隔断外部火源对基材的直接加热；在高温作用下，涂层发生的物理变化如软化、熔融、蒸发、膨胀等以及化学变化如化学分解等均可吸收热量，延缓了被保护基材的受热升温过程；高温下涂层还分解出不燃性气体，可稀释空气中可燃性气体的浓度，对燃烧有所抑制。因此，膨胀型防火涂料的防火机理可概括为隔热、延缓传热及抑制燃烧。

2. 非膨胀型防火涂料的防火机理

非膨胀型防火涂料按成膜物质的不同分为有机与无机两类。

非膨胀型有机防火涂料通常由含卤素、氮、磷等元素难燃型有机树脂、防火添加剂及无机颜料组成，含卤素的有机树脂具有较好的难燃自熄性，也有较好的耐水性和耐化学药品性，在受热时可分解出卤化氢，卤化氢对可燃性气体燃烧的链反应具有断链作用，故能抑制燃烧的进行；卤化氢还可与涂料中的三氧化二锑反应，生成低熔点、低沸点的三卤化锑等产物，其蒸气可包覆在涂层表面，隔绝空气、抑制燃烧。故非膨胀型有机防火涂料的防火机理是通过高温化学反应来抑制燃烧。

非膨胀型无机防火涂料具有较高耐热性、完全不燃、不发烟的特点，其防火机理是自身耐火、不燃，在高温下可形成釉质膜层覆盖在基材表面，使基材与外部空气隔断，以防火阻燃。

22.2 钢结构防火涂料

22.2.1 钢结构防火涂料的一般要求

1）应不含石棉与甲醛，不宜采用苯类溶剂。

2）施工可采用喷涂、抹涂、刷涂、辊涂、刮涂等方法中的任何一种或若干种方法的组合，能在通常的自然环境条件下干燥固化。

3）底层涂料可与防锈漆配合使用，或者底层涂料本身具有防锈功能。

4）涂层干燥后不应有刺激性气味。

22.2.2 钢结构防火涂料的技术指标

室内钢结构防火涂料的技术指标见表22-2。室外钢结构防火涂料的技术指标见表22-3。

表22-2 室内钢结构防火涂料的技术指标

序号	理化性能项目	技术指标		缺陷类别
		膨胀型	非膨胀型	
1	在容器中的状态	经搅拌后呈均匀细腻状态或稠厚流体状态，无结块	经搅拌后呈均匀稠厚流体状态，无结块	C
2	干燥时间（表干）/h	≤12	≤24	C
3	初期干燥抗裂性	不应出现裂纹	允许出现1~3条裂纹，其宽度应≤0.5mm	C
4	黏结强度/MPa	≥0.15	≥0.04	A
5	抗压强度/MPa	—	≥0.3	C
6	干密度/(kg/m^3)	—	≤500	C
7	隔热效率偏差	±15%	±15%	—
8	pH值	≥7	≥7	C
9	耐水性	24h试验后，涂层应无起层、发泡、脱落现象，且隔热效率衰减量应≤35%	24h试验后，涂层应无起层、发泡、脱落现象，且隔热效率衰减量应≤35%	A
10	耐冷热循环性	15次试验后，涂层应无开裂、剥落、起泡现象，且隔热效率衰减量应≤35%	15次试验后，涂层应无开裂、剥落、起泡现象，且隔热效率衰减量应≤35%	B

注：1. A为致命缺陷，B为严重缺陷，C为轻缺陷；“—”表示无要求。
2. 隔热效率偏差只作为出厂检验项目。
3. pH值只适用于水基性钢结构防火涂料。

表22-3 室外钢结构防火涂料的技术指标

序号	理化性能项目	技术指标		缺陷类别
		膨胀型	非膨胀型	
1	在容器中的状态	经搅拌后呈均匀细腻状态或稠厚流体状态，无结块	经搅拌后呈均匀稠厚流体状态，无结块	C
2	干燥时间（表干）/h	≤12	≤24	C
3	初期干燥抗裂性	不应出现裂纹	允许出现1~3条裂纹，其宽度应≤0.5mm	C
4	黏结强度/MPa	≥0.15	≥0.04	C

（续）

序号	理化性能项目	技术指标		缺陷类别
		膨胀型	非膨胀型	
5	抗压强度/MPa	—	≥0.5	C
6	干密度/(kg/m^3)	—	≤650	C
7	隔热效率偏差	±15%	±15%	—
8	pH值	≥7	≥7	C
9	耐曝热性	720h试验后，涂层应无起层、脱落、空鼓、开裂现象，且隔热效率衰减量应≤35%	720h试验后，涂层应无起层、脱落、空鼓、开裂现象，且隔热效率衰减量应≤35%	B
10	耐湿热性	504h试验后，涂层应无起层、脱落现象，且隔热效率衰减量应≤35%	504h试验后，涂层应无起层、脱落现象，且隔热效率衰减量应≤35%	B
11	耐冻融循环性	15次试验后，涂层应无开裂、脱落、起泡现象，且隔热效率衰减量应≤35%	15次试验后，涂层应无开裂、脱落、起泡现象，且隔热效率衰减量应≤35%	B
12	耐酸性	360h试验后，涂层应无起层、脱落、开裂现象，且隔热效率衰减量应≤35%	360h试验后，涂层应无起层、脱落、开裂现象，且隔热效率衰减量应≤35%	B
13	耐碱性	360h试验后，涂层应无起层、脱落、开裂现象，且隔热效率衰减量应≤35%	360h试验后，涂层应无起层、脱落、开裂现象，且隔热效率衰减量应≤35%	B
14	耐盐雾腐蚀性	30次试验后，涂层应无起泡，明显的变质、软化现象，且隔热效率衰减量应≤35%	30次试验后，涂层应无起泡，明显的变质、软化现象，且隔热效率衰减量应≤35%	B
15	耐紫外线辐照性	60次试验后，涂层应无起层、开裂、粉化现象，且隔热效率衰减量应≤35%	60次试验后，涂层应无起层、开裂、粉化现象，且隔热效率衰减量应≤35%	B

注：1. A为致命缺陷，B为严重缺陷，C为轻缺陷；“—”表示无要求。
2. 隔热效率偏差只作为出厂检验项目。
3. pH值只适用于水基性钢结构防火涂料。

22.2.3 钢结构防火涂料的选择

1）应根据使用环境选用，应严格按室内钢结构、室外钢结构类型选用，室内钢结构应选用室内钢结构防火涂料，室外钢结构应选用室外钢结构防火涂料，不得混淆使用。

2）所选用的钢结构防火涂料必须具备国家级检验机构出具的检验报告，质量符合有关国家标准的规定。

3）应根据钢结构的类型特点、耐火极限要求、使用环境与工程的重要性来选择防火涂料。室内的隐蔽部位、高层全钢结构及多层钢结构厂房，不宜采用薄型、超薄型钢结构防火涂料。对于耐火极限要求超过 2.5h 的钢结构，应选用厚型钢结构防火涂料；对于耐火极限要求低于 1.5h 的钢结构，可选用超薄型钢结构防火涂料。对于重点工程，如核能、电力、石化、化工等，应主要采用厚型钢结构防火涂料；对于民用工程，如市场、办公室等，可采用薄型或超薄型钢结构耐火涂料。

22.2.4　钢结构防火涂料的施工

钢结构防火涂料喷涂施工已成为一种新技术分支，具体的项目施工应由经过培训合格的专业单位组织进行，应有专业技术人员在施工现场直接指导施工。

在喷涂施工前，应严格检查构件，清除尘埃、铁屑、铁锈、油脂及其他不利于涂料黏附的物质，做好基材的除锈处理。必须在钢结构安装就位，与其相连的吊杆、马道、管架等构件全部安装完毕、验收合格之后，才能进行防火涂料的喷涂施工。施涂防火涂料应在室内装修之前和不被后续工程损坏的条件下进行。不同厂家的防火涂料在其应用技术说明中都明确了施工工艺、施工过程中与涂层固化前的环境条件，应严格按涂装工艺要求开展施工。

钢结构防火涂料施工验收合格后，应注意维护管理，避免遭受意外的冲击、磨损、雨淋、污染等损害，引起防火涂层功能的降低。

22.3　木结构防火涂料

22.3.1　木结构防火涂料的技术指标

木结构防火涂料属于饰面型防火涂料，其技术指标见表 22-4。

表 22-4　木结构防火涂料的技术指标

序号	项目		技术指标
1	在容器中的状态		无结块，经搅拌后呈均匀状态
2	细度/μm		≤90
3	干燥时间	表干/h	≤5
		实干/h	≤24
4	附着力/级		≤3
5	柔韧性/mm		≤3
6	耐冲击性/cm		≥20
7	耐水性		经 24h 试验，涂膜不起皱、不剥落
8	耐湿热性		经 48h 试验，涂膜无起泡、无脱落
9	耐燃时间/min		≥15
10	难燃性		试样燃烧的剩余长度平均值应≥150mm，其中没有一个试样的燃烧剩余长度为零；每组试验通过热电偶所测得的平均烟气温度不应超过 200℃
11	质量损失/g		≤5.0
12	炭化体积/cm^3		≤25

除表 22-4 中指标要求之外，还应符合以下要求。

1）不宜含对人体有害的原料与溶剂。

2）木结构防火涂料的颜色可根据 GB/T 3181—2008《漆膜颜色标准》的规定，也可通过用户与制造者协商确定。

3）木结构防火涂料可采用刷涂、喷涂、辊涂或刮涂中的任何一种方法或若干种方法的组合进行施工，在通常自然环境条件下干燥、固化。成膜后表面无明显凹凸或条痕，无脱粉、气泡、龟裂、斑点等现象，形成平整的饰面。

22.3.2 木结构防火涂料的施工

木结构防火涂料的施工对象木材是易燃基材，故木结构防火涂料具有防火保护与装饰的双重作用。

木结构防火涂料施工前应先进行木材的干燥处理，使木材含水率不高于10%。木材表面洞眼、缝隙和凹坑用腻子修补填平。干燥后用2号砂纸打磨，打磨时应用力均匀。打磨完成后用抹布擦净木屑等杂质，然后用0号砂纸打磨一遍。擦去木屑和浮尘后，用乙醇等有机溶剂全面擦拭一遍，去除木材中的油脂。最后用干布擦拭清洁，结束干燥处理。

木结构防火涂料的施工环境条件通常为：环境温度5~40℃，相对湿度小于85%，基材表面有结露时不能施工，施工后涂料在未完全固化之前不能受到雨淋，也不能受到雾水或表面结露影响。木结构防火涂料多采用涂刷施工，以手工操作为主，在每一遍涂刷后，应用细砂纸全面打磨，除去表面不平整及其他缺陷，打磨后用干布擦拭干净后再涂下一遍。

在特殊情况下，木结构防火涂料施工也可采用喷涂或辊涂，其施工应遵循少量多次的原则，每次涂层尽可能薄，必须在前一遍完全干燥后再施工后一遍。

施工完成后的防火涂料涂层不能有空鼓、开裂、脱落、桔皮或起泡等现象。

22.3.3 木结构防火涂料应用举例

采用A60-1改性氨基树脂膨胀型防火涂料，用于试验房间（使用面积2.84m×1.94m，室内容积2.84m×1.94m×2.35m）的模拟火灾试验，其试验结果表明，防火涂料能有效保护杉木的门、窗等基材，木门、木窗基本完好保存下来。在采用了木结构防火涂料后，火灾损失仅是3mm纤维板的吊顶在受火19min后被烧毁。可见木结构防火涂料的作用效果良好。

第 23 章

耐 火 材 料

23.1 概述

通常耐火材料是指耐火度不低于 1580℃ 的无机非金属材料。耐火材料具有较好的耐高温性能、一定的高温力学性能、良好的体积稳定性与抗各种气体及炉渣侵蚀的性能等。

23.1.1 耐火材料的组成与结构

耐火材料是由多种不同化学成分与不同结构矿物构成的非均质体。耐火材料的各种性质取决于其化学成分、矿物组成与微观结构。

1. 化学成分与矿物组成

耐火材料主要由熔点较高的化合物组成，一般为硼、碳、氮、氧的化合物。耐火材料可划分为氧化物耐火材料与非氧化物耐火材料两大类。

耐火材料含多种成分，可以分为主成分、添加成分与杂质成分。主成分是耐火材料的主体，决定耐火材料的主要性能，一般是一种或若干种高熔点耐火氧化物、复合氧化物或非氧化物。添加成分是为了弥补主成分的性能不足而加入的，可以是结合剂、矿化剂、稳定剂、烧结剂、减水剂、抗水化剂、抗氧化剂、促凝剂或膨胀剂等，具有加入量虽少但可显著改善耐火材料的某种性能特点，却对其主性能无严重影响。杂质成分是因原料纯度有限而被夹带进的或者在生产过程中混入的对耐火材料性能有害的成分，如 K_2O、Na_2O、FeO、Fe_2O_3等。

在化学成分固定的前提下，耐火材料的矿物组成，也即其中所形成的矿物种类、数量、晶粒尺寸与结合状态，因加工工艺的不同而产生不同，也是决定耐火材料性能的主要因素。

耐火材料的矿物组成可分为主晶相与基质两大类。主晶相是构成耐火材料结构主体且熔点较高的晶相，其性质、数量与结合状态直接决定耐火材料的主要性能。基质是在主晶相之间填充的晶体或玻璃体，数量虽不多，但其成分与结构复杂，对耐火材料的某些性能有显著影响。在使用过程中，基质往往首先被破坏，因此调控基质可以改善耐火材料的使用性能。

2. 微观结构

耐火材料的结构包括宏观结构与微观结构。宏观结构是肉眼可见的结构特征，而微观结构是在显微镜下才能观察到的结构特征，包括相的数量、形状、大小、分布以及其相互关系，表现为颗粒、气孔与结合相。颗粒通常是原料经高温煅烧后破碎得到的，又称为耐火材料的骨料，在耐火材料的制备中保持稳定，形状与尺寸保持不变。结合相是存在于颗粒之间的各物相的总称，是由原材料中多种细粉、结合剂与添加剂通过烧成等工艺而得到的，结合相胶结在颗粒的周围，或者填充在颗粒的气孔中。耐火材料中还存在很多气孔，包括开口孔与闭口孔，气孔特征对耐火材料的性能也有一定的影响。

23.1.2 耐火材料的性能

1. 物理性能

物理性能包括气孔率、吸水率、体积密度与透气度等。

气孔率是耐火材料的开口孔与贯通孔的体积之和占材料总体积的百分比。气孔率是耐火材料的基本参数，几乎影响耐火材料的所有性能，特别是强度、热导率、抗侵蚀性与抗热震性等。气孔率增高，则强度、热导率与抗侵蚀性均降低，但对抗热震性的影响较为复杂。气孔率受所选原料、工艺条件等因素影响。选用致密的原料，按最紧密堆积原理控制合理的颗粒级配，选用合适的结合剂，原材料混合均匀，高压成型，提高烧成温度，延长保温时间，均有利于降低气孔率。

吸水率是耐火材料吸水饱和时所吸的水的质量占材料干燥时的质量百分比，反映耐火材料开口孔的数量。以此衡量原料煅烧的质量，吸水率越低，表明原料煅烧质量越好。

体积密度是耐火材料的干燥质量与其总体积之比，反映耐火材料的致密程度，对多种性质，如强度、抗侵蚀性、荷重软化温度、耐磨性与抗热震性等有显著影响。通常，体积密度越大，对耐火材料的强度、抗侵蚀性、耐磨性与荷重软化温度越有利。但在轻质隔热耐火材料的生产中，为降低热容与热导率，则应降低材料的体积密度。

真密度是耐火材料的质量与其真体积之比，真体积是多孔材料中密实固体的体积。真密度反映材质成分的纯度以及晶型转变的程度与比例等，可据此推断耐火材料在使用中可能发生的变化。

透气度是耐火材料在压差下允许气体通过的能力，与贯通孔的数量、大小、分布有关，受耐火材料成型时的加压方向影响。透气度越高，则耐火材料的抗侵蚀性气体通过的能力越低，抗侵蚀性越低，也导致热工设备的热损失越大。耐火材料的透气度通常应越小越好。可通过在耐火材料生产工艺中控制颗粒级配、成型压力与烧成制度而调节透气度的大小。

2. 力学性能

力学性能包括抗压强度（常温抗压强度、高温抗压强度）、抗折强度、耐磨性等。

常温抗压强度是在室温下测得的抗压强度。高温抗压强度是在按规定速率升温至指定高温下保温一定时间后测得的抗压强度。高温抗压强度是耐火材料选择的重要依据之一。

抗折强度越高的耐火材料，其在高温下抵抗物料的冲击、磨损、液态渣的冲刷等作用的能力较强。

耐磨性是耐火材料抵抗坚硬固体或流体的摩擦、磨损、冲刷的能力，取决于耐火材料的矿物组成、结构特点以及材料本身的密度、强度等。

3. 热学性能

热学性能包括热容、热膨胀性、导热性、温度传导性等。

耐火材料的热容是温度升高 1℃时材料所吸收的热量。热容是设计与控制炉体升温、冷却，尤其是计算蓄热能力时的重要参数。

耐火材料的热膨胀性可用线膨胀率与线膨胀系数的方式表达，也可用体积膨胀率与体积膨胀系数的方式表达。耐火材料的热膨胀性参数可反映受热后的热应力分布与大小、晶型转变与相变、微裂纹的产生和抗热震性等。

耐火材料的导热性是导热能力的反映，可用热导率表征。它是耐火材料最重要的热学性能之一，是热工设备设计与耐火材料选用的重要参数。

耐火材料的温度传导性是在加热或冷却的过程中材料内部各部分的温度趋于一致的能力，可用热扩散率表征。温度传导性越高，则热扩散率越大，在相同的加热或冷却条件下的传热速度越快，耐火材料内部各处的温差就越小。因此，温度传导性决定耐火材料在急冷急热时内部温度梯度的大小。

4. 使用性能

使用性能包括耐火度、荷重软化温度、高温蠕变性、高温体积稳定性、抗热震性、抗渣性与抗氧化性等。

耐火度是耐火材料在无荷重时抵抗高温作用而不熔融和软化的性能。耐火度取决于耐火材料的化学矿物组成及其分布情况，还受杂质成分的影响。耐火度可反映耐火材料在高温下的稳定性，但并不代表耐火材料的使用温度，通常耐火材料的使用温度比耐火度指标对应的温度要低很多。

荷重软化温度是耐火材料承受恒定荷重并在一定升温速率下受热产生变形的温度，反映耐火材料同时抵抗高温与荷重作用的能力，也表示耐火材料出现明显塑性变形的软化范围。

高温蠕变性是指耐火材料在高温下承受小于其极限强度的某一定荷重时产生塑性变形，此变形随时间延长而逐渐增大的性质，也就是耐火材料在恒定高温条件下受应力作用随时间延长而发生的等温变形。

高温体积稳定性是耐火材料在高温下长期使用时其外形尺寸保持稳定、不发生体积变化（收缩或膨胀）的性能，以重烧线变化率为表征。重烧线变化率是耐火材料加热到规定温度，保持一定时间，冷却到室温后所产生的残余变形占原尺寸的百分比。

抗热震性是耐火材料对环境温度的急剧变化而引起材料损伤的抵抗能力。通常耐火材料的线膨胀系数越小、热导率越大，则抗热震性越高。

抗渣性是耐火材料在高温下抵抗炉渣的侵蚀与冲刷的能力，是耐火材料的重要使用性能。

抗氧化性是含碳的耐火材料在高温氧化气氛中抵抗氧化的能力。含碳耐火材料有优良的抗渣性和抗热震性，但碳容易被氧化，耐火材料中的碳氧化可导致其性能显著下降。

碱性的耐火材料如 CaO、MgO 等在生产、储存和使用的过程中，遇水发生化学反应，出现丧失强度或者出现粉化现象。抗水化能力是碱性耐火材料抵抗水化反应导致强度下降的能力。通过提高原料的煅烧温度或加入少量添加剂促进烧结，可提高抗水化能力；也可提高致密度、降低气孔率，或者在耐火材料表面包覆一层有机物如硅油、石油或石蜡，提高抗水化能力。

23.2　耐火砖

耐火砖是用耐火黏土或其他耐火原料烧制成的、具有一定形状与尺寸的耐火材料，可耐1580～1770℃的高温，呈淡黄色或褐色。

23.2.1　耐火黏土砖

黏土是自然界中的硅酸盐岩土，是由长石、微晶花岗岩、斑岩、片麻岩等岩石经长期风化作用而形成的一种土状矿物。它是直径小于1~2μm的多种含水硅酸盐矿物的混合体，主要化学成分是SiO_2、Al_2O_3与结晶水，也含有少量碱金属氧化物、碱土金属氧化物等氧化物。其特性是在潮湿与细粉状态下具有可塑性，受热后变硬，在足够的高温下玻璃化，可用来生产多种耐火黏土砖。

1. 普通耐火黏土砖

普通耐火黏土砖由黏土熟料与胶结基质组成，呈多相非均一结构。其微观结构特点是熟料颗粒由许多细小的莫来石微晶组成，基质主要由隐晶质结合剂以及黏土在莫来石化过程中析出的SiO_2和作为夹杂组分的Fe、Ti、Ca、Mg、K、Na共同组成的玻璃体构成。

普通耐火黏土砖由于化学组成波动范围较宽（Al_2O_3在30%~48%），故其性能波动也较大。其矿物组成包括莫来石（25%~50%）、玻璃体（25%~60%）以及少量方解石和石英。其抗渣性随Al_2O_3含量的增高而提高。其抗热震性较高，一般高于10次（1100℃水冷）。荷重软化温度一般在1300~1400℃，Al_2O_3含量每增高1%，则荷重软化温度可提高4℃左右。

普通耐火黏土砖可广泛用于多种热工设备，如高炉、热风炉、钢包内衬和浇钢、化铁炉、加热炉、玻璃熔窑、锅炉及焦炉等。

2. 改性耐火黏土砖

改性耐火黏土砖包括低蠕变黏土砖、低气孔黏土砖与大型黏土砖。

（1）低蠕变黏土砖　低蠕变黏土砖是适应高炉大型化与热风炉风温提高的技术发展趋势的产物。风温提高，要求热风炉用的耐火黏土砖应具备更高的高温体积稳定性、耐磨性与更低的高温蠕变性。因此，普通耐火黏土砖已不能满足高风温热风炉的要求，而应生产低蠕变的优质耐火黏土砖。低蠕变黏土砖所用原料必须结构致密、纯度高、杂质少，以避免烧成时产生过多的液相而降低抗蠕变性能，故一般采用特级焦宝石熟料；还需加入部分合成莫来石以及在高温下能莫来石化的“三石”（蓝晶石、红柱石、硅线石）原料，以提高黏土砖的抗热震性与抗侵蚀性。低蠕变黏土砖一般在1400℃左右烧成。

低蠕变黏土砖的耐火度在1750℃以上，常温抗压强度在60MPa以上，荷重软化温度在1420℃以上，蠕变率（0.2MPa、1200℃、50h）不高于0.8%。

（2）低气孔黏土砖　低气孔黏土砖又称为致密黏土砖，是在普通耐火黏土砖的基础上，调整工艺而制成的。通常采用烧结质量优良、密度高、杂质含量低的特级焦宝石为主要原料，加入少量Al_2O_3含量在55%~75%范围内的高铝矾土熟料细粉、“三石”或叶蜡石类膨胀型原料的混合粉，烧制而成。制砖时还应控制细粉的粒度，以获得致密的坯体。因其Al_2O_3含量高于普通耐火黏土砖，故烧成温度也高于普通耐火黏土砖。

采用磷酸、磷酸盐或微粉为结合剂，利于结合剂胶粒或微粉填充气孔以降低气孔率，加入少量含碱金属氧化物的助烧剂，以促进烧结、减低气孔率；也可用浸渍法封闭砖的气孔。

低气孔黏土砖主要用于玻璃窑、高炉、干熄焦装置、混铁炉等设备中，其常温抗压强度高于58.8MPa，荷重软化温度高于1450℃。

（3）大型黏土砖　大型黏土砖是用于浮法平板玻璃生产线上的锡槽的底砖，是锡槽正常工作的关键结构材料。单块质量在50kg以上，甚至重达400~500kg，采用振动浇筑成型。

其生产工艺包括：采用黏土熟料、莫来石细粉、氧化物超细粉和硬化剂组成泥料，以及微量的解胶剂和少量的迟效凝聚剂，调配为既有触变性（可用振动浇筑法成型）、又有自硬性、成型后经过一定时间静置后即可脱模的泥料。在振动浇筑过程中，由于表面张力的作用，泥浆内未能排出的气体多呈球状气泡，形成封闭气孔，故这种砖的透气度低，能有效阻止氧气穿透，从而避免其在锡槽中正常使用时因金属锡氧化形成氧化锡而产生体积膨胀导致的砖体开裂。同时，由于这种砖的透气度低，故其空气扩散度也低，能避免锡槽底部产生气泡而导致的玻璃缺陷，从而提高玻璃的成品率。

玻璃窑用的大型黏土砖的常温抗压强度高于34MPa，荷重软化温度高于1400℃。

23.2.2 黏土隔热耐火砖

隔热耐火材料是气孔率高、具有隔热性能、对传热起阻碍作用的材料，又称为轻质耐火材料。它既可作为保温材料，用于高温条件下防止热量损失；也可作为保冷材料，用于较低温度条件下防止热量的流入。

黏土隔热耐火砖是采用黏土原料制成的轻质隔热耐火制品。其生产工艺为采用可燃法，即在泥料中加入易烧掉的可燃物，如锯末、炭化稻壳、聚苯乙烯轻球，或加入升华物质如萘，在烧尽、挥发后形成多孔结构。其特点是气孔率高、气孔孔径大，气孔率一般高于45%，气孔孔径一般为0.1~1mm。

黏土隔热耐火砖属于高温隔热材料，使用温度在1200~1400℃。

23.2.3 高铝砖

高铝砖包括普通高铝砖和改性高铝砖（分别是高荷软高铝砖、微膨胀高铝砖、低蠕变高铝砖与磷酸盐结合高铝砖）。

1. 普通高铝砖

普通高铝砖是以矾土熟料、黏土结合剂以及少量有机结合剂为原料烧制而成。其主要矿物组成为莫来石、刚玉和玻璃相。随着其中Al_2O_3含量的增加，作为高温稳定相的莫来石与刚玉的数量也相应增加，玻璃相减少，砖的耐火度和高温性能得到提高。

随着Al_2O_3含量的逐渐增加，高铝砖可以划分为Ⅲ级、Ⅱ级和Ⅰ级高铝砖。Ⅲ级高铝砖的高温性能与耐火黏土砖接近，但要优于耐火黏土砖，故凡能用耐火黏土砖的场合均能用Ⅲ级高铝砖。Ⅱ级高铝砖的高温性能显著优于耐火黏土砖。Ⅰ级高铝砖的耐火性与抗侵蚀性高于Ⅱ级高铝砖，但由于刚玉含量的增多，致使抗热震性反而不及Ⅱ级高铝砖。

耐火高铝砖广泛应用于冶金、机械制造、石油化工、能源和轻工等工业生产领域的热工设备内衬材料。

2. 改性高铝砖

改性高铝砖包括高荷软高铝砖、微膨胀高铝砖、低蠕变高铝砖与磷酸盐结合高铝砖。

（1）高荷软高铝砖　高荷软高铝砖与普通高铝砖相比，不同之处是基质与结合剂有所调整，使荷重软化温度有所提高。其基质除添加三石精矿外，还按照烧后化学组成接近莫来石理论组成的原则，合理引入高铝物料（磨细高铝矾土、工业氧化铝或α-Al_2O_3微粉、刚玉粉、高铝刚玉粉）；结合剂采用优质球黏土等，视需要加入黏土复合结合剂或莫来石质结合剂。通过这些措施，使高铝砖的荷重软化温度提高50~70℃。

（2）微膨胀高铝砖　微膨胀高铝砖是以高铝矾土为主体原料，添加三石精矿，按高铝砖生产工艺流程制成。为使高铝砖在使用过程中适量膨胀，关键在于选择好三石矿物及其粒度，控制好烧成温度，使所选的三石矿物部分莫来石化、残留部分三石矿物。这部分残留的三石矿物在使用过程中继续莫来石化，产生膨胀效应，由此使得在使用中的高铝砖挤紧砖缝，提高砖的整体密实度，从而提高砖的抗炉渣渗透能力。

（3）低蠕变高铝砖　随着炼铁高炉大容积、高风温技术及长寿化的发展，对热风炉用耐火材料要求更高，要求耐火材料可承受长期热应力和高风温的作用而不易损坏。因此，热风炉用高铝砖应具备低蠕变率。低蠕变高铝砖是通过采用添加有益矿物，如石英、三石矿物等，以基质的方式加入，实现基质莫来石化，提高耐火材料的莫来石含量，降低玻璃相含量，从而改善材料高温性能，制成低蠕变高铝砖。

（4）磷酸盐结合高铝砖　磷酸盐结合高铝砖，是以致密的特级或一级高铝矾土熟料为主要原料，磷酸溶液或磷酸铝溶液为结合剂，经半干法挤压成型后，于400～600℃热处理而制得化学结合耐火制品，属于免烧砖。

为避免在高温使用过程中制品收缩较大，配料中应引入受热膨胀性原料，如蓝晶石、硅线石、叶蜡石、硅石等。与高温烧成的高铝砖比，磷酸盐结合高铝砖的抗剥落性更好，但其荷重软化温度较低，抗侵蚀性较差，因此需加入少量的电熔刚玉、莫来石等，以强化基质。磷酸盐结合高铝砖适用于水泥窑、电炉顶、钢包等。

23.2.4　高铝隔热耐火砖

轻质高铝隔热耐火砖是以高铝质原料制造的轻质耐火砖。采用泡沫法生产，即在高铝质泥料中加入发泡剂如松香皂，烧成后获得多孔结构，气孔的孔径为0.1～0.5mm。其主要用于高温隔热。

23.2.5　硅藻土隔热耐火砖

硅藻土隔热耐火砖是以天然多孔的硅藻土为原料制得的轻质隔热制品。当硅藻土原矿中含有足量的黏土时，粉碎成细粉加水混合即具有足够的可塑性，可进一步制坯；当原料纯度较高时，需加入适量的结合黏土，有时为改善隔热性能还加入石棉、纤维材料、锯末等可燃物，制成砖坯。砖坯在900～1000℃范围内烧成制品。

与其他种类的同体积密度的隔热耐火制品相比，硅藻土隔热耐火砖的特点是热导率较小，原因是其内部气孔非常细小，对传热有很好的阻止作用。硅藻土隔热耐火砖的使用温度随纯度而变，但一般在1000℃以下。

23.3　不定形耐火材料

不定形耐火材料是由骨料、细粉和结合剂混合而成的散状耐火材料，必要时可加入适量的外加剂。其无固定的外形，呈松散状、浆状或泥膏状，也称为散状耐火材料。其具有生产工艺简单、生产周期短、节约能源、使用时整体性好、适应性强、便于机械化施工等特点。

不定形耐火材料的化学组成与矿物组成取决于所用的骨料和细粉，与结合剂的品种和数量也有密切联系。其使用性能还取决于其作业性能、施工方法和技术。

按施工方式，不定形耐火材料可分为耐火浇注料、耐火可塑料、喷射耐火材料、耐火捣打料、耐火压入料、耐火涂抹料、干式振动料和砌筑接缝材料。

23.3.1　耐火浇注料

以水泥为结合剂的不定形耐火材料中，常用的耐火水泥有铝酸盐水泥、低钙铝酸盐水泥、纯铝酸盐水泥等。在使用温度不太高的热工设备上，也可用硅酸盐水泥为结合剂。

铝酸盐水泥又称为高铝水泥，具有快硬高强、耐火度高和抗硫酸盐侵蚀等特点，是耐火浇注料的良好结合剂。其主要矿物是铝酸钙（CA），水化活性高，硬化快，是高铝水泥强度的主要来源。如氧化钙含量较低，则二铝酸钙（CA_2）含量就较高，其水化较慢，早强低而后期强度高。有时还含有 $C_{12}A_7$，水化凝结快，但强度不高。

铝酸盐水泥结合浇注料是以铝酸盐水泥为结合剂，与耐火骨料、粉料按一定比例配合，经加水搅拌、成型和养护后，即可直接使用的耐火材料。

根据铝酸盐水泥的氧化铝含量高低，铝酸盐水泥结合浇注料可分为高铝水泥结合浇注料、铝-60 水泥结合浇注料、铝-70 水泥结合浇注料、纯铝酸盐水泥结合浇注料。

高铝水泥结合浇注料以高铝水泥为结合剂，耐火骨料、粉料一般采用黏土质与高铝质熟料或同材质的废旧耐火砖等，其最高使用温度为 1400℃。高铝水泥结合浇注料还可加入外加剂如减水剂来改善和易性与施工效果、提高耐火性能。

铝-60 水泥结合浇注料所采用的水泥是氧化铝含量在 60% 以上的铝酸盐水泥，矿物以 CA_2为主，并含有较多的 CA。铝-60 水泥结合浇注料的最高使用温度为 1500℃，可满足一般工业窑炉的使用要求，是比较好的筑炉材料。

铝-70 水泥结合浇注料所采用的水泥是氧化铝含量在 70% 以上的低钙铝酸盐水泥，矿物以 CA_2为主，水化速度较慢，后期强度高、耐火度高；骨料宜用氧化铝含量高的高铝熟料。铝-70 水泥结合浇注料的耐火度可达 1790℃，荷重软化温度低于高铝砖，原因在于此浇注料未经过预先烧制。它主要用于电炉炉盖、回转窑内衬和加热炉高温段等部位，效果较好。

纯铝酸盐水泥结合浇注料所采用的水泥是纯铝酸盐水泥，骨料与粉料宜用特级矾土熟料、烧结氧化铝或电熔刚玉等。纯铝酸盐水泥结合浇注料的最高使用温度可达 1800℃，耐火性能优越，具有良好的导热性、抗热震性、耐磨性、抗渣性和抗还原气体的能力。

23.3.2　轻质隔热耐火浇注料

轻质隔热耐火浇注料可分为轻骨料轻质耐火浇注料、泡沫轻质耐火浇注料和加气多孔轻质耐火浇注料。

1. 轻骨料轻质耐火浇注料

轻骨料轻质耐火浇注料是由耐火轻骨料、耐火粉料、结合剂和添加剂配制而成，经浇注施工使用的一种不定形耐火材料。其可浇注成任何形状的炉衬及承重构件，使用温度一般低于 1400℃，轻骨料如采用氧化铝空心球则使用温度可达 1600℃。

常用的轻骨料有陶粒、蛭石、轻质耐火砖块、膨胀珍珠岩、氧化铝空心球、粉煤灰漂珠等。胶结剂可用火山灰水泥、硅酸盐水泥、铝酸盐水泥、水玻璃、磷酸、磷酸铝或硫酸铝等。在施工中，应注意控制成型时的振动时间不宜过长，以避免轻骨料上浮造成制品的匀质性差。

2. 泡沫轻质耐火浇注料

泡沫轻质耐火浇注料是由耐火粉料、结合剂和泡沫剂等组成，采用泡沫法制得的一种多孔隔热材料，硬化后可根据工程需要，锯削成任何形状直接使用。

耐火粉料可采用黏土熟料、耐火黏土砖粉、水渣粉和粉煤灰等；结合剂可采用硅酸盐水泥、矿渣水泥或铝酸盐水泥；泡沫剂可选用松香皂泡沫剂、水解血泡沫剂、皂素脂泡沫剂或石油磺酸铝泡沫剂。

3. 加气多孔轻质耐火浇注料

加气多孔轻质耐火浇注料是由耐火粉料、结合剂和外加剂等按比例组成，采用化学方法生成气体，使耐火浇注料形成多孔结构，从而制成多孔耐火隔热材料。它具有体积密度小、热导率低、使用温度高等优点。化学方法生成气体，通常采用金属粉末与酸反应生成氢气，也可用白云石或方镁石加石膏（稳定剂）与硫酸反应作为发泡剂，或者利用碳化钙与水发生乙炔反应等。

加气磷酸耐火浇注料是加气多孔轻质耐火浇注料的一个品种，其耐火粉料可用黏土熟料粉、矾土熟料粉和工业氧化铝粉等，结合剂为磷酸，它既是结合剂，又是发泡材料之一。其最高使用温度在1200~1600℃。

23.3.3 耐火可塑料

耐火可塑料是捣打、振动后经挤压施工得到的泥坯状或泥团状不定形耐火材料。它由一定级配的耐火骨料、粉料、结合剂、外加剂，加水或其他液体，充分混炼而成。按耐火骨料分为：黏土质、高铝质、刚玉质、硅质、镁质、锆石英质和碳化硅质的耐火可塑料。按结合剂分为：水玻璃、磷酸盐、硫酸盐和有机结合剂的耐火可塑料。按硬化方式分为：气硬性或热硬性的耐火可塑料。

耐火可塑料的可塑性除与黏土特性和黏土用量有关外，还与加水量有关，随加水量的增多而提高。加水量一般以5%~10%为宜。

通常耐火可塑料加热至1200~1300℃以上发生烧结，冷态强度增高。在1100~1200℃以前热态抗折强度高于冷态的；当温度升至1200℃以上时，部分可塑料呈软化状态，此时热态强度低于冷态强度，随温度升高，热态强度与冷态强度变化趋势完全不同，热态强度逐渐降低，冷态强度持续升高。

与相同材质的耐火砖或其他不定形耐火材料比，耐火可塑料的抗热震性较好。在加热过程及高温下使用过程中，硅酸铝可塑料不会产生晶型变化而引起严重变形，高温体积稳定性较好。

23.3.4 喷射耐火材料

利用高速气流作为耐火物料的载体进行喷射施工的耐火材料称为喷射耐火材料，包括用于修补损坏衬体的喷补料和用于构筑新衬体的喷涂料。

喷射耐火材料的喷射方法可分为冷物料喷射法与熔融物料喷射法两种。冷物料喷射法可分为泥浆喷射法、干式喷射法、半湿式喷射法、混合喷射法和湿式喷射法五种。熔融物料喷射法可分为火焰喷射法、等离子喷射法和溅渣护炉法三种。

湿式喷射法已广泛应用于构筑或修补高炉出铁沟、鱼雷罐、盛钢桶、中间包、回转窑和垃圾焚烧炉等。

火焰喷射法（熔融喷射法）是采用丙烷气为燃料的火焰喷补法，利用燃烧的火焰将喷射的耐火材料粉料加热到熔融状态（或半熔融状态），喷涂在被修补的衬体表面。火焰喷射料由金属粉、刚玉、镁砂等耐火原料组成，金属粉既是燃料，又是熔融态结合剂。有时还加少量助溶剂，促进快速烧结。固化后的涂层强度相当于甚至高于原衬体的强度，且与原衬体的结合力强、密度高，故其耐用性高于冷物料喷射涂层。

第 24 章

吸声及绝热材料

24.1 概述

吸声或绝热材料是一种具有吸声或保温隔热功能的材料。

吸声材料具有吸收声能、减低噪声的性能。在建筑物中，其用以改善室内收听条件，消除回音，控制和降低噪声干扰等。按照吸声原理，吸声材料。具有三种结构形式（表 24-1）：①多孔材料，特征是内部含有相互贯通的微孔，主要是纤维质和开孔构造的材料，靠从表到里的细小敞开孔道，吸收中高频声波，使声波衰减；②柔性材料（吸收中频）、膜状材料（吸收中低频）、板状材料（吸收低频）和穿孔板（吸收中频），靠共振作用吸声；③特殊吸声材料，一种悬挂于室内的吸声结构，形式多种，如矩形、圆锥形等。

材料的吸声特性以吸声系数表示。吸声系数是在混响试验室，在 125Hz、250Hz、500Hz、1000Hz、2000Hz 和 4000Hz 六个频率下测定的。

低频（125～500Hz），吸声系数≥0.2；中频（500～2000Hz），吸声系数≥0.4；即为吸声材料。吸声系数除与声波的入射角度和频率、材料背面有无空气层及其大小、布置方式和安装条件等有关外，主要取决于材料性能。多孔材料的密度一般低于 800kg/m³，通过控制其密度来调整吸声频谱。此外，还需要满足力学性能，防火及耐久性等方面的要求。

表 24-1 吸声结构的构造

类型	多孔吸声	薄板振动吸声	共振吸声	穿孔板组合吸声	特殊吸声
图例					
举例	矿棉、玻璃棉、岩棉、木丝板、半穿孔纤维板	胶合板、硬质纤维板、石膏板等	共振吸声器	穿孔胶合板、穿孔铝板、微穿孔板	帘幕体、空间吸声体
吸声原理	微孔内声能转化为热能被吸收	声能转化为机械振动被吸收	声能转化为摩擦能被吸收	多个单独共振器并联而成	增加有效吸声面

绝热材料是一种对热流有较强阻抗作用的材料。热导率是表征绝热性能的主要指标，通常把常温下 <0.233W/(m·K) 的材料称为绝热材料。其密度一般小于 600kg/m³。密度越小，绝热性能越好。材料受潮吸水或温度升高，会增大热导率。材料的绝热性能还与其热扩

散系数、比热容、蓄热系数、水蒸气和空气渗透系数有关。绝热材料在力学性能、防火和耐久性等方面也应满足使用要求。

24.2　矿棉、岩棉及其制品

24.2.1　简述

矿棉或称为矿渣棉，利用铁、磷、镍、铬、铅、铜、锰、钛、锌等冶金矿渣为主要原料；而岩棉利用玄武岩、安山岩、辉绿岩、角闪岩为主要原料；经熔化、高速离心法或喷吹法制成的棉丝状无机纤维材料。

24.2.2　制法及其制品

1. 原料

控制酸性系数 MK 值 =1.2 ~1.6，MK = $(SiO_2 + Al_2O_3)/(CaO + MgO)$。使用天然岩石为原料时，应添加适量助溶剂；使用矿渣为原料时，应添加适量的酸性氧化物。

2. 工艺

（1）喷吹法　利用一定压力的高速空气或过热水蒸气，将熔融物的流股分裂，吹拉成为纤维。根据吹拉时流股与气流的相对位置，有立吹法和平吹法；前者纤维的质量优于后者。

（2）离心法　用多辊离心机，将熔融物流股甩制成纤维。

（3）离心喷吹法　在离心法将熔融物流股制成纤维过程中，喷入一定比例胶结剂，再经成型、压制、干燥、固化等工序制成岩棉制品。

我国从瑞典引进的第一条岩棉生产线示意图如图 24-1 所示。

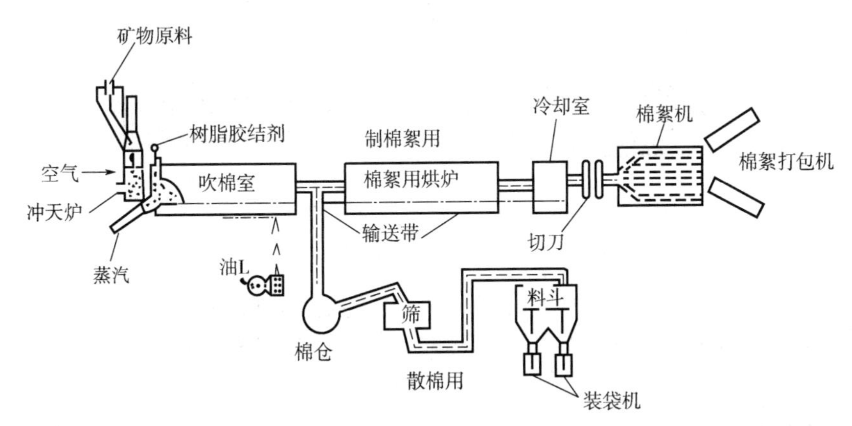

图 24-1　第一条岩棉生产线示意图

3. 制品

矿棉和岩棉主要制品有板、毡、毯、垫、席、条带、绳与管壳等。按品种和黏结剂的不同，可用干法、湿法或半干法成型。黏结剂有合成树脂、淀粉及沥青等有机的，以及水玻璃、高岭土、膨润土等无机的。

4. 性能

其具有轻质、不燃、不腐、不霉、不受虫蛀及耐久等特点，是优良的保温、隔热、吸声材料。矿棉纤维的直径≤9μm，渣球含量不超过10%。原棉的密度为50～100kg/m³。制品的密度：毡为40～200kg/m³，板70～500kg/m³。矿棉及其制品在常温下的热导率一般为0.041～0.07W/(m·K)。

5. 应用

矿棉、岩棉及其制品广泛应用于各种建筑物的屋面、墙体、楼面以及各种工业设备保温、隔热、吸声、防火等方面，如图24-2所示。

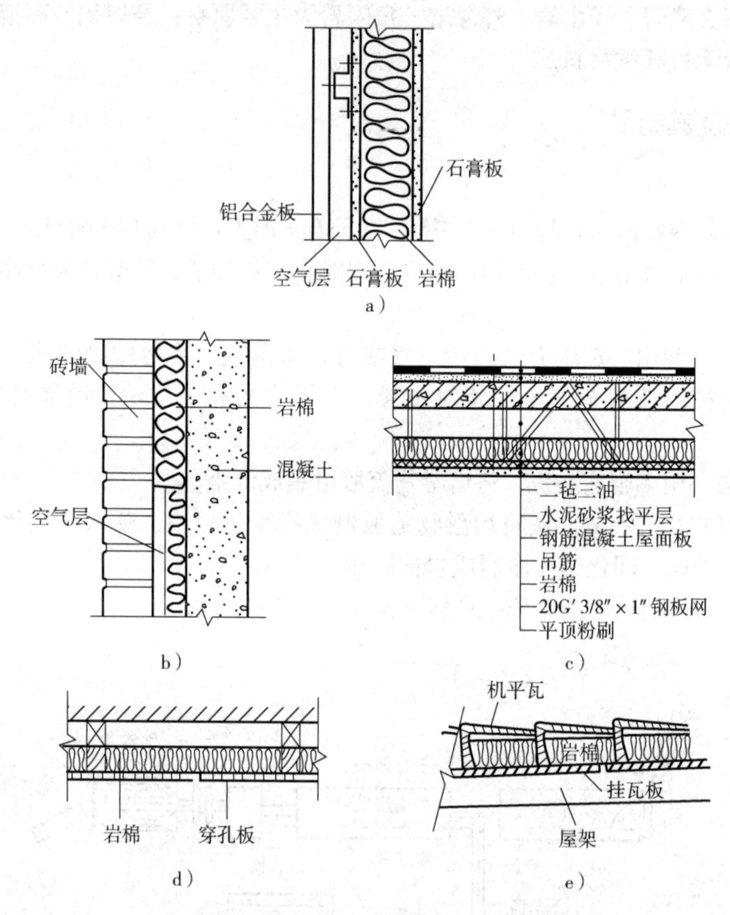

图24-2　岩棉、矿棉及其制品的应用

a）轻质墙体　b）保温外墙　c）岩棉保温平屋面　d）岩棉保温斜屋面　e）吸声顶棚

24.3 膨胀蛭石及其制品

24.3.1 蛭石

蛭石是含水硅铝酸盐矿物，由母岩金云母和黑云母经过蚀变和水化作用形成。此外，还混杂着各种伴生矿物，导致成分很复杂。

1. 化学成分

在金云母和黑云母蚀变形成蛭石过程中，增加了大量的结合水和自由水，减少了钾、铁、钠、铝的含量。蛭石的理论化学成分为：SiO_2，36.71%；MgO，24.62%；Al_2O_3，14.15%；Fe_2O_3，4.43%；H_2O，20.09%。我国各地蛭石的化学成分见表 24-2。

表 24-2 我国各地蛭石的化学成分

产地	化学成分（%）						烧失量（%）
	SiO_2	Al_2O_3	MgO	CaO	Fe_2O_3	其他	
山东莱阳	43.27	18.31	18.78	2.55	6.49	—	5.67
河南灵宝	42.46	18.16	20.04	0.90	6.97	—	3.35
湖北枣阳	38.41	14.51	11.15	0.89	23.42	—	5.67
河北定县	40.52	18.65	10.60	2.06	23.35	6.14	—
辽宁清源	49.1	6.37	16.80	2.36	18.03	15.35	—
山西左权	37.5	18.93	17.58	2.67	14.92	—	7.01
陕西潼关	38.12	11.23	21.43	2.58	11.45	—	4.21
内蒙古包头	42.23	17.59	21.61	2.78	3.47	—	12.15

各地蛭石的化学成分变化很大，仅从化学成分难以评价其质量优劣。

2. 物理性质

蛭石与云母具有相同的外貌，均属单斜晶系，但解理不完全，硬度、抗压强度、折光率、密度等性能均比云母小。蛭石与云母一般物理性质比较见表 24-3。蛭石的耐酸性不好，易受酸侵蚀，但耐碱性好，电绝缘性也不好。因此蛭石产品不宜用于耐酸及有电绝缘性要求的场合。

表 24-3 蛭石与云母一般物理性质比较

项目	蛭石	云母（黑云母或金云母）
密度/(g/cm³)	2.5	2.7~3.2
硬度	1.0~1.8	2~3
强度/MPa	100~150	200~400
解理	不完全	解理完全
色泽	黄铜、青铜、淡绿、深绿	黑、褐、绿、金黄
光学性质	负光性，光轴角很小	负光性，光轴角 0~35°
产状	片麻岩、花岗岩、复杂多变	花岗岩、火成岩、变质岩
用途	保温、隔热	隔热、电绝缘

24.3.2 膨胀蛭石

膨胀蛭石是将蛭石原矿烘干、破碎、筛分和高温煅烧，得到的多孔性无机材料。

1. 原料

可按表 24-4 列出的不同膨胀倍数，选用蛭石煅烧膨胀蛭石。

表 24-4　蛭石的等级与膨胀倍数（膨胀后蛭石体积/原状体积）

项目	等级			
	1 级	2 级	3 级	4 级
膨胀倍数	>8	6 ~ 8	3 ~ 5	<3
结晶形态	叶片大，不能剥离成完整薄片	叶片较大，不易剥离成完整薄片	叶片较小，薄片有弹性，表面凹凸不平	外观与云母相近，易剥离成薄片
色泽	黄铜、青铜	棕、黄、铜、绿	暗棕、深绿	暗绿，近似黑色
光泽	珍珠或脂肪	珍珠或玻璃	玻璃	玻璃

2. 煅烧

将蛭石加热到 800 ~ 1100℃时，蛭石中的硅铝酸盐层间距离小，层间结合水受热排出时受到限制，导致水蒸气压力增大，使蛭石剧烈膨胀，单片体积可增大 15 ~ 20 倍，总体颗粒可膨胀 5 ~ 7 倍，得到膨胀蛭石。其主要用立窑煅烧（图 24-3），也可用回转窑或管式窑。生产各工序的要求，对性能优劣有直接影响，见表 24-5。

表 24-5　膨胀蛭石生产各工序的要求

工序	要求
烘干	烘干后的蛭石，含水量达 3% ~5%，膨胀最佳
破碎	需用锤式破碎机破碎。蛭石的厚度为 0.5 ~ 1.0mm、粒径为 2 ~ 15mm 为适宜
煅烧	煅烧温度 850 ~ 1100℃，时间 1min。经烘干、预热，沸腾状态下瞬时膨胀 为防止高温过度脱水，应立即出窑冷却
成品	分级堆放，分级供料，避免雨淋。堆放高度不宜超过 1.0m

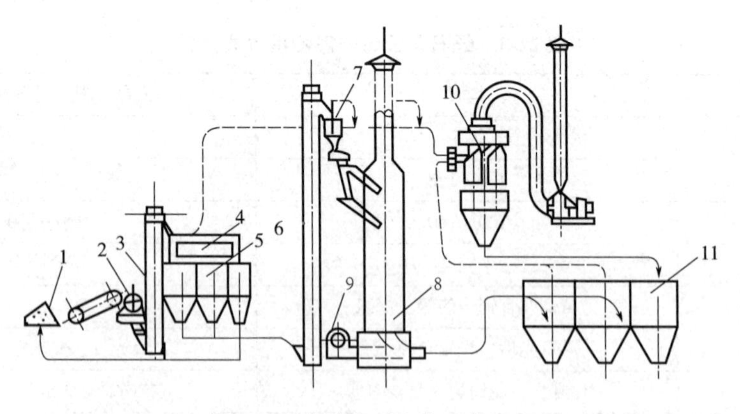

图 24-3　膨胀蛭石生产工艺流程

1—干燥蛭石　2—破碎机　3—提升机　4—回转筛　5—分级料仓
6—提升机　7—喂料机　8—立窑　9—通风机　10—收尘器　11—料仓

3. 性能

膨胀蛭石的主要性能见表 24-6，其质量分级见表 24-7，我国保温材料厂或膨胀蛭石厂的膨胀蛭石产品规格与性能见表 24-8。

表24-6 膨胀蛭石的主要性能

主要性能	说明
密度	一般80~200kg/m^3，随粒径减小而增大
导热性	热导率0.046~0.069W/(m·K)，随密度增大，温度提高而增大，也即高温隔热性变低。低温时采用大颗粒，高温时采用小颗粒。含水率增大1%，热导率增大2%。注意防潮
耐热性与抗冻性	在-20~100℃温度下，质量不变
吸声性和隔声性	属多孔吸声材料，在512Hz时，吸声系数0.53~0.63；在密度80~200kg/m^{3}时，隔声为38~44dB
吸水性	吸水性极大，浸水15min，重量吸水率达240%，1h吸水率可达265%，故宜注意其吸水性
变形性	荷重作用下产生变形。质量好的产品，在0.03MPa压力作用下，能有弹性恢复10%~15%

表24-7 膨胀蛭石质量分级

项目	等级		
	Ⅰ级	Ⅱ级	Ⅲ级
密度/(kg/m^3)	100	200	300
允许工作温度	不超过1000℃	不超过1000℃	不超过1000℃
热导率/[W/(m·K)]	0.046~0.058	0.052~0.063	0.058~0.069
粒径/mm	2.5~20	2.5~20	2.5~20
颜色	金黄	淡黄	暗黄

表24-8 膨胀蛭石产品规格与性能

项目	单一粒级					混合粒级
粒径/mm	1号	2号	3号	4号	5号	1~20mm
	25~12	12~7	7~3.5	3.5~1	<1	
密度/(kg/m^3)	80~90	80~140	100~170	150~200	200~280	80~180
热导率/[W/(m·K)]	0.046~0.069					<0.069
比热容/[J/(kg·K)]	0.657					
吸声系数	0.63~0.88（混响试验室测定平均值）					

4. 用途

膨胀蛭石主要用作保温、隔热、吸声，可直接应用膨胀蛭石松散料，也可以结合工程，制成膨胀蛭石制品。

24.3.3 膨胀蛭石制品

膨胀蛭石制品是以膨胀蛭石为骨料，加入胶凝材料，如水泥、树脂、水玻璃、沥青、淀粉等，经搅拌、成型、干燥、煅烧或养护，制成的产品。由于胶凝材料不同，可使膨胀蛭石具有不同的特性。例如：采用高强度等级水泥、水玻璃或合成树脂胶凝料的制品，强度高；采用沥青、树脂为胶凝料时，可改善吸水性能；也可采用耐火胶凝料和掺合料，改善耐火性能等。此外，在高温环境使用时，应选用小颗粒的膨胀蛭石，在低温环境下，应选用大颗粒的膨胀蛭石，可得更好的保温隔热效果。膨胀蛭石制品的生产方法对其主要性能也影响很大，见表24-9。

表24-9 膨胀蛭石制品的生产方法及其主要性能

生产方法	简介	主要性能		
		密度/(kg/m³)	热导率/[(W/(m·K)]	抗拉强度/MPa
干法	膨胀蛭石+树脂→混合→压制→成型→聚合	160~250	0.041~0.046	1.3~2.1
湿法	胶凝料→制浆→倒入膨胀蛭石→搅拌→压制成型→烘干	180~230	0.075~0.093	0.25~0.50
半干法	有三种方法： 膨胀蛭石+胶凝料→混合→加水→混合→压制成型→养护 胶凝料+水→倒入膨胀蛭石→混合→压制成型→养护 膨胀蛭石浸水饱和→胶凝料→混合→成型→养护	300~500	0.075~0.104	抗压强度 0.2~1.0MPa 耐热<600℃

注：常用的是半干法生产工艺，以水泥为胶凝料。

1. 水泥膨胀蛭石制品

它是以水泥为胶凝料，膨胀蛭石为骨料，按体积比：水泥10%~15%，膨胀蛭石85%~90%，用水量通过试验确定，经搅拌、成型、养护而成制品。膨胀蛭石也可作为轻骨料，用以配制保温或耐火的水泥膨胀蛭石混凝土。

（1）性能与规格　水泥膨胀蛭石制品的主要性能见表24-10。

表24-10 水泥膨胀蛭石制品的主要性能

名称	规格/mm	密度/(kg/m³)	热导率/[W/(m·K)]	抗压强度/MPa	使用温度/℃	吸水率(%)	吸湿率(%)
板材	250~600 200~500 30~200	350~550	0.058~0.162	0.25~0.50	600~800	24h，60% 强度不变	24h 2.5~6.0
砖	230×113×65						
管壳	φ25~φ462 厚40~140 长200~350						

注：1. 使用温度，有些可达1000℃。
2. 板材规格尺寸可根据要求加工；管壳尺寸可达φ600~φ1600mm。
3. 吸湿率是在空气相对湿度为95%情况下测得的数值。

采用高铝水泥膨胀蛭石制品，耐火度可达1450~1500℃。

高铝水泥:膨胀蛭石:烧矾土=29:64:7（水灰比为1.2），做出的制品性能：密度800~850kg/m³；抗压强度1.7~2.0MPa；热导率0.10~0.12W/(m·K)；耐火度1450~1500℃。

（2）应用　它应用于高温设施、耐火隔热建筑物，还可现场浇筑，能提高热能利用效率，还兼有减轻结构自重的效果。

2. 水玻璃膨胀蛭石制品

它是以水玻璃为胶凝料，氟硅酸钠为促凝剂，膨胀蛭石为骨料，经配料、搅拌、压制成型、干燥养护而得到的产品，有板、砖、管壳等。

水玻璃膨胀蛭石制品的主要性能见表 24-11。为提高制品在高温下的使用性能，可掺入岩棉（或矿棉）、硅藻土、耐火黏土等。其耐高温性能比水泥膨胀蛭石制品更优异。

表 24-11 水玻璃膨胀蛭石制品的主要性能

种类	密度/(kg/m³)	热导率/[W/(m·K)]	抗压强度/MPa	使用温度/℃
水玻璃膨胀蛭石制品	350~450	0.08~0.116	0.4~0.5	<900
掺矿棉或硅藻土的水玻璃膨胀蛭石制品	320~400	0.1（110℃） 0.14（450℃）	0.4~0.5	<900
掺耐火黏土的水玻璃膨胀蛭石制品	760	—	3.7（110℃） 2.3（800℃）	<800

3. 其他类型的膨胀蛭石制品

膨胀蛭石制品包括的品种较多，见表 24-12。

表 24-12 其他类型的膨胀蛭石制品及性能

制品种类	密度/(kg/m³)	强度/MPa	热导率/[W/(m·K)]	组成材料
沥青膨胀蛭石	350~450	0.2~0.3（压）	0.079~0.108	—
岩棉膨胀蛭石	250~300	0.15~0.2（拉）	0.086~0.093	岩棉 75%~80% 膨胀蛭石 20%~25%
矿棉膨胀蛭石	250~300	0.15~0.2（拉）	0.079	矿棉 75%~80% 膨胀蛭石 20%~25%

4. 松散铺设膨胀蛭石的应用

将膨胀蛭石直接铺设和填充于屋面、楼板、地坪和夹墙中；或直接用于保温墙体作为填充料；现浇复合墙体的夹层内等，起保温隔热作用。

（1）性能 松散铺设膨胀蛭石作为保温隔热层，其效果取决于：①膨胀蛭石本身的性能，如膨胀蛭石的密度、热导率、含水状态及颗粒大小等；②松铺层的厚度。

（2）施工要点 松散铺设膨胀蛭石的施工注意事项见表 24-13。松散铺设膨胀蛭石，宜选用粒径较大的，以降低密度，提高保温隔热或吸声的效果。

表 24-13 松散铺设膨胀蛭石的施工注意事项

应用部位	施工注意事项
屋面保温隔热层（平行铺设）	保温隔热层厚一般为 100mm。在松铺层上每隔 800~1000mm 做木龙骨隔断一条；找平层上应适当加厚 20~25mm。表面加设防潮层或做沥青找平层。松铺压实后，不得直接在其上面行车或堆放重物。保温隔热层厚度允许偏差 +10% 或 -5%

（续）

应用部位	施工注意事项
填充墙体（垂直铺设）	膨胀蛭石垂直填充高度小时，沉陷量一般为2.5%～3.0%；膨胀蛭石应尽量少含水，并加设防潮层；填充高度大时，可稍加捣实；设计时要附加考虑其密度增大对热导率的影响

注：干铺的保温隔热层可在负温下施工。

5. 现浇膨胀蛭石混凝土或灰浆

它应用于屋面、墙面、地下室或热工设备的隔热保温层上，达到保温、隔热、减轻结构重量等功能，而且施工方便，成本便宜，保温隔热性能好。

（1）现浇膨胀蛭石混凝土　以膨胀蛭石为骨料，水泥（或掺入矿物质掺合料）为胶凝料，加水搅拌成为膨胀蛭石混凝土，直接施工浇筑于结构构件上，可获得保温隔热的效果。由于该类混凝土无细骨料，故又称为大孔混凝十；其主要性能和施工要点见表24-14和表24-15。

表24-14　现浇膨胀蛭石混凝土的主要性能

序号	水泥:膨胀蛭石:水（体积比）	水泥/(kg/m^3)	虚铺率（%）	养护/d	1:3砂浆找平层/mm	密度/(kg/m^3)	热导率/[W/(m·K)]	强度/MPa
1	1:12:4	110	130	4	10	290	0.087	0.25
2	1:10:4	130	130	4	10	320	0.093	0.30
3	1:12:3.3	110	140	4	10	310	0.091	0.30
4	1:10:3	130	140	4	10	320	0.098	0.35

表24-15　现浇膨胀蛭石混凝土的施工要点

项目	施工要点
参考配比	水泥:膨胀蛭石:水(体积比)=1:(10～12):(3～4) 水泥：110～130kg/m^3，42.5级普通硅酸盐水泥；膨胀蛭石粒径：5～20mm
混凝土制备	采用施工现场人工搅拌，随拌随用，搅拌程序与轻骨料混凝土相同
施工与养护	1）膨胀蛭石混凝土保温层，施工时，虚铺厚度为设计要求厚度的130%～140%；要分段，每段宽700～900mm，用木条隔开，铺设抹平 2）夯实后与设计要求相同，做找平层10mm 3）自然养护时，盖上塑料薄膜即可，不用洒水；常温下1d就可在上面行人 4）施工气温要不低于5℃，否则要采取保温措施

（2）现浇膨胀蛭石灰浆　以水泥或石灰为胶凝料，膨胀蛭石为骨料，拌制而成的灰浆，直接现场抹灰应用。其主要用作以下两方面。

1）用作保温、隔热、防潮等。膨胀蛭石灰浆的配比、性能及施工要点见表24-16。

表24-16　膨胀蛭石灰浆的配比、性能及施工要点

砂浆品种	膨胀蛭石水泥灰浆	膨胀蛭石混合灰浆	膨胀蛭石灰浆
水泥:灰膏:膨胀蛭石:水（体积比）	1:0:(4～8):(1.4～2.6)	1:1:(5～8)：(2.33～3.76)	1（灰膏）:(2.5～4):(0.96～1.8)

（续）

砂浆品种		膨胀蛭石水泥灰浆	膨胀蛭石混合灰浆	膨胀蛭石灰浆
性能	密度/(kg/m^3)	638～509	749～636	497～405
	热导率/[W/(m·K)]	0.183～0.152	0.194～0.160	0.163～0.153
	抗压强度/MPa	1.17～0.36	2.13～1.22	0.18～0.16
	抗拉强度/MPa	0.75～0.19	0.95～0.59	0.21～0.19
	黏结/MPa	0.37～0.23	0.24～0.12	0.016～0.014
	吸湿率（%）	4.0～2.54	1.01～0.78	1.56～1.54
	吸水率（%）	88.4～137	62.0～87.0	114.0～133.5
	平衡含水率（%）	0.41～0.60	0.37～0.45	0.57～1.27
	线收缩率（%）	0.397～0.311	0.398～0.318	1.42～0.981
施工要点	1）膨胀蛭石灰浆宜随拌随用；可掺入矿棉或岩棉纤维，以防龟裂；机械喷涂灰浆，宜用粒径较大（3～5mm）膨胀蛭石，掺入减水剂，增大流动性，便于施工 2）基层清洗，凿毛；先抹细水泥砂浆一道 3）一般分两层施工，首层抹完后次日再做第二层；总厚度≤30mm 4）可用人工粉刷或机械喷涂［压力（5～8）×10^4Pa］			

2）用作吸声材料。为了获得良好的吸声性能，必须配制成无细骨料的大孔膨胀蛭石混凝土。因此，配制时要控制颗粒间的孔隙，胶凝材料不宜过多。水泥或灰膏配制大孔膨胀蛭石混凝土的配比如下。

灰膏∶膨胀蛭石＝1∶1～1∶2（体积比）

水泥∶膨胀蛭石＝1∶3～1∶5（体积比）

施工时与普通砂浆和灰浆一样做法，但不要用力压实抹灰层，且抹灰层要有一定厚度。膨胀蛭石灰浆的吸声特性如图 24-4 所示。

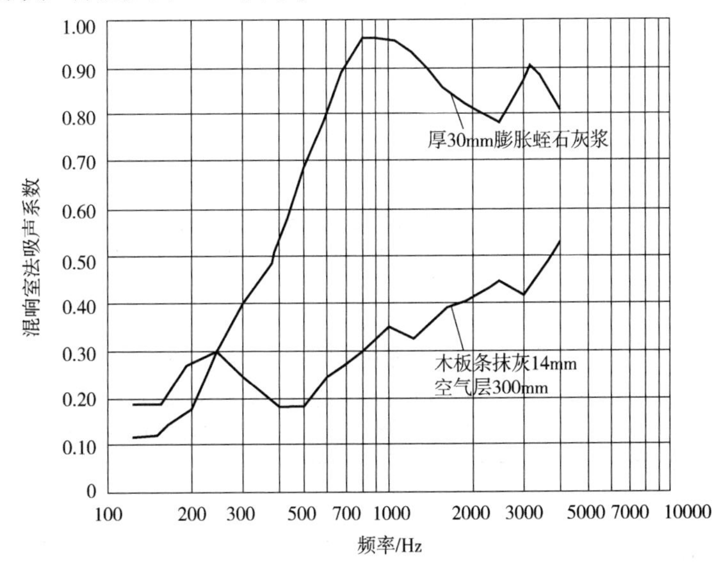

图 24-4　膨胀蛭石灰浆的吸声特性

24.4　膨胀珍珠岩制品及其他保温隔热材料憎水技术

珍珠岩是酸性火山玻璃质熔岩经破碎、预热、煅烧而制成的多孔结构、散粒状材料，用于保温、隔热及吸声，适用于－200℃～800℃的温度范围。

1. 珍珠岩的矿物组成和化学成分

我国各地出产的珍珠岩的矿物组成基本相同，主要由酸性火山玻璃质组成，还含有长石、石英、角闪石、刚玉、叶蜡石、黑云母、赤铁矿等，以各种结晶形态存在于玻璃基质中。我国各地珍珠岩矿的化学成分见表24-17。珍珠岩的物理性质和微观特征见表24-18。

表24-17　我国各地珍珠岩矿的化学成分（质量分数,%）

产地	SiO_2	Al_2O_3	TiO_2	CaO	MgO	Fe_2O_3	FeO	K_2O	Na_2O	结合水	烧失量
辽宁黑山	70.6	12.08	—	1.06	0.44	1.96	—	3.16	2.03	5.34	—
辽宁建平	68.5	13.55	—	0.60	2.10	1.65	2.25	4.39	3.38	5.80	—
辽宁法库	73.85	11.26	0.05	0.50	0.14	0.73	0.19	—	—	4.56	5.1
河北张家口	70.68	12.67	0.3	0.88	—	2.26	3.08	3.08	3.77	5.28	5.5
山西灵丘	71.82	12.69	0.08	0.93	0.19	1.08	—	4.30	2.88	3.71	—
内蒙古多伦	72.58	12.45	0.3	0.57	—	0.94	—	4.85	2.97	3.76	4.56
吉林九台	72.25	12.01	—	0.75	0.34	1.21	—	3.99	1.73	4.57	—

表24-18　珍珠岩的物理性质和微观特征

莫氏硬度HM	表观密度/(kg/m^3)	折光率(%)	耐火度/℃	光泽	颜色	镜下特征
5.5～6	2.2～2.4	1.49～1.52	1280～1360	玻璃、珍珠光泽	黄白、灰白、绿、褐、棕灰、黑	玻璃基质，珍珠结构发育，圆弧状裂开，含少量微晶、斑晶等

2. 质量分级与选择

珍珠岩质量按高温下膨胀倍数大小划分。选择珍珠岩煅烧膨胀珍珠岩时可参考表24-19。

表24-19　珍珠岩的质量等级及工业要求

膨胀倍数			工业要求
一级	二级	三级	
>20 优质矿石	10～20 中等矿石	<10 劣质矿石	1）膨胀倍数>20 2）矿石为全玻璃质，珍珠结构发育，无斑晶或偶见微晶 3）化学成分要求：SiO_2 70%，H_2O 4%～6%，Fe_2O_3 <1%

3. 膨胀珍珠岩

以珍珠岩矿石破碎，使矿石达到产品粒度要求；预热，使原料中的水分在低温下（400～500℃）逸出，剩余的含水量达到最有效膨胀；煅烧，使珍珠岩在高温下瞬时膨胀，煅烧温度和时间，是优质膨胀珍珠岩必须控制的参数。

（1）煅烧　膨胀珍珠岩煅烧可用回转窑或立窑。我国大连膨胀珍珠岩厂，在国内开创了回转窑烧成大颗粒膨胀珍珠岩的新技术。产品的密度 300 ~ 500kg/m^3，表面挂釉，吸水率低，可配制窑炉用的耐高温混凝土。小颗粒的膨胀珍珠岩都用立窑煅烧。其投资小、设备简单、成本低、便于生产管理。膨胀珍珠岩立窑煅烧系统如图 24-5 所示。

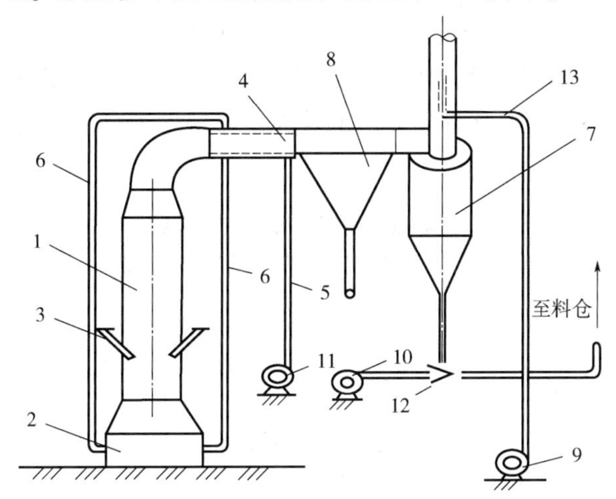

图 24-5　膨胀珍珠岩立窑煅烧系统

1—立窑　2—燃烧室　3—下料管　4—风夹套　5—风管
6—热风管　7—旋风分离器　8—放料斗　9—引风机　10—鼓风机
11—热风鼓风机　12—吹料管　13—引风管

（2）性能与规格　根据膨胀珍珠岩标准的要求，按密度分为三类，见表 24-20。我国膨胀珍珠岩主要性能见表 24-21。

表 24-20　膨胀珍珠岩的技术要求

指标	产品分类		
	Ⅰ	Ⅱ	Ⅲ
密度/(kg/m^3)	<80	80 ~ 150	150 ~ 250
粒度	>2. 5mm 的≤5% <0. 15mm 的≤8%	<0. 15mm 的≤8%	<0. 15mm 的≤8%
常温热导率/［W/(m·K)］	<0. 05	0. 05 ~ 0. 063	0. 063 ~ 0. 075
含水率（%）	<2	<2	<2

表 24-21　我国膨胀珍珠岩主要性能

<table>
<tr><th colspan="2" rowspan="2">规格</th><th rowspan="2">密度
/(kg/m^3)</th><th colspan="3">热导率/[W/(m·K)]</th><th rowspan="2">使用温度/℃</th><th rowspan="2">声频/吸声系数</th></tr>
<tr><th>高温</th><th>常温</th><th>低温</th></tr>
<tr><td colspan="2">混合级配</td><td>40 ~ 120</td><td rowspan="4">0. 058 ~ 0. 174</td><td>0. 034 ~ 0. 046</td><td rowspan="4">0. 0015 ~ 0. 03
（与温度和压力有关）</td><td rowspan="4">-200 ~ 800</td><td rowspan="4">125Hz/0. 12，250Hz/0. 13，
500Hz/0. 67，1000Hz/0. 68，
2000Hz/0. 82，3000Hz/0. 92</td></tr>
<tr><td rowspan="3">按级</td><td>Ⅰ</td><td><80</td><td><0. 05</td></tr>
<tr><td>Ⅱ</td><td>80 ~ 150</td><td>0. 05 ~ 0. 063</td></tr>
<tr><td>Ⅲ</td><td>150 ~ 250</td><td>0. 063 ~ 0. 075</td></tr>
</table>

（3）应用　膨胀珍珠岩应用极为广泛，除了具有良好的保温隔热性能外，还具有良好的保冷性能，可用于常压或负压下，同时还具有化学稳定性好，耐蚀、耐燃、无毒等良好性能，是一种价廉、轻质、高效的保温材料。膨胀珍珠岩应用范围见表24-22。

4. 膨胀珍珠岩制品

膨胀珍珠岩制品是以膨胀珍珠岩为骨料，与胶凝料，按适当比例配合，经搅拌、成型、养护或煅烧等工序，生产出的制品。其名称，一般以胶凝料来命名。例如：水泥膨胀珍珠岩制品、水玻璃膨胀珍珠岩制品、沥青膨胀珍珠岩制品、树脂膨胀珍珠岩制品、磷酸盐膨胀珍珠岩制品等，见表24-23。膨胀珍珠岩制品的性能，要根据国家标准进行检验，如外观尺寸、抗压强度、密度和含水率。

表24-22　膨胀珍珠岩应用范围

应用范围	制品形式	用法简介
建筑物围护结构的保温、隔热	松散粉料	松铺或填充于墙体、模板、屋面或地坪等处
	现浇灰浆	用水泥、石灰、沥青等配制而成的灰浆，粉刷或喷涂于墙面、屋面及天棚等处
	板、砖制品	与围护结构组成复合的保温、隔热层
工业用保温隔热，耐高温、超低温	松散粉料	工业管道、窑炉、热工设备上与保温隔热材料间填充料；低温设备也可用填充粉料达到保冷目的
	砖、管瓦制品	窑炉内衬，高温管道外壳；保冷设备，冷冻设备、化工设备等保温、保冷
吸声结构用	松散粉料	围护结构、隔墙中，吸声效果良好
	现浇灰浆	用水泥、石灰、沥青等配制而成的灰浆，粉刷或喷涂于墙面、屋面及天棚等处作为吸声层
	吸声板	固定于工业或民用建筑围护结构上，作为吸声层

表24-23　各种膨胀珍珠岩制品的特点、工艺与性能

种类	特点与工艺	性能
水泥膨胀珍珠岩制品	特点：价廉，制作方便，应用广泛，用于管道及低温热设备保温和吸声材料。工艺：计量、拌和、加水搅拌、成型养护、成品	密度：300～400kg/m^3 热导率：0.05～0.087W/(m·K) 强度：0.5～1.0MPa；应用温度600℃
水玻璃膨胀珍珠岩制品	特点：价廉，制作方便，应用广泛。作为建筑物或工业设备隔热层和吸声材料。工艺：计量、拌和＋水玻璃、搅拌成型、干燥、成品	密度：200～300kg/m^3 热导率：0.05～0.063W/(m·K) 强度：0.6～1.2MPa；应用温度650℃
磷酸盐膨胀珍珠岩制品	特点：价格较前两种高，但耐火度高，隔热、耐热性好，制作方便。工艺：计量、拌和、加水搅拌、成型、煅烧、成品	密度：200～250kg/m^3 热导率：0.04～0.052W/(m·K) 强度：0.6～1.0MPa；应用温度≤1000℃
沥青膨胀珍珠岩制品	特点：价格适宜，防水、保温、隔热、隔气。工艺：熔化沥青＋骨料、搅拌、加压成型、制品	密度：300～500kg/m^3 热导率：0.08～0.12W/(m·K) 强度：0.3～0.7MPa；应用温度－40～250℃

（续）

种类	特点与工艺	性能
树脂膨胀珍珠岩制品	价格随树脂品种而异，防水性好，保温保冷。 工艺：骨料 + 树脂、拌和、成型、制品	密度：250 ~ 300kg/m³ 热导率：0.065 ~ 0.069W/(m·K) 强度：0.6 ~ 0.8MPa

5. 水泥膨胀珍珠岩制品

水泥膨胀珍珠岩制品是以膨胀珍珠岩为骨料，水泥为胶凝料，经搅拌、成型、养护等工序制成的产品。其应用最为广泛。

（1）类型与规格　此类膨胀珍珠岩制品包括板材、砖、管瓦等，各厂家生产的制品，规格尺寸大致相同。厂家也可根据要求加工，包括异型产品。各种制品的一般规格尺寸见表 24-24。

表 24-24　各种制品的一般规格尺寸

制品种类		规格尺寸/mm
板材	方形板	边长：200、250、300、500 厚度：30、50、65、75、80、100、150、200
	矩形板	500 ×400 ×（100、150、200） 500 ×250 ×（50、60、70、80、100、120） 400 ×250 ×（50、60、70、80、100、120） 300 ×200 ×（50、60、70）
	弧形板	ϕ845 ×50，ϕ426 ×60 ϕ245 ×80，ϕ1600 ×80 ϕ1020 ×90，长均 400
砖		230 ×113 ×65，可按加工要求
管瓦		各厂家生产的规格不尽相同，大致如下 内径：ϕ22 ~ ϕ2000（大部分为 ϕ25 ~ ϕ273） 厚度：40、50、60、70、80 长度：200、250、300、350、400

（2）性能　如上所述，水泥膨胀珍珠岩制品主要有板材、砖、管瓦等，主要性能见表 24-25。其强度低，运输易损。

表 24-25　水泥膨胀珍珠岩制品主要性能

密度 /(kg/m³)	热导率 /[W/(m·K)]	抗压强度 /MPa	使用温度 /℃	吸水率 (%)	声频 Hz/吸声系数
250 ~ 400	0.058 ~ 0.081	0.4 ~ 1.0	−40 ~ 600	110 ~ 250	125Hz/0.1 ~ 0.3，250Hz/0.24 ~ 0.4 500Hz/0.32 ~ 0.71，1000Hz/0.4 ~ 0.7 2000Hz/0.53 ~ 0.92

（3）应用　水泥膨胀珍珠岩制品用于保温及低温工程，且在常压或负压下均有良好的保冷性能，适宜用作制取和贮运液态气体和低温液体的保冷材料。膨胀珍珠岩制品的保冷效果与其他保冷材料的对比见表 24-26。

表 24-26　膨胀珍珠岩制品的保冷效果与其他保冷材料的对比

产品	介质温度/℃	管径/mm	气温/℃	管表面温度/℃	材料厚度/mm
膨胀珍珠岩制品	-12 ~ -15	219	17	12.5	50
聚氨酯泡沫塑料	-12 ~ -15	219	17.2	16.5	50
超细玻璃棉毡	-12 ~ -15	219	17	-3	50

水泥膨胀珍珠岩也是一种多孔性吸声材料，平均吸声系数为0.32 ~0.62。厚度为70mm的制品，驻波管法平均吸声系数为0.65。与其他吸声材料相比，具有更优越的吸声性能，见表24-27。

表 24-27　水泥膨胀珍珠岩制品与其他材料吸声性能的对比

材料	厚度/mm	吸声系数											
		100Hz	125Hz	160Hz	200Hz	250Hz	320Hz	400Hz	500Hz	640Hz	800Hz	1000Hz	1250Hz
水泥膨胀珍珠岩制品	70	—	—	—	—	0.5	0.64	0.71	0.71	0.67	0.62	0.66	0.69
泡沫玻璃砖	55	0.03	0.03	0.02	0.04	0.08	0.12	0.35	0.42	0.50	0.48	0.37	0.18
加气混凝土	90	0.07	0.08	0.1	0.08	0.1	0.11	0.09	0.10	0.10	0.26	0.19	0.22
泡沫混凝土	50	0.13	0.21	0.30	0.40	0.39	0.52	0.41	0.45	0.45	0.49	0.50	0.49
黏土砖	60	0.03	0.07	0.06	0.2	0.07	0.13	0.11	0.13	0.10	0.08	0.07	0.10
长石石英砖	65	0.06	0.08	0.11	0.15	0.24	0.38	0.56	0.78	0.81	0.58	0.43	0.32

从其吸声特性来看，基本属于中频吸声材料，潮湿吸水后比干燥时吸声系数降低30%左右。

6. 水玻璃膨胀珍珠岩制品

水玻璃膨胀珍珠岩制品是以水玻璃为胶凝料，经搅拌、成型、干燥或煅烧制成的一种制品，具有保温、隔热和吸声功能。

（1）性能　目前，国内各厂生产的水玻璃膨胀珍珠岩制品的吸声性能见表24-28。

表 24-28　水玻璃膨胀珍珠岩制品的吸声性能

种类	厚度/mm	干燥状态	吸声系数									
			100Hz	125Hz	160Hz	200Hz	250Hz	315Hz	400Hz	500Hz	630Hz	800Hz
粗粒膨胀珍珠岩	90	基本干燥	—	0.35	0.52	0.62	0.64	0.64	0.63	0.59	0.59	0.62
		含湿率70%	0.13	0.19	0.31	0.42	0.51	0.61	0.61	0.57	0.54	0.60
细粒膨胀珍珠岩	90	基本干燥	0.30	0.42	0.57	0.63	0.60	0.58	0.57	0.56	0.54	0.60
		含湿率70%	0.15	0.21	0.31	0.37	0.40	0.44	0.44	0.42	0.41	0.42
微孔吸声砖	100	基本干燥	0.53	0.53	0.62	0.62	0.58	0.51	0.54	0.43	0.43	0.44
		含湿率70%	0.27	0.31	0.30	0.27	0.24	0.21	0.20	0.17	0.17	0.20

水玻璃模数、密度和用量是影响制品保温性、强度和经济性的重要因素。加入氟硅酸钠为硬化剂，制品的软化系数提高，强度提高。如果再经650℃煅烧后，制品表面覆盖一层薄膜，使密实度和强度都提高，保温隔热效果更好。

（2）应用　水玻璃膨胀珍珠岩制品一般用作吸声材料，可做成吸声板或吸声砖，属于中频吸声材料，潮湿吸水后比干燥时吸声系数降低 30% 左右。

7. 磷酸盐膨胀珍珠岩制品

采用磷酸铝、硫酸铝和纸浆废液为胶凝剂，以膨胀珍珠岩为骨料，经配料、搅拌、压制成型和烘干煅烧而成的耐高温的保温隔热材料。

（1）性能　磷酸盐膨胀珍珠岩制品的性能见表 24-29。其用作电炉炉衬材料时，要加入一定量的耐火黏土，提高制品的性能。制品经 700h 的工业性试验，试样无剥皮、裂缝和破坏。掺入耐火黏土的磷酸盐膨胀珍珠岩制品的一般性能如下。

密度：250 ~ 400kg/m^3；抗压强度：0.7 ~ 1.5MPa；耐火度：1350 ~ 1450℃；荷载下开始变形温度：1150 ~ 1350℃；极限使用温度：1150℃；600℃时的热导率：0.08 ~ 0.174W/(m·K)。

（2）应用　这种制品可用于电炉、茂福炉的保温隔热。

表 24-29　磷酸盐膨胀珍珠岩制品的性能

密度/(kg/m^3)	抗压强度/MPa	常温热导率/[W/(m·K)]	使用温度/℃
200 ~ 300	0.4 ~ 1.0	0.046 ~ 0.081	<1000

8. 沥青膨胀珍珠岩制品

沥青膨胀珍珠岩制品是以热沥青或乳化沥青与膨胀珍珠岩，经配料、搅拌、加压成型而制得的产品。

（1）性能　我国厂家生产的沥青和乳化沥青膨胀珍珠岩制品的主要性能见表 24-30。

表 24-30　沥青和乳化沥青膨胀珍珠岩制品的主要性能

种类	密度 /(kg/m^3)	抗压强度 /MPa	热导率 /[W/(m·K)]	使用温度 /℃	吸湿率（24h）(%)	吸水率（24h）(%)
沥青膨胀珍珠岩制品	250 ~ 450	0.3 ~ 0.5	0.069 ~ 0.093	-50 ~ 60	0.2 ~ 0.8	4 ~ 6
乳化沥青膨胀珍珠岩制品	250 ~ 400	0.4 ~ 1.0	0.069 ~ 0.081	-50 ~ 60	0.15 ~ 0.65	5

注：制品包括板、砖、管瓦等，可按要求尺寸加工。

（2）应用　沥青膨胀珍珠岩制品是一种保温、隔热、隔蒸气、防水性能良好的材料。在制品中加入冷却添加剂，还可在 -50℃下使用。其还具有不腐蚀、不怕虫蛀、难燃、吸水率低、可锯可切、施工方便等优点，广泛应用于屋面隔热防水，垂直表面、水平面的隔热层。

9. 现浇膨胀珍珠岩

现浇膨胀珍珠岩是以膨胀珍珠岩为骨料，水泥或沥青为胶凝料，拌合均匀后，直接现浇施工应用。

（1）性能　现浇膨胀珍珠岩的主要性能与其配比有关，见表 24-31。

表 24-31　现浇膨胀珍珠岩的用料配比与主要性能

用途	用料配比与主要性能
墙面抹灰保温用 屋面保温隔热	体积比：水泥:膨胀珍珠岩 = 1:(10 ~ 12)，水泥强度等级 >32.5 级 主要性能：密度 360 ~ 390kg/m^3；强度 1.0 ~ 1.1MPa，热导率 0.08W/(m·K)

（续）

用途	用料配比与主要性能
找平层	水泥:珍珠岩砂＝1:(2.5～3.0)，要求强度大于1.0MPa
墙面粉刷抹灰 屋面保温隔热	体积比，水泥:膨胀珍珠岩＝1:12，性能同上 水泥:膨胀珍珠岩＝1:12。主要性能：密度330～390kg/m³；强度0.8～0.90MPa，热导率0.069W/(m·K)
屋面隔热防水	热沥青:膨胀珍珠岩＝1:(10～11)，主要技术性能与表24-29同

（2）应用　现浇膨胀珍珠岩应用广泛，可用作墙面抹灰粉刷，屋面保温隔热或防水层，喷涂于顶棚作为吸声层，热工设备的隔热层等。其施工简便，工期短，经济效果好。

（3）施工注意事项　使用沥青膨胀珍珠岩时，沥青加热温度应符合有关规范要求；膨胀珍珠岩应预热至100～120℃，沥青膨胀珍珠岩应用机械搅拌，均匀无结块。现浇膨胀珍珠岩的施工注意事项见表24-32。

表24-32　现浇膨胀珍珠岩的施工注意事项

项目	施工注意事项
墙面粉刷	1）采用人工粉刷时，先刷净墙面，浇水润湿，控制砂浆稠度，利于施工操作，以压缩比为130%进行刷涂 2）采用机械喷涂时，垂直入射为宜；可一次喷涂至要求厚度（30mm）；喷涂顶棚时，以45°入射为宜
屋面及墙面保温隔热层	1）屋面及墙面抹压时，底面先润湿，以压缩比为130%进行压实至要求。屋面保温层，一般厚度为60～80mm。保温层做完后，再做1:(2.5～3.0)的找平层，一般厚度为10～20mm 2）屋面及墙面喷涂法施工时，一次喷涂达30mm，多次喷涂达80mm 3）采用沥青膨胀珍珠岩做屋面隔热防水层时，如为热沥青铺设，温度应＞70℃，厚度为60～80mm，铺设后稍加捣固，压实，最后做卷材罩面 4）水泥膨胀珍珠岩要注意养护，7～10d内浇水养护

10. 膨胀珍珠岩制品的憎水技术

水泥膨胀珍珠岩制品，吸水率高，吸水后热导率增大，隔声效果降低。为保证该产品在使用过程中性能稳定，可用憎水处理。作者研发了一种硬脂酸（或矿物油）乳液，掺入制品中，拌合成型，可得憎水制品。

（1）憎水乳液的合成　以硬脂酸与去离子水按1:14的比例投料入反应器中。如图24-6a所示，在玻璃反应器中，先加入1400mL去离子水，加热到70～80℃，倒入100g硬脂酸，边搅拌边滴入有机氨与无机氨分别为3mL与4mL，保持温度为70～80℃，搅拌4h可得硬脂酸乳液，如图24-6b所示。应用时，硬脂酸乳液的用量约为拌合水的1/14，事先与制品生产的用水拌合，然后拌制产品。

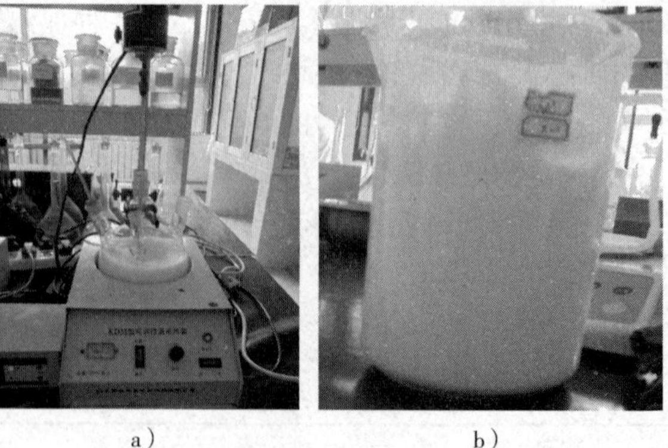

a）　　b）

图24-6　硬脂酸乳液的合成及成品

a）硬脂酸乳液的合成　b）硬脂酸乳液成品

（2）掺入硬脂酸乳液制品的性能　将水泥与膨胀珍珠岩拌合时，用含硬脂酸乳液的水拌制，生产工艺不变，成品除憎水外，其他性能不变，尺寸390cm×190cm×190cm的砌块。太阳棚内养护7h脱模时强度3.0MPa，养护24h，脱模时强度4.2MPa，混凝土密度约950kg/m³，如图24-7所示。

a）

b）

图24-7　双不通孔保温砌块

a）掺入硬脂酸乳液　b）普通砌块

非憎水与憎水微孔硅酸钙保温隔热材料如图24-8所示。两者初始密度相同，约80kg/m³，但非憎水制品，迅速吸水下沉；而憎水制品能长期浮于水面。保温隔热材料与憎水技术相结合，具有更高的保温隔热效果，使用寿命更长。

图24-8　非憎水与憎水微孔硅酸钙保温隔热材料

24.5　泡沫玻璃

一种多孔质轻的玻璃，气孔率达80%～95%，故泡沫玻璃又称为多孔玻璃。其是由玻璃粉、发泡剂及溶剂，按适当的比例配合，混合均匀，入模成型，高温煅烧，退火、冷却、脱模、加工而成的制品。

泡沫玻璃具有较高的机械强度，较低的传热系数，耐久性和抗冻性优良，并易于加工，是良好的保温隔热、隔声建筑材料，用于建筑、船舶及冷藏等工业。其制造工艺、性能和用途见表24-33。

表24-33　各类泡沫玻璃的制造工艺、性能和用途

种类	制造工艺与性能	用途
隔热型泡沫玻璃	以普通玻璃细粉为原料，碳素为发泡剂，并加入少量助溶剂和防止析晶剂，在高温下发泡而成。封闭型气孔，密度低（120～200kg/m³），热导率低［0.034～0.087W/(m·K)］，抗冻性好，吸水率低（0.20%），抗压强度0.5～2.0MPa	工厂厂房、设备、冷藏库、船舶、地下工程、交通工具、化工设备和深冷保温
吸声型泡沫玻璃	以碳酸盐为发泡剂。产品的开口气泡率高达40%～60%，密度低，噪声减少率12%，隔声能量达28dB，抗压强度0.8～4.0MPa，吸水率较大	主要用作吸声，如管道消声器、特殊建筑墙面吸声
彩色泡沫玻璃	通过原料玻璃粉的颜色及着色颜料而定色彩和图案；还可以通过表面涂敷色釉和透明色料，形成多色彩和图案的泡沫玻璃	用于工程的墙面吸声、保温、装饰

（续）

种类	制造工艺与性能	用途
高温型泡沫玻璃	用SiO_2含量达99.0%的石英玻璃粉为原料，掺入1.0%左右的碳素为发泡剂，在还原气氛下、高温（1700℃）发泡而成。化学稳定性好，使用温度范围-270~1280℃，密度为150kg/m³	用于有特殊要求的化工、军工等行业，用作耐高温，急冷、急热及深冷保温等
熔岩泡沫玻璃	用珍珠岩、黑曜岩或其工业废渣为基料，加入玻璃粉，以芒硝为发泡剂，制成的泡沫玻璃。密度300~500kg/m³，抗压强度0.35~0.5MPa	用于建筑和工业设备的保温隔热

24.6 泡沫塑料

泡沫塑料是内部具有无数气孔的塑料。常用的有聚苯乙烯、聚氯乙烯、聚氨酯、脲醛及聚乙烯等。加工成型时，用化学法（成型时用发泡剂发泡）或机械方法（成型时边搅拌边打入空气或二氧化碳），使其内部产生微孔。根据制造条件，其有开孔型（气孔互相连通，不漂浮），闭孔型（气孔互相隔离，能漂浮）。根据机械强度，其可分为硬质、半硬质和软质三种。控制气孔大小和多少，可得到不同密度的产品。

泡沫塑料有轻质、绝热、吸声、防震、耐潮湿及耐蚀等功能，可用作绝热、隔声等方面，如建筑工业中的墙体及屋顶保温绝热与隔声。

1. 聚苯乙烯泡沫塑料

聚苯乙烯泡沫塑料是以聚苯乙烯树脂为基料，掺入发泡剂等，经发泡加工而制成的一种轻质保温材料。该产品可分为三类：普通型可发性聚苯乙烯泡沫塑料、自熄型可发性聚苯乙烯泡沫塑料、乳液型聚苯乙烯泡沫塑料。

聚苯乙烯泡沫塑料有板材和管材两种，规格较多，其质轻、保温、隔热、吸声、防震、耐蚀性好。聚苯乙烯泡沫塑料的物理力学性能和化学性能，见表24-34和表24-35。

表24-34 聚苯乙烯泡沫塑料的物理力学性能

项目		密度/(kg/m³)			
		21	31	41	51
		参考指标			
抗压强度/MPa	压缩：10%	0.122	0.181	0.243	0.285
	压缩：25%	0.144	0.216	0.296	0.358
	压缩：50%	0.305	0.364	0.395	0.515
	压缩：75%	0.331	—	—	—
抗拉强度/MPa		0.13	0.25	0.29	0.34
抗弯强度/MPa		0.302	0.38	0.517	0.527
冲击强度/(J/cm²)		4.6	4.9	5.6	8.2
冲击弹性（%）		28	30	29	30
耐热性（不变形）/℃		75	75	75	75
耐寒性（不变形，不脆）/℃		-80	-80	-80	-80
体积吸水率（24h）（%）		0.016	0.004	—	—
吸声系数（700~2000Hz）（%）		50~80（使用前需具体测定）			
水分渗透/[(g/m²·h)]		0.38	0.31	0.31	0.32

表 24-35　聚苯乙烯泡沫塑料的化学性能

无机试剂	作用情况	有机试剂	作用情况	
			室温	60℃
盐水	无作用	乙酸乙酯	能溶	—
36% 盐酸	无作用	乙醚	能溶	—
48% 硫酸	无作用	丙酮	能溶	—
95% 硫酸	表面部分泛黄	四氯化碳	能溶	—
浓氨水	无作用	松节油	能溶	—
68% 硝酸	无作用	苯	能溶	—
90% 磷酸	无作用	甲醇	不溶	不溶
40% NaOH	无作用	乙醇	不溶	逐步能溶
5% KOH	无作用	矿物油	不溶	逐步能溶
		蓖麻油	不溶	逐步能溶
		70% 醋酸	不溶	逐步能溶

聚苯乙烯泡沫塑料宜用作保温、隔热、吸声、防震材料。自熄型尤其适用于防火要求较高的场合。乳液型聚苯乙烯泡沫塑料用于要求硬度大、耐热度高的场合。

2. 聚氯乙烯泡沫塑料

聚氯乙烯泡沫塑料是以聚氯乙烯树脂为基料，掺入发泡剂、稳泡剂及溶剂等添加剂，经混合、球磨、模塑、发泡而制成的一种轻质保温材料。该产品可分为软质和硬质两种。按产品的微孔结构可分为开口孔和闭口孔两种。硬质聚氯乙烯泡沫塑料一般为闭口孔结构。

聚氯乙烯泡沫塑料质轻、保温、隔热、吸声、防震、不吸水、不燃烧、耐蚀，具体选用可参阅表 24-36 ~ 表 24-39。

表 24-36　硬质聚氯乙烯泡沫塑料板的产品规格与性能

产品规格/mm			性能				
牌号	长、宽	厚	抗压强度 /MPa	线收缩率 (%)	吸水性 /(kg/m^3)	耐寒性 /℃	密度 /(kg/m^3)
PLY-10	400 ~ 500	55	0.5	1.0	0.2	—	90 ~ 130
PLY-15	300 ~ 350	50	0.8	1.0	0.2	—	130 ~ 170
PLY-20	300 ~ 450	45	1.5	1.0	0.2	—	170 ~ 220
520 × 520 × 17（重 < 0.94kg/块）			≥0.18	≤4	≤0.1	-35	≤45

表 24-37　软质聚氯乙烯泡沫塑料板的产品规格与性能

产品规格/mm	性能					
	密度 /(kg/m^3)	抗拉强度 /MPa	体积收缩率 (%)	吸水性 /(kg/m^3)	可燃性	热导率 /[W/(m·K)]
450 × 450 × 17 500 × 500 × 55	100	> 0.1	≤15	≤1.0	—	0.054
厚：20、30，长与宽根据需要加工						

表 24-38 硬质聚氯乙烯泡沫塑料板的物理力学性能

项目	指标	项目	指标
密度/(kg/m³)	≤45	热导率/[W/(m·K)]	<0.043
抗拉强度/MPa	>0.4	吸水性/(kg/m²)	<0.2
抗压强度/MPa	>0.18	耐热性	80℃，2h 不发黏
线收缩率（%）	≤4	耐寒性	-35℃，15min 不龟裂
伸长率（%）	>10	可燃性	离火后，10min 自熄

表 24-39 硬质聚氯乙烯泡沫塑料板的化学性能

项目	指标
耐酸性	20% 盐酸中浸 24h 无变化
耐碱性	45% 苛性钠中浸 24h 无变化
耐油性	在 1 级汽油中浸 24h 无变化

3. 聚氨酯泡沫塑料

聚氨酯泡沫塑料是以聚醚树脂或聚酯树脂与异氰酸酯定量混合，在发泡剂、催化剂、交联剂等作用下，经发泡而制成。聚氨酯泡沫塑料按主要原料成分，可分为聚醚型和聚酯型两种；也可按产品软硬分为软质和硬质两种。软质聚氨酯泡沫塑料有片材、型材和泡沫体；硬质聚氨酯泡沫塑料有板材、管材等。聚氨酯泡沫塑料质轻、保温、隔热、吸声、耐蚀、弹性好、撕力强及透气性好，在建筑方面宜作为保温、隔热、吸声、防震材料，还可作为过滤、吸尘、吸水材料。

24.7 软木制品

软木制品是以栓树的外皮作为原料，经切皮、粉碎、筛选、压缩成型、烘焙加工而成。该产品质轻、弹性好、耐蚀性和耐水性好，只阴燃不起火，保温、隔热、防震、吸声等方面性能好，有软木砖（板）、管和纸三种产品。

1. 软木砖（板）

软木砖有甲种软木砖、乙种软木砖、胶合软木砖三种。甲种软木砖的粒度为 2.5 ~ 20mm；乙种软木砖粒度为 0.5 ~ 3.5mm。软木砖宜用作保温、隔热、防震、吸声等方面，使用温度一般为 -60 ~ 150℃。

2. 软木管

软木管由两片横截面为半圆的软木制品拼合而成，其规格依内径、壁厚和管长而定。产品保温、隔热、耐蚀性好，宜用于有包裹能力的保温、隔热、吸声及防震的覆盖材料。

第三篇

建筑材料特论

第 25 章 废弃物无毒化、无害化与资源化的研究应用

我国每年都会产生大量的工业、采矿、建筑垃圾及生活垃圾，每年产生的固体废弃物达数百亿吨。过去对这些废弃物的处理主要是填埋、堆积的传统方法，造价高昂，污染环境，不利于城市发展。特别是有一部分废弃物是有毒有害的，如金矿提取黄金后的尾矿，含有大量剧毒的氰化物；铬渣在高温下被氧化，变成高价铬，溶于水中，饮用含铬离子水，会使人致癌；在焚烧生活垃圾发电的飞灰中，含有大量的重金属离子、氯离子及放射性物质等，如处理不好，重金属离子溶于水中，污染水资源，对人类的生存带来严重的影响。因此，根据排放的废弃物的特点，进行无毒化、无害化处理，再根据技术条件和客观需求，进行资源化的研发与应用，是当前人类面临的重大生态环境课题。

25.1 我国排放的固体废弃物的现状

我国年排放的建筑垃圾约 1.5～2.0 亿 t，其中包含有水泥混凝土、砖瓦、陶瓷及石材等。工业废弃物约 40～50 亿 t，如矿渣、钢渣、磷渣、各种尾矿、粉煤灰、炉渣。下水道污泥、水处理污泥、水库沉积污泥等约 10 亿 t。城市生活垃圾约 10 亿 t，如废弃玻璃、各种有机物和无机物等。如能将这些废弃物的 10%～20% 变成有用的资源，生产建筑材料制品与建筑构件，可创造上万亿财富，而且能创造一个更加舒适的人居环境，为建筑业的永续发展提供更加丰富的资源。也就是说要发展减轻环境负荷型混凝土。将工业副产品及废弃物的有效利用、材料的循环利用、再生骨材的使用等列入其范畴的混凝土。使用工业副产品、废弃物（含再生骨材）和水泥量少的混凝土，减轻环境负荷并创造更加舒适的生态环境，这就是生态混凝土的特征。

25.2 建筑垃圾处理与资源化

在我国，建筑垃圾的处理有干法和湿法两种技术。

25.2.1 干法

将混凝土、砂浆、砖瓦等无机固体材料破碎分级后，生产出粗骨料、细骨料和粉体。粗、细骨料称为再生骨料，可以代替混凝土中天然骨料的 30%，混凝土的性能基本不变。如果全部采用再生骨料，或者再生骨料用量过多，配制的混凝土会产生泌水和沉降，硬化后会产生收缩开裂。破碎无机固体材料时收集的粉体，可以进一步加工成超细粉（比表面积 ≥$6000cm^2/g$），也可以代替混凝土中胶凝材料的 30%，而不影响混凝土的性能。在我国，武汉市市政总集团路面公司及武汉市京珠路石料厂，共同开发的汉阳机场废弃混凝土再生骨

料及应用在技术和经济方面的效果都比较好。原机场跑道面积约 25.67 万 m^2，平均厚度约 0.325m，混凝土总量约为 8.3 万 m^3。废弃混凝土再生骨料的生产如图 25-1 所示。将混凝土的破碎加工安放在地下，筛分在地上，减少噪声和灰尘。

图 25-1 废弃混凝土再生骨料的生产

a）跑道混凝土剥离 b）运输至破碎车间 c）颚式破碎

d）反击式破碎 e）筛分 f）再生骨料

用再生骨料生产彩色步道砖，如图 25-2 所示，单班产量达 $400m^2$。

25.2.2 湿法

我国首次湿法处理建筑垃圾是在深圳龙岗区。在靠近金众混凝土搅拌站的一个山头上，挖了一个大水池，水池中安放了一台设备（中国专利产品），运输车把建筑垃圾倒入设备内，该设备即把垃圾破碎，分成粗细骨料，并输送到岸上，供给搅拌站使用。池中的水，含泥量达到一定浓度后，由泵机抽上来，送入压滤机，压滤脱水成泥饼，送至工厂作为烧土制品的原料。整个过程没有灰尘污染，再生骨料也是水洗干净的，高质量。关键技术是水下破碎设备。

图 25-2 用再生骨料生产彩色步道砖

25.3 生活垃圾焚烧发电飞灰和灰渣的无毒化、无害化与资源化

生活垃圾焚烧发电是国际上公认的生活垃圾处理技术。但是，焚烧 1t 生活垃圾发电，排放的飞灰约 25kg，炉排上的灰渣约 200kg。飞灰含有对人有危害的重金属离子、二噁英并

具有放射性等，Cl^-含量高达16%，如果掺入钢筋混凝土结构中，会带来严重的锈蚀。灰渣中碱含量和放射性的含量均高。因此生活垃圾焚烧发电必须使飞灰和灰渣无毒化，也即固化其中的重金属离子、屏蔽放射性和抑制二噁英受热（800℃左右）挥发；在此基础上，在资源化的过程中，要抑制盐害和碱害。

当前，固化飞灰中的重金属离子有以下几种方法。

1. 高温固化

将飞灰加热到熔融温度1450~1500℃，大大降低了金属的浸出特性。但二噁英在煅烧过程中会转移到气体中，对生态环境带来更大危害。该工艺能耗高，熔融炉的耐火材料损耗大；铅、镉、锌等易挥发重金属元素及挥发出的二噁英，需要进行后续的烟气处理。铬在高温氧化气氛下，变成高价铬，更容易溶于水，毒害更大。

2. 化学药剂固化

我国南方有的生活垃圾焚烧发电厂，采用偶联剂和水泥，固化处理飞灰中的重金属离子，但仍有可能造成二次污染。

3. 地聚物固化

以偏高岭土、工业废渣等含铝硅酸盐物质为主要原料，以水玻璃和NaOH为激发剂，生成的特殊结构，把重金属离子及有害物质包容在聚合体中。但地聚物固化飞灰中重金属试样在空气中会开裂及渗出碱液等，资源化利用也难。

4. 合成沸石对重金属离子的固化

清华大学与山东大元公司合作以矿粉∶飞灰＝（2~0)∶(8~10）的比例任意配合，加入碱激发剂，将飞灰、矿粉及碱激发剂倒入双轴式的强制式搅拌机中，搅拌均匀，再倒入成球盘中成球，得非烧结陶粒成品（图25-3）。经28d龄期，检验对重金属离子固化结果见表25-1。

图25-3　非烧结陶粒成品

表25-1　飞灰中主要重金属固化前后及与标准比较　　（单位：mg/L）

重金属	飞灰中	1号样	2号样	三级土国家标准	危险物国家标准	水质国家标准	检出限
铅 Pb	177	<0.05	<0.05	≤500	≤5	≤0.01	0.05
铬 Cr	132	0.018	<0.01	≤300	≤15	≤0.1	0.01
镉 Cd	8.19	<0.003	<0.003	≤1.0	≤1.0	≤0.01	0.003
砷 As	16.8	<0.1	<0.1	≤40	≤5	≤0.1	0.1
汞 Hg	0.13	<0.005	<0.02	≤1.5	≤0.1	≤0.001	0.005

（续）

重金属	飞灰中	1 号样	2 号样	三级土国家标准	危险物国家标准	水质国家标准	检出限
锌 Zn	922	0.184	0.020	≤500	≤100	≤2.0	0.006
镍 Ni	86.1	<0.01	<0.01	≤200	≤5	—	0.01
铜 Cu	252	3.17	<0.01	≤400	≤100	≤1.0	0.01

1 号样（飞灰 + 碱液）、2 号样（矿粉飞灰 + 碱液）均能满足三级土及危险物的国家标准；对水质国家标准方面，铬 Cr、镉 Cd、砷 As、锌 Zn、镍 Ni 也能满足要求，唯有汞 Hg 的溶出量偏高一些，1 号样的铜 Cu 溶出量比水质国家标准高。

非烧结陶粒能有效地固化重金属离子，经物相检测，主要是非烧结陶粒中形成了沸石类的水化物。在沸石形成过程中，就把重金属离子包裹入其中；在非烧结陶粒硬化过程中，已生成的沸石矿物，通过吸附及离子交换，又进一步把游离的重金属离子吸附进入沸石结构中。非烧结陶粒物相检测如图 25-4 所示。

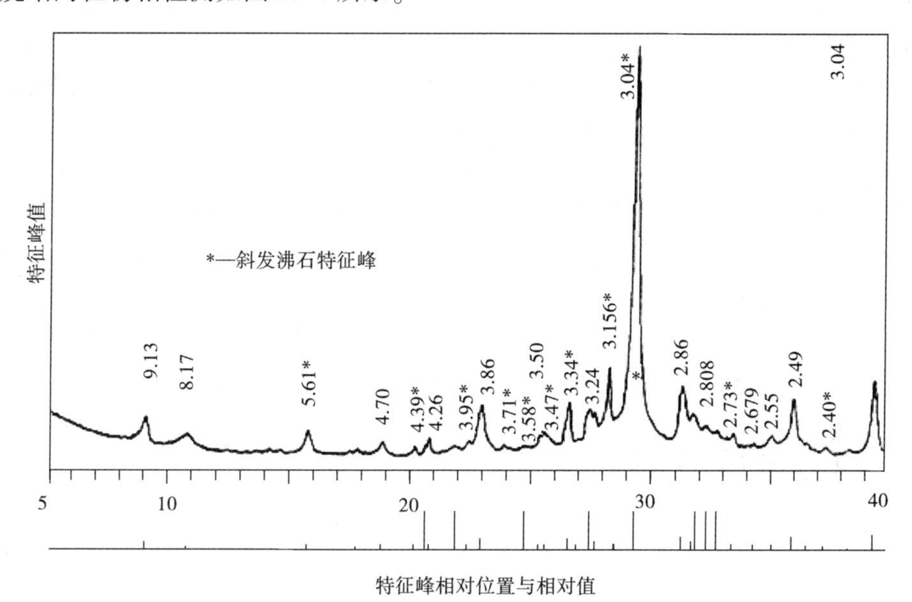

图 25-4　非烧结陶粒物相检测

非烧结陶粒按表 25-2 配制混凝土，检测混凝土对 Cl^- 的固化及对放射线的屏蔽。

表 25-2　非烧结陶粒混凝土的配比

水泥 /(kg/m³)	沸石粉 /(kg/m³)	硅粉 /(kg/m³)	非烧结陶粒 /(kg/m³)	砂 /(kg/m³)	水 /(kg/m³)	吸附剂 (%)	高效减水剂 (%)
380	40	40	500	700	165	2.5	1.6

混凝土强度等级 C30 以上，混凝土的内照射与外照射指数均 <1.0；混凝土中水泥浆的 Cl^- 含量随着龄期增长而降低（7d 0.9%，14d 0.74%，28d 0.56%），同时也消除了飞灰中钾、钠的危害。

本项技术研发的陶粒是非烧制的，故无二噁英转移出来。

25.4 超临界流体处理二噁英及重金属技术

二噁英属于氯代三环芳烃类化合物，是由200多种异构体、同系物等组成的混合体，其毒性以半数致死量（LD50）表示，比氰化钾毒100倍，比砒霜毒900倍，为毒性最强、非常稳定又难以分解的一级致癌物质。二噁英的生物累积效应非常强，所以90%的途径是通过食物进入人体。一旦人体受到它的污染，长时间留在体内，越积越多，从而引发癌症。国际对二噁英在食品中含量为每克动物脂肪不超过5×10^{-12}g。

二噁英在705℃下相当稳定，高于此温度即开始分解。生活垃圾及污泥中含有二噁英，在900℃以上的高温下，二噁英分解。但燃烧不充分时，烟气中未燃尽的物质，遇触媒物质(重金属离子，特别是铜)，被高温分解的二噁英又会重新生成。故要保持炉温在900℃以上，使生活垃圾及污泥中的二噁英完全分解。但飞灰中的二噁英仍需要处理。

二噁英在水中的溶解度极低，但在脂肪酸等油分中可以溶解。在超临界水中，很短时间内就能使二噁英氧化分解。

将二噁英污染物、垃圾焚烧飞灰与水，与辅助燃料（如异丙醇）混合，制成混合料浆，通过高压泵打入预热器加热，并向超临界水反应器不断注入，同时起动空压机，将空气压入超临界水反应器中，使反应器的压力达到25MPa以上；反应器内的有机化合物和空气氧化反应（热力燃烧），产生大量的反应热。通过此热量，将水加热到超临界状态，也即将二噁英分解。在温度为500~600℃，压力25MPa以上，反应时间1~5min时，降解率达99.95%以上。处理后的排水和气体中均不含有二噁英成分。

飞灰、污泥及废水中的重金属，通过超临界水氧化技术处理后，与不溶于超临界水中的其他无机物质一起析出。

25.5 生活垃圾分类处理

生活垃圾分类处理的目的是使含重金属离子及二噁英的那一部分另行处理，从而免除了重金属离子及二噁英的危害。生活垃圾分类处理设备如图25-5所示，原理如图25-6所示，处理过程如图25-7所示。

图25-5 生活垃圾分类处理设备

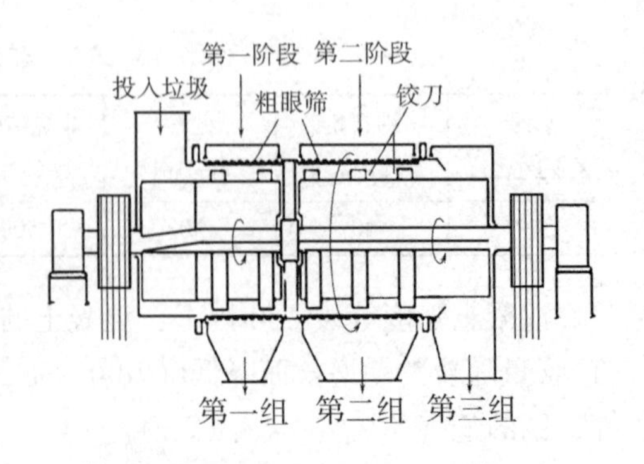

图25-6 生活垃圾分类处理设备原理

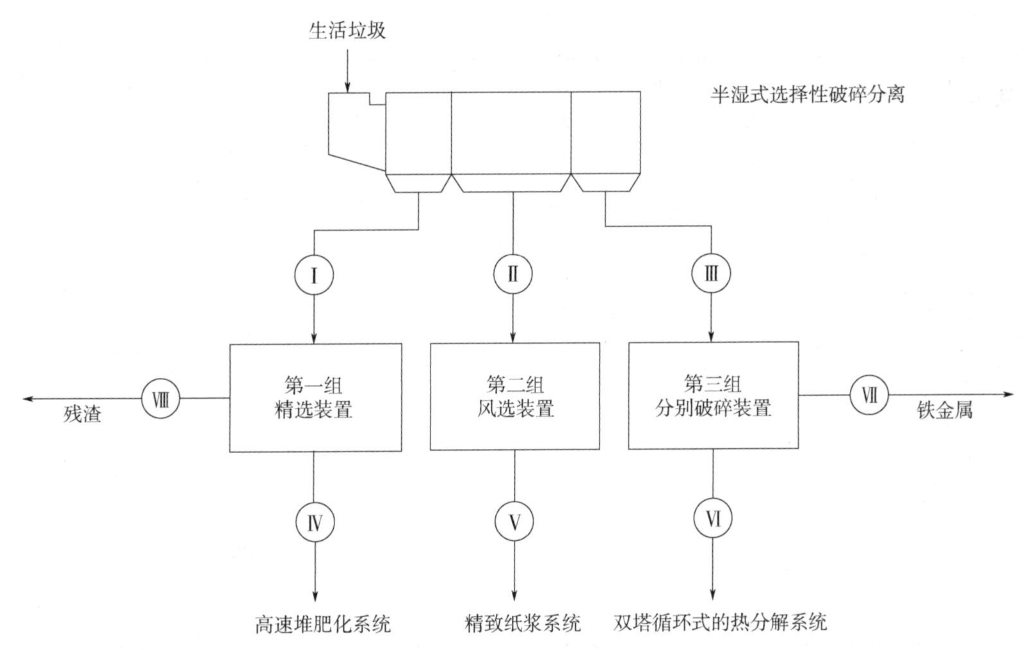

图25-7 处理过程

生活垃圾通过天车倒入分类处理设备料斗，经铰刀运送至各阶段料库，把生活垃圾中的金属、玻璃等分离出来，然后是废弃塑料，剩余则为废纸及生活垃圾等。分类处理结果见表25-3。

由表25-3可见，100t生活垃圾中主要有塑料、纤维、木竹、废纸、厨余、麦秸、草叶、皮革、橡胶、金属、玻璃、石头、陶瓷、土砂及杂物，共计100%。其中，塑料11.4%，废纸38.5%，厨余10.9%，玻璃、石头及陶瓷15%，含量最多；其他成分均在10%以下。

日本通商产业省工业技术院，为了使生活垃圾变成有效利用的资源以及代替现有的焚烧及填埋技术，提供了一种对垃圾处理更好的方法。

这个处理系统能对投入的混合生活垃圾中的厨余、纸制品、塑料等分别破碎排出，仅剩铁及金属等。

经过第一道（组）处理后，得到Ⅳ，进入高速堆肥化系统，在该系统的垃圾中，塑料、皮革及橡胶分别仅有0.1%，无金属。经过第二道（组）风选装置处理后，得到Ⅴ，进入精致纸浆系统，其废纸占了92.7%，也即是很好的造纸原料。经过第三道（组）装置分别破碎处理后，得到Ⅵ，进入双塔循环式的热分解系统，该系统中主要是塑料、纤维、木竹、废纸及少量厨余。经过第三道（组）装置处理后出来的Ⅶ，主要成分金属占98.3%，还有少量塑料（1.7%）。最终的残渣（Ⅷ）中，主要是玻璃、石头及陶瓷，占64%。

该方法先将垃圾分类，根据性质不同，处理方法不同，效果不同。

表25-3 分类处理结果（组分占比,%）

项目	投入垃圾	Ⅰ	Ⅱ	Ⅲ	Ⅳ	Ⅴ	Ⅵ	Ⅶ	Ⅷ
		Ⅰ组	Ⅱ组	Ⅲ组	堆肥	造纸	热分解	铁金属	残渣
塑料	11.4	0.9	2.9	38.3	0.1	2.3	40.5	1.7	0.2
纤维	4.1	0.3	1.1	13.8	0.7	0.9	13.9	—	0.0

（续）

项目	投入垃圾	I	Ⅱ	Ⅲ	Ⅳ	V	Ⅵ	Ⅶ	Ⅷ
		I组	Ⅱ组	Ⅲ组	堆肥	造纸	热分解	铁金属	残渣
木竹	3.8	2.9	2.0	7.0	2.8	0.0	7.8	—	4.4
废纸	38.5	26.9	81.5	18.0	39.2	92.7	30.4	—	6.8
厨余	10.9	19.8	5.3	0.5	26.3	2.5	2.6	—	10.2
麦秸、草叶	0.8	0.9	0.9	0.4	0.8	0.5	1.5	—	0.3
皮革、橡胶	0.5	0.1	0.0	1.6	0.1	0.0	1.0	—	0.1
金属	5.9	0.6	0.4	20.4	0.0	0.2	0.4	98.3	1.9
玻璃、石头及陶瓷	15.0	30.3	2.4	0.0	8.4	0.0	0.0	—	64.0
土砂、杂物	9.1	17.3	3.5	0.0	21.6	0.0	1.4	—	12.1
合计	100	100.0	100.0	100.0	100.0	100.0	100.0	100.0	100.0
含水率	50.0	63.2	64.8	30.2	69.1	66.8	39.4	9.7	48.2
表观密度/(g/cm^3)	0.27	0.46	0.3	0.2	0.43	0.3	0.1	0.3	0.6

25.6 碱渣的无害化与资源化

碱渣是在氨碱法制碱时，蒸汽塔中废渣的沉淀物。盐场的废渣及苛化法生产烧碱（NaOH）时，排出的废泥也称为碱渣。我国的天津、山东、青海及沿海省份，有制碱工业及盐场的地方，均排放大量碱渣。凡有碱渣之地，寸草不生，亟待处理。山东潍坊碱渣的化学成分见表25-4。

表25-4 山东潍坊碱渣的化学成分

成分	SiO_2	Fe_2O_3	Al_2O_3	CaO	MgO	Cl^-	K_2O	Na_2O	烧失量
含量（质量分数,%）	9.68	0.83	2.97	46.83	4.63	0.151	0.36	0.52	33.6

碱渣的含水量30%～70%，应用时必须干燥脱水。Na_2O、K_2O含量及Cl^-含量也偏高，这也是碱渣资源化时要解决的问题。

25.6.1 碱渣作为水泥混凝土掺合料的试验

在水泥砂浆中掺入30%、40%、50%的磨细碱渣，配制砂浆，强度见表25-5。它降低了砂浆强度，但其他方面无害。

表25-5 碱渣砂浆强度

类型	天数		
	3d	7d	28d
	强度/MPa		
基准砂浆	26.3	38.5	54.1

（续）

类型	天数		
	3d	7d	28d
	强度/MPa		
碱渣 30%	20.5	27.8	38.4
碱渣 40%	17.3	22.6	31.6
碱渣 50%	13.4	17.8	24.8

将碱渣烘干，磨细达比表面积 $600m^2/kg$。

25.6.2　碱渣陶粒

将碱渣粉与碎玻璃粉按 4:6～6:4 的质量比混合，掺入 1%～2% 的硼砂粉，拌合均匀，以水玻璃水溶液喷雾成球，入窑煅烧，850℃左右，恒温 20min，可得密度 600～$700kg/m^3$ 的碱渣陶料，用其可配制出 C30～C40 混凝土。

第 26 章

地铁钢筋混凝土管片

26.1　地铁管片的材料设计与结构设计

随着我国城镇化的不断发展，北京、天津、上海、广州、南京、深圳等十几座特大城市的交通紧张状况日益严重，经常发生大面积、长时间交通堵塞，仅靠地面上增加路网和拓宽道路，已不能疏导过大的车流量及人流量。在特大城市中心区进行“地铁轻轨”建设，是缓解城市交通状况的最好办法。

我国地铁隧道 21 世纪后进入快速发展阶段，近年来地下铁道的建设进入高峰期。据统计，截至 2016 年我国地铁总建设里程达 3529. 2km，拥有地铁的城市有 27 个。目前，已有 37 个城市立项获批；在远期的规划中，具备轨道交通建设潜力的城市约有 229 个。地下管片作为隧道结构中的主要装配构件，是隧道的最内层屏障，承担着抵抗土层压力、地下水压力以及一些特殊荷载的作用。随着我国城镇化的进一步推进，以地铁为交通工具的城市将越来越多，对地铁管片的需求量自然不言而喻。

自 1825 年英国人 Brunel 采用盾构工法成功修建英国泰晤士河的水底隧道后，盾构工法施工技术取得了巨大发展，如在 20 世纪六七十年代，法国和日本研制质量水泥加压式盾构和土压平衡式盾构。上海地铁一号线首次采用盾构工法施工。该工法经过近一个世纪的发展，已成为修建江海隧道和城市地铁的主要工法。盾构工法施工隧道如图 26-1 所示。

管片作为隧道结构主体和抗渗主体，需要具有较高强度、抗渗性、防火性和耐久性，其寿命直接关系到隧道的使用时间和工程质量。因此，合理设计管片材料和结构是提高管片质量的关键所在。结合国内外有关管片的成果、应用情况分析，管片的研究现状主要为材料设计及结构设计。

图 26-1　盾构工法施工隧道

26.1.1　管片材料设计

制备盾构管片的材料一般为钢材、铸铁、钢筋混凝土及纤维混凝土等。全钢材管片具有强度高、延性好、重量轻等优点，但其成本较高、刚度小且耐蚀性差，故仅在特殊场合使用；铸铁管片质轻、易于搬运、耐腐蚀、强度和防水性能均满足管片要求，但其成本高、脆性大、不易承受冲击荷载，故采用铸铁作为盾构管片的隧道目前也较少采用；纤维混凝土管片是在混凝土中，按技术要求单掺高弹性模量的钢纤维，或者复掺高弹性模量的钢纤维和低弹性模量的聚丙烯纤维，以替代钢筋混凝土管片中钢筋笼，制备无筋混凝土管片。研究发现，纤维混凝土管片具有优良的力学性能、防火性和耐久性。但是纤维混凝土中无钢筋，其抗弯、抗拉性能会具有一定的应用限制，若以后研究中解决这一问题，纤维混凝土管片的应用将不可限量。

截至目前，应用最为广泛的是钢筋混凝土管片（图 26-2）。钢筋混凝土管片既具有相应的强度，又具有较好的抗弯、抗拉能力，且其制备较为简单。目前钢筋混凝土管片采用预制式，模具采用钢模制作，以求尽量减小管片尺寸误差。尽管钢筋混凝土管片应用广泛，但是钢筋混凝土管片依旧存在以下问题：①防水、抗渗性能较差，隧道土壤中的自由 Cl^-、SO_4^{2-} 极易腐蚀钢筋，降低钢筋混凝土管片的耐久性；②混凝土胶材用量大，易于收缩开裂，影响管片使用寿命；③未能充分考虑管片的耐火性能。

基于钢筋混凝土的缺点，研究者们通过掺加矿物掺合料、膨胀剂、减缩剂等不断优化混凝土配合比，并研究管片成型方式、养护方式等改善混凝土界面结构，提高了混凝土抗渗性能，解决了混凝土收缩开裂的问题。至于钢筋混凝土管片的耐火性能，研究证明加入聚丙烯纤维后，管片具有较好的耐火性能。其机理在于当隧道遭受火灾时，熔点温度较低的聚丙烯纤维挥发逸出，在混凝土中留下孔隙，隧道中高温经孔隙排出，避免隧道内部温度过高，提高隧道耐火性能。

图 26-2　钢筋混凝土管片

26.1.2　管片结构设计

图 26-3 所示为我国常见的管片结构图。从盾构管片的衬砌角度来看，目前常见的衬砌技术为单层衬砌。在国外，日本双层衬砌和单层衬砌都多有采用。这是因为日本是一个多地

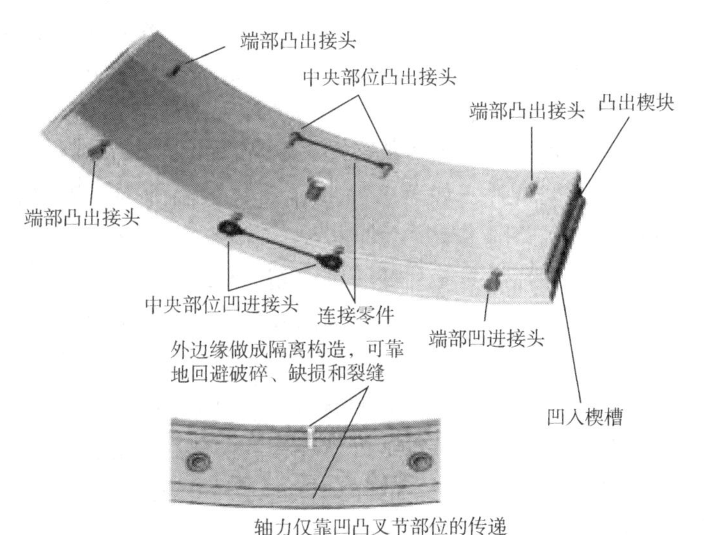

图 26-3　我国常见的管片结构图

震国家，需要双层盾构，修建地铁的城市地震烈度基本为6～7度。而在欧美，地质、结构较为稳定，盾构隧道多以单层衬砌为主。结合我国地质情况，国内更趋向于欧洲的经验，表26-1列出了我国常见的管片设计。

表26-1　我国常见的管片设计

管片设计	结构设计	单层、双层衬砌的选择
		管片内径的确定
		管片结构形式
		管片分块
		管片宽度
		管片厚度
		管片接触面构造
		管片连接方式
		管片拼装方式
		衬砌环组合形式
	结构分析	结构计算模式
		结构配筋设计
		结构检算分析方法

对于单层、双层衬砌的选择，结合欧美和我国地形，一般选择单层衬砌。根据国内地铁隧道管片的设计、施工和投入使用的情况来看，单层柔性衬砌结构的受力性能和耐久性等均可控制在预期的要求内，能够满足地铁隧道的运营要求，且单层衬砌的施工工艺单一，节省成本，防水效果满足要求，因此单层衬砌占据主导地位。

对于管片内径的选择主要取决于地下结构的建筑界限，我国地铁隧道的界限一般为直径为5200mm的圆形。按照国内已经建成的盾构隧道，隧道内径一般有两种方案：直径为5400mm和5500mm。这两种隧道内径的选择依据，主要在于当地地基承载能力，如地基承载力较高的北京、上海、深圳等选择5400mm，对于承载力较小的城市，则选择5500mm。

钢筋混凝土的管片结构形式一般有两种，箱型管片和平板型管片。箱型管片主要用于大直径的隧道，其特点在于手孔大、节约材料、减轻结构自重。目前国内应用箱型管片的工程较少，工程中大多采用平板型管片，如著名的14m直径的易北河公路隧道以及在国内修建的穿越黄浦江的大连路越江公路隧道就采用平板型管片。对于中小直径的盾构隧道，国内外普遍采用平板型管片，因其手孔小对管片截面削弱相对较少，对千斤顶推力有较大的抵抗能力，正常运营时对隧道通风阻力也较小。结合国内外工程实际，地铁区间隧道一般选用平板型管片。

管片分块要使其之间的接缝良好，不影响管片整体防水等效果，因此，管片分块较少、接缝较少时，有益于管片防水、节约工程造价，存在的问题在于管片较大，不利于运输和拼装。此外，盾构施工需将管片快速拼装，故目前国内采用小块封装，大多采用六分块方案：一块封顶块＋二块邻接块＋三块标准块。

对于管片宽度的发展，从上海地铁的1m逐渐加宽到广州地铁二号线的1.5m。结合国内外管片宽度，在整个机械系统配备合理协调的情况下，随着设计、施工经验的成熟，管片宽度有逐渐增大的趋势。不同管片宽度的对比，见表 26-2。从对比结果可知，目前最常用的管片宽度不超过 1.5m，这是因为受施工器械、运输成本、施工效率等的影响。管片宽度增加后，盾构在小半径曲线施工以及纠偏过程中，若施工不当，其产生的平面弯矩可能造成曲线外侧螺栓的较大剪切力及内侧混凝土局部过大的应力，导致外侧手孔处混凝土剪切破坏或内侧混凝土受压破坏。

表 26-2　不同管片宽度的对比

管片宽度	1.0m	1.2m	1.5m
国外应用情况	日本、欧洲常用	日本、欧洲常用	近年来欧洲兴起
国内应用情况	上海部分地铁	应用广泛	较少
垂直运输系统	简单	较为简单	要求较高
水平运输系统	简单	简单	要求高
盾构机灵敏度	盾构机灵敏度随着管片的加长而减小		
经济性能	管片越宽，接缝越少，防水材料、钢筋、螺栓用量越省，但管片加重对吊装有更高的要求		
施工效率	在整个施工系统配备合理的情况下，管片加宽能够提高施工效率，有利于加快施工进度		
结构防水	随着管片的加宽，整个区间的环向接缝变少，有利于隧道防水		
结构受力	随着管片宽度增加，整体刚度增大，整个区间的环向接缝减小，环间接缝受力变大，但对于控制纵向不均匀沉降不利		

对于管片厚度，按照国内的设计经验，一般在富水的软流塑地层中管片采用 350mm 的厚度，已建的上海地铁、南京地铁管片厚度为 350mm，广州地铁一号线、二号线及北京地铁五号线试验段的厚度皆为 300mm。按照国内地铁区间的埋深和地质情况，软土地层中管片的厚度并不取决于管片的结构受力，主要取决于管片的耐久性要求。与国外的工程对比，在地质条件相近的条件下，我国的管片厚度与国外基本一致。

接触面构造的设计一般包含两个方面，管片环及纵缝接触面榫槽的设置和接缝缓冲垫的设置。榫槽是为了加强管片连接的刚度，并有利于控制管片拼装的精度。榫槽的设置一般取决于地层条件，在富水的软流塑地层中一般设置榫槽，如上海地铁盾构区间设置了榫槽，管片采用通缝拼装，管片环、纵缝接触面均设置榫槽。在地基承载力较高的地层中一般不设置榫槽，如广州及北京部分地铁均无榫槽设置。缓冲垫的作用主要是为了减缓、避免管片之间的碰撞损坏，避免因地面不平而造成管片磨面。

管片连接目前一般采用螺栓连接，且螺栓是永久的（图 26-4）。国内管片的螺栓连接早期是上海地铁以直螺栓为主，存在的问题是直螺栓需要设计较大的管片手孔，会降低结构各项性能，经改良后，目前国内最常用的是弯螺栓。而在欧洲，工程竣工后螺栓最终会取消，这主要取决于结构设计模式以及设计习惯的差异，欧洲等国家很多时候不考虑螺栓的作用，而是按弹性铰接接头进行整个结构的受力分析。国内管片接头首先考虑结构等强，按照匀质圆环进行分析，接头设计自然较强。参考国外技术，国内管片连接可否减弱或者减到什么程度，目前国内外并无一致看法。但从机械化角度考虑，国内采用机械已达先进水平，施工技术、标准已日趋完善，部分工程质量与国外相差无几，因此，在地质条件较好的情况下可以考虑减小接头的方案。

管片拼装方式通常为两种，通缝拼装和错缝拼装。在国外，不管是日本还是欧美，均采用错缝拼装，在国内，大部分地区，如广州、深圳及北京等地也采用错缝拼装，而上海盾构隧道一般采用通缝拼装。采用错缝拼装时，施工较为复杂，环面的平整度及千斤顶控制相对较难，若施工过程中部分环节控制不当，会造成管片的开裂，此外，这种拼装方式较通缝拼装结构内应力大。尽管如此，错缝拼装依旧被广泛应用的主要原因是这种管片拼装方式可提高管片接头刚度，加强结构整体性，且随着机械化进一步发展及施工技术不断完善，错缝拼装会成为今后盾构隧道中管片拼装的主导拼装方式。

图 26-4　管片螺栓连接

盾构线路是通过不同的管片衬砌环组合实现的，盾构线路的拟合包括平、竖曲线两个方面，一般有 3 种管片组合方式，其特点见表 26-3。工程施工中用哪种方式，取决于设计施工和隧道区间的线路曲线情况。

表 26-3　管片的组合方式

方式	特点
左转弯衬砌环和右转弯衬砌环组合	通过左、右转环组合来拟合线路，由于每环为砌块形，拼装时施工操作相对麻烦一些
标准衬砌环、左转弯衬砌环和右转弯衬砌环组合	直线地段除施工纠偏外，多采用标准衬砌环，曲线地段可通过标准衬砌环与左、右转环组合使用，其施工方便，操作简单
万能管片	通过一种砌形环管片模拟直线、曲线及施工纠偏，管片拼装时，衬砌环需扭转多种角度，封顶块有时位于隧道下半部，工艺较为复杂

在通常情况下，盾构管片采用标准衬砌环、左右转弯衬砌环组合施工更方便，但管片生产成本会增加，模具使用率降低，生产质量控制麻烦。结合工程实际及管片生产成本，一般采用万能管片。

26.2　预制钢筋混凝土管片

26.2.1　管片的性能要求

目前应用广泛的是预制钢筋混凝土管片，预制钢筋混凝土管片原材料为 42.5 级硅酸盐水泥或者普通硅酸盐水泥，细骨料采用细度模数为 2.3～3.0 的中砂，粗骨料采用 5～25mm

连续级配的碎石，掺合料一般为粉煤灰。钢筋，当其直径大于10mm时，采用热轧螺纹钢筋，小于10mm时，采用低碳钢热轧圆盘条。

地铁盾构预制混凝土管片一般使用C50高强度混凝土，混凝土抗压强度必须满足GB/T 50081中规定要求，抗渗等级一般为P10及以上，试配的抗渗等级要比设计要求提高0.2MPa，混凝土耐久性应符合GB 50010和CECS01中有关规定，氯离子含量不得大于胶凝材总量的0.06%，混凝土的总碱含量应≤3.0kg/m³。混凝土抗弯、抗拉性能必须满足工程设计要求。

26.2.2　管片的制备过程

管片在钢模里预制，混凝土坍落度控制在（40±20）mm，浇捣结束后，静置、蒸汽养护，混凝土强度达到20MPa后脱模，在车间降温4h后，吊入水池浸泡养护7d，再保温养护14d，进入存放区保湿。具体步骤如下。

1）管片钢筋加工制作。

2）管片模具固定，安放钢筋，浇筑混凝土。

3）振捣器整体振捣成型。

4）无压蒸养6～8h（含升温、降温时间）后拆模。

5）运至喷淋区喷淋降温，待管片温差与水池温差不大于20℃时，运到养护池，进行养护。

6）管片养护完毕即转至堆放场堆放，待达到28d龄期后运输到盾构施工现场使用。

钢筋混凝土管片生产过程图，如图26-5所示。

a）　b）　c）　d）

图26-5　钢筋混凝土管片生产过程图

a）喷涂脱模剂　b）滑道及钢筋笼安装　c）成型后管片蒸养　d）管片吊起

在混凝土制备过程中，混凝土预拌后的运输、浇筑及间歇的全部时间不得超过混凝土的初凝时间，浇筑成型后，根据条件进行充分振捣，振捣时间以混凝土表面停止沉落或沉落不明显、表面气泡不显著等为依据。对于混凝土养护，需要注意养护过程中的条件，浇筑后覆膜保湿，管片蒸汽养护时可采用养护罩、养护坑或隧道养护窑养护，管片的养护湿度不得小于90%，因此，在养护过程中应及时调节供气量、控制温度及升降温度等。混凝土管片脱模后养护时，管片混凝土内外温度差不超过20℃，避免温差开裂。

26.2.3 预制钢筋混凝土管片生产质量控制

地铁管片是承重结构的主体，属于隧道结构中的一次衬砌。地铁管片的强度和刚度非常关键。如果地铁管片质量较好，则防水性和承重性能就好。因此，对地铁管片的生产采取合理的质量控制措施十分必要。

1. 管片生产过程中质量通病及防治措施

地铁预制钢筋混凝土管片对管片外观质量具有一定的要求，具体见表26-4。由表26-4可见，盾构管片外观质量要求较高，生产过程必须进行严格把控。如图26-6所示，如果把控不严格，管片极易损坏。

表26-4 管片外观质量要求

序号	项目	项目类别	质量要求
1	贯穿裂缝	A	不允许
2	拼接面裂缝	B	拼接面方向长度不得超过密封槽，宽度<0.1mm
3	非贯穿性裂缝	B	内表面不允许，外表面裂缝不超过0.2mm
4	内、外表面露筋	A	不允许
5	孔洞	A	不允许
6	麻面、粘皮、蜂窝	B	麻面、粘皮、蜂窝总面积不大于表面积的5%时，允许修补
		A	不允许
7	疏松、夹渣	A	密封槽部分不允许
8	缺棱掉角、飞边	B	非密封槽部分的尺寸小于2cm×2cm的缺角允许修补
9	环、纵向螺栓孔	B	畅通、内圆面平整、不得有塌孔

以下列出了预制钢筋混凝土管片生产过程中常见的质量问题及防治措施。

（1）麻面　管片麻面是指混凝土表面出现不光滑，出现较多的麻点、凹坑等。混凝土浇筑前模板未清理干净、脱模剂涂刷不均匀以及浇筑后未振捣实。有气泡等均会造成管片麻面。防治麻面的主要措施为管片成型前模具清理干净，不得有干硬砂浆等杂质；尽量使用性能较好的脱模剂，避免脱模时造成管片表面损害；此外，需要定期检查模板密封性，确保模具完整性，浇筑混凝土后，振捣充实。

（2）露筋　露筋是指混凝土内部主筋、副筋等裸露在结构表面。其原因在于，混凝土浇筑时，钢筋保护层垫块漏放或者位置偏离；或者混凝土配合比不当，产生离析现象；或者设计时保护层太小、保护层处混凝土振捣不实。其防治措施在于，确保模具安装时垫块的位置，保证混凝土配合比准确及混凝土浇筑后振捣密实，正确掌握脱模时间和脱模工序等。

（3）蜂窝　管片脱模后出现酥松、骨料多、砂浆少且石子之间形成类似蜂窝状的空隙。造成蜂窝的主要原因是混凝土本身原因，混凝土配合比不当或者原料计量器不准等。防治措施主要是从管理角度出发，严格把握混凝土配合比及拌和后混凝土性能测试，以保证管片质量。

（4）裂缝　管片表面产生的裂缝有两种。一种是微小裂缝，不影响混凝土结构的受力。另一种是裂缝深度较大，影响结构受力或超出设计要求。造成裂缝的主要原因是脱模时未达到设计强度，受力过早，在外界条件下易于形成裂缝。其防治措施在于，严格把握拌和质量和参数，控制管片蒸养温度和时间，保证管片脱模强度；脱模后，修补时采取防风措施，防止风吹。

2. 技术保证措施

预制盾构管片分为钢筋工程和混凝土工程，因此必须严格把握钢筋工程和混凝土工程。对于钢筋工程，其制作过程须在室内，以确保环境温度不能低于 0℃。

图 26-6　盾构管片破损

对于混凝土工程，在施工过程中必须把握环境温度的变化。在夏天施工时，需要调节混凝土外加剂配方，使混凝土具有较好的缓凝效果，且必须尽快入模成型，并在低温下养护，以免混凝土内部温度过高造成开裂。在冬天施工时，采用热水拌制，但拌合水温应不高于 60℃；外加剂配方中应引入早强型聚羧酸减水剂，及时调整混凝土配合比，搅拌时先投入砂、石和水，再加入水泥，避免水泥直接与热水搅拌，以免产生假凝现象。此外，应严格控制混凝土的搅拌时间、出机温度和入模温度，混凝土拌合物的出机温度应不低于 10℃，入模温度应不低于 5℃。冬天混凝土搅拌时间以不小于 20s 为宜。在冬天施工时，还应注意做好管线、模具等的保温措施。

3. 管片成品养护及存放

（1）管片的湿养护　管片脱模修理后，置入养护池内。为防止管片温度与水温度相差较大，养护池水温不宜过低，一般控制在 20℃左右。管片在养护池中养护 7d 后，再维持 7d 的喷淋保湿的养护方式。在养护阶段需要安排专员负责现场，如地铁管片养护时间、温度情况等信息要完整记录，以便及时调整养护时间，确保管片的养护质量。

图 26-7　管片的堆放

（2）管片的存放　管片养护后，转移到堆放场，进一步养护并妥善存放。管片堆放场地应满足平整性与稳定性的要求，且具有优良的排水效果。管片的存放主要是堆垛存放，各堆垛的设置不可过密，要留有足够宽敞的通道，以满足人员与设备的通行要求。管片堆放场、管片间隙均应铺设柔性垫条，以免彼此间发生碰撞，所有垫条厚度保持一致。地铁管片堆放采取侧面立放的方式（图 26-7），层间放置垫木，各层垫木的位置维持在同垂线上。地铁管片存放时应满足纵向间距大于 150mm、横向间距大于 300mm 的要求，最大堆叠量为 3 层。

第 27 章

技术标准应符合国情，具有实用性、科学性和先进性

27.1　标准重要性

27.1.1　标准的定义

标准的定义经历了一个演变的过程。最开始时，国家标准 GB 3935.1—1983 对标准的定义为：标准是对重复性事物和概念所做的统一规定，它以科学、技术和经验的综合为基础，经过有关方面协商一致，由主管机构批准，以特定的形式发布，作为共同遵守的准则和依据。之后，国家标准 GB 3935.1—1996《标准化和有关领域的通用术语　第 1 部分：基本术语》中对标准定义为：为在一定范围内获得最佳秩序，对活动或其结果规定共同的和重复使用的规则、导则或特性的文件，该文件经协商一致制定并经一个公认机构的批准，它以科学、技术和经验的综合成果为基础，以促进最佳社会效益为目的。到目前为止，GB/T 20000.1—2014《标准化工作指南　第 1 部分：标准化和相关活动的通用术语》中对标准描述为：通过标准化活动，按照规定的程序经协商一致制定，为各种活动或其结果提供规则、指南或特性，供共同使用和重复使用的一种文件。

国际标准化组织（ISO）的标准化原理委员会（STACO）一直致力于标准化概念的研究，先后以“指南”的形式给“标准”的定义做出统一规定：标准是由一个公认的机构制定和批准的文件。它对活动或活动的结果规定了规则、导则或特殊值，供共同和反复使用，以实现在预定领域内最佳秩序的效果，这是目前广泛接受的一种标准定义。

27.1.2　标准以及标准化发展历史

标准化是指在经济、技术、科学和管理等社会实践中，对重复性的事物和概念，通过制定、发布和实施标准达到统一，以获得最佳秩序和社会效益。新中国成立以来，党和国家非常重视标准化事业的建设和发展。发展至今，中国技术标准体系和标准化管理体制经历了起步模仿、复苏发展、全面提升、深化改革四个历史阶段。

第一个阶段：起步模仿阶段（1949 年—1976 年）。

这一时期我国标准化工作处于起步模仿阶段，主要是学习东欧和苏联，并在我国实践经验的基础上着手建立企业标准和部门标准，初步形成了国家标准化管理体系。这阶段的主要特征是：我国政府仿照苏联模式，初步建立了我国标准化体系，并开始发挥作用。

第二个阶段：复苏发展阶段（1977 年—2001 年）。

这一时期是我国标准的复苏发展阶段。改革开放的全面开展，使我国的标准化管理体制

也走上了改革之路。我国以政府为主导，以行政命令为手段，以行政强制措施保障标准的实施，逐步建立了适应有计划的社会主义商品经济体制的国家标准体系，并为向适应有中国特色的社会主义市场经济体制的过渡奠定了技术基础。同时，这个时期中国的标准化开始放眼世界，走向国际。1978 年 9 月，中国标准化协会成立，并重新加入了国际标准化组织（ISO），加大了国际标准采标的力度，标准化工作也开始纳入法制的轨道，同时确定了强制性标准和推荐性标准并存的标准化体系。

第三个阶段：全面提升阶段（2001 年—2014 年）。

在这个阶段，我国开始建立适应社会主义市场经济体制的国家标准体系和标准化管理体制。为适应我国加入世界贸易组织（WTO）和完善社会主义市场经济体制的需要，组建了国家质量监督检验检疫总局、国家标准化管理委员会和国家认证认可监督管理委员会，成了 21 世纪我国标准化改革的开端，2008 年 10 月 16 日，我国正式成为 ISO 常任理事国，极大地提高了我国在国际标准化组织核心决策层的影响力和话语权。2011 年 10 月 28 日，中国成为国际电工委员会（IEC）常任理事国。2013 年 9 月 20 日，张晓刚成功当选 ISO 主席。这些事件都标志着中国在国际标准化领域取得重大突破性成果。

在这个阶段，国家层面开始制定标准化战略，出现了以联盟为标准制定主体的联盟标准，为我国的国家标准体系和标准化管理模式改革做了有益的尝试。国家标准化管理体系以政府为引导、以企业为主体，出现了二元化模式，即国家标准化管理的四级体系和联盟标准共存，但联盟标准的技术局限性和法律地位缺失造成了联盟标准的作用没有很好地发挥。

第四个阶段：深化改革阶段（2014 年至今）。

十八届三中全会以后，国家提出市场在资源配置中起决定性作用。但我国现有标准化管理体系是建立在计划经济体制下的，“管”的特点还十分突出，造成政府与市场的角色错位，市场主体活力未能充分发挥，既阻碍了标准化工作的有效开展，又影响了标准化作用的发挥。十八大以后，国家先后出台《中共中央关于全面深化改革若干重大问题的决定》《国务院机构改革和职能转变方案》《国务院关于促进市场公平竞争维护市场正常秩序的若干意见》和《深化标准化工作改革方案》等重要文件，将标准化改革纳入国家改革进程。党和国家对标准化工作重视程度高度空前。近年来，习近平总书记、李克强总理多次对标准化工作做出指示、批示。我国对国际标准化工作的贡献也不断加大，不仅有多位国内专家相继当选 ISO、IEC、ITU 三大国际标准化组织的领导职务，越来越多的企业和专家开始深度参与国际标准化活动。

这个阶段的主要特征是：倡导团体标准作为国家标准、行业标准、地方标准的有益补充，国家更加强化对强制性标准的管理，更加重视标准与法律、法规之间的关系，将标准作为提高政府管理效能和提升科技创新能力的手段，生产和服务标准更多由社会团体组织制定。这将为我国提高市场化程度做出重要贡献，并将会出现更多的社会团体、民间机构参与团体标准制定，社会团体在国家标准化管理体系中将发挥重要的作用。

建筑行业内的各种工程建设标准，也在这四个阶段中不断摸索发展，引导行业逐步走向规范。工程建设标准经过 60 余年发展，国家、行业和地方标准已达 7000 余项，形成了覆盖经济社会各领域、工程建设各环节较为完整的标准体系，同时随着经济全球化的浪潮，我国标准以国际标准和国外先进标准为目标，推陈出新，在适应国情和符合科学性、先进性的基础上，不断向前发展，引领着建筑行业朝着充满希望的方向前进。

27.1.3　标准的重要意义

标准是行业自主创新、跨越发展的法宝，是国家科学发展、社会和谐的保障。我们在发展社会主义市场经济中，一定要重视标准的制定与完善。当今世界，标准化水平已变成各国各地区核心竞争力的基本要素。一个公司，一个国家，要在激烈的世界竞争中立于不败之地，需要深入了解标准对国民经济与社会开展的重要意义。

1. 标准是规范市场经济客体的“法律”

标准的本质是统一，它是对重复性事物和概念的统一规定；标准的任务是规范，它的调整对象是各种各样的市场经济客体。标准具有鲜明的法令特点，它和法令法规好比车之两轮，鸟之两翼，一起保证着市场经济有效、正常运转。根据标准的束缚力，我国把标准分为强制性标准和引荐性标准两大类。就强制性标准而言，它以国家强制力保证施行，本身即是一种技能法规；而后者一经接受并选用，或各方商定同意归入经济合同中，就变成各方有必要一起恪守的技能根据，也具有法令上的束缚性。

2. 标准的战略地位日益突出

经济全球化浪潮使标准竞赛上升到了战略位置。进入 21 世纪以后，发达国家纷纷制定各自的标准化发展战略，以应对因经济全球化对自身带来的影响。欧盟、美国、加拿大的标准化发展战略在 2000 年前后相继出台。日本为了应对标准竞争，在 2006 年由首相亲自组织制定本国的世界标准归纳战略。只有充分认识标准在国际竞争中举足轻重的地位，深入贯彻实施标准化战略，才能在激烈的国际竞争中处于主动地位，实现产业和经济的跨越式发展。

3. 标准是国民经济和社会发展的重要技术支撑

在宏观层面，标准事关社会主义市场经济发展全局。标准是全面贯彻落实科学发展观的重要保障。科学发展的基本要求是全面、协调、可持续。要实现可持续发展，核心的问题是实现经济社会和人口、资源、环境的协调发展。而只有执行严格的资源利用和环境保护标准，才能从源头促使企业节约资源、能源，减少和预防环境污染，实现经济持续健康发展。在微观层面，标准事关企业的生存与发展。标准是企业组织生产和经营的依据，高标准才有高质量。

4. 标准是走向国际的“通行证”

随着贸易自由化在全球的推进，标准已成为发达国家新贸易保护主义的主要表现形式。因为 WTO 对关税和配额等传统交易维护手法做了约束，发达国家通常使用标准的合法性和隐蔽性，作为新式非关税壁垒的首要手法，达到约束他国商品出口、维护本国工业的意图。如今标准涉及的技能目标品种和数量越来越多，需求越来越苛刻，修订越来越频繁，发展中国家一般很难达到。随着新贸易保护主义势力的抬头，由标准引发的贸易摩擦还会不断加剧，要实现国际贸易的顺利进行，产品就必须跨越标准这道“槛”。

5. 标准是市场竞争的制高点

“得标准者得天下”。标准决定着商场的控制权。从这个意义上来看，标准也是一种游戏规则。谁的技术变成标准，谁拟定的标准为世界所认同，谁就会取得巨大的商场和经济利益。在知识经济时代，市场竞争标准先行的特征尤为突出。经过标准与专利的融合，实现专利标准化、标准垄断化，能够最大极限地获取市场份额和垄断利润，故有“二流公司卖商品，一流公司卖专利，超一流公司卖标准”之说。由此可知，标准竞争已变成继商品竞争、品牌竞争以后，又一种层次更深、水平更高、影响更大的竞争方式。21世纪，标准的竞争将更加白热化。唯有赶紧完善以专利和技能标准为依托的标准化体系，才能在激烈的竞争中胜出。

在建材行业中，材料和工程建设标准引导着国家和社会工程建筑因地制宜，标准规范建设过程，保障着工程的质量和安全，直接关系着我国的建筑质量水平。只有不断推进标准的发展和完善，强化标准管理与实施，加强标准化支撑保障，用更高的标准定位引领质量提升、服务行业结构调整和转型升级，才能推动建材行业高质量的绿色发展，为促进行业健康发展做出贡献。特别是现在，建筑行业过了最佳十年黄金期，建筑企业已经告别了过去极度粗放式的野蛮发展，拼资金、拼规模成为建筑市场竞争的杀手锏，同时建材行业还存着质量水平不高、产能过剩、成本快速上升、环保等问题，旧有的一些标准已经不再适用，必须大力加快标准的发展和完善。

27.2 我国标准体系

27.2.1 标准总则

为了加强标准化工作，提升产品和服务质量，促进科学技术进步，保障人身健康和生命财产安全，维护国家安全、生态环境安全，提高经济社会发展水平，我国在科学技术研究成果和社会实践经验的基础上，深入调查论证，广泛征求意见，制定了具有科学性、规范性、时效性的完备的标准体系。

在我国的标准体系中，国务院标准化行政主管部门统一管理全国标准化工作。国务院有关行政主管部门分工管理本部门、本行业的标准化工作。县级以上地方人民政府标准化行政主管部门统一管理本行政区域内的标准化工作。县级以上地方人民政府有关行政主管部门分工管理本行政区域内本部门、本行业的标准化工作。同时，国务院建立了标准化协调机制，统筹推进标准化重大改革，研究标准化重大政策，对跨部门跨领域、存在重大争议标准的制定和实施进行协调。设区的市级以上地方人民政府可以根据工作需要建立标准化协调机制，统筹协调本行政区域内标准化工作重大事项。

为进一步完善标准体系，国家一直鼓励企业、社会团体和教育、科研机构等开展或者参与标准化工作。在国际上，国家积极推动参与国际标准化活动，开展标准化对外合作与交流，参与制定国际标准，结合国情采用国际标准，推进中国标准与国外标准之间的转化运用。国家也鼓励企业、社会团体和教育、科研机构等积极参与国际标准化活动。

27.2.2 标准制定

对保障人身健康和生命财产安全、国家安全、生态环境安全以及满足经济社会管理基本需要的技术要求，制定强制性国家标准。国务院有关行政主管部门依据职责负责强制性国家标准的项目提出、组织起草、征求意见和技术审查。国务院标准化行政主管部门负责强制性国家标准的立项、编号和对外通报。国务院标准化行政主管部门应当对拟制定的强制性国家标准是否符合前款规定进行立项审查，对符合前款规定的予以立项。省、自治区、直辖市人民政府标准化行政主管部门可以向国务院标准化行政主管部门提出强制性国家标准的立项建议，由国务院标准化行政主管部门会同国务院有关行政主管部门决定。社会团体、企业事业组织以及公民可以向国务院标准化行政主管部门提出强制性国家标准的立项建议，国务院标准化行政主管部门认为需要立项的，会同国务院有关行政主管部门决定。强制性国家标准由国务院批准发布或者授权批准发布。法律、行政法规和国务院决定对强制性标准的制定另有规定的，从其规定。

对满足基础通用、与强制性国家标准配套、对各有关行业起引领作用等需要的技术要求，制定推荐性国家标准。推荐性国家标准由国务院标准化行政主管部门制定。

对没有推荐性国家标准、需要在全国某个行业范围内统一的技术要求，制定行业标准。行业标准由国务院有关行政主管部门制定，报国务院标准化行政主管部门备案。

为满足地方自然条件、风俗习惯等特殊技术要求，制定地方标准。地方标准由省、自治区、直辖市人民政府标准化行政主管部门制定。

对保障人身健康和生命财产安全、国家安全、生态环境安全以及经济社会发展所急需的标准项目，制定标准的行政主管部门应当优先立项并及时完成。

国家鼓励学会、协会、商会、联合会、产业技术联盟等社会团体协调相关市场主体共同制定满足市场和创新需要的团体标准；支持在重要行业、战略性新兴产业、关键共性技术等领域利用自主创新技术制定团体标准、企业标准，并鼓励社会团体、企业制定的团体标准、企业标准高于推荐性标准相关技术要求；推进标准化军民融合和资源共享，提升军民标准通用化水平，积极推动在国防和军队建设中采用先进适用的民用标准，并将先进适用的军用标准转化为民用标准。

27.2.3　标准的实施和监督管理

企业研制新产品，改进产品，进行技术改造，应当符合规定的标准化要求，不符合强制性标准的产品、服务，不得生产、销售、进口或者提供。生产、销售、进口产品或者提供服务不符合强制性标准，或者企业生产的产品、提供的服务不符合其公开标准的技术要求的，需要依法承担民事责任。

县级以上人民政府标准化行政主管部门、有关行政主管部门依据法定职责，对标准的制定进行指导和监督，对标准的实施进行监督检查。国务院标准化行政主管部门和国务院有关行政主管部门、设区的市级以上地方人民政府标准化行政主管部门都建立了标准实施信息反馈和评估机制，根据反馈和评估情况对其制定的标准进行复审。标准的复审周期一般不超过五年。经过复审，对不适应经济社会发展需要和技术进步的应当及时修订或者废止。任何单位或者个人有权向标准化行政主管部门、有关行政主管部门举报、投诉违反标准规定的行为。

27.3　标准的制定程序

我国标准的制定程序划分为九个阶段：预阶段、立项阶段、起草阶段、征求意见阶段、审查阶段、报批阶段、出版阶段、复审阶段、废止阶段。

1）预阶段。在研究论证的基础上提出制定项目建议。

2）立项阶段。对项目建议进行必要的、可行性分析和充分论证。

3）起草阶段。编写标准草案（征求意见稿）、编制说明。标准起草工作组通过拟定标准内容的构成和起草依据，收集有关资料，进行专题调查研究和必要的试验验证，按照标准编写要求，提出标准征求意见稿。

4）征求意见阶段。需要广泛征求意见。通过召开标准研讨会、以发征求意见函形式向相关方面征求意见，并召开标准征求意见会（一般15天）。在标准征求意见稿征求意见后，由负责起草单位对征集的意见进行归纳整理，分析研究和处理后提出标准送审稿。

5）审查阶段。进行会审或函审。对送审稿进行审查，召开审查会，根据意见并对送审稿进行修改形成标准报批稿。标准的审查可采用会审或函审，参加审查的，应有各有关部门的主要生产、经销、使用、科研、检验等单位及大专院校的代表。全国专业标准化技术委员会或标准化技术归口单位，对标准送审稿的技术内容和编写质量进行全面审查后，得出审查结论。

6）报批阶段。进行审查、批准和编号。报批阶段为国务院标准化行政主管部门对报批稿（FDS）及相关工作文件进行程序审核和协调的过程。报批阶段的周期不应超过3个月。

7）出版阶段。进行发布、印刷出版、备案。出版阶段为国家标准的出版机构按照GB/T 1.1的规定，对FDS进行编辑性修改，并出版国家标准的过程。出版阶段的周期不应超过3个月。国家标准由中国标准出版社出版。

8）复审阶段。需要适时复审，及时修订。复审是TC对国家标准的适用性进行评估的过程。主要工作是评估国家标准的适用性，形成复审结论。

9）废止阶段。对于复审后确定为无存在必要的标准，予以废止。国务院标准化行政主管部门发布废止公告，标志着某些标准被废止。

27.4 标准应满足的要求

标准是标准化的前提和基础。标准制定越是合理、可靠、先进，实施标准以后获得的社会效益和经济效益就越大。因此，制定的标准一定要符合国情，遵循实用性、科学性、先进性的原则，认真、慎重地实施，既要从全局利益出发，认真贯彻国家技术经济政策，又要充分满足使用要求，同时能够促进科学技术的发展，以保证制定标准的高水平和高质量。

建材行业中的技术标准应满足下列要求。

1. 符合我国国情

我国制定的标准，必须认真贯彻国家有关法律法规和方针政策，维护国家、社会和人民的利益。凡属国家颁布的有关法律法规和相应的政策都应贯彻，标准中的所有规定，均不得与现行法律法规相违背。同时，标准必须从我国的实际情况出发，实事求是，具体来说，要结合我国的自然资源条件，适应我国的气候、地理自然条件，适合我国生产、使用、流通等方面的实际情况，还要符合我国政治、经济条件以及我国人民群众的生活习惯等。技术标准必须从全局出发，切实反映和体现国家和企业普遍性需求，才能使全社会和广大群众获益。

2. 满足市场需求与工程建设需要

标准要满足市场需求与工程建设需要，并兼顾全社会的综合效益。满足市场需求与工程建设需要是制定标准的重要目的，这就要求标准制定时要充分考虑标准运用的环境条件要求，即如何使标准化的对象适应其所处的不同环境条件，并分别在标准中做出相应规定。在考虑使用要求的同时，也应兼顾全社会的利益。在某些情况下，过分强调满足使用要求，可能会影响其他社会因素，这时就应在不破坏使用要求的同时，尽可能照顾其他社会因素，减少对其影响的程度，使综合性的全局效益最佳。

同时，相关标准要协调配套，制定的标准要考虑有利于标准体系的建立和不断完善。在一定范围内的标准，都是互相联系、互相衔接、互相补充、互相制约的，要保证相关标准协调配套，才能使企业开发、生产、流通、使用等各个环节之间协调一致。以企业生产为例，产品标准与各种原材料采购标准、工艺标准、检验标准之间，产品的尺寸参数或性能参数之间，产品的连接与安装要求之间，整机与零部件或元器件之间都应协调一致、衔接配套。这样才能保证生产的正常进行，也才能保证标准充分发挥作用指导工作生产。

围绕建材行业工作重点，创建适合产业发展与管理的标准体系，加强标准体系与质量管理体系的协调配合，做到结构优化、分类明确、层次清晰，建设满足高质量发展的新型标准体系。

3. 促进废弃资源综合利用

当前，我国有大量的建筑垃圾堆积，不仅占据了较大土地面积，而且还对周围环境造成了不同程度污染，废弃资源的再利用已经迫在眉睫。标准应重点围绕工业节能、绿色制造、节水节材、环保、资源综合利用等领域开展制修订工作，选择建材行业重点领域，优先开展绿色工厂、绿色产品和绿色供应链系列评价标准研制，逐步完善建材行业绿色制造标准体系，引领建材行业绿色转型升级，实现绿色发展。

4. 防止贸易壁垒

标准与知识产权的结合，可能成为非关税保护的有效技术措施，也可能成为出口遭遇的技术壁垒。谁掌握了标准的制定权，谁的技术成为标准，谁就掌握了市场的主动权。贸易全球化、高新技术的迅猛发展，采用国际标准，或者说是标准的国际化或标准的国际趋同，已成为全球发展趋势。采用先进的技术对于产业的发展，对于消费者享受世界先进技术固然有好处，但先进的技术主要掌握在发达国家和跨国公司的手中，利用技术标准阻挡他国产品准入，成为一些发达国家的通常行为，尤其在汽车、电机、机械、制药、家电等领域表现得更为明显。技术标准已经从过去主要解决产品零部件的通用和互换问题，更多地变成一个国家实行贸易保护的重要壁垒。

因此，制定的标准要利用 WTO 规则，具体分析在标准中引用知识产权的利弊，处理好各种利益之间的关系，参考国际通常做法，结合当前具体国情，有效提高我国民族产业的竞争力，防止贸易壁垒。

5. 采用国际先进水平标准

采用国际标准和国外先进标准是我国一项重要的技术经济政策，也是制定标准必须遵循的一项原则。国际标准一般都经过科学验证和生产实践的检验，反映了世界上较先进的技术水平，并且是协调各国标准的基础上制定的。因此，世界上不仅一些发展中国家在积极采用，以引进先进技术，而且一些工业较发达国家也大量采用，以消除国际贸易技术壁垒，提高本国产品在国际市场上的竞争能力。例如：丹麦、比利时、荷兰、瑞士等国几乎不加修改地直接引用国际标准。日本、英国、德国等国在国家标准中等效采用或参照采用国际标准的比例也高达 60% 以上。而国外先进标准往往是国际标准的源泉，或者本身就是在世界上通行的标准，并且又往往要比国际标准更先进，产品标准更多，标准之间配套性更好。

标准要满足先进性、科学性，具体来说就是，积极采用国际标准和国外先进标准，做到技术先进，经济合理，安全可靠。标准中各项规定能够反映当前科学技术的先进成果和生产建设中的先进经验，使标准起到促进生产、指导生产的作用，使产品或工程的质量不断提高。反之，标准如果迁就和保护落后，因循守旧，则既不能满足使用者要求，又会阻碍社会生产力发展。

27.5　我国的标准化改革

我国标准经过多年的发展，逐渐形成了覆盖经济社会各领域、工程建设各环节的标准体系，在保障工程质量安全、促进产业转型升级、强化生态环境保护、推动经济提质增效、提升国际竞争力等方面发挥了重要作用。但与技术更新变化和经济社会发展需求相比，仍存在着标准供给不足、缺失滞后，部分标准老化陈旧、水平不高等问题，需要加大标准供给侧改革，完善标准体制机制，建立新型标准体系。

27.5.1　改革的必要性

党中央、国务院高度重视标准化工作，2001 年成立国家标准化管理委员会，强化标准化工作的统一管理。在各部门、各地方共同努力下，我国标准化事业得到快速发展。我国相继成为国际标准化组织（ISO）、国际电工委员会（IEC）常任理事国及国际电信联盟（ITU）理事国，我国专家担任 ISO 主席、IEC 副主席、ITU 秘书长等一系列重要职务，主导制定国际标准的数量逐年增加。标准化在保障产品质量安全、促进产业转型升级和经济提质增效、服务外交外贸等方面起着越来越重要的作用。

但是，从我国经济社会发展日益增长的需求来看，现行标准体系和标准化管理体制已不能适应社会主义市场经济发展的需要，甚至在一定程度上影响了经济社会发展。主要表现为：标准缺失老化滞后，难以满足经济提质增效升级的需求；标准交叉重复矛盾，统一市场体系难以建立；标准体系不够合理，不适应社会主义市场经济发展的要求；标准化协调推进机制不完善，制约了标准化管理效能提升。造成这些问题的根本原因是现行标准体系和标准化管理体制是 20 世纪 80 年代确立的，政府与市场的角色错位，市场主体活力未能充分发挥，既阻碍了标准化工作的有效开展，又影响了标准化作用的发挥，必须切实转变政府标准化管理职能，深化标准化工作改革。

27.5.2　改革的总体要求

标准化工作改革，要紧紧围绕使市场在资源配置中起决定性作用和更好发挥政府作用，着力解决标准体系不完善、管理体制不顺畅、与社会主义市场经济发展不适应问题，改革标准体系和标准化管理体制，改进标准制定工作机制，强化标准的实施与监督，更好发挥标准化在推进国家治理体系和治理能力现代化中的基础性、战略性作用，促进经济持续健康发展和社会全面进步。

1. 指导思想

贯彻落实党的十八大和十八届二中、三中、四中、五中全会精神，按照《国务院关于印发深化标准化工作改革方案的通知》（国发〔2015〕13 号）等有关要求，借鉴国际成熟经验，立足国内实际情况，在更好发挥政府作用的同时，充分发挥市场在资源配置中的决定性作用，提高标准在推进国家治理体系和治理能力现代化中的战略性、基础性作用，促进经济社会更高质量、更有效率、更加公平、更可持续发展。

2. 基本原则

一是坚持简政放权、放管结合。转变政府职能，强化强制性标准，优化推荐性标准，为经济社会发展“兜底线、保基本”。培育发展团体标准，搞活企业标准，增加标准供给，引导创新发展。

二是坚持国际接轨、适合国情。借鉴发达国家标准化管理的先进经验和做法，结合我国发展实际，建立完善具有中国特色的标准体系和标准化管理体制。

三是坚持统一管理、分工负责。既发挥好国务院标准化主管部门的综合协调职责，又充分发挥国务院各部门在相关领域内标准制定、实施及监督的作用。

四是坚持依法行政、统筹推进。加快标准化法治建设，做好标准化重大改革与标准化法律法规修改完善的有机衔接；合理统筹改革优先领域、关键环节和实施步骤，通过市场自主制定标准的增量带动现行标准的存量改革。

3. 总体目标

标准体制适应经济社会发展需要，标准管理制度完善、运行高效，标准体系协调统一、支撑有力。按照政府制定强制性标准、社会团体制定自愿采用性标准的长远目标，到 2020 年，适应标准改革发展的管理制度基本建立，重要的强制性标准发布实施，政府推荐性标准得到有效精简，团体标准具有一定规模。到 2025 年，以强制性标准为核心、推荐性标准和团体标准相配套的标准体系初步建立，标准有效性、先进性、适用性进一步增强，标准国际影响力和贡献力进一步提升。

27.5.3　改革措施

通过改革，把政府单一供给的现行标准体系，转变为由政府主导制定的标准和市场自主制定的标准共同构成的新型标准体系。政府主导制定的标准由 6 类整合精简为 4 类，分别是强制性国家标准和推荐性国家标准、推荐性行业标准、推荐性地方标准；市场自主制定的标准分为团体标准和企业标准。政府主导制定的标准侧重于保基本，市场自主制定的标准侧重于提高竞争力，同时建立完善与新型标准体系配套的标准化管理体制。

1. 改革强制性标准

加快制定全文强制性标准，逐步用全文强制性标准取代现行标准中分散的强制性条文。新制定标准原则上不再设置强制性条文。

强制性标准具有强制约束力，是保障人民生命财产安全、人身健康、工程安全、生态环境安全、公众权益和公共利益，以及促进能源资源节约利用、满足社会经济管理等方面的控制性底线要求。强制性标准项目名称统称为技术规范。

2. 构建强制性标准体系

建立强制性标准体系框架，应覆盖各类工程项目和建设环节，实行动态更新维护。体系框架由框架图、项目表和项目说明组成。框架图应细化到具体标准项目，项目表应明确标准的状态和编号，项目说明应包括适用范围、主要内容等。

国家标准体系框架中未有的项目，行业、地方根据特点和需求，可以编制补充性标准体系框架，并制定相应的行业和地方标准。国家标准体系框架中尚未编制国家标准的项目，可先行编制行业或地方标准。国家标准没有规定的内容，行业标准可制定补充条款。国家标准、行业标准或补充条款均没有规定的内容，地方标准可制定补充条款。

制定强制性标准和补充条款时，通过严格论证，可以引用推荐性标准和团体标准中的相关规定，被引用内容作为强制性标准的组成部分，具有强制效力。鼓励地方采用国家和行业更高水平的推荐性标准，在本地区强制执行。强制性标准的内容，应符合法律和行政法规的规定但不得重复其规定。

3. 优化完善推荐性标准

在标准体系上，进一步优化推荐性国家标准、行业标准、地方标准体系结构，推动向政府职责范围内的公益类标准过渡，逐步缩减现有推荐性标准的数量和规模。在标准范围上，合理界定各层级、各领域推荐性标准的制定范围，推荐性国家标准重点制定基础通用、与强制性国家标准配套的标准；推荐性行业标准重点制定本行业领域的重要产品、工程技术、服务和行业管理标准；推荐性地方标准可制定满足地方自然条件、民族风俗习惯的特殊技术要求。

4. 培育发展团体标准

在标准制定主体上，鼓励具备相应能力的学会、协会、商会、联合会等社会组织和产业技术联盟协调相关市场主体共同制定满足市场和创新需要的标准，供市场自愿选用，增加标准的有效供给。在标准管理上，对团体标准不设行政许可，由社会组织和产业技术联盟自主制定发布，通过市场竞争优胜劣汰。国务院标准化主管部门会同国务院有关部门制定团体标准发展指导意见和标准化良好行为规范，对团体标准进行必要的规范、引导和监督。在工作推进上，选择市场化程度高、技术创新活跃、产品类标准较多的领域，先行开展团体标准试点工作。支持专利融入团体标准，推动技术进步。

5. 放开搞活企业标准

企业根据需要自主制定、实施企业标准。鼓励企业制定高于国家标准、行业标准、地方标准，具有竞争力的企业标准。建立企业产品和服务标准自我声明公开和监督制度，逐步取消政府对企业产品标准的备案管理，落实企业标准化主体责任。鼓励标准化专业机构对企业公开的标准开展比对和评价，强化社会监督。

6. 提高标准国际化水平

鼓励社会组织和产业技术联盟、企业积极参与国际标准化活动，争取承担更多国际标准组织技术机构和领导职务，增强话语权。加大国际标准跟踪、评估和转化力度，加强中国标准外文版翻译出版工作，推动与主要贸易国之间的标准互认，推进优势、特色领域标准国际化，创建中国标准品牌。结合海外工程承包、重大装备设备出口和对外援建，推广中国标准，以中国标准“走出去”带动我国产品、技术、装备、服务“走出去”，进一步放宽外资企业参与中国标准的制定。

第 28 章

钢筋混凝土综合管廊

28.1 概述

28.1.1 综合管廊的概念和分类

综合管廊工程是指在城市道路下面建造一个市政共用隧道，将电力、通信、供水、燃气等多种市政管线集中在一体，实行“统一规划、统一建设、统一管理”，以做到地下空间的综合利用和资源的共享。

综合管廊又称为综合管沟或共同沟，如图 28-1 所示。

图 28-1　综合管廊示意图

综合管廊可分为干线综合管廊、支线综合管廊及缆线管沟三种类型。干线综合管廊：采用独立分仓形式，容纳城市主要工程干管；支线综合管廊：采用独立单仓或双仓形式，容纳城市配给工程管线；缆线管沟：采用盖板形式或浅埋沟道形式，容纳电力、通信线缆。严格意义上来讲，缆线管沟是电缆沟的升级版，不属于综合管廊。

28.1.2 综合管廊的优缺点

1. 综合管廊的优点

城市综合管廊主要有以下优点。①综合性好：城市综合管廊是电力、通信、给水、热力、燃气、中水等各类市政管线的最佳通道，有利于科学合理地开发利用地下空间资源，构建地下智慧城市；②便于维护：在城市综合管廊内预留巡查和检修保养空间，并设置配套保障的设备设施，提高综合管廊的使用寿命；③高科技含量：设置现代化的监控管理以及报警系统，与中央控制室互联互通，及时发现安全隐患，严谨控制危险范围；④优良的安全性：管线集中设置于综合管廊内部，而非暴露于开放空间中，良好的物理隔离，有效地避免了其受大气、雨水、日光等的侵蚀，具有优异的耐候性，减少了相关维养工作，有效地降低了使用和运行成本；⑤良好的环境效益：避免“拉链路”等不合理建设工程的产生，减少因此带来对市政道路等的一再开挖，明显改善城市生态环境，具有明显的社会经济效益；⑥功能集成性高：可有效地集约化利用城市地下空间，可借助于地铁、地下空间、地下道路的建设同步开展综合管廊的设计，合理充分利用宝贵的城市核心位置的地下土地资源，有效减小其对其他市政建设工程的制约；⑦优异的耐久性能：管线合理布置于钢筋砼结构内部，按照100年及以上开展设计，相对于直线管线等地下结构耐久性更好；⑧可设计性强：基于大数据时代和技术，开展系统性的规划、设计、施工等作业，结合城市地理信息技术，合理布置和安装相关管线，利用大数据计算合理预留空间，提供良好的信息采集和处理平台，时代适应性和先进性强。

2. 综合管廊的缺点

综合管廊一次性投资巨大，因此融资问题是此类大型土建施工工程项目的主要和常见问题，同时，综合管廊在我国尚属于较新的建筑事物，其本身的经济社会效益还需经受住长久的应用证明，市场化程度还需进一步提高，目前主要还是靠政府主导设计、政策推动为主。

另一方面，地下综合管廊的统一管理存在一定难度，其涉及的市政管线单位较多，多部门的联动建设存在管理上的不便，建成之后的具体运营、维护等各方面的协调难度也较大，对牵头单位的依赖性较高。

在市政规划的前期，对不同类型管线的集成、地下空间的利用等方面存在偏差，规划期对管线类别、设计理论等方面的认识还存在局限性，就导致在系统层面、宏观决策层面，与建成后期的实际运用存在相容性不足等问题，难以做到对地下综合管廊容量的准确预测。

根据目前地下综合管廊的建设实际，难以避免对立体交通、市政道路等的翻挖等破坏，建设期间对部分区域的正常出行等造成不便。

28.1.3 国内外综合管廊发展历程及现状

法国建设地下综合管廊的时间可以追溯至1833年，其地下综合管廊内部同时集成了自来水管和通信、压缩空气、交通等功能管线，属于规划设计时间最早的国家。时至今日，其地下综合管廊的总长已累计超过2100km，且其集成性越来越强，不断地积累了地下综合管廊的建设技术和经验，解决了地下综合管廊在铺设方面的诸多难题，进一步提高了法国的城市市容和市民的生活环境，且其此类市政项目的建设费用均由政府承担，建成后由政府进行出租。法国巴黎综合管廊断面示意图如图28-2所示，高为5.7m，宽为3.65m。

英国也属于较早开展地下综合管廊建设的欧洲国家之一。1861年，英国伦敦开始进行地下综合管廊的建设，管廊内部同时集成了燃气、自来水、给排水、通信电力电缆等功能管线，其管廊断面示意图如图28-3所示。

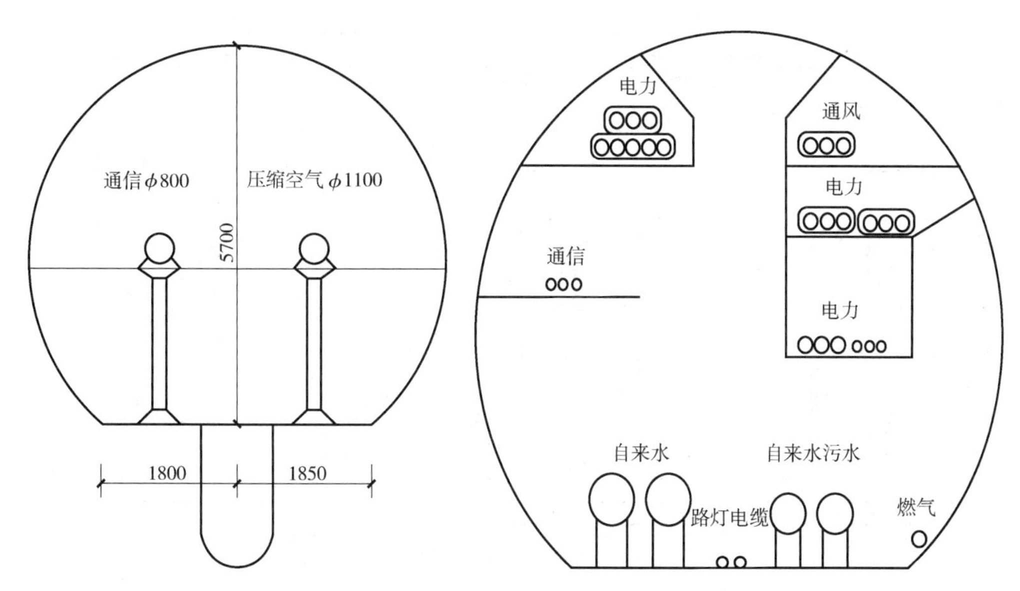

图 28-2　法国巴黎综合管廊断面示意图　　　图 28-3　英国伦敦综合管廊断面示意图

相较于英法两国，德国地下综合管廊的建设时间稍晚，1890 年德国开始在汉堡建设地下综合管廊，管廊内部设置有电力、供暖、燃气、通信、给排水等管线总长近 300m，管廊断面示意图如图 28-4 所示，宽为 3. 4m，高为 1. 8 ~2. 3m。

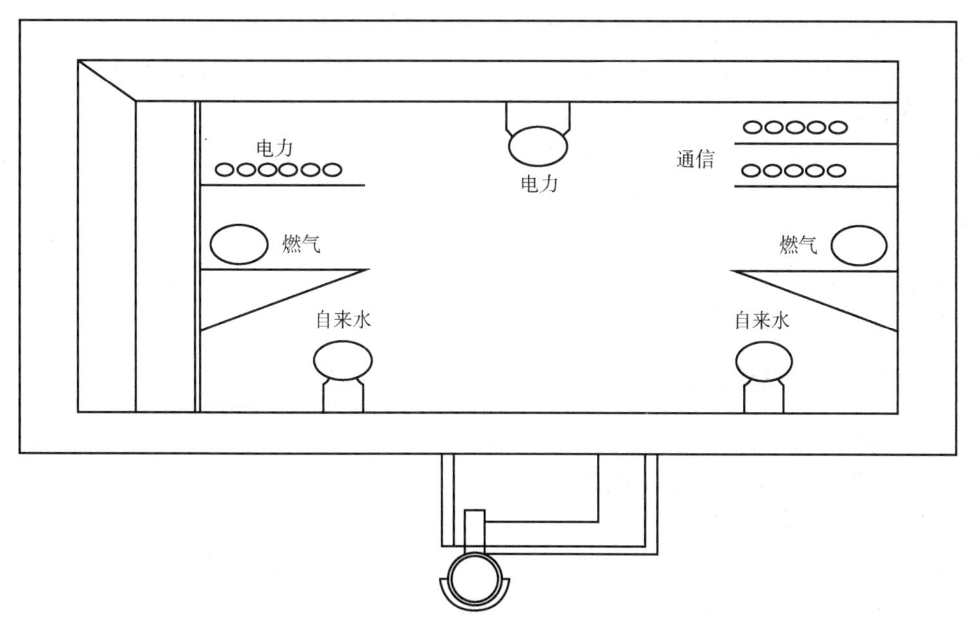

图 28-4　德国汉堡综合管廊断面示意图

欧洲其他国家，如俄罗斯在 20 世纪中期开始在莫斯科建设地下综合管廊项目，其主要同时依托地铁和道路改建，截至目前，莫斯科的地下综合管廊项目总长近 120km。俄罗斯莫斯科管廊断面示意图（双室）如图 28-5 所示。

亚洲最早开展地下综合管廊建设的国家应属日本，日本称地下综合管廊为共同沟，1926 年

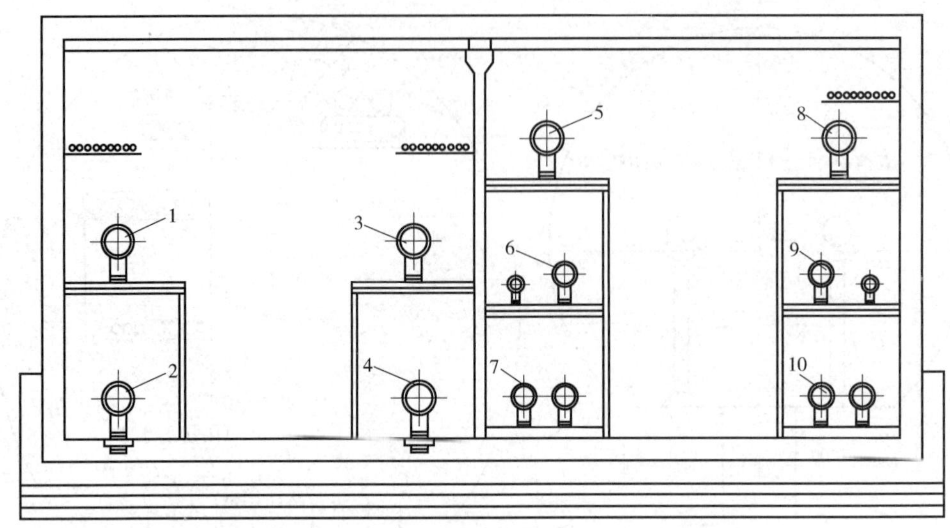

图 28-5　俄罗斯莫斯科管廊断面示意图（双室）

1—蒸汽管　2—设备送气管　3—排风管　4—通信管　5—给水管

6—压力管　7—软化管　8—通风管　9—热水管　10—燃气管

开展研究工作，20 世纪 90 年代，建成里程已达 310km，2006 年增加至 600km，到 2013 年里程扩充至 820km 左右。仅东京地区，2013 年已建成里程 153km，另有 26km 处于建设中，同时规划总长达到 2050km，依托城市道路开展共同沟规划覆盖率达到了 7.4%。21 世纪规划中，预计要完成 80 余县干线道路下 1100km 共同沟的建设。

凭借对共同沟的建设技术及经验的摸索和积累，日本国内共同沟的建设方案和铺设方式也呈现多样化的特点，其创造性地改变地下铺设的固有局限，如其临海副中心的共同沟利用高架桥下空间，采用了地面矮高架的形式，跨河布置，也是一种规划设计思路上的创新。

在建造技术不断取得突破的同时，其在对共同沟建设管理方面的经验也日渐成熟，在 1964 年即颁布了相关法规，如《共同沟建设特别措施法》和《共同沟建设实施细则》，且在此后的 20 年间不断进行修改和完善。到 1987 年就进行了五次大的修改，形成了完善的规划、建设、管理费用分担模式。

28.1.4　国内综合管廊发展现状

北京作为我国最早修建地下综合管廊的城市，最早开始于 1985 年，其工程位置位于天安门广场，其断面为矩形，宽度范围为 3.5～5.0m，高度范围为 2.3～3.0m，总长度为 1076m。但其功能性较为简单，还处于刚开始运用的阶段。

上海市对地下综合管廊工程的建设需求也较大，于 20 世纪 90 年代在浦东新区张杨路铺设了一条干线地下综合管廊及两条支线综合管廊，全长为 11.13km，同样为矩形断面，其主要用于电力传输及燃气输送，其安全性较好，配备有现代化的监控及预警系统，属于当时较为先进的地下综合管廊项目。

同样在上海市，还建设了我国首条具有示范效应的地下综合管廊项目，即上海松江新城综合管廊，全长为 400m，其内部集成了燃气、自来水、电力、通信等各种市政公用管线，其断面示意图如图 28-6 所示，其主要为两仓结构。

随着科学技术的发展和时代需求，于 2002 年在上海市建成我国首条具有互联网概念的

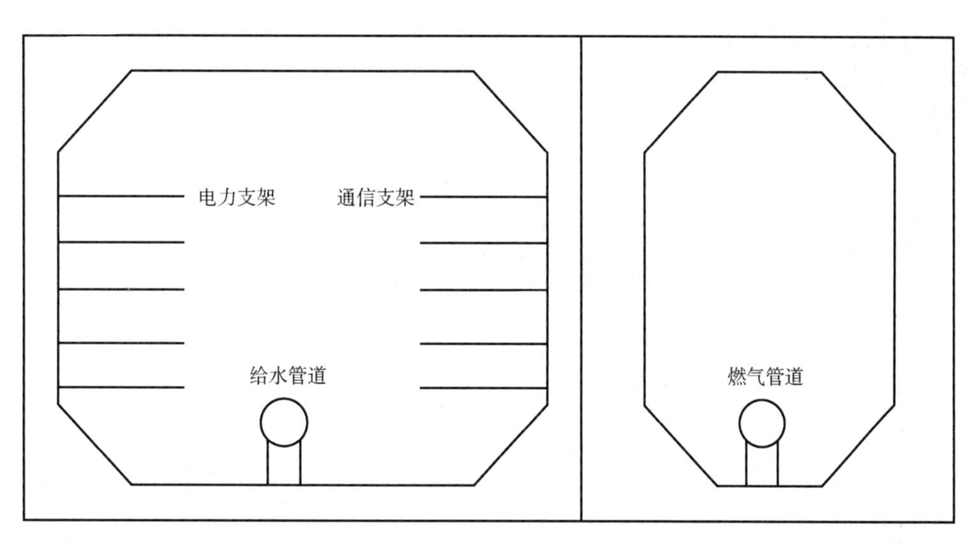

图 28-6　上海松江新城综合管廊断面示意图

地下综合管廊——上海安亭镇地下综合管廊，全长为 6km，主要集成自来水、燃气、电力、通信等管线。

2003 年我国于北京市中关村建成的另一条地下综合管廊，长度为 2km，支线长度为 1km，其特点主要在于：考虑到降低建设和维护成本，将雨水及污水等重力流管线移除。同时其同步于中关村西区地下商业网点的建设，对地下空间的利用效率较高，而且部分管线的管沟单独设计和建设，更便于管理，大大降低了其建成和使用风险。

在我国广州，于 2003 年建成的广州大学城地下综合管廊项目，全长为 17km，环形布置，其结构上具有分控中心，在轨道交通线路上具有若干交叉点。管廊主要集成电力、制冷、供水、有线信号、电信等管线，其规划如图 28-7 所示。

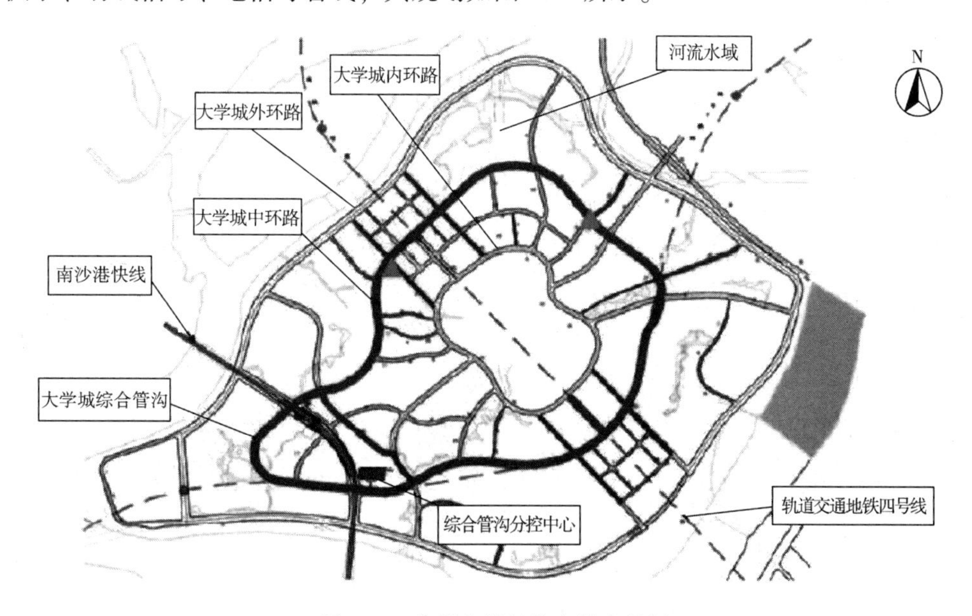

图 28-7　广州大学城综合管廊规划

在筹划举办上海世博会期间，于上海世博园内建成了总长约为6.75km的主-支线网络地下综合管廊工程，其也是我国首条采用装配式设计建设的城市市政地下综合管廊工程，如图28-8所示。

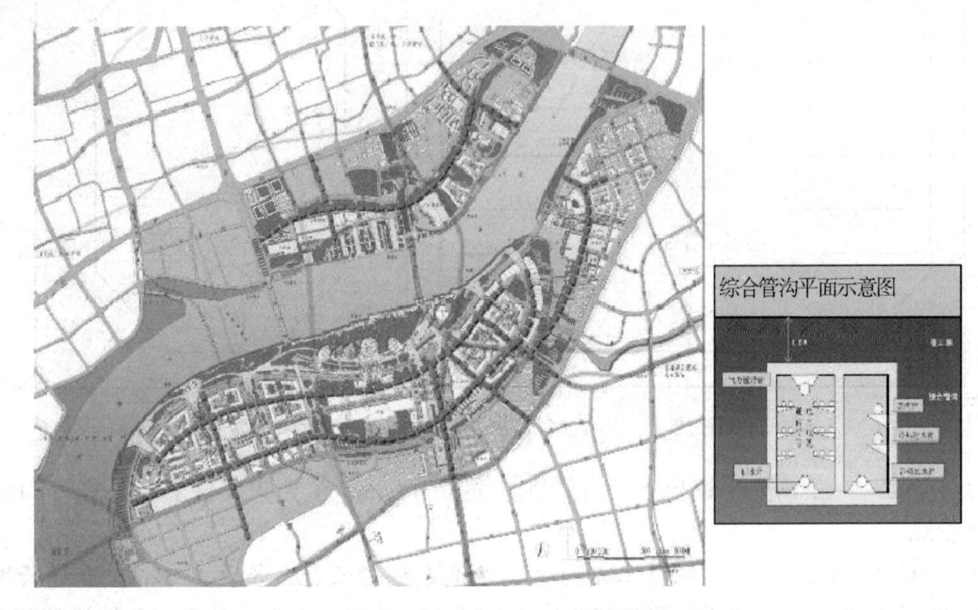

图28-8　上海世博园区综合管廊规划

在杭州，于2006年建成了钱江新城地下综合管廊项目，其总长约为2.16km，主要用于自来水、雨污水、通信、有线电视、供热及市政交通电力的输送。其采用同步于杭州站站前广场建设工程建设，有线避免了二次开挖造成对市政交通等的不良影响。

同时在我国中南部的武汉、南昌，华南的深圳，西部的昆明、成都等地也因地制宜地开展了相关地下综合管廊项目的规划与建设。

相关统计数据表明，截至2015年初期，全球已建成的地下综合管廊里程已达3100km以上，日本是世界上拥有地下综合管廊最多的国家。世界已建综合管廊规模及分布，如图28-9所示。

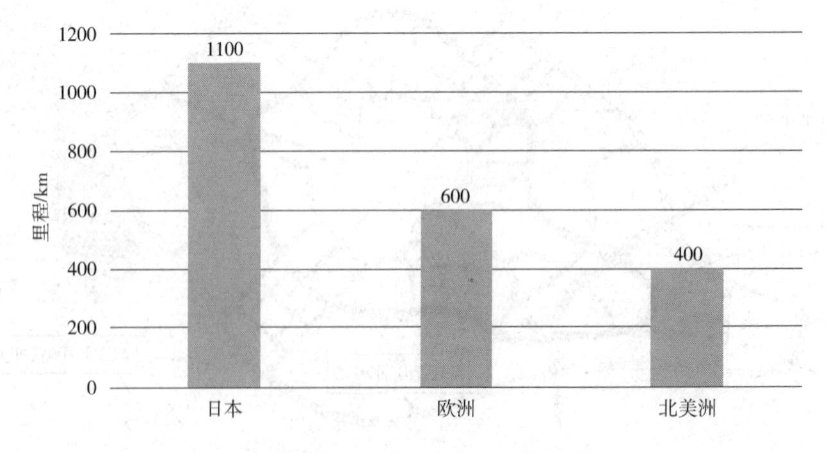

图28-9　世界已建综合管廊规模及分布

虽然我国的地下综合管廊建设起步较晚，且分布在国内经济较为发达的城市和地区，但目前，我国的地下综合管廊建设项目已如雨后春笋般快速建设起来，全国范围内规划的综合管廊项目已达 80 余项，累计里程已超过 1000km 以上，已建成里程约为 240km，在建里程约为 120km，同时以地区中心城市为基础辐射开来。据统计，青岛市是我国建成综合管廊里程最长的城市，总里程约为 50km。深圳、杭州依托新城的规划和建设，对地下综合管廊的中长期建设进行了周密规划。上海市则是我国地下综合管廊技术发展走在前列的示范城市，而在西部的昆明则是以市场化为主要特点来开展地下综合管廊的规划和建设。我国各城市已建综合管廊规模，如图 28-10 所示。

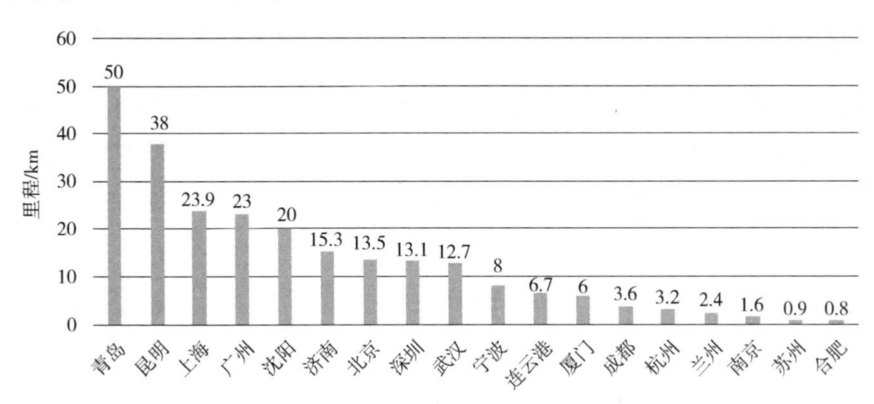

图 28-10　我国各城市已建综合管廊规模

在未来的规划中，10 个地下综合管廊的建设试点城市中，三年内的规划建设里程约为 400km。我国若干个试点城市建设规模统计情况，见表 28-1。在全国范围内，平均每个一二线大城市的规划建设里程都已超过 13km，而厦门、长沙等城市的建设速度最快，规划已在 20km/年以上。

表 28-1　我国若干个试点城市建设规模统计情况

城市	项目情况	远期建设目标
厦门	已建 50. 2km	190km
	在建 53. 8km	
	规划研究 40km	
海口	在建 43. 2km	172km
沈阳	已建 22. 3km	
	在建 33. 8km	
苏州	在建 31. 1km	城区内 177km，各县市 100km（10 年内）
长沙	在建 63. 3km	

随着城市建设的推进和发展，在政策的推动下，加之国内各城市的建设规划者对地下综合管廊工程认识的深入和成熟，伴随着试点城市的经验和做法的推广，地下综合管廊的建设和应用将具有广阔的前景。

28.2 城市地下综合管廊管理和结构

28.2.1 建设运营管理

地下综合管廊管理也是城市管理中一项重要的工作。由于地下综合管廊本身集成了给排水、燃气、电力、通信等多种功能管线，其布置和分布也错综复杂，在建造地下综合管廊的过程中需要多门类的专业设计支持，诸如地理信息技术、大数据分析、智能监测预警技术等，同时还需根据地下综合管廊的建造需求和环境特点来选用不同的建造材料，针对性地开展形状设计等。

基于集约化的建设理念，同时加人对城市公共空间及资源的开发利用，城市地下综合管廊的建造就具有积极意义，但地下综合管廊建设属于市政项目建设的一部分，需要同时考虑与其他市政工程的适应性和相容性，就需要提高对城市地下综合管廊的建设及运营管理水平。

28.2.2 城市地下综合管廊的工艺结构

综合管廊设计主要包括断面、主体、节点等结构。选择综合管廊断面形式，主要是根据管道自身的性质、质地以及地形的情况。圆形断面的地下综合管廊主要适用非开挖的施工工艺技术，开挖形式为明挖施工。同时规划道路敷设高压电线，根据《电力工程电缆设计规范》规定，高压电力以及热力管道不可以同沟敷设，需在工程设计断面运用单箱双室形式。

在设计建造过程中，还需同时考虑电力、电信等管道的布置，设计准则需遵循将小管管道布置于管廊中部，将大管径布置于管廊底部。其中，管廊内的管道应该进行分界对称布置。综合管廊内的管道一定要具有一定的距离，同时管道和管廊的内部以及顶部板子和底部板子之间进行布置，相关的布置要满足相关规范，这样方便施工。华贯路综合管廊断面示意图如图 28-11 所示。

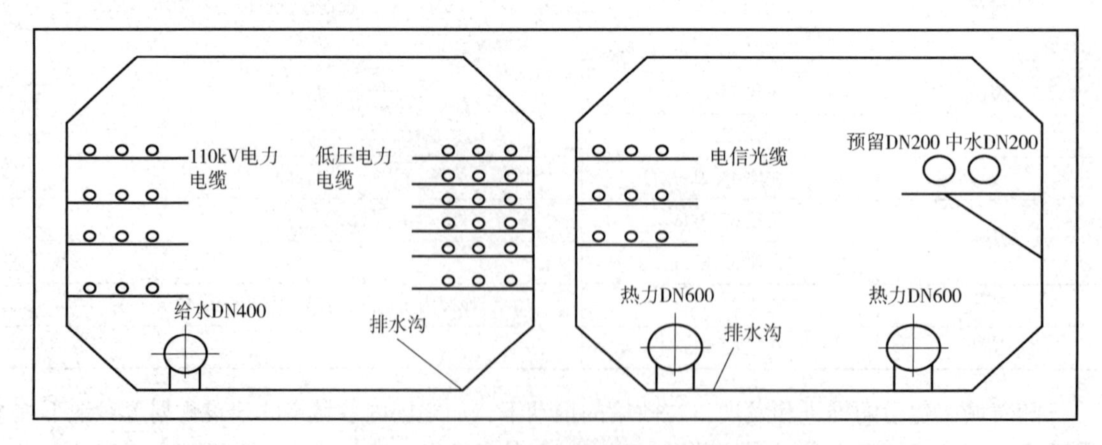

图 28-11　华贯路综合管廊断面示意图

综合管廊的上部需要注意细节设计，需要预留检查通道，比如通风口需要在地面之上。同时，地下综合管廊的上平面位置需铺设在道路绿化带的内侧。

在设计和建造过程中，需要明确地下综合管廊与市政道路的一致性。对于地下综合管廊的局部弯折处应该进行沉降处理，管廊转角要满足沟内折角。对于曲线段的管廊不应该采用圆弧形，将综合管廊划分为若干直折沟，其中值得注意的是夹角应该尽量 >165°。从断面设计看，其应该和道路断面一致。还要进一步考虑管廊排水等需要。其中，最小纵坡不应该小于 0.3%。最大纵坡应该考虑各类管道敷设，以便于运输作业。同时很重要的一点是要考虑管廊内重力排水的需要，这样纵坡不宜小于 0.3%。最大纵坡应该考虑管道的敷设、运输是否方便，控制在 10% 以内，如果纵坡大于 10% 要在地板设置防滑措施。

在采用支沟出线时，管道交叉处要以综合管廊衔接层为主沟，另外一层为支沟，支沟和主沟自身要呈现出十字交叉，同时还要以纽带进行连接，如图 28-12 所示。

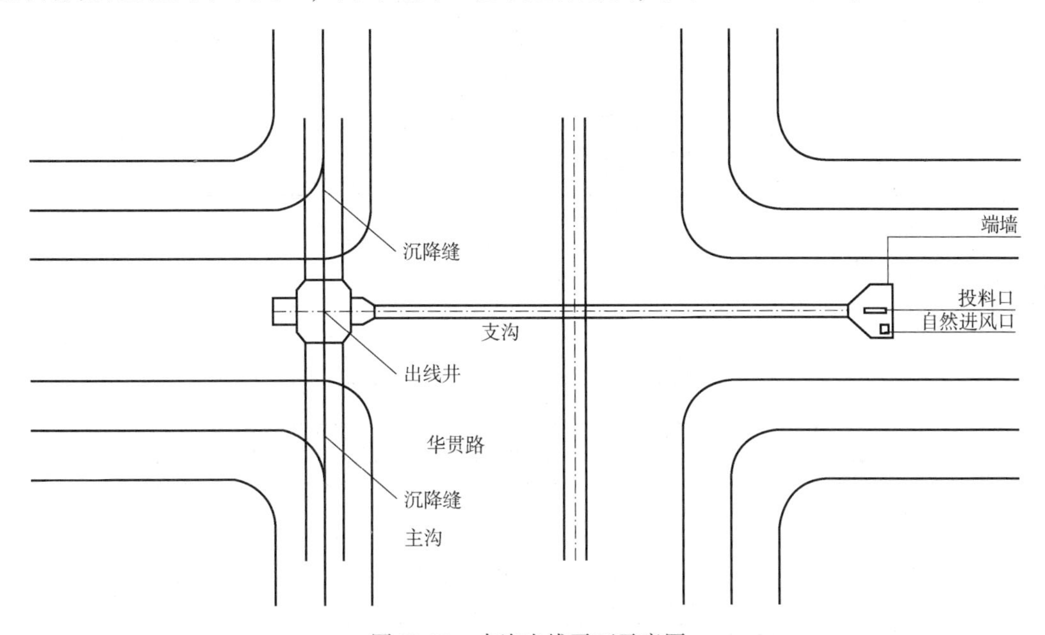

图 28-12　支沟出线平面示意图

出线井尺寸的设计准则还需要满足的一个重要条件是综合管道内部的交叉走线布置，在层间中隔板处设置一定的预留空间，对其中的给水管线进行具体的布置设计。

各管道间还需要通过内部管道与出线井的支沟端墙进行衔接设计，遵循从底层直接除垢的原则，同时通过竖井来提高管道出线的高度，如需开展进一步的建设还需对外部的管道进行开挖施工，其好处在于这样能够降低防水的难度，有效避免管道间的重叠现象，减少后期的开挖。

支沟出线的好处在于其有效地解决了管道交叉对建设的不利影响，避免因管道维修等给道路带来的通行影响，而且其施工周期较长，自身的影响也较广，因此，支沟出线主要适用于新建道路工程等领域中。

另一方面，如果运用直埋出线，可以有效提升管道的交叉空间利用效率，其中给水管道直埋出线如图 28-13 所示，其剖面图如图 28-14 所示。

直埋出线的优势在于，其出线形式相对简单，自身的建造成本低，工期也较短，但其在服役期间需要定期开展检修作业，同时会出现明挖施工对交通的影响等问题，因此在道路改造或者综合管廊和支路管道进行衔接时，大多数选用该出线方式。

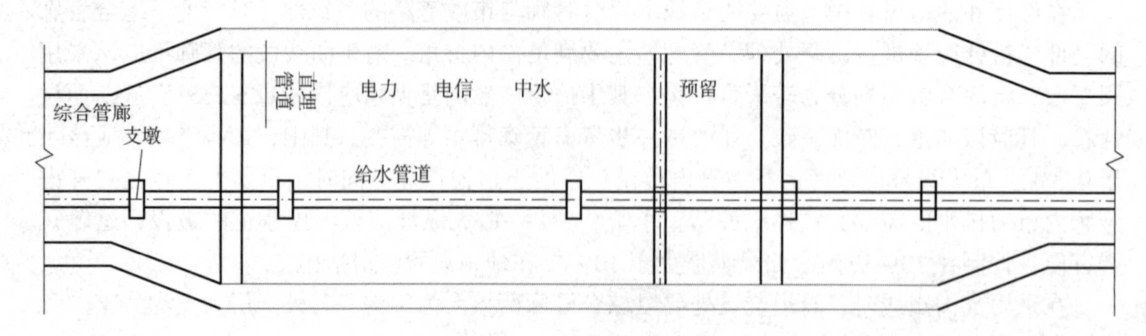

图 28-13　给水管道直埋出线

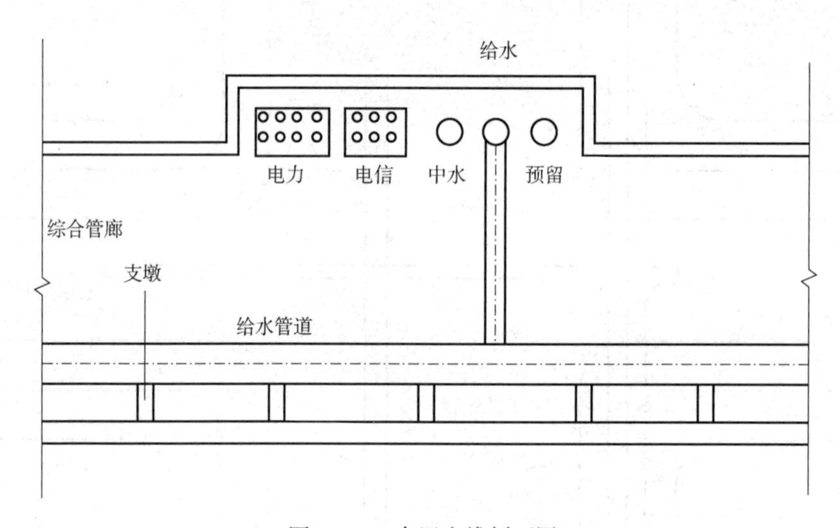

图 28-14　直埋出线剖面图

采用此种布置方式和结构，其工程的最小结构厚度为 250mm，同时此种结构的维护力度也相对较大，在综合管廊的顶部、侧壁及底板处的厚度达 300mm，结构体外侧以及钢筋保护厚度为 500mm，自身结构内侧以及钢筋保护厚度为 25mm。增加钢筋间距，这样有利于抑制混凝土的温度裂缝，同时提高混凝土的抗渗透性，选择布筋 HPB235 级，受力筋 HRB335 级，主要采用直径为 10mm、12mm、14mm、16mm 的钢筋。

在对结构进行计算过程中，由于侧壁受到压力作用，因此底板需要做成弹性支撑。设计中可将覆土厚度设置为 2m，绿化微地形为 1m。地下综合管廊的主体防水等级设计为二级，其中箱体结构设计的抗渗等级为 P8 级，在其外侧涂覆防水涂料，增加地下综合管廊的耐候性和服役寿命。管廊中的结构变形裂缝间隔 20m 设置 1 道，变形裂缝的防水采用复合防水材料，中埋式橡胶止水带及防水层复合使用。在其内部同时粘贴防水胶带层，其内部支架涂刷阻锈剂。

设置中枢控制系统，来对地下综合管廊内部的气压、温度等进行监控和控制。还需要考虑地下综合管廊的防火需求，不同功能区间设置防火墙，在墙上设置甲级防火安全通道，管道在穿过防火墙的位置填充防火材料，同时在两侧设置风口，风口同时具备防火和防烟功能，其中调节阀常开。还需在地下综合管廊内部设置照明系统。防火分区的中部位置为 1—2 投料口。防火分区设置烟感装置 1 套，对综合管廊进行 24h 监管，在最低处需设置集水井。

地下综合管廊的建造越来越受到社会和政府的认可，随着我国地下综合管廊的应用，积累了大量的建造经验和技术，根据不同地区、环境、使用需求的差异化，对地下综合管廊进行针对性设计。地下综合管廊项目的建造将进一步推动城市的建设和发展。

第 29 章

3D 打印技术与展望

29.1 引言

信息化和数字化是各个行业发展的必然趋势。全世界正面临着历史上的“第三次工业革命”的浪潮。3D 打印技术（快速成型技术）在制造工艺方面的创新，与新能源、互联网并称为“第三次工业革命”的三大核心技术。3D 打印技术是以数字模型为基础，运用粉末状金属或非金属材料，通过逐层打印的方式，构造物体空间形态的快速成型技术。3D 打印技术为“第三次工业革命”最具标志性的生产工具，被认为是人类继蒸汽时代（19 世纪）和电气化时代（20 世纪）之后，第三次工业制造历史性的突破。将引领一场设计、材料、制造在人类社会各个领域中的变革。

3D 打印的思想起源于 19 世纪末的美国，并在 20 世纪 80 年代得以发展并推广。由于其打印速度快、成本低廉且能够打印复杂形状的模具、零件等技术优点，使其在航空航天、生物医疗、珠宝制作、食品以及模具制造等诸多领域得到广泛应用。相比于上述各个领域，3D 打印技术在建筑行业发展相对缓慢。3D 打印技术在建筑业中所占的比重较小，限制其在建筑业发展的一个重要因素就是材料，传统的水泥与混凝土难以满足 3D 打印技术在建筑中的应用。亟待研究一种具备良好的可挤出性、可建造性和凝结速度适宜等的水泥基础材料。如果将这项依托多个科学领域的尖端技术应用于建筑行业，将会给建筑行业带来一股新的热潮，传统建造技术高达 63% 的模板成本就可节省（图 29-1），同时可节约劳动力、提高建筑安全保障。

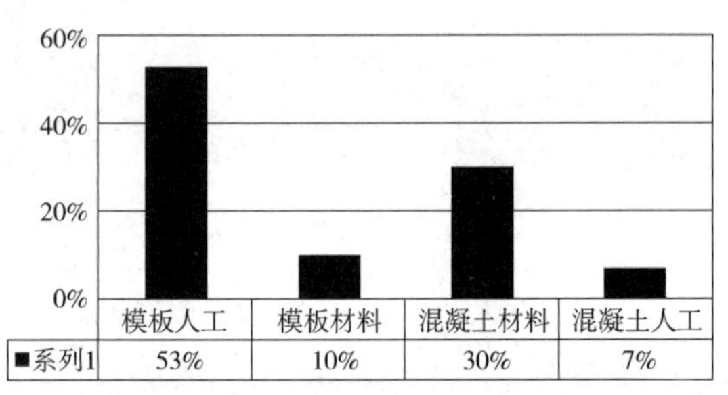

图 29-1　新建混凝土建筑的典型支出分布

建筑 3D 打印技术是快速成型技术的一种，以数字模型为基础，以胶凝材料、骨料、掺合料、外加剂、特种纤维为主制成的特殊“油墨”，利用计算机制图将建筑模型转换为三维设计图后，通过分层加工、叠加成型的方式，逐层增加材料将建筑物打印建造出来的技术，本质上是综合利用管理、材料、计算机与机械等工程技术的特定组合完成工程建造的技术。建筑 3D 打印技术示意图如图 29-2 所示。打印

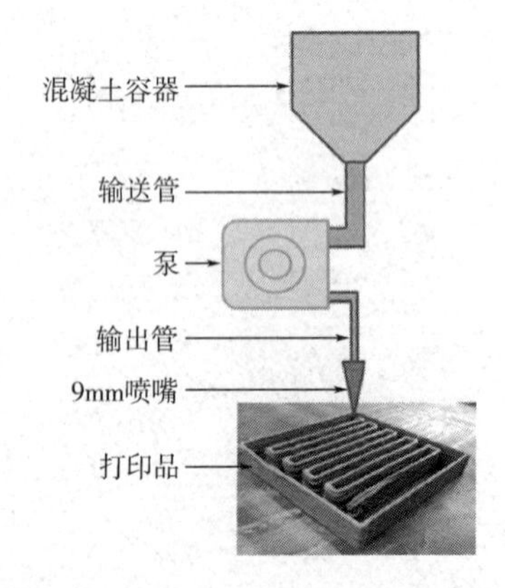

图 29-2　建筑 3D 打印技术示意图

设备如图29-3所示。3D打印建造的基本原理如图29-4所示。

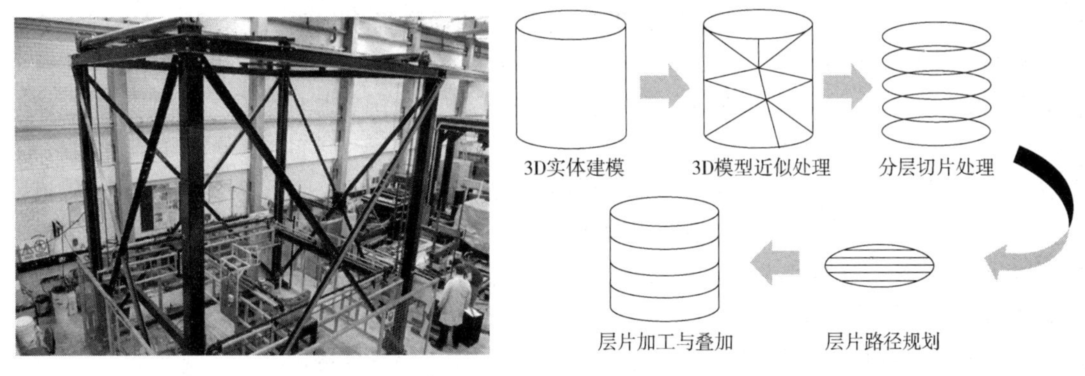

图29-3 打印设备

图29-4 3D打印建造的基本原理

29.2 3D打印产业的发展状况

29.2.1 国外3D打印产业的发展状况

自2008年国际金融危机以来，以美国、欧盟为代表的西方发达国家纷纷调整发展战略，提出了“再工业化”的概念，希望通过重振制造业来拉动经济复苏。在此背景下，全球新一轮科技革命和产业变革正在孕育兴起，制造业正在向数字化、网络化和智能化的方向发展。在新一轮工业革命的浪潮下，3D打印作为先进制造技术的代表正在逐步崭露头角，该项技术通过互联网信息技术平台，与物联网、大数据、智能材料等众多先进技术紧密融合，实现智能化制造，改变人类的生产方式和生活方式。正是看到3D打印技术的重要意义，美国于2012年成立了国家增材制造创新中心，从此掀起了全球3D打印的热潮，促进了3D打印产业的迅速发展。

美国材料与试验协会（ASTM）于2009年成立了专业的3D打印技术委员会F42，推动3D打印相关标准的建立和3D打印技术在各个领域的快速发展。国际标准化组织（ISO）也成立了3D打印委员会TC261，联合ASTM共同开展3D打印标准的制定工作。目前，两大机构在术语、工艺、材料、测试方法、设计和数据格式六个方面已经达成了初步的标准工作框架，并衍生出涉及材料、工艺、测试、应用等不同领域。2012年8月，美国建立全球首个国家增材制造创新机构（NAMII）。美国成为3D打印技术在全球重要的推动者，率先在国家层面上建立了3D打印的战略规划，以强力推动本土3D打印技术的统一协调发展。NAMII自成立后积极开展了资源整合工作，并于2013年10月更名为美国制造（American Makes），到2015年3月已经成为具有130家成员单位，覆盖美国主要地区的公-私合作联盟。

3D打印技术在日本、英国、德国、瑞士、澳大利亚等发达国家掀起研究、发展的热潮。

29.2.2 国内3D打印产业的发展状况

我国在3D打印产业方面的政策规划起步较晚。在借鉴国外发展经验的同时，我国政府根据国内的发展情况加快了政策的出台频率，并全面统筹规划内容，大力支持3D打印技术的发展。在2013年4月，3D打印技术首次入选我国《国家高技术研究发展计划（863计划）》和《国家科技支撑计划制造领域2014年度备选项目征集指南》，将3D打印提上以科技推动制造业转型的日程。2015年2月，我国出台《国家增材制造产业发展推进计划（2015—2016年）》，则将增材制造（3D打印）正式升格为国家战略，以全方位产业战略规划的形式，推进3D产业良性发展。该计划将针对3D打印产业链中各关键环节，如材料、工艺、设备和标准中的核心技术瓶颈进行布局，实现技术上的快速发展，达到国际先进水平。同时，还将通过需求牵引与创新驱动相结合，政府引导与市场拉动相结合，重点突破与统筹推进相结合，3D打印技术与传统制造技术相结合的方式，来进一步推动我国3D打印产业健康有序发展。和欧美国家的3D打印战略计划相比，更加突出了技术创新和政府政策对产业发展的促进作用，为我国追赶欧美3D打印技术提供强大保障。

该计划提出到2016年，初步建立较为完善的3D打印产业体系，整体技术水平保持与国际同步，在航天航空等直接制造领域达到国际先进水平，在国际市场中占有较大份额。在技术水平方面，部分工艺装备达到国际先进水平，并初步掌握3D打印材料、工艺软件及关键零部件等重要环节的关键技术。在应用方面，3D打印成为航天航空等高端装备制造及修复领域的重要技术手段，初步成为产品研发设计、创新创意及个性化产品的实现手段以及新药研发、临床诊断与治疗的工具。在产业方面，3D打印产业销售收入实现快速增长，年平均增长速度30%以上，形成2~3家具有较强国际竞争力的企业。支撑体系建设方面，成立行业协会，建立5~6家增材制造技术创新中心，形成较为完善的产业标准体系。

2016年8月，住房和城乡建设部专门针对建筑业下发了《2016—2020年建筑业信息化发展纲要》，对3D打印技术提出了新的指示：积极开展建筑业3D打印设备及材料的研究，结合BIM技术应用，探索3D打印技术运用于建筑部品、构件生产，开展示范应用。2019年7月23日，科技部社会发展科技司发布《国家重点研发计划“固废资源化”等重点专项2019年度项目申报指南》中提出要研究大宗固废胶凝材料在3D打印建筑中的应用技术，以在3D打印建筑中试验应用不低于500m^3混凝土作为考核指标。

29.3 混凝土3D打印技术的研究进展

混凝土3D打印技术起源于1997年，美国学者Joseph Pegna提出的一种适用于水泥材料，逐层累积并选择性凝固的，自由形态构件的建造方法。

29.3.1 3D打印技术与传统混凝土施工工艺比较

3D打印技术具有以下优点：①通过恒定的施工速率来减少现场施工时间，提高施工效率；②不需要使用模板，减少施工成本；③建筑的可定制性强，可实现更复杂的设计和审美目的；④创造基于高端技术的工作岗位；⑤全程由计算机程序操控，节省大量劳工，减少伤亡事故风险；⑥降低建筑粉尘及噪声污染。

29.3.2 目前建筑行业的混凝土3D打印技术

2001年，美国南加州大学教授Behrokh Khoshnevis提出了一种称为“轮廓工艺（CC）”的建筑3D打印技术，通过混合料分层、堆积成型实现建造。目前，该团队在美国宇航局的支持下，研究利用月壤材料并采用轮廓工艺在月球上建造太空基地的相关技术。美国俄亥俄大学的 Paul 等人改进了轮廓工艺并提出了轮廓工艺-带缆索系统。

瑞士苏黎世联邦理工学院，从 2006 年开始进行了由大型机械臂主导的数字建造研究，其中较为独特和典型的建筑 3D 打印技术，即为砖块堆叠技术，以砖块作为材料单元，环氧树脂作为黏结剂粘结补强。

英国 Monolite 公司的意大利工程师 Enrico Dini，2007 年提出了一种通过喷挤黏结剂，选择性胶凝硬化逐层砂粉末，实现堆积成型的方法，即 D 型工艺流程（图 29-5）。图 29-6 所示为 D 型机械装置。该团队已经于 2009 年成功打印了高 1.6m 的雕塑，针对 D-Shape 技术采用月壤用于月球基地的建造进行了研究。2008 年，英国拉夫堡大学创新和建筑研究中心 Lim 等人提出了后来被称为“混凝土打印”的建筑 3D 打印技术，该技术也是基于混凝土喷挤堆积成型的工艺。该团队研发出了适合 3D 打印的聚丙烯纤维混凝土，2009 年成功打印出一个尺寸 2m × 0.9m × 0.8m 混凝土靠背椅，并进行了立方体抗压等性能测试。

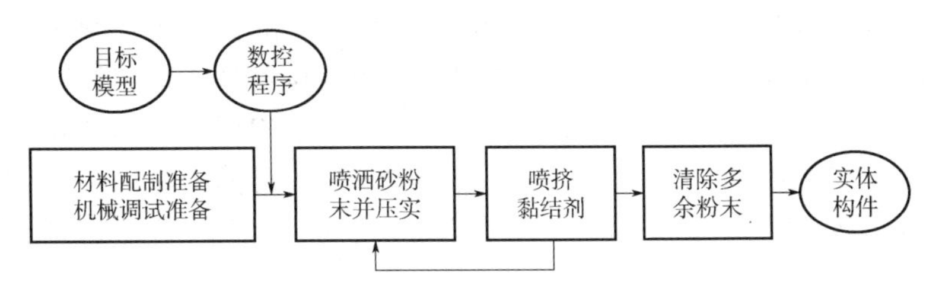

图 29-5　D 型工艺流程

2012 年开始，瑞士苏黎世联邦理工学院的 Michael 等人用砂石粉末为原材料，经数字算法建模、分块三维打印、堆砌组装等，完成了一个 3.2m 高的 3D 打印建筑，称为数字异形体（图 29-7）。

图 29-6　D 型机械装置

图 29-7　数字异形体（3D 打印建筑）

Le T · T · 等人研究了一种用于建筑 3D 打印的高性能纤维增强混凝土，通过喷嘴挤出构建逐层结构部件；研究了该新拌浆体的可挤出性和建造性，发现工作性和凝结时间相互关联，这些性能受配合比和超塑化剂、缓凝剂、促凝剂和聚丙烯纤维的显著影响。Perrot 等人针对水泥基建筑 3D 打印材料，提出了一个理论框架，用于水泥基材料的结构构建和 3D 打印引起的载荷，然后在硬化浆体上试验测试，发现在 3D 打印挤出过程中，必须考虑结构累积，以便找到最快可接受的建造速率。夏明等人为了满足建筑3D打印机的要求，提出了一种创新的方法来配制基于地质聚合物的建筑3D打印材料，使用不同的关键参数，如粒径分布、粉末床表面质量、粉末真堆积密度、粉末床孔隙率和黏合剂液滴渗透行为，定量评价制备的地质聚合物可打印性。

Sarah等人采用模拟3D打印工艺，对3种地质聚合物混合料、3种时间间隔荷载、2种堆叠方式，共18组层状样品进行了研究，并通过9个标准试样，评价了堆叠方式对堆积材料硬化性能的影响。所用的地质聚合物打印材料由粉煤灰、砂子、氢氧化钠溶液和硅酸盐等材料制备而成。发现在打印过程中使用地质聚合物，可以获得足够的抗折强度，减少相邻打印层之间的时间间隔，对提高打印试样的抗折强度具有重要作用，而且在打印过程中加入纤维会影响后续层的层间黏结强度。

在建筑3D打印材料中，打印建筑构件需要使用合适凝结时间的砂浆。Noura Khalil等人采用两种水泥，普通硅酸盐水泥（OPC）和硫铝酸盐水泥（SAC），制成的混合物来控制和调节砂浆的凝结时间和可打印性，最后开发出由7% SAC和93% OPC制成的可打印材料。Manuel Hambach等人介绍了波特兰水泥和增强短纤维（碳纤维、玻璃纤维和玄武岩纤维，3~6mm）的建筑3D打印复合材料，从而制备出了具有高抗弯性（高达30MPa）和抗压强度（最高80MPa）的新型材料。Mechtcherine等人研究了一种基于建筑3D打印技术制作的钢筋混凝土的新方法，将RC构件分成单独打印的不同混凝土段，然后与钢筋系统一起组成独特的构件。

29.3.3 国内研究进展

在国内，早期的学者通过对国外技术概念的学习和引进，使得数字化建筑技术理念得到逐渐认识和普及，数字化建筑技术也逐渐走进国内大众视野，同时对建筑3D打印技术也开始尝试研究。

目前，已经有许多高校和企业单位对建筑3D打印技术及材料进行研究，推动了我国建筑3D打印技术的快速发展，在国内相关政策的支持下开始追赶欧美等国。清华大学、中国建筑技术中心、河北工业大学、东南大学、中国盈创（上海）建筑科技有限公司、北京华商陆海科技有限公司、辽宁格林普3D打印公司、南京嘉翼数字化增材技术研究院有限公司等单位已经在建筑3D打印材料和应用方面取得了一定的技术成果，并且利用3D打印工艺在建筑、公共设施的应用方面进行了示范应用，取得了可喜的进展。除此之外还有中铁、建研华测（杭州）、河南太空灰三维建筑科技有限公司等对建筑3D打印软件和设备进行了开发研究。

2014年，清华大学土木工程学院安全与耐久实验室的冯鹏等人以石膏粉、黏结剂为原材料打印了石膏基试件，研究了工程结构中可能采用的粉末和液体混合胶凝体系的3D打印结构的细观特征和力学性能；通过打印出的立方体抗压、棱柱体抗折等试验获得了力学性能参数，并提出了相应的应力应变关系模型。同年，上海交通大学土木工程系的范诗建等人对建筑3D打印材料进行了相关研究，根据磷酸盐水泥具有快硬、早强、黏结强度高和良好生物相容性等特点，将碱性氧化物和磷酸盐以及添加剂等按一定比例配合后，研磨成一定细度的固体粉末，配成磷酸盐水泥，通过外加剂调节凝结时间在1~15min，1h抗压强度达到45~65MPa，抗折强度达5.5~10.5MPa，并将其用于建筑3D打印。

蔺喜强等人以快硬硫铝酸盐水泥和矿物掺合料组成复合胶凝材料，通过添加复合调凝剂和复合体积稳定剂制备了可用于建筑 3D 打印的混凝土材料，其初凝时间为 20～40min，终凝时间为 30～60min，可以灵活控制，2h 抗压强度为 10～20MPa，28d 抗压强度为 50～60MPa，可以满足建筑 3D 打印的连续性和强度要求。任常在等人为了解决建筑 3D 打印材料的性能、成本以及技术应用等问题，通过工业固体废弃物为原料制备了硫铝酸盐胶凝基质材料，配以促凝剂、缓凝剂等形成建筑 3D 打印粉体，其凝结时间可控制在 10～30min，2h 抗压强度达到 15～20MPa。

张大旺等人研究了碱金属激发剂的 Si/Na 比对 3D 打印地质聚合物浆体的黏度、屈服应力和发展速率以及结构重建速率的影响；同时，也研究了钢渣掺量对 3D 打印地质聚合物材料新拌浆体流变性的影响。

张宇等人设计了一种新型的建筑 3D 打印混凝土，其通过纳米黏土和硅灰对水泥浆体进行改性，使水泥浆体在输送过程中具有良好的流动性，在静置状态下具有令人满意的形状保持性；系统地研究了该新拌 3D 打印混凝土的可建造性、流变性（黏度、屈服应力和触变性）、和易性、初始强度、开放时间和水化热。结果表明，混凝土的可建造性分别提高了 150% 和 117%，显著提高了混凝土的触变性和初始强度。

刘福财等人发明了一种用于 3D 打印的高性能粉末混凝土，采用掺入活性矿粉掺合料、增稠剂、快速凝结时间调节剂以及纤维克服了现有技术的缺陷，提供了一种固化速度快、黏结性能优良的高性能混凝土用于建筑工程中 3D 打印。马义和发明了一种可用于 3D 打印的混凝土材料及制备方法，充分利用不同长度和规格的耐碱玻璃纤维以及 HPMC 纤维素醚增加混凝土的黏结能力，得到了抗压性能和抗拉性能都很好的可用于建筑 3D 打印的混凝土材料。

29.4　国内外建筑 3D 打印的典型案例

29.4.1　国外的典型案例

美国明尼苏达州的工程师 Andrey Rudenko 的 3D 打印团队利用“轮廓工艺”用单头打印机打印完成了占地约 3m×5m 的中世纪城堡。它是目前建筑 3D 打印技术应用的一个比较经典的案例，采用的是非整体现场打印，部分构件是打印完成后在现场吊装。其外观均匀，打印痕迹清晰，打印速度是每天打印完成 50cm 左右的高度，城堡的墙体厚度 30cm，如图 29-8 所示。

图 29-8　建筑 3D 打印的中世纪城堡

Lewis Yakich 在菲律宾使用 3D 打印机利用“轮廓工艺”打印出了别墅式酒店，如图 29-9 所示。别墅酒店有两间卧室、一间客厅以及一间带按摩浴缸的房间。用时

100h，打印出占地面积 10.5m×12.5m×3m 的建筑。打印速度为每小时打印 3cm 高度，每天 8h，月打印 20～30cm 的高度。

图 29-9 建筑 3D 打印的别墅酒店

2017 年 2 月，建筑 3D 打印公司 Apis Cor 开发了一种小型混凝土 3D 打印机（4m×1.6m×1.5m）。该设备可以 360°旋转，手臂可以伸缩，并在俄罗斯首都莫斯科附近的一地成功打印了一栋房屋。该公司于 2019 年，在迪拜打印完成的原位 2 层 3D 打印建筑，如图 29-10 所示。该项目打印机为极坐标形式的打印机，打印墙体有流线型设计，体现了建筑 3D 打印的特点。

2018 年 3 月，一家美国德克萨斯州创业公司 ICON 在 SXSW（西南偏南）大会上公布，利用 3D 打印技术可以建造一幢 650ft^2（60.4m^2）的房屋，ICON 的 3D 打印房屋材质为水泥砂浆。这幢房屋的造价仅为 1 万美元（约合 6.3 万元人民币），合每 m^2 约 1000 元。

2018 年 3 月，欧洲两家工程公司（Arup 和 CLS Architetti）利用混凝土 3D 打印技术成功建造了命名为“3D Housing 05”的 3D 打印房屋，并亮相于意大利米兰中央广场的家具沙龙（Salone del Mobile）设计展。

图 29-10 3D 打印建筑

29.4.2　国内的典型案例

在国内，建筑 3D 打印技术也不断受到行业的关注，已经有不少的企业、科研院校开始 3D 打印混凝土和 3D 打印设备的研究。目前一些研究单位及企业取得了一定的进展，成功打印出了一些示范构件和房屋。

盈创建筑科技（上海）有限公司利用 3D 打印技术，配合砂浆打印材料，在 2014 年 4 月于上海张江高新青浦园区内打印了 10 幢建筑。2015 年 1 月，打印出了一栋 5 层楼楼房和一套 $1100m^2$ 的精致别墅。2016 年 7 月，在迪拜打印了全球首个 3D 打印办公室，占地面积 $250m^2$，用时仅 19d。同年 8 月在苏州大阳山景区打印出全球首批 3D 打印绿色环保厕所；9 月在山东省滨州市用时 2 个月一次性打印出 2 套中式风格别墅。

2016 年 6 月，北京华商腾达工贸有限公司对外公布了其利用 3D 打印技术建造的一栋高 6m、占地 $400m^2$ 的别墅房屋。该建筑使用的打印材料是强度 30MPa、低坍落度混凝土，采用类似滑模工艺加逐层堆积的 3D 打印方法。据报道完成 6m 高的这栋建筑总工期 45d。该打印建筑主要特点是采用两个打印头骑跨的形式不仅解决了打印过程中的纵向钢筋的布置问题，也提高了建筑的抗震性，这就为以后建筑 3D 打印技术中布置钢筋提供了思路，如图 29-11 所示。

图 29-11　北京华商腾达工贸有限公司打印的别墅

中国建筑股份有限公司技术中心材料研究所，从 2014 年开始，研发了水泥基 3D 打印材料。利用“轮廓工艺”技术原理，优化及改进材料性能，并对流动性、黏聚性和打印堆叠高度等进行研究。通过原位足尺打印，验证了混凝土可打印性以及 3D 打印工艺，如图 29-12 所示。

图 29-12　混凝土原位足尺打印

河南太空灰三维建筑科技有限公司利用自制建筑3D打印机和打印控制软件，打印了一座面积约40m^{2}的一层房屋。整个房屋表观纹理平顺，其中房屋屋盖也是由3D打印并拼装完成，其是目前混凝土3D打印表面打印效果良好的实例，如图29-13所示。

图29-13　混凝土3D打印房屋

29.5　我国建筑3D打印技术应用新进展

29.5.1　3D打印基础设施的应用

2019年10月，由3D打印分会理事长马国伟教授智能建造团队自主设计建造完成了装配式混凝土3D打印赵州桥（图29-14），桥长28.10m，单拱跨度18.04m，桥宽4.20m。装配式混凝土3D打印赵州桥为单跨双腹拱结构，腹拱为三铰拱，拱上建筑与主拱进行结构刚度分离。采用模块式拼装，主拱部分合计21块，腹拱部分由24块宽度为0.7m的腹拱圈拼装而成。为了满足主拱打印的尺寸需求，研发了大型滑轨式机械波3D打印机，机械臂臂展3.3m、滑轨长度6m，可一次性打印成型长度11m左右的结构构件。

图29-14　装配式混凝土3D打印赵州桥

2019年1月，由清华大学-中南置地数字建筑研究设计团队设计研发，与上海智慧湾投资管理有限公司共同建造的3D打印混凝土步行桥在上海落成（图29-15）。这座桥长26.3m、宽度3.6m，采用单拱结构承受荷载，拱脚间距14.4m。整体桥梁工程采用两台机械臂 3D 打印系统，共用 450h 打印完成全部混凝土构件。桥体由桥体结构、桥栏板、桥面板三部分组成，桥体结构分为 44 块，桥栏板分为 68 块，桥面板分为 64 块，均通过打印制成。这些构件的打印材料均为聚乙烯纤维混凝土添加多种外加剂组成的复合材料，具有可控的流变性，可满足打印需求。该步行桥运用了自主开发的混凝土 3D 打印系统。该系统由数字建筑设计、打印路径生成、操作控制系统等创新技术集成，具有工作稳定性好、打印效率高、成型精度高和可连续工作等特点。

图 29-15 3D 打印混凝土步行桥

29.5.2 原位 3D 打印办公楼

2019 年 11 月，由中国建筑股份有限公司技术中心的 3D 打印研发团队完成了我国第一个基于“轮廓工艺”的原位 2 层 3D 打印办公室项目，该打印建筑采用了框架式 3D 打印机，梁板预制结构、墙体主体打印时间约耗时 60h，打印效率效果良好，体现了 3D 打印无模施工工艺的优势。自主研发的原位 3D 打印设备采用模块化、标准化生产和组装，并可以根据建筑物的尺寸对架体进行扩展，设备包括主体框架和运动打印两大部分，主体框架由导柱和顶部支撑组成，运动打印部分由升降单元、水平移动单元、打印头单元和运动控制系统组成。

a）

b）

图 29-16 原位 3D 打印办公楼（施工中）

29.5.3 3D 打印景观构件

与传统采用模具制作混凝土景观构件相比，采用 3D 打印工艺在小批量制作异形、复杂、个性化混凝土景观构件上具有很大的优势。近两年来，随着混凝土 3D 打印技术的发展，一大批具有创造性的混凝土 3D 打印景观构件产品应运而生，包括 3D 打印景观牌匾、3D 打印市政景观小品、3D 打印公共设施等不同的类型，如图 29-17 所示。

29.5.4 3D 打印技术存在的问题及对策

3D 打印技术虽然是一个新技术，但是它也有相应新的要求。在打印材料、打印方式、

a）

b）

c）

图 29-17　3D 打印景观构件

a）树池、花池构件　b）市政景观小品　c）公共设施

打印设备、结构体系、设计方法、施工工艺和标准体系等方面存在着一系列问题，归纳如下。

1. 3D 打印相关软件的开发

目前市场上还没有针对 3D 打印的一种设计软件，更多是平面设计图作为平面的结构设计和施工图。但在设计时没有考虑到材料、工艺、结构及应力分析方面的问题。在建筑打印的领域里，房子结构往往是比较复杂的，传统的 3D 打印设备，当模型结构非常复杂时，数据量非常庞大。大型建筑 3D 模型相比十几厘米、几十厘米 3D 模型的结构和数据量大得多，如何能够有效地解决这种大数据量的模型的设计和工作量，是一个非常大的挑战。3D 模型的数据量至少几百兆，普通的计算机很难承受得了，而且在运算模拟、仿真、运力分析时，往往会遇到很多的问题。

未来的 3D 打印可能是多种材料同时打印。它有钢筋、混凝土，还有管道、电路，这里面各种材质的分布，与建筑是有机的整体，建筑 3D 打印就是将这些材料有机、完美地整合在一起打印出一座建筑。这个领域里面可以借鉴机械工程方面的建模。建筑是有机的整体，如何建立材料空间和结构空间有机对应，这是设计领域要克服的问题。

2. 3D 打印技术设备的开发

建筑 3D 打印必须要开发出专用的工艺设备。3D 打印机的输出尺寸越大，打印机本身就越大，那么打印机的喷头活动范围要能够覆盖全幅的输出尺寸，必然会大一圈。在 3D 打印领域，如果打印住宅则打印机需要比住宅大一圈。机器越大越难制造，更重要的是机器越大，打印精度和打印速度就会越差。建筑 3D 打印机其实就是一种大型的数控机床。它的设计、制造及其工艺，对于机械自动化控制是很大的挑战。为了实现建筑物的设计和生产，必须要开发出专用的打印设备。另外还涉及打印混凝土的输送和挤出工艺，目前大多数混凝土采用直接拌合好的单组分材料进行输送和打印，材料的泵送相对简单。但在以后采用多种材料打印或者双组分方式进行打印时，所对应的材料输送方式或者挤出成型方式就得需要更为复杂的解决方案。

3. 3D 打印材料关键技术研究

打印材料是建筑 3D 打印的核心技术，未来建筑 3D 打印的发展和突破是以打印材料的突破为基础的。

目前采用的打印材料主要是以混凝土为基材，存在着抗拉强度低、抗裂性能差、韧性差、构件易脆性破坏等问题。因此，寻找具有良好性能的打印材料是建筑 3D 打印当前发展的关键。金属粉末打印材料的主要问题是价格，目前市场上 1kg 钛合金打印材料价格在 4000 元以上，1kg 不锈钢打印材料的价格在 1000 元左右。如果打印金属节点和构件，其成本将非常巨大，价格因素是其推广应用的主要制约条件。

现有的 3D 打印材料虽然较多，但适合建筑工程行业的材料仍然受到限制，另外现实中可用于建筑工程的某些金属、氯氧镁水泥等已有材料，比较昂贵且稀少。材料的种类在未来仍然是 3D 打印应用的一大障碍。3D 打印生产出的构件是按层叠加的，其材料的组成和性能都不同于传统加工成熟的构件，因此还需要大量相应的材性试验来获取 3D 打印构件的各项性能指标、力学性能。

4. 3D 打印建筑的结构体系及设计

3D 打印材料与普通建筑材料的特性有所不同，传统的结构体系不能直接套用在 3D 打印建筑上，应研发与其材料特性、打印方式相匹配的，既能发挥 3D 打印优势，又能满足结构安全性要求的结构体系。由于 3D 打印建筑与传统的钢筋混凝土结构、砌体结构在材料性能和建造工艺上有较大区别，因此有必要在充分了解材料性能和构件性能的基础上研究适于 3D 打印建筑的设计理论和设计方法。

3D 打印的局部构件与主体结构的连接，包括连接的方式、强度、延性，主体结构的整体抗震、抗风，是否满足现行规范的要求需要检验，耐冲击及撞击性也需要相应试验参数来检验。

5. 相关的技术标准、规范的建立

3D 打印建筑的打印材料标准、设计规范、施工规范、验收标准等一系列标准体系的制定是建筑 3D 打印技术在发展过程中逐步形成的，应在市场的主导作用下，以企业为主体逐步发展完善。技术标准应按照企业标准、行业标准、国家标准的顺序来逐步建立，这也能更好地促进行业的研发加速。

3D 打印建造发展潜力巨大，是目前建筑行业实现转型升级的重要突破口。因此，我们亟须明确其发展方向，理清其发展思路，制定其发展战略。我国的 3D 打印建造发展应体现国家意志，并与经济和社会发展需求、可持续发展紧密结合。3D 打印建造发展战略应体现全局性、战略性以及前瞻性。3D 打印建造的发展应以促进建筑行业转型升级和确定我国在世界 3D 打印建造领域的优势地位作为战略目标，通过建立 3D 打印建造材料体系、3D 打印建造设备体系、3D 打印建造标准体系及 3D 打印建造示范工程等措施推动战略目标的实现。

29.6 展望

建筑3D打印技术作为一项高新制造技术，相较传统建造技术工艺而言，在建筑施工效率、人力节省、资源环保等方面有着明显的技术优势，因此在环保、施工技术、建筑业发展等方面具有重要的价值与意义。

未来，建筑3D打印技术拥有广阔的应用前景，但需要建立新的设计理念，完善3D打印混凝土材料体系并进行3D打印建造设备的升级；同时，3D打印建造标准体系的建立完善以及3D打印建造示范工程的应用探索都需要逐步推进。在目前的材料、设备、施工技术等条件下，3D打印技术在建筑施工领域的应用虽然只适合在部分轻量级建筑、景观小品、构件中进行，但随着3D打印技术的研究和不断成熟，其应用范围会逐渐得到拓展，使其能够与传统的建造技术完美地融合、互为补充，这将是建筑3D打印技术发展的一个重要方向，同时会促进未来建筑业的转型升级。

第 30 章

电化学保护技术在混凝土结构与构件中的应用

30.1 引言

混凝土结构与构件的电化学保护技术，主要是保护其钢筋（钢材）免遭腐蚀或控制腐蚀，使其能健全工作。钢筋（钢材）的腐蚀最根本的原因是在劣化因子作用下，表面的钝化膜受到了损伤，在钢筋（钢材）上发生了微电池反应、大电池反应，表层钝化膜受到更大的损伤破坏，钢筋（钢材）的腐蚀更加严重。钢筋（钢材）腐蚀后产生的铁锈体积增大，使结构的保护层剥落，混凝土结构也逐渐劣化、失去承载力。

混凝土结构与构件中钢筋的腐蚀是电化学腐蚀。钢筋表面钝化膜缺损，发生电化学反应，受损部位铁元素放出电子（阳极），产生电流流入健全部分（阴极），形成腐蚀电池。腐蚀电池的阴极和阳极都在同一根钢筋上。如果另外安放一个阳极，把整个钢筋都变成阴极，在一个原电池中，阴极是不受腐蚀的，这时的钢筋就不受腐蚀了，这称为阴极保护。钢筋要得到完全阴极保护，必须对钢筋进行阴极极化，使钢筋总电位与腐蚀电池阳极的开路电位相等。这时，钢筋表面原来是腐蚀电池的阳极区域变为阴极区域，整个钢筋表面变为大阴极。在原电池中，阴极是不受腐蚀的。这就是电化学保护的原理。

给钢筋输入防腐蚀电流有两种方式。①外部电流方式：在混凝土表面上设置临时阳极，与直流电源装置的阳极相接，电源装置的阴极与混凝土中的钢筋相接，通电后，钢筋成为大阴极而免遭腐蚀；②内部电流方式：利用金属离子化的高低不同，抑制铁的离子化（腐蚀），也即把比钢筋离子化高的金属作为阳极，钢筋作为阴极，由于两极间的电位差而产生防腐蚀电流。

30.2 混凝土中钢筋的腐蚀

在劣化因子 Cl^- 作用和大气中劣化因子的中性化作用，混凝土的 pH 值降低，钢筋表面的钝化膜受到损伤，钢筋发生孔蚀。在蚀孔的底部，发生铁溶解的离子化反应（氧化反应，也称为阳极反应）放出电子，而且一直进行；而在钢筋健全部分，发生还原反应（也称为阴极反应）；这两种反应同时发生。

$$Fe \rightarrow Fe^{2+} + 2e^- \text{（阳极）}$$

$$(1/2)O_2 + H_2O + 2e^- \rightarrow 2OH^- \text{（阴极）}$$

将阳极反应与阴极反应汇合在一起，反应如下。

$$Fe + (1/2)O_2 + H_2O \rightarrow Fe(OH)_2$$

溶解度很低的 Fe（OH)$_2$ 在蚀孔入口处沉淀，妨碍了其他的 Fe^{2+} 向外部扩散，进一步发生以下反应。

$$4Fe^{2+} + O_2 + 8OH^- + 2H_2O \rightarrow 4Fe(OH)_3$$

也即铁锈体积增大，使混凝土开裂，pH 值降低，孔蚀进一步发展起来，腐蚀进一步扩大（图 30-1 ~ 图 30-3)，钢筋混凝土保护层剥落。

图 30-1　沿海混凝土结构受盐害劣化

图 30-2　混凝土中性化钢筋锈蚀

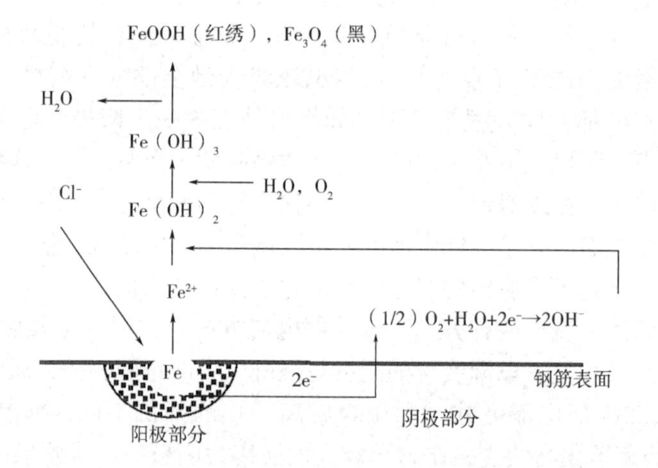

图 30-3　混凝土中钢筋的腐蚀反应概要

30.3　电化学保护技术的原理

电化学保护技术的原理如图 30-4 所示。

如图 30-4a 所示，钢筋受到了腐蚀，产生腐蚀电流，腐蚀电流由阳极流向阴极。如图 30-4b 所示，通过电化学保护技术，向钢筋输入直流电流，电流从高电位优先流入阴极，伴随着此现象的发生，阴极部分的电位向负的方向变化，阳极部分和阴极部分的电位差变小。但是，在这种状态下，腐蚀电流不能完全停止时，防腐蚀是不完全的。如果防腐蚀电流更大一些，如图 30-4c 所示，阴极部分和阳极部分之间没有电位差，就没有腐蚀电流流动，钢筋的腐蚀反应就停止了。这就是电化学保护技术的原理或称电化学防腐蚀的原理。

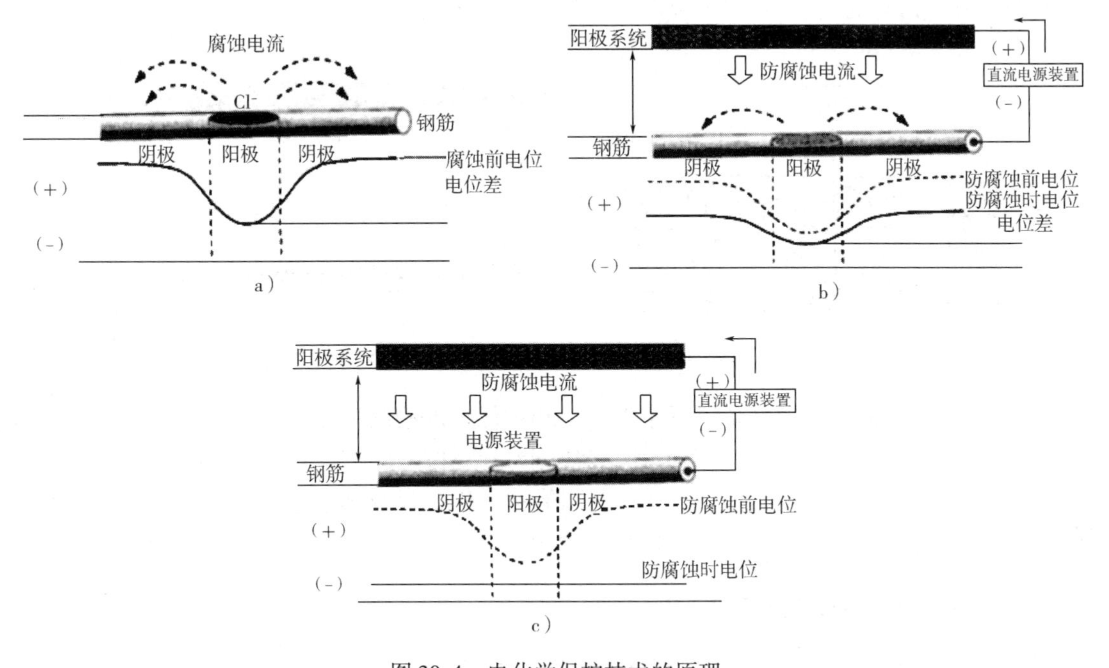

图 30-4　电化学保护技术的原理

a）钢筋的腐蚀（腐蚀前）　b）防腐蚀电流不充分时　c）防腐蚀电流充分时

30.4　电化学保护技术

30.4.1　外部电流方式

外部电流方式对已有的及新建的钢筋混凝土结构物，预应力钢筋混凝土结构物都适用。图 30-5 所示为钢筋混凝土防腐蚀外部电流方式。

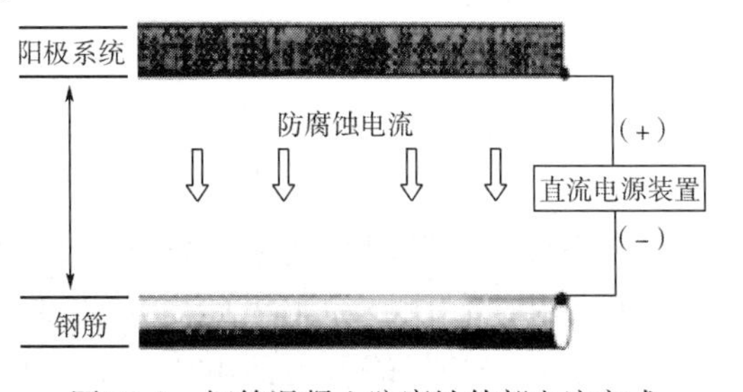

图 30-5　钢筋混凝土防腐蚀外部电流方式

直流电源装置的（+）极，设置于混凝土表面；（-）极与防腐蚀对象钢筋连接。由于直流电源装置两者间有防腐蚀电流流动，进行电化学防腐蚀。其特征是通过直流电源装置调整防腐蚀电流。外加电流通过临时阳极流入被保护的钢筋，进行阴极极化，使阴极和阳极的电位差变小，甚至达到电位差为零，以达到保护钢筋的目的。因此，阳极材料要满足下述要求：①有良好的导电性能；②不受介质侵蚀；③有较好的加工性能，价格便宜。

30.4.2　内部电流方式（牺牲阳极方式）

选择电位比混凝土中钢筋电位低的金属（如锌、铝及镁）作为阳极，设置于混凝土表面或其附近，通过导线将阳极与钢筋相连接，利用钢筋和阳极金属电位差产生电流，输入钢筋而达到防腐蚀目的，其特征是不需要电源设备，如图 30-6 所示。

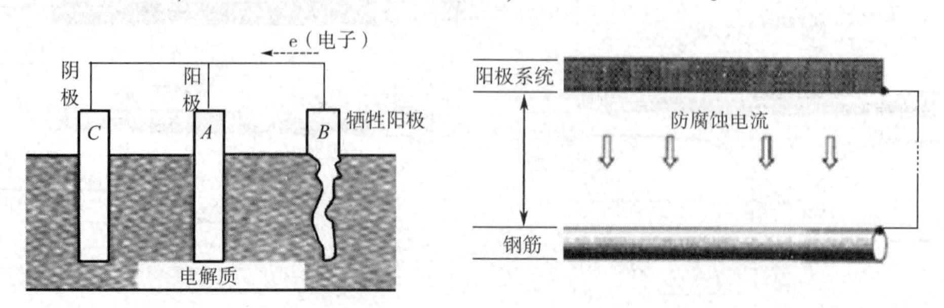

图 30-6　内部电流方式

牺牲阳极的材料，必须具备以下条件：①和被保护的钢筋相比，有足够低的电位；②单位消耗量所产生的电量要大；③牺牲阳极金属本身腐蚀小，电流率高；④有较好的机械强度，价格便宜。工程上常用的牺牲阳极的材料有锌、铝、镁及其合金。内部电流方式可用于已有混凝土结构物，也可用于新建结构物的预防保护。

30.4.3　两种不同方式的对比

外部电流方式和内部电流方式的电化学保护，如图 30-7 所示。

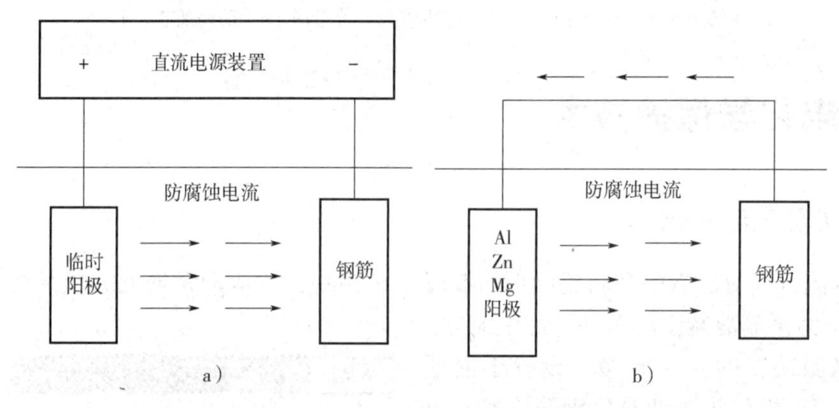

图 30-7　外部电流方式和内部电流方式的电化学保护

a）外部电流方式概念图　b）内部电流方式概念图

外部电流方式所用的临时阳极，主要是使外加电流通过临时阳极流入被保护的钢筋，进行阴极极化，使阴极和阳极的电位差变小，甚至达到电位差为零，使腐蚀电流停止，以达到保护钢筋的目的。内部电流方式利用牺牲阳极与被保护的钢筋之间有较大的电位差产生电流，使阴极极化，使阴极和阳极的电位差变小，甚至达到电位差为零，以达到保护钢筋的目的。两者对已有的钢筋混凝土结构物及预应力钢筋混凝土结构物都适用；对新建的结构物预防腐蚀也适用。施工应用过程如图 30-8 所示。外部电流需要从电源输入直流电流。通电方式有以下三种：①定电位通电方式，使钢筋的电位一定；②定电流通电方式，使通电的电流量一定；③定电压通电方式，使通电的电压量一定。可根据具体条件，选择其中的一种方式。

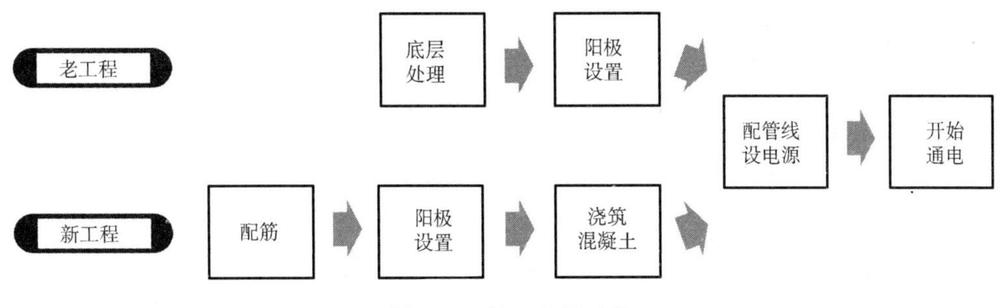

图 30-8　施工应用过程

30.5　外部电流的电化学保护技术

电化学保护技术有外部电流和内部电流两大类。外部电流的电化学保护技术分为：①面状阳极方式；②线状阳极方式；③点状阳极方式。

30.5.1　面状阳极方式

面状阳极方式是整个阳极是一个面，设置于混凝土表面或者内部某一面上，将预定的电流输入防腐蚀钢筋，如图 30-9 所示。

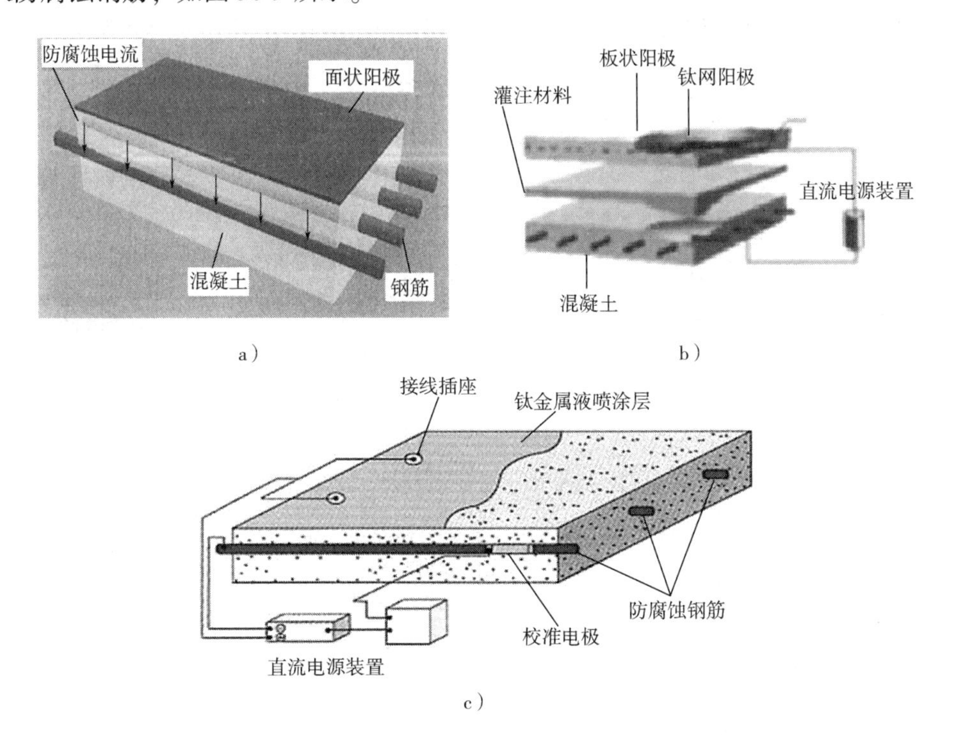

图 30-9　面状阳极方式

a）面状阳极　b）面状阳极构造　c）钛金属液喷涂层的面状阳极

30.5.2 线状阳极方式

线状阳极方式是把条状钛金属作为阳极系统，设置于混凝土表面或者内部某一面上，通过条状钛金属阳极将预定的电流输入防腐蚀的钢筋，如图 30-10 所示。

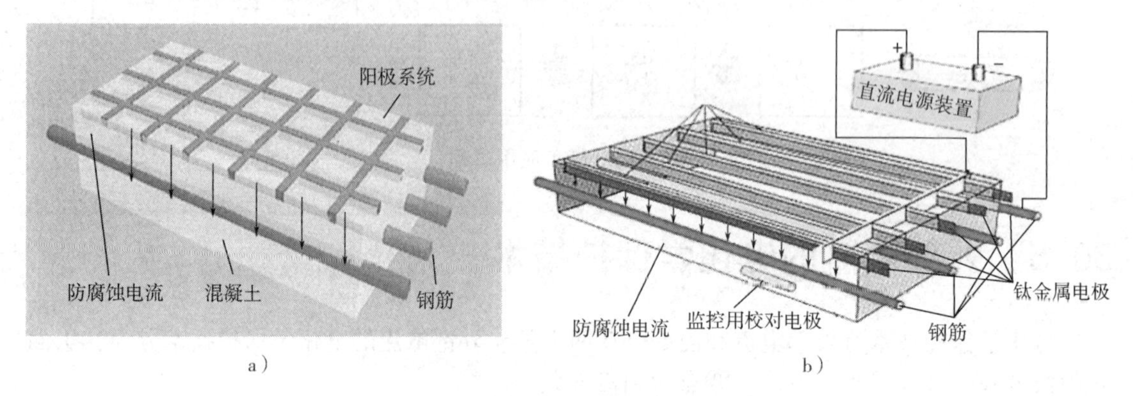

图 30-10 线状阳极方式及其具体构造

a）线状阳极方式 b）线状阳极方式的具体构造

30.5.3 点状阳极方式

点状阳极方式是在防腐蚀钢筋的顶部安放点状阳极，供给钢筋防腐蚀电流，如图 30-11 所示。

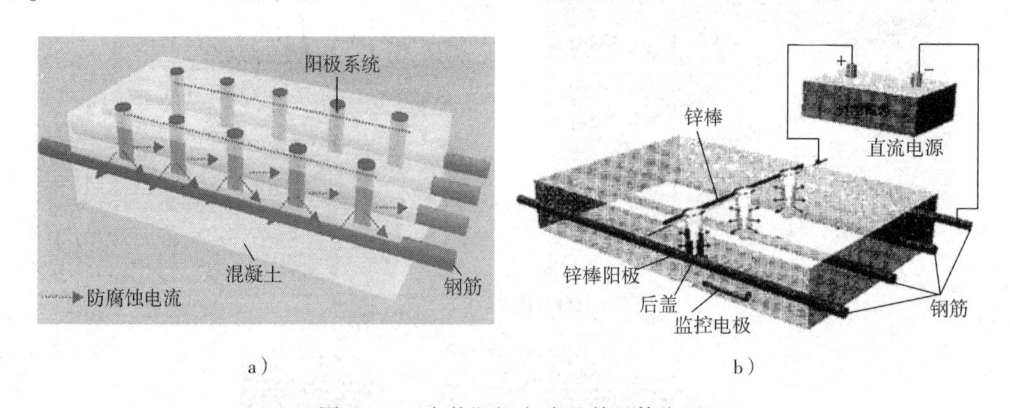

图 30-11 点状阳极方式及其具体应用

a）点状阳极方式 b）点状阳极方式的具体应用

其特点是在混凝土结构的面层钻孔，孔径 12mm 左右，各孔深度离保护钢筋有一定距离；在孔内插入锌棒阳极，然后再用钛金属线把各钛金属杆阳极连接，成为整个防腐蚀阳极，再与外接直流电源相接。

30.5.4 各种电化学防腐蚀方式

各种电化学防腐蚀方式见表 30-1。

表 30-1　各种电化学防腐蚀方式

按电流方式分类	按阳极方式分类	电化学防腐蚀方式
外部电流方式	面状阳极方式	钛金属网阳极方式
		板状阳极方式
		导电性涂料方式
		钛金属溶液喷射方式
		钛、锌金属溶液喷射方式
		导电性砂浆方式
	线状阳极方式	钛金属杆网状方式
		钛金属条状网方式
	点状阳极方式	钛金属杆状阳极方式

30.6　牺牲阳极的电化学保护技术

牺牲阳极的结构与外观如图 30-12 所示。如图 30-12a 所示，锌金属片与导线相连，锌金属片还用活性胶凝材料封住，周边有凹槽。

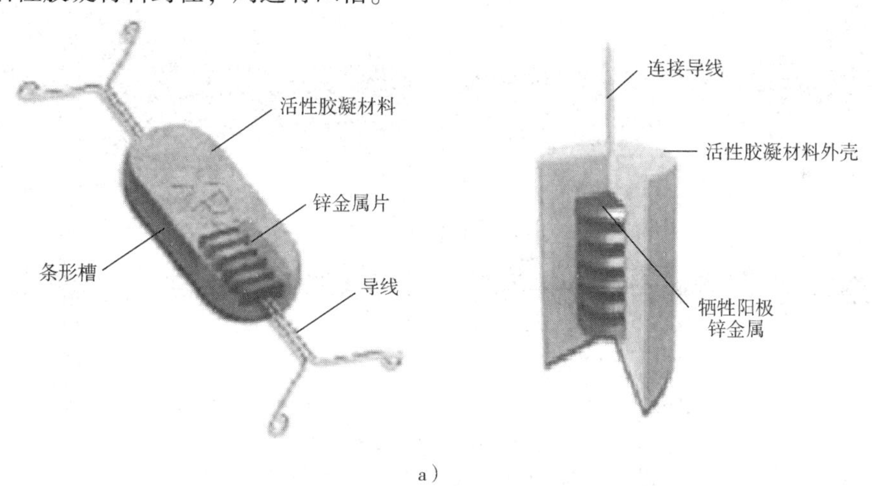

a）

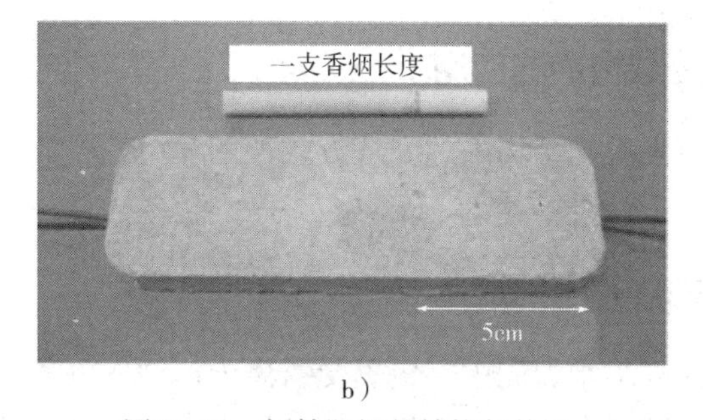

b）

图 30-12　牺牲阳极的结构与外观

a）加拿大 Vector 公司产的小型牺牲阳极　b）日本的小型牺牲阳极

30.6.1 小型牺牲阳极对钢筋的保护作用

在混凝土施工时，在钢筋上是否安放小型牺牲阳极及钢筋锈蚀情况，如图 30-13 所示。没有设置小型阳极处的钢筋，由于氯离子密集，超过了极限值，使钢筋产生腐蚀；而预先设置小型阳极后，锌金属小型阳极的电位比钢筋低，钢筋与锌金属小型阳极产生电位差，电流由锌金属小型阳极流向钢筋，抑制了腐蚀电流的产生，使腐蚀停止。

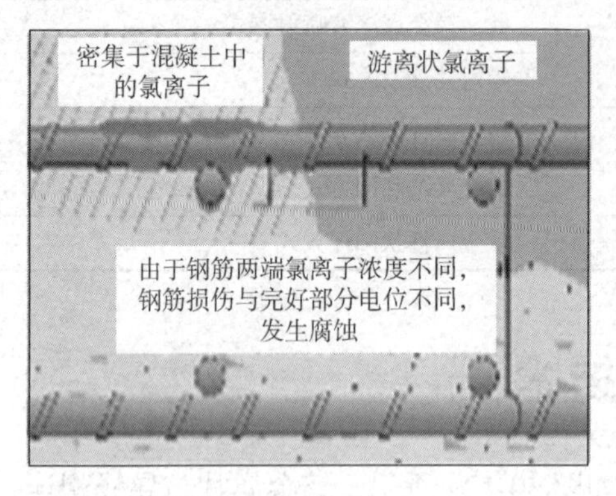

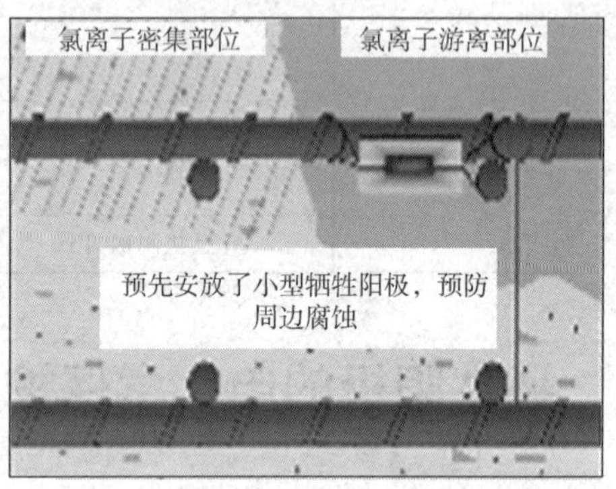

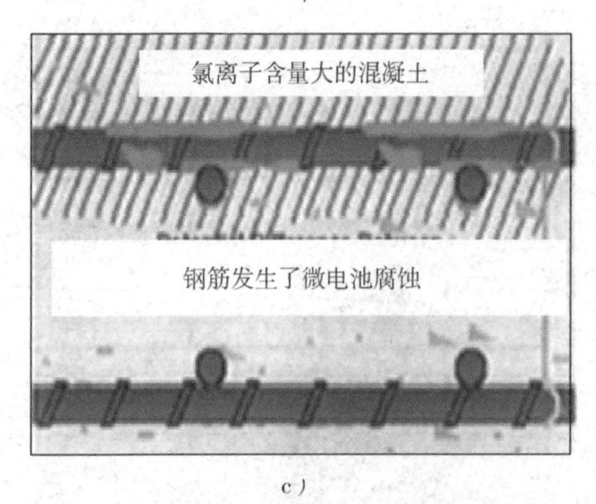

c）

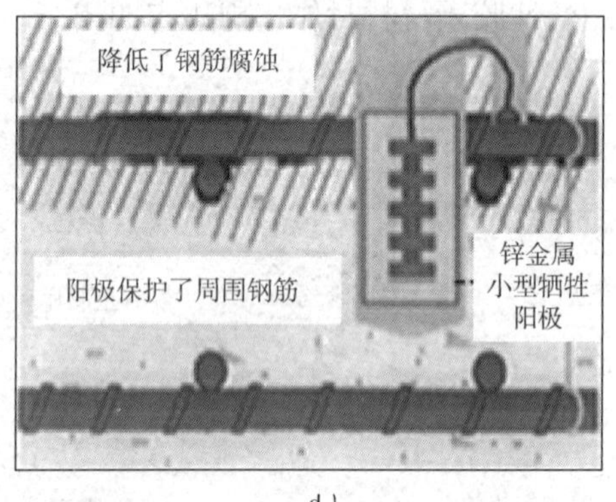

d）

图 30-13 锌金属小型牺牲阳极对混凝土中钢筋的保护

a）未安放牺牲阳极的腐蚀 b）安放小型牺牲阳极的状况

c）氯离子对钢筋腐蚀 d）混凝土中小型牺牲阳极保护钢筋

30.6.2 在新建混凝土结构中的应用

小型牺牲阳极在新建混凝土结构中的安放方式如图 30-14 所示。阳极绑扎在钢筋上，要牢固结实。

30.6.3 在混凝土结构修补中的应用

将锌金属阳极预埋在纤维水泥壳中，包裹受氯离子侵蚀的混凝土结构。锌金属比钢筋活性大，电位更负，产生防腐蚀电流流入钢筋，抑制了钢筋的继续腐蚀；但是仅用纤维水泥壳包裹受氯离子侵蚀的混凝土结构，那么，被包裹的混凝土中，因氯离子继续存在，钢筋仍继续受腐蚀，如图 30-15 所示。

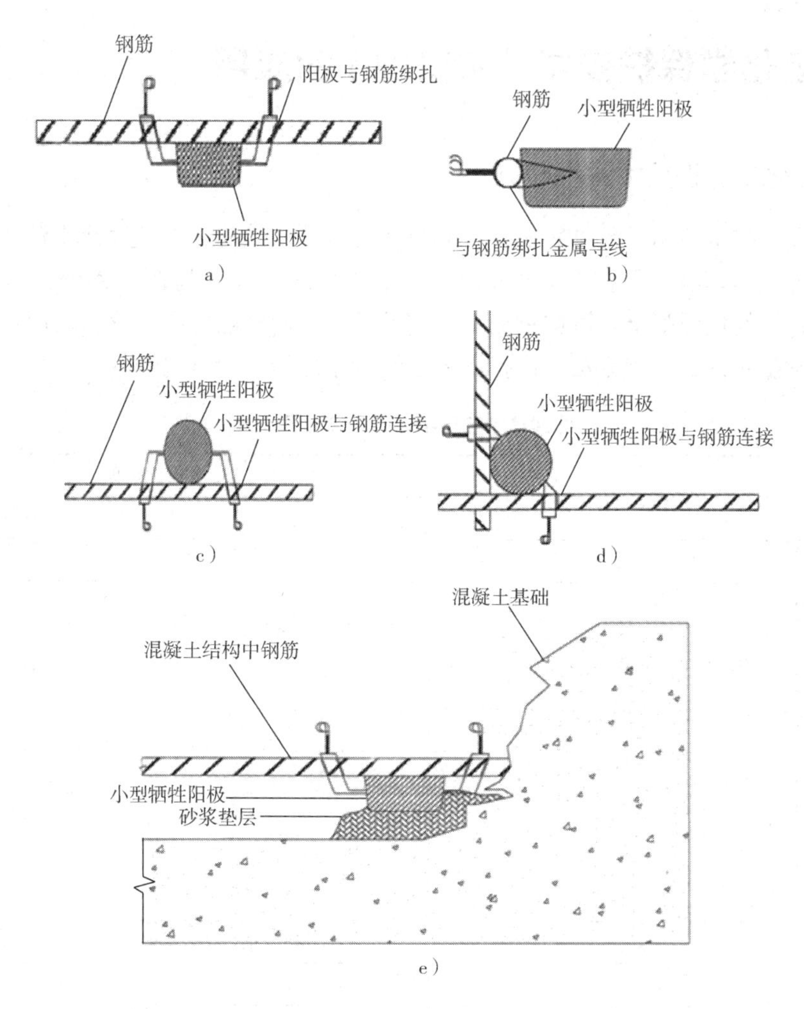

图 30-14　小型牺牲阳极在新建混凝土结构中的安放方式

a）小型牺牲阳极安在钢筋下　b）小型牺牲阳极与钢筋同水平上　c）小型牺牲阳极在钢筋上　d）小型牺牲阳极在钢筋交接处　e）小型牺牲阳极安放在基础中钢筋下

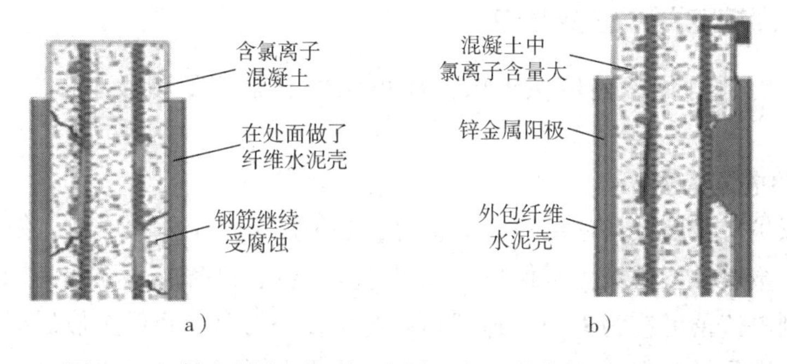

图 30-15　锌金属小型牺牲阳极在混凝土结构修补中的应用

a）继续腐蚀　b）抑制了腐蚀

30.7 电化学保护技术（防腐蚀）的应用

30.7.1 电化学保护技术适用对象

电化学保护技术适用对象见表30-2。其可作为混凝土结构物的盐害或中性化造成钢材腐蚀的对策。电化学防腐蚀是在混凝土的表面，或在混凝土中设置阳极系统，由于输入直流电，从阳极系统经过混凝土，流向钢筋，使钢筋的电位向负的方向变化，从而抑制钢筋的腐蚀。用电化学防腐蚀的工程方法，保护混凝土结构中的钢筋免遭腐蚀。

表30-2 电化学保护技术适用对象

适用对象			劣化机理	
			盐害	中性化
环境	陆上部位，内陆部位		○	○
	海洋环境	大气中	○	○
		浪溅区	○	○
		潮汐区	▽	▽
		海中部位	▽	—
结构构件	RC		○	○
	PC		○	○
已有结构物	劣化过程	潜伏期	○	○
		进展期	○	○
		加速期	○	○
		劣化期	▽	▽
新建结构物（预防）			○	○

注：表中的○为适用对象；▽为可否适用要研究；—为不适用。

30.7.2 阴极保护的两个主要参数

在实施金属材料电化学阴极保护中，最小保护电流密度和最小保护电位是两个主要参数。

1. 最小保护电流密度

通过阴极保护，金属设备达到完全保护时，必须加上一个外加电流，使腐蚀电池中的阳极电流变为零，金属设备得到完全保护。如果把整个金属设备的表面作为阴极来看待，设A为其表面积，则电流密度应为I_p/A。这就是使金属设备的腐蚀降低至最低程度所需的电流密度的最小值，也即是最小保护电流密度。即在金属设备的单位表面积上，要通过一定电流，该电流密度不能小于I_p/A，单位为A/m^2。如在潮湿环境下，混凝土中钢筋最小保护电流密度为0.055～0.27A/m^2。最小保护电流密度的大小，主要决定于被保护金属的种类、电解质溶液的性质、温度、流速、电极极化率以及金属与电解质溶液的过渡电阻。

2. 最小保护电位

金属设备进行阴极保护时，使金属设备腐蚀过程停止的电位值，称为最小保护电位。要使金属设备达到完全保护时，必须要将金属设备阴极极化，使它的总电位降低到与腐蚀电池的阳极电位相等，这时的电位称为最小保护电位。阴极与阳极之间的电位差为零，阴极不受到腐蚀，也即钢筋不受到腐蚀，这就是最小保护电位。试验证明，钢铁在天然水或土壤中的最小保护电位，对标准氢电极为 -0.53V；对饱和甘汞电极为 -0.77V。也就是说，只要金属设备的电极电位，保持比这个数值更负的电位值，就可得到完全保护。

第31章
混凝土新材料、新技术与新工艺带来的变革与创新

31.1 引言

从波特兰水泥发明至今，在不到100年的时间里，混凝土材料由初始的大流动性发展到干硬性、半干硬性，进一步又发展成流动性、大流动性的流态混凝土，在20世纪90年代又发展了免震自密实成型的混凝土。与此同时，混凝土的组成材料也发生了根本性的变化，20世纪80年代，日本研发出了强度为100MPa的水泥，后来又进一步研发出了强度为200MPa的水泥，用来配制强度为200MPa的超高强高性能混凝土；20世纪70年代，挪威首先在混凝土中应用了硅粉，并研发出了高性能混凝土；接着，日本开发出了超细矿粉；21世纪初，新加坡还与我国济钢合资生产了比表面积1000cm^2/g的超细矿粉，用来配制高强度预应力管桩及超高强高性能混凝土；贵州某企业还生产出了亚纳米超细粉；李浩等人与清华大学合作，推广纳米微珠高性能超高性能混凝土技术。混凝土的减水剂，也由初始的纸张废液、木钙，发展到萘系减水剂及今天大规模应用的聚羧酸减水剂。我国的混凝土强度，也由原来的100MPa，发展到了150MPa，并且具有多种功能，可从地面泵送至500m以上的高度。而日本试验应用的混凝土强度已达200MPa，欧美试验应用的混凝土强度已达300MPa。

回顾混凝土发展的历程，混凝土材料的性能，仍然以水灰（胶）比定律为指导，并沿着以下的方面发展。

1）流动性不断增大和改善。

2）强度不断提高。

3）使用寿命不断延长。

4）原材料、施工技术与环境越来越协调。

由普通混凝土发展到高性能、超高性能混凝土，正如M. Schmidt和E. Fehling在第七届HS/HPC国际会议的主题报告中指出："超高性能混凝土（UHPC）是21世纪混凝土技术的突破性进展"；这种混凝土的强度高达300MPa，与钢的强度接近，而且耐久性比HPC也有大幅度提高。

31.2 超高性能混凝土（UHPC）的研制

结合深圳京基大厦的施工条件，采用粉体技术、高效减水剂复配技术，及当时施工应用的混凝土材料，配制出了C120强度等级的UHPC（56d达到了150MPa），坍落度大于250mm，保塑3h以上。由宝安混凝土搅拌站生产，约经1.5h的运输路程，到达京基大厦的施工现场，并泵送到500m以上高度。

1. UHPC的配比

结合深圳的资源，采用水洗海砂配制UHPC，见表31-1。

表31-1　C120混凝土保塑性及强度试件配合比（质量比）

编号	水胶比	水泥	微珠	硅粉	海砂	石子	水	减水剂
601	0.20	500	170	80	750	1000	140	3.0%
602	0.187	500	170	80	700	1000	140	3.2%
603	0.187	500	170	80	700	1000	140	4.0%
604	0.187	500	200	50	700	1000	140	3.5%
605	0.187	500	200	50	700	1000	140	3.0%
606	0.187	500	200	50	700	1000	140	约4.0%

注：编号601采用含固量40%的萘系减水剂；编号605采用含固量40%的聚羧酸减水剂，编号602、603、604、606均采用氨基系60%＋萘系40%复配的减水剂。

2. 新拌混凝土性能

新拌混凝土的性能见表31-2。编号602、603、604、606采用氨基系60%＋萘系40%复配的减水剂的混凝土，坍落度、扩展度、倒筒时间在3h内基本无变化，保塑效果良好。

表31-2　新拌混凝土性能

编号	坍落度/cm				扩展度/cm				倒筒时间/s			
	初始	1h	2h	3h	初始	1h	2h	3h	初始	1h	2h	3h
601	13											
602	27	26	23	22.5	68×70	64×70	59×59	54×56	5	7	9	12
603	26	25	24.5	25.5	66×69	66×65	65×65	67×62	4	5	7	5
604	26.5			26.5	71×74			67×71	4			5
605	25.5	25	26.5	26.5	70×71	68×71	66×70	67×70	4	4.5	4.5	4
606	20.5			20.5	34×37			34×37	4			5

注：编号604 4h坍落度为26cm，扩展度为67cm×73cm，倒筒时间为7s。

编号602的混凝土外加剂掺量偏低（3.2%），3h后倒筒时间偏长，为12s。

编号603、604的混凝土坍落度、扩展度及倒筒时间均符合本研究的要求。

编号605是采用西卡聚羧酸母液（含固量40%）缓凝时间太长，成型4d仍未凝结。

编号606外掺纤维2kg/m^3，属微收缩混凝土。

3. 混凝土不同龄期的抗压强度

混凝土不同龄期的抗压强度见表31-3。

表31-3　混凝土不同龄期的抗压强度　（单位：MPa）

编号	不同龄期强度			
	3d	7d	28d	56d
601	85.8	97.5	130	135
602	87.1	102	135	142
603	84.3	102	140	150

（续）

编号	不同龄期强度			
	3d	7d	28d	56d
604	75.1	96	120	136
605	—	—	—	—
606	—	—	—	—

注：编号605因缓凝，未测强度；编号606为掺纤维混凝土，未列入。

在本试验中，除了研发氨基系-萘系复配的减水剂，使UHPC获得大流动性和保塑性外，还采用了新的粉体——微珠。微珠比矿粉、粉煤灰及偏高岭土超细粉，在配制UHPC时具有更优越的功能。

4. 微珠超细粉配制UHPC的特性

微珠是经过工艺处理后的超细粉煤灰，是一种球状玻璃体，其扫描电镜图谱（SEM）如图31-1所示。粒径≤0.2μm的占27.23%；0.2～1μm的占42.43%；也即平均粒径≤1.0μm的共占69.66%。水泥的比表面积为4000cm^2/g，平均粒径约为10～20μm；硅粉的比表面积约为2000000cm^2/g，平均粒径约为0.1μm。在水泥、微珠和硅粉的三组分的复合粉体中，微珠填充水泥粒子间的孔隙，硅粉又填充微珠粒子间的孔隙，从而得到密实填充的胶凝材料。与其他矿物质粉体相比，使UHPC在达到相同的流动性时，降低了用水量；或者说在相同的用水量下，流动性增大。

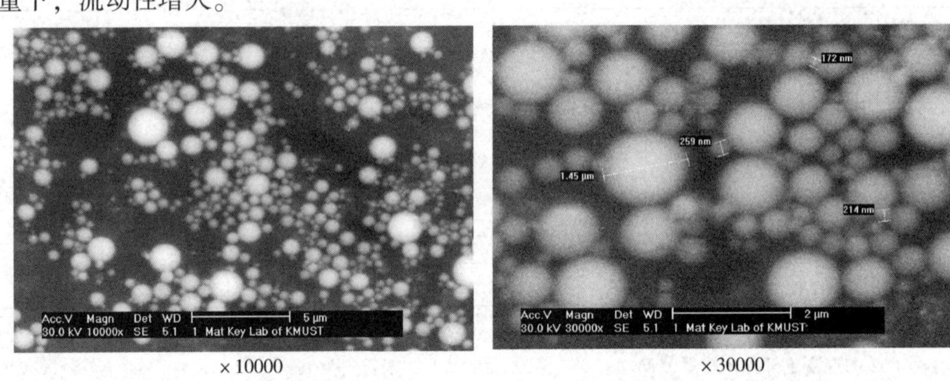

×10000　　×30000

图31-1　微珠的扫描电镜图谱（SEM）

微珠的主要化学成分为SiO_2、Al_2O_3，两者总含量为83%。而且含有较高的可溶性SiO_2、Al_2O_3。其中，可溶性二氧化硅约为总硅量的8.67%，可溶性铝约为总铝量的15.42%；此外，还有可溶性铁3.49%。故微珠的化学反应活性较高。

5. UHPC研发的基本规律

在UHPC的研发过程中，有一些基本规律：

1）UHPC的强度仍符合水灰比（或水胶结料比）关系（图31-2）。但是，由于水泥品种与强度等级、掺合料的品种与细度而有所差别。

2）粗骨料对UHPC强度及流动性形影响很大，在UHPC中，粗骨料的体积含量<400L/m^2；最大粒径≤10mm。当$W/B=0.25$，粗骨料表观密度>2.65g/cm^3时，可配制出强度≥110MPa的UHPC，如粗骨料吸水率≤1.0%，则可配制出强度更高的混凝土。除了粒径外，粒形对强度和流动性的影响也很大。粗骨料可用质量系数评价其优劣：

$$K = M_z\ (50 - P) \tag{31-1}$$

式中　K——质量系数；

M_z——细度模量；

P——空隙体积百分率。

质量系数 K 值大，质量高。k 值也可用来评价细骨料。

3）超细粉在混凝土中的特殊性能，是 UHPC 配制的重要特点。在 W/B 和用水量相同下，利用超细粉的填充效应，可以使新拌混凝土的流动性增大，黏度降低，坍落度倒筒流下时间缩短。而且硬化混凝土的密实度得到提高，强度与耐久性也有提高。

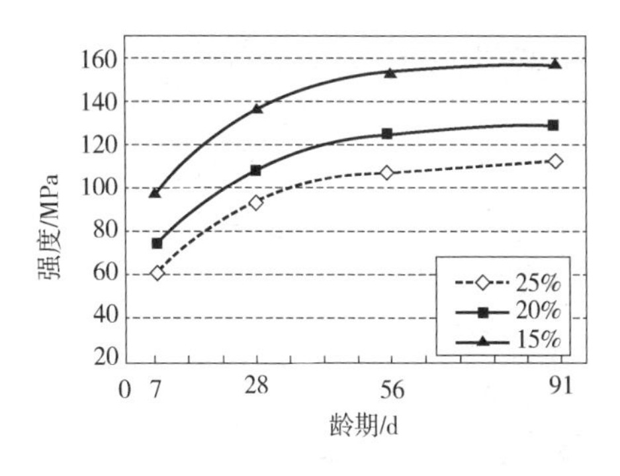

图 31-2　不同水胶比 UHPC 的龄期与强度关系

31.3　多功能混凝土的研发与应用

1. 研发背景

多功能混凝土（Multi-Performance Concrete，简称为 MPC）是结合广州东塔工程项目研发应用的。东塔底层为钢筋混凝土剪力墙采用了强度等级 C80 的 UHPC，脱模时发现剪力墙墙面上都有裂纹，如图 31-3 所示。剪力墙脱模时墙面上有 120 多条裂缝。脱模时墙面上就发现裂缝，也即是在混凝土与外界没有介质的交换条件下出现的，应是由于自收缩所导致。也即在混凝土初凝后，水泥继续水化，吸收毛细管水分，使毛细管产生自真空现象，产生的毛细管张力大于混凝土的抗拉强度，混凝土就发生开裂，称为自收缩开裂。

UHPC 的水泥用量大，W/C 低，容易产生这种开裂。解决 UHPC 的自收缩开裂是研发 MPC 目的之一。混凝土的水化热高、温升高；剪力墙钢筋密，施工困难；混凝土运输与施工要求时间长等。故要使混凝土具有多种功能。

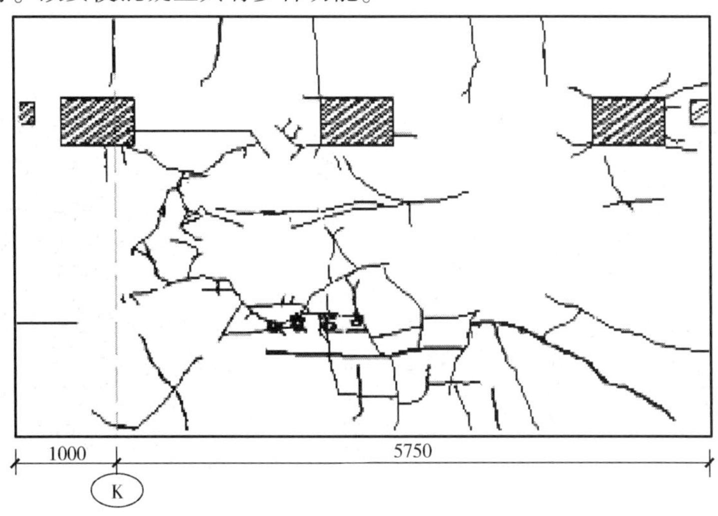

图 31-3　剪力墙墙面上裂纹

2. MPC 的功能及试验研究

MPC 具有多种功能：

(1) 免震目密实　用自密实混凝土 U 形仪上升高度检验。MPC 流过钢筋隔栅后升高大于 30cm，经过 3h 仍能达到该要求；在工地及施工现场的泵送前、出泵时，均能达到该要求。

(2) 自养护　混凝土内部，靠水分载体供水泥水化用水，外部用薄模包裹，以防水分蒸发；自养护能抑制自收缩开裂；自养护混凝土强度大于浇水湿养护混凝土强度。

(3) 低水化热　关键技术是混凝土入模温度、最高温度、内外温差要满足相关规范要求。这是混凝土不因温度开裂的重要指标。

(4) 低收缩　包括自收缩、早期收缩和长期收缩；3d 自收缩不大于 0.01%，长期收缩不大于 0.06%。混凝土总收缩不大于 0.08%。其中，抑制自收缩是关键。

(5) 高保塑性　新拌混凝土性能：采用 CFA 保塑，初始和 3h 后基本不变。

(6) 高耐久性　MPC 的密实度大，孔隙率低；抗盐害，抗硫酸盐腐蚀等。根据混凝土结构的工作环境，选择全部或其中部分功能，以保证混凝土结构的质量及使用寿命。MPC 的研发及性能，参见表 31-4～表 31-6 及图 31-4～图 31-6。

表 31-4　C80 MPC 配合比　(单位：kg/m^3)

水泥	微珠	沸石粉	粉煤灰	EHS	砂	碎石	减水剂	CFA	水
320	80	15	170	8.8	800	900	1.9%	1.5%	142

表 31-5　水化热温升与早期收缩

水化热温升/℃			早期收缩/($\times10^{-4}$)			
温升时间	温升峰值时间	温升峰值	24h	48h	72h	8d
25h	35h	25～75℃	0.62	0.81	0.99	1.1

表 31-6　自养护与浇水湿养护不同龄期强度　(单位：MPa)

条件	龄期			
	3d	7d	28d	56d
浇水湿养护	50.6	66.5	86.1	90
沸石粉自养护剂	56.6	75.6	92.1	96

a)

b)

图 31-4　自养护与浇水湿养护对比

a) 早晚浇水湿养护　b) 塑料薄膜包裹着自养护

a）

b）

图31-5 冰碴代水拌和混凝土

a）冰碴代水拌混凝土 b）冰碴代水拌混凝土扩展度

a）

b）

c）

图31-6 C80 MPC的各种模型试验

a）小型模拟试验 b）C80 MPC剪力墙模拟 c）实大尺寸剪力墙试验

夏天，按表31-4进行混凝土配比，冰碴代水拌和混凝土效果见表31-7。

表31-7 新拌混凝土性能（冰碴代水新拌混凝土）

经时	坍落度/cm	扩展度/mm	倒筒时间/s	U形仪试验升高/cm
初始	27	670×700	4.4	32
3h	27	700×730	4.0	32

试验时混凝土温度变化：环境温度30℃，拌砂浆时11℃，加石子时17℃，混凝土搅拌完成时20℃。常温下，用试验室原料做试验时，新拌混凝土温度约28℃；本试验以冰碴代水，新拌混凝土温度约20℃；其他性能不变，效果明显。在特殊条件下，降低新拌混凝土温度仍能使新拌混凝土初始性能和3h后的性能基本不变。

图31-6a所示L形双层钢筋隔栅：模拟流动性自密实性及检测C80 MPC的性能。图31-6b模拟C80 MPC剪力墙试验，检验墙面是否开裂；图31-6c所示为实大尺寸剪力墙，检验C80 MPC浇筑时，能否自密实，脱模时是否开裂。三种模拟试验均达到了预期效果。从试验室研究，模拟试验及实大结构试验，均证明了C80 MPC具有优良的性能，能满足多方面性能的要求。

3. C80 MPC 与 C80 NC 比较

在实大尺寸剪力墙试验中，墙体的一半浇筑了 C80 MPC，另一半浇筑了 C80 NC，进行对比，见表 31-8。

表 31-8　MPC 与 NC 的性能比较

项目	C80 MPC（多功能混凝土）	C80 NC（普通混凝土）
成型工艺	免震自密实	浇筑震动成型
早期收缩	1d，6.2×10^{-6}；2d，47×10^{-6}；3d，72×10^{-6}	1d，86×10^{-6}；2d，130×10^{-6}；3d，160×10^{-6}
养护方法与强度/MPa	3d　7d　28d 自养护：69.1　84.5　101.7 湿养护：67.3　82.2　87.5	标养：3d　7d　28d 67.3　82.2　87.5
绝热温升/℃	砂浆：81.5；混凝土：78.6	砂浆：84.1；混凝土：82.1
脱模后表面状况	无裂纹	有裂纹

31.4　超高性能 MPC 的开发及超高泵送技术

1. 超高性能 MPC 的配合比

超高性能 MPC 的配合比见表 31-9。新拌混凝土性能见表 31-10；水泥为华润 PⅡ 52.5R，沸石粉为超细粉，碎石粒径 5～16mm，聚羧酸减水剂含固量 40%，CFA-保塑剂，胶结料总量：895kg，$W/B=14.3\%$。

表 31-9　C150 MPC 的配合比　（单位：kg/m^3）

水泥	微珠	硅粉	沸石粉	水	砂	碎石	减水剂	CFA
600	195	90	15	130	720	880	6.16	9.0

表 31-10　新拌混凝土性能

坍落度/cm	扩展度/cm	倒筒时间/s	U 形仪中升高	容重/(kg/m^3)
27.5	76×72	2.72	33cm/30s	2595

混凝土强度：1d，104MPa；3d，125.3MPa；7d，137MPa；28d，147MPa；56d，150MPa。

2. MPC 的超高泵送

结合西塔工程项目、京基大厦及东塔工程项目，研发了 C100 超高性能混凝土，C100 的自密实混凝土、C120 的超高性能混凝土，以及 C130 的多功能混凝土等；在混凝土的生产单位、施工应用单位及泵机的制造厂商等共同努力下，分别泵送至 416m、510m 及 510m 的高处。以 C100 的自密实混凝土及 C130 多功能混凝土作为超高泵送的实例具有特殊性，因为这两种混凝土在出厂时要满足自密实的要求，运输到施工现场时也要满足自密实的要求，经过超高泵送后出泵的混凝土更要满足自密实的要求，才能在模具中做到自密实成型。出泵混凝土取样，经 U 形仪试验，升高大于 30cm。这是最基本的要求。UHP-SCC 的黏度大，在泵管中流动的黏性阻力比其他混凝土大；如果这种混凝土如超高泵送成功，那么其他混凝土的超高泵送就容易解决了。

3. 不同类型混凝土在泵管中运送的特点

不同类型的新拌混凝土流变特性如图31-7所示。由图可见，高性能超高性能混凝土（HPC、UHPC）及高强度的MPC黏度大，而剪切强度低；普通混凝土（NC）的结构黏度低，但剪切强度大；高流态高性能混凝土的结构黏度与剪切强度大体相同。故高流态混凝土比超高性能及超高强度混凝土便于泵送。

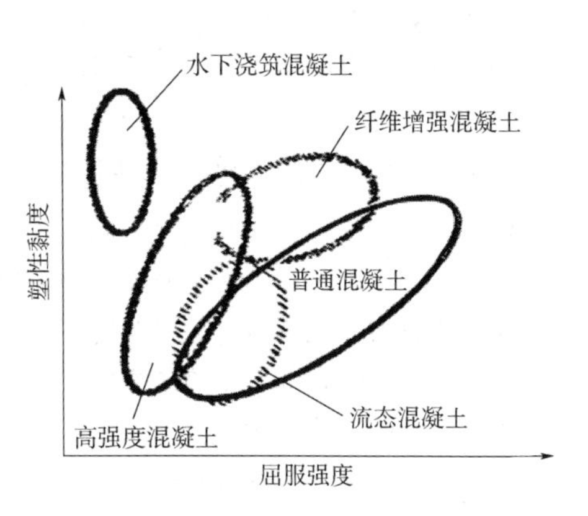

图31-7 不同类型新拌混凝土的流变特性

配比强度为50MPa的普通混凝土（NC），与配比强度为100MPa超高性能混凝土（UHPC）相比，NC泵送量为30m³/h时，压力损失约0.2MPa，泵送量为50m³/h时，压力损失约0.4MPa。但UHPC泵送量为30m³/h时，压力损失约0.4MPa，泵送量为50m³/h时，压力损失约0.6MPa，比普通混凝土约增大1/2。故UHPC的超高泵送，需要解决设备的高泵压及混凝土的高流动性、均匀性和低黏度等问题。

4. 泵送时摩擦阻力与泵送速度之间的关系

泵管内混凝土流动速度：

$$v = V/(\pi r^2 l) \tag{31-2}$$

式中 v——管内混凝土流速；

r——泵管半径；

l——管长；

V——混凝土排出体积。

混凝土在管内的摩擦阻力：

$$f = F/(2\pi r l) \tag{31-3}$$

$$f = k_1 + k_2 \tag{31-4}$$

式中 k_1——黏度系数；

k_2——速度系数。

如混凝土的 W/B 越低，黏性越大，则 k_1 大；混凝土在管内开始流动所需压力大，泵送时的黏性阻力大。如泵送量比较大，即 k_2 大，进一步增加混凝土泵送量就会发生困难。

k_1、k_2 越小越好，其与混凝土的组成材料及配比有关；也与施工时单位时间的泵送量有关。根据以往普通混凝土的施工经验，k_1、k_2 仅与混凝土的坍落度有关，故前人总结出了以下两个公式：

$$k_1 = (3.00 - 0.10S) \times 10^{-3}(10\text{MPa}) \tag{31-5}$$

$$k_2 = (4.00 - 0.10S) \times 10^{-3}[10\text{MPa}/(\text{m/s})] \tag{31-6}$$

式（31-5）中，k_1 为黏度系数，反应了混凝土的黏性，与混凝土的组成材料及配比有关；而混凝土坍落度 S 的大小，则直接反映了 k_1 值的大小；坍落度大，黏性低，k_1 值小，容易泵送。保塑的根本目的是维持坍落度和倒筒时间等新拌混凝土的参数不变，k_1 值不变，则混凝土与管壁间的黏性阻力不变，这样就易于进行超高泵送。

k_2 为速度系数，反映出单位时间泵送量的大小。但速度系数也与坍落度有关。坍落度大，k_2 值小，混凝土在管道中，单位时间内单位长度管道内的运动阻力就小，泵送量可增大。

因此，测出混凝土坍落度（S）后，就可以计算出 k_1、k_2，从而了解其可泵性的情况。

5. 泵送高度的计算及超高泵送混凝土

（1）泵送时整个系统的压力损失计算　以水平管每米长度的压力损失为0.01MPa计算，将垂直管、弯管、锥形管，都换算成水平管；得到水平管总长，乘以水平管每米长度的压力损失=0.01MPa；即可得到泵送所需的总压力，如本例中：

1）水平管长度800m；压力损失 $P_1 = 800 \times 0.01\text{MPa} = 8.0\text{MPa}$

2）垂直管高度按500m计算，换算成水平管长度：500×4m=2000m；

压力损失 $P_2 = 2000 \times 0.01\text{MPa} = 20\text{MPa}$。

3）弯管及锥形管：弯管：90°，20个（含布料），压力损失0.1MPa/个。45°，2个；压力损失0.05MPa/个。锥管1个；压力损失0.1MPa/个。截止阀：2个；压力损失0.05MPa/个。分配阀：1个；压力损失0.2MPa/个。分配阀：1个；压力损失0.2MPa/个，压力损失计算如下：

$$90°\text{弯管}+\text{锥形管的压力损失}\ P_{01} = (20+1) \times 0.1\text{MPa} = 2.1\text{MPa}$$

$$45°\text{弯管}+\text{截止阀的压力损失}\ P_{02} = (2+2) \times 0.05\text{MPa} = 0.2\text{MPa}$$

分配阀的压力损失 $P_{03} = (1+1) \times 0.2\text{MPa} = 0.4\text{MPa}$

弯管及锥形管等总压力损失：

$$P_3 = P_{01} + P_{02} + P_{03} = (2.1 + 0.2 + 0.4)\text{MPa} = 2.7\text{MPa}$$

4）水平管、垂直管、弯管、锥形管压力损失：(8.0+20+2.7)MPa=30.7MPa。

5）总压力损失：还有30%的储备，泵机时出口压力≥30.7MPa+30%×30.7MPa=39.9MPa。现有泵机口压力40MPa，泵送能力足够。

（2）MPC的配比、性能及可泵性能检测　超高泵送的MPC配比见表31-11，按JGJ/T10检测MPC可泵性结果，见表31-12，混凝土的性能见表31-13、表31-14。

表31-11　MPC的配合比　（单位：kg/m^3）

水泥	微珠	硅粉	沸石粉	水	砂	碎石	AG	CFA
600	195	90	15	130	720	880	6.16	9.0

注：水泥为华润PII 52.5R，矿粉、沸石粉均为超细粉，碎石粒径5~16mm，AG—含固量40%的聚羧酸减水剂，CFA—保塑剂。胶结料总量：895kg，$W/B = 14.3\%$。

表31-12　MPC的压力泌水试验

V_{10}/ml	V_{140}/ml	S_{10}/ml
0	4	0
0	3	0

注：V_{10}在30MPa压力作用下，经时10s的泌水量（ml）。

V_{140}在30MPa压力作用下，经时140s的泌水量（ml）。

$S_{10} = V_{10}/V_{140} < 40\%$，按JGJ/T10标准，可泵性优良。

表31-13　新拌混凝土的性能

检测地点	坍落度/mm	扩展度/mm	倒筒时间	U形仪升高
在工厂	275	760×720	3s	330mm/3.0s
在工地	275	760×720	3s	330mm/3.0s
泵送出口	270	720×720	5s	310mm/3.0s

表 31-14 MPC 不同龄期抗压强度 （单位：MPa）

1d	3d	7d	28d	56d
104	125.3	136	147	152

混凝土的泵送状态如图 31-8 所示。泵送后，经养护，次日脱模，板和剪力墙未见裂缝，如图 31-9 所示。

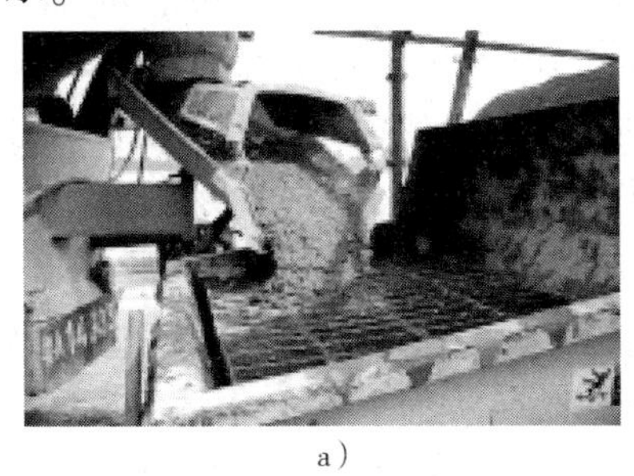
a)

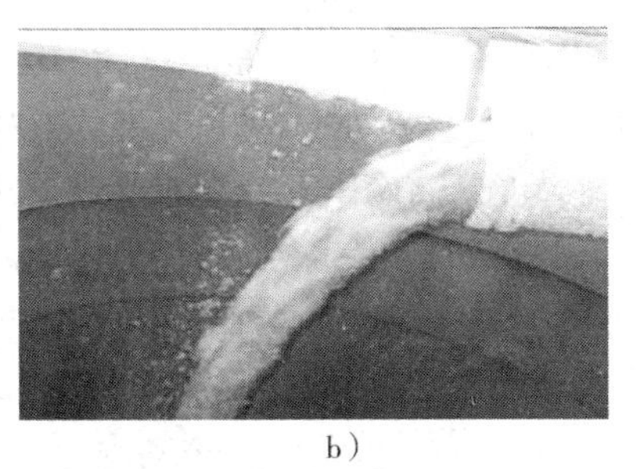
b)

图 31-8 混凝土的泵送状态

a）混凝土入泵状态 b）混凝土出泵口状态

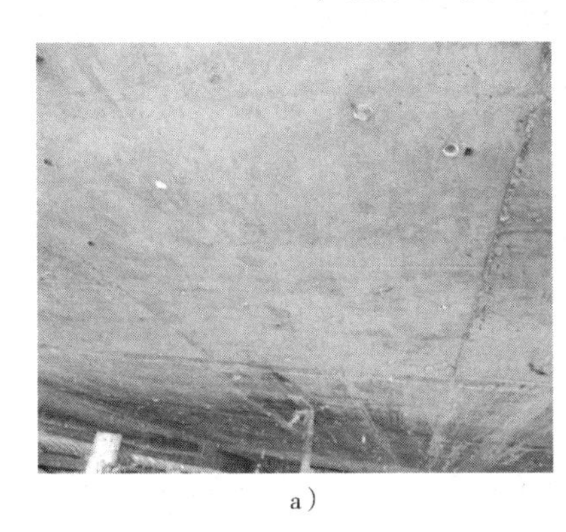
a)

b)

图 31-9 脱模后 MPC 结构表面未见裂缝

a）楼板表面 b）剪力墙表面

通过解决 UHPC 的自收缩开裂，解决因钢筋密度大，难以浇筑振动成型及施工不扰民等，研发应用了 MPC，并泵送至 500m 以上高度；这需要解决多项技术难题：

1）抑制混凝土自收缩和早期收缩开裂。

2）流动性大（坍落度≥28cm，扩展度≥680mm，倒筒落下时间≤10s；也即 U 形仪试验时，混凝土升高≥30cm）。

3）保塑性好，大于 3h 的新拌混凝土的性能不变。

4）稳定性好，新拌混凝土不泌水，不离析，不沉降。这就需要新材料、新技术与新工艺。

31.5 不同强度等级 MPC 在工程中的应用

1. C30 与 C60 强度等级 MPC 的应用

（1）混凝土的配比 C30 与 C60 强度等级 MPC 的配比见表 31-15。

表 31-15　C30 与 C60 强度等级 MPC 的配比　（单位：kg/m^3）

等级	水泥	粉煤灰	造纸白泥	水	砂	碎石	减水剂	微珠
C60	250	120	70	150	745	955	1.85%	30
C30	350	100	70	150	745	955	2.0%	—

测定了新拌混凝土及经时 3h 的混凝土性能；混凝土的自收缩及早期收缩，水化热及抗压强度等，均分别满足 C30 与 C60 的要求。

（2）在广州万科住宅楼中的应用　在万科在广州的住宅工程上，C30 与 C60 强度等级的 MPC 均得到大批量的应用。柱和梁浇筑了 C60 MPC，楼板、楼梯及阳台等，浇筑了 C30 MPC；总计超过 $300m^3$ 混凝土，一个下午就施工完成了（施工过程参见图 31-10a ~ d）。全部混凝土都是免振自密实成型，没有振捣器发出的声音。浇筑完成后，盖上塑料膜自养护，全部免浇水养护。脱模后，混凝土的外观如图 31-10e、f 所示。

a）　b）　c）　d）　e）　f）

图 31-10　MPC 的施工过程及外观质量

a）混凝土运送至施工现场　b）泵送浇筑混凝土　c）表面平整　d）施工浇筑完成后的混凝土　e）柱子脱模后　f）楼板脱模后

（3）MPC 混凝土研发的排水管　我国现有钢筋混凝土排水管的生产技术是 20 世纪 50 年代从苏联学习过来的，沿用至今。生产设备如图 31-11 所示。该工艺生产，管模的强度、刚度要求高，重量大，靠离心辊悬出支撑；离心振动，功率大；环境噪声大，工人劳动强度大。干硬性混凝土，即使离心辊压，密实性也不易保证；离心辊压过程中钢筋偏离，保护层厚度不易保证。

a）

b）

c）

图 31-11　离心辊压工艺生产排水管

a）离心辊压机　b）离心辊压机轴　c）工人向设备内投料

20 世纪 80 年代从芬兰引进芯模振动法生产技术，排水管立起来生产，振动器放在内模（芯模）上。管内浇筑混凝土后，开动芯模振捣器，可使排水管混凝土振动密实。

1）MPC 生产的排水管。海南永桂联合水泥制品公司，采用了多功能混凝土生产排水管；排水管所用混凝土的配比、性能见表 31-16 ~ 表 31-18。表 36-16 中的炉渣为生活垃圾发电焚烧炉中所排出的灰渣，代替混凝土中 30% ~40% 的细骨料。

表 31-16　多功能混凝土配合比　　（单位：kg/m^3）

水泥	矿粉	粉煤灰	硅粉	沸石粉	砂	炉渣	碎石	水	减水剂
250	120	100	30	20	500	300	850	150	1.79%

表 31-17　新拌混凝土的性能

坍落度/mm		扩展度/mm		倒筒时间/s		U 形仪升高/mm
初始	1h 后	初始	1h 后	初始	1h 后	初始
250	250	630 × 650	620 × 640	8	8	320

表 31-18　混凝土强度

编号	不同龄期抗压强度/MPa			
	脱模时	3d	7d	28d
1	24.7	40.2		52.5

2）排水管生产的新工艺。管模立式组装，浇筑自密实混凝土，免振动成型，如图 31-12 所示。

图 31-12　排水管生产的新材料与新工艺
a）立式成型排水管模板　b）吊篮从管模顶部浇筑多功能混凝土
c）浇筑后排水管顶部　d）脱模后的排水管外观

该排水管经过多批次试验，并送海南省质量监督检测中心检测，其性能全部符合国家相应标准的要求。

31.6　总结

本文介绍的混凝土新材料、新技术与新工艺，归纳如下：

1. MPC 材料的特点

UHPC 与 MPC 均能达到超高强度（大于 150MPa），也都可以达到超高的耐久性。但 MPC 在组成材料上，具有以下特点：

1）水泥 + 微珠 + 硅粉，使胶凝材料的孔隙率大幅度降低；微珠是一种球状玻璃体，又含较多的可溶性硅铝，用水量少，活性高。

2）沸石超细粉为自养护剂；混凝土硬化后将混凝土中的水均匀分散供给水泥水化，抑制了自收缩开裂；水泥水化比较充分均匀。天然沸石粉具有火山灰活性，能与水泥水化反应，故强度高，裂缝少。

3）天然沸石粉在 MPC 中还能降低泌水和离析，使混凝土拌合物具有匀质性、均匀性。

4）MPC 中含有 CFA（载体流化剂），通过缓慢释放减水剂，能控制坍落度损失，又不泌水，不离析，保塑降黏，使 MPC 能超高泵送 500m 以上。

2. MPC 的应用

钢筋混凝土排水管的生产，由离心辊压（或芯模振动）到免振自密实，也是由于混凝土材料的变革与新技术带来的。离心辊压采用干硬性混凝土，芯模振动采用低流动性混凝土；而立式浇筑自密实成型采用了 MPC，组成材料的变革带来了生产工艺的变革。

参 考 文 献

[1] 张海梅. 建筑材料 [M]. 北京：科学出版社，2001.
[2] 李文利. 建筑材料 [M]. 北京：中国建材工业出版社，2004.
[3] 蔡丽朋. 建筑材料 [M]. 北京：化学工业出版社，2005.
[4] 纪士斌. 建筑材料 [M]. 3 版. 北京：清华大学出版社，2001.
[5] 张雄，张永娟. 现代建筑功能材料 [M]. 北京：化学工业出版社，2009.
[6] 温如镜，田中旗. 新型建筑材料应用 [M]. 北京：中国建筑工业出版社，2009.
[7] 张中. 建筑材料检测技术手册 [M]. 北京：化学工业出版社，2011.
[8] 胡新萍，刘吉新，王芳. 建筑材料 [M]. 北京：北京大学出版社，2018.
[9] 孙武斌，邬宏. 建筑材料 [M]. 北京：清华大学出版社，2009.
[10] 刘雪涛，田川，郑巧英. 团体标准理论与实践 [M]. 北京：中国质检出版社，2016.
[11] 樊俊江，於林锋，韩建军. 基于建筑绿色化目标的大宗建材选材技术 [J]. 绿色建筑，2019，11 (1)：13-16.
[12] 唐浩. 城市废弃物再利用研究 [M]. 武汉：华中科技大学出版社，2018.
[13] HANSEN T C，LAURITZEN E K. Concrete waste in a global perspective，recycling concrete and other materials for sustainable development [J]. American Concrete Institute，2004，45：35-45.
[14] American concrete Institnte. Removal and reuse of hardened concrete [R]. Farmington Hills，MI：American Concrete Institute，2001.
[15] BRODSKY H. The important role retreads can play in reducing the scrap tyre problem [C] //International symposium on recycling and reuse of used tyres. Dundee：University of Dundee，2001.
[16] DAVIES，R W，WORTHINGTON G S. Use of scrap tyre as a fuel in the cement manufacturing process [C] //International symposium on recycling and reuse of used tyres. Dundee：University of Dundee，2001.
[17] 刘娟红，宋少民. 绿色高性能混凝土技术与工程应用 [M]. 北京：中国电力出版社，2011.
[18] LEE S W，AHN H R KIM K S，et al. Applicability of TiO_2 Penetration method to reduce particulate matter precursor for hardened concrete road structures [J]. Sustainability，2021，13 (6)：3433.
[19] DLUGOSZ A，POKORSKA I，JASKULSKI R et al. Evolutionary identification method for determining thermophysical parameters of hardening concrete [J]. Archives of Civil and Mechanical Engineering，2021，21 (1)：35.
[20] 张德华，刘士海，任少强. 隧道喷射混凝土强度增长规律及硬化速度对初期支护性能影响试验研究 [J]. 岩土力学，2015，36 (6)：1707-1713.
[21] 张金喜，郭明洋，杨荣俊，等. 引气剂对硬化混凝土结构和性能的影响 [J]. 武汉理工大学学报，2008，30 (5)：38-41.
[22] 肖莲珍，李宗津，魏小胜. 用电阻率法研究新拌混凝土的早期凝结和硬化 [J]. 硅酸盐学报，2005，33 (10)：1271-1275.
[23] 刘娟红，梁文泉. 土木工程材料 [M]. 北京：机械工业出版社，2013.
[24] 陈绍蕃，顾强. 钢结构（上册）：钢结构基础 [M]. 4 版. 北京：中国建筑工业出版社，2019.
[25] 王彩华，吴剑锋，张丽娜. 钢结构的腐蚀与防护 [J]. 建材技术与应用，2009 (2)：17-19.
[26] 达春娟，王建平. 浅谈钢铁工业发展趋势 [J]. 浙江冶金，2020 (1)：12-16.
[27] 材料科学和技术综合专题组. 2020 年中国材料科学和技术发展研究 [C] //周光召. 2020 年中国科学和技术发展研究：上. 北京：中国科学技术出版社，2004：168-242.
[28] 王强松. 铜及铜合金开发与应用 [M]. 北京：冶金工业出版社，2013.

[29] 张天雄，王元清，陈志华. 金属铜的力学性能及工程应用［C］//全国现代结构工程学术研讨会学术委员会. 第十五届全国现代结构工程学术研讨会论文集. 天津：天津大学，2015：1605-1613.
[30] 吴胜，吴义超. 铜复合材料和铜合金材料在建筑外立面上的应用［J］. 河南建材，2019（4）：329-331.
[31] 李景超. 铝合金材料在建筑结构中的应用［J］. 中国金属通报，2018（8）：160；162.
[32] 石永久，程明，王元清. 铝合金在建筑结构中的应用与研究［J］. 建筑科学，2005，21（6）：7-11；20.
[33] 关庆华，张斌，熊嘉阳，等. 地铁钢轨波磨的基本特征、形成机理和治理措施综述［J］. 交通运输工程学报，2021，21（1）：316-337.
[34] 刘爽，张淑琴，任大军，等. 城市污泥改良矿山废弃土壤的试验研究［J］. 安全与环境工程，2019，26（4）：79-86.
[35] 王玉华，陈传帅，孟娟，等. 含油污泥处置技术的新发展及其应用现状［J］. 安全与环境工程，2018，25（3）：103-110.
[36] ZIG，MOON D Y，LEE S J，et al. Investigation of a concrete railway sleeper failed by ice expansion［J］. Engineering Failure Analysis，2012，26：151-163.
[37] AWAD Z K，YUSAF T. Fibre composite railway sleeper design by using FE approach and optimization techniques［J］. Structural Engineering and Mechanics，2012，41（2）：231-242.
[38] 刘钢，罗强，张良，等. 高速铁路有砟轨道路基设计荷载分析［J］. 铁道科学与工程学报，2015，12（3）：475-481.
[39] 冯青松，雷晓燕，练松良. 不平顺条件下高速铁路轨道振动的解析研究［J］. 振动工程学报，2008，21（6）：559-564.
[40] 蔡成标，翟婉明，王其昌. 高速列车与高架桥上无碴轨道相互作用研究［J］. 铁道工程学报，2000（3）：29-32.
[41] 梁波，蔡英. 不平顺条件下高速铁路路基的动力分析［J］. 铁道学报，1999，19（2）：93-97.
[42] LIN C J，YANG T H，ZHANG D Z，et al. Changes in the dynamic modulus of elasticity and bending properties of railroad ties after 20 years of service in Taiwan［J］. Building and Environment，2005，42（3）：1250-1256.
[43] 闫斌，程瑞琦，谢浩然，等. 极端温度作用下桥上 CRTSⅡ型无砟轨道受力特性［J］. 铁道科学与工程学报，2021，18（4）：830-836.
[44] SAVIN A V. The service life of ballastless track［J］. Procedia Engineering，2017，189：379-385.
[45] 赵国堂. 严寒地区高速铁路无砟轨道路基冻胀管理标准的研究［J］. 铁道学报，2016，38（3）：1-8.
[46] 刘钰，陈攀，赵国堂. CRTSⅡ型板式无砟轨道结构早期温度场特征研究［J］. 中国铁道科学，2014，35（1）：1-6.
[47] 张先军. 哈大高速铁路路基冻胀规律及影响因素分析［J］. 铁道标准设计，2013（7）：8-12.
[48] 王继军，尤瑞林，王梦，等. 单元板式无砟轨道结构轨道板温度翘曲变形研究［J］. 中国铁道科学，2010，31（3）：9-14.
[49] XIE Y J，LI H J，FENG Z W，et al. Concrete crack of ballastless track structure and its repair［J］. International Journal of Railway，2009，2（1）：30-36.
[50] 董亮，赵成刚，蔡德钩，等. 高速铁路无砟轨道路基动力特性数值模拟和试验研究［J］. 土木工程学报，2008（10）：81-86.
[51] 朱高明. 国内外无砟轨道的研究与应用综述［J］. 铁道工程学报，2008（7）：28-30.
[52] 王庆轩，石云兴，屈铁军，等. 自保温砌块墙体在夏热冬冷地区的传热性能研究［J］. 施工技术，

2014（24）：19-23.
[53] 石云兴，蒋立红，宋中南，等．微孔混凝土技术及其在节能建筑中的应用［M］．北京：中国建材工业出版社，2020.
[54] 张秀芳，赵立群，王甲春．建筑砂浆技术解读470问［M］．北京：中国建材工业出版社，2009.
[55] 朋改非．土木工程材料［M］．武汉：华中科技大学出版社，2013.
[56] 杨中正，刘焕强，赵玉青．土木工程材料［M］．北京：中国建材工业出版社，2017.
[57] 王立久．建筑材料学［M］．北京：中国水利水电出版社，2013.
[58] 钱觉时．建筑材料学［M］．武汉：武汉理工大学出版社，2007.
[59] 王承遇，陶瑛．玻璃材料手册［M］．北京：化学工业出版社，2008.
[60] 刘忠伟，马眷荣．建筑玻璃在现代建筑中的应用［M］．北京：中国建材工业出版社，2000.
[61] 杨修春，李伟捷．新型建筑玻璃［M］．北京：中国电力出版社，2009.
[62] 张雄，曾珍．泡沫玻璃在工程上的应用现状［J］．建筑材料学报，2006，9（2）：177-182.
[63] 中国玻璃钢工业协会．玻璃钢简明技术手册［M］．北京：化学工业出版社，2004.
[64] 王荣国，武卫莉，谷万里．复合材料概论［M］．哈尔滨：哈尔滨工业大学出版社，1999.
[65] 张永和．玻璃钢宅［J］．世界建筑，2015（5）：94-95.
[66] 黄秋芳．微波透波墙在广电新台址建筑工程中的设计与实践［J］．现代电视技术，2013（7）：110-113.
[67] AHMED A GUO S C，ZHANG Z H，et al. A review on durability of fiber reinforced polymer（FRP）bars reinforced seawater sea sand concrete［J］. Construction and Building Materials，2020，256：119484.
[68] American Concrete Institute. Guide for the design and construction of structural concrete reinforced with fiber-reinforced polymer（FRP）bars［R］. Farmingtoh Hills，MI：American Concrete Institute，2015.
[69] 董志强，吴刚．FRP筋增强混凝土结构耐久性能研究进展［J］．土木工程学报，2019，52（10）：1-19；29.
[70] 王勇．室内装饰材料与应用［M］．北京：中国电力出版社，2007.
[71] 住房和城乡建设部标准定额研究所，中国标准出版社．建筑门窗与门窗配件标准汇编［M］．北京：中国质检出版社，中国标准出版社，2011.
[72] 刘伯元．21世纪塑料管材发展的机遇与挑战［J］．石化技术与应用，2005（1）：1-4；87.
[73] 孟庆钧．我国建筑塑料管材的应用发展［J］．建材发展导向，2003，（4）：38-42.
[74] ENGELSMANN S，SPALDING V，PETERS S. Plastics：in Architecture and Construction［M］. Berlin：DE GRUYTER，2010.
[75] 孔凡营，冯承会．新型建筑塑料管材的特性及其选用［J］．四川建材，200，3（5）：26-28.
[76] 曹双梅．浅谈新型建筑管材的应用［J］．住宅科技，2003（6）：26-27.
[77] 李玉玲，刘哲．新型排水管件在建筑排水中的应用［J］．建材与装饰，2019（25）：225.
[78] 潘红．对目前市场建筑用硬聚氯乙烯管材、管件产品质量的分析［J］．标准计量与质量，2001（3）：11-12.
[79] 何登良，董发勤，徐光亮，等．纳米技术应用于防氡防辐射功能建材的思考和实践［J］．新材料产业．2005（9）：36-40.
[80] 李续业，姜金名，葛兆生．特殊性能新型混凝土技术［M］．北京：化学工业出版社，2007.
[81] 陕西省建筑设计研究院．建筑材料手册［M］．4版．北京：中国建筑工业出版社，1997.
[82] 冯乃谦．高性能与超高性能混凝土技术［M］．北京：中国建筑工业出版社，2015.
[83] 小林一辅．混凝土实用手册［M］．王晓云，邓利，译．北京：中国电力出版社，2010.
[84] 张亮．防火材料及其应用［M］．北京：化学工业出版社，2016.
[85] 王金平．钢结构防火涂料［M］．北京：化学工业出版社，2017.

[86] 宋希文，安胜利．耐火材料概论［M］．2 版．北京：化学工业出版社，2015.
[87] 蔡亚宁，刘振丰．盾构法施工用钢筋混凝土管片相关标准及其质量管理要点［J］．工程质量，2019，37（8）：7-12；17.
[88] 李守巨，刘军豪，上官子昌，等．钢筋混凝土直螺栓管片接头抗弯极限承载力的简化计算模型［J］．隧道建设，2017，37（1）：18-23.
[89] 王雪龙，刘军，龚赟．盾构隧道管片施工缝截水防渗工艺［J］．中国建筑防水，2016（21）：32-34.
[90] 武凯，唐燕云．地铁盾构管片加工质量控制与检验［J］．建筑技术，2014，45（9）：780-782.
[91] 张嵩，陈长刚．混凝土管片塑料吊装孔在盾构施工时的常见问题及处理措施［J］．混凝土与水泥制品，2013（9）：75-77.
[92] 郭信君．盾构隧道混凝土管片构件抗火性能试验及模拟分析研究［D］．长沙：中南大学，2013.
[93] 秦中华．钢筋混凝土管片的生产与应用概况［J］．混凝土与水泥制品，2007（2）：32-35.
[94] 王信刚．跨江海隧道功能梯度混凝土管片的研究与应用［D］．武汉：武汉理工大学，2007.
[95] JEONG Y J，YOO C S. Development and implementation of a knowledge based TBM tunnel segment lining design program［J］. Journal of Korean Tunnelling and Underground Space Association，2014，16（3）：321.
[96] YOO C S，JEON H M. A comparative study on methods for shield tunnel segment lining sectional forces［J］. Journal of Korean Tunnelling and Underground Space Association，2012，14（3）：159-181.
[97] 张伟．钢纤维阻裂效应研究及其在盾构管设计中的应用［D］．成都：西南交通大学，2007.
[98] 闫治国，朱合华，廖少明，等．地铁隧道钢纤维混凝土管片力学性能研究［J］．岩石力学与工程学报，2006，25（z1）：2888-2893.
[99] 周宁，任福平，刘暄亚，等．地下综合管廊管道泄漏扩散的研究进展［J］．常州大学学报（自然科学版），2019，31（1）：63-70.
[100] 李寿国，周文珺．基于 PPP 模式的地下综合管廊项目风险分担机制分析［J］．安全与环境学报，2018，18（3）：1019-1024.
[101] 钱七虎．建设城市地下综合管廊，转变城市发展方式［J］．隧道建设，2017，37（6）：647-654.
[102] 汪霄，高申远．基于 PPP 模式的地下综合管廊项目合同柔性问题［J］．土木工程与管理学报，2016，33（5）：71-75.
[103] 刘光勇．PPP 模式下地下综合管廊运营管理分析［J］．城乡建设，2016（4）：31-33.
[104] 徐纬．从规划设计角度提高地下管线综合管廊综合经济效益浅析［J］．城市道桥与防洪，2011（4）：202-204.
[105] 岳庆霞，李杰．地下综合管廊地震响应研究［J］．同济大学学报（自然科学版），2009，37（3）：285-290.
[106] PICHLER B，CARIOU S，DORTNIEUX L. Damage evolution in an underground gallery induced by drying［J］. International Journal for Multiscale Computational Engineering，2009，7（2）：65-89.
[107] 钱七虎，陈晓强．国内外地下综合管线廊道发展的现状、问题及对策［J］．地下空间与工程学报，2007（2）：191-194.
[108] 朱思诚．东京临海副都心的地下综合管廊［J］．中国给水排水，2005，21（3）：102-103.
[109] 霍亮，蔺喜强，张涛．混凝土 3D 打印技术及应用［M］．北京：地质出版社，2018.
[110] 卢秉恒，李涤尘．增材制造（3D 打印）技术发展［J］．机械制造与自动化，2013，42（4）：1-4.
[111] HAGER I，GOLONKA A，PUTANOWICZ R. 3D printing of buildings and building components as the future of sustainable construction［J］. Procedia Engineering，2016，151：292-299.
[112] 张大旺，王栋民．3D 打印混凝土材料及混凝土建筑技术进展［J］．硅酸盐通报，2015，34（6）：1583-1588.
[113] 刘晓瑜，杨立荣，宋扬．3D 打印建筑用水泥基材料的研究进展［J］．华北理工大学学报（自然科

学版），2018（03）：46-50.

[114] PAUL S C，TAY Y W D，PANDA B，et al. Fresh and hardened properties of 3D printable cementitious materials for building and construction [J]. Archives of Civil and Mechanical Engineering，2018，18（1）：311-319.

[115] 肖绪文，马荣全，田伟. 3D打印建造研发现状及发展战略 [J]. 施工技术，2017（1）：5-8.

[116] SANJAYAN J G，NEMATOLLAHI B，XIA M，et al. Effect of surface moisture on inter-layer strength of 3D printed concrete [J]. Construction and Building Materials，2018，172：468-475.

[117] XIA M，SANJAYAN J. Method of formulating geopolymer for 3D printing for construction applications [J]. Materials & Design，2016，110：382-390.

[118] 冯鹏，孟鑫淼，叶列平. 具有层状结构的3D打印树脂增强石膏硬化体的力学性能研究 [J]. 建筑材料学报，2015（2）：1-15.

[119] 蔺喜强，张涛，霍亮，等. 水泥基建筑3D打印材料的制备及应用研究 [J]，混凝土，2016（6）：141-144.

[120] ZHNAG D W，WANG D M，LIN X Q，et al. The study of the structure rebuilding and yield stress of 3D printing geopolymer pastes [J]. Construction and Building Materials，2018，184：575-580.

[121] 冯乃谦. 气体载体多孔混凝土的基础研究（其一） [J]. 硅酸盐学报，1986，14（1）：63-72；132-133.

[122] FENG N Q，SHI Y X，HAO T Y. Influence of ultrafine powder on the fluidity and strength of cement paste [J]. Advances in Cement Research，2000，12（3）：89-95.

[123] FENG N Q，HAO T Y. Mechanism of natural zeolite powder in preventing alkali-silica reaction in Concrete [J]. Advance in Cement Research，1998，10（3）：101-108.

[124] FENG N Q. Properties of zeolite as an air-entraining agent in cellular concrete [J]. Cement，Concrete and Aggregates，1992，14（1）：41-49.

[125] FENG N Q，JIA H W，CHEN E Y. Study on the suppression effect of natural zeolite on expansion of concrete due to alkali-aggregate reaction [J]. Magazine of Concrete Research，1998，50（1）：17-24.

[126] FENG N Q，HAO T Y，FENG X X. Study of the alkali reactivity of aggregates used in Beijing [J]. Magazine of Concrete Research，2002，54（4）：233-237.

[127] FENG N Q，ZHUANG Q F. Two-hour zero slump loss，high-strength pumpable concrete-an application case in dam structure [J]. Cement，Concrete and Aggregates，1998，20（2）：235-240.

[128] 冯乃谦，牛全林，封孝信. 矿物质粉体对砂浆及混凝土 Cl^- 渗透性的影响 [J]. 中国工程科学，2002，4（2）：69-73.

[129] 冯乃谦. 高性能混凝土结构 [M]. 北京：机械工业出版社，2004.